Dictionary of Food Microbiology

식품미생물학 용어사전

김성곤 · 경규항 · 최상윤 · 백현동 지음

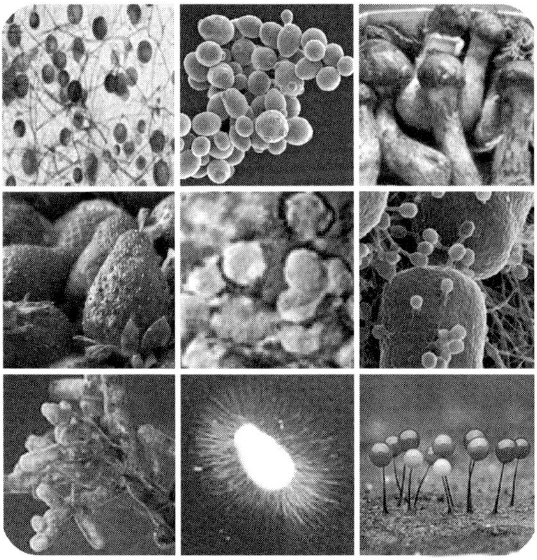

한림원 출판사

머리말

미생물은 맨눈으로는 볼 수 없고 현미경으로만 볼 수 있는 아주 작은 생명체로 세균, 고균, 진균(효모와 곰팡이), 말무리, 바이러스와 원생동물을 통틀어 이르는 말입니다. 미생물은 자연의 다른 여러 생명체와 어울려 살면서 인간에게 직접 또는 간접으로 많은 영향을 주고 있습니다.

미생물은 식품(발효식품, 술, 핵산 조미료 따위), 농업(미생물 비료, 생물 농약 따위), 화학(아미노산, 유기산, 색소 따위), 제약(항생물질, 백신, 보톡스 따위), 연료(메테인 가스 따위) 그 밖의 여러 분야에서 이용되고 있으며 인간에게 많은 도움을 주고 있습니다. 한편으로는 일부 미생물이 일으키는 감염병(인간)과 전염병(동물)은 인간에게 큰 위협이 되기도 합니다.

이 사전은 식품과 관련한 미생물에 대하여 크게 미생물 종류, 배지, 버섯, 발효, 미생물 관련 용어와 그 밖의 일반 용어를 정리한 것입니다. 미생물 종류는 〈식품의 기준 및 규격〉에 실려있는 식품에 이용 가능한 미생물은 물론 작물 병해를 일으키는 미생물과 위생 관련 미생물을 포함하고 있습니다. 배지는 〈식품의 기준 및 규격〉에 실려있는 100개를 중심으로 하였습니다. 버섯 이름은 국립수목원의 〈국가표준버섯목록〉에 따라 정리하였습니다. 발효는 알코올 발효 관련 용어를 중심으로 하였습니다.

이 사전의 뚜렷한 특징은 그동안 미생물 학명을 라틴어 자체로 표기하던 것을 한글로 표기하는 방법을 제시한 것입니다. 이런 시도는 조금 어색할 수도 있겠으나 앞으로 반드시 가야 할 방향이므로 더 좋은 방향으로 갈 수 있게 하는 것이 우리의 몫이라고 생각합니다.

분야별 용어와 필자는 다음과 같습니다.

- 미생물 종류 … 경규항
- 배지와 미생물 관련 용어 … 백현동
- 일반 용어 … 최상윤
- 발효와 버섯 … 김성곤

앞으로 이 사전이 이 분야 전공자는 물론 일반인에게도 도움이 되기를 바라며 잘못된 곳이나 개선점에 대한 많은 조언을 기대합니다.

2024년 8월 5일

저자 일동

일러두기

1. 사전 체제

가. 올림말(가나다 순서)과 영어 찾아보기(알파벳 순서)로 구성하였다.

나. 올림말은 한글(한자) 영어, 정의, (설명) 순으로 하였다. 올림말은 단수로 함을 원칙으로 하고 진하게 표시하였다.

다. 올림말 가운데 영어로 된 약어는 널리 쓰는 한글로 표기하였다.

보기 디엔에이(DNA), 아르엔에이(RNA), 에이티피(ATP), 피에이치(pH)

라. 온도는 섭씨로 하고 단위는 기호 대신에 한글로 표기하였다.

마. 올림말의 설명에서 중요한 용어는 용어 다음 괄호 안에 영어를 표기하였다.

바. 올림말이 같고 뜻이 다를 때는 ①. ② 따위로 구분하여 설명하였다.

사. 올림말 설명은 한글학회의 〈쉬운말 사전〉을 참조하여 가능한 쉬운 말로 하였다.

아. 올림말 설명에서 효소가 있는 경우 효소 이름 다음에 효소 번호(EC 번호)를 표기하였다.

2. 용어 통일

올림말은 국립국어원 웹사이트에서 제공하는 〈표준국어대사전〉에 따르되, 필요한 전문용어는 〈편수 자료(기초과학 편〉에 따랐다. 그 밖에 〈식품과학사전〉, 〈식품과학 용어집〉, 〈의학용어집〉, 〈생물학용어집〉, 전문 서적 따위를 참조하여 용어를 통일하였다.

3. 미생물 명명법

가. bacterium은 세균, yeast는 효모, fungus는 진균, mold는 곰팡이, virus는 바이러스로 하였다.

보기 lactic acid bacterium 젖산 세균(유산균 또는 젖산균이 아님)

나. 미생물 학명은 최근 분류체계에 따랐고 명명자와 연도는 표기하지 않았다. 또한 동종이명(synonym)도 표기하지 않았다.

다. 미생물 학명이 올림말일 때는 설명에서 그 미생물의 분류체계(역, 문, 강, 목, 과, 속)를 설명하였다.

라. 미생물 이름은 로마자 발음대로 표기하였다.

보기 *Gluconobacter oxydans* 글루코노박터 옥시단스

마. 속명이 한글화한 것은 그대로 따랐다.

보기 털곰팡이속(*Mucor*), 푸른곰팡이속(*Penicillium*), 사슬알세균속(*Streptococcus*), 포도알세균속(*Staphylococcus*) 따위

바. 미생물 이름에서 종명은 그 뜻을 고려하여 다음과 같이 한글화하였다.

보기 바실루스(*Bacillus*)...막대세균

락토바실루스(*Lactobacillus*)...젖산막대세균

아세토박터(*Acetobacter*)...아세토박터(*Bacillus*와 구별하기 위하여 박터로 함)

사. 미생물 한글 명명법은 다음과 같이 하였다.

보기 바실루스 수브틸리스(*Bacillus subtilis*)...막대세균 수브틸리스

락토바실루스 가세리(*Lactobacillus gasseri*)...젖산막대세균 가세리

ㄱ

가근(假根) rhizoid 헛뿌리.

가금 콜레라 avian cholera 조류 콜레라.

가금티푸스 fowl typhoid 살모넬라세균이 일으키는 가금류의 질병. 가금류의 생산성을 떨어뜨리는 주요한 원인으로 감염되면 생장이 늦어지고 패혈증, 폐사를 일으킨다.

가루 고지 powdered koji 말려 가루로 만든 고지.

가루 배지 powered medium 말려 가루로 만든 배지. 흡습성이 강하고 빛에 의해 변질할 수 있으므로 밀봉하여 어두운 곳에 보관한다.

가루 홀씨 pycnidiospore 가루 홀씨 그릇에서 만드는 홀씨.

가루 홀씨 그릇 pycnidium 곰팡이가 생산하는 무성 자실체. 작고 속이 빈 둥근 또는 플라스크 모양 구조로 그 속에 분생 홀씨 자루가 줄지어 있다. 분생 홀씨가 성숙하면 자루 꼭대기에 있는 구멍을 통하여 가루 홀씨가 빠져나간다.

가루 홀씨 자루 pycnidiophore 가루 홀씨를 만드는 분생 홀씨 자루.

가루 효모 powdery yeast ① 응집성이 낮은 효모. 이런 효모는 맥주에 서스펜션 상태로 있어 맥주 혼탁의 원인이 된다. ② 고체배지에서 생긴 콜로니 겉면이 가루 모양인 효모.

가변세균문(可變細菌門) Proteobacteria '슈도모나스문'(Pseudomonadota)의 옛 이름.

가세리신 gassericin 젖산막대세균 가세리(*Lactobacillus gasseri*)가 생산하는 박테리오신.

가스 봉지법 gas pak method 배양 통을 무산소 상태로 하여 무산소 미생물을 기르는 방법의 하나. 배양 통 안에 배지, 물과 반응하여 수소를 발생하는 수소화붕소소듐 봉지와 이산화탄소를 발생하는 구연산과 탄산수소 소듐의 혼합가루 봉지를 넣어 수소와 이산화탄소를 발생시키면 수소는 산소와 반응하여 물이 되고 안은 무산소 상태가 된다. 산소는 촉매(팔라듐을 입힌 알루미나) 작용으로 수소와 반응하여 물로 제거된다. 메틸렌 파랑 지시약 종이의 짙은 푸른색이 무색이 되면 무산소 상태에 도달한 것이다.

가스 살균 gas sterilization 살균력이 있는 가스로 미생물을 죽임. 살균 효과는 가열살균이 곤란하거나 스팀을 사용할 수 없을 때 쓴다. 에틸렌옥사이드와 프로필렌옥사이드를 써서 주로 의료 기구, 의류, 밀폐 공간 따위의 살균에 쓴다. 산화프로필렌은 산화에틸렌보다 잔류 독성이 약하다. 산화에틸렌은 살균력이 더 좋고 보다 넓은 범위의 미생물에 살균 효과를 보이며 플라스틱 필름을 통과하므로 포장한 상태로도 살균이 가능한 장점이 있다. 한국에서는 식품의 가스살균은 금지하고 있다.

가스 생성 세균 gas producing bacterium 탄수화물, 단백질과 지방질을 발효 또는 분해하여 수소, 이산화탄소, 황화수소, 메테인, 암모니아 따위의 가스를 생성하는 세균. 창자 미생물무리는 음식 섬유 물질을 분해하여 주로 수소, 이산화탄소와 메테인을 생성하며 위창자공기참(flatulence)을 일으킬 수 있다. 우유나 크림에 거품이 생기게 하는 대장균군, 치즈 팽창의 원인이 되는 헤테로발효 젖산세균, 막대세균속, 프로피오니세균속, 클로스트리듐속 세균 따위가 있다.

가스 충전 포장 modified-atmospheric packaging 포장 안의 산소분압을 내리고 질소와 이산화탄소의 조성을 조절하여 식품의 선도와 저장성을 높이는 포장 방법. 포장 식품의 생화학 반응과 미생물의 생장 속도 조절, 수분 손실 감소 따위의 효과를 얻을 수 있다.

가스 치환법 gas displacement method 배지의 기체 조성을 대기의 조성과는 다르게 하여 미생물을 기르는 방법. 무산소배양 통 또는 가스가 투과하지 않는 파우치에 미생물을 접종한 배지와 촉매(팔라듐을 입힌 알루미나)를 넣고 진공펌프를 이용하여 공기를 제거함과 동시에 목적 가스(질소, 이산화탄소 또는 이들 가스의 혼합물)를 주입하여 용기 안의 공기 조성을 바꾼다. 배양기 안의 남은 산소는 촉매의 수소와 반응하여 물이 되고 물은 실리카 젤에 흡착된다.

가열 살균(加熱殺菌) heat sterilization 마른 열(dry heat) 또는 습열(스팀)의 열전도를 이용하여 미생물을 죽임. 마른 열은 습열보다 열 이동속도가 늦으나 습열에 손상을 입을 수 있는 식품 살균에 적당하다. 마른 열은 열 침투 속도가 늦어 미생물을 죽이는 데 시간이 오래 걸리는 단점이 있다. 특히 플라스틱 재료는 고온에 약하므로 적당하지 않다. 일반으로 마른 열 살균온도와 시간은 170도에서 60분, 160도에서 120분, 150도에서 150분이다. 건열살균에서 살균 목표 미생물은 막대세균 수브틸리스(*Bacillus subtilis*)의 홀씨이다. 스팀 살균은 121∼150도와 압력 조건에서 이루어지며 열전달이 빠르므로 열처리 시간이 짧다.

가열 살균기(加熱殺菌機) heat sterilizer 열을 이용하여 미생물을 죽이는 장치. 열원은 마른 열, 열수, 스팀, 마이크로파 따위를 쓴다.

가열 살균법(加熱殺菌法) heat sterilization method 열을 이용하여 미생물을 죽이는 방법. 저온 살균법(100도 미만), 고온 살균법(100도 이상), 초고온 살균법

(130~150도) 따위가 있다.

가열살균 목표미생물(加熱殺菌目標微生物) target microorganism for heat sterilization 식품 살균에서 죽이고자 하는 대상이 되는 미생물. 상업 살균은 음식 중독 세균이나 부패 미생물을 대상으로 하며 그 가운데 내열성이 가장 강한 균주를 살균 목표로 한다. 일반으로 피에이치가 4.6 이상이고 용기에 담은 식품(통조림, 병조림, 레토르트식품 따위)의 살균 목표 세균은 독소를 생성하는 보툴리눔 세균(*Clostridium botulinum*)이다. 그 밖에 내열성이 더 강한 세균 홀씨를 형성하는 클로스트리듐속(*Clostridium*), 막대세균속(*Bacillus*), 게오바실루스속(*Geobacillus*) 따위의 균주를 목표로 할 때도 있다.

가열 유지관(加熱維持官) holding tube 가열온도를 일정 시간 동안 유지하는 열교환기의 한 부분.

가열치사 속도(加熱致死時間) thermal death rate 열, 자외선, 약제 따위로 미생물을 살균할 때 일정 시간에 감소하는 균 수의 로그값. 사멸 속도 상수(k)로 나타낸다. 사멸 속도 상수와 디 값(D value)과는 k = 2.303/D의 관계가 있다.

가열치사 시간(加熱致死時間) thermal death time, TDT 한 온도에서 어떤 미생물을 모두 죽이는 데 필요한 시간(분). 처음에는 단순히 한 온도에서 어떤 미생물을 모두 죽이는 시간(분)을 에프(F)로 나타냈지만, 실제로는 미생물의 내열성(제트 값, z)을 고려하여 기준온도 121.1도에서의 가열처리량에 상응한 가열치사시간을 말한다. 즉, 어떤 한 온도(T)에서는 가열치사시간은 $10^{(121.1-T)/z}$로 나타내며 이를 에프 값으로 부른다. 보기로서, 제트 값 10도인 미생물의 가열치사시간은 111.1도에서 $10^{(121.1-111.1)/10}$ = 10(분)이다. 이는 111.1도에서 10분 가열처리로 완전한 살균을 얻는 것을 의미하고, $F_{121°C}{}^{10°C} = 10$ 또는 $F_{111.1}{}^{10} = 10$으로 나타낸다. 통조림 가열살균 계산에서는 121.1도에서 1분 가열처리량을 1.0으로 정하고 다른 살균온도에서의 치사율의 합을 총 살균시간(에프 값)으로 한다.

가열치사 시간곡선(加熱致死時間曲線) thermal death time curve 가열온도와 미생물의 가열 치사 시간과의 관계를 나타내는 곡선. 가열 치사 시간을 반 로그 눈금 종이의 세로축으로 하고 가열온도를 가로축으로 하여 얻는 곡선으로 한정된 범위 안에서 거의 직선이 된다. 이 선에서 미생물의 가열 치사 시간이 한 로그 사이클을 지나는 데 필요한 온도 변화량을 제트 값(z)이라 한다.

가열치사 온도(加熱致死溫度) thermal death point 일정 농도의 미생물 현탁액을 특정 시간(보통 10분) 동안 열처리했을 때 미생물을 모두 죽일 수 있는 가장 낮은 온도.

가온 처리(加溫處理) thermization 우유의 초기 세균수를 줄이기 위한 예열처리. 우유를 저장하기 전에 보통 63~65도에서 15~16초 동안 가온한 뒤 파스퇴르 살균한다.

가지곰팡이속 *Thamnidium* 진핵생물역(Eukarya) 진균계(Fungi) 털곰팡이문(Mucoromycota) 털곰팡이강(Mucoromycetes) 털곰팡이목(Mucorales) 털곰팡이과(Mucoraceae)의 속. 자연계에서는 비교적 드문 곰팡이다. 홀씨주머니 자루 중간에 이차 또는 바퀴살 모양으로 분기한 홀씨주머니 자루 끝에 작은 홀씨주머니를 형성한다. 가지곰팡이 엘레간스(*Thamnidium elegans*)는 냉장 고기에서 수염 모양으로 자라는 부패 곰팡이이다.

가지곰팡이 엘레간스 *Thamnidium elegans* 진핵생물역(Eukarya) 진균계(Fungi) 털곰팡이문(Mucoromycota) 털곰팡이강(Mucoromycetes) 털곰팡이목(Mucorales) 털곰팡이과(Mucoraceae) 가지곰팡이속(*Thamnidium*)의 곰팡이. 박쥐 똥에서 분리되었다. 건조 숙성 쇠고기에서 단백질 가수분해효소와 콜라겐 가수분해효소를 생산하여 연육 작용을 하며, 냉장 고기에서 수염 모양으로 자라는 부패 곰팡이이다.

가축전염병(家畜傳染病) contagious animal disease 가축이 걸리는 전염병. 제1종, 제2종과 제3종 가축전염병으로 나눈다. 제1종으로는 우역, 우폐역, 구제역, 가성우역, 블루텅병, 리프트계곡열, 럼피스킨병, 양두, 수포성구내염, 아프리카마역, 아프리카 돼지 열병, 돼지 열병, 돼지 수포병, 뉴캣슬병, 고병원성 조류 인플루엔자와 그 밖에 농림수산식품부령으로 정하는 질병, 제2종으로는 탄저, 기종저, 브루셀라병, 결핵병, 요네병, 소해면상뇌증, 큐열, 돼지오제스키병, 돼지 일본뇌염, 돼지 테센병, 스크래피(양 해면상 뇌증), 비저, 말 전염성 빈혈, 말 바이러스성 동맥염, 구역, 말 전염성 자궁염, 동부 말 뇌염, 서부 말 뇌염, 베네수엘라 말 뇌염, 추백리(병아리흰설사병), 가금 티푸스, 가금 콜레라, 광견병, 사슴 만성 소모성 질병과 그 밖에 농림수산식품부령으로 정하는 질병, 제3종으로는 소 유행열, 소 아카바네병, 닭 마이코플라스마병, 저병원성 조류 인플루엔자, 부저병과 그 밖에 농림수산식품부령으로 정하는 질병이다.

가축전염병예방법(家畜傳染病豫防法) Prevention Act of Communicable Disease in Domestic Animals 가축의 전염성 질병이 발생하거나 퍼지는 것을 막음으

로써 축산업의 발전과 공중위생 향상에 이바지함을 목적으로 1961년 12월 30일에 제정한 법률.

간균(桿菌) bacillus 막대세균.

간독소(肝毒素) hepatotoxin 간에 작용하는 독소. 아스페르길루스 플라부스(*Aspergillus flavus*)가 생산하는 아플라톡신, 푸른곰팡이 시트리눔(*Penicillium citrinum*)이 생산하는 시트리닌, 푸른곰팡이 이스란디쿰(*P. islandicum*)이 생산하는 이슬란디톡신과 루테오스카이린, 남세균인 작은시스티스 아에루기노사(*Microcystis aeruginosa*)가 생산하는 마이크로시스틴 따위가 있다.

간상균(桿狀菌) rod-shaped bacterium 막대세균.

간-송아지고기 달걀노른자 우무배지 liver-veal egg yolk agar 클로스트리듐 보툴리눔(*Clostridium botulinum*)을 위한 배지.

간염 바이러스 hepatitis virus 간염을 일으키는 바이러스. 에이(A)~이(E)형이 있다. 간염은 대부분 바이러스가 주원인이며 모두 전염성이 있다.

간 우무배지 liver agar 동물의 간을 주원료로 만든 고체배지. 브루셀라속(*Brucella*)과 그 밖의 병원체 미생물의 분리와 식별에 쓴다.

간접 감염(間接感染) indirect infection 환자와의 접촉이나 비말감염 따위에 따른 직접 감염과는 달리, 물, 음식, 흙 따위의 주변 매개체로부터 간접적으로 병원체가 몸에 들어와 자라는 일.

간헐 살균(間歇殺菌) intermittent sterilization 일정한 시간 간격을 두고 가열을 반복하여 미생물을 죽임. 달걀노른자나 혈청 따위의 살균에 이용한다. 시료 용액을 100도에서 한 번에 30분간씩 스물네 시간 간격으로 세 번 반복하여 열처리한다.

갈락토올리고당-무피로신 배지 galactooligosaccharide-mupirocin medium 여러 젖산 세균 가운데 비피두스 세균만을 구분하여 세균 수 측정에 쓰는 배지.

갈색 부식(褐色腐蝕) brown rot 식물 조직이 갈색으로 되고 썩는 현상. 특히 과일나무에서 흔하다. 배와 핵과의 갈색 부식은 주로 모닐리아속(*Monilia*) 곰팡이가 일으킨다.

갈색 부후 진균(褐色腐朽眞菌) brown rot fungus 나무질의 셀룰로스와 헤미셀룰로스를 분해하여 나무질 부분을 갈색으로 만드는 곰팡이. 보통 리그닌을 분해하는 효소는 만들지 않는다. 꽃송이버섯 따위가 있다.

갈색털꾀꼬리버섯 yellow foot, *Craterellus lutescens* 진핵생물역(Eukaryota) 진균계(Fungi) 담자균문(Basidiomycota) 주름버섯강(Agaricomycetes) 꾀꼬리버섯목(Cantharellales) 꾀꼬리버섯과(Cantharellaceae) 뿔나팔버섯속(*Craterellus*)의 먹는 버섯. 갓은 지름 0.5~2.5센티미터인 둥근 산 모양으로 가운데가 조금 들어가며 색깔은 오렌지빛이 나거나 희다. 가을에 바늘잎나무 숲 따위에서 뭉쳐난다. 한국, 북아메리카에 분포한다.

감마가변세균강 Gammaproteobacteria 세균역(Bacteria) 슈도모나스문(Pseudomonadota)의 강. 산소모나스목(Aeromonadales), 알테로모나스목(Alteromonadales), 엔테로박터목(Enterobacterales), 레지오넬라목(Legionellales), 비브리오목(Vibrionales), 슈도모나스목(Pseudomonadales) 따위가 있다.

감별 배지(鑑別培地) differential medium 생물학적 성질 차이를 이용하여 특정 미생물을 동정하기 위한 배지. 배지에 들어있는 특정 화합물 대사에 따른 콜로니 색깔 형성이나 모양 따위로 구분한다. 창자 세균용 감별배지로는 티에스아이(TSI) 우무배지 엘아이엠(LIM) 배지, 에스아이엠(SIM) 배지 따위가 있다.

감수분열(減數分裂) meiosis 생물의 염색체 수가 반으로 줄어드는 세포 분열. 생식 세포 또는 배우자가 형성될 때 일어난다.

감씨버섯속 *Penicilliopsis* 진핵생물역(Eukarya) 진균계(Fungi) 자낭균문(Ascomycota) 분가지버섯강(Eurotiomycetes) 분가지버섯목(Eurotiales) 아스페르길루스과(Aspergillaceae)의 곰팡이 속. 자바(Java)의 감나무(*Diospyros macrophylla*) 낙과에서 발견되었다.

감염(感染) infection 원생동물, 진균, 세균 따위의 병원체가 동물이나 식물의 몸 안에 들어가 자라거나 겉면에 자라는 일.

감염 경로(感染經路) route of infection 감염원에서 직접 또는 간접으로 병원체가 몸에 들어오는 과정. 입을 통한 경구감염, 침방울 따위를 통한 비말감염, 감염된 사람과 가까이하여 옮는 접촉 감염, 중간 숙주인 동물을 통한 매개 동물 감염 따위가 있다.

감염량(感染量) infective dose 감염을 일으키는 병원체의 최소량.

감염력(感染力) infectivity 병원체가 숙주의 조직 속 또는 겉면에 정착하는 능력.

감염률(感染率) infection rate 한 집단에서 감염 위험성에 대한 확률.

감염법의 예방 및 관리에 관한 법률 Prevention and Management of Communicable Diseases Act 국민 건강에 위해가 되는 감염병의 발생과 유행을 방지하고, 그 예방과 관리를 위하여 필요한 사항을 규정함으로써 국민 건강 증진 및 유지에 이바지함을 목적으로

2009년 12월 29일에 제정한 법률. 1954년에 제정한 〈전염병 예방법〉을 개정한 것으로서 전염병이란 용어 대신에 감염병을 채택하였다.

감염병(感染病) infectious disease 미생물이나 기생충이 생체의 몸 안에 들어가 증식하여 일으키는 병을 통틀어 이르는 말. 중요한 병원체로는 세균, 리케차, 바이러스, 진균, 기생충 따위이다.

감염원(感染源) infection source 병을 옮기는 근원. 감염의 원인이 되는 환자, 보균자, 감염 동물, 매개 동물, 병원체를 포함한 배설물 그리고 이들에 감염된 것들이 있다.

감염증(感染症) infectious disease 감염병.

감염형 음식매개병(感染型飮食媒介病) infection-type foodborne illness 음식매개병 세균으로 오염된 음식을 먹었을 때 세균의 창자 감염으로 질환이 일어나는 중독. 잠복 기간은 8~24시간이며, 설사, 복통, 발열, 구토 따위의 급성 위장염 증상이 나타난다. 원인 세균으로는 콜레라세균, 이질세균, 창자염비브리오, 살모넬라속. 캄필로박터속, 리스테리아 모노시토게네스(*Listeria monocytogenes*), 일부 창자 병원 대장균 따위가 있다.

감자 더뎅이병 potato scab 바퀴살세균의 기생으로 감자 덩이줄기에 황갈색의 반점과 코르크질이 생기는 병.

감자 바이러스 potato virus 감자에 감염되는 바이러스. 감자 바이러스 에이(A), 감자 바이러스 엑스(X), 감자 바이러스 와이(Y), 잎 말림 바이러스(potato leafroll virus) 따위가 있다. 감염되면 잎에 요철이 생기면서 오그라들거나 얼룩덜룩한 모자이크 모양의 증상을 나타낸다.

감자 역병 late blight, potato blight 물곰팡이인 피토프토라 인페스탄스(*Phytophthora infestans*)의 감염으로 일어나는 감자의 곰팡이병. 주로 저온 다습한 조건에서 모든 부위에서 일어난다. 초기에는 타원형 반점이 생기고 점차 퍼져 속으로 썩어 들어간다. 1847년 아일랜드의 감자 기근의 원인병이다.

감자 포도당 우무배지 potato dextrose agar 감자추출물과 포도당을 함유한 고체배지. 효모나 곰팡이의 분리, 동정에 가장 많이 쓰는 배지이다. 세균의 생장을 억제하기 위해서 산이나 항생물질을 첨가한다. 곰팡이 분리에는 피에이치를 3.5로 조절한다.

감주 gamju 단술.

감홍로(甘紅露) gamhongro ① 평양에서 나는 달고 독한 붉은 소주. 내릴 때 지치 뿌리를 꽂고 꿀을 넣어 받은 것이다. ② 소주에 계피, 진피, 방풍, 정향 따위를 넣어 우린 술.

감홍주(甘紅酒) gamhongju 감홍로.

갓 cap 버섯(자실체)의 윗부분. 주름살을 보호하며 모양과 색상이 다양하다.

강주(薑酒) ginger wine 생강주.

강철 울 법 steel wool method 무산소배양 통을 이용한 배양. 미리 면 모양의 강철을 황산구리 용액에 담가 구리 피막을 형성시킨 뒤 배양 통에 넣고 밀폐한다. 진공펌프로 공기를 빼낸 다음 이산화탄소와 질소를 1:9 비율로 섞어 넣고 배양한다. 강철 울의 구리와 철 화합물은 급속도로 발효 통 안의 산소를 흡수하므로 무산소 상태가 유지된다. 강철 울의 붉은 구리색이 변하지 않으면 배양 통 안은 무산소 상태가 유지되고 있는 것으로 판단한다.

강화배양(强化培養) enrichment culture 여러 종의 미생물이 섞여 있을 때 다른 미생물의 증식을 억제하고 목적하는 미생물만 증식시켜 분리하기 위한 배양 방법. 미생물은 종류에 따라 생리 성질과 영양 요구 조건이 다르므로 그 차이를 이용하여 목적하는 미생물의 생장에 유리한 조건에서 배양하여 분리할 수 있다. 자연물에서 특정 미생물을 분리할 때 이용한다.

강화배지(强化培地) enrichment medium 여러 미생물이 존재하는 시료에서 원하는 미생물만이 선택적으로 우세하게 자랄 수 있게 만든 배지. 원하는 미생물 밖의 미생물 생장을 막는 성분을 넣거나 특정 미생물 생장에 유리한 환경 조건을 만들어 준 배지이다.

강화 액체배지(强化液體培地) enrichment broth 각종 자연물이나 시료에서 특정 미생물을 쉽게 분리하기 위한 강화 배양에 쓰는 액체배지.

강화 포도주(强化葡萄酒) fortified wine 브랜디 같은 증류주를 넣어 알코올 농도를 높인 포도주. 스페인의 셰리, 포르투갈의 마데이라와 포트 따위가 있다.

개방 발효(開放醱酵) open fermentation 발효조가 주위 환경에 열린 상태로 하는 발효. 특정 미생물 종을 배양하는 밀폐식 발효조가 개발되기 전에 쓰던 방식이다. 개방발효는 여러 종의 자연 미생물이 발효 과정에 관여하여 독특하고 다양한 향미를 생성하는 이점이 있으나 오염 미생물에 노출되어 변질방지를 위한 세심한 모니터링이 필요하다는 단점이 있다. 맥주 제조에서 개방발효를 하는 이유는 발효 끝에 효모의 회수가 쉽고, 에일의 경우 엿기름 즙이 산소와 접촉 하여 바람직한 향(에스터) 생산에 도움을 주며, 발효 때 생성되는 황이나 그 밖의 냄새 화합물은 공기로 빠져나가며 청소가 쉬워 위생관리가 편하기 때문이다.

개방 발효조(開放醱酵槽) open fermentation vat 개방발효에 쓰는 발효 시설.

개 브루셀라 세균 *Brucella canis* 세균역(Bacteria) 슈도모나스문(Pseudomonadota) 알파가변세균강(Alphaproteobacteria) 히포마이크로븀목(Hyphomicrobiales) 브루셀라과(Brucellaceae) 브루셀라속(*Brucella*)의 그람음성 짧은 막대 모양 산소 세균. 개, 여우 코요테 따위에 감염한다.

개선 조치(改善措置) corrective action 중요관리점에 설정된 한계 기준을 적절히 관리하고 있는지를 확인하기 위하여 수행하는 일련의 계획된 관찰이나 측정하는 행위.

개암버섯 gaeam-beoseot, *Naematoloma sublateritium* 진핵생물역(Eukaryota) 진균계(Fungi) 담자균문(Basidiomycota) 주름버섯강(Agaricomycetes) 주름버섯목(Agaricales) 포도버섯과(Strophariaceae) 개암버섯속(*Naematoloma*)의 먹는 버섯. 갓은 지름 3~10센티미터로 편평하며 다갈색 또는 짙은 벽돌색이다. 늦가을에 넘어진 넓은잎나무의 그루터기에 뭉쳐난다. 한국, 동아시아, 유럽, 북아메리카 등지에 분포한다.

개인 위생(個人衛生) personal hygiene 개인의 질병을 예방하고 건강을 증진하기 위한 위생. 매일 몸을 씻기, 화장실 뒤에는 손을 비누로 씻기, 하루에 두 번 이를 닦기, 콧물을 흘리거나 기침할 때는 휴지나 옷소매로 입과 코를 가리기 따위를 포함한다. 여성의 경우 월경 위생도 중요하다.

거대바이러스문 Megavirales 뉴클레오시토바이러스문(Nucleocytoviricota)을 이르는 말.

거름 제균 membrane filtration of microorganism 거름막을 써서 미생물을 걸러 없앰.

거미줄곰팡이 니그리칸스 *Rhizopus nigricans* '검정빵 곰팡이'의 옛 이름.

거미줄곰팡이 델레마르 *Rhizopus delemar* 진핵생물역(Eukaryota) 진균계(Fungi) 털곰팡이문(Mucoromycota) 털곰팡이강(Mucoromycetes) 털곰팡이목(Mucorales) 털곰팡이과(Mucoraceae) 거미줄곰팡이속(*Rhizopus*)의 곰팡이. 녹말 당화력이 있으며 글루코아밀레이스 활성이 강하다.

거미줄곰팡이 자은스포루스 *Rhizopus microsporus* 진핵생물역(Eukaryota) 진균계(Fungi) 털곰팡이문(Mucoromycota) 털곰팡이강(Mucoromycetes) 털곰팡이목(Mucorales) 털곰팡이과(Mucoraceae) 거미줄곰팡이속(*Rhizopus*)의 곰팡이. 쌀, 옥수수, 해바라기의 병원체이며 일부 종은 템페나 수푸 발효용 스타터로 쓴다. 식품 가공 원료로 쓸 수 있다.

거미줄곰팡이속 *Rhizopus* 진핵생물역(Eukaryota) 진균계(Fungi) 털곰팡이문(Mucoromycota) 털곰팡이강(Mucoromycetes) 털곰팡이목(Mucorales) 털곰팡이과(Mucoraceae)의 곰팡이 속. 식물의 부생 곰팡이이며 동물에는 특수 기생 곰팡이이다. 사람에게는 털곰팡이증(mucormycosis)을 일으키는 기회 병원체이다. 흙에 분포하며 익은 과일이나 남새, 젤리, 시럽, 가죽, 빵, 땅콩 따위의 유기 물질에서 발견된다. 격벽이 없는 실 모양의 가지 팡이실로 번식한다. 회백색부터 갈색 솜과 같은 콜로니를 형성한다. 녹말 당화력, 단백질 분해력, 유기산 생성력, 에탄올 발효력 따위가 강하여 발효 공업에 이용되는 종이 많다. 특히 푸마르산을 생성하는 곰팡이는 대부분 이 속에 속한다.

거미줄곰팡이 스톨로니페르 *Rhizopus stolonifer* 검정빵 곰팡이.

거미줄곰팡이 오리자에 *Rhizopus oryzae* 진핵생물역(Eukaryota) 진균계(Fungi) 털곰팡이문(Mucoromycota) 털곰팡이강(Mucoromycetes) 털곰팡이목(Mucorales) 털곰팡이과(Mucoraceae) 거미줄곰팡이속(*Rhizopus*)의 곰팡이. 탄수화물이나 여러 가지 중합체의 가수분해 효소와 에탄올, 유기산과 향을 생산하기 때문에 아시아와 아프리카에서 알코올 생산에 쓴다. 사람에게는 기회 병원체이다.

거미줄곰팡이 올리고스포루스 *Rhizopus oligosporus* 진핵생물역(Eukaryota) 진균계(Fungi) 털곰팡이문(Mucoromycota) 털곰팡이강(Mucoromycetes) 털곰팡이목(Mucorales) 털곰팡이과(Mucoraceae) 거미줄곰팡이속(*Rhizopus*)의 곰팡이. 라기와 템페를 만드는 데 쓴다. 식품 가공에서 원료로 쓸 수 있다.

거미줄곰팡이 자바니쿠스 *Rhizopus javanicus* 진핵생물역(Eukaryota) 진균계(Fungi) 털곰팡이문(Mucoromycota) 털곰팡이목(Mucorales) 털곰팡이강(Mucoromycetes) 털곰팡이과(Mucoraceae) 거미줄곰팡이속(*Rhizopus*)의 곰팡이. 식품 가공에서 주류(알코올 발효) 제조에 제한적으로 쓸 수 있다.

거미줄곰팡이 자포니쿠스 *Rhizopus japonicus* 진핵생물역(Eukaryota) 진균계(Fungi) 털곰팡이문(Mucoromycota) 털곰팡이강(Mucoromycetes) 털곰팡이목(Mucoralc3) 털곰팡이과(Mucoraceae) 거미줄곰팡이속(*Rhizopus*)의 곰팡이. 누룩에서 발견된다. 식품 가공에서 원료로 쓸 수 있다.

거친 콜로니 rough colony, R colony 우무 평판배지에 형성된 콜로니 겉면이 매끈하지 않고 거칠며 주변이 부정형으로 마른 모습인 콜로니. 창자 세균이 형성하는 거친 콜로니는 세포벽 바깥막에 있는 지방질다당류의 가장 바깥쪽 층의 오 항원 곁사슬이 짧으므로 그 안쪽의 지방질 에이(A) 부분의 영향을 크게 받아 그 겉면이 소수성으로 되어 거칠고 매끈하지 않은 모습을 나타내게 된다.

거품 세척 foam cleaning 계면활성제의 거품을 세척대상물에 발라서 씻는 방법. 거품이 많이 이는 음이온계면활성제나 비이온계면활성제를 쓴다. 거품은 비중이 작고 잘 흘러내리지 않으므로 수직 또는 경사 벽면, 장치 따위의 세척에서 접촉시간이 길어져서 유리하며 단위면적당 사용량이 적기 때문에 배수설비가 없는 곳에서도 사용하기 편리하다. 그러나 세제가 비싸고 주위에 거품이 튀고 거품이 꺼질 때까지 시간이 걸리는 단점도 있다.

거품 소독 foam disinfection 계면활성제를 포함한 소독액의 거품을 대상물에 뿌려서 병원체 미생물을 죽임. 작용시간이 비교적 길고 소독제나 물의 사용량이 적으며 건조시간이 짧은 장점이 있다. 양계장이나 소양육시설에서 이용한다. 소독제로는 역성비누, 양성계면활성제(amphoteric surfactant), 바이구아나이드계 살균제(biguanide disinfectant), 염소계 살균제, 알데하이드 제제(aldehyde preparation) 따위가 있고 발포제로는 음이온계면활성제나 비이온계면활성제가 있다.

건부병(乾腐病) dry rot 마른썩음병.

건생 생물(乾生生物) xerophile 제한된 물 공급에 적응하고 건조를 견딜 수 있는 생물. 수분 활성도 0.60~0.85에서 자랄 수 있는 미생물, 특히 곰팡이를 이른다. 식물로는 선인장 따위가 있으며 동물로는 사막에 사는 낙타 따위가 있다.

건식 배지(乾式培地) dry medium 특수한 막 한쪽에 배지 성분이 마른 상태로 들어있는 배지. 살균이 필요 없고 보존성이 우수하며 오염 지표 미생물을 간편하게 단시간에 검사할 때 쓴다. 막 한쪽에 10배 묽힌 시료액을 1밀리리터 첨가하면 시료 액은 막 전체에 퍼져서 젤(gel)화하여 붓기 평판법(pour plate method)으로 접종하였을 때와 같은 상태의 우무배지가 된다. 배양한 뒤 시료의 생균 수를 측정한다.

건열 살균(乾熱殺菌) dry heat sterilization 높은 온도에서 마른 열전도로 미생물을 죽임. 주로 미생물검사용 기구, 무균포장 시스템 용기의 살균에 널리 쓴다. 플라스틱 재료는 고온에 약하므로 적당하지 않다. 열 침투 속도가 늦고 미생물을 죽이는 데 시간이 오래 걸리는 단점이 있다. 일반으로 건열살균 온도와 시간은 170도에서 60분, 160도에서 120분, 150도에서 150분이다. 건열살균에서 살균 목표 미생물은 막대세균 수브틸리스(*Bacillus sublitils*)의 홀씨이다.

건열 살균기(乾熱殺菌機) dry sterilizer 높은 온도에서 마른 열전도로 미생물을 죽이는 데 쓰는 장치.

건조 균체 무게법 dry cell weight method 주로 곰팡이나 바퀴살세균의 무게를 측정하는 방법. 미생물 균체는 일반적으로 70~80퍼센트의 수분을 가지고 있으므로 그 수분을 뺀 균체의 무게(보통 1리터당 그램)로 나타낸다. 균체는 100~105도 또는 감압 상태의 실온에서 일정한 무게가 될 때까지 말려서 무게를 측정한다.

건조 필름 배지 dried film medium 일반 세균 수를 신속하고 간편하게 구할 수 있는 필름형 배지. 제조법에 따른 시험용액 1밀리리터와 각 10배 단계 묽힌 액 1밀리리터를 세균수 건조 필름 배지(배지 I 또는 II)에 두 개 이상에 접종한 뒤 35도에서 48시간 배양하여 생성된 붉은 콜로니 수를 계산하고 그 평균 콜로니 수에 묽힌 배수를 곱하여 일반세균수로 한다.

건조 효모(乾燥酵母) dry yeast 말린 효모. 활성 건조효모와 불활성 건조효모가 있다. 활성 효모는 낮은 수분 활성도에서도 오래 생존할 수 있는 균주를 선택하여 압착 효모 생산과 같은 방법으로 배양하여 온풍으로 말려 효모 활성을 유지한 것이다. 불활성 건조효모는 높은 온도에서 말려 발효 활성을 잃은 것이다. 활성 건조효모는 당을 발효하는 성질을 이용하여 제빵이나 제과에 쓰며, 불활성 건조효모는 바이타민 비(B) 약제, 단백질 식품, 사료 따위로 쓴다.

검뎅이침버섯아강 Sordariomycetidae 진핵생물역(Eukaryota) 진균계(Fungi) 자낭균문(Ascomycota) 동충하초강(Sordariomycetes)의 아강. 아래에는 혹단추버섯목(Chaetosphaeriales), 검뎅이침버섯목(Diaporthales) 구멍공버섯목(Sordariales) 따위가 있다.

검은 곰팡이 black mold, *Stachybotrys chartarum* 진핵생물역(Eukaryota) 진균계(Fungi) 자낭균문(Ascomycota) 구멍공버섯강(Sordariomycetes) 동충하초목(Hypocreales) 스타키보트리스과(Stachybotryaceae) 스타키보티리스속(*Stachybotrys*)의 곰팡이. 자연에 드문 곰팡이로 생장 속도가 느리며 때로는 흙과 곡물에서 발견되나 주로 셀룰로스가 많고 온도 변화가 크고 질소가 적고 햇빛이 없으며 적당한 습도 조건에서 발견된다. 트라이코테센 곰팡이독소인 세포 독성이 강한 사트라톡신-에이치(satratoxin-H)를 생성한다.

검은 녹병 black rust 줄기녹병.

검은 딸기병 cane gall 산딸기속(*Rubus*) 줄기에 혹이 많이 생기는 병.

검은무늬병 black spot 무, 배추, 고구마, 당근, 파, 배, 감귤, 자두 따위에서 잎, 줄기 그리고 열매 겉면에 검은 무늬가 생기는 곰팡이병. 이 병의 원인 곰팡이는 고구마는 세라토시스티스 핌브리아타(*Ceratocystis fimbriata*)로이다. 이 병에 걸린 고구마는 이포메아마론(ipomeamarone)이라는 쓴맛 독소를 생성한다. 배는 알테르나리아 키쿠키아나(*Alternaria kikuchiana*)가 원인 곰팡이로서 조기 낙과의 원인이 된다. 망고의 세균성 검은무늬병(bacterial leaf spot)은 잔토모나스 캠페스트리스(*Xanthomonas campestris*)가 원인 세균이다.

검은별무늬병 scab 호박, 오이, 사과, 배 따위에서 잎과 줄기에 흑갈색~흑색인 주변이 명확하지 않은 원형의 반점이 생기는 곰팡이병. 사과와 배의 경우 병세가 진행되면 딱지 모양의 병터가 되고 균열이 생긴다. 사과는 벤투리아 인아에쿠알리스(*Venturia inaequalis*), 배는 벤투리아 나쉬콜라(*V. nashicola*), 서양배는 벤투리아 피리나(*V. pirina*)이다. 박과 남새(오이, 멜론, 호박 따위)는 클라도수포륨 쿠쿠메리눔(*Cladosporium cucumerinum*)이며 복숭아, 자두, 매실, 버찌 따위는 클라도수포륨 카르포필룸(*C. carpophilum*)이다. 감자 검은별무늬병을 일으키는 알테르나리아 바타티콜라(*Alternaria bataticola*), 감 검은별무늬병을 일으키는 푸시클라듐 레비에이(*Fusicladium leviei*) 따위가 있다.

검은비늘버섯 chestnut mushroom, *Pholiota adiposa* 진핵생물역(Eukaryota) 진균계(Fungi) 담자균문(Basidiomycota) 주름버섯강(Agaricomycetes) 주름버섯목(Agaricales) 독청버섯과(Strophariaceae) 비늘버섯속(*Pholiota*)의 먹는 버섯. 갓은 지름 5~10센티미터이고 편평하며 누런 밤색이다. 봄에서 가을 사이에 그루터기나 죽은 넓은잎나무의 줄기에 돋아난다. 나무나 톱밥을 써서 인공 재배한다. 한국, 일본 북반구 일대에 분포한다.

검은썩음병 black rot 무, 배추, 고구마, 파, 토마토, 양파, 당근, 오이, 사과, 배, 감귤류 따위에 곰팡이 또는 세균이 일으키는 병. 남새의 감염된 부위에는 초기에 초록색이 섞인 갈색 반점이 생기고 점차로 반점은 검은색으로 변하면서 아래 잎부터 검게 마른다. 비가 많고 고온이 되면 발생하기 쉽다. 감귤류에서는 개화기에 암술머리에 감염하여 조기 낙과 원인이 되기도 하고 과일의 상처나 꼭지 부위에도 침입한다. 저장 중에도 크게 번진다. 곰팡이에 의한 것으로는 고구마의 세라토스토멜라 핌브리아타(*Ceratostomella fimbriata*), 감귤류의 알테르나이라 시트리(*Alternaria citri*), 사과와 배의 보트리오스파에리나 오브투사(*Botryosphaeria obtusa*), 포도 줄기의 구이그나르디아 비드웰리이(*Guignardia bidwellii*) 따위가 있다. 세균에 의한 것으로는 양배추, 브로콜리, 꽃양배추 따위의 십자화과(Cruciferae) 남새의 잔토모나스 캄피리티스 병원성 변종 캄페스트리스(*Xanthomonas campestris* pv. *campestris*), 감자의 에르위니아 아트로셉티카(*Erwinia atroseptica*) 따위가 있다.

검은잔버섯 ebony cup, *Pseudoplectania nigrella* 진핵생물역(Eukaryota) 진균계(Fungi) 자낭균문(Ascomycota) 주발버섯강(Pezizomycetes) 주발버섯목(Pezizales) 털고무버섯과(Sarcosomataceae) 가시잔버섯속(*Pseudoplectania*)의 버섯. 갓은 지름 최대 2센티미터로 컵 모양의 검은빛이다. 주로 바늘잎나무 숲속에서 떨어진 나뭇가지나 이끼 사이에서 뭉쳐난다. 먹지 않으나 폐렴 사슬알세균의 생장을 막는 플렉타신(plectasin)을 만든다. 전 세계에 분포한다.

검은점무늬병 melanose 감귤이나 유자에 곰팡이 디아포르테 시트리(*Diaporthe citri*)가 감염하여 일어나는 병. 병든 가지에서 홀씨가 빗물과 함께 흩어져 퍼진다. 둥근 작은 반점이 생기고 겉면이 검게 그을린 모양이 된다. 잎에 감염하면 잎이 떨어지고 새순의 경우에는 순 전체가 죽으며 열매는 떨어질 수 있다.

검정 고지곰팡이 black koji mold, *Aspergillus luchuensis* 진핵생물역(Eukaryota) 진균계(Fungi) 자낭균문(Ascomycota) 분가지버섯강(Eurotiomycetes) 분가지버섯목(Eurotiales) 아스페르길루스과(Aspergillaceae) 아스페루길루스속(*Aspergillus*)의 곰팡이. 검은색 또는 짙은 갈색의 분생 홀씨를 착생한다. 일본 오키나와에서 생산하는 아와모리(awamori) 소주의 고지 곰팡이로 분리되어 아스페르길루스 아와모리(*Aspergillus awamori*)로 명명되었으나 최근에 아스페르길루스 루추엔시스(*A. luchuensis*)로 명명되었다. 강한 녹말 당화력이 있으며 글루코아밀레이스 생산에 쓴다. 누런 고지 곰팡이(*A. oryzae*)보다 구연산을 많이 생성하여 잡균 번식을 억제하므로 아와모리 생산 고지 곰팡이 그 밖에 구연산이나 글루콘산의 생산에도 이용한다. 흰색 변종인 흰 고지 곰팡이는 아스페르길루스 가와치이(*A. kawachii*)라고 한다. 식품 가공에서 원료로 쓸 수 있다.

김징 빵곰팡이 black bread mold, *Rhizopus stolonifer* 진핵생물역(Eukaryota) 진균계(Fungi) 털곰팡이문(Mucoromycota) 털곰팡이강(Mucoromycetes) 털곰팡이목(Mucorales) 털곰팡이과(Mucoraceae) 거미줄곰팡이속(*Rhizopus*)의 곰팡이. 가장 흔한 곰팡이의 하나로 주로 열대와 아열대 지역에서 발견되며 피에이치 2.2 정도에서도 자랄 수 있다. 저장식품의 부패에 관여한다. 흙과 공기에 존재하며 노화 빵에 처음 나타나는 곰팡이이다. 딸기, 토마토, 멜론, 복숭아, 그 밖에 고구마를 포함한 많은 남새의 연부병(soft rot)을 일으킨다. 푸마르산의 산업 생산에 쓴다.

검정 효모 black yeast, *Aureobasidium pullulans* 진핵생물역(Eukaryota) 진균계(Fungi) 자낭균문(Ascomycota) 입술버섯강(Dothideomycetes) 입술버섯목(Dothideales) 입술버섯과(Dothideaceae) 아우레오바시듐속(*Aureobasidium*)의 효모. 흙, 물, 공기, 석회석 따위의 다양한 환경에서 볼 수 있다. 곡류, 두류, 견과류, 과일, 남새, 음료, 식물 따위에 분포하고 술도가에서 술을 짜고 난 지게미 따위에서 생장하여 검게 만든다. 특히 습도가 높은 환경에 존재하며 중간 온도 범위에서 잘 자란다. 달걀 모양의 출아 홀씨가 팡이실의 여러 곳에 형성된다. 각종 효소, 시데로포레(siderophore)와 풀룰란(pullulan) 생산에 이용한다. 식품 가공에서 원료로 쓸 수 있다.

검증(檢證) verification 에이치에이시시피(HACCP) 관리계획의 적절성과 실행 여부를 정기적으로 평가하는 일련의 활동. 적용 방법과 절차, 확인 그리고 그 밖의 평가 따위를 수행하는 행위를 포함한다.

겉껍질 envelope 바이러스에서 캡시드를 에워싸는 지방질과 단백질층. 이런 겉껍질을 가진 바이러스를 겉껍질 바이러스(enveloped virus)라고 한다.

겉면 발효 surface fermentation 액체 배양액이나 고체 배지 겉면에서 일어나는 발효. 대표적으로는 골마지 효모가 산소와 응집하면서 액체 겉면에 거품 형태의 필름을 형성하는 것이다. 숙성 치즈(블루 치즈, 브리, 까망베르), 샤워 반죽, 장유, 김치 따위의 발효식품에서도 볼 수 있다.

겉면 배양 surface culture 미생물을 고체배지 또는 액체 배양액 겉면에서 기르는 일. 미생물의 산소배양으로 식초제조, 구연산발효 따위에 쓴다. 액체배양일 때는 휘젓기, 통기, 진탕 따위를 하지 않고 발효액이 흔들리지 않는 상태에서 배양한다.

겉면 살균 surface sterilization 고체 식품 겉면에 있는 미생물을 죽임. 주로 고기 또는 고기 제품의 살균에 쓰나, 물고기, 과일, 남새 또는 치즈 따위의 살균에도 쓴다. 스팀, 열수 또는 적외선을 이용하여 식품의 포장 전 또는 포장한 뒤에 열처리한다.

게딱지버섯과 Discinaceae 진핵생물역(Eukaryota) 진균계(Fungi) 자낭균문(Ascomycota) 주발버섯강(Pezizomycetes) 주발버섯목(Pezizales)의 과.

게딱지버섯속 *Discina* 진핵생물역(Eukaryota) 진균계(Fungi) 자낭균문(Ascomycota) 주발버섯강(Pezizomycetes) 주발버섯목(Pezizales) 게딱지버섯과(Discinaceae)의 속.

게오막대세균속 *Geobacillus* 세균역(Bacteria) 막대세균문(Bacillota) 막대세균강(Bacilli) 막대세균목(Bacillales) 막대세균과(Bacillaceae)의 그람양성 막대 모양 조건 무산소 세균 속. 세균 홀씨를 형성하며 생장 최적 온도는 60도 정도이다. 흙을 포함하여 자연에 널리 분포한다.

게오막대세균 스테아로열필루스 *Geobacillus stearothermophilus* 세균역(Bacteria) 막대세균문(Bacillota) 막대세균강(Bacilli) 막대세균목(Bacillales) 막대세균과(Bacillaceae) 게오막대세균속(*Geobacillus*)의 그람양성 막대 모양 세균. 흙, 온천, 바다 침전물 따위를 포함하여 자연에 널리 분포는 호열 미생물이다. 내생 홀씨를 형성하며 생장 온도 범위는 30~75도이다. 통조림에서는 캔이 부푸는 일 없이 식품이 시어지는 무가스 사워 부패의 원인 세균이다. 세균 홀씨의 내열성을 이용하여 통조림의 살균 효과를 평가하는 지표 세균으로 이용한다. 또 알파-아밀레이스의 유전자를 재조합하여 내열 효소의 생산에 이용한다.

게오막대세균 열글루코시다시우스 *Geobacillus thermoglucosidasius* 세균역(Bacteria) 막대세균문(Bacillota) 막대세균강(Bacilli) 막대세균목(Bacillales) 막대세균과(Bacillaceae) 게오막대세균속(*Geobacillus*)의 그람양성 막대 모양 조건 무산소 호열 세균. 생장 온도 범위는 37~68도이며 최적 생장 온도는 60도이다. 다양한 기질을 이용할 수 있으며 녹말, 젤라틴과 풀룰란을 가수 분해하고 무산소 조건에서 발효하여 젖산, 석신산, 폼산, 에탄올, 아세트산과 이산화탄소를 생산한다.

게오막대세균 열데니트리피칸스 *Geobacillus thermodenitrificans* 세균역(Bacteria) 막대세균문(Bacillota) 막대세균강(Bacilli) 막대세균목(Bacillales) 막대세균과(Bacillaceae) 게오막대세균속(*Geobacillus*)의 그람양성 막대 모양의 호열 세균. 알파-아밀레이스를 생산한다.

게오막대세균 열레오보란스 *Geobacillus thermoleovorans* 세균역(Bacteria) 막대세균문(Bacillota) 막대세균강(Bacilli) 막대세균목(Bacillales) 막대세균과(Bacillaceae) 게오막대세균속(*Geobacillus*)의 호열 세균. 발열 중인 퇴비에서 발견되었다.

게오막대세균 팔리두스 *Geobacillus pallidus* '애리막대세균 팔리두스'의 옛 이름.

게오미세스 판노룸 *Geomyces pannorum* 진핵생물역(Eukaryota) 진균계(Fungi) 자낭균문(Ascomycota) 두건버섯강(Leotiomycetes) 고무버섯목(Helotiales)

미소트리쿰과(Myxotrichaceae) 게오미세스속(*Geomyces*)의 곰팡이. 노랑~갈색 실 같은 곰팡이로 추운 지역 땅에서 발견된다. 보통 영도 이하에서 영하 20도에서도 자랄 수 있다. 플라스틱의 생분해성이 있다.

게오트리쿰속 *Geotrichum* 진핵생물역(Eukaryota) 진균계(Fungi) 자낭균문(Ascomycota) 사카로미세스강(Saccharomycetes) 사카로미세스목(Saccharomycetales) 디포다스쿠스과(Dipodascaceae)의 곰팡이 속. 흙, 물, 공기, 하수뿐만 아니라 식물, 곡물, 우유 제품에서 발견된다. 사람의 가래와 똥에서도 분리되었다. 콜로니는 흰색, 노란색 갈색, 붉은색 따위의 단단한 덩어리이며 생장 후기에는 연한 크림과 같이 된다. 팡이실의 사이막에서 각 세포가 나뉘고 분리되어 직사각형 모양의 분절 홀씨를 만들기 때문에 현미경으로 보면 효모 모양의 단세포와 곰팡이 팡이실이 동시에 보인다. 따라서 게오트리쿰속을 효모 모양 곰팡이(yeast-like fungi) 또는 곰팡이 모양을 한 효모(fungi-like yeast)라고 부르기도 한다.

게오트리쿰증 geotrichosis 게오트리쿰 칸디둠(*Geotricum candidum*)에 감염되어 나타나는 증상. 기관지염, 폐렴, 입안염, 창자염, 피부염 따위를 일으킨다.

게오트리쿰 칸디둠 *Geotrichum candidum* 진핵생물역(Eukaryota) 진균계(Fungi) 자낭균문(Ascomycota) 사카로미세스강(Saccharomycetes) 사카로미세스목(Saccharomycetales) 디포다스쿠스과(Dipodascaceae) 게오트리쿰속(*Geotrichum*)의 곰팡이. 사람의 피부, 가래와 똥에서 발견된다. 전 세계의 모든 흙에서도 발견된다. 껍질이 있는 일부 치즈 제조에 쓴다. 사람에게는 게오트리쿰증을 일으키며, 감귤, 토마토, 당근, 그 밖의 남새에 산성 썩음병(sour rot)을 일으킨다. 식품 가공에서 치즈 제조에만 쓸 수 있다.

게오트리쿰 칸디둠 변종 시트리-아우란티이 *Geotrichum candidum* var. *citri-aurantii* 진핵생물역(Eukaryota) 진균계(Fungi) 자낭균문(Ascomycota) 사카로미세스강(Saccharomycetes) 사카로미세스목(Saccharomycetales) 디포다스쿠스과(Dipodascaceae) 게오트리쿰속(*Geotrichum*)의 곰팡이. 감귤의 수확 뒤 병인 산성 썩음병(sour rot)을 일으킨다.

게오트리쿰 클레바니이 *Geotrichum klebahnii* 진핵생물역(Eukaryota) 진균계(Fungi) 자낭균문(Ascomycota) 사카로미세스강(Saccharomycetes) 사카로미세스목(Saccharomycetales) 디포다스쿠스과(Dipodascaceae) 게오트리쿰속(*Geotrichum*)의 식물 병원체. 효모 같은 곰팡이이다.

겐타마이신 gentamycin 내열 세균인 작은모노스포라 프루프레아(*Micromonospora purprea*)와 작은모노스포라 에키노스포라(*M. echinospora*)가 생산하는 아미노글리코사이드 항생물질. 단백질 합성을 초기에 억제한다. 기관지염, 수막염, 세균의 피부 감염, 돼지의 이질과 대장균증 그리고 소의 유방염 치료에 쓴다. 포도알 세균과 같은 그람양성 세균 그리고 대장균, 살모넬라세균, 녹농 세균 따위의 그람음성 세균 모두에 유효하나 진균에는 작용하지 않는다. 열에 안정하여 고압 스팀 살균하여도 활성을 유지한다. 감자 포도당 우무배지나 사부로 우무배지에 곰팡이와 효모의 선택제로 쓴다.

격막(膈膜) septum 사이막.

격벽(隔壁) septum 사이막.

결절구멍장이버섯 *Polyporus tuberaster* 진핵생물역(Eukaryota) 진균계(Fungi) 담자균문(Basidiomycota) 주름버섯강(Agaricomycetes) 구멍장이버섯목(Polyporales) 구멍장이버섯과(Polyporaceae) 구멍장이버섯속(*Polyporus*)의 먹는 버섯. 갓은 지름 8센티미터 정도로 깔때기 모양 또는 반원형이며 흰색에서 옅은 황갈색이다. 넓은잎나무의 죽은 나무줄기나 가지에서 난다. 한국, 일본, 유럽 북아메리카에 분포한다.

결핵(結核) tuberculosis 결핵 세균(*Mycobacterium tuberculosis*)의 감염으로 일어나는 만성 감염병. 조직에 작은 혹 모양의 병터(결핵)가 생긴다. 주로 허파에 감염되나 온몸의 모든 장기에도 감염되며 결핵성 뇌막염, 가슴막염, 복막염을 일으킨다. 법정 제2급 감염병이다.

결핵세균(結核細菌) Koch's bacillus, *Mycobacterium tuberculosis* 세균역(Bacteria) 바퀴살세균문(Actinomycetota) 바퀴살세균강(Actinomycetia) 미코세균목(Mycobacteriales) 미코세균과(Mycobacteriaceae) 미코세균속(*Mycobacterium*)의 막대 모양 조건 산소 세균. 사람에게 결핵을 일으킬 수 있다. 세포벽이 두껍고 지방질로 둘러싸여 있어 그람 염색에 반응하지 않는다.

결핵약(結核藥) antituberculosis drug 결핵을 치료하는 약. 치료 시기, 효과, 안전성 따위에 따라 초기 치료에 사용하는 약제와 부작용이나 내성으로 초기 약제를 사용할 수 없을 때 사용하는 약제가 있다.

겹무늬썩음병 white rot 보트리오스파에리아 도티데아(*Botryosphaeria dothidea*) 곰팡이가 일으키는 사과 병. 과일에 갈색의 작은 둥근 반점이 생기며 반점 주위는 붉은빛을 띤다. 과일이 썩으면서 색깔이 점점 검게 변하며 병이 진전되면 과일 전체가 썩어 떨어진다.

경구 감염(經口感染) oral infection 병원체가 입을 통하여 몸속에 침입함. 감염 매개체로는 음식, 손가락, 식기 따위가 있으며 이질, 장티푸스, 콜레라 따위가 이 방법으로 감염된다.

경자(梗子) phialide 피알라이드.

계대 배양(繼代培養) subculture 미생물의 대를 잇기 위하여 균주를 새 배지에 정기적으로 접종 배양하여 간직하는 일. 미생물을 생장 상태로 간직하기 위한 것으로 간직하는 동안에도 대사 산물을 생성하며 퇴화, 변이, 죽는 일이 있으므로 계대배양이 필요하다.

계명주(鷄鳴酒) gemyeong-ju 차좁쌀로 빚은 술. 황혼 무렵에 빚으면 그다음 날 새벽닭이 울 때 먹을 수 있다고 하여 붙은 이름이다. 그러나 실제 술 발효시간은 25~28도에서 여드레 정도이며 알코올 함량은 11퍼센트이다. 경기도 남양주시에서 담그며 1987년 2월 12일 경기도 무형문화재로 지정되었다.

계수판(計數板) counting chamber 현미경 아래에서 일정 부피의 액체에 들어있는 미생물, 세포, 또는 입자의 수를 셀 수 있도록 고안된 덮개가 달린 유리 슬라이드. 일정한 간격으로 가로와 세로로 바둑판무늬의 눈금이 새겨 있으며 가운데 부분은 주변보다 0.1밀리미터 낮아 계수판과 덮개유리 사이의 공간에 시료가 들어갈 수 있다. 이 위에 시료 액을 넣고 덮개유리를 씌우고 일정한 구획 안에 있는 미생물 수를 계수하여 시료 일정한 부피당(보기로서 1밀리리터) 미생물 수를 계산한다. 크기가 큰 미생물은 토마의 혈구 계수판을 이용하고 세균용으로는 페트로프-하우세르(Petroff Hausser) 계수판을 이용한다.

계통 세균학(系統細菌學) systematic bacteriology 세균 종의 분류와 동정을 위한 세균의 생리 특성과 개체 사이의 상호 관계에 따른 계통 분류를 연구하는 학문. 최근에는 주로 16 에스(S) 리보솜 아르엔에이(rRNA)의 유전자 순서를 이용한 분자 계통학적 분류체계가 도입되었다. 세균의 계통 분류는 주로 버기스 지침서(Bergy's mannual)에 따른다. 이 지침서는 세균의 분류 편람으로 1923년 '결정 세균학(Determinative Bacteriology)'으로 발간되었고 1984년에 '계통세균학'으로 개정된 뒤 2015년에는 '고균과 세균 계통학(Bergy's Manual of Systematics of Archaea and Bacteria)'이 전자책으로 발간되었다.

계통 수(系統樹) phylogenetic tree 생물의 여러 종이나 분류군 사이에서 나타나는 진화의 유연관계를 나무의 줄기와 가지로 비유하여 나타낸 그림.

계통유전체학(系統遺傳體學) phylogenomics 계통학(phylogenetics)에 유전체학(genomics)을 접목한 학문. 여러 개체의 유전체를 비교하여 얻은 계통수를 바탕으로, 생물 집단(population)과 종(species) 사이의 계통과 진화 관계를 규명하는 분야이다.

고구마 검은무늬병 black rot 고구마 수확기와 저장하는 동안 덩이뿌리에 검은 무늬가 생기는 병. 병원체는 곰팡이인 세라토시스티스 펌브리아타(*Ceratocystis fimbriata*)이다. 수확기 고구마에는 둥글고 둘레가 뚜렷한 검은 무늬가 생기고, 무늬 중심부는 푸른빛을 띠는 진한 검은색을 나타낸다. 저장 고구마에는 겉면에 검은색 또는 흑갈색의 둥근 무늬가 생긴다. 병든 부위를 잘라보면 덩이뿌리 속까지 검게 변해 썩어 있다. 병든 부위는 마른 상태로 썩으며 씹어보면 쓴맛이 나는데 그 원인은 이포메아마론(ipomeamarone) 때문이다. 병든 덩이뿌리를 가축의 사료로 쓰면 식욕 감퇴, 호흡 장애, 설사 따위를 일으키는 것으로 알려져 있다.

고균(古細菌) archaea 고균역(Archaea)을 구성하는 원핵미생물. 유전적, 생화학적 이유로 다른 원핵생물역인 세균역(Bacteria)과 구분한다. 고균은 세포벽에 지방산 대신에 반복하는 아이소프렌 단위의 곁사슬을 포함하는 막 지방질을 가진 점이 세균과 다른 점이다. 메테인생성 세균, 황 환원 세균, 극호열세균, 극호염 세균과 세포벽이 없는 고균 따위가 있다.

고균역(古菌域) Archaea 원핵생물의 한 역. 예전에 고세균(archaebacteria)으로 분류하였으나 지금은 세균역에서 독립적으로 분리되었다. 세포벽에 펩티도글리칸이 없고 지방산 대신에 반복하는 아이소프렌 단위의 곁사슬을 포함하는 막 지방질 그리고 독특한 리보솜과 리보솜 아르엔에이 염기 순서를 갖는 것이 세균역과 다른 점이다. 고균역은 크게 초고온고균계(Crenachaeota)와 에우리고균계(Euryarchaeota)로 분류한다. 후자는 메테인생성세균(methanogen), 황 환원 초호열 세균(extreme thermophile and sulfur reducer), 초호염 세균(extreme halophile), 세포벽이 없는 고균(Archaea lacking cell wall) 따위로 나눈다.

고기즙 배지 beef broth 쇠고기 육즙으로 만든 액체배지. 주로 음식중독 또는 병원성 미생물 배양에 쓴다.

고기 추출물 meat extract 육수. 보통 감압 농축하여 페이스트 또는 가루로 만들어 배지의 일반 성분으로 쓰며 보통 0.5~1퍼센트를 첨가한다. 일반적으로 쇠고기 추출물을 쓴다.

고등 진균(高等眞菌) higher fungus 잘 발달한 팡이실과

사이막을 가지고 있는 자낭균문(Ascomycota)과 담자균문(Basidiomycota)의 진균.

고량주(高粱酒) kaoliang chiew 수수를 중국 누룩으로 빚은 중국 특산 백주의 하나. 술덧을 만들 때 많은 물을 쓰는 일반 술 발효와는 달리 고량주는 찐 수수에 소량의 물을 넣고 반고체 술덧 상태에서 발효, 증류한 뒤 숙성하여 만든다. 알코올 농도는 30~60퍼센트로 무색투명하며 독특한 향기가 있고 맛은 보드카와 비슷하다.

고리 gori ① 소줏고리. 소주를 만들 때 술덧을 증류하는 데 쓰는 기구로 흙, 고리와 철로 만든다. 단식증류기의 하나이다. ② 소주를 사발에 담은 것을 묶어 세는 단위. 한 고리는 소주 열 사발이다.

고리 매개 등온 증폭법 loop mediated isothermal amplification assay 유전자 증폭 기술의 하나. 디엔에이(DNA)와 아르엔에이를 대상으로 한다. 주형이 되는 이중 가닥 디엔에이의 수소결합을 해리하면서 새로운 상보 디엔에이 가닥을 합성하는 효소인 가닥 치환 디엔에이 중합 효소(strand displacement DNA polymerase)를 써서 60~65도에서 유전자를 증폭한다. 또 표적 유전자의 염기 배열로부터 여섯 개의 영역을 선택하여 조합한 네 종류의 프라이머(primer)를 이용하여 표적 유전자배열을 증폭하므로 특이성이 높다. 식품검사에서는 창자 출혈 대장균(enterohemorrhagic *Escherichia coli*) O157과 O26에 대해서 이용한다. 중합효소연쇄반응(PCR)보다 검출 감도와 특이성이 높고 반응시간이 짧으며 증폭 산물의 확인을 위한 전기이동이 필요하지 않은 장점이 있다.

고리세린 cycloserine 스트렙토미세스 오르키다세우스(*Streptomyces orchidaceus*)가 생산하는 광범위 항생 물질. 특히 결핵세균에 활성이 있어 경구용 폐결핵 치료제로 쓴다.

고리클로로틴 cyclochlorotine 푸른곰팡이 이스란디쿰(*Penicillium islandicum*)이 생산하는 곰팡이독소. 화학적으로는 이염화 고리펩타이드(dichlorinated cyclic peptide)이다. 주로 쌀, 밀, 콩, 땅콩, 강낭콩, 빵, 밀가루 따위에서 발견되는 독소의 하나이다. 간 손상을 일으키며 발암 성질도 있다. 황변미의 원인 곰팡이이기도 하다.

고리피아존산 cyclopiazonicacid 푸른곰팡이 베루코숨(*Penicillium verrucosum*), 푸른곰팡이 그리세오풀붐(*P. griseofulvum*), 아스페르길루스 플라부스(*Aspergillus flavus*)와 아스페르길루스 오리자에(*A. oryzae*)가 생산하는 곰팡이독소. 옥수수, 땅콩, 치즈 따위에 곰팡이가 자라는 동안 생성된다. 일부 동물에는 독성을 보이나 사람에게는 위험성은 없다.

고비중 맥주 발효(高比重麥酒醱酵) high gravity brewing 보통 엿기름 즙(10~13 도플라토)보다 더 고형물이 많아 밀도가 큰 엿기름 즙(14~17 도플라토)을 써서 맥주를 만듦. 맥주 산업에서는 고농도 맥주 발효를 하는 것은 두 가지 이유가 있다, 첫 번째는 알코올 함량(6~8퍼센트 또는 그 이상)이 높고 향미와 향이 진한 맥주를 만들기 위한 것이다. 알코올 함량 6~12퍼센트인 에일인 보리 와인(barley wine), 색이 짙고 알코올 함량 9퍼센트 이상인 임페리얼 스타우트(imperial stout) 따위가 있다. 두 번째 이유는 생산 규모가 작은 공장에서 높은 수요를 충당하기 위하여 쓰기도 한다. 밀도가 큰 엿기름 즙을 발효한 고 알코올 함량 맥주에 산소를 제거한 발효 용수를 첨가하여 일반 맥주 수준으로 알코올 함량을 조절한다. 이렇게 묽힌 맥주는 거품 안정성이 떨어지고 맥주 향미가 변하는 단점이 있다.

고생자낭균강(古生子囊菌綱) Archaeorhizomycetes 진핵생물역(Eukaryota) 진균계(Fungi) 자낭균문(Ascomycota)의 강. 강 아래에는 한 개의 목, 과와 속이 있다.

고생자낭균과(古生子囊菌科) Archaeorhizomycetaceae 진핵생물역(Eukaryota) 진균계(Fungi) 자낭균문(Ascomycota) 고생자낭균강(Archaeorhizomycetes) 고생자낭균목(Archaeorhizomycetales)의 유일한 과.

고생자낭균목(古生子囊菌目) Archaeorhizomycetales 진핵생물역(Eukaryota) 진균계(Fungi) 자낭균문(Ascomycota) 고생자낭균강(Archaeorhizomycetes)의 유일한 목.

고생자낭균속(古生子囊菌屬) *Archaeorhizomyces* 진핵생물역(Eukaryota) 진균계(Fungi) 자낭균문(Ascomycota) 고생자낭균강(Archaeorhizomycetes) 고생자낭균목(Archaeorhizomycetales) 고생자낭균과(Archaeorhizomycetaceae)의 유일한 속. 흙과 주변의 바위에 산다.

고세균(古細菌) archaebacteria '고균'의 옛 이름.

고세균계(古細菌系) Archaebacteria '고균역'의 옛 이름.

고압 가공(高壓加工) high pressure processing 병을 일으키거나 식품을 상하게 하는 미생물을 높은 압력(600메가파스칼)으로 일정 시간 처리하여 죽여 식품을 보존하는 비열처리 방법. 열 대신에 높은 압력을 전달하는 물을 써서 순간적으로 제품에 고르게 압력이 전달되고 파스퇴르살균에 버금가는 효과를 얻을 수 있다. 고압 가공은 식품의 맛, 텍스처, 겉모양 또는 영양값에 최소 영향만을 준다.

고압 증기 살균(高壓蒸氣殺菌) high pressure steam sterilization 오토클레이브를 이용하여 고압 포화 스팀으로 미생물을 죽임. 100~135도에서 미생물의 영양세포와 홀씨를 죽인다. 배지를 비롯하여 실험기구는 일반적으로 121도에서 15~20분 유지하여 살균한다.

고약버섯과 Corticiaceae 진핵생물역(Eukaryota) 진균계(Fungi) 담자균문(Basidiomycota) 주름버섯강(Agaricomycetes) 고약버섯목(Corticiales)의 과.

고약버섯목 Corticiales 진핵생물역(Eukaryota) 진균계(Fungi) 담자균문(Basidiomycota) 주름버섯강(Agaricomycetes)의 목. 고약버섯과가 있다.

고약버섯속 *Corticium* 진핵생물역(Eukaryota) 진균계(Fungi) 담자균문(Basidiomycota) 주름버섯강(Agaricomycetes) 고약버섯목(Corticiales) 고약버섯과(Corticiaceae)의 속.

고온 단시간살균(高溫短時間殺菌) high temperature short time processing, HTST processing, flash pasteurization 우유나 과일 주스 따위의 액체 식품의 미생물 수를 줄여 저장성을 높이거나 병원성 세균을 죽임. 열교환기를 통하여 짧은 시간 안에 이루어진다. 일반 파스퇴르 살균온도(65도 정도)보다 높은 온도인 72~75도에서 15~30초 가열 살균한다.

고온 살균(高溫殺菌) high temperature sterilization 고온 스팀(121도 또는 132도) 처리로 미생물을 죽임.

고온 세균(高溫細菌) thermophilic bacterium 비교적 높은 온도(41~122도)에서 살 수 있는 세균의 하나. 세균역(Bacteria)의 일부 홀씨 형성 세균으로 클로스트리듐속(*Clostridium*), 게오막대세균속(*Geobacillus*)과 일부 알세균으로 포도알세균속(*Staphylococcus*), 사슬알세균속(*Streptococcus*) 따위를 포함한다.

고온 충전(高溫充塡) hot-filling 고온(85~95도)으로 가열한 식품을 바로 용기에 채워 넣는 일.

고전압 펄스살균 pulse electric field sterilization 높은 전압 펄스 전기장을 이용하여 세포를 불활성화하는 방법. 세포막을 파괴하여 세포를 죽인다. 열처리 방법이 아닌 냉살균의 하나이다.

고정(固定) immobilization 붙박이.

고지 koji 쌀, 보리, 콩, 탈지 콩, 밀기울 따위에 고지 곰팡이를 배양한 씨 고지를 접종하여 번식시킨 스타터. 고지를 만드는 주목적은 고지 곰팡이의 효소 생성이며 특히 아밀레이스와 단백질 가수분해효소가 중요하다. 사용한 원료에 따라 쌀 고지, 보리 고지, 콩 고지라고 하고 용도에 따라 사케 고지, 장유고지, 미소 고지 따위로 분류한다.

고지곰팡이 koji mold 고지 제조에 쓰는 아스페르길루스속(*Aspergillus*)의 곰팡이. 성숙한 분생 홀씨의 색에 따라 누런 고지 곰팡이, 검정 고지 곰팡이 그리고 흰 고지 곰팡이로 구별한다.

고지바이오스 kojibiose 디-포도당 두 분자가 알파-1,2 글루코사이드 결합한 이당류(2-*O*-α-D-glucopyranosyl-D-glucose). 포도당 캐러멜화의 산물이다. 꿀에도 약 3퍼센트 들어있다. 부드러운 단맛이 있어 설탕 대체물로 쓸 수 있다. 열량은 낮고 프리바이오틱 특성이 있다.

고지산 kojic acid 아스페르길루스 오리자에(*Aspergillus oryzae*)가 생산하는 대사 산물. 세균 억제 활성이 있으며 카테콜 산화 효소와 타이로신 가수 분해 효소의 활성을 억제한다. 식품의 갈변 억제제로 쓴다.

고지 상자법 koji tray method 얕은 상자를 써서 고지를 만드는 방법. 온도와 습도가 조절된 방에서 고지 곰팡이를 접종한 찐쌀을 상자에 일정량씩 넣고 28도 정도에서 배양하는 방법이다.

고지실 koji room 찐 곡물에 고지 곰팡이를 배양하여 고지를 만드는 장소.

고지 아밀레이스 koji amylase 고지 곰팡이가 생산하는 녹말 가수 분해 효소.

고지 제조 koji making 쌀, 보리, 콩, 그 밖의 잡곡을 찐 뒤 씨 고지를 접종하여 고지를 만듦. 배양 상자를 이용하는 방법과 온도와 습도를 자동 조절하는 고지 제조기를 쓰는 방법이 있다.

고지 제조기 koji making machine 찐 곡물에 씨 고지를 배양하여 고지를 만드는데 쓰는 장비. 온도와 습도 조절 장치 그리고 교반 장치를 갖추고 있다.

고체 고지법 solid koji method 쌀, 보리, 콩 따위에 씨 고지를 키워 고지를 만드는 방법. 고지 곰팡이의 생육이 좋고 효소 생산량이 많아 지금도 발효에 널리 쓴다.

고체 배양(固體培養) solid culture 고체 또는 반고체 기질에 미생물을 기르는 일. 누룩, 메주. 우무배지를 이용한 배양 따위가 있다.

고체 배지(固體培地) solid medium 미생물 배양에 필요한 무기염과 그 밖에 필요한 영양물질이 들어있는 액체배지에 2.5~3.0퍼센트의 우무를 넣어 굳힌 배지. 미생물뿐만 아니라 동식물 세포, 조직 배양, 홀씨나 꽃가루 배양 따위에도 널리 쓴다. 고체 평판 배지에서 세균은 특유의 콜로니를 형성하므로 세균 동정에 도움을 준다. 우무배지는 사용 목적에 따라 비탈배지, 찔러 심기 배지, 평판배지 따위로 나눈다. 비탈배지는 산소 세균, 곰팡이 또는 효모의 비탈배양, 찔러 심기 배지는 젖산세균 따위의 저산소 세균의 찔러 심기 배양, 평판배지는 콜로니를 형성시켜 미생물을 분리하는 평판 배양(plate culture)에 쓴다.

고체상 발효(固體狀醱酵) solid state fermentation 수분 함량이 매우 적은 쌀겨, 옥수수 대, 밀짚 따위의 고체 기질 위에서 일어나는 발효. 에너지가 적게 들고 수율이 높으며 생산물의 분리와 정제가 빠른 이점이 있다. 주로 효소, 유기산, 항생물질, 식물 화합물 따위의 생산에 쓴다. 다운스트림 과정(downstream process)이 가능하므로 식초 생산에도 쓴다.

고초균(枯草菌) *Bacillus subtilis* '막대세균 수브틸리스'의 잘못.

고층 배지(高層培地) stab culture medium 찔러심기 배지.

곡물 위스키 grain whisky 보리 엿기름 밖에 다른 곡물을 써서 만드는 위스키. 주로 옥수수, 밀과 호밀을 쓰며 당금에 필요한 당화 효소로 보리 엿기름을 조금 첨가한다. 미국과 캐나다에서 생산하는 대부분 위스키가 이에 속한다.

곡자(曲子) gokja 누룩.

곡주(穀酒) cereal wine 곡식으로 빚은 술. 곡식을 당화, 발효하여 얻는다. 청주, 탁주 따위이다.

곤약버섯과 Sebacinaceae 진핵생물역(Eukaryota) 진균계(Fungi) 담자균문(Basidiomycota) 주름버섯강(Agaricomycetes) 곤약버섯목(Sebacinales)의 과.

곤약버섯목 Sebacinales 진핵생물역(Eukaryota) 진균계(Fungi) 담자균문(Basidiomycota) 주름버섯강(Agaricomycetes)의 목. 곤약버섯과가 있다.

골마지 golmaji 간장, 된장, 김치, 술, 초 따위의 물기 많은 발효식품 겉면에 생기는 얇은 흰색 막. 골마지 효모가 산소와 접촉하여 나타나는 현상이다. 골마지 생성을 막기 위해서는 발효식품과 산소의 접촉을 막아야 한다. 김치, 오이지, 동치미 따위에 생긴 골마지는 걷어내고 가열하면 안전한 것으로 알려져 있다.

골마지 효모 film yeast 액체 배양할 때 배양액 겉면에 엷은 흰 막을 형성하는 산소 효모. 홀씨를 형성하는 피키아속(*Pichia*), 홀씨를 형성하지 않는 칸디다속(*Candida*)이 이에 속한다. 보통 발효가 끝나고 변질 단계에 들어서기 전에 나타나는 현상이다. 간장, 된장, 김치 따위의 겉면에 피막을 만드는 지고사카로미세스속(*Zygosaccharomyces*), 데바리오미세스속(*Debaryomyces*) 따위의 내염 효모(halotolerant yeast)도 있다. 흔히 식품의 향미를 떨어뜨리고 불쾌 내가 생기고 피에이치를 올려 부패세균의 생육을 초래하게 되어 식품이 상하므로 오염 미생물로 보는 경우가 많다. 그러나 스페인의 셰리(sherry) 숙성에는 골마지 효모가 관여하여 특유의 향미를 준다.

곰보버섯 morel, *Morchella esculenta* 진핵생물역(Eukaryota) 진균계(Fungi) 자낭균문(Ascomycota) 주발버섯강(Pezizomycetes) 주발버섯목(Pezizales) 곰보버섯과(Morchellaceae) 곰보버섯속(*Morchella*)의 먹는 버섯. 갓은 지름 4~5센티미터로 넓은 알 모양으로 연한 갈색이며 그물코 모양의 홈이 있다. 봄에 숲이나 정원수 밑에서 뭉쳐난다. 주로 유럽에서 먹으며 전 세계에 분포한다.

곰보버섯과 Morchellaceae 진핵생물역(Eukaryota) 진균계(Fungi) 자낭균문(Ascomycota) 주발버섯강(Pezizomycetes) 주발버섯목(Pezizales)의 과.

곰보버섯속 *Morchella* 진핵생물역(Eukaryota) 진균계(Fungi) 자낭균문(Ascomycota) 주발버섯강(Pezizomycetes) 주발버섯목(Pezizales) 곰보버섯과(Morchellaceae)의 속. 먹는 것으로는 곰보버섯 따위가 있다.

곰팡이 mold 진균 가운데 솜털 같은 팡이실과 홀씨를 만드는 미생물을 이르는 말. 미생물 분류에 따른 용어는 아니며 단세포인 효모를 제외한 진균을 이르는 말이다. 곰팡이는 자연에 널리 분포하고 동식물의 배설물이나 사체를 분해하며, 발효식품이나 약품 제조에 널리 쓴다. 한편으로는 동식물의 질병이나 식품 따위의 상함에도 관여하며 곰팡이독소를 생산하여 음식매개병을 일으키기도 한다.

곰팡이 감염 mold infection 곰팡이가 숙주에 들어가 자라는 일.

곰팡이 단백질 mycoprotein 곰팡이가 생산하는 단백질, 단세포 단백질의 하나이다. 푸사륨 그라미네아룸(*Fusarium graminearum*)에서 얻는 텍스처화 단백질인 퀀(quorn) 따위가 있다.

곰팡이독소 mycotoxin 곰팡이가 생산하는 독소를 통틀어 이르는 말. 아플라톡신, 오크라톡신, 트라이코테센 곰팡이독소(trichothecene mycotoxin), 푸모니신(fumonisin), 제아랄레논(zearalenone), 파툴린(patulin) 따위가 있다. 곰팡이독소는 저분자화합물이며 열에 안정하다. 대부분 아스페르길루스, 푸른곰팡이 그리고 푸사륨의 세 속의 곰팡이가 생산한다.

곰팡이독소증 mycotoxicosis 곰팡이독소를 먹어 사람이나 동물에서 일어나는 병.

곰팡이병 mycosis 곰팡이 감염으로 동물에서 일어나는 병.

곰팡이 스타터 mold starter 발효에 쓰는 곰팡이 배양물. 배지에 곰팡이를 키워 홀씨를 충분히 형성하게 한 것이다. 홀씨는 냉동 건조하여 가루 또는 홀씨 서스펜션으로 만들어 쓴다.

곰팡이 홀씨 mold spore 곰팡이가 생산하는 홀씨. 분생 홀씨, 홀씨주머니 홀씨, 자루곰팡이 홀씨, 후막 홀씨, 접합 홀씨, 자낭 홀씨, 담자 홀씨 따위가 있다.

공기 감염(空氣感染) airborne infection 공기 속에 떠다니는 병원체가 사람이나 동물의 호흡기를 통해 몸에 들어가 옮는 일. 유행성 감기가 대표적이다.

공기 살균(空氣殺菌) air sterilization 자외선 살균등으로 공기 속의 미생물을 죽임.

공기 시료 채취기(空氣試料採取機) air sampler 공기 속의 생균 수를 측정하는 장치. 충돌 시료 채취장치(impactor sampler), 임핀저 시료 채취장치(impinger sampler), 거르기 시료 채취장치(filtration sampler)가 있다. 충돌 시료 채취장치를 이용하는 경우에는 우무배지 위에 펌프나 송풍기로 일정량의 시료 공기를 불어 넣어 배양하고 형성된 콜로니 수를 측정한다. 임핀저 시료 채취장치의 경우에는 일정량의 시료 공기를 인핀저라는 유리병에 담은 액체배지에 흡인하고 생균 수를 측정한다. 거르기 시료 채취장치의 경우에는 일정량의 시료 공기를 진공펌프를 사용하여 폴리카보네이트(polycarbonate) 또는 셀룰로스 아세테이트(cellulose acetate)로 된 거름막을 통과시킨 다음 막을 우무배지에 붙여서 배양하여 형성된 콜로니 수를 측정한다.

공발효(共醱酵) cofermentation 한 개의 미생물로 두 개 이상의 기질 또는 한 개의 기질을 두 개 이상의 미생물로 동시에 발효하는 일.

공생(共生) symbiosis 서로 다른 생물이 양쪽 또는 한쪽의 도움을 받으면서 함께 사는 일. 두 종이 공존하면서 서로 다른 종의 도움을 얻는 상리공생(mutualism), 한쪽만이 도움을 받고 다른 쪽은 별다른 영향을 받지 않는 편리공생(commensalism), 한쪽만이 해를 입고 다른 쪽은 영향을 받지 않는 편해공생(amensalism), 한쪽만이 이익을 받고 다른 쪽에 해를 미치는 기생(parasitism), 같이 있으면 서로 손해를 보는 경쟁 관계(competition)가 있다. 콩과 식물과 뿌리혹박테리아, 악어와 악어새, 진딧물과 개미 따위의 관계는 양쪽이 도움을 받는 상리공생의 보기이다. 많은 육상식물의 뿌리에는 곰팡이가 공생하고 있으며 흙에서 인산이나 질소를 흡수하여 숙주식물에 공급하는 한편 식물에서 탄소 화합물을 에너지원으로 얻는 상리공생은 지구 생태계의 기능으로 중요한 관계이다.

공생 세균(共生細菌) symbiotic bacterium 다른 생물과 함께 사는 세균. 콩과 식물의 뿌리혹에 살면서 식물의 질소고정을 돕는 뿌리혹세균이 있다.

공생 질소 고정(共生窒素固定) symbiotic nitrogen fixation 공기 중의 불활성 질소분자를 다른 질소화합물(암모니아, 질산염, 이산화질소 따위)로 변환하는 과정. 생물학적 관점에서 다른 두 개 이상의 종이 서로 영향을 주고받는 관계이다.

공생 질소고정미생물(共生窒素固定微生物) symbiotic nitrogen fixing microorganism 콩과 식물 뿌리에 공생하면서 흙의 공기 질소를 고정하여 암모니아로 만드는 미생물.

공중미생물(空中微生物) airborne microorganism 공기 속에 존재하는 미생물. 공기에는 먼지 따위에 붙어 있는 세균, 곰팡이, 효모, 바이러스가 있고 그 농도는 공간영역과 그 장소의 위생 상태를 알 수 있는 중요한 지표가 된다. 공중 미생물의 측정에는 낙하 미생물 측정법(settle plate method)과 공기 시료 채취기(air sampler)를 이용한 측정법이 있다.

공중세균(空中細菌) airborne bacterium 공기 속에 먼지 따위에 붙어 있는 세균. 대부분은 그람양성 알세균 또는 홀씨 형성 세균이다.

과산화물(過酸化物) peroxide 퍼옥시기(peroxy group, -O-O-) 구조를 가진 화합물. 퍼옥시기를 가지는 과산화물, 오존 따위는 살균력이 있다. 살균작용은 분해할 때 생성되는 산소나 수산기의 산화력에 따른 것이다.

과열 스팀살균 superheated steam sterilization 열에너지가 큰 과열 수증기(100도 이상) 기류에 식품을 혼합하면서 수평 기류관(horizontal tubule) 안을 통과시키는 동안 미생물을 죽임. 약제를 쓰지 않고 공기가 없는 환경 속에서 세균을 순간적(4~5초)으로 죽일 수 있어서 영양소의 손실이나 산화 따위의 품질변화를 최소한으로 줄일 수 있다. 향신료 따위의 살균에 쓴다.

과일주 fruit wine ① 과일, 과일즙 또는 과일과 물을 원료로 하여 발효한 술덧을 거른 술. 또는 나무통에 넣어 숙성한 술. ② 과일을 주원료로 하고 당과 물을 섞어 발효한 술덧을 거른 술. 또는 나무통에 넣어 숙성한 술.

광대버섯 fly agaric, *Amanita muscaria* 진핵생물역(Eukaryota) 진균계(Fungi) 담자균문(Basidiomycota) 주름버섯강(Agaricomycetes) 주름버섯목(Agaricales) 광대버섯과(Amanitaceae) 광대버섯속(*Amanita*)의 독버섯. 갓은 지름 6~12센티미터로 편평하며 끈적기가 있고 붉은빛과 오렌지빛을 띤 노란색이며 흰 사마귀 반점으로 덮혀 있다. 주로 소나무 숲의 양치식물이 자라는 곳에서 나며 전 세계에 분포한다. 독 성분으로 무시몰, 아이보텐산, 무스카린, 아마톡신 따위가 알려져 있다.

광대버섯과 Amanitaceae 진진핵생물역(Eukaryota) 진균계(Fungi) 담자균문(Basidiomycota) 주름버섯강(Agaricomycetes) 주름버섯목(Agaricales)의 과.

광대버섯속 *Amanita* 진진핵생물역(Eukaryota) 진균계(Fungi) 담자균문(Basidiomycota) 주름버섯강(Agaricomycetes) 주름버섯목(Agaricales) 광대버섯과(Amanitaceae)의 속. 달걀버섯 따위가 있다.

광독립 영양세균(光獨立營養細菌) photoautotrophic bacterium 에너지원으로 빛을 이용하고 유일한 탄소 원으로 이산화탄소를 고정하며 생장에 필요한 유기 영양소를 모두 합성할 수 있는 세균. 남세균문(Cyanobacteria), 돌말류, 녹조식물문(Chlorophyta), 유글레나식물문(Euglenophyta) 따위이다.

광막대세균속 *Photorhabdus* 세균역(Bacteria) 슈도모나스문(Pseudomonadota) 감마가변세균강(Gammaproteobacteria) 엔테로박터목(Enterobacterales) 모르가넬라과(Morganellaceae)의 그람음성 생물발광 막대 세균 속. 광범위한 곤충에 병원성이 있는 것으로 알려져 있으며 농업에서 생물농약으로 사용되었다.

광세균속(光細菌屬) *Photobacterium* 세균역(Bacteria) 슈도모나스문(Pseudomonadota) 감마가변세균강(Gammaproteobacteria) 비브리오목(Vibrionales) 비브리오과(Vibrionaceae)의 그람음성 막대 모양 조건 무산소 세균 속. 생육에 소듐을 요구하며 화학유기영양생물이다. 바닷물, 바닷물고기와 바다 동물의 창자에서 발견되며 발광한다.

광세균 포스포레움 *Photobacterium phosphoreum* 세균역(Bacteria) 슈도모나스문(Pseudomonadota) 감마가변세균강(Gammaproteobacteria) 비브리오목(Vibrionales) 비브리오과(Vibrionaceae) 광세균속(*Photobacterium*)의 그람음성 발광세균. 해양 생물과 공생하며 발광효소가 촉매하는 루시페린과 분자 산소의 반응으로 청록빛(490마노미터)을 낸다.

광우병(狂牛病) mad cow disease 소 해면상 뇌증.

광종속 영양생물(光從屬營養生物) photoheterotroph 에너지원으로 빛을 이용하고 이산화탄소를 유일한 탄소 원으로 이용할 수 없는 생물. 탄소 대부분은 유기 화합물에서 얻는다.

광 펄스살균 high intensity pulsed light sterilization 광 펄스(주로 자외선)를 이용하여 미생물을 죽임. 식품 겉면을 통과한 고강도의 짧은 펄스가 미생물의 디엔에이를 파괴하여 살균 효과를 얻는다. 열처리에 따른 품질변화를 최소화하는 방법으로 일종의 비열처리로 신선식품의 살균에 쓴다.

광합성세균(光合成細菌) photosynthetic bacterium 광영양세균(phototrophic bacterium)을 통틀어 이르는 말. 햇빛 에너지를 이용하여 이산화탄소를 철(II)을 전자 주개로 하여 유기 탄소를 고정한다. 유기 탄소로 산화 환원 에너지로 변환하여 에이티피를 합성하고 그 에너지로 생장한다. 사상 세균(filamentous bacterium), 남세균속(*Cyanobacterium*), 초록황세균(green sulfur bacterium, *Chlorobium* 따위), 헬리오세균속(*Heliobacterium*), 가변세균문(Proteobacteria) 따위가 있다.

괴르트너 세균 Gärtner bacillus 독일의 세균학자 괴르트너가 발견한 살모넬라 엔테리티디스(*Salmonella* Enteritidis)를 이르는 말. 세균에 오염된 날달걀을 먹어 감염되면 열두 시간에서 일흔두 시간에 음식매개병을 일으켜 설사, 열, 복부 경련 따위를 일으킨다.

괴사(壞死) necrosis 생체의 조직이나 세포가 부분적으로 죽는 일.

교차 감염(交叉感染) cross infection 개체 사이에서 서로 주고받는 감염. 사람과 사람 사이는 물론 종이 다른 동물 사이에서도 일어난다. 누런 포도알 세균, 홍역바이러스, 수두바이러스 따위의 병원 안 감염이 있다.

구각염(口角炎) angular stomatitis 입꼬리염.

구균(球菌) coccus 알세균.

구름송편버섯 turkey tail, *Trametes versicolor* 진핵생물역(Eukaryota) 진균계(Fungi) 담자균문(Basidiomycota) 주름버섯강(Agaricomycetes) 구멍장이버섯목(Polyporales) 구멍장이버섯과(Polyporaceae) 송편버섯속(*Trametes*)의 버섯. 갓 두께는 5~18밀리미터이며 얇고 단단한 가죽질을 띤다. 갓 겉면은 대체로 평평하고 삼각형이나 원형을 띤다. 자루가 없고 버섯 끝이 나무에 붙어 있다. 나무의 리그닌을 분해하는 백색부후 곰팡이이다. 봄부터 가을에 걸쳐 넓은잎나무의 썩은 줄기나 가지 위에서 모여 난다. 약용 버섯이며 독성이 있으나 먹을 수 있다. 인공 재배하기도 한다. 전 세계에 분포한다.

구멍공버섯강 Sordariomycetes 진핵생물역(Eukaryota) 진균계(Fungi) 자낭균문(Ascomycota)의 강. 자낭균문의 두 번째로 큰 강이다. 일부는 여러 숙주의 잎, 줄기와 뿌리 병을 일으키는 식물 병원체이며 다른 일부는 마디발동물과 젖먹이동물의 병을 일으킨다.

구멍공버섯과 Lasiosphaeriaceae 진핵생물역(Eukaryota) 진균계(Fungi) 자낭균문(Ascomycota) 동충하초강(Sordariomycetes) 구멍공버섯목(Sordariales)의 과.

구멍공버섯목 Sordariales 진핵생물역(Eukaryota) 진균계(Fungi) 자낭균문(Ascomycota) 동충하초강(Sordariomycetes)의 목.

구멍장이버섯과 Polyporaceae 진핵생물역(Eukaryota) 진균계(Fungi) 담자균문(Basidiomycota) 주름버섯강(Agaricomycetes) 구멍장이버섯목(Polyporales)의 과. 자실체의 살은 부드러운 것부터 매우 거친 것까지 다양하다. 이 과의 종 대부분은 갓 아래쪽의 수직 구멍에 자실층을 가지고 있으며 일부는 주름살 또는 주름살과 유사한 구조를 가진다. 대부분 진균은 흰 홀씨 가루를 가지며 낭상체(cystidium)는 없다. 목재 부후 곰팡이이다. 이 과의 버섯은 약용으로 쓰며 나무에 나는 버섯은 먹으나 일부는 독버섯이다. 먹는 버섯으로는 구멍장이버섯, 복령, 떡버섯, 잎새버섯 따위가 있다. 독버섯으로는 구름버섯, 덕다리버섯, 왕잎새버섯 따위가 있다.

구멍장이버섯목 Polyporales 진핵생물역(Eukaryota) 진균계(Fungi) 담자균문(Basidiomycota) 주름버섯강(Agaricomycetes)의 목. 불로초과, 바늘버섯과, 구멍장이버섯과, 꽃송이버섯과, 왕잎새버섯과, 잔나비버섯과 따위가 있다.

구멍장이버섯속 *Polyporus* 진핵생물역(Eukaryota) 진균계(Fungi) 담자균문(Basidiomycota) 주름버섯강(Agaricomycetes) 구멍장이버섯목(Polyporales) 구멍장이버섯과(Polyporaceae)의 속. 먹는 것으로는 구멍장이버섯 따위가 있다.

구슬말과 Nostocaceae 세균역(Bacteria) 남세균문(Cyanobacteria) 남세균강(Cyanophyceae) 구슬말목(Nostocales)의 과. 다른 남세균과는 달리 이 과의 세균은 세포질에 광합성 색소를 가지고 있어 광합성을 한다. 이 과의 종은 질소고정 능력이 있어 일부 식물과 공생 관계를 갖는다.

구슬말목 Nostocales 세균역(Bacteria) 남세균문(Cyanobacteria) 남세균강(Cyanophyceae)의 목.

구슬말속 *Nostoc* 세균역(Bacteria) 남세균문(Cyanobacteria) 남세균강(Cyanophyceae) 구슬말목(Nostocales) 구슬말과(Nostocaceae)의 속. 세포 실이 꼬여 둥근 콜로니를 이루며 우무 같은 물질에 묻혀있다. 흙, 축축한 바위, 호수나 분수의 바닥 따위에서 발견된다.

구아닐산 발효 guanylic acid fermentation 미생물을 이용하여 구아닐산을 생산하는 핵산발효의 하나. 핵산발효에 쓰는 미생물은 생장 속도가 빠른 칸디다속과 사카로미세스속의 효모와 막대세균 수브틸리스(*Bacillus subtilis*)의 변이주 따위가 있다. 효모를 원료로 하여 뽑아낸 아르엔에이를 푸른곰팡이 시트리눔(*Penicillium citrinum*)이나 스트렙토미세스 아우레우스(*Streptomyces aureus*)에서 얻는 5'-인산이에스터 가수분해효소(5'-phosphodiesterase)로 가수분해하여 얻는 방법, 막대세균속 변이주를 이용하여 생산한 구아노신을 원료로 하여 화학 또는 효소 방법으로 인산화하여 얻는 방법과 세균 변이주를 이용하여 생산한 5'-잔틸산(5'-xanthylic acid)을 아미노화하여 얻는 방법 따위가 있다.

구연산 발효(枸櫞酸醱酵) citric (acid) fermentation 당(당밀, 녹말 가수분해물 따위)을 아스페르길루스 니게르(*Aspergillus niger*) 또는 칸디다속(*Candida*) 효모를 겉면배양 또는 액침 배양하여 구연산을 얻는 산화 발효.

구제역(口蹄疫) foot and mouth disease 입굽병.

구토형 독소(嘔吐形毒素) emetic toxin 막대세균 세레우스(*Bacillus cereus*)가 생성하는 구토 유발 독소. 썩은 밥, 파스타, 국수 따위에서 발견된다. 졸음, 구토 따위의 증세를 보인다.

구토형 음식매개병(嘔吐形飮食媒介病) emetic type foodborne illness 누런 포도알 세균(*Staphylococcus aureus*)과 막대 세균 세레우스(*Bacillus cereus*)가 생산하는 창자 독소 또는 구토 독소를 음식과 함께 먹어 나타나는 증세. 소화기 증상인 위창자염으로 주된 증상은 구토증이다. 잠복 기간은 30분~5시간(평균 3시간)이다.

국(麴) koji 고지.

국균(麴菌) koji mold 고지 곰팡이.

국수버섯 fairy fingers, *Clavaria fragilis* 진핵생물역(Eukaryota) 진균계(Fungi) 담자균문(Basidiomycota) 주름버섯강(Agaricomycetes) 주름버섯목(Agaricales) 국수버섯과(Clavariaceae) 국수버섯속(*Clavaria*)의 먹는 버섯. 높이 5~12센티미터, 굵기 0.2~0.4센티미터인 조금 구부러진 흰 막대 모양이다. 여름부터 가을 사이에 숲속의 땅에서 모여 난다. 전 세계에 분포한다.

국수버섯과 Clavariaceae 진핵생물역(Eukaryota) 진균계(Fungi) 담자균문(Basidiomycota) 주름버섯강(Agaricomycetes) 주름버섯목(Agaricales)의 과.

국수버섯속 *Clavaria* 진핵생물역(Eukaryota) 진균계(Fungi) 담자균문(Basidiomycota) 주름버섯강(Agaricomycetes) 주름버섯목(Agaricales) 국수버섯과(Clavariaceae)의 속. 먹는 것으로는 국수버섯 따위가 있다.

국실(麴室) guksil 고지를 띄우는 방. 온도와 습도 조절 기능이 있고 외부오염 우려가 없는 밀폐 공간이다.

국자(麴子) gukja 누룩.

국화주(菊花酒) gukhwa-ju ① 국화를 재료로 빚은 술. 주로 감국 꽃, 생지황, 구기자나무 뿌리의 껍질과 찹쌀을 넣어서 빚는다. 한방에서 풍을 다스리는 데 쓴다. ② 감국 꽃이나 싹을 달여 그 즙으로 만든 술. ③ 감국, 설탕, 숙지황, 인삼을 소주 단지에 넣고 봉하였다가 70일 만에 찌끼를 버리고 먹는 술.

군집 붕괴(群集崩壞) dysbiosis 미생물 군집의 정상 구조가 파괴된 상태. 일반적으로 피부, 창자, 질 따위의 미생물상이 정상 범위를 벗어난 경우이다. 작은창자의 군집붕괴는 일부 세균의 지나친 증식 때문에 일어난다. 보통 건강한 어른의 창자 미생물은 세균역(Bacteria) 막대새균문(Bacillota)과 박테로이데스문(Bacteroidetes)이 지배하고 있으나 특정 질환(암 따위)이 있는 경우에는 가변세균문(Proteobacteria)의 세균이 많이 증가한다.

굽은꽃애기버섯 *Gymnopus dryophilus* 진핵생물역(Eukaryota) 진균계(Fungi) 담자균문(Basidiomycota) 주름버섯강(Agaricomycetes) 주름버섯목(Agaricales) 솔밭버섯과(Omphalotasceae) 꽃애기버섯속(*Gymnopus*)의 먹는 버섯. 갓은 지름 1~4센티미터로 편평하며 가운데는 약간 오목하며 연한 황토색이다. 여름에서 가을에 걸쳐 온대 나무 숲속 유기물이 많은 땅에서 모여 난다. 약한 독성이 있다. 한국, 중국, 일본, 유럽, 북아메리카 등지에 분포한다.

귀부 곰팡이 *Botrytis cinerea* 포도 재배 분야에서 '잿빛곰팡이'를 이르는 말.

귀부병(貴腐病) noble rot 잿빛곰팡이(*Botrytis cinerea*)가 포도에 감염하여 일으키는 병의 하나. 지속으로 습한 조건에서 잿빛 곰팡이에 감염된 포도는 포도 껍질의 왁스 성분이 녹아 엷어지고 포도송이가 못 쓸 정도로 썩게 되는 잿빛곰팡이병(grey mold rot)을 일으킨다. 그러나 습한 날씨 뒤에 건조 상태가 되면 잿빛곰팡이에 감염된 포도는 건포도와 같은 마른 상태가 되는 데 이를 귀부병이라 한다. 귀부병에 걸린 포도는 당도가 30~50퍼센트에 이르고 유기산과 무기질 따위의 함량도 올라가 단 디저트 포도주의 원료가 되며 이 포도로 만든 당도가 높은 포도주를 귀부포도주라 한다.

귀부 포도주(貴腐葡萄酒) noble rot wine 잿빛 곰팡이병에 걸린 포도로 만든 백포도주. 당도는 10퍼센트 이상이며 달고 진한 독특한 향미가 있는 짙은 누런색의 최고급 백포도주이다. 헝가리의 토카이(Tokaji) 지방, 독일의 라인(Rhein) 지방과 프랑스 보르도의 소테른(Sauternes) 지역이 주요 생산지이다.

균(菌) germ 미생물(microorganism). 특히 병을 일으키는 미생물을 이른다.

균(菌) microbe 미생물(microorganism). 특히 병 또는 발효에 관여하는 세균을 이른다.

균류(菌類) fungi 진핵생물역(Eukaryota) 진균계(Fungi)의 광합성을 하지 않는 종속영양생물을 통틀어 이르는 말. 좁은 뜻으로는 곰팡이를 이른다. 진균계는 자낭균문(Ascomycota), 담자균문(Basidiomycota), 항아리균문(Chytridiomycota), 블라스토클라디아균문(Blastocladiomycota)과 네오칼리마스트릭스균문(Neocallimastigomycota), 털곰팡이문(Mucoromycota), 포충균문(Zoopagomycota), 수지상균근균문(Glomeromycota)과 미포자충문(Microsporidia)으로 분류하며, 이들을 진정한 균류("true" fungi)라고 한다. 곰팡이와 생활사 따위가 매우 비슷한 점균류(slime molds), 난균류(oomycetes) 따위는 유색조식물계(Chromista)로 분류한다. 죽었거나 살아 있는 생물체에서 영양소를 흡수하며 많은 곰팡이는 식물과 사람의 병원체이다, 다세포 곰팡이는 영양번식을 하여 실 같은 팡이실 덩어리인 팡이실체를 이루고 이에 특징적인 자실체(홀씨주머니, 주름버섯의 버섯, 선반 버섯의 선반 같은 구조 따위)가 생긴다. 일부 곰팡이는 사이막에 따라 단핵세포 또는 이핵세포로 나누어진다. 팡이실은 키틴(chitin)이 주성분인 견고한 세포벽을 가진다.

균망(菌網) indusium 일부 버섯의 턱받이. 버섯 자루 윗부분이나 가운데 부분에 원반 모양 또는 거미집 모양으로 남아 있는 조직이다. 망태버섯의 망사 모양의 스커트 따위이다.

균모(菌帽) pileus 갓.

균뿌리 mycorrhiza 식물 뿌리와 공생 또는 약한 병원체 관계를 유지하면서 자라는 진균.

균사(菌絲) hypha 팡이실.

균사체(菌絲體) mycelium 팡이실체.

균상 재배(菌床栽培) mushroom culture on bed 버섯 판 재배.

균수 측정법(菌數測定法) microbial counting method 미생물의 균 수를 재는 방법. 현미경으로 계수판(counting chamber)을 이용하여 총 균수(total cell count)를 직접 재는 방법과 생균 수 측정법(viable cell count)이 있다. 생균 수 측정에는 평판 생균 수 측정법(plate count method), 최확수법(most probable number method) 따위가 있다.

균심강(菌蕈綱) Hymenomycetes '주름버섯강'(Agaricomycetes)의 옛 이름.

균주(菌株) strain 세균과 그 밖의 미생물에서 같은 유전 형질을 가진 미생물 개체. 같은 종의 다른 균주와 구별되는 일부 특징을 갖는 유전적으로 같은 개체들의 집단이다.

균주보존(菌株保存) maintenance of strain 균주를 오랜 기간 살아 있는 상태로 유지하는 일. 생장 상태로 보존하는 경우와 건조 또는 냉동 처리하여 생장이 완전히 멈춘 상태로 보존할 때가 있다. 생장 상태로 간직하는 방법으로는 계대배양, 유동파라핀 밀봉법(paraffin sealing method) 따위가 있다. 얼려서 보존하는 냉동법, 냉동 건조하여 보존하는 방법도 있다. 곰팡이나 일부 세균의 보존을 위한 흙 배양법(soil culture method)과 모래 배양법(sand culture method)도 있다.

균주은행(菌株銀行) culture collection 원핵생물, 진균 또는 말무리의 개체 배양체를 수집, 보존, 분양하는 기관. 미생물 밖에 식물이나 동물 세포주도 취급하는 기관도 있다. 대표 균주은행으로는 미국의 에이티시시(ATCC, American Type Culture Collection)와 유에스디에이(USDA), 네덜란드의 시비에스(CBS, Centraal Bureau voor Schimmelcultures), 일본의 제이시엠(JCM, Japan Collection of Microorganisms), 독일의 디에스엠(DSM, Deutshe Sammulung von Mikroorganismen und Zellkulturen) 따위가 있다. 한국에는 한국과학기술원 유전공학센터 유전자은행(KCTC, Korean Collection for Type Collection)과 한국종균협회 한국 미생물보존센터(KCCM, Korean Culture Center of Microorganisms)와 한국수산미생물자원은행(KoCAM, Korean Culture Collection of Aquatic Microorganisms)이 있다.

균주 특이 항원(菌株特異抗源) strain specific antigen 균주의 특이성을 갖는 항원.

균체항원(菌體抗原) somatic antigen 그람양성 또는 그람음성 세균의 세포벽에 있는 항원.

균학(菌學) mycology 진균학.

균핵(菌核) selerotium 팡이실이 서로 엉켜 꼭 붙어 있는 팡이실 조직 덩어리. 좋지 않은 환경에 견디기 위하여 만드는 휴면 조직으로 맥각 곰팡이(*Claviceps purpurea*)가 만드는 맥각(ergot)이 이러한 예이다.

균핵버섯과 Sclerotiniaceae 진핵생물역(Eukaryota) 진균계(Fungi) 자낭균문(Ascomycota) 두건버섯강(Leotiomycetes) 살갗버섯목(Helotiales)의 과. 이 과의 많은 종은 식물 병원체이다.

균핵버섯속 *Sclerotinia* 진핵생물역(Eukaryota) 진균계(Fungi) 자낭균문(Ascomycota) 두건버섯강(Leotiomycetes) 살갗버섯목(Helotiales) 균핵버섯과(Sclerotiniaceae)의 속.

균핵병(核病) sclerotinia rot 균핵을 이루는 곰팡이가 식물에 기생하여 생기는 병을 통틀어 이르는 말. 균핵은 땅속이나 식물 속에 남아서 흔히 과수, 뽕나무, 보리, 남새(양배추, 오이, 가지 따위) 따위의 감염원이 된다. 열매 겉면에 갈색 점무늬가 생겨 커지면서 물러지는데, 그 위에 갈색을 띤 흰색 또는 크림색의 홀씨 덩어리가 둥근 겹무늬를 이루고 병든 과일은 썩으면서 심한 냄새가 난다. 균핵병을 일으키는 대표 곰팡이는 스클레로티니아 스클레로티오룸(*Sclerotinia sclerotiorum*)이다.

균핵병 곰팡이 cottony rot, *Sclerotinia sclerotiorum* 진핵생물역(Eukaryota) 진균계(Fungi) 자낭균문(Ascomycota) 두건버섯강(Leotiomycetes) 살갗버섯목(Helotiales) 균핵버섯과(Sclerotiniaceae) 균핵버섯속(*Sclerotinia*)의 곰팡이. 식물체의 병원체로 흰 곰팡이병(white mold)을 일으킨다. 휴면체인 검은 균핵을 생성하며 감염 식물에 보송보송한 흰 팡이실체를 생성하는 것이 특징이다. 콩, 카놀라, 땅콩, 누에콩, 해바라기, 과일 따위에 감염한다.

그라파 grappa 포도즙을 짜고 난 과일 껍질, 씨, 줄기 따위의 찌꺼기를 발효하여 증류한 이탈리아의 독한 술.

그람양성 세균 Gram-positive bacterium 그람 염색에 양성반응을 나타내는 세균. 세포벽은 펩티도글리칸에 테이코산이 붙은 두꺼운 층으로 되어있다. 페니실린에 감수성이 크다. 막대세균(*Bacillus*), 젖산막대세균(*Lactobacillus*), 클로스트리듐(*Clostridium*), 코리네세균(*Corynebacterium*), 프로피온산세균(*Propionibacterium*), 사슬알 세균(*Streptococcus*), 포도알 세균(*Staphylococcus*) 따위의 속이 이에 속한다.

그람염색 Gram stain 덴마크의 그람(H. C. J. Gram)이 1884년에 고안한 세균의 분류나 동정에 중요한 지표가 되는 염색법. 세균을 크리스털바이올렛으로 염색하여 3퍼센트 아이오딘 용액으로 고정하고 알코올로 씻을 때 탈색하고 사프라닌 오(safranin O)로 염색하여 보라색으로 물들면 그람양성, 옅은 붉은색으로 물들면 그람 음성으로 한다.

그람음성 세균 Gram-negative bacterium 그람 염색에 음성반응을 나타내는 세균. 세포벽은 펩티도글리칸의 얇은 막으로 되어있다. 페니실린의 작용을 잘 받지 않는다. 프로테우스(*Proteus*), 슈도모나스(*Pseudomonas*), 살모넬라(*Salmonella*), 여덟알 세균(*Serratia*), 이질세균(*Shigella*), 비브리오(*Vibrio*), 예르시니아(*Yersinia*) 따위의 속이 이에 속한다.

그물버섯 cep, *Boletus edulis* 진핵생물역(Eukaryota) 진균계(Fungi) 담자균문(Basidiomycota) 주름버섯

강(Agaricomycetes) 주름버섯목(Agaricales) 그물버섯과(Boletaceae) 그물버섯속(*Boletus*)의 먹는 버섯. 갓은 지름 10~20센티미터로 반구형이며 누런 갈색 또는 어두운 갈색이며 가는 그물 모양의 솟아오른 부분이 있다. 여름과 가을에 나무숲에서 자라는데 전 세계에 분포한다. 특히 유럽에서 최고급 버섯의 하나로 튀기거나 구워 먹으며, 샐러드나 수프로도 먹는다. 에고스테롤 같은 식물 화합물, 로스마린산(rosmarinic acid) 같은 폴리페놀, 옥살산, 구연산, 말산, 석신산, 푸마르산 같은 유기산과 알칼로이드를 가지고 있다.

그물버섯과 Boletaceae 진핵생물역(Eukaryota) 진균계(Fungi) 담자균문(Basidiomycota) 주름버섯강(Agaricomycetes) 주름버섯목(Agaricales)의 과.

그물버섯목 Boletales 진핵생물역(Eukaryota) 진균계(Fungi) 담자균문(Basidiomycota) 주름버섯강(Agaricomycetes)의 목. 그물버섯과, 비단그물버섯과, 알버섯과 따위가 있다.

그물버섯속 *Boletus* 진핵생물역(Eukaryota) 진균계(Fungi) 담자균문(Basidiomycota) 주름버섯강(Agaricomycetes) 주름버섯목(Agaricales) 그물버섯과(Boletaceae)의 속. 먹는 것으로 그물버섯 따위가 있다.

그을음병 black mildew 식물의 잎, 가지, 열매 표면에 검은 그을음 같은 것이 발생하는 병. 일본에서 병원체는 아르마텔라 리트세아에(*Armatella litseae*)와 작은펠티스 푸모사(*Micropeltis fumosa*)로 보고되었다. 보통 잎 앞면에 크고 작은 불규칙한 둥근 모양의 그을음 병터를 형성하여 광합성을 방해한다.

그을음병균목 Capnodiales 진핵생물역(Eukaryota) 진균계(Fungi) 자낭균문(Ascomycota) 입술버섯강(Dothideomycetes)의 목.

극한생물(極限生物) extremophile 다른 미생물이 살 수 없는 아주 심한 조건에서 자라는 생물. 매우 높거나 낮은 온도, 매우 높은 염분 농도, 아주 낮은 피에이치 따위의 환경 조건에 대한 저항성이 매우 크다.

극호압세균(極好壓細菌) extreme barophilic bacterium 심해에서 사는 절대 호압 세균. 약 1000기압에서 잘 자라며 400기압 아래 압력에서는 자라지 못한다.

극호염생물(極好鹽生物) extreme halophile 생존에 매우 높은 농도의 염분이 필요한 생물. 대부분은 고균역 할로세균과(Halobacteriaceae)의 고균으로 대부분 종은 염 농도 3.4~5.1몰(20~30퍼센트)을 필요로 한다. 중동의 사해, 그레이트 솔트 호수(great salt lake), 캘리포니아의 오언스 호수(Owens Lake) 등지에서 잘 자란다. 2002년 스페인에서 발견된 살리니박터 루베르(*Salinibacter ruber*)는 15퍼센트 아래의 염분 농도에서는 살 수 없으며 최적 농도는 20~30퍼센트이다. 이 세균은 운동성이 있고 막대 모양으로 붉은 색소를 생산한다.

근두암종(根頭癌腫) crown gall 밑둥혹.

글로무스과 Glomeraceae 진핵생물역(Eukaryota) 진균계(Fungi) 취균문(Glomeromycota) 취균강(Glomeromycetes) 글로무스목(Glomerales)의 과. 식물 뿌리와 공생 관계를 갖는다.

글로무스목 Glomerales 진핵생물역(Eukaryota) 진균계(Fungi) 취균문(Glomeromycota) 취균강(Glomeromycetes)의 목. 식물 뿌리 피층 세포 안에 나뭇가지 모양의 팡이실체를 만들며 상리공생하는 곰팡이이다.

글로무스속 *Glomus* 진핵생물역(Eukaryota) 진균계(Fungi) 취균문(Glomeromycota) 취균강(Glomeromycetes) 글로무스과(Glomeraceae)의 속.

글루코노박터속 *Gluconobacter* 세균역(Bacteria) 슈도모나스문(Pseudomonadota) 알파가변세균강(Alphaproteobacteria) 로도나선세균목(Rhodospirillales) 아세토박터과(Acetobacteraceae)의 그람음성 막대 모양 산소 아세트산 세균 속. 아세트산 세균의 대표 속의 하나로 흙, 식물, 과일, 사이다, 맥주, 포도주와 꽃에서 발견된다. 식초 생산에 쓰는 좋은 맥주의 변질을 일으킬 수도 있다. 생물 전환 따위의 생물공학, 바이오센서를 포함하는 공업에 널리 쓴다. 극편모를 가지며 운동성이 있는 종이 있다. 주로 식물에서 분리되며 기준 종은 글루코노박터 옥시단스(*Gluconobacter oxydans*)이다. 구연산 회로를 완전히 갖추고 있지 않아서 이산화탄소까지 산화할 수 없다. 아세토박터속(*Acetobacter*) 세균보다 당 산화력이 강하고 에탄올 산화력은 약하며 아세트산과 젖산을 산화하지 않는다. 포도당, 과당, 아라비노스, 소보스, 설탕, 소비톨, 만니톨 따위를 산화한다. 특히 포도당을 산화하여 글루콘산, 2-케토글루콘산, 5-케토글루콘산, 2,5-다이케토글루콘산 따위를 생산한다. 디-소비톨을 바이타민 시(C)의 원료인 엘-소보스로 전환한다.

글루코노박터 옥시단스 *Gluconobacter oxydans* 세균역(Bacteria) 슈도모나스문(Pseudomonadota) 알파가변세균강(alphaproteobacteria) 로도스피릴룸목(Rhodospirillales) 아세토박터과(Acetobacteraceae) 글루코노박터속(*Gluconobacter*)의 그람음성 막대

또는 둥근 모양 산소 세균. 꽃과 과일과 같이 당이 풍부한 자연환경에서 많이 존재하며 과일, 음료(사이다 따위), 술(사케, 맥주, 포도주 따위)의 부패를 일으킨다. 공업적으로는 포도당에서 글루콘산생산과 소비톨에서 소보스 생산에 이용한다. 식품 가공에서 식초(아세트산 발효 포함)와 바이타민 제조에만 쓸 수 있다.

글루코노박터 한세니이 *Gluconobacter hansenii* 세균역(Bacteria) 슈도모나스문(Pseudomonadota) 알파가변세균강(alphaproteobacteria) 로도스피릴룸목(Rhodospirillales) 아세토박터과(Acetobacteraceae) 글루코노박터속(*Gluconobacter*)의 그람음성 막대 모양 산소 세균. 썩은 과일 같은 고농도 당 조건에서 발견되며 소비톨, 글리세롤, 만니톨 따위의 당 알코올과 과당과 포도당을 탄소 원으로 이용한다. 에탄올을 아세트산과 유기산으로 전환한다. 식품 가공에 사용할 수 있다.

글루콘산 발효 gluconic acid fermentation 검은 곰팡이나 세균을 이용하여 산소가 있는 조건에서 포도당을 글루콘산으로 산화하는 발효.

글루콘아세토박터 리퀘파시엔스 *Gluconacetobacter liquefaciens* 세균역(Bacteria) 슈도모나스문(Pseudomonadota) 알파가변세균강(alphaproteobacteria) 로도나선세균목(Rhodospirillales) 아세토박터과(Acetobacteraceae) 글루콘아세토박터속(*Gluconacetobacter*)의 그람음성 막대 모양 산소 세균. 글루콘아세토박터속의 기준 종이다. 식물에 감염하며 감염된 식물로 만든 포도주나 맥주를 상하게 한다.

글루콘아세토박터속 *Gluconacetobacter* 세균역(Bacteria) 슈도모나스문(Pseudomonadota) 알파가변세균강(alphaproteobacteria) 로도나선세균목(Rhodospirillales) 아세토박터과(Acetobacteraceae)의 그람음성 막대 모양 산소 아세트산 세균 속. 아세트산세균의 대표 속의 하나로 세균 홀씨를 형성하지 않는다. 주변 편모를 가지며 운동성을 나타내는 것이 있다. 기준 종은 글루콘아세토박터 리케파시엔스(*G. liquefaciens*)이다. 에탄올을 산화하여 아세트산을 생성하고 아세트산을 완전히 산화할 수 있으며, 일부 당을 산화하여 산으로 만들 수 있다. 일부 종은 셀룰로스를 생성하며 식초 제조에서 발효액 겉면에 셀룰로스의 두꺼운 피막을 형성하는 세균인 글루콘아세토박터 자일리누스(*G. xylinus*)는 코마가타에이박터 자일리누스(*Komagataeibacter xylinus*)로 재분류되었다.

글루콘아세토박터 유로파에우스 *Gluconoacetobacter europaeus* 세균역(Bacteria) 슈도모나스문(Pseudomonadota) 알파가변세균강(alphaproteobacteria) 로도나선세균목(Rhodospirillales) 아세토박터과(Acetobacteraceae) 글루콘아세토박터속(*Gluconacetobacter*)의 그람음성 막대 모양 산소 세균. 아세트산에 내성이 매우 높으며 노말-프로판올, 과당, 엿당, 설탕, 글리세롤, 소비톨, 만니톨 따위를 탄소 원으로 이용한다. 유럽에서 식초 생산에 중요한 역할을 한다. 식품 가공에서 식초(아세트산 발효 포함) 제조에만 쓸 수 있다.

글루콘아세토박터 자일리누스 *Gluconacetobacter xylinus* '코마가타에이박터 자일리누스'의 옛 이름.

글루콘아세토박터 한세니이 *Gluconacetobacter hansenii* '코마가타에이박터 한세니이'의 옛 이름.

글루타미시박터 니코티아나에 *Glutamicibacter nicotitianae* 아르트로박터 니코티아나에(*Arthrobacter nicotianae*)를 달리 이르는 말.

글루탐산 발효 glutamic acid fermentation 포도당으로부터 글루탐산을 생산하는 발효. 공업적으로는 주로 코리네세균 글루타미쿰(*Corynebacterium glutamicum*)의 변이 균주를 써서 당밀을 통기 교반 발효하여 생산한다. 글루탐산발효 세균은 생장에 바이오틴을 요구하므로 배지의 바이오틴 함량을 적절히 유지하거나 페니실린 또는 지방질 유도체를 첨가하여 세포막 투과성을 높여 되먹임 억제가 일어나지 않도록 하여 글루탐산 생산을 높인다.

글리세롤 발효 glycerol fermentation 효모로 당을 발효하여 글리세롤을 생산함, 세 가지 방법이 있다. 아세트알데하이드와 아황산수소염 이온과 착염을 형성하여 알코올 생산을 늦추고 글리세롤 합성을 통하여 산화 환원 균형을 회복하는 방법, 피에이치 7 부근 또는 더 높은 피에이치에서 효모를 배양하는 방법과 삼투 내성 효모를 사용하는 방법이 있다.

글리세린 발효 glycerin fermentation 글리세롤 발효.

글리오클라듐속 *Gliocladium* 진핵생물역(Eukaryota) 진균계(Fungi) 자낭균문(Ascomycota) 구멍공버섯강(Sordariomycetes) 동충하초목(Hypocreales) 동충하초과(Hypocreaceae)의 실 같은 곰팡이 속. 유사 분열 홀씨를 생성하며 흙과 썩는 식물질에서 발견된다. 야자를 포함한 식물의 핑크빛 부패를 일으키는 글리오클라듐 베르모에세니(*G. vermoeseni*) 따위가 있다. 이 속의 일부 종은 트리코데르마속(*Trichoderma*)으로 재분류되었다.

글리오톡신 gliotoxin 트리코데르마 비리데(*Trichoderma viride*)와 아스페르길루스속, 글리오클라듐속, 푸른곰팡이속의 종 따위가 생산하는 황을 함유하는 곰팡이독소. 바이러스(폴리오 바이러스 따위)의 복제를 억제하며 세균과 곰팡이를 억제하는 활성이 있다.

글리코- glyco- 당-.

글리코펩타이드 항생물질 glycopeptide antibiotic 아미노산 일곱 개로 된 펩타이드의 아미노산기 곁사슬에 탄수화물이 공유결합한 당펩타이드 항생물질. 바퀴살 세균이 생성한다. 반코마이신(vancomycin), 테이코플라닌(teicoplanin), 텔라반신(telavancin) 따위가 있으며, 일부는 펩티도글리칸합성을 억제한다.

금빛비늘버섯 *Pholiota aurivella* 진핵생물역(Eukaryota) 진균계(Fungi) 담자균문(Basidiomycota) 주름버섯강(Agaricomycetes) 주름버섯목(Agaricales) 독청버섯과(Strophariaceae) 비늘버섯속(*Pholiota*)의 먹는 버섯. 갓은 지름 4~8센티미터로 편평하고 가운데가 조금 솟아오른 모양이며 누런색이나 누런 갈색이다. 봄과 가을에 넓은잎나무의 마른 나무에 모여 나는 버섯 부후 곰팡이이다. 한국, 일본, 중국, 유럽, 북아메리카 등지에 분포한다.

급성독성(急性毒性) acute toxicity 물질을 한 번 먹거나 피부에 처리했을 때 또는 스물네 시간 안에 여러 번 주었을 때 또는 네 시간 동안 흡입했을 때 나타나는 부정 효과. 물질을 주고 난 뒤 십사일 안에 부정 효과가 나타날 때 급성독성이라고 한다.

급성회백수염(急性灰白髓炎) polio, poliomyelitis 폴리오 바이러스의 감염에 따른 급성 감염병. 입을 통하여 바이러스가 척수에 들어가 손발의 마비를 일으킨다. 어린이에게 발병하면 소아마비에 걸린다. 법정 제2급 감염병이다.

급식균(給食菌) food service germ 급식에서 음식 매개병을 일으키는 미생물. 살모넬라속, 클로스트리듐 퍼프린젠스, 캄필로박터속, 누런 포도알 세균 따위이다.

긋기 평판법 streak plate method 미생물을 평판 우무배지나 비탈 배지에 접종하는 방법의 하나. 살균한 접종고리(platinum loop)에 미생물을 묻혀 평판 배지에 얇게 펴 지그재그로 선을 긋듯이 계속 그어서 바르거나 비탈 배지 밑 부분으로부터 한 개의 선을 그어 미생물을 접종한다. 평판 배지를 쓸 때는 배지에 미생물의 독립된 콜로니를 얻기 위한 것이다.

기는줄기 stolon 곰팡이에서 헛뿌리 같은 두 다발을 연결하는 팡이실.

기리스타문 Gyrista 진핵생물역(Eukaryota)의 문. 비기로모나이문(Bigyromonada), 유사진균아문(Pseudofungi)과 광합성을 하는 대롱편모조식물아문(Ochrophytina)으로 나뉜다. 이 문에 딸린 물곰팡이, 갈조류, 돌말류 따위의 특징은 섬모 전환 지역(ciliary transition region)에 나선 또는 이중 나선 시스템이 있다는 것이다.

기생(寄生) parasitism 한 생물이 다른 생물에게는 도움을 주는 반면 자신은 도움을 받지는 못하거나 오히려 해를 받는 생활 형태. 공생의 한 형태이다.

기생 생물(寄生生物) parasite 다른 생물에 붙어서 양분을 취하고 사는 생물.

기생영양 세균(寄生營養細菌) paratrophic bacterium 숙주 세포에 기생하여 영양을 얻어 사는 세균.

기생 진균(寄生眞菌) parasitic fungus 숙주 세포에 기생하여 영양을 얻어 사는 진균.

기생충(寄生蟲) parasite 다른 생물에 붙어서 양분을 얻어 사는 벌레.

기와 무늬 무당버섯 green-cracking Russula, *Russula virescens* 진핵생물역(Eukaryota) 진균계(Fungi) 담자균문(Basidiomycota) 주름버섯강(Agaricomycetes) 무당버섯목(Russulales) 무당버섯과(Russulaceae) 무당버섯속(*Russula*)의 먹는 버섯. 갓은 지름 6~12센티미터로 깔때기 모양이며 초록 또는 잿빛 초록이다. 여름과 가을에 걸쳐 넓은잎나무 숲의 산성 땅에 홀로 난다. 한국, 일본, 대만, 중국, 시베리아, 유럽, 북아메리카 등지에 분포한다.

기장 맥주 millet beer 폼베.

기준 배양 균주(基準培養菌株) type culture strain 세균을 분류할 때 학명, 분류 개념의 기준으로 하기 위하여 보존하는 기준 균주. 주로 냉동건조하여 균주 은행 따위에서 보존한다.

기준 종(基準種) type species 미생물에서, 속의 유전특성을 가장 잘 나타낸다고 보는 종. 젖산막대세균속(*Lactobacillus*)의 기준 종은 젖산막대세균 델브루엑키이(*L. delbrueckii*)이다.

기질 팡이실 substrate hypha 기질로 뿌리처럼 뻗어가는 팡이실.

기초 배지(基礎培地) basal medium 미생물 생존과 생장에 필요한 기본 영양물질만으로 구성된 배지. 주로 아미노산, 포도당과 무기물(칼슘, 마그네슘, 포타슘, 소듐과 인), 물로 되어있다. 최소배지의 하나로 보통 영양 배지, 보통 우무배지, 펩톤 수 따위가 있다. 이 배지에 여러 가지 영양물질을 첨가하여 특정 미생물의 분리, 동정에 이용한다.

기포 탑 발효조 bubble column fermenter 탑 안에 배양액을 넣고 바닥으로부터 공기를 불어 넣어 미생물이나 동식물 세포를 기르는 장치. 공기 방울로 배양액을 뒤섞어서 산소를 공급한다. 탑이 차지하는 바닥 면적이 작고 교반기가 필요 없으며 배양액이 깊어서 공기의 머무름 시간이 길어지므로 산소 이용률이 높아지는 따위의 이점이 있다.

기푸 무산소 배지 Gifu anaerobic medium 지에이엠(GAM) 배지.

기회감염(機會感染) opportunistic infection 건강한 사람에 대해서 해가 없는 세균 또는 약화 세균(attenuated bacterium)이 면역 반응이 억제되었거나 그 밖에 면역력이 떨어진 사람에게 나타나는 감염. 원인 세균은 녹농 세균(*Pseudomonas aeruginosa*)을 비롯한 그람음성 막대 세균이 많이 포함되는 환경 오염 세균이며 기회감염 환자는 고령자인 경우가 많다.

기회감염병원체(機會感染病原體) opportunistic pathogen 건강한 사람에 대해서 병원성이 없으나 면역 반응이 억제되었거나 그 밖에 면역력이 떨어진 사람에게 병을 일으킬 수 있는 병원체. 세균, 진균, 바이러스 또는 기생생물 따위가 있다.

기회감염진균(機會感染眞菌) opportunistic fungus 건강한 사람에 대해서 병원성이 없으나 면역 반응이 억제되었거나 그 밖에 면역력이 떨어진 사람에게 감염을 일으키는 진균. 사람의 주된 기회감염 진균은 입 칸디다증(아구창)을 일으키는 칸디다 알비칸스(*Candida albicans*), 호흡기 감염을 일으키는 아스페르길루스 푸미가투스(*Aspergillus funigatus*)와 크립토알세균증을 일으키는 크립토알세균 네오포르만스(*Cryptococcus neoformans*)가 있다.

김 빠진 맥주 flat beer 녹아 있는 이산화탄소가 빠진 맥주.

깜부기균강 Ustilaginomycetes 진핵생물역(Eukaryota) 진균계(Fungi) 담자균문(Basidiomycota)의 강. 아래에는 깜부기균목이 있다.

깜부기균과 Ustilaginaceae 진핵생물역(Eukaryota) 진균계(Fungi) 담자균문(Basidiomycota) 깜부기병균강(Ustilaginomycetes) 깜부기병균목(Ustilaginales)의 과.

깜부기균목 Ustilaginales 진핵생물역(Eukaryota) 진균계(Fungi) 담자균문(Basidiomycota) 깜부기균강(Ustilaginomycetes)의 목. 아래에는 깜부기균과가 있다.

깜부기균속 *Ustilago* 진핵생물역(Eukaryota) 진균계(Fungi) 담자균문(Basidiomycota) 깜부기균강(Ustilaginomycetes) 깜부기균목(Ustilaginales) 깜부기균과(Ustilaginaceae)의 곰팡이 속. 옥수수 곰팡이로 알려져 있다.

깜부깃병 smut 곡식 이삭에 깜부기균과(Ustilaginaceae)의 곰팡이가 기생하여 생기는 병. 이삭, 잎, 줄기에도 나타나지만 가장 뚜렷한 증상은 이삭에 검은 가루와 같은 후막 홀씨의 깜부기가 생기는 점이다. 후막 홀씨는 막이 찢어지면서 날아 흩어진다.

껄껄이그물버섯속 *Leccinum* 진핵생물역(Eukaryota) 진균계(Fungi) 담자균문(Basidiomycota) 주름버섯강(Agaricomycetes) 주름버섯목(Agaricales) 그물버섯과(Boletaceae)의 속. 먹는 버섯으로는 접시껄껄이그물버섯 따위가 있다.

껍질단백질 coat protein 바이러스의 껍질(capsid)을 이루는 단백질.

꽃동충하초과 Trichocomaceae 진핵생물역(Eukaryota) 진균계(Fungi) 자낭균문(Ascomycota) 분가지버섯강(Eurotiomycetes) 분가지버섯목(Eurotiales)의 과.

꽃동충하초속 Trichocoma 진핵생물역(Eukaryota) 진균계(Fungi) 자낭균문(Ascomycota) 분가지버섯강(Eurotiomycetes) 분가지버섯목(Eurotiales) 꽃동충하초과(Trichocomaceae)의 곰팡이 속.

꽃동충하초 파라도사 shaving brush fungus, *Trichocoma paradoxa* 진균계(Fungi) 자낭균문(Ascomycota) 분가지버섯강(Eurotiomycetes) 분가지버섯목(Eurotiales) 꽃동충하초과(Trichocomaceae) 꽃동충하초속(Trichocoma)의 곰팡이 속. 열대지역에 널리 분포한다.

꽃송이버섯 cauliflower fungus, *Sparassis crispa* 진핵생물역(Eukaryota) 진균계(Fungi) 담자균문(Basidiomycota) 주름버섯강(Agaricomycetes) 구멍장이버섯목(Polyporales) 꽃송이버섯과(Sparssidcaeae) 꽃송이버섯속(*Sparassis*)의 먹는 버섯. 갓은 물결치는 꽃잎이 많이 모인 것 같은 모양으로 덩어리 지름은 10~25 센티미터로 흰색 또는 연한 노란색이다. 가을에 바늘잎나무의 그루터기나 뿌리에서 나는 갈색 부후 곰팡이이다. 한국, 동남아시아, 북반구, 오스트레일리아 등지에 분포한다.

꽃송이버섯과 Sparassidaceae 진핵생물역(Eukaryota) 진균계(Fungi) 담자균문(Basidiomycota) 주름버섯강(Agaricomycetes) 구멍장이버섯목(Polyporales)의 과.

꽃송이버섯속 *Sparassis* 진핵생물역(Eukaryota) 진균계(Fungi) 담자균문(Basidiomycota) 주름버섯강(Agaricomycetes) 구멍장이버섯목(Polyporales) 꽃송이버섯과(Sparassidaceae)의 속. 먹는 것으로는 꽃송이버섯 따위가 있다.

꾀꼬리버섯 golden chanterelle, *Cantharellus cibarius* 진핵생물역(Eukaryota) 진균계(Fungi) 담자균문(Basidiomycota) 주름버섯강(Agaricomycetes) 꾀꼬

리버섯목(Cantharellales) 꾀꼬리버섯과(Cantharellaceae) 꾀꼬리버섯속(*Cantharellus*)의 먹는 버섯. 갓은 3~8센티미터로 가운데가 조금 오목하고 불규칙한 둥근 모양이며 전체가 노란 자주색이다. 살은 두껍고 달콤하며 곰팡내가 나는 아주 센 향기가 있다. 여름에서 가을 사이에 넓은잎나무나 바늘잎나무 숲 땅에 뭉쳐난다. 전 세계에 분포한다. 독성분으로 노카페라트산(norcaperatic acid)이 미량 들어있으나 인체에는 해가 없다.

꾀꼬리버섯과 Cantharellaceae 진핵생물역(Eukaryota) 진균계(Fungi) 담자균문(Basidiomycota) 주름버섯강(Agaricomycetes) 꾀꼬리버섯목(Cantharellales)의 과.

꾀꼬리버섯목 Cantharellales 진핵생물역(Eukaryota) 진균계(Fungi) 담자균문(Basidiomycota) 주름버섯강(Agaricomycetes)의 곰팡이 목. 꾀꼬리버섯과, 턱수염버섯과(Hydnaceae) 따위가 있다.

꾀꼬리버섯속 *Cantharellus* 진핵생물역(Eukaryota) 진균계(Fungi) 담자균문(Basidiomycota) 주름버섯강(Agaricomycetes) 꾀꼬리버섯목(Cantharellales) 꾀꼬리버섯과(Cantharellaceae)의 속. 먹는 것으로는 꾀꼬리버섯 따위가 있다.

끈적균 slime mold 균류와 아메바의 형태 특징을 가지는 끈적균문(Myxomycota)의 진핵 미생물. 균류와 모양과 생활상이 유사하여 과거에는 진균계 유사진균의 한 부류로 분류하였으나 지금은 난균문(Oomycota)과 함께 크로미스타계(Chromista)로 독립되었다. 끈적균은 크게 세포성(cellular)과 변형체성(plasmodial)으로 나눈다. 전자는 아메바와 같은 모양의 단세포이며 후자는 크기와 모양이 일정하지 않은 원형질 덩어리인 변형체(plasmodium)를 이룬다. 끈적균은 주로 썩은 식물 따위에 사는 곰팡이와 세균 따위를 먹고 산다. 휴면상태인 홀씨를 형성했다가 활동 상태로 다시 발아되기도 한다. 아메바처럼 운동하는 원형질체를 갖는 것들은 세포벽이 없고, 다핵이며 헛발로 이동한다. 체내에 글리코젠을 저장한다. 엽록소는 없지만 다른 색소나 기름방울이 있어서 빨강, 노랑, 흰색, 주황색 따위의 빛깔을 띤다. 한편 유주자를 만드는데, 그 앞 끝에는 두 개의 채찍 모양의 편모가 있다.

끈적균강 Myxomycetes 진핵생물역(Eukaryota) 진균계(Fungi) 끈적균문(Myxomycota)의 강.

끈적균목 Myxomycetales 진핵생물역(Eukaryota) 진균계(Fungi) 끈적균문(Myxomycota) 끈적균강(Myxomycetes)의 목.

끈적균문 Myxomycota 진핵생물역(Eukaryota) 진균계(Fungi)의 문.

끈적버섯과 Cortinariaceae 진핵생물역(Eukaryota) 진균계(Fungi) 담자균문(Basidiomycota) 주름버섯강(Agaricomycetes) 주름버섯목(Agaricales)의 과.

끈적버섯속 *Cortinarius* 진핵생물역(Eukaryota) 진균계(Fungi) 담자균문(Basidiomycota) 주름버섯강(Agaricomycetes) 주름버섯목(Agaricales) 끈적버섯과(Cortinariaceae)의 속.

끓음 발효 boiling fermentation 맥주의 주 발효에서 볼 수 있는 이상발효의 하나. 상면발효나 하면발효 모두에서 나타나기도 한다. 이산화탄소가 액의 아래로부터 뿜어 올라 액이 끓고 있는 것 같이 보이는 현상이다. 정상 발효에서는 효모 세포, 단백질 따위가 뭉쳐 두꺼운 거품층을 이룬다. 이상발효가 일어나면 이런 거품층이 형성되지 않는다.

끓임 소독 disinfection by boiling 소독할 물질을 끓는 물에 넣어 병원미생물을 죽임. 보통은 15분 이상 끓인다.

ㄴ

나글러 반응 Nagler's reaction 레시틴 가수분해효소 반응.

나도팽나무버섯 nameko, *Pholiota microspora* 진핵생물역(Eukaryota) 진균계(Fungi) 담자균문(Basidiomycota) 주름버섯강(Agaricomycetes) 주름버섯목(Agaricales) 포도버섯과(Strophariaceae) 비늘버섯속(*Pholiota*)의 먹는 버섯. 갓은 지름 3~8센티미터로 작은 공 모양이며, 빛깔은 호박색을 띤 갈색이다. 많은 점질 물질인 뮤신에 뒤덮여 미끈미끈하다. 가을에 너도밤나무, 물참나무 따위의 넓은잎나무에 홀로 또는 무리 지어 난다. 원목이나 톱밥을 이용하여 재배한다. 특히 일본에서 인기 있는 버섯이며 중국, 러시아, 아메리카에서도 먹는다.

나드소니아속 *Nadsonia* 진핵생물역(Eukaryota) 진균계(Fungi) 자낭균문(Ascomycota) 사카로미세스강(Saccharomycetes) 카로미세스목(Saccharomycetales) 디포다스쿠스과(Dipodascaceae)의 효모 속. 세포는 레몬, 달걀 또는 조금 긴 모양으로 양쪽 끝에서 출아한다. 모세포와 출아 세포가 접합하여 모세포의 다른 쪽에 생긴 출아 세포가 자낭으로 되어 그 안에 자낭홀씨를 만든다. 기준 종인 나드소니아 풀베센스(*Nadsonia fulvescens*)는 자작나무 따위의 수액에서 분리된다.

나드소니아 풀베센스 *Nadsonia fulvescens* 진핵생물역(Eukaryota) 진균계(Fungi) 자낭균문(Ascomycota) 사카로미세스강(Saccharomycetes) 사카로미세스목(Saccharomycetales) 디포다스쿠스과(Dipodascaceae)의 효모 속. 자작나무 따위의 수액에서 분리된다.

나르나바이러스과 Narnaviridae 리보바이러스역(Riboviria) 오르토르나바이러스계(Orthornavirae) 레나르바이러스문(Lenarviricota) 아마빌리바이러스강(Amabiliviricetes) 월프람바이러스목(Wolframvirales)의 바이러스 과.

나르나바이러스속 *Narnavirus* 리보바이러스역(Riboviria) 오르토르나바이러스계(Orthornavirae) 레나르바이러스문(Lenarviricota) 아마빌리바이러스강(Amabiliviricetes) 월프람바이러스목(Wolframvirales) 나르나바이러스과(Narnaviridae)의 양성 가닥 아르엔에이 바이러스 속. 이 속의 숙주는 곰팡이이다.

나선세균(螺旋細菌) spirillum 나선 또는 파도 모양으로 굽은 형태를 한 운동성 그람음성 세균을 통틀어 이르는 말. 나선세균속(*Spirillum*), 캄필로박터속(*Campylobacter*), 헬리코박터속(*Helicobacter*) 따위가 있으며 콜레라세균(*Vibrio cholerae*)도 포함한다. 나선세균은 일반적으로 나선 모양의 세균과 스피로헤타(spirochete) 모양의 세균으로 나뉘며 모두 편모를 이용하여 이동한다. 나선세균속이나 렙토스피라속은 감염증을 일으키는 대표 나선세균이다.

나선세균과(螺旋細菌科) Spirillaceae 세균역(Bacteria) 슈도모나스문(Pseudomonadota) 베타가변세균강(Betaproteobacteria) 니트로소모나스목(Nitrosomonadales)의 과. 이 과에는 나선세균속만이 있다.

나선세균 미누스 *Spirillum minus* 세균역(Bacteria) 슈도모나스문(Pseudomonadota) 베타가변세균강(Betaproteobacteria) 니트로소모나스목(Nitrosomonadales) 나선세균과(Spirillaceae) 나선세균속(*Spirillum*)의 그람음성 코일 모양 저산소 세균. 쥐에 물려 감염되면 쥐물음열(rat-bite fever)을 일으킨다. 배양하려면 살아 있는 동물에 접종해야 한다.

나선세균속(螺旋細菌屬) *Spirillum* 세균역(Bacteria) 슈도모나스문(Pseudomonadota) 베타가변세균강(Betaproteobacteria) 니트로소모나스목(Nitrosomonadales) 나선세균과(Spirillaceae)의 그람음성 나선 모양의 저산소 세균 속. 세포 양 끝에 편모가 있어 바닷물 또는 민물 속에서 민첩하게 운동하는 것이 많다. 오염된 못이나 고여 있는 물에서 분리된다. 음식중독이나 패혈증의 원인이 되는 캄필로박터속(*Campylobacter*) 세균은 바일병, 매독, 재귀열 따위를 일으킨다.

나선세균증(螺旋細菌症) spirillosis 나선세균속(*Spirillum*) 세균으로 일어나는 감염 또는 병.

나선 평판법(螺線平板法) spiral plate method 나선 평판기(spiral plater)를 써서 액체 시료의 콜로니 형성 단위 계수에 쓰는 방법. 시료의 미생물 수를 알기 위한 콜로니 단위 계수 과정의 한 과정으로 이용한다. 시료 액을 회전하는 평판배지 표면에 끝이 가는 주입기가 있는 나선 브리드기(spiral breeder)를 이용하여 중심부에서 바깥쪽으로 갈수록 부피가 작도록 발라서 접종한다. 일정 시간 배양한 뒤 세포 계수판을 이용하여 콜로니 수를 계산한다. 고형물이 없는 시료를 열 배만 묽히면 접종에 충분하며 필요한 평판 수도 매우 적으므로 작업이 매우 효율적이나 장비가 매우 비싸다.

나이세르 염색 Neisser stain 그람양성 세균의 세포질에 있는 극체(polar body)를 가시화하는 미생물 염색. 폴리인산 알갱이인 볼류틴 알갱이(volutin granule)를 가지고 있는 디프테리아 세균(*Corynebacterium diphtheriae*)의 확인에 쓴다. 균체 시료를 고정한 뒤에 메틸렌블루(methylene blue)와 크리스털바이올렛(crystal violet)을 섞은 나이세르 용액으로 염색하고 물로 씻은 뒤 다시 크리소이딘(chrysoidine) 액으로 염색한다. 볼류틴 알갱이는 흑갈색, 균체는 노란색으로 염색된다.

나토 natto 콩을 막대세균 수브틸리스(*Bacillus subtilis*)로 발효한 일본 음식.

나토 세균 natto bacterium 일본에서 나토 발효에 쓰는 세균. 점질물인 감마-폴리글루탐산과 레반(levan)을 생산한다. 분리 당시에 막대세균 나토(*Bacillus natto*)로 명명되었으나 분류에 따른 옳은 학명은 막대세균 수브틸리스(*B. subtilis*)이다. 단백질 가수분해효소와 아밀레이스 활성이 강하다. 혈전 용해 효소인 나토인산화효소(nattokinase, EC 3.4.21.62)를 합성한다.

나팔버섯과 Gomphaceae 진핵생물역(Eukaryota) 진균계(Fungi) 담자균문(Basidiomycota) 주름버섯강(Agaricomycetes) 나팔버섯목(Gomphales)의 과.

나팔버섯목 Gomphales 진핵생물역(Eukaryota) 진균계(Fungi) 담자균문(Basidiomycota) 주름버섯강(Agaricomycetes)의 목. 아래에는 나팔버섯과, 싸리버섯과 따위가 있다.

나팔버섯속 *Gomphus* 진핵생물역(Eukaryota) 진균계(Fungi) 담자균문(Basidiomycota) 주름버섯강(Agaricomycetes) 나팔버섯목(Gomphales) 나팔버섯과(Gomphaceae)의 속.

낙엽버섯과 Matasmiaceae 진핵생물역(Eukaryota) 진균계(Fungi) 담자균문(Basidiomycota) 주름버섯강(Agaricomycetes) 주름버섯목(Agaricales)의 과.

낙엽버섯속 *Marasmius* 진핵생물역(Eukaryota) 진균계(Fungi) 담자균문(Basidiomycota) 주름버섯강(Agaricomycetes) 주름버섯목(Agaricales) 낙엽버섯과(Matasmiaceae)의 속.

낙하균측정법(落下菌測定法) settle plate method 공기 중에 떠도는 미생물을 측정하는 방법의 하나. 대상으로 하는 공간에 우무배지를 일정 시간 개방하고 자연적으로 낙하한 미생물을 배양하여 발육한 콜로니 수를 일정 시간에 대한 균 수로 계산하는 방법이다. 조작이 간단하나 우무배지 표면의 미생물 수는 공기 흐름에 따라 다르므로 미생물을 정량적으로 측정할 수 없는 결점이 있다.

난균강(卵菌綱) Oomycetes 진핵생물역(Eukaryota) 크로미스타계(Chromista) 기리스타문(Gyrista) 슈도진균아문(Pseudofungi)의 원생생물 강. 진균 같은 진핵미생물의 독특한 다계성을 이룬다. 유성생식과 무성생식 모두 가능하다. 강 이름에서 *oo*-는 달걀(egg)을, *-mycete*는 진균(fungus)을 이르며 여성 생식 세포에 들어있는 큰 둥근 난조세포(oogonia)를 이른다. 흔히 물곰팡이(water mold)라고도 하며 다른 곰팡이와는 달리 세포벽에 키틴이 아닌 셀룰로스가 있다. 대부분은 물속에서 사나 일부는 육상의 고등식물체에 기생한다. 팡이실이 잘 발달하고 사이막이 없다. 꼬리 모양과 깃 모양의 두 개의 편모를 가지고 있다. 포도의 노균병(downy mildew)을 일으키는 플라스모포라 비티콜라(*Plasmapora viticola*)와 감자 역병(late blight)을 일으키는 피토프토라 인페스탄스(*Phytophthora infestans*) 따위도 포함한다.

난균류(卵菌類) oomycetes 난균강의 원생생물을 일상으로 이르는 말.

난배양 세포(難培養細胞) viable but non-culturable cell 자라거나 분열하지 않는 살아 있는 세균. 배지에서 콜로니를 형성하지 않으므로 그 존재는 다른 방법으로 확인하여야 한다.

난버섯과 Pluteaceae 진핵생물역(Eukaryota) 진균계(Fungi) 담자균문(Basidiomycota) 주름버섯강(Agaricomycetes) 주름버섯목(Agaricales)의 과.

난버섯속 *Pluteus* 진핵생물역(Eukaryota) 진균계(Fungi) 담자균문(Basidiomycota) 주름버섯강(Agaricomycetes) 주름버섯목(Agaricales) 난버섯과(Pluteaceae)의 속.

날리딕스산 nalidixic acid 합성 퀴놀론 항생물질. 그람양성과 그람음성 세균에 유효하다. 세균의 디엔에이 기레이스(DNA gyrase, EC 5.99.1.3) 작용을 억제함으로써 세균의 증식을 막는다. 주로 비뇨, 생식기 감염증을 치료하는 데 쓴다.

날리딕스산 세트리미드 우무배지 nalidixic acid-cetrimide agar, NAC agar 녹농세균(*Pseudomonas aeruginosa*)의 선택 분리와 감별에 쓰는 배지. 세트리미드(cetrimide)로 그람양성 세균과 녹농세균 이외의 대부분의 그람음성 세균의 생육을 억제하고 날리딕스산을 첨가하여 그람양성 세균과 녹농세균의 선택성을 한층 높인 배지이다. 이 배지에서 녹농세균은 색소를 잘 생성한다.

남구슬말목 Chroococcales 세균역(Bacteria) 남세균문(Cyanobacteria) 남세균강(Cyanophyceae)의 목.

남세균(藍細菌) cyanobacterium 세균역(Bacteria) 남세균문(Cyanobacteria)의 광합성을 하는 단세포 또는 실 모양의 세균. 예전에는 남조류(blue-green algae)라고 하였으나 실제로는 말무리보다는 세균에 가깝다. 원핵생물로서 핵막이 없으며, 엽록소, 카로텐, 피코사이아닌, 피코에리트린 따위의 색소를 가지고 있어 광합성을 하며 이분법으로 번식한다. 대부분은 플랑크톤의 범주에 들어가며 물고기의 먹이가 된다. 유기물을 많이 포함한 물이 호수나 강물에 흘러들어 오면 유기물 속의 인산이나 질소 따위가 비료 역할을 하여 남세균은 폭발적으로 번식하여 녹조 현상의 원인이 된다. 탄소뿐만 아니라 질소도 고정할 수 있다. 어떤 남세균은 물꽃(algal bloom)이 나타나는 환경에서 건강을 해칠 수 있는 독소를 생산한다. 남세균 속으로는 아나바에나(*Anabaena*), 구슬말(*Nostoc*), 스피룰리나(*Spirulina*), 시네초시스티스속(*Synechocystis*) 따위가 있다. 시네초시스티스속은 민물에 사는 단세포 남세균 속으로 생물 공학에서 모델 생물로 쓰며, 스피룰리나는 식품으로 이용한다. 일부 남세균은 사이아노독소(아나톡신, 삭시톡신, 돔산 따위)를 생산하여 해산물(특히 조개)과 물에 축적될 수 있다.

남세균강(藍細菌門) Cyanophyceae 세균역(Bacteria) 남세균문(Cyanobacteria)의 강.

남세균문(藍細菌門) Cyanobacteria 세균역(Bacteria)의 문. 그람음성 광합성 구슬말 세균이다.

남세균속 *Cyanobacterium* 세균역(Bacteria) 남세균문(Cyanobacteria) 남세균강(Cyanophyceae) 남구슬말목(Chroococcales) 남세균과(Cyanobacteriaceae)의 속.

남조강(藍藻綱) Cyanophyceae '남세균강'의 옛 이름.

내건성 진균(耐乾性眞菌) xerotolerant fungus 건조 조건에 내성을 가진 진균. 수분 활성도 0.85 이하에서 잘 자라는 곰팡이나 효모를 이른다. 아스페르길루스속(*Aspergillus*), 푸른곰팡이속(*Penicillium*), 푸사륨속(*Fusarium*), 클라도스포륨속(*Cladosporium*) 따위에 속하는 대부분의 곰팡이가 여기에 속한다. 수분 활성도가 0.6 정도인 건조식품에서도 생육할 수 있는 것도 있어 광범위한 식품을 오염시킨다.

내독소(內毒素) endotoxin 세균 세포의 구성 요소로서 세균이 파괴될 때 밖으로 나타나는 독소. 그람음성 세균의 세포벽 외막을 구성하는 지방질다당류로 열 저항성이 강하다. 콜레라세균이나 장티푸스세균에서 볼 수 있다. 고등 생물의 면역 반응으로 염증과 열을 일으킨다. 내독소에 대한 반응은 환자의 아나필락시스 쇼크를 가져올 수 있다.

내산 세균(耐酸細菌) aciduric bacterium 산성 환경에서 생장할 수 있는 세균.

내산소 무산소세균(耐酸素無酸素細菌) aerotolerant anaerobic bacterium 무산소 세균 가운데 산소가 있어도 자랄 수 있는 세균. 대표 보기로는 젖산세균이 있다.

내 삼투 효모(耐滲透細菌) osmotolerant yeast 고삼투압에서도 자랄 수 있는 효모. 당 함량이 높고 수분량이 적은 빵 반죽 따위에 쓴다.

내생 홀씨 endospore ① 생식 기관 또는 홀씨주머니 안에 형성되는 홀씨. 자낭 홀씨, 주머니 홀씨, 일부 분생 홀씨 따위가 있다. ② 막대세균문(Bacillota)의 일부 세균이 생장 조건이 불리할 때 세포 안에 만드는 무성 홀씨. 벽이 두껍고 열과 건조에 내성이 있으며 오랫동안 휴면상태로 있을 수 있다. 이를 생산하는 세균으로는 막대세균속과 클로스트리듐속 따위가 있다.

내생 홀씨 생성 세균 endospore-forming bacterium 내생 홀씨를 만드는 세균을 통틀어 이르는 말. 막대세균속, 클로스트리듐속 세균 따위가 있다.

내생 홀씨 염색 endospore staining 세균의 내생홀씨의 염색. 내생 홀씨는 일반적인 염색액으로는 잘 염색되지 않으나 가열하면서 염색하면 페놀 푹신(phenol fuchsin)에 의해서 붉은색으로, 말라카이트그린(malachite green)에 의해서 초록색으로 물든다.

내성 세균(耐性細菌) tolerant bacterium 어떠한 처리나 약물이나 환경 조건에도 생장을 계속할 수 있는 능력이 있는 세균. 유기 용매, 카드뮴, 알칼리, 산, 염(salt) 따위에 내성을 가진 세균이 있다.

내열 세균(耐熱細菌) thermoduric bacterium 저온살균(63도에서 30분)에서 살아남을 수 있는 세균. 일반 영양 세포가 죽는 온도와 시간의 가열조건에서 살아남는 세균으로 막대세균속, 클로스트리듐속, 창자알세균속의 종들이 있다.

내열 창자 독소 heat-stable enterotoxin 창자 독소 생성 대장균 따위가 생성하는 열에 안정한 독성 펩타이드. 이들 펩타이드는 100도에서도 활성을 유지한다. 지방 특유의 설사와 여행자 설사를 일으킨다. 그 밖에 내열 창자 독소를 생산하는 세균으로는 콜레라세균, 예르시니아 엔테로콜리티카(*Yersinia enterocolitica*), 시트로박터 프레운디이(*Citrobacter freundii*), 폐렴막대세균(*Klebsiella pneumoniae*) 따위가 있다.

내염 미생물(耐鹽微生物) halotolerant microorganism 고농도 염화소듐 용액에서 견딜 수 있는 미생물.

내염성(耐鹽性) halotolerance 높은 염분농도(salinity)에 대한 생물의 적응성.

내염 세균(耐鹽細菌) halotolerant bacterium 고농도의 염화소듐 용액에서 견딜 수 있는 세균. 염화소듐 농도 0.2몰(약 1.2퍼센트) 이하의 농도에서 가장 빨리 자라고 2.5몰(약 15퍼센트) 이하의 비교적 고농도 염화소듐 용액에서도 자랄 수 있다. 대표 내염 세균인 누런포도알세균(*Staphylococcus aureus*)은 2.5몰 정도의 염화소듐 농도에서도 자란다. 젖산세균인 페디오알세균속(*Pediococcus*), 젖산막대세균속(*Lactobacillus*) 따위도 있다. 그 밖에 알테로모나스(*Alteromonas*), 막대세균(*Bacillus*), 믹소알세균(*Mixococcus*)의 속과 많은 남세균도 있다. 간장, 된장, 염장 물고기 따위에 생육하는 종류가 많다.

내염 효모(耐鹽酵母) halotolerant yeast 염화소듐 농도가 높은 조건(2.5몰 이상)에서도 살 수 있는 효모.

냉동(冷凍) freezing 식품의 어는점 이하로 온도를 낮추어 미생물의 번식을 막아 식품을 보존하는 방법. 일반적으로 냉동기를 써서 식품의 내부 온도를 영하 18도까지 내려 얼린 뒤 보존한다. 급속 냉동에서는 작은 얼음 결정이 생성되므로 완만 냉동보다 세포 손상이 적다. 냉동은 모든 미생물을 죽이지는 못하며 효소 활성은 유지된다. 그러나 냉동은 크기, 형태, 텍스처, 색, 향미와 미생물 관점에서 식품의 품질을 최소화하는 장점이 있다.

냉동 건조(冷凍乾燥) lyophilization 급속 냉동한 식품을 물의 삼중점 아래의 감압 상태에서 수분을 승화하여 말림.

냉동 건조기(冷凍乾燥機) lyophilizer 식품을 얼려 감압 상태에서 수분을 승화하여 말리는 장치.

냉동 건조 보존법(冷凍乾燥保存法) lyophilization process 미생물 균주를 냉동 건조하여 휴면 세포로 만들어 보존하는 방법. 세균, 바이러스, 효모의 세포 그 밖에 일부 곰팡이, 바퀴살세균 따위의 홀씨를 오래 간직하는 데 적합하다.

냉동보존(冷凍保存) cryopreservation 미생물을 얼려서 생리활성을 정지시킨 휴면 세포로 간직하는 방법. 정상기에 도달한 배양상태의 세포 또는 분산 용매에 분산한 세포를 병에 넣고 밀봉하여 초저온냉동고(영하 80도)에서 간직하는 방법과 액체질소(영하 191도)에 간직하는 방법이 있다. 분산 용매는 동해방지제(cryoprotectant)로 다이메틸설폭사이드(dimethyl sulfoxide), 글리세린, 탈지우유 따위를 첨가한다.

냉살균(冷殺菌) cold sterilization ① 열처리 없이 미생물을 죽임. 주로 이온화 방사선인 감마선을 쓰며 일부 자외신, 고전압과 초고압을 쓴다. 이 과정에서 식품 온도는 크게 변하지 않으므로 품질 저하를 최소화하고 살균할 수 있는 장점이 있다. ② 상하기 쉬운 식품의 수송이나 저장 때 식품 겉면에 다이메틸 다이카보네이트(dimethyl dicarvonate) 액체로 코팅하는 일. ③ 살균액(글루타르알데하이드 또는 알코올)에 의료 기구 따위를 담가 미생물을 죽임. ④ 이산화염소 가스, 과산화수소 증기, 산화에틸렌 가스 따위로 미생물을 죽임.

네가르나바이러스문 Negarnaviricota 라이보바이러스역(Riboviria) 오르토르나바이러스계(Orthornavirae)의 문. 음성 가닥 아르엔에이 바이러스이다.

네가티비알세균강 Negativicutes 세균역(Bacteria) 막대세균문(Bacillota)의 강. 다른 막대세균문의 세균과는 달리 그람 염색에 반응하지 않으며 절대 무산소성으로 강, 호수, 등뼈동물의 창자 따위에서 발견된다.

네보바이러스속 *Nebovirus* 라이보바이러스역(Riboviria) 오르토르나바이러스계(Orthornavirae) 피수바이러스문(Pisuviricota) 피소니바이러스강(Pisoniviricetes) 피코르나바이러스목(Picornavirales) 칼리시바이러스과(Caliciviridae)의 속.

네알세균 소자에 *Tetracoccus sojae* 세균역(Bacteria) 슈도모나스문(Pseudomonadota) 알파가변세균강(Alphaproteobacteria)의 호염 젖산세균. 목과 과는 정해진 것이 없다. 간장과 장유 발효에서 호모 젖산발효를 한다.

네알세균속 *Tetracoccus* 세균역(Bacteria) 슈도모나스문(Pseudomonadota) 알파가변세균강(Alphaproteobacteria)의 카탈레이스 양성, 질산염 환원, 겉면에 자라는 네알 세균 속. 목과 과는 정해진 것이 없다. 간장과 장유 발효에서 호모 젖산발효를 하는 호염세균인 네알세균 소자에(*Tetracoccus sojae*) 따위가 있다.

네오마이신 neomycin 스트렙토미세스 프라디아에(*Streptomyces fradiae*)가 생산하는 아미노글리코사이드 항생물질. 그람음성 막대 모양 산소 세균에 살세균 활성을 보인다. 소, 양, 돼지, 가금류의 세균 감염 치료에 쓴다.

네오사르토리아속 *Neosartorya* 진핵생물역(Eukaryota) 진균계(Fungi) 자낭균문(Ascomycota) 분가지버섯강(Eurotiomycetes) 분가지버섯목(Eurotiales) 꽃동충하초과(Trichocomaceae)의 속.

네오사르토리아 피쉐리 *Neosartorya fischeri* 진핵생물역(Eukaryota) 진균계(Fungi) 자낭균문(Ascomycota) 분가지버섯강(Eurotiomycetes) 분가지버섯목(Eurotiales) 꽃동충하초과(Trichocomaceae) 네오사르토리아속(*Neosartorya*)의 곰팡이.

네오칼리마스틱스강 Neocallimastigomycetes 진핵생물역(Eukaryota) 진균계(Fungi) 네오칼리마스틱스문(Neocallimastigomycota)의 강.

네오칼리마스틱스과 Neocallimastigaceae 진핵생물역(Eukaryota) 진균계(Fungi) 네오칼리마스틱스문(Neocallimastigomycota) 네오칼리마스틱스강(Neocallimastigomycetes) 네오칼리마스틱스목(Neocallimastigales)의 과.

네오칼리마스틱스목 Neocallimastigales 진핵생물역(Eukaryota) 진균계(Fungi) 네오칼리마스틱스문(Neocallimastigomycota) 네오칼리마스틱스강(Neocallimastigomycetes)의 목.

네오칼리마스틱스문 Neocallimastigomycota 진핵생물역(Eukaryota) 진균계(Fungi)의 문.

네오칼리마스틱스속 *Neocallimastix* 진핵생물역(Eukaryota) 진균계(Fungi) 네오칼리마스틱스문(Neocallimastigomycota) 네오칼리마스틱스강(Neocallimastigomycetes) 네오칼리마스틱스목(Neocallimastigales) 네오칼리마스틱스과(Neocallimastigaceae)의 절대 무산소 곰팡이 속. 되새김동물의 혹위에서 발견된다.

네오칼리마스틱스 파트리시아룸 *Neocallimastix patriciarum* 진핵생물역(Eukaryota) 진균계(Fungi) 네오칼리마스틱스문(Neocallimastigomycota) 네오칼리마스틱스강(Neocallimastigomycetes) 네오칼리마스틱스목(Neocallimastigales) 네오칼리마스틱스과(Neocallimastigaceae) 네오칼리마스틱스속(*Neocallimastix*)의 절대 무산소 곰팡이. 양과 다른 되새김동물의 혹위에서 산다. 자일란 가수분해효소, 셀룰로스 가수분해효소 따위를 생산한다.

네오칼리마스틱스 프론탈리스 *Neocallimastix frontalis* 진핵생물역(Eukaryota) 진균계(Fungi) 네오칼리마스틱스문(Neocallimastigomycota) 네오칼리마스틱스강(Neocallimastigomycetes) 네오칼리마스틱스목(Neocallimastigales) 네오칼리마스틱스과(Neocallimastigaceae)의 곰팡이. 되새김동물의 혹위에서 살며 섬유를 분해한다. 자일란, 셀룰로스, 녹말, 글리코젠 따위의 가수분해효소 생산에 쓴다. 네오칼리마스틱스 파트리시아룸(*N. patriciarum*)과 함께 되새김동물 위에 사는 무산소성 곰팡이로 기능이나 특성이 매우 유사하다.

네오테트라졸륨 neotetrazolium 일반구조 R-C를 갖는 유기 염. 미생물이 생산하는 환원 효소의 작용으로 무색에서 붉은색의 불용성 포마잔으로 변한다. 우유의 미생물 활성, 세균 수 따위를 간접적으로 검출하는 데 쓴다.

네이세리아과 Neisseriaceae 세균역(Bacteria) 슈도모나스문(Pseudomonadota) 베타가변세균강(Betaproteobacteria) 네이세리아목(Neisseriales)의 과.

네이세리아목 Neisseriales 세균역(Bacteria) 슈도모나스문(Pseudomonadota) 베타가변세균강(Betaproteobacteria)의 목.

네이세리아속 *Neisseria* 세균역(Bacteria) 슈도모나스문(Pseudomonadota) 베타가변세균강(Betaproteobacteria) 네이세리아목(Neisseriales) 네이세리아과(Neisseriaceae)의 그람음성 쌍알 세균. 세포 모양은 커피콩과 비슷하며 동물의 점막 표면에 콜로니를 이루어 자란다. 사람에게 병원성을 보이는 것으로는 임질세균(*N. gonorrhoeae*)과 수막염세균(*N. meningitidis*)이 있다. 속명은 1889년 환자의 고름(pus)에서 임질 병인체를 발견한 알버트 네이세르(Albert Neisser)의 이름을 따서 붙인 것이다.

네이세리아 폴리사카레아 *Neisseria polysaccharea* 세균역(Bacteria) 슈도모나스문(Pseudomonadota) 베타가변세균강(Betaproteobacteria) 네이세리아목(Neisseriales) 네이세리아과(Neisseriaceae) 네이세리아속(*Neisseria*)의 그람음성, 카탈레이스 양성 쌍알 세균. 포도당과 엿당에서 산을 생성하고 설탕에서 다당류를 생산하는 특징이 있다. 병원성은 없다.

네트롭신 netropsin 세균역(Bacteria) 바퀴살세균문(Actinomycetota) 바퀴살세균강(Actinomycetia) 스트렙토미세스목(Streptomycetales) 스트렙토미세스과(Streptomycetaceae) 스트렙토미세스속(*Streptomyces*)의 세균인 스트렙토미세스 네트롭시스(*S. netropsis*)가 생산하는 피롤-아미딘(pyrrole-amidine) 항생물질. 살세균과 살바이러스 활성이 있다.

넥트리옵시스속 *Nectriopsis* 진핵생물역(Eukaryota) 진균계(Fungi) 자낭균문(Ascomycota) 구멍공버섯강(Sordariomycetes) 동충하초목(Hypocreales) 비오넥트리아과(Bionectriaceae)의 곰팡이 속.

노균병(露菌病) downy mildew 진핵생물역(Eukaryota) 난균문(Oomycota) 노균병균목(Peronosporales) 노균병균과(Peronosporaceae)의 페로노스포라속(*Peronospora*), 피토프토라속(*Phytophthora*), 브레미아속(*Bremia*), 플라스모파라속(*Plasmopara*) 따위의 물곰팡이가 일으키는 식물 병. 습도가 높을 때 발생하기 쉬우며 일반적으로 바질, 오이, 수박, 포도, 홉, 상추, 콩, 해바라기, 담배 따위 잎에 갈색 반점이 나타나고 뒷면에 분생 홀씨를 형성하여 흰 솜털 모양으로 되면서 잎이 말라 죽는다.

노다무바이러스목 Nodamuvirales 리보바이러스역(Riboviria) 오르토르나바이러스계(Orthornavirae) 키트리노바이러스문(Kitrinoviricota) 마그사바이러스강(Magsaviricetes)의 목.

노다바이러스과 Nodaviridae 리보바이러스역(Riboviria) 오르토르나바이러스계(Orthornavirae) 키트리노바이러스문(Kitrinoviricota) 마그사바이러스강(Magsaviricetes) 노다무바이러스목(Nodamuvirales)의 과. 껍질이 없는 양성 가닥 아르엔에이 바이러스이다.

노란주걱혀버섯 *Dacryopinax spathularia* 진핵생물역(Eukaryota) 진균계(Fungi) 담자균문(Basidiomycota) 주름균아문(Agaricomycotina) 붉은목이강(Dacrymycetes) 붉은목이목(Dacrymycetales) 붉은목이과(Dacrymycetaceae) 주황혀버섯속(*GDacryopinax*)의 먹는 버섯. 약수저(spatula) 모양으로 높이는 1~1.5센티미터이며 오렌지 노란빛을 띤다. 텍스처가 젤리 같은 젤리 버섯(jelly fungus)의 하나이다. 일년 내내 바늘잎나무의 썩은 나무에 모여 나는 목재부후 곰팡이이다. 한국, 일본, 아시아, 하와이, 유럽, 아메리카, 아프리카 등지에 분포한다.

노랑느타리 gold oyster mushroom, *Pleurotus citrinopileatus* 진핵생물역(Eukaryota) 진균계(Fungi) 담자균문(Basidiomycota) 주름버섯강(Agaricomycetes) 주름버섯목(Agaricales) 느타리과(Pleurotaceae) 느타리속(*Pleurotus*)의 먹는 버섯. 갓은 지름 2~9센티미터로 깔때기 모양이며 엷은 누런빛을 띤다. 한 밑동에서 여러 개의 자루가 나와 뭉쳐 전체 지름 15센티미터, 높이 10센티미터에 이른다. 여름에서 가을 사이에 넓은잎나무의 넘어진 나무나 그루터기에 모여 나는 목재 부후 곰팡이이다. 한국, 일본, 중국의 동북부, 러시아의 극동, 유럽, 북아메리카 등지에 분포한다.

노로바이러스 norovirus 리보바이러스역(Riboviria) 칼리시바이러스과(Caliciviridae)의 아르엔에이 바이러스. 사람에게 급성 위장염을 일으키며 비세균성 위장염의 약 90퍼센트를 차지한다. 똥으로 오염된 생활하수가 흘러 들어간 하천이나 바다에 사는 동물 특히 굴, 바지락, 재첩 따위를 익히지 않고 먹으면 음식중독을 일으킬 수 있다. 그 밖에 감염된 사람의 똥, 구토물, 손 따위를 통한 공기감염도 가능하며 감염력이 대단히 강하다. 85도에서 1분간의 열처리로 감염성은 없어진다. 주 증상은 구토, 설사, 복통, 발열이다.

노로바이러스속 *Norovirus* 리바이러스역(Riboviria) 오르토르나바이러스계(Orthornavirae) 피수바이러스문(Pisuviricota) 피소니바이러스강(Pisoniviricetes) 피코르나바이러스목(Picornavirales) 칼리시바이러스과(Caliciviridae)의 바이러스 속. 사람의 작은창자에서 증식하며 이전에는 작은 둥근 바이러스(small round structured virus)라고도 하였다. 껍질이 없는 양성 외가닥 아르엔에이 바이러스이다.

노루궁뎅이 lion's mane mushroom, *Hericium erinaceus* 진핵생물역(Eukaryota) 진균계(Fungi) 담자균문(Basidiomycota) 주름버섯강(Agaricomycetes) 무당버섯목(Russulales) 노루궁뎅이과(Hericiaceae) 산호침버섯속(*Hericium*)의 먹는 버섯. 갓은 지름 5~20센티미터로 앞쪽에 1~5센티미터의 긴 침이 수염처럼 늘어져 모양이 고슴도치와 비슷하며 연한 누런빛을 띤다. 여름부터 가을까지 산속 넓은잎나무의 줄기에 덩어리 모양으로 매달려 있다. 목재부후 곰팡이로 백색부후를 일으킨다. 인공 재배가 가능하다. 한국을 포함한 북반구 온대 이북에 분포한다.

노루궁뎅이과 Hericiaceae 진핵생물역(Eukaryota) 진균계(Fungi) 담자균문(Basidiomycota) 주름버섯강(Agaricomycetes) 무당버섯목(Russulales)의 과.

노루털버섯과 Bankeraceae 진핵생물역(Eukaryota) 진균계(Fungi) 담자균문(Basidiomycota) 주름버섯강(Agaricomycetes) 사마귀버섯목(Thelephorales)의 과.

노루털버섯속 *Sarcodon* 진핵생물역(Eukaryota) 진균계(Fungi) 담자균문(Basidiomycota) 주름버섯강(Agaricomycetes) 사마귀버섯목(Thelephorales) 노루털버섯과(Bankeraceae)의 속.

노른자 첨가 만니톨 소금 우무배지 mannitol salt agar with egg yolk 주로 누런 포도알 세균(*Staphylococcus aureus*)의 검출에 쓰는 선택 배지. 높은 식염 농도 때문에 호염 세균(halophiles), 막대세균 세레우스(*Bacillus cereus)* 따위의 일부를 제외한 거의 모든 세균의 발육이 억제된다. 누런 포도알 세균의 콜로니 주변은 만니톨의 분해로 노란색이 되고 달걀노른자를 추가하면 콜로니 주위에 노른자 반응(egg-yolk reaction)으로 둥근 할로(halo)가 생기므로 누런 포도알 세균의 감별이 가능하다.

노른자 첨가 시더불유 우무배지 CW agar with egg yolk, *Clostridium welchii* agar with egg yolk 클로스트리듐 퍼프린젠스(*Chlostridium perfringens*)를 선택적으로 배양할 때 쓰는 달걀노른자를 함유한 배지.

노보바이오신 novobiocin 세균역(Bacteria) 바퀴살세균문(Actinomycetota) 바퀴살세균강(Actinomycetia) 스트렙토미세스목(Streptomycetales) 스트렙토미세스과(Streptomycetaceae)의 스트렙토미세스 니베우스(*Streptomyces niveus*)가 생산하는 아미노쿠마린(aminocoumarin) 항생물질. 엷은 누런빛 결정으로 디엔에이 합성을 억제한다. 그람양성과 그람음성 세균에 강한 생장 억제력을 나타낸다. 포도알 세균, 임균 따위의 감염증이나 디프테리아에 쓴다. 창자 출혈 대장균 O157의 선택 상화 배지인 노보바이옥신 첨가 개량 이시 배지(modified EC broth with novobioxin) 또는 예르시니아속(*Yersinia*) 세균의 선택 분리 배지인 아이엔 우무배지(IN agar)에 선택제로 쓴다.

노보바이오신 첨가 이시 변형 액체배지 modified EC (*Escherichia coli*) broth with novobiocin, NmEC broth 창자 출혈 대장균 O157과 O26을 식품으로부터 검출하기 위한 강화 배지. 노보바이오신(novobiocin)과 쓸개즙산염(bile salt)이 들어있고 42도에서 배양함으로써 비교적 높은 선택성으로 효율적 분리 동정을 기대할 수 있다. 일반적으로 쇠고기에서는 창자세균의 오염이 알려져 있으며 O157 세균도 오염되는 경우가 많으므로 이 배지를 사용하여 효과적으로 선택, 강화 함으로써 그 뒤 우무배지를 사용한 세균의 분리가 쉬워진다.

노웍바이러스 Norwalk virus 1968년 11월 미국 오하이오주 노웍 지역의 초등학교 급식에서 발생한 집단 음식매개병의 원인 바이러스. 2002년에 노로바이러스(norovirus)로 명명되었다.

노카르디아과 Nocardiaceae 세균역(Bacteria) 바퀴살세균문(Actinomycetota) 바퀴살세균강(Actinomycetia) 미코세균목(Mycobacteriales)의 과.

노카르디아속 *Nocardia* 세균역(Bacteria) 바퀴살세균문(Actinomycetota) 바퀴살세균강(Actinomycetia) 미코세균목(Mycobacteriales) 노카르디아과(Nocardiaceae)의 그람양성 막대 모양 또는 실 모양 산소 세균 속. 흙에 산다. 이 속의 여러 종은 병원성이 있으나 발병력은 약하다. 일부 종은 위생 상태가 나쁜 목장에서 소의 유방염을 일으킨다. 일부 종은 생 계면 활성제 생산, 효소 생산, 생전환 따위에 이용한다. 일부 종은 생장에 따라 배지 겉면 위로 짧은 팡이실 모양의 균체를 만든다. 일부는 세포벽에 있는 미콜산(mycolic acid) 때문에 항산성으로 나타난다. 왁스, 고무, 석유 따위의 오염 물질을 분해한다.

노카르디아 아스테로이데스 *Nocardia asteroides* 세균역(Bacteria) 바퀴살세균문(Actinomycetota) 바퀴살세균강(Actinomycetia) 미코세균목(Mycobacteriales) 노카르디아과(Nocardiaceae) 노카르디아속(*Nocardia*)의 그람양성 산소 세균. 면역결핍증 환자에게 치명적인 기회감염 세균으로 노카르디아증을 일으킨다.

노카르디아증 nocardiosis 노카르디아 아스테로이데스(*Nocardia asteroides*)의 기회감염으로 허파 또는 몸 전체에 나타나는 병. 폐렴, 신경계통 감염, 심장에도 영향을 준다. 주로 면역력이 떨어진 성인 남성에게 일어난다.

노카르디옵시스과 Nocardiopsaceae 세균역(Bacteria) 바퀴살세균문(Actinomycetota) 바퀴살세균강(Actinomycetia) 스트렙토스포랜지아목(Streptosporangiales)의 한 과.

노카르디옵시스 다손빌레이 *Nocardiopsis dassonvillei* 세균역(Bacteria) 바퀴살세균문(Actinomycetota) 바퀴살세균강(Actinomycetia) 스트렙토스포란기아목(Streptosporangiales) 노카르디옵시스과(Nocardiopsaceae) 노카르디옵시스속(*Nocardiopsis*)의 그람양성 산소 세균. 단백질 가수분해효소, 글루코사이드 가수분해효소를 생산한다.

노카르디옵시스속 *Nocardiopsis* 세균역(Bacteria) 바퀴살세균문(Actinomycetota) 바퀴살세균강(Actinomycetia) 스트렙토스포랜지아목(Streptosporangiales) 노카르디옵시스과(Nocardiopsaceae)의 그람양성 카탈레이스 양성 호알칼리 산소 세균 속. 소금기가 있고 알칼리성 흙에서 발견된다.

노카페라트산 norcaperatic acid 위창자관 자극 중독을 일으키는 버섯 독의 하나. 주로 소화기 장애로 설사, 구토, 복통 따위를 일으키며 균형 감각 이상 증상을 보이기도 한다. 나팔버섯과 꾀꼬리버섯에서 발견된다.

녹농세균(綠膿細菌) *Pseudomonas aeruginosa* 세균역(Bacteria) 슈도모나스문(Pseudomonadota) 감마가변세균강(Gammaproteobacteria) 슈도모나스목(Pseudomonadales) 슈도모나스과(Pseudomonadaceae) 슈도모나스속(*Pseudomonas*)의 그람음성 막대 모양 산소 또는 조건 산소 세균. 청록색인 피오사이아닌을 주로 한 암녹색의 고름(blue pus)을 생기게 하므로 녹농세균이라고 한다. 면역력이 떨어진 사람에게 감염하는 대표적인 기회병원 세균의 하나로 항생물질에 대한 저항성이 강하다. 슈도모나스속의 대표 균종으로 사람에게 병원성을 가진 유일한 종이다. 폐렴, 수막염 따위를 일으킨다.

녹말 분해(綠末分解) amylolysis 산이나 효소 작용으로 녹말을 당으로 전환하는 일. 녹말당 생산, 엿기름 생산, 곰팡이를 이용한 알코올 생산 따위에서 일어난다.

녹말 분해 세균(綠末分解細菌) amylolytic bacterium 녹말을 분해할 수 있는 효소를 가지고 있는 세균. 미생물은 탄소 원이 녹말일 때 이를 효소로 분해하여 에너지를 얻는다. 대표적인 보기는 막대세균 수브틸리스(*Bacillus subtilis*)가 생산하는 알파-아밀레이스이다. 녹말 분해 세균은 되새김동물의 혹위에 존재하는 미생물의 가장 중요한 집단이다.

녹병(綠病) rust 녹병곰팡이가 밀, 보리, 호밀, 트리티케일 따위에 기생하여 일으키는 병. 병이 발생한 곳은 세포 분열이나 가지치기가 촉진되어 얼룩점과 같은 모양이 되거나 혹 모양의 기형이 되기도 한다. 잎에 생기면 철의 녹을 닮은 홀씨 덩어리를 만들어 녹병이라 한다. 밀, 보리, 콩, 옥수수, 파, 마늘, 부추, 미나리, 아스파라거스, 나무(참죽나무, 회화나무, 사과나무, 배나무 따위)의 식물에 피해를 준다. 경제적으로 중요한 녹병의 하나는 녹병곰팡이(*Puccinia triticina*)가 일으키는 밀 잎 녹병으로 북아메리카, 멕시코와 남아메리카에서 유행한다.

녹병곰팡이 rust fungus, *Puccinia triticina* 진핵생물역(Eukaryota) 진균계(Fungi) 담자균문(Basidiomycota) 푸시니아강(Pucciniomycetes) 푸시니아목(Pucciniales) 푸시니아과(Pucciniaceae) 푸시니아속(*Puccinia*)의 곰팡이. 밀, 보리, 호밀, 트리티케일 따위의 줄기, 잎과 낟알에 녹병을 일으켜 생산량에 손실을 주는 병원체이다. 밀을 재배하는 지역에서 밀 잎 녹병(wheat leaf rust)을 일으킨다.

녹병균강(綠病菌綱) Urediniomycetes '푸시니아강'(Pucciniomycetes)의 옛 이름.

녹병균목(綠病菌目) Uredinales '푸시니아목'(Pucciniales)의 옛 이름.

녹조강(綠藻綱) Cyanophyceae '남세균강'의 옛 이름.

논벼 좀공균핵병 stem rot 벼의 잎집과 줄기가 암갈색이나 검은색으로 변하여 썩고 말라 죽는 병. 보통 벼가 출수하여 여물 단계인 9월에 많이 발생한다. 줄기의 병든 조직 속에는 작고 둥근 검은 균핵이 형성된다. 병원체는 진핵생물역(Eukaryota) 진균계(Fungi) 구멍공버섯강(Sordariomycetes) 마그나포르테목(Magnaporthales) 마그나포르테과(Magnaporthaceae)의 마그나포르테 살비니이(*Magnaporthe salvinii*)이다.

논벼 흰잎마름병 bacterial blight 벼의 출수기 전후에 잎몸과 잎집이 꼭대기부터 하얗게 마르면서 급속히 말라 죽는 병. 원인 세균은 잔토모나스 오리자에 병원형 오리지에(*Xanthomonas oryzae* pv. *oryzae*)이다.

뇌 심장 침출액 액체배지(腦心臟抽出液液體培地) brain-heart infusion broth, BHI broth 사슬알 세균, 네이세리아속(*Neisseria*)과 그 밖의 영양 요구성이 까다로운 미생물을 위한 영양 성분이 들어있는 증식 배지. 소 또는 돼지 심장과 뇌의 우린 액, 프로테오스 펩톤(proteose peptone), 포도당, 염화소듐과 인산수소소듐으로 된 배지이다. 가루 형태로 시판되고 있다. 배지는 액체배지나 우무를 첨가하여 고체배지로 만들어 쓴다. 헤민(hemin), 메나다이온(menadione), 효모 추출물(yeast extract) 따위를 추가할 때도 있다.

누런 고지 곰팡이 *Aspergillus oryzae* 진핵생물역(Eukaryota) 진균계(Fungi) 자낭균문(Ascomycota) 분가지버섯강(Eurotiomycetes) 분가지버섯목(Eurotiales) 아스페르길루스과(Aspergillaceae) 아스페르길루스속(*Aspergillus*)의 고지 곰팡이. 콜로니 색은 배양초기에 흰색이었다가 분생 홀씨가 형성되면 황록색이 되고 갈색으로 변한다. 녹말 당화력과 단백질 분해력이 강하며 원래 일본에서 술, 미소, 장유 제조에 이용하는 곰팡이이다. 동아시아에서 쌀, 고구마, 보리 따위를 당화 하여 알코올음료를 만드는 데 쓴다. 효소를 추출하여 소화제 따위 효소제로도 쓴다. 고지산(kojic acid)을 생성한다. 식품 가공에서 원료로 쓸 수 있다.

누런 포도알 세균 *Staphylococcus aureus* 세균역(Bacteria) 막대세균문(Bacillota) 막대세균강(Bacilli) 막대세균목(Bacillales) 포도알세균과(Staphylococcaceae) 포도알세균속(*Staphylococcus*)의 그람양성 둥근 모양 조건 무산소 세균. 병원성이 강하며 응고효소 양성이고 누런 색소를 생성한다. 사람 주변 환경에 널리 분포하며 건강한 사람의 콧구멍, 목구멍, 창자관과 피부에도 산다. 체내에 감염, 증식하여 각종 화농성 질환이나 폐렴, 급성심내막염, 균혈증 따위를 일으킨다. 세균이 생산하는 독소는 음식매개병, 독소성 쇼크 증후군, 포도알 세균 열상 피부증후군 따위를 일으킨다. 세균은 80도에서 30분간 가열하면 죽으나 세균이 생성한 창자 독소는 100도에서 30분간 가열해도 파괴되지 않으므로 오염된 식품은 가열한 뒤 섭취해도 음식매개병이 일어날 수 있다.

누런 포도알 세균 음식매개병 *Staphylococcus aureus* foodborne illness 누런 포도알 세균이 생산하는 독소가 들어있는 음식을 먹어 일어나는 병.

누룩 nuruk 술을 빚는 데 쓰는 스타터. 밀을 굵게 갈아 물로 반죽하여 둥근 덩이를 만들어 띄워서 곰팡이와 효모를 자연스럽게 번식시킨 것으로 녹말질 물질 당화와 탁주와 약주의 발효제로 쓴다. 주된 곰팡이는 거미줄곰팡이속, 아스페르길루스속, 활털곰팡이속, 털곰팡이속 따위이다.

뉴로스포라속 *Neurospora* 붉은빵곰팡이속.

뉴캐슬병 Newcastle disease 뉴캐슬병 바이러스가 일으키는 새의 전염병. 가금, 칠면조, 거위, 오리, 꿩, 뿔닭 그 밖의 야생 새가 이 병에 영향을 받는다. 증상은 갑작스런 죽음, 무기력증과 호흡 곤란이다.

뉴캐슬병 바이러스 Newcastle disease virus 새의 뉴캐슬병을 일으키는 파라믹소바이러스과(Paramixoviridae)의 아불라바이러스(avulavirus). 음성 단일 가닥 아르엔에이 바이러스로 겉껍질 바이러스(enveloped virus)이다. 인간에게 전염된다.

뉴클레오시토바이러스문 Nucleocytoviricota 바리드나바이러스역(Varidnaviria) 밤포르드바이러스계(Bamfordvirae)의 문. 원생동물, 등뼈동물과 진핵 말무리 따위가 숙주이다. 거대 바이러스를 포함한다. 거대바이러스강(Megaviricetes)과 포케스바이러스강(Pokkesviricetes)이 있다.

뉴클레오캡시드 nucleocapsid 바이러스의 핵산과 핵산을 둘러싸고 있는 캡시드 껍질의 합.

뉴클레오타이드 nucleotide 인산기와 결합한 뉴클레오사이드 화합물. 디엔에이 같은 핵산의 기본 구조 단위를 이룬다.

뉴클레오타이드 절제 수선 nucleotide excision repair 디엔에이를 수리하는 과정의 하나. 한 가닥의 디엔에이에서 비정상이거나 짝짝이 뉴클레오타이드를 효소 작용으로 잘라내고 손상을 입지 않은 다른 쪽의 디엔에이 가닥을 구형으로 하여 효소 합성으로 올바른 뉴클레오타이드로 대체한다.

뉴트럴 레드 neutral red 알칼리성에서 노랑, 산성에서 붉은색으로 되는 피에이치 지시약. 변색범위는 피에이치 6.8~8.0이다. 데스옥시콜레이트젖당우무배지(desoxycholate lactose agar)나 살모넬라 쉬겔라 우무배지(Salmonella Shigella agar) 따위에 쓴다.

느타리 oyster mushroom, *Pleurotus ostreatus* 진핵생물역(Eukaryota) 진균계(Fungi) 담자균문(Basidiomycota) 주름버섯강(Agaricomycetes) 주름버섯목(Agaricales) 느타릿과(Pleurotaceae) 느타리속(*Pleurotus*)의 먹는 버섯. 갓은 지름 5~15센티미터로 갈색, 회색, 회갈색, 흰색 따위로 다양하다. 늦가을에서 봄에 걸쳐 넓은잎나무의 그루터기에 겹쳐 돋아 나온다. 전 세계에 분포한다. 봄에 나는 것은 갓이 푸르스름한 잿빛이고, 봄에 나는 것은 밤색을 띤다. 겨울철에 농가에서 인공 재배한다.

느타리버섯 oyster mushroom 느타리.

느타리속 *Pleurotus* 진핵생물역(Eukaryota) 진균계(Fungi) 담자균문(Basidiomycota) 주름버섯강(Agaricomycetes) 주름버섯목(Agaricales) 느타릿과(Pleurotaceae)의 속. 먹는 것으로는 느타리 따위가 있다.

느타릿과 Pleurotaceae 진균계(Fungi) 담자균문(Basidiomycota) 주름버섯강(Agaricomycetes) 주름버섯목(Agaricales)의 과.

느티만가닥버섯 beech mushroom, *Hypsizygus tessulatus* 진핵생물역(Eukaryota) 진균계(Fungi) 담자균문(Basidiomycota) 주름버섯강(Agaricomycetes) 주름버섯목(Agaricales) 만가닥버섯과(Lyophyllaceae) 느티만가닥버섯속(*Hypsizygus*)의 먹는 버섯. 갓은 지름 4.5~15센티미터로 둥근 모양 또는 한쪽으로 치우친 모양으로 갈색 또는 흰색이다. 가을에 넓은잎나무의 죽은 나무나 그루터기에 무리 지어 나는 목재부후 곰팡이이다. 인공으로 톱밥 재배한다. 한국, 중국, 일본, 유럽, 북아메리카 등지에 분포한다.

능이(能耳) neungi, *Sarcodon imbricatus* 진핵생물역(Eukaryota) 진균계(Fungi) 담자균문(Basidiomycota) 주름버섯강(Agaricomycetes) 사마귀버섯목(Thelephoraceae) 능이버섯과(Bankeraceae) 노루털버섯속(*Sarcodon*)의 먹는 버섯. 갓은 지름 7~25센티미터로 크고 넓죽하며 어두운 갈색이고 1센티미터 이상 되는 침이 많이 솟아 있다. 여름과 가을에 넓은잎나무가 자라는 숲속 땅 위에 열을 지어 뭉쳐난다. 날로 먹으면 중독 증상이 나타날 수 있다. 한국, 일본 등지에 분포한다.

니도바이러스목 Nidovirales 리오바이러스역(Riboviria) 오르토르나바이러스계(Orthornavirae) 피수바이러스문(Pisuviricota) 피소니바이러스강(Pisoniviricetes)의 목.

니발렌올 nivalenol 푸사륨속(*Fusarium*) 곰팡이가 밀, 호밀, 보리, 옥수수 따위에 자라 생산하는 트라이코테센계의 곰팡이독소. 독소에 감염된 곡물을 먹으면 구토, 설사, 복통 따위의 증상이 나타난다. 니발렌올 중독은 한국, 일본, 인도, 중국 등지에서 보고되었다.

니신 nisin 젖산알세균 락티스(*Lactococcus lactis*)가 생성하는 박테리오신. 아미노산 서른네 개 잔기로 된 폴리 고리 화합물로 다섯 개의 싸이오에테르(thioether) 결합이 있다. 란싸이오닌(lanthionine), 메틸란싸이오닌(methylanthionin), 다이데하이드로알라닌(didehydroalanine), 다이데하이드로아미노뷰티르산(didehydroaminobutyric acid) 따위의 흔하지 않은 아미노산을 가지고 있다. 그람양성 세균(막대세균, 클로스트리듐 따위의 속)의 홀씨가 발아하면 작용하므로 치즈나 치즈 제품(경질 치즈와 가공 치즈)의 뷰티르산 발효를 막기 위한 보존료로 쓴다. 미국에서 2016년에 일반적으로 안전한 물질로 인정되었다. 유럽연합에서는 보존료(E234)로 쓰는 식품첨가물이다.

니알리아속 *Niallia* 세균역(Bacteria) 막대세균문(Bacillota) 막대세균강(Bacilli) 막대세균목(Bacillales) 막대세균과(Bacillaceae)의 그람양성 막대 모양 조건 무산소 세균 속. 흙, 하수, 식품과 똥에서 발견된다. 기준 종은 니알리아 시르쿨란스(*Niallia circulans*)이다.

니알리아 시르쿨란스 *Niallia circulans* 세균역(Bacteria) 막대세균문(Bacillota) 막대세균강(Bacilli) 막대세균목(Bacillales) 막대세균과(Bacillaceae) 니알리아속(*Niallia*)의 굽은 막대 세균. 그람염색은 양성 또는 음성으로 분명하지 않다. 흙에 살며 홀씨를 만든다. 사람에게는 패혈증을 일으킨다.

니트로박터과 Nitrobacteraceae 세균역(Bacteria) 슈도모나스문(Pseudomonadota) 알파가변세균강(Alphaproteobacteria) 히포마이크로븀목(Hyphomicrobiales)의 그람음성 산소 세균 과. 콩과 식물과 공생하면서 질소를 고정하는 브라디뿌리혹세균속(*Bradyrhizobium*), 동물과 관련한 아피피아속(*Afipia*) 그 밖에 자유로이 사는 자색 세균인 로도슈도모나스속(*Rhodopseudomonas*) 따위가 있다.

니트로박터속 *Nitrobacter* 세균역(Bacteria) 슈도모나스문(Pseudomonadota) 알파가변세균강(Alphaproteobacteria) 히포마이크로븀목(Hyphomicrobiales) 니트로박터과(Nitrobacteraceae)의 그람음성 막대 모양 화학 무기영양 세균. 질산화 세균(nitrifying bacterium)의 하나로 흙이나 바다에서 아질산을 질산으로 산화하고 이산화탄소를 탄소 원으로 하여 에너지를 얻는다.

니트로소모나스과 Nitrosomonadaceae 세균역(Bacteria) 슈도모나스문(Pseudomonadota) 베타가변세균강(Betaproteobacteria) 니트로소모나스목(Nitrosomonadales)의 과.

니트로소모나스목 Nitrosomonadales 세균역(Bacteria) 슈도모나스문(Pseudomonadota) 베타가변세균강(Betaproteobacteria)의 목.

니트로소모나스속 *Nitrosomonas* 세균역(Bacteria) 슈도모나스문(Pseudomonadota) 베타가변세균강(Betaproteobacteria) 니트로소모나스목(Nitrosomonadales) 니트로소모나스과(Nitrosomonadaceae)의 그람음성 막대 모양 조건 산소 세균 속. 암모니아를 에너지원으로, 이산화탄소를 탄소 원으로 사용할 수 있는 화학무기 영양세균이다. 수로 흙이나 민물에 사는 질산화 세균의 하나이며 암모니아를 아질산으로 산화한다. 대부분 극편모 운동을 한다. 물의 암모니아를 분해하므로 수조 따위에 첨가하여 수질 개선이나 폐수 처리에 쓴다.

니트로소모나스 유로파에아 *Nitrosomonas europaea* 세균역(Bacteria) 슈도모나스문(Pseudomonadota) 베타가변세균강(Betaproteobacteria) 니트로소모나스목(Nitrosomonadales) 니트로소모나스과(Nitrosomonadaceae) 니트로소모나스속(*Nitrosomonas*)의 그람음성 절대 화학무기 영양세균. 암모니아를 아질산으로 산화한다. 흙, 하수, 민물, 건물 벽 따위에 산다. 벤젠과 할로젠화 유기물(삼염화에틸렌, 염화비이닐)을 분해할 수 있어 환경 개선용 세균으로 쓸 수 있으며, 폐수에 들어있는 질소를 생물학적으로 없애는 데 쓴다.

니트로소알세균 니트로수스 *Nitrosococcus nitrosus* 세균역(Bacteria) 슈도모나스문(Pseudomonadota) 베타가변세균강(Betaproteobacteria) 크로마튬목(Chromatiales) 크로마튬과(Chromatiaceae) 니트로소알세균속(*Nitrosococcus*)의 그람음성 세균. 암모니아를 아질산으로 산화하며 바다와 염호(salt lake)에 산다. 니트로소알세균속의 기준 종이다.

니트로소알세균속 *Nitrosococcus* 세균역(Bacteria) 슈도모나스문(Pseudomonadota) 감마가변세균강(Gammaproteobacteria) 크로마튬목(Chromatiales) 크로마튬과(Chromatiaceae) 니트로소알세균속(*Nitrosococcus*)의 그람음성 산소 알세균 속. 질산화 세균으로 암모니아를 산화하여 아질산을 생성한다. 극편모로 운동한다. 기준 종은 니트로소알세균 니트로수스(*N. nitrosus*)이다. 바닷물이나 흙에 살며 호염성이다.

니트로알세균 모빌리스 *Nitrococcus mobilis* 세균역(Bacteria) 슈도모나스문(Pseudomonadota) 감마가변세균강(Gammaproteobacteria) 크로마튬목(Chromatiales) 엑토티오로도스피라과(Ectothiorhodospiraceae) 니트로알세균속(*Nitrococcus*)의 그람음성 알 모양 산소 세균. 바다에서만 살며 절대 호염 세균이다. 아질산염을 질산염으로 산화하며 바다 환경에서 질소 순환에 중요한 역할을 한다. 생장 적정 온도는 25~30도이며 피에이치는 7.8~8.0이다.

니트로알세균속 *Nitrococcus* 세균역(Bacteria) 슈도모나스문(Pseudomonadota) 감마가변세균강(Gammaproteobacteria) 크로마튬목(Chromatiales) 엑토티오로도스피라과(Ectothiorhodospiraceae)의 그람음성 알 모양 산소 세균 속. 질산화 세균의 하나이며 아질산염을 질산염으로 산화하는 질산염 세균이다. 이 속에는 기준 종인 니트로알세균 모빌리스(*Nitrococcus mobilis*) 한 종만이 알려져 있다. 바닷물에 사는 호염 세균이며 화학무기 영양세균이다.

ㄷ

다비디엘라과 Davidiellaceae 진핵생물역(Eukaryota) 진균계(Fungi) 자낭균문(Ascomycota) 입술버섯강(Dothideomycetes) 카프노디아목(Capnodiales)의 과.

다비디엘라속 *Davidiella* 진핵생물역(Eukaryota) 진균계(Fungi) 자낭균문(Ascomycota) 입술버섯강(Dothideomycetes) 카프노디아목(Capnodiales) 다비디엘라과(Davidiellaceae)의 속.

다색벚꽃버섯 *Hygrophorus russula* 진핵생물역(Eukaryota) 진균계(Fungi) 담자균문(Basidiomycota) 주름버섯강(Agaricomycetes) 주름버섯목(Agaricales) 벚꽃버섯과(Hygrophoraceae) 벚꽃버섯속(*Hygrophorus*)의 먹는 버섯. 갓은 지름 5~12센티미터로 편평하나 가운데가 볼록하며 포도주색 또는 어두운 붉은색이고 가장자리는 연한 색이다. 여름부터 가을 사이에 넓은잎나무 숲 흙에서 난다. 한국과 북반구 온대 이북에 분포한다.

다이나이트로게네이스 dinitrogenase 질소고정 효소의 철과 몰리브데넘을 포함하는 구성 부분(몰리브데넘-철단백질). 이질소환원효소에서 공급받은 전자를 이용하여 질소(N_2)를 암모니아(NH_3)로 환원한다.

다이데옥시뉴클레오타이드 dideoxynucleotide 데옥시뉴클레오타이드의 3'에 자유 수산기가 없는 뉴클레오타이드 유사체. 디엔에이 중합 효소의 디엔에이 사슬 신장을 억제한다. 생어(Sanger) 법을 이용한 디엔에이 염기 순서 분석에 이용한다.

다이데옥시법 dideoxy method 다이데옥시뉴클레오타이드를 이용한 생어(Sanger)의 디엔에이 염기 순서 분석법.

다이아미노피멜산 diaminopimelic acid 탄소 수 일곱 개인 아미노산의 하나. 라이신의 입실론-카복시 유도체이다. 일부 세균의 세포벽 성분으로, 주로 그람음성 세균의 세포벽에서 발견된다.

다이아조늄 파랑 비 반응 diazonium blue B reaction 무성세대의 담자균 효모와 자낭균 효모를 구별하는 반응. 와이엠 배지(YM medium) 따위를 이용하여 배양한 균체를 알칼리 가수분해하여 에탄올로 씻은 뒤 다이아조늄 파랑 비 시약을 첨가하면 담자균 효모의 콜로니는 붉은색~보라색으로 물드나 자낭균 효모의 콜로니는 물들지 않는다. 또한 이 반응은 게오트리큠속(*Geotrichum*)과 트리코스포론속(*Trichosporon*)의 분류에도 쓴다. 트리코스포론속은 분홍-자주색을 나타내어 게오트리큠속과 구분된다.

다이피콜린산 dipicolinic acid 세균 내생 홀씨에 있는 특이화합물. 막대세균 수브틸리스(*Bacillus subtilis*) 홀씨 무게의 5~15퍼센트(건량 기준)를 차지한다. 내생 홀씨 안에서 칼슘 이온과 착물을 형성하여 디엔에이의 열변성을 막는 역할을 한다. 다이피콜린산이 없음에도 열에 저항성을 보이는 일부 변종이 분리되어 내생 홀씨의 열 저항성에 대한 다른 메커니즘이 있을 가능성을 제시하고 있다.

다이하이드로스트렙토마이신 dihydrostreptomycin 살세균 성질이 있는 스트렙토마이신의 유도체. 반합성 아미노글리코사이드 항생물질이다. 귀독성(ototoxicity)을 일으키므로 사람에게는 쓰지 않는다.

닥티노마이신 dactinomycin 스트렙토미세스속(*Streptomyces*)의 흙 세균에서 분리한 폴리펩타이드 항생물질. 임신 융모 종양(gestational trophoblastoc neoplasia), 빌름스 종양(Wilms's tumor), 가로무늬근육종(rhabdomyosarcoma), 유잉 육종(Ewing's sarcoma) 따위의 여러 악성 종양 치료용으로 쓴다.

단계 묽힘 stepwise dilution 미리 결정한 비율로 물질을 차례차례 묽게 함. 시료의 미생물 수를 측정할 때 쓰는 방법으로 보통 시료를 열 배로 묽히고 묽힌 시료를 다시 열 배로 묽히는 방법을 쓴다.

단독(丹毒) erysipelas 동물의 피부의 헌데나 다친 곳이 단독 세균감염으로 일어나는 전염병. 사람의 경우에는 사슬알 세균이 일으키며 딱딱한 붉은 반점이 점점 넓어지면서 높은 열이 나고 얼굴이 붉어지며 쑤시고 아픈 통증이 나타난다.

단독세균(丹毒細菌) erysipelas bacterium, *Erysipelothrix rhusiopathiae* 세균역(Bacteria) 막대세균문(Bacillota) 단독세균강(Erysipelotrichia) 단독세균목(Erysipelotrichiales) 단독세균과(Erysipelotrichaceae) 단독세균속(*Erysipelothrix*)의 그람양성 카탈레이스 음성 막대 모양 산소 또는 무산소 세균. 동물 병원체이며 여러 동물, 특히 돼지, 칠면조와 암탉의 단독을 일으킨다. 그 밖에 젖먹이동물, 새, 물고기, 파충류 따위도 영향을 받는다. 인간 단독의 병원체는 사슬알 세균이다.

단독세균강(丹毒細菌綱) Erysipelotrichia 세균역(Bacteria) 막대세균문(Bacillota)의 강. 창자 미생물상에서 흔한 세균으로 돼지 똥에서 발견되었다. 아래에는 하나의 목과 과가 있다.

단독세균과(丹毒細菌과) Erysipelotrichaceae 세균역(Bacteria) 막대세균문(Bacillota) 단독세균강(Erysipelotrichia) 단독세균목(Erysipelotrichales)의 그람양성 세균 과.

단독세균목(丹毒細菌목) Erysipelotrichales 세균역(Bacteria) 막대세균문(Bacillota) 단독세균강(Erysipelotrichia)의 목.

단독세균속(丹毒細菌속) *Erysipelothrix* 세균역(Bacteria) 막대세균문(Bacillota) 단독세균강(Erysipelotrichia) 단독세균목(Erysipelotrichales) 단독세균과(Erysipelotrichaceae)의 그람양성 막대 모양 조건 무산소 세균 속. 자연계에 널리 분포하며 사람, 젖먹이 동물, 새와 물고기에 기생한다. 돼지 단독세균(*E. rhusiopathiae*)은 사람의 감염은 드무나 감염된 물고기나 돼지고기를 취급할 때 피부 상처 부위로 감염되어 유사 단독을 일으킨다.

단발효(單醱酵) single step fermentation 모든 발효과정이 한 발효조에서 끝나는 발효. 반죽 발효, 치즈 발효, 요구르트 발효, 포도주 발효, 사과주 발효, 김치 발효 따위이다.

단발효주(單醱酵酒) single step fermented alcoholic beverage 단발효로 만든 술. 포도주, 사과주 따위가 있다.

단세포 단백질(單細胞蛋白質) single cell protein, SCP 먹을 수 있는 단세포 미생물. 세균, 효모, 곰팡이 또는 말무리의 생체물질(biomass) 또는 이들 배양물에서 뽑아낸 단백질을 이른다. 고단백질 식품의 재료로 쓰거나 동물 먹이로 쓴다. 단백질, 당밀, 녹말, 탄화수소(노말-파라핀, 가스유, 에탄올, 메탄올, 메테인 따위), 아황산 펄프 폐액 따위를 먹이로 하여 미생물을 대량 배양하여 그 균체 또는 균체로부터 단백질을 뽑아낸다. 고기 대용으로 쓰이는 퀀(Quorn)은 곰팡이 단백질이다. 단세포 단백질 생산에 쓰는 효모로는 사카로미세스 세레비지아에(*Saccharomyces cerevisiae*), 칸디다 우틸리스(*Candida utilis*) 따위가 있으며 곰팡이로는 아스페르길루스 오리자에(*Aspergillus oryzae*), 푸사륨 베네나툼(*Fusarium venenatum*) 따위가 있다. 세균으로는 로도박터 캅술라투스(*Rhodobacter capsulatus*), 말무리로는 클로렐라속, 스피룰리나 따위가 있다.

단순 염색(單純染色) simple stain 세균 세포의 크기, 형상, 배열을 일반 광학현미경으로 관찰하기 위한 염색법. 그람염색이나 특수한 염색법과는 달리 한 종류의 염색액으로 염색하는 방법이다. 슬라이드글라스(slide) 위에서 물방울과 균체를 잘 섞고 엷게 발라서 말린 뒤 불꽃으로 고정한 표본에 염색액을 떨어뜨려 염색하고 물로 씻어서 현미경으로 관찰한다. 염색액으로는 메틸렌블루, 사프라닌(safranine), 카볼 푹신(carbol fuchsine), 크리스털바이올렛(crystal violet) 따위를 쓴다.

단술 dansul ① 엿기름을 우린 물에 밥알을 넣어 삭혀서 끓인 음식. ② 맛이 좋은 술.

단시간 파스퇴르살균 short time pasteurization 제품을 71.5도에서 처리하고 짧은 시간(30초 정도) 유지하여 병원성 미생물을 죽임. 주로 우유 같은 액체 식품의 열처리에 쓴다.

단식증류기(單式蒸溜器) pot still 증류주를 얻는 데 쓰는 단순한 증류장치. 술덧을 가열하여 발생한 증기를 냉각기에서 응축하여 증류액을 얻는다. 증류액은 알코올뿐만 아니라 여러 향기 성분도 포함한다. 몰트위스키, 브랜디, 고량주, 증류소주 따위를 만들 때 쓴다. 한국에서 소주 증류에 쓰는 고리도 단식증류기이다.

단실담자기(單室擔子器) holobasidium 진정담자균류의 사이막이 없는 담자기.

단양법(單釀法) mixed mashing/fermentation process 찐쌀, 누룩, 그 밖의 재료를 모두 한 번에 담가 발효하여 술을 얻는 방법.

단일 균주(單一菌株) single strain 다른 미생물에 오염되지 않은 한가지 균주.

단일클론 항체 monoclonal antibody 하나의 항원에만 반응하는 순수한 단일 항체.

단일평판법(單一平板法) single disc method 항생물질의 역가나 미생물의 항생물질에 대한 감수성 시험 따위에 쓰는 방법.

단행복발효(單行復醱酵) mashing and fermentation process 술 제조에서 원료 녹말의 당화 과정과 알코올 발효 과정이 구별되는 발효. 엿기름을 이용하여 맥주를 만드는 방법이 그 보기이다.

달걀광대버섯 half-dyed slender Caesar, *Amanita hemibapha* 진핵생물역(Eukaryota) 진균계(Fungi) 담자균문(Basidiomycota) 주름버섯강(Agaricomycetes) 주름버섯목(Agaricales) 광대버섯과(Amanitaceae) 광대버섯속(*Amanita*)의 먹는 버섯. 어릴 때는 달걀 모양의 주머니 속에 있다가 자라면서 땅 위로 솟아 나온다. 갓은 지름 5.5~18센티미터로 편평하며 노란색이고 가장자리의 줄무늬 선은 붉은빛을 띤 누런색이다. 여름과 가을에 바늘잎나무와 넓은잎나무 숲 땅 위에 난다. 한국, 동남아시아, 오세아니아 등지에 분포한다.

담금 mashing 엿기름 즙을 얻기 위하여 엿기름가루에 뜨거운 물을 섞음. 엿기름을 뜨거운 물에 담가 발효성과 비 발효성 당 그리고 향 화합물을 우려내고 녹말을 당으로 전환하는 아밀레이스를 활성화하기 위하여 특정 온도에 일정한 시간 유지한다.

담북장 dambukjang ① 메줏가루에 쌀가루, 고춧가루, 생강, 소금 따위를 넣고 익힌 된장. ② 청국장.

담색 맥주(淡色麥酒) pale beer 낮은 온도(95~105도)에서 로스팅(roasting)한 옅은 색깔의 엿기름으로 만든 맥주. 체코의 필센 맥주, 영국의 에일 따위이다.

담색 에일 pale ale 금빛에서 호박색을 띤 영국 맥주. 그 밖에 영국 에일보다 엿기름 향이 강하고 알코올함량도 높은 미국 담색 에일, 쓴맛이 특징인 인도 담색 에일, 짙은 금빛 또는 구릿빛에 강한 홉 내와 쓴맛이 특징인 미국식 강한 담색 에일 따위가 있다.

담자균강(擔子菌綱) Agaricomycetes 주름버섯강.

담자균류(擔子菌類) basidiomycetes 진핵생물역(Eukaryota) 진균계(Fungi) 담자균문(Basidiomycota)의 진균. 유성생식 기관으로 담자기 끝이 부풀어 커진 세포로부터 돌출한 작은 자루(sterigma) 위에 담자홀씨를 만든다. 균류 가운데 가장 진화한 군으로 균류의 약 30퍼센트를 차지하며 대부분의 버섯과 일부 곰팡이와 효모를 포함한다. 팡이실에는 사이막이 있고 홀씨에서 발아한 팡이실은 핵을 한 개 가지며 이것이 다른 팡이실과 융합하면 한 개의 세포에 핵을 두 개 가지게 된다. 핵을 한 개 가진 팡이실을 일차 팡이실, 핵을 두 개 가진 팡이실을 이차 팡이실이라고 한다. 일반적으로 이차 팡이실은 잘 발육하고 꺾쇠연결(clamp connection)을 형성하는 것을 볼 수 있다. 이차 팡이실이 충분히 발육하면 많은 담자균은 자실체를 형성하고 그 일부에 담자기가 나란히 줄지어 있는 자실층(hymenium)이 형성되는데 눈으로도 볼 수 있는 크기로 된 것이 버섯이다. 갓이 있는 버섯의 경우 갓 뒷면의 주름 표면에 줄지어 있는 담자기에 담자 홀씨를 형성한다. 자낭균류와 같이 일차 팡이실이나 이차 팡이실로부터 분생 홀씨를 형성하기도 한다. 식용버섯, 독버섯을 포함한 각종 버섯 그 밖에 자실체를 형성하지 않는 깜부기곰팡이(*Ustilago maydis*), 녹병곰팡이(*Puccinia graminus*) 따위의 식물 병원체도 포함한다.

담자균문(擔子菌門) Basidiomycota 진균계(Fungi)를 이루는 두 개의 문 가운데 하나. 다른 하나는 자낭균문이다. 사이막(septum)이 있고 홀씨를 만드는 구조(담자기) 밖에 홀씨가 달린다. 이들은 눈에 잘 띄는 자실체를 갖는다. 아래로는 주름버섯아문, 녹균아문 그리고 깜부기균아문이 있다.

담자균아문(擔子菌亞門) Basidiomycotina 진핵생물역(Eukaryota) 진균계(Fungi) 담자균문(Basidiomycota)의 아문.

담자균 효모(擔子菌酵母) basidiomycetous yeast 주로 단세포로 생육하며 출아로 영양 증식하는 담자균문(Basidiomycota)의 효모. 이전에는 불완전 효모 균으로 분류했으나 지금은 담자균문에 속하는 것으로 밝혀졌다.

담자기(膽子器) basidium 담자균문(Basidiomycota) 진균에서 감수분열로 생기는 보통 네 개의 담자 홀씨가 겉면에 달리는 곤봉 모양의 세포.

담자홀씨 basidiospore 담자균문(Basidiomycota)의 진균에서 감수분열로 생기는 홀씨. 담자기 끝에 보통 네 개씩 생긴다.

담자홀씨 생성 효모 basidiosporogenous yeast 담자균문(Basidiomycota)의 푸시니아아문(Pucciniomycotina), 깜부기병균아문(Ustilaginomycotina) 또는 주름버섯아문(Agaricomycotina)의 단세포 진균.

당내성 효모(糖耐性酵母) sugar-tolerant yeast 고농도의 당에서도 생존할 수 있는 효모.

당 동화시험(糖同化試驗) sugar assimilation test 효모 분류학에서 쓰는 시험의 하나. 우무배지에 효모와 당을 접종하여 배양하여 효모가 효모 질소 베이스(yeast nitrogen base) 우무배지의 특정 당을 유일한 탄소 원으로 이용하는지를 확인하는 시험이다.

당 발효(糖醱酵) sugar fermentation 세포에서 당이 무산소 대사를 통하여 에너지를 생산하는 과정.

당펩타이드 항생물질 glycopeptide antibiotic 아미노산 일곱 개로 된 펩타이드 곁사슬에 아미노당이 결합한 항생 기능이 있는 당펩타이드. 바퀴살세균(actinomycetes)이 생성한다. 반코마이신(vancomycin), 테이코플라닌(teicoplanin), 텔라반신(telavancin) 따위가 있으며, 일부는 펩티도글리칸의 합성을 억제한다.

대 stipe 자루.

대니시 우무 Danish agar 대서양 북부 해안 지역에 사는 붉은말(*Furcelleria lumbricalis*)에서 얻는 검 물질. 베타-카라기난과 카파-카라기난의 잡종으로 카파-카라기난과 비슷하나 황산 에스터기는 카파-카라기난의 50퍼센트 정도이다. 식품첨가물의 하나로 젤리 따위의 점증제, 안정제로 쓴다.

대사물질(代謝物質) metabolite 물질대사로 생성된 물질. 또는 필요한 물질.

대사조절 발효(代謝調節醱酵) metabolism regulated fermentation 미생물 대사를 유전적 또는 생화학적 수단을 써서 조절함으로써 목적하는 발효 생산물을 대량으로 얻는 발효.

대사체(代謝體) metabolome 어떤 특정한 생리 상태에 있는 세포의 저분자 대사산물의 총합.

대수기(代數期) logarithmic phase '로그기'의 옛 용어.

대식세포(大食細胞) macrophage 큰포식세포.

대양나선세균목(大洋螺線細菌屬) Oceanospirillales 세

균역(Bacteria) 슈도모나스문(Pseudomonadota) 감마가변세균강(Gammaproteobacteria)의 목. 이 목의 세균 일부는 생장에 산소기 필요하나 다른 세균은 무산소 환경을 요구한다. 내염성 또는 호염성으로 생장에 높은 염화소듐 농도를 요구한다. 아래에는 알카니보락스과(Alcanivoracaceae), 할로모나스과(Halomonadaceae), 대양나선세균과(Oceanospirillaceae) 따위가 있다.

대용 밑술 mitsul substitute 밑술로 쓰는 숙성 술덧. 발효 과정을 거친 숙성 술덧의 일부를 밑술로 쓰는 것이다.

대장균(大腸菌) *Escherichia coli* 세균역(Bacteria) 슈도모나스문(Pseudomonadota) 감마가변세균강(Gammaproteobacteria) 엔테로박터목(Enterobacterales) 창자세균과(Enterobacteriaceae)의 그람음성, 막대 모양 조건 무산소 세균. 젖먹이동물의 창자, 특히 큰창자에 많이 있으며 젖당을 발효하여 이산화탄소와 수소가스를 생산한다. 창자 알 세균과 함께 똥의 오염 지표 세균이다. 포도당 따위의 탄수화물을 발효하여 산과 가스를 생산한다. 대부분의 균주가 젖당을 발효하고 라이신에 대한 카복실기 떼기 반응을 한다. 비병원성 세균이며 일부 강한 병원성을 나타내는 병원성 대장균(pathogenic *Escherichia coli*)도 있다. 운동성이 있는 것은 주변 편모를 가지고 있다. 똥에 있는 대장균군 가운데 임빅시험(IMViC test) 결과가 + + − −의 성상을 나타내는 세균을 전형적인 대장균이라고 한다. 대장균은 세포 겉면에 존재하는 항원에 따라 크게 오 항원(O antigen)과 에이치 항원(H antigen)으로 분류한다. 오 항원은 외막의 지방질다당류에서 유래하고 에이치 항원은 편모에서 유래한다. 이를테면 O157에도 H7과 에이치 항원을 가지지 않는 H-의 두 종류가 있다. 대장균 O157:H7은 창자 출혈을 일으키는 오 항원으로 157번째 확인된 대장균 가운데 편모를 가지고 있는 종이다. 대장균은 자연계에서 오래 생존할 수 없으므로 식품, 하천, 늪 따위에서 대장균이 검출되는 경우 비교적 최근에 똥에 의한 오염이 있었음을 나타낸다. 최근에는 유전자재조합 기술을 이용한 인슐린, 과립백혈구 콜로니 자극인자(granulocyte-colony stimulating factor)나 조직 플라스미노젠 활성화 인자(tissue plasminogen activator) 따위의 생산이 이루어지고 있다.

대장균 건조 필름 배지 *E. coli* dry medium 대장균을 신속하게 정량분석하기 위해 쓰는 배지를 입힌 막 또는 필름. 제조법에 따른 시험용액 1밀리리터와 각 단계로 묽힌 액 1밀리리터를 대장균 건조 필름 배지 I 또는 대장균 건조 필름 배지 II에 두 장 이상 접종하고 배양한다. 건조 필름 배지 I에서는 푸른 콜로니 가운데 주위에 기포를 형성한 콜로니 수를 계산하고, 건조 필름 배지 II에서는 남색과 보라색의 콜로니 수를 계산하여 그 평균 콜로니 수에 묽힌 배수를 곱하여 대장균 수를 산출한다.

대장균군 세균(大腸菌群細菌) coliform bacterium 그람음성, 산소성 또는 조건 무산소성, 홀씨를 만들지 않는 막대 모양의 운동성 또는 비운동성 세균무리. 최적 생장 온도는 35~37도이며 베타-갈락토사이드 가수분해효소를 가지고 있어 젖당을 가수 분해하여 산과 이산화탄소를 생성한다. 식품, 우유와 물의 위생품질 검사에 지표로 쓴다. 분류상 창자세균과(Enterobacteiaceae)의 에세리키아속(*Escherichia*), 클레브시엘라속(*Klebsiella*), 엔테로박터속(*Enterobacter*), 시트로박터속(*Citrobacter*) 그 밖에 산소모나스과(Aeromonadaceae)의 산소모나스속(*Aeromonas*) 따위가 여기에 속한다.

대장균군 수(大腸菌群數) coliform count 젖당을 발효하여 산과 이산화탄소를 생성하는 그람음성, 홀씨를 만들지 않는 막대 세균의 수.

대장균군 시험(大腸菌群試驗) coliform test 식품, 우유나 물에서 대장균군의 존재 여부와 그 수를 알기 위한 시험.

대장균 바이러스 람다 *Escherichia virus* lamdha 두플로드나바이러스역(Duplodnaviria) 흥공바이러스계(Heunggongvirae) 우로바이러스문(Uroviricota) 카우도바이러스강(Caudoviricetes) 카우도바이러스목(Caudovirrales) 시포바이러스과(Siphoviridae) 란브다바이러스속(*Lanbdavirus*)의 바이러스. 대장균에 감염하여 대장균을 죽이는 두 가닥 디엔에이 바이러스이다.

대장균 바이러스 티포 *Escherichia virus* T4 두플로드나바이러스역(Duplodnaviria) 흥공바이러스계(Heunggongvirae) 우로바이러스문(Uroviricota) 우로바이러스강(Iroviricetes) 스트라보바이러스과(Straboviridae) 테쿠아트로바이러스속(*Tequatrovirus*)의 바이러스. 대장균에 감염하여 대장균을 죽이는 두 가닥 디엔에이 바이러스이다.

대장균 중독증(大腸菌中毒症) colitoxicosis '대장균증'의 옛 이름.

대장균증(大腸菌症) colibacillosis ① 조류의 병원성 대장균의 감염으로 일어나는 가금의 세균 병. 증상으로는 급성 패혈증, 심장막염, 기낭염(airsacculitis), 간주위염(perihepatitis) 그리고 윤활주머니(bursa)와 가슴샘의 림프구 고갈이다. ② 쉬가독소 생성 대장균의 감염으로 사람에게 일어나는 음식 매개 병. 증상으로는 심한 위경련, 설사(피 설사)와 구토이다.

대장균파지 coliphage 대장균을 숙주로 하는 박테리오파지.

대장균파지 람다 coliphage lambda 대장균 바이러스 람다.

대장균 파지 티투 Enterobacteria phage T2 두플로드나바이러스역(Duplodnaviria) 흥공바이러스계(Heunggongvirae) 우로바이러스문(Uroviricota) 카우도바이러스강(Caudoviricetes) 스트라보바이러스과(Straboviridae)의 바이러스 종. 유전체는 곧은 두 가닥 디엔에이이며 보호 단백질 껍질로 둘러싸여 있다. 대장균에 감염하여 대장균을 죽인다.

대주머니 volva 버섯 자루의 뿌리 부분을 둘러싸고 있는 주머니 모양의 조직. 줄기가 생장함에 따라 찢어진다. 갓 위에 생긴 사마귀나 비늘 조각은 이 대주머니 조각이 갈라져서 남아 있는 것이다.

더럼 발효관 Durham fermentation tube 세균의 탄수화물 분해 시험에서 가스 발생을 확인하기 위해서 시험관에 거꾸로 넣는 한쪽이 막힌 작은 유리관. 시험관 안에서 발생하는 가스를 포집한다.

덩굴마름병 gummy stem blight 디디멜라 브리오니아에(*Didymella bryoniae*) 곰팡이가 박과 식물에 일으키는 병. 수박, 멜론, 오이, 호박, 스쿼시 따위의 박작물과 오크라, 토마토, 담배 따위에 병을 일으킨다. 잎에 짙은 갈색 반점, 줄기와 넝쿨식물의 병터, 잎마름, 잎 떨어짐 증상이 나타난다.

덩이버섯과 Tuberaceae 진핵생물역(Eukaryota) 진균계(Fungi) 자낭균문(Ascomycota) 주발버섯강(Pezizomycetes) 주발버섯목(Peziales)의 과.

덩이버섯속 *Tuber* 진핵생물역(Eukaryota) 진균계(Fungi) 자낭균문(Ascomycota) 주발버섯강(Pezizomycetes) 주발버섯목(Peziales) 덩이버섯과(Tuberaceae)의 속. 먹는 것으로는 송로버섯 따위가 있다.

데바리오미세스속 *Debaryomyces* 진핵생물역(Eukaryota) 진균계(Fungi) 자낭균문(Ascomycota) 사카로미세스강(Sacchatomycetes) 사카로미세스목(Saccharomycetales) 사카로미세스과(Saccharomycetaceae)의 효모 속. 다극 출아를 하며 자낭 홀씨를 만든다.

데바리오미세스 한세니이 *Debaryomyces hansenii* 진핵생물역(Eukaryota) 진균계(Fungi) 자낭균문(Ascomycota) 사카로미세스강(Saccharomycetes) 사카로미세스목(Saccharomycetales) 사카로미세스과(Saccharomycetaceae) 데바리오미세스속(*Debaryomyces*)의 효모. 젖산과 구연산을 대사할 수 있으며 자일로스를 자일리톨로 변환시킬 수 있다. 발효 소시지 제조에서 스타터로 쓰며, 농축 과일 주스와 요구르트의 변질 원인이다. 다극 출아를 하며 자낭 홀씨를 만든다. 표면에 돌기가 있는 홀씨를 형성하는 것이 특징이다. 알코올 발효력은 없거나 약하며 골마지 효모가 많다. 내염성과 내당성으로 김치와 같은 남새 발효식품이나 소금에 절인 고기붙이로부터 흔히 분리된다. 15~24퍼센트의 소금 농도에서도 자란다. 모든 종류의 치즈에 존재하는 공통적인 균종이며 유산소 상태에서 저장된 베이컨, 소시지 따위의 육류제품에서 점질 물질을 생성한다. 또 미코신(mycocin)과 같은 킬러독소를 생성하는 살생 효모(killer yeast)로도 알려져 있다. 리보플래빈을 생성하는 균종도 있다. 식품 가공에서 우유 가공품과 발효 육류 생산에만 쓸 수 있다.

데보시아과 Devosiaceae 세균역(Bacteria) 슈도모나스문(Pseudomonadota) 알파가변세균강(Alphaproteobacteria) 히포마이크로븀목(Hyphomicrobiales)의 과.

데보시아속 *Devosia* 세균역(Bacteria) 슈도모나스문(Pseudomonadota) 알파가변세균강(Alphaproteobacteria) 히포마이크로븀목(Hyphomicrobiales) 데보시아과(Devosiaceae)의 그람음성 흙 세균 속.

데보시아 인술라에 *Devosia insulae* 세균역(Bacteria) 슈도모나스문(Pseudomonadota) 알파가변세균강(Alphaproteobacteria) 히포마이크로븀목(Hyphomicrobiales) 데보시아과(Devosiaceae)의 그람음성 세균. 홀씨를 만들지 않으며 한 개의 편모를 가지고 있다. 한국 독도에서 수집한 흙에서 2007년 처음 발견되었다.

데속시콜산 구연산 우무배지 desoxycholate citrate agar 창자 막대 세균 특히 살모넬라와 이질세균 종을 분리하는데 쓰는 선택 감별 우무배지. 레이프손(Leifson)이 만든 데속시콜산 우무배지의 변형 배지이다.

데속시콜산 젖당 우무배지 desoxycholate lactose agar 식품의 대장균군 세균의 선택 분리 동정에 쓰는 배지. 배지 성분 가운데 데스옥시콜산(desoxycholic acid)은 쓸개즙산염의 주요성분이며 그람양성 세균의 발육을 억제하여 선택적으로 대장균군 세균의 생장을 돕는다. 대장균군 세균은 젖당을 분해하여 산을 생성하고 배지의 피에이치를 낮춤으로써 대장균군 콜로니는 분홍빛에서 붉은색으로 변한다. 젖당을 분해하지 않는 다른 세균은 무색이나 투명한 콜로니를 형성한다.

데술포비브리오강 Desulfovibrionia 세균역(Bacteria) 테르모데술포세균문(Thermodesulfobacteriota)의 강.

데술포비브리오과 Desulfovibrionaceae 세균역(Bacteria) 테르모데술포세균문(Thermodesulfobacteriota) 데술포비브리오강(Desulfovibrionia) 데술포비브리오목(Desulfovibrionales)의 과.

데술포비브리오목 Desulfovibrionales 세균역(Bacteria) 테르모데술포세균문(Thermodesulfobacteriota) 데술포비브리오강(Desulfovibrionia)의 목.

데술포비브리오속 *Desulfovibrio* 세균역(Bacteria) 테르모데술포세균문(Thermodesulfobacteriota) 데술포비브리오강(Desulfovibrionia) 데술포비브리오목(Desulfovibrionales) 데술포비브리오과(Desulfovibrionaceae)의 그람음성 막대 모양 절대 무산소 세균 속. 민물, 소금물, 동물의 창자관과 똥에 존재한다. 황산염을 환원하여 에너지를 얻는 능력이 있다.

데술포토마쿨룸 니그리피칸스 *Desulfotomaculum nigrificans* 세균역(Bacteria) 막대세균문(Bacillota) 클로스트리듐강(Clostridia) 클로스트리듐목(Clostridiales) 펩토알세균과(Peptococcaceae) 데술포토마쿨룸속(*Desulfotomaculum*)의 그람양성 절대 무산소 세균. 흙에 살며 황을 환원한다. 살균이 불충분한 통조림의 설파이드 변질 세균이다.

데술포토마쿨룸속 *Desulfotomaculum* 세균역(Bacteria) 막대세균문(Bacillota) 클로스트리듐목(Clostridiales) 펩토알세균과(Peptococcaceae)의 그람양성 절대 무산소성 세균 속. 내생 홀씨를 세포의 말단이나 그 부근에 형성하며 주변 편모가 있다. 흙, 민물, 곤충의 창자, 되새김동물의 첫째 위에 있다. 황을 환원하는 세균이다.

데옥시니발레놀 deoxynivalenol 보미톡신.

데옥시리보핵산 가수분해효소 우무배지 DNase agar 데옥시리보핵산 가수분해효소의 생성을 알아보기 위한 배지. 데옥시리보핵산 가수분해효소는 디엔에이를 분해한다는 사실에 근거한다. 초록색을 띤 디엔에이-메틸그린 복합체(DNA-methyl green complex)가 들어있는 배지에 데옥시리보핵산 가수분해효소가 작용하면 디엔에이-메틸 복합체는 분해되어 메틸그린이 떨어져 나가 효소를 생산하는 미생물 주위의 배지 색깔은 초록색에서 무색으로 바뀐다. 효소 활성은 누런 포도알 세균(*Staphylococcus aureus*)의 균체 밖 효소의 하나로 혈장 응고작용이 있는 응고효소의 생성과 밀접한 관계가 있다. 일반적으로 응고효소를 생성하는 누런 포도알 세균은 데옥시리보핵산 가수분해효소도 생성하므로 응고효소 음성 포도알 세균과의 감별에 쓴다. 누런 포도알 세균을 평판배지에 배양한 뒤 1.5 노말 염산 방울을 떨어뜨리면 데옥시리보핵산 가수분해효소를 생성하는 세균의 콜로니에는 디엔에이가 분해하여 주변에 투명한 할로(halo)를 볼 수 있다.

데옥시콜산 deoxycholic acid 창자 세균이 콜산을 대사하여 생산하는 이차 쓸개즙산. 탄소 7자리에 수산기가 없는 콜산이다.

데옥시콜산 우무배지 deoxycholate agar medium 대장균군 검출, 균 수 계산과 임상 재료에서 창자 세균 분리에 쓰는 배지.

데옥시콜산염 deoxycholate 데옥시콜산의 염. 계면활성제 또는 세포 배양에 선택 배지로 쓴다.

데이노알세균강 Deinococci 세균역(Bacteria) 데이노알세균문(Deinococcota)의 유일한 강.

데이노알세균 게오테르말리스 *Deinococcus geothermalis* 세균역(Bacteria) 데이노알세균문(Deinococcota) 데이노알세균강(Deinococci) 데이노알세균과(Deinococcaceae) 데이노알세균속(*Deinococcus*)의 그람양성 세균. 비병원성이며 종속영양 세균으로 온천수에서 발견되었다.

데이노알세균과 Deinococcaceae 세균역(Bacteria) 데이노알세균문(Deinococcota) 데이노알세균강(Deinococci) 데이노알세균목(Deinococcales)의 과.

데이노알세균 데세르티 *Deinococcus deserti* 세균역(Bacteria) 데이노알세균문(Deinococcota) 데이노알세균강(Deinococci) 데이노알세균과(Deinococcaceae) 데이노알세균속(*Deinococcus*)의 그람음성 막대 모양 세균. 이온화 방사선에 대한 저항성이 매우 크다.

데이노알세균 라디오두란스 *Deinococcus radiodurans* 세균역(Bacteria) 데이노알세균문(Deinococcota) 데이노알세균강(Deinococci) 데이노알세균목(Deinococcales) 데이노알세균과(Deinococcaceae) 데이노알세균속(*Deinococcus*)의 극한 세균. 저온, 건조, 감압, 산 조건 따위에도 생존 가능하며 특히 방사선, 자외선 저항성이 가장 큰 생명체이다. 보통 네 개의 세포가 모여 한 덩어리를 이룬다. 두꺼운 세포벽을 가지며 그람양성이나 세포 외피는 특이하여 그 구조가 그람음성 세균에 가깝다. 내생 홀씨를 만들지 않으며 운동성은 없다. 화학 유기 영양 생물로 산소를 이용하여 주위의 유기물에서 에너지를 얻는다.

데이노알세균목 Deinococcales 세균역(Bacteria) 데이노알세균문(Deinococcota) 데이노알세균강(Deinococci)의 목.

데이노알세균문 Deinococcota 세균역(Bacteria)의 문. 극심한 환경에서도 자라는 미생물이다.

데이노알세균속 *Deinococcus* 세균역(Bacteria) 데이노알세균문(Deinococcota) 데이노알세균강(Deinococci) 데이노알세균목(Deinococcales) 데이노알세균과(Deinococcaceae)의 세균 속. 세포벽이 두꺼워 그람 염색에 양성을 띠나 두 번째 막이 있어 그 구조는 그람음성 세균에 가깝다. 디엔에이는 높은 선량의 감마선과 자외선에 노출하여도 생존한다. 국제 우주 정거장 실험에서 이 속의 균종은 우주 공간에서 3년 동안 생존하였다.

데이노알세균-테르무스문 Deinococus-Thermus 데이노알세균문(Deinococcales).

데콕션 담금법 decoction-mash process 맥주 발효과정에서 엿기름 즙을 얻는 방법의 하나. 담금 액 온도를 여러 단계로 조절하여 목적하는 온도까지 올려 당화하는 방법이다. 담금 액 일부를 빼내어 다른 용기에서 끓여 본디 담금액에 넣는 과정을 되풀이하여 목적하는 온도에 도달하게 한다. 일반적인 가열온도 단계는 52도(단백질 가수분해 효소 활성화), 63~67도(베타-아밀레이스 활성화)와 72~75도(알파-아밀레이스 활성화)이다.

데하이드로사이클로펩틴 dehydrocyclopeptin 푸른곰팡이 시클로퓸(*Penicillium cyclopium*) 따위가 생산하는 벤조다이아제핀(benzodiazepin) 대사산물.

데하이드로아세트산 dehydroacetic acid 피론(pyrone) 유도체. 아세토아세트산에스터(acetoacetic ester)를 원료로 하여 합성한다. 세균, 곰팡이와 효모에 대해서 광범위한 항균성을 나타낸다. 데하이드로아세트산 소듐은 식품첨가물의 하나로 치즈류, 버터류와 마가린에 보존료로 쓴다.

덱케라 브루셀렌시스 *Dekkera bruxellensis* 진핵생물역(Eukaryota) 진균계(Fungi) 자낭균문(Ascomycota) 사카로미세스강(Saccharomycetes) 사카로미세스목(Saccharomycetales) 사카로미세스과(Saccharomycetaceae) 덱케라속(*Dekkera*)의 효모. 맥주와 포도주의 변질을 일으킨다. 통에서 숙성한 포도주에서 분리되며, 낮은 농도에서는 포도주나 맥주의 감각 성질에 좋은 영향을 준다. 식품 가공에서 주류(알코올 발효 포함) 제조에만 쓸 수 있다.

덱케라속 *Dekkera* 진핵생물역(Eukaryota) 진핵생물역(Eukaryota) 진균계(Fungi) 자낭균문(Ascomycota) 사카로미세스목(Saccharomycetales) 사카로미세스과(Saccharomycetaceae)의 홀씨를 만들지 않는 효모 속.

덱케라 아노말라 *Dekkera anomala* 진핵생물역(Eukaryota) 진균계(Fungi) 자낭균문(Ascomycota) 사카로미세스강(Saccharomycetes) 사카로미세스목(Saccharomycetales) 사카로미세스과(Saccharomycetaceae) 덱케라속(*Dekkera*)의 효모. 맥주와 포도주의 변질을 일으키나 낮은 농도에서는 특정 포도주나 맥주의 감각 성질에 긍정적인 영향을 준다. 통에서 숙성된 포도주에서 분리된다.

델로비브리오강 Bdellovibrionia 세균역(Bacteria) 델로비브리오문(Bdellovibrionota)의 강.

델로비브리오과 Bdellovibrionaceae 세균역(Bacteria) 델로비브리오문(Bdellovibrionota) 델로비브리오강(Bdellovibrionia) 델로비브리오목(Bdellovibrionales)의 과.

델로비브리오목 Bdellovibrionales 세균역(Bacteria) 델로비브리오문(Bdellovibrionota) 델로비브리오강(Bdellovibrionia)의 목.

델로비브리오문 Bdellovibrionota 세균역(Bacteria)의 문.

델로비브리오 박테리오보루스 *Bdellovibrio bacteriovorus* 세균역(Bacteria) 델로비브리오문(Bdellovibrionota) 델로비브리오강(Bdellovibrionia) 델로비브리오목(Bdellovibrionales) 델로비브리오과(Bdellovibrionaceae) 델로비브리오속(*Bdellovibrio*)의 그람음성 절대 산소 세균. 다른 그람음성 세균의 세포 안으로 침투하여 숙주의 단백질, 핵산 같은 생체 고분자를 먹고 사는 숙주 의존 세균이다.

델로비브리오속 *Bdellovibrio* 세균역(Bacteria) 델로비브리오문(Bdellovibrionota) 델로비브리오강(Bdellovibrionia) 델로비브리오목(Bdellovibrionales) 델로비브리오과(Bdellovibrionaceae)의 그람음성 산소 세균 속. 흙, 하수, 민물, 바닷물에 산다. 다른 그람음성 세균의 세포벽과 원형질막 사이에서 기생하여 결국 그 세균을 죽인다.

델타가변세균강 Deltaproteobacteria '점액세균문'(Myxococcota)의 옛 이름.

델프티아 아시도보란스 *Delftia acidovorans* 세균역(Bacteria) 슈도모나스문(Pseudomonadota) 베타가변세균강(Betaproteobacteria) 부크홀데리아목(Burkholderiales) 코마모나스과(Comamonadaceae) 델프티아속(*Delftia*)의 그람음성 막대 모양 산소 세균. 금을 환원하여 생광물화(biomineralization)하는 능력과 생물정화 특성이 있다. 네덜란드 델프트(Delft) 시 흙에서 처음 발견되었으며 부생 세균이다. 항생물질에 저항성이 있는 기회 병원체로 세균혈증

(bacteremia), 각막염, 폐렴, 귀염 따위를 일으킨다. 인체 오염원은 오염된 물과 병원 기구 따위이다.

도가술 doga-sul 술도가에서 만든 술.

도르셀 달걀 배지 Dorset egg medium 결핵세균의 생장에 필요한 영양물질(쇠고기 추출물, 유기 인산염, 달걀 따위)을 주성분으로 하는 배지. 1902년 미국 농림부 소속의 도르셀이 개발하였다.

도말 평판법(塗抹平板法) spread plate method 펴바르기 평판법.

도소주(屠蘇酒) dosoju 도라지, 방풍, 산초, 육계를 넣어서 빚은 술. 설날 아침에 차례를 마치고 마시는 찬술로, 나쁜 기운을 물리친다고 한다.

도열병(稻熱病) rice blast 볏과 식물, 특히 벼에 도열병곰팡이(*Magnaporthe grisea*)가 자라 일으키는 병의 하나. 벼의 잎이나 줄기, 이삭, 볍씨 따위에 암갈색의 불규칙한 반점이 생기고 누렇게 마르게 된다. 발병 부위에 따라 모도열병, 잎도열병, 마디도열병, 목도열병, 이삭도열병 따위로 구분한다. 벼의 병해 가운데 가장 흔하고 저온 다습한 해에 많이 생긴다.

도열병곰팡이 rice blast fungus, *Magnaporthe grisea* 진핵생물역(Eukaryota) 진균계(Fungi) 자낭균문(Ascomycota) 구멍공버섯강(Sordariomycetes) 도열병곰팡이목(Magnaporthales) 도열병곰팡이과(Magnaporthaceae) 도열병곰팡이속(*Magnaporthe*)의 곰팡이. 식물 병원체로 벼, 밀, 보리, 호밀 따위에 치명적인 병을 일으키며, 특히 벼에 걸리면 도열병이라 한다.

도열병곰팡이과 Magnaporthaceae 진핵생물역(Eukaryota) 진균계(Fungi) 자낭균문(Ascomycota) 구멍공버섯강(Sordariomycetes) 도열병곰팡이목(Magnaporthales)의 과.

도열병곰팡이목 Magnaporthales 진핵생물역(Eukaryota) 진균계(Fungi) 자낭균문(Ascomycota) 구멍공버섯강(Sordariomycetes)의 목.

도열병곰팡이속 *Magnaporthe* 진핵생물역(Eukaryota) 진균계(Fungi) 자낭균문(Ascomycota) 구멍공버섯강(Sordariomycetes) 도열병곰팡이목(Magnaporthales) 도열병곰팡이과(Magnaporthaceae)의 속.

독(毒) poison ① 주입하거나 흡수되면 생명체를 죽이거나 해를 끼치는 화학물질. 특히, 아주 적은 양으로 빠르게 죽이는 물질을 이른다. ② 화학 반응에서 촉매 활성을 떨어뜨리는 물질.

독립영양생물(獨立營養生物) autotroph 이산화탄소를 유일한 탄소 원으로 이용할 수 있는 생물. 이산화탄소와 물로부터 광합성 하는 초록 식물, 광합성세균, 식물, 말무리 따위가 있다.

독버섯 poisonous mushroom 독을 가진 버섯. 버섯중독을 일으킨다. 독버섯이 많이 포함된 과는 광대버섯과, 먹물버섯과, 끈적버섯과, 무당버섯과, 외대버섯과, 우단버섯과 따위이다.

독성인자발현조절인자(毒性因子發現調節因子) virulence factor expression regulatory factor 콜레라 세균(*Vibrio cholerae*)의 창자 감염으로 콜레라독소와 유독 인자의 생성에 영향을 주는 조절작용에 핵심 역할을 하는 단백질.

독성 파지 virulent phage 감염한 숙주 세포를 용해(lysis)하여 죽이는 파지.

독소(毒素) toxin 식물 또는 동물성 항원 독 또는 뱀독. 특히 미생물이 생산하며 몸 안에서 낮은 농도에서도 병을 일으키는 독을 이른다. 주로 단백질이나 다당류를 중심으로 하는 고분자 화합물이다.

독소 생성 곰팡이 toxigenic fungus 독소를 생산하는 곰팡이. 주로 아스페르길루스속(*Aspergillus*), 푸른곰팡이속(*Penicillium*), 푸사륨속(*Fusarium*)이다. 기질에 따라 반드시 곰팡이독소를 생산하지 않을 때도 있다. 보기로서 아스페르길루스 플라부스(*Aspergillus flavus*)는 땅콩과 콩에 잘 자라나 땅콩에 자랄 때 더 많은 아플라톡신을 생산한다.

독소혈증(毒素血症) toxemia 국부 세균독소로 일어나는 피 중독증.

독소형 음식중독(毒素形飮食中毒) foodborne intoxication 식품에 오염된 미생물이 분비한 독소로 일어나는 중독. 누런 포도알 세균(*Staphylococcus aureus*), 막대세균 세레우스(*Bacillus cereus*), 보튤리눔 세균(*Clostridium botulinum*) 따위의 증식으로 독소가 생성된 식품을 먹어 증상이 나타나는 경우와 클로스트리듐 퍼프린젠스, 창자 독소생산 대장균, 창자 출혈대장균 따위로 오염된 식품을 먹은 뒤 창자에서 세균이 증식 또는 홀씨를 형성할 때 생성되는 창자 독소 따위로 증상이 나타나는 경우가 있다.

독송이(毒松茸) doksongi, *Tricholoma muscarium* 진핵생물역(Eukaryota) 진균계(Fungi) 담자균문(Basidiomycota) 주름버섯강(Agaricomycetes) 주름버섯목(Agaricales) 송이과(Tricholomataceae) 송이속(*Tricholoma*)의 독버섯. 갓은 지름 4~6센티미터로 편평하며 연한 누런빛 바탕에 올리브 빛을 띤 갈색이다. 가을에 넓은잎나무 숲 흙에서 난다. 한국과 일본에 분포한다. 독성 물질로 이보텐산(ibotenic acid)이 있어 중독되면 중심 신경계통에 여러 이상 상태를 일으킨다. 또한 트라이콜롬산(tricholomic acid)은 살충성이 있어 파리약으로도 쓴다.

돌연변이(突然變異) mutation 유전자 구조 변화로 생물이나 세포 특징이 변하는 일. 디엔에이 염기 단위의 변화 또는 유전자 또는 염색체의 어느 부분의 절단, 삽입 또는 재배열로 일어난다.

돌연변이원(突然變異原) mutagen 생명체의 유전 물질(보통은 디엔에이)을 영구히 변화시켜 돌연변이 빈도를 증가시키는 물리 또는 화학 물질. 동물에서 암을 일으키는 돌연변이원은 발암 물질이라고 한다. 이온화 방사선, 화학 물질(활성 산소 따위) 따위가 있다.

동동주 dongdongju 용수를 박아 맑은 술을 뜰 때 밥알을 거르지 않고 함께 뜬 술.

동정(同定) identification ① 생물 종, 미생물 따위의 분류학상 위치나 명칭을 바르게 정하는 일. ② 화학 분석과 물질의 고유 성질을 이용하여 목적 물질이 다른 물질과 같은지 다른지를 확인하는 일. 또는 그 물질의 소속과 명칭을 정하는 일.

동충하초(冬蟲夏草) plant worm, *Cordyceps militaris* 진핵생물역(Eukaryota) 진균계(Fungi) 자낭균문(Ascomycota) 구멍공버섯강(Sordariomycetes) 동충하초목(Hypocreales) 동충하초과(Cordycipitaceae) 동충하초속(*Cordyceps*)의 버섯. 머리 부분과 자루 부분으로 된 곤봉 모양이다. 봄에서 가을에 걸쳐 숲속의 죽은 나비, 벌 따위의 곤충 사체에 기생하여 번데기 가슴 부위에 한두 개가 나온다. 겨울에는 벌레이던 것이 여름에는 풀로 변한다는 뜻이다. 전 세계에 분포한다. 약용으로 쓰며 인공 재배하기도 한다.

동충하초과(冬蟲夏草科) Hypocreaceae 진핵생물역(Eukaryota) 진균계(Fungi) 자낭균문(Ascomycota) 구멍공버섯강(Sordariomycetes) 동충하초목(Hypocreales)의 과.

동충하초목(冬蟲夏草目) Hypocreales 진핵생물역(Eukaryota) 진균계(Fungi) 자낭균문(Ascomycota) 구멍공버섯강(Sordariomycetes)의 목. 아래에는 동충하초과(Hypocreaceae), 비오넥트리아과(Bionectriaceae), 맥각곰팡이과(Clavicipitaceae), 코르디셉스과(Cordycipitaceae) 따위가 있다.

동충하초속(冬蟲夏草屬) *Cordyceps* 진핵생물역(Eukaryota) 진균계(Fungi) 자낭균문(Ascomycota) 구멍공버섯강(Sordariomycetes) 동충하초목(Hypocreales) 동충하초과(Cordycipitaceae)의 속. 동충하초 따위가 있다.

동화(同化) anabolism 생물체에서 에너지 저장과 함께 작은 단위의 분자에서 복잡한 분자를 만드는 일.

돼지 단독 swine erysipeloid 단독 세균(*Erysipelothrix rhusiopathiae*)이 돼지에 일으키는 병. 잠복기는 10~20일이고 증상으로는 피부 발열, 근접 림프샘과 관절이 부어오르고 통증, 자홍색 홍반이 나타나고 1~2주 후 회복하나 심하면 폐혈증을 일으킨다.

돼지 열병 swine fever 돼지의 급성 열성 전염병. 돼지콜레라 바이러스가 병원체이며, 접촉 감염과 호흡기 감염으로 전파되나 주로 경구감염으로 발병된다. 증세는 식욕이 떨어지고 고열이 나며 점차 원기를 잃고 보행이 불확실하며 후구마비를 일으킨다. 심하면 드러누우며 사지에 경련을 일으키고 폐사한다. 법정 제1종 가축전염병이다.

돼지 유산 세균 *Brucella suis* 세균역(Bacteria) 슈도모나스문(.Pseudomonas) 알파세균강(Alphaproteobacteria) 히포마이크로로뭄속(Hyphomicrobiales) 브루셀라과(Brucellaceae) 브루셀라속(*Brucella*)의 그람 음성 세균. 돼지에 브루셀라증을 일으킨다. 생식 기관에 만성 염증을 일으켜 임신한 돼지는 유산을 일으킨다. 때로는 관절이나 다른 기관에도 영향을 준다. 감염된 돼지와 같은 시설을 쓰는 경우 소도 감염될 수 있으며 우유로 전파될 수 있다.

되먹임 억제 feedback inhibition 생체 대사과정, 특히 물질 합성 과정의 첫 반응을 촉매하는 효소가 최종 산물과 가역적으로 결합하여 그 활성이 억제되는 대사조절 작용. 생체 반응의 자동 조절 시스템이다.

두건버섯강 Leotiomycetes 진핵생물역(Eukaryota) 진균계(Fungi) 자낭균문(Ascomycota)의 강. 아래에는 살갗버섯목, 두건버섯목, 투구버섯목 따위가 있다.

두부 치즈 tofu cheese '발효 두부'를 달리 이르는 말.

두창(痘瘡) smallpox '마마'를 한방에서 이르는 말.

두플로드나바이러스역 Duplodnaviria 바이러스의 한 역. 모든 두 가닥 디엔에이 바이러스를 포함한다. 흥공바이러스계(Heunggongvirae)와 헤르페스바이러스를 포함하는 페플로바이러스문(Peploviricota) 그리고 고균과 세균에 감염하는 세균 파지를 포함하는 우로바이러스문(Uroviricota)으로 나눈다.

두플로르나바이러스문 Duplornaviricota 리보바이러스역(Riboviria) 오르토르나바이러스계(Orthornavirae)의 문. 피수바이러스문(Pisuviricota)의 바이러스를 제외한 모든 두 가닥 아르엔에이 바이러스를 포함한다. 원핵생물과 진핵생물에 감염한다.

둥근 무늬 병 ring spot ① 렙토스파에리아 사카리(*Leptosphaeria sacchari*)가 사탕수수에 일으키는 병. 성숙한 잎에만 감염하여 둥근 짙은 갈색 점이 생기므로 생산 수율에는 영향이 없다. 미코스파에렐라 브라씨시콜라(*Mycosphaerella brassicicola*)는 십자화과 식물(방울다다기양배추, 꽃양배추, 양배추 따위)의 둥근 무늬 병을 일으킨다. ② 일부 식물에서 초록 조직을 둘러싼 누런 또는 괴사성 고리를 특징으로 하는 바이러스 병. 파파야 나무와 열매에 감염하는 파파야 둥근 무늬 바이러스(*Papaya ringspot virus*) 따위가 있다.

드노보 *de novo* 처음부터 새로이 시작하는.

드라이맥주 dry beer 단맛이 거의 없는 맥주. 발효를 오래 하여 거의 모든 많은 당이 알코올로 전환한 것이다.

드라이와인 dry wine 단맛이 거의 없는 포도주. 포도주의 단맛은 주로 당과 산의 비율에 영향을 받는다. 유럽연합은 포도주 1리터당 당이 최대 4그램 까지를 드라이와인이라고 한다. 그러나 타타르산으로서 산도를 균형 있게 조절하면 당은 최대 9그램 까지도 가능하다.

드라이진 dry gin 두송자(juniper berry)와 그 밖의 향신료로 맛을 낸 증류주. 단맛이 없고 쌉쌀한 맛이 난다.

드라프트 맥주 draft beer 맥주를 병이나 캔에 담지 않고 작은 압력 통(keg)이나 배럴(barrel)에서 직접 따라주는 맥주. 맥주는 거르거나 파스퇴르 살균하기도 하며 이산화탄소 또는 이산화탄소와 질소 혼합물로 압력을 주기도 한다. 한국, 중국, 일본에서 캔맥주나 병맥주에도 드라프트 맥주라고 하는 경우가 있는데 이는 맛이 통에서 따른 맥주와 같다는 마케팅 용어(marketing term)이다.

드만 로고사 샤페 우무배지 de Man, Rogosa and Sharpe agar 엠아르에스(MTS) 우무배지.

디 값 D value decimal reduction time의 약자. 어떤 한 온도에서 미생물 수를 90퍼센트 줄이는 데 걸리는 시간. 미생물 수는 로그 함수적으로 감소하므로 가열 생존 곡선에서 남아 있는 미생물 수가 1로그 사이클을 지나는 데 걸리는 시간과 같다. 미생물의 내열성을 나타내는 지표의 하나이다. 고압증기살균에서 지표 세균으로 이용하는 막대세균 스테아로열필루스(*Bacillus stearothermophilus*)의 디(D) 값은 121도에서 약 2.5분이다.

디디멜라과 Didymellaceae 진핵생물역(Eukaryota) 진균계(Fungi) 자낭균문(Ascomycota) 입술버섯강(Dothideomycetes) 플레오스포라목(Pleosporales)의 과.

디디멜라속 *Didymella* 진핵생물역(Eukaryota) 진균계(Fungi) 자낭균문(Ascomycota) 입술버섯강(Dothideomycetes) 플레오스포라목(Pleosporales) 디디멜라과(Didymellaceae)의 곰팡이 속. 주로 식물 병원체이다.

디디-트랜스펩타이드 가수분해효소 DD-transpeptidase EC 3.4.16.4 막에 결합한 세균 효소. 베타-락탐 항생물질은 효소 활성 자리에 있는 세린을 아실화하여 효소 기능을 억제한다. 정식 이름은 세린형 디-알라-디-알라 카복시펩타이드 가수분해효소(serine-type D-Ala-D-Ala carboxypeptidase)이다.

디비비 반응 DBB reaction 다이아조늄 블루 비 반응(diazonium blue B reaction)의 약자.

디스코스파에리나속 *Discosphaerina* 진핵생물역(Eukaryota) 진균계(Fungi) 자낭균문(Ascomycota) 구멍공버섯강(Sordariomycetes) 암피스파에리아목(Amphisphaeriales) 히포넥트리아과(Hyponectriaceae)의 곰팡이 속.

디스크검사법 disc assay 신선한 우유의 페니실린을 검출하는 평판 배양법.

디스크퍼짐법 disk diffusion method 우무배지에 약제액을 적신 둥근 거름종이를 붙여 세균의 약제에 대한 감수성을 보는 시험법. 약제 액의 퍼짐으로 거름종이 주변에 둥근 모양으로 나타나는 세균의 생장 억제 지역의 크기와 약제 액이 나타내는 생장 억제 지역의 크기를 비교하여 약제 액에 대한 세균 감수성을 추정한다.

디에이치엘 우무배지 deoxycholate hydrogensulfide lactose agar, DHL agar 살모넬라속(*Salmonella*)이나 대장균군 세균(coliform bacterium)의 선택 배지. 설탕, 데옥시콜산소듐, 시콜산소듐, 싸이오황산소듐(sodium thiosulfate), 구연산소듐, 구연산 철(III) 암모늄(ammonium ferric citrate) 따위가 들어있다. 살모넬라속이나 시트로박터속(*Citrobacter*) 따위의 황화수소생성 세균은 생성한 황화수소로 황화철을 만들어 검은색 콜로니를 형성한다. 프로테우스속(*Proteus*)도 황화수소를 생성하나 많은 경우 갈색의 콜로니를 형성한다. 검은 콜로니는 확인시험으로 감별할 필요가 있다. 이질세균속(*Shigella*)은 무색투명한 콜로니를 형성한다.

디엔에이 DNA deoxyribonucleic acid(데옥시리보핵산)의 약자.

디엔에이 바이러스 DNA virus 유전 물질로 디엔에이를 가지고 있는 바이러스.

디엔에 이이어맞추기 DNA splicing 디엔에이 염기 순서를 여러 가지 조합으로 다시 배열하는 일. 체세포에서 면역글로불린 유전자가 만들어질 때 자연으로 일어나고, 디엔에이 클로닝과 유전공학에서처럼 인위적으로도 일어난다.

디엔에이 지문분석 DNA fingerprinting 유전자를 분석하여 개인의 신상 정보를 파악하는 일. 염색체 위의 어느 특정 디엔에이 단편 부위에 있는 염기쌍의 수와 배열은 개인마다 고유하다. 디엔에이 지문은 아주 적은 양의 피, 정액, 머리카락 따위에서 얻을 수 있다. 범죄 과학 수사, 친자 감별 따위에 이용한다.

디펜신 defensin 동물과 고등식물이 만드는 미생물 억제 펩타이드. 처음 발견된 것은 검은잔버섯이 만드는 플렉타신이다.

디포다스쿠스 게오트리큼 *Dipodascus geotrichum* '게오트리큼 칸디둠 변종 시트리-아우란티이'의 옛 이름.

디포다스쿠스과 Dipodascaceae 진핵생물역(Eukaryota) 진균계(Fungi) 자낭균문(Ascomycota) 사카로미세스강(Sacccharomycetes) 사카로미세스목(Saccharomycetales)의 과.

디프테리아 diphtheria 디프테리아 독소로 일어나는 법정 급성 1급 감염병의 하나. 주로 겨울철에 유행하며 사람이 디프테리아세균의 유일한 숙주로 환자나 보균자와 접촉으로 감염된다. 호흡기의 점막이 상하며 목 부위가 심하게 부어 호흡 곤란을 일으킨다.

디프테리아 독소 diphthera toxin 디프테리아 세균(*Corynebacterium diphtheriae*)이 생성하는 외독소. 아미노산 535개 잔기가 이황화 결합으로 된 두 개의 소단위로 이루어진 폴리펩타이드이다. 사람의 세포질로 들어가 단백질 합성을 억제하여 법정 제1급 감염병인 디프테리아를 일으킨다. 작용 메커니즘은 엔에이디(+)-다이프타마이드 에이디피(ADP)-리보실 전달 효소(EC 2.4.2.36)의 작용과 같다.

디프테리아세균 *Corynebacterium diphtheriae* 세균역(Bacteria) 바퀴살세균문(Actinomycetota) 바퀴살세균강(Actinomycetia) 작은알세균목(Micrococcales) 코리네세균과(Corynebacteriaceae) 코리네세균속(*Corynebacterium*)의 그람양성 막대 세균. 한끝이 곤봉 모양으로 부풀어 있으며 강력한 외독소를 생산한다. 흔히 비말감염으로 상기도 점막에 감염되어 점막 괴사를 일으킨다. 세균감염으로 일어나는 디프테리아는 소아에서 보는 법정 제1급 감염병이다.

디플로디아 나탈렌시스 *Diplodia natalensis* 진핵생물역(Eukaryota) 진균계(Fungi) 자낭균문(Ascomycota) 입술버섯강(Dothideomycetes) 주머니곰팡이목(Botryosphaeriales) 주머니곰팡이과(Botryosphaeriaceae) 디플로디아속(*Diplodia*)의 곰팡이. 감귤류의 줄기 끝을 썩게 한다. 무산소 조건에서 배양하면 식품 향미료로 쓰는 재스몬산, 메틸 재스몬산과 재스몬산의 이성질체를 생산한다.

디플로디아속 *Diplodia* 진핵생물역(Eukaryota) 진균계(Fungi) 자낭균문(Ascomycota) 입술버섯강(Dothideomycetes) 주머니곰팡이목(Botryosphaeriales) 주머니곰팡이과(Botryosphaeriaceae)의 진균 속.

디플로카르폰 로사에 *Diplocarpon rosae* 진핵생물역(Eukaryota) 진균계(Fungi) 자낭균문(Ascomycota) 두건버섯강(Leotiomycetes) 고무버섯목(Helotiales) 살갗버섯과(Dermateaceae) 디플로카르폰속(Diplocarpon)의 곰팡이. 장미 나뭇잎의 흑반병을 일으킨다.

딕케야 다단티이 *Dickeya dadantii* 세균역(Bacteria) 슈도모나스문(Pseudomonadota) 감마가변세균강(Gammaproteobacteria) 엔테로박터목(Enterobacterales) 펙토세균과(Pectobacteriaceae) 딕케야속(*Dickeya*)의 그람음성 막대 모양 조건 무산소 세균. 당을 젖산으로 발효하는 식물 병원체이다. 펙틴 가수분해효소를 가지고 있어 식물 세포벽 물질을 분해할 수 있다. 주로 감자 덩이줄기, 남새 알뿌리, 관상용 식물 따위에 썩음병을 일으킨다.

딕티오스텔륨강 Dictyostelia 진핵생물역(Eukaryota) 아메바문(Amoebozoa)의 강.

딕티오스텔륨과 Dictyosteliidae 진핵생물역(Eukaryota) 아메바문(Amoebozoa) 딕티오스텔륨강(Dictyostelia)의 한 과. 대표적인 세포성 점균류이다.

딕티오스텔륨목 Dictyosteliida 진핵생물역(Eukaryota) 아메바문(Amoebozoa) 딕티오스텔륨강(Dictyostelia)의 목.

딸기 잎무늬병 common spot of strawberry 딸기잎무늬병곰팡이(*Mycosphaerella fragariae*)의 감염으로 딸기 잎에 둥근 어두운 갈색 점이 생기는 병.

딸기 잎무늬병 곰팡이 *Mycosphaerella fragariae* 진핵생물역(Eukaryota) 진균계(Fungi) 자낭균문(Ascomycota) 입술버섯강(Dothideomycetes) 카프노디아목(Capnodiales) 미코스페렐라과(Mycosphaerellaceae) 미코스페렐라속(*Mycosphaerella*)의 곰팡이. 숙주는 딸기이며 딸기 잎에 감염하면 잎 겉면에 둥근 어두운 갈색 점이 생긴다.

딸세포 daughter cell 세포 분열 또는 출아로 생긴 새로운 세포.

땅찌만가닥버섯 hon-shimeji, *Lyophyllum shimeji* 진핵생물역(Eukaryota) 진균계(Fungi) 담자균문(Basidiomycota) 주름버섯강(Agaricomycetes) 주름버섯목(Agaricales) 만가닥버섯과(Lyophyllaceae) 만가닥버섯속(*Lyophyllum*)의 먹는 버섯. 갓은 지름 2~8센티미터로 반구형 또는 둥근 산 모양이며 엷은 잿빛 갈색이다. 여름부터 가을에 걸쳐 졸참나무나 소나무 숲에서 무리 지어 난다. 한국, 일본, 동아시아에 분포한다. 인공 재배하여 생산한다.

떡병균강 Exobacidiomycetes 진핵생물역(Eukaryota) 진균계(Fungi) 담자균문(Basidiomycota)의 강. 아래에는 떡병균목이 있다.

떡병균과 Exobasidiaceae 진핵생물역(Eukaryota) 진균계(Fungi) 담자균문(Basidiomycota) 떡병균강(Exobacidiomycetes) 떡병균목(Exobasidiales)의 과.

떡병균목 Exobasidiales 진핵생물역(Eukaryota) 진균계(Fungi) 담자균문(Basidiomycota) 떡병균강(Exobacidiomycetes)의 목. 아래에는 떡병균과가 있다.

떼 운동성 swarming motility 세균 집단이 고체 또는 반고체 표면을 가로질러 빠르고 조직적으로 자리를 옮기는 성질. 살모넬라 티피무륨(*Salmonella* Typhimurium) 따위에서 볼 수 있다.

똥 대장균군 fecal coliform 그람음성 막대 모양 조건 무산소 세균. 홀씨를 생성하지 않는다. 동물의 창자에 있으며 44 ± 0.5도에서 젖산을 분해하여 산과 가스를 생성하므로 '열 내성 대장균군'이라고도 한다. 똥에서 오는 대장균(*Escherichia coli*)과 그 밖에서 오는 엔테로박터속(*Enterobacter*), 클레브시엘라속(*Klebsiella*), 시트로박터속(*Citrobacter*) 따위의 종들도 포함한다.

똥 오염지표생물 indicator organism of fecal pollution 물이나 식품에서 동물의 똥 오염을 가리기 위하여 검출 지표로 쓰는 미생물. 감수성이 있고 검출하기 쉬운 대장균군, 대장균, 창자알 세균 따위를 주로 쓴다.

똥 오염지표세균 indicator bacterium of fecal contamination 식품이나 환경에 똥의 오염이나 그 정도를 추정하기 위해서 지표로 하는 세균. 대장균군 세균, 대장균과 창자 알세균을 포함한다. 똥 대장균군의 분석 목표는 똥에 다른 병원 세균의 존재 가능성을 나타내는 대장균의 존재 여부를 검출하는 것이다. 물의 경우 똥 대장균군의 존재는 반드시 똥의 존재를 나타내는 것은 아니다.

똥-입경로 fecal-oral route 병원체가 들어있는 배설물에 오염된 식품을 사람이 먹어 병원체가 입으로 전달되는 경로.

ㄹ

라거 lager 낮은 온도(0~5도)에서 하면발효 효모로 오래 발효하여 만드는 색이 옅은 맥주.

라고바이러스속 *Lagovirus* 라이보바이러스역(Riboviria) 오르토르나바이러스계(Orthornavirae) 피수바이러스문(Pisuviricota) 피소니바이러스강(Pisoniviricetes) 피코르나바이러스목(Picornavirales) 칼리시바이러스과(Caliciviridae)의 껍질이 없는 외가닥 아르엔에이 바이러스 속. 자연 숙주는 토끼류이며 괴사성 간염을 일으킨다.

라불베니아균강 Laboulbeniomycetes 진핵생물역(Eukaryota) 진균계(Fungi) 자낭균문(Ascomycota)의 강.

라불베니아균목 Laboulbeniales 진핵생물역(Eukaryota) 진균계(Fungi) 자낭균문(Ascomycota) 라보울베니아균강(Laboulbeniomycetes)의 목. 곤충 겉면에 사는 곤충 겉면 생물(ectoparasite)이다. 두 세포 자낭 홀씨로부터 엽상체(thallus)를 만든다.

라싸 맘마레나바이러스 *Lassa mammarenavirus* 리보바이러스역(Riboviria) 오르토르나바이러스계(Orthornavirae) 네가르바이러스문(Negarnaviricota) 엘리오바이러스강(Ellioviricetes) 부니아바이러스목(Bunyavirales) 아레나바이러스과(Arenaviridae) 맘마레나바이러스속(*Mammarenavirus*)의 아레나바이러스. 사람과 다른 영장류에 바이러스 출혈열의 한 형태인 라싸 출혈열을 일으킨다.

라싸 바이러스 Lassa virus '라싸 맘마레나바이러스'의 옛 이름.

라오론 Laoron 태국의 증류주. 찐 찹쌀을 누룩(룩팡)으로 당화, 발효하여 증류한다. 알코올함량은 30퍼센트 정도이다.

라이신발효 lysine fermentation 그람양성 브레비세균속과 코리네세균속의 영양 요구 변이주로 라이신을 생산함. 글루탐산 생산 균주인 코리네세균 글루타미쿰(*Corynebacterium glutamicum*)의 호모세린 또는 트레오닌과 메싸이오닌 영양 요구 변이주를 충분한 양의 바이오틴과 한정된 소량의 호모세린 또는 트레오닌과 메싸이오닌을 첨가한 배지에서 배양하는 방법이 있다. 또 라이신의 아날로그인 에스-(2-아미노에틸)-엘-시스테인에 대한 저항 변이주를 이용하는 방법도 있다. 이 변이주는 라이신과 트레오닌에 의한 협조 억제에 대해서 비감수성으로 변화하여 대량의 라이신을 축적하는 데 브레비세균 플라붐(*Brevibacterium flavum*), 브레비세균 락토페르멘툼(*B. lactofermentum*) 따위의 균주가 알려져 있다. 생산된 라이신은 분리, 정제한 가루, 분무 건조한 펠릿 또는 액체 발효액으로 하여 주로 동물 먹이 보충제로 쓴다.

라이신 인돌 운동성 배지 lysine indole motility medium 라이신 카복실기 떼기 효소(lysine decarboxylase, EC 4.1.1.18) 생성, 인돌(indol) 생성과 운동성을 동시에 확인할 수 있는 감별배지. 반유동 찔러심기 배지로 쓴다. 라이신의 카복실기 떼기 양성 세균은 배지의 깊은 곳까지 자주색을 나타내고 음성 세균은 깊은 곳은 노란색을 표면에는 자주색을 나타낸다. 인돌생성 양성 세균은 인돌 시약(파라-다이메틸아미노벤젠알데하이드, 에틸알코올, 염산)을 붉은색으로 변화시키나 음성 세균은 변화가 없다.

라이신 철 우무배지 lysine iron agar 라이신 카복실기 떼기 효소(lysine decarboxylase, EC 4.1.1.18)와 황화수소생성을 확인하는 살모넬라속(*Salmonella*) 세균 감별배지. 비탈 부분과 고층 부분이 있는 반 비탈 배지이다. 살모넬라는 라이신에서 카복실기를 떼어내고 황화수소를 생성하는 세균이므로 다른 세균과의 감별이 가능하다. 라이신에서 카복실기를 떼어내는 세균은 배지 전체가 알칼리성이 되어 자주색을 나타내고 그렇지 않은 세균은 비탈 부분이 알칼리성으로 자주색이며 고층 부분은 산성으로 노란색을 나타낸다. 또 황화수소생성으로 배지가 검게 변하므로 확인할 수 있다.

라이트비어 light beer 알코올함량이 적은 맥주.

라이트와인 light wine 알코올함량이 적은 포도주.

라이트위스키 light whisky 알코올함량이 적고 맛과 향이 순한 미국 위스키.

라인 포도주 Rhine wine 독일 라인강 유역에서 생산하는 포도주를 통틀어 이르는 말. 주로 단맛 백포도주이다.

라칸세아 열톨레란스 *Lachancea thermotolerans* 진핵생물역(Eukaryota) 진균계(Fungi) 자낭균문(Ascomycota) 사카로미세스강(Saccharomycetes) 사카로미세스목(Saccharomycetales) 사카로미세스과(Saccharomycetaceae) 라칸세아속(*Lachancea*)의 효모. 포도주 발효에서 향미를 생성한다. 식품 가공에서 주류(알코올 발효 포함) 제조에만 쓸 수 있다.

라키 raki 포도 압착 찌꺼기를 두 번 증류하고 아니스 씨로 맛을 낸 튀르키예 증류주. 알코올함량은 40~50퍼센트이다.

라키아 rakia 발칸 지역의 과일 증류주를 통틀어 이르는 말. 알코올함량은 보통 40퍼센트이다.

라티젖산막대세균 사케이 *Latilactobacillus sakei* 세균역(Bacteria) 막대세균문(Bacillota) 막대세균강(Bacilli) 젖산막대세균목(Lactobacillales) 젖산막대

세균과(Lactobacillaceae) 라티젖산막대세균속(*Latilactobacillus*)의 호모 발효 세균. 건조 소시지에서 분리된 세균으로 리스테리아 억제 작용이 있으므로 소시지 제조용 스타터로 이용 가치가 있다. 육탄당은 해당으로 발효하여 젖산을 생산하고 오탄당은 포스포케톨레이스(phosphoketolase, EC 4.1.2.9) 경로로 발효하여 젖산과 아세트산을 생산한다. 일본 사케 스타터 배양의 주 종이다. 식품 가공에서 원료로 쓸 수 있다.

라티젖산막대세균속 *Latilactobacillus* 세균역(Bacteria) 막대세균문(Bacillota) 막대세균강(Bacilli) 젖산막대세균목(Lactobacillales) 젖산막대세균과(Lactobacillaceae)의 젖산 세균 속.

라티젖산막대세균 쿠르바투스 *Latilactobacillus curvatus* 세균역(Bacteria) 막대세균문(Bacillota) 막대세균강(Bacilli) 젖산막대세균목(Lactobacillales) 젖산막대세균과(Lactobacillaceae) 라티젖산막대세균속(*Latilactobacillus*)의 젖산 세균. 프로바이오틱으로 이용한다. 식품 가공에서 원료로 쓸 수 있다.

라파포트-바시리아디스 액체배지 Rappaport-Vassiliadis broth, RV broth 살모넬라속 세균의 선택 증균 배지. 라파포트 배지(Rappaport medium)를 개량한 배지의 하나이다. 살모넬라세균은 다른 창자 세균보다 비교적 높은 삼투압과 낮은 피에이치(5.2 정도)에서 생존할 수 있고 말라카이트그린(malachite green)과 염화마그네슘에 내성이 있는 점을 이용한 배지로 살모넬라속 세균이 선택적으로 생장한다. 그러나 장티푸스를 일으키는 장티푸스세균(*Salmonella enterica* serovar Typhi)의 증식에는 적합하지 않다.

라파포트-바시리아디스 콩 펩톤 액체배지 Rappaport-Vassiliadis soya peptone broth 살모넬라속 세균 종 분리에 쓰는 강화 배지. 배지의 말라카이트그린 성분은 장티푸스세균 또는 파라티푸스세균을 억제하므로 이들 세균에는 적합하지 않다. 살모넬라세균은 배지의 높은 삼투압에서 더 잘 생존할 수 있고 다른 창자세균 보다 상대적으로 낮은 피에이치와 높은 온도에서 자랄 수 있으므로 살모넬라세균이 더욱 잘 자라게 된다. 배지의 피에이치는 약 5.2이다.

락타신 lactacin 젖산막대세균속(*Lactobacillus*)의 세균이 생산하는 박테리오신. 젖산막대세균 아시도필루스(*L. acidophilus*)가 생산하는 락타신 비(B), 젖산막대세균 존소니이(*L. johnsonii*)가 생산하는 락타신 에프(F)가 있다. 다른 젖산 세균을 억제한다.

락탐 lactam 고리형의 아마이드. 락톤과 아마이드를 조합한 말이다. 아미노 알칸산(alkanoic acid)의 고리화 반응으로 생긴다. 고리를 구성하는 원자 수가 세 개인 것은 알파-락탐이고 원자 수가 한 개씩 늘어가면서 베타-락탐, 감마-락탐, 델타-락탐과 입실론-락탐이 있다. 알파-락탐을 가수분해하면 알파-아미노산이 생성되고 베타-락탐을 가수분해하면 베타-아미노산이 생성된다.

락탐계 항생물질 lactam antibiotic 화학구조에 베타-락탐을 가지고 있는 항생물질. 페니실린 유도체, 세팔로스포린(cephalosporin), 세파마이신(cephamycin), 모노박탐(monobactam), 카바페넴(carbapenem), 카파세펨(carbacephem) 따위가 있다. 첫 베타-락탐 항생물질은 푸른곰팡이 루벤스(*Penicillium rubens*) 종에서 분리한 페니실린이다. 대부분 베타-락탐 항생물질은 세균의 세포벽 생합성을 억제한다. 일부 세균은 베타-락탐 고리를 분해하는 베타-락탐 가수분해효소(β-lactamase, EC 3.5.2.6)를 생산한다. 이를 극복하기 위하여 베타-락탐 항생물질은 베타-락탐 가수분해효소의 억제제와 함께 투여한다.

락토바실루스목 Lactobacillales 젖산막대세균목.

락토바실루스속 *Lactobacillus* 젖산막대세균속.

락토신 lactocin 약 스물다섯 개의 아미노산으로 된 펩타이드 독소. 젖산막대세균 사케(*Lactobacillus sake*)가 생산하는 박테리오신이다.

락토콕신 lactococcin 젖산알세균속(*Lactococcus*)의 세균이 생산하는 열에 안정한 박테리오신. 락토콕신 지(G)는 두 펩타이드로 된 박테리오신으로 창자알세균속(*Enterococcus*)의 종과 일부 다른 그람양성 세균의 생장을 억제한다.

락토콕쿠스속 *Lactococcus* 젖산알세균속.

락토페린 lactoferrin 대부분 젖먹이동물의 젖에서 발견되는 트랜스페린 패밀리의 당단백질. 사람의 첫젖에 가장 많으며 그 다음에 사람의 모유와 우유에 많은 들어있으며 그 밖에 침, 눈물, 백혈구의 일종인 호중구의 특이과립 내용물에도 들어있다. 철을 세포 안으로 이동하며 핏속의 철 농도를 조절한다. 그 밖에 여러 생리 기능이 있으며 미생물 생장 억제 기능이 잘 알려져 있다.

락티신 lacticin 젖산알세균 락티스 아종 락티스(*Lactococcus lactis* subsp. *lactis*) 세균이 생산하는 박테리오신. 란티바이오틱으로 분류되며 란싸이오닌(lanthionine)이라는 아미노산을 가지고 있다. 락티신 481은 젖산알세균속, 젖산막대세균속, 류코노스톡속의 종과 클로스트리듐 티로뷰티리쿰(*Clostridium tyrobutyricum*)의 생장을 억제한다. 락티신 3147 에이원(A1)과 3147 에이 투(A2)는 창자 알세균속, 젖당막대세균속, 젖산알세균속, 류코노스톡속 종에 활성을 보인다.

락티카세이막대세균 람노수스 *Lacticaseibacillus rhamnosus* 세균역(Bacteria) 막대세균문(Bacillota) 막대세균강(Bacilli) 젖산막대세균목(Lactobacillales) 젖산막대세균과(Lactobacillaceae) 락티카세이막대세균속(*Lacticaseibacillus*)의 그람양성 막대 모양 조건무산소 세균. 호모 발효를 한다. 프로바이틱으로 이용하며 여성의 세균질증(bacterial vaginosis) 치료에 유용하다. 발효 우유나 긴 숙성 치즈 따위에 이용한다. 식품 가공에서 원료로 쓸 수 있다.

락티카세이막대세균속 *Lacticaseibacillus* 세균역(Bacteria) 막대세균문(Bacillota) 막대세균강(Bacilli) 젖산막대세균목(Lactobacillales) 젖산막대세균과(Lactobacillaceae)의 세균 속.

락티카세이막대세균 카세이 *Lacticaseibacillus casei* 세균역(Bacteria) 막대세균문(Bacillota) 막대세균강(Bacilli) 젖산막대세균목(Lactobacillales) 젖산막대세균과(Lactobacillaceae) 락티카세이막대세균속(*Lacticaseibacillus*)의 그람양성 산 내성 막대 모양 무산소 세균. 인체의 생식기관과 소화 관에서 발견된다. 주로 우유 제품 생산에 쓰며 특히 체더치즈 숙성에 주된 역할을 한다.

락티카세이막대세균 파라카세이 *Lacticaseibacillus paracasei* 세균역(Bacteria) 막대세균문(Bacillota) 막대세균강(Bacilli) 젖산막대세균목(Lactobacillales) 젖산막대세균과(Lactobacillaceae) 락티카세이막대세균속(*Lacticaseibacillus*)의 그람양성 호모 발효 막대 세균. 우유 제품 발효와 프로바이오틱 배양에 쓴다. 헥소스 대사에서 젖산을 생산하며 오탄당 대사에서 젖산과 아세트산을 생산한다. 사람의 창자관, 입, 하수, 우유 제품 따위에서 발견된다. 식품 가공에서 원료로 쓸 수 있다.

락티플란티막대세균속 *Lactiplantibacillus* 세균역(Bacteria) 막대세균문(Bacillota) 막대세균강(Bacilli) 젖산막대세균목(Lactobacillales) 젖산막대세균과(Lactobacillaceae)의 세균 속.

락티플란티막대세균 펜토수스 *Lactiplantibacillus pentosus* 세균역(Bacteria) 막대세균문(Bacillota) 막대세균강(Bacilli) 젖산막대세균목(Lactobacillales) 젖산막대세균과(Lactobacillaceae) 락티플란티막대세균속(*Lactiplantibacillus*)의 젖산 세균. 식품 가공에서 원료로 쓸 수 있다.

락티플란티막대세균 플란타룸 *Lactiplantibacillus plantarum* 세균역(Bacteria) 막대세균문(Bacillota) 막대세균강(Bacilli) 젖산막대세균목(Lactobacillales) 젖산막대세균과(Lactobacillaceae) 락티플란티막대세균속(*Lactiplantibacillus*)의 그람양성 막대 모양 세균. 생장 온도 범위는 12~40도이나 4도에서 높은 생균 수를 보이며 25도에서 생균 수는 크게 감소한다. 처음에는 침에서 분리되었고 원래는 식물 기원이지만 사람이나 동물의 창자에서도 견딜 수 있다. 우유 제품, 고기, 사워크라우트, 김치, 사워 반죽, 일부 치즈, 발효 소시지 따위에서 발견된다. 식품 가공에서 원료로 쓸 수 있다.

란싸이오닌 lanthionine $HOOCCHNH_2CH_2\text{-}S\text{-}CH_2NH_2CHCOOH$. 알라닌과 시스테인으로 이루어진 알파-아미노산. 젖산막대세균 락티스(*Lactobacillus lactis*) 따위가 생성하는 폴리펩타이드 박테리오신의 하나인 란티바이오틱의 기본 뼈대를 이룬다.

란티바이오틱 lantibiotic 특징적인 여러 고리 싸이오에테르 아미노산인 란싸이오닌을 가지고 있는 펩타이드 항생물질. 젖산막대세균 락티스(*Lactobacillus lactis*) 따위가 생산하는 박테리오신이다. 니신(nisin) 따위가 있다. 피에이치 9.4에서 열에 민감하며 다른 그람양성 세균에 활성을 보인다.

랄스토니아 솔라나세아룸 *Ralstonia solanacearum* 세균역(Bacteria) 슈도모나스문(Pseudomonadota) 베타가변세균강(Betaproteobacteria) 부르크홀데리아목(Burkholderiales) 부르크홀데리아과(Burkholderiaceae) 랄스토니아속(*Talstonia*)의 그람음성 산소 세균. 홀씨를 만들지 않으며 식물 병원체로 흙에 산다. 극성 편모 다발로 운동하며 매우 광범위한 숙주식물의 물관에 콜로니를 이루어 세균 시듦병을 일으킨다.

람노스 맥콘키 우무배지 rhamnose McConkey agar 창자 출혈 대장균(enterohemorrhagic *E. coli*) O26은 람노스를 분해하지 않는 성질을 이용한 배지. 창자 출혈 대장균 O26은 소비톨 맥콘키 우무배지(sorbitol McConkey agar)에서 배양한 O157의 경우와 같이 콜로니는 무색투명하게 되고 람노스를 분해하는 다른 창자세균의 콜로니는 붉은색을 나타낸다.

람다파지 lamdaha phage 대장균 바이러스 람다.

람블편모충 *Gardia lamblia* 진핵생물역(Eukaryota) 메타모나다문(Metamonada) 디플로모나디다목(Diplomonadida) 육편모충과(Hexamitidae) 가르디아속(*Giardia*)의 편모를 가지는 원생동물. 강은 정해진 것이 없다. 사람에 기생하는 복숭아 모습으로 좌우대칭이다. 네 쌍의 편모와 샘창자와 빈창자 위 점막에 부착하는 흡반을 갖지고 있다. 사람 편모충증의 원인 생물체이다.

랙 lac 젖당을 대사하는 대장균의 능력. 또는 이 능력과 관련된 유전 인자들을 나타내는 접두어.

럼 rum 당밀이나 사탕수수즙을 효모로 알코올 발효하여 증류한 술. 오크통에서 숙성하며 알코올함량은 40~80퍼센트이다. 캐러멜화한 당이나 과일 향을 첨가한 럼, 숙성 뒤 색소를 없앤 라이트 럼, 단맛이 없는 드라이 럼 따위가 있다. 서인도 제도의 특산으로 쿠바와 자메이카산이 유명하다.

레반 levan 세균 지모모나스 모빌리스(*Zymomonas mobilis*)가 생산하는 2,6-베타-디-프럭탄. 케스토스를 포함한 프럭토올리고당 생산에 쓴다.

레브트라바이러스강 Revtraviricetes 리보바이러스역(Riboviria) 파라나바이러스계(Pararnavirae) 아르트베르바이러스문(Artverviricota)의 바이러스 강.

레븐 바이러스 Ravn virus 마르브르그 마르부르그바이러스(*Marburg marburgvirus*)의 한 구성원. 사람의 바이러스 출혈열 형태인 마르부르그바이러스병을 일으킨다.

레비젖산막대세균 브레비스 *Levilactobacillus brevis* 세균역(Bacteria 막대세균문(Bacillota) 막대세균강(Bacilli) 젖산막대세균목(Lactobacillales) 젖산막대세균과(Lactobacillaceae) 레비젖산막대세균속(*Levilactobacillus*)의 그람양성 막대 모양 젖산 세균. 헤테로발효 세균으로 발효하는 동안 이산화탄소, 젖산과 아세트산 또는 에탄올을 생산한다. 사워크라우트나 피클 따위의 발효식품, 정상인의 창자, 질, 똥에서 분리된다. 맥주를 상하게 하는 가장 흔한 원인 세균이다. 식품 가공에서 원료로 쓸 수 있다.

레비젖산막대세균속 *Levilactobacillus* 세균역(Bacteria 막대세균문(Bacillota) 막대세균강(Bacilli) 젖산막대세균목(Lactobacillales) 젖산막대세균과(Lactobacillaceae)의 젖산 세균 속.

레센토바이러스강 Resentoviricetes 리보바이러스역(Riboviria) 오르토르나바이러스계(Orthornavirae) 두플로르나바이러스문(Duplornaviricota)의 강.

레시틴 가수분해효소 반응 lecithinase reaction 세균이 독성이 있는 인지방질 가수분해 효소(phospholipase)인 레시틴 가수분해효소를 생산하는 능력을 판정하는 데 쓰는 생화학 시험법. 레시틴 가수분해효소는 달걀노른자에 들어있는 지방질단백질인 레시토비텔린(lethithovitellin)에 작용하여 달걀노른자 첨가 배지의 콜로니 주변에 할로(halo)를 생성한다. 이 반응을 이용하여 클로스트리듐 퍼프린젠스(*Clostridium perfringens*), 막대세균 세레우스균(*Bacillus cereus*) 따위의 레시틴 가수분해효소를 생성하는 세균의 분리와 동정에 이용한다.

레오바이러스 reovirus 리보바이러스역(Riboviria) 오르토르나바이러스계(Orthornavirae) 두플로르나바이러스문(Duplornaviricota) 레센토바이러스강(Resentoviricetes) 레오바이러스목(Reovirales) 세도레오바이러스과(Sedoreoviridae)의 두 가닥 아르엔에이 바이러스. 여러 층으로 된 캡소미어로 덮여 있고 지방질 겉껍질은 없다. 동물의 숨길과 위창자관에서 볼 수 있다.

레오바이러스과 Reoviridae '세도레오바이러스과'(Sedoreoviridae)의 옛 이름.

레오바이러스목 Reovirales 리보바이러스역(Riboviria) 오르토나바이러스계(Orthornavirae) 두플로르나바이러스문(Duplornaviricota) 레센토바이러스강(Resentoviricetes)의 목.

레위아속 *Lewia* 진핵생물역(Eukaryota) 진균계(Fungi) 자낭균문(Ascomycota) 입술버섯강(Dothideomycetes) 플레오스포라목(Pleosporales) 플레오스포라과(Pleosporaceae)의 곰팡이 속.

레지오넬라과 Legionellaceae 세균역(Bacteria) 슈도모나스문(Pseudomonadota) 감마가변세균강(Gammaproteobacteria) 레지오넬라목(Legionellales)의 과.

레지오넬라 뉴모필라 *Legionella pneumophila* 세균역(Bacteria) 슈도모나스문(Pseudomonadota) 감마가변세균강(Gammaproteobacteria) 레지오넬라목(Legionellales) 레지오넬라과(Legionellaceae) 레지오넬라속(*Legionella*)의 그람음성 짧은 막대 산소 세균. 홀씨를 만들지 않으며 편모가 있고 사람의 병원 세균이다. 여름철 에어컨 냉각수에서 발생하는 작은 물방울 속에 들어있으며 공기 가운데 떠돌다가 사람과 동물에 감염하여 레지오넬라증을 일으킨다.

레지오넬라목 Legionellales 세균역(Bacteria) 슈도모나스문(Pseudomonadota) 감마가변세균강(Gammaproteobacteria)의 목.

레지오넬라속 *Legionella* 세균역(Bacteria) 슈도모나스문(Pseudomonadota) 감마가변세균강(Gammaproteobacteria) 레지오넬라목(Legionellales) 레지오넬라과(Legionellaceae)의 그람음성 짧은 막대 산소 세균 속. 냉각 타워, 수영장, 제빙기, 냉장고, 온천, 흙, 산업 냉각제, 폐수 처리 설비 따위에서 발견된다. 특히 여름철 냉각탑과 같은 인공 시설물에서 발생하는 작은 물방울과 함께 공기 가운데 떠돌다가 사람과 동물에 감염하여 레지오넬라증을 일으킨다.

레지오넬라증 legionellosis 레지오넬라과(legionellaceae) 레지오넬라속(*Legionella*) 세균이 일으키는

병을 통틀어 이르는 말. 세균은 물에 존재하며 물탱크, 큰 에어컨의 냉각탑 따위를 오염시키며 세균을 포함하는 작은 물방울을 들여 마셔 감염된다. 주 세균은 레지오넬라 뉴모필라(*Legionella pneumophila*)이고 주 증상은 폐렴이다. 법정 제3급 감염병이다.

레트로바이러스 retrovirus 리보바이러스역(Riboviria) 파라마바이러스계(Paramavirae) 아르트베르바이러스문(Artverviricota) 레브트라바이러스강(Revtraviricetes) 오르테르바이러스목(Ortervirales) 레트로바이러스과(Retroviridae)의 외가닥 바이러스. 숙주 세포의 세포질에 들어간 바이러스는 자신의 역전사효소를 이용하여 자신의 아르엔에이 유전체에서 디엔에이를 합성하고 이를 효소 인테그레이스(intergrase)를 이용하여 숙주 세포 유전체에 집어넣어 프로바이러스(provirus)가 된다.

레트로바이러스과 Retroviridae 리보바이러스역(Riboviria) 파라르나이러스계(Pararnavirae) 아르트베르바이러스문(Artverviricota) 레브트라바이러스강(Revtraviricetes) 오르테르바이러스목(Ortervirales)의 과.

레트시나 retsina 소나무 송진으로 향미를 낸 그리스 백포도주.

레포리폭스바이러스속 *Leporipoxvirus* 바리드나바이러스역(Varidnaviria) 밤포르드바이러스계(Bamfordvirae) 누클레오시토바이러스문(Nucleocytoviricota) 폭케스바이러스강(Pokkesviricetes) 키토바이러스목(Chitovirales) 마마바이러스과(Poxviridae)의 바이러스 속.

렌티나신 lentinacin 에리타데닌.

렌티바이러스 lentivirus 리보바이러스역(Riboviria) 파라마바이러스계(Paramavirae) 아르트베르바이러스문(Artverviricota) 레브트라바이러스강(Revtraviricetes) 오르테르바이러스목(Ortervirales) 레트로바이러스과(Retroviridae)의 외가닥 아르엔에이 바이러스. 감염된 경우 몇 년이 지나서 징후가 나타나는 만성 감염을 일으킨다. 인간 면역 결핍 바이러스(HIV), 말 전염성 빈혈증 바이러스, 염소 관절염 뇌염바이러스 따위를 포함한다.

렌티바이러스속 *Lentivirus* 리보바이러스역(Riboviria) 파라르나바이러스계(Pararnavirae) 아르트베르바이러스문(Artverviricota) 오르테르바이러스목(Ortervirales) 레트로바이러스과(Retroviridae)의 바이러스 속. 배양 기간이 긴 것이 특징이다. 숙주 세포의 디엔에이에 많은 양의 유전 정보를 전달할 수 있어 가장 효율적인 유전자 전달 벡터의 하나이다. 인간 면역 결핍 바이러스, 소 면역 결핍 바이러스 따위가 있다.

렌티신 lentysine 에리타데닌.

렌티젖산막대세균 부크네리 *Lentilactobacillus buchneri* 세균역(Bacteria) 막대세균문(Bacillota) 막대세균강(Bacilli) 젖산막대세균목(Lactobacillales) 젖산막대세균과(Lactobacillaceae) 렌티젖산막대세균속(*Lentilactobacillus*)의 그람양성 막대 모양 무산소 세균. 당을 헤테로발효하여 젖산과 아세트산을 생산한다. 젖산을 유일한 탄소 원으로 하면 아세트산과 1,2-프로판다이올(1,2-propanediol)이 생산된다.

렌티젖산막대세균속 *Lentilactobacillus* 세균역(Bacteria) 막대세균문(Bacillota) 막대세균강(Bacilli) 젖산막대세균목(Lactobacillales) 젖산막대세균과(Lactobacillaceae)의 속.

렌티젖산막대세균 케피리 *Lentilactobacillus kefiri* 세균역(Bacteria) 막대세균문(Bacillota) 젖산 막대세균목(Lactobacillales) 젖산막대세균과(Lactobacillaceae) 렌티젖산막대세균속(*Lentilactobacillus*)의 그람양성 막대 모양 무산소 세균. 케피르(kefir) 알갱이에서 분리된 주된 젖산 세균 종이다. 식품 가공에서 원료로 쓸 수 있다.

렌티젖산막대세균 힐가르디이 *Lentilactobacillus higardii* 세균역(Bacteria) 막대세균문(Bacillota) 젖산막대세균목(Lactobacillales) 젖산막대세균과(Lactobacillaceae) 렌티젖산막대세균속(*Lentilactobacillus*)의 그람양성 카탈레이스 음성 막대 세균. 헤테로발효하여 젖산, 에탄올/아세트산과 이산화탄소를 생산한다. 생물 아민, 히스타민, 에틸 카바메이트 따위의 유해물질을 생산한다. 포도주, 우유 제품과 포도주 머스트(must)에서 발견된다. 식품 가공에서 주류(알코올 발효 포함) 제조에만 쓸 수 있다.

렙토스피라과 Leptospiraceae 세균역(Bacteria) 스피로헤타문(Spirochaetota) 스피로헤타강(Spirochaetia) 렙토스피라목(Leptospirales)의 과.

렙토스피라목 Leptospirales 세균역(Bacteria) 스피로헤타문(Spirochaetota) 스피로헤타강(Spirochaetia)의 목.

렙토스피라속 *Leptospira* 세균역(Bacteria) 스피로헤타문(Spirochaetota) 스피로헤타강(Spirochaetia) 렙토스피라목(Leptospirales) 렙토스피라과(Leptospiraceae)의 그람음성 나선 모양 절대 산소 세균 속. 민물, 짠 물, 흙에 살며 사람과 동물의 기생 세균이기도 하다.

렙토스피라 인테로간스 *Leptospira interrogans* 세균역(Bacteria) 스피로헤타문(Spirochaetota) 스피로헤타강(Spirochaetia) 렙토스피라목(Leptospirales) 렙토

스피라과(Leptospiraceae) 렙토스피라속(*Leptospira*)의 그람음성 나선 모양 절대 산소 세균. 두 개의 편모가 있다. 사람에게 렙토스피라증(leptospirosis)을 일으킨다. 설치류가 주된 보균 동물이며 개나 돼지의 병원체이다. 설치류의 오줌에 배출되는 세균과의 직접 접촉으로 감염되며 숙주의 콩팥 기능상실을 초래한다.

렙토스피라증 leptospirosis 핏속에 렙토스피라 인테르로간스(*Leptospira interrogans*) 세균감염으로 생기는 병. 세균에 오염된 동물 또는 도체를 직접 만지거나 오염된 동물의 오줌으로 오염된 물이나 우유 따위로 감염된다. 잠복기는 4~14일이며 고열, 심한 두통, 오한, 근육 통증, 구토, 설사 따위를 일으킨다. 법정 제3급 감염병이다.

렙토트리키아과 Leptotrichiaceae 세균역(Bacteria) 푸소세균문(Fusobacteriota) 푸소세균강(Fusobacteriia) 푸소세균목(Fusobacteriales)의 과. 그람음성 절대 무산소 또는 조건 무산소 세균이다.

로그기 logarithmic phase 세균 수가 단위 시간에 비례하여 로그 단위로 늘어나는 기간. 미생물 생장곡선에서 세포 수 또는 무게가 시간에 비례하여 로그 단위로 늘어나는 시기로 이때의 세대시간은 일정하다. 주어진 조건에서 미생물이 가장 빠르게 자라는 기간이다.

로도나선세균목 Rhodospirillales 세균역(Bacteria) 슈도모나스문(Pseudomonadota) 알파가변세균강(Alphaproteobacteria)의 목.

로도박터과 Rhodobacteraceae 세균역(Bacteria) 슈도모나스문(Pseudomonadota) 알파가변세균강(Alphaproteobacteria) 로도박터목(Rhodobacterales)의 과.

로도박터목 Rhodobacterales 세균역(Bacteria) 슈도모나스문(Pseudomonadota) 알파가변세균강(Alphaproteobacteria)의 목.

로도박터속 *Rhodobacter* 세균역(Bacteria) 슈도모나스문(Pseudomonadota) 알파가변세균강(Alphaproteobacteria) 로도박터목(Rhodobacterales) 로도박터과(Rhodobacteraceae)의 그람음성 막대 모양의 광합성 막을 가지고 있는 세균 속. 민물과 바닷물에서 자란다.

로도박터 스피에로이디스 *Rhodobacter sphaeroides* 세균역(Bacteria) 슈도모나스문(Pseudomonadota) 알파가변세균강(Alphaproteobacteria) 로도박터목(Rhodobacterales) 로도박터과(Rhodobacteraceae)의 그람음성 막대 모양의 세균. 수소가스, 폴리하이드록시뷰티레이트, 아이소프레노이드 따위를 생산하고 식품 가공 폐수 처리에도 이용한다. 세균 광합성 연구에서 모델 생물로 쓴다.

로도슈도모나스속 *Rhodopseudomonas* 세균역(Bacteria) 슈도모나스문(Pseudomonadota) 알파가변세균강(Alphaproteobacteria) 히포마이크로뷺목(Hyphomicrobiales) 니트로박터과(Nitrobacteraceae)의 그람음성 막대 모양 세균 속.

로도스포리듐속 *Rhodosporidium* '로도토룰라속'의 옛 이름.

로도시클루스과 Rhodocyclaceae 세균역(Bacteria) 슈도모나스문(Pseudomonadota) 베타가변세균강(Betaproteobacteria) 로도시클루스목(Rhodocyclales)의 한 과.

로도시클루스목 Rhodocyclales 세균역(Bacteria) 슈도모나스문(Pseudomonadota) 베타가변세균강(Betaproteobacteria)의 한 목.

로도시클루스속 *Rhodocyclus* 세균역(Bacteria) 슈도모나스문(Pseudomonadota) 베타가변세균강(Betaproteobacteria) 로도시클루스목(Rhodocyclales) 로도시클루스과(Rhodocyclaceae)의 그람음성 세균 속.

로도알세균속 *Rhodococcus* 세균역(Bacteria) 바퀴살세균문(Actinomycetota) 바퀴살세균강(Actinomycetia) 미코세균목(Mycobacteriales) 노카르디아과(Nocardiaceae)의 그람양성 공 모양 산소 세균 속. 흙, 물과 진핵 세포에서 자란다. 일부 종은 생물 활성 스테로이드, 아크릴아마이드, 아크릴산 따위를 생산하며 유기 오염 물질을 분해한다.

로도알세균 에리트로폴리스 *Rhodococcus erythropolis* 세균역(Bacteria) 바퀴살세균문(Actinomycetota) 바퀴살세균강(Actinomycetia) 미코세균목(Mycobacteriales) 노카르디아과(Nocardiaceae) 로도알세균속(*Rhodococcus*)의 그람양성 세균. 귤 주스에서 터펜의 쓴맛을 없애는 락톤 가수분해효소를 생산한다. 러시아 우주 실험실 미르(Mir)의 공기에서 발견되었으며 우주 정거장에 쓰는 고무에 들어있는 유기 화합물을 분해한다.

로도테르무스강 Rhodothermia 세균역(Bacteria) 로도테르무스문(Rhodothermota)의 강.

로도테르무스과 Rhodothermaceae 세균역(Bacteria) 로도테르무스문(Rhodothermota) 로도테르무스강(Rhodothermia) 로도테르무스목(Rhodothermales)의 과.

로도테르무스 마리누스 *Rhodothermus marinus* 세균역(Bacteria) 로도테르무스문(Rhodothermota) 로도테르무스강(Rhodothermia) 로도테르무스목(Rhodothermales) 로도테르무스과(Rhodothermaceae) 로도테르무스속(*Rhodothermus*)의 그람음성 호열 호

염 세균. 글리코사이드 가수분해효소, 자일란 가수분해효소, 아밀레이스, 플룰란 가수분해효소, 셀룰로스 가수분해효소, 베타-마노스 가수분해효소 따위를 생산한다.

로도테르무스목 Rhodothermales 세균역(Bacteria) 로도테르무스문(Rhodothermota) 로도테르무스강(Rhodothermia)의 목.

로도테르무스문 Rhodothermota 세균역(Bacteria)의 한 문.

로도테르무스속 *Rhodothermus* 세균역(Bacteria) 로도테르무스문(Rhodothermota) 로도테르무스강(Rhodothermia) 로도테르무스목(Rhodothermales) 로도테르무스과(Rhodothermaceae)의 그람음성 세균 속. 호열 호염성으로 얕은 바다 온천에서 발견된다.

로도토룰라 글루티니스 *Rhodotorula glutinis* 진핵생물역(Eukaryota) 진균계(Fungi) 담자균문(Basidiomycota) 마이크로보트리오미세스강(Microbotryomycetes) 스포리디오볼라목(Sporidiobolales) 스포리디오볼라과(Sporidiobolaceae) 로도토룰라속(*Rhodotorula*)의 효모. 사워 크라우트와 올리브의 변질을 일으킨다.

로도토룰라 무실라기노사 *Rhodotorula mucilaginosa* 진핵생물역(Eukaryota) 진균계(Fungi) 담자균문(Basidiomycota) 마이크로보트리오미세스강(Microbotryomycetes) 스포리디오볼라목(Sporidiobolales) 스포리디오볼라과(Sporidiobolaceae) 로도토룰라속(*Rhodotorula*)의 효모. 고기와 해산물의 변질을 일으킨다.

로도토룰라속 *Rhodotorula* 진핵생물역(Eukaryota) 진균계(Fungi) 담자균문(Basidiomycota) 작은보트리오미세스강(Microbotryomycetes) 스포리디오볼라목(Sporidiobolales) 스포리디오볼라과(Sporidiobolaceae)의 효모 속. 공기, 흙, 호수, 대양, 우유, 과일주스에서 발견되며 유성홀씨를 만들지 않는다. 사부로(Sabouraud) 포도당 우무배지에 키우면 카로테노이드를 생성하여 오랜지 또는 빨간 콜로니를 생산한다. 대부분 이노시톨을 동화하지 못하며 이노시톨을 동화하는 경우는 디-글루쿠론산염(D-glucuronate)을 동화하지 않는다. 다이아조늄 파랑 비 반응(diazonium blue B reaction)과 요소 가수분해효소는 양성이다. 고기붙이나 사워크라우트 따위에 자라 붉은색을 띠게 하거나 냉장식품에서도 나타나는 식품 변질 효모이다. 연어, 송어, 금붕어 따위의 붉은색을 진하게 만들기 위해 카로테노이드 원료로 먹이에 첨가하기도 한다.

로렌시아속 *Laurencia* 진핵생물역(Eukaryota) 홍조식물문(Rhodophyta) 진정홍조강(Florideophyceae) 비단풀목(Ceramiales) 빨간검둥이과(Rhodomelacea)의 붉은말(red algae) 속.

로릴 황산염 엠유지 액체배지 lauryl sulfate broth with MUG 대장균(*Escherichia coli*)과 대장균군 세균의 신속한 검사를 위한 효소기질 배지(enzyme substrate medium). 대장균이 특이적으로 가지고 있는 베타-디-글루쿠로니데이스(β-D-glucronidase, EC 3.2.1.31)를 검출할 수 있는 형광 효소기질인 4-메틸룸벤리페릴-베타-디-글루쿠로나이드(4-methylumbenlliferyl-β-D-glucuronide, MUG)를 로릴 황산염 액체배지(lauryl sulfate broth)에 첨가한 것이다. 이 배지에서 로릴 황산 소듐(sodium lauryl sulfate)에 의해서 대장균군 밖의 세균은 발육이 억제된다. 베타-디-글루쿠론산 가수분해효소가 엠유지(MUG)를 분해하여 생성되는 형광 화합물(4-methylumbelliferone)을 자외선으로 비추어 대장균을 검출한다. 또 첨가된 젖당으로부터 가스 생성 여부로 대장균군 세균의 존재를 추정할 수 있다.

로릴 황산염 트립토스 액체배지 lauryl sulfate tryptose broth, LST broth 물이나 폐수에서의 대장균군의 존재를 확인하는 데 쓰는 선택 배지.

로브시아 안드로포고니스 *Robbsia andropogonis* 세균역(Bacteria) 슈도모나스문(Pseudomonadota) 베타가변세균강(Betaproteobacteria) 부르크홀데리아목(Burkholderiales) 부르크홀데리아과(Burkholderiaceae) 로브시아속(*Robbsia*)의 절대 산소 세균. 흙에 살며 카네이션의 잎, 줄기, 봉우리에 반점병을 일으킨다. 수수에서 처음 분리되었다.

로셀라과 Roccellaceae 진핵생물역(Eukaryota) 진균계(Fungi) 자낭균문(Ascomycota) 아르토니오미세스강(Arthoniomycetes) 아르토니아목(Arthoniales)의 한 과. 이 과의 곰팡이 대부분은 파랑말무리와 함께 지의류를 이룬다.

로스마린산 rosmarinic acid 카페산 에스터. 로즈메리에서 뽑아낸 폴리페놀이다. 그 밖에 깻잎, 세이지, 바질, 박하 따위에 들어있다. 식품에 향료로 쓴다.

로와바이러스목 Rowavirales 바리드나바이러스역(Varidnaviria) 프레플라스미바이러스계(Preplasmiviricota) 밤포드바이러스문(Bamfordvirae) 테크틸리바이러스강(Tectiliviricetes)의 목.

로웬스타인-안센 비탈배지 Lowenstein-Jensen slant medium 미코세균속(*Myconacterium*)을 위한 선택 배지. 특히 결핵 세균(*M. tuberculosis*)은 갈색 콜로니를 생성하며 다른 세균보다 생장 속도가 느려 상당

한 시간 동안 배양하여야 한다.

로이고젖산막대세균속 *Loigolactobacillus* 세균역(Bacteria) 막대세균문(Bacillota) 막대세균강(Bacilli) 젖산막대세균목(Lactobacillales) 젖산막대세균과(Lactobacillaceae)의 젖산 세균 속.

로이고젖산막대세균 코리니포르미스 아종 코리니포르미스 *Loigolactobacillus coryniformis* subsp. *coryniformis* 세균역(Bacteria) 막대세균문(Bacillota) 막대세균강(Bacilli) 젖산막대세균목(Lactobacillales) 젖산막대세균과(Lactobacillaceae) 로이고젖산막대세균속(*Loigolactobacillus*)의 그람양성 세균. 사일리지에서 분리되는 중온 세균이다. 식품 가공에서 우유가공품 제조에만 쓸 수 있다.

로제 rosé 엷은 핑크빛 포도주를 통틀어 이르는 말. 포도주를 만들 때 포도 껍질에서 안토사이아닌을 일부만 뽑아내어 핑크빛을 낸다.

로케포틴 roquefortine 여러 곰팡이, 특히 푸른곰팡이속의 종이 생산하는 고리 펩타이드 곰팡이독소. 신경독소이며 그람양성 세균을 억제하는 로케포틴 시(C)는 로케포르 치즈 제조에 쓰는 푸른곰팡이 로케포르티(*Penicillium roqueforti*)에서 처음 분리되었다. 블루치즈에서도 발견되나 그 함량은 아주 적으며 독성도 크지 않아 문제가 되지는 않는다.

로타바이러스 rotavirus 리보바이러스역(Riboviria) 오르토르바이러스계(Orthornavirae) 두플로르나바이러스문(Duplornaviricota) 레센토바이러스강(Resentoviricetes) 레오바이러스목(Reovirales) 세도레오바이러스과(Sedoreoviridae) 로타바이러스속(*Rotavirus*)의 두 가닥 아르엔에이 바이러스. 새와 젖먹이동물의 배설물에서 발견된다. 이중 꼬임 아르엔에이 바이러스로서 특히 어린이에게 급성 위장염에 따른 설사를 일으키며 성인은 거의 감염되지 않는다. 샐러드, 남새 따위를 통한 배설물-입 경로 또는 오염된 물을 먹어 감염된다. 사람의 감염은 겨울철에 최고조에 달한다.

로타바이러스속 *Rotavirus* 리보바이러스역(Riboviria) 오르토나바이러스계(Orthornavirae) 두플로르나바이러스문(Duplornaviricota) 레센토바이러스강(Resentoviricetes) 레오바이러스목(Reovirales) 레오바이러스과(Reoviridae)의 두 가닥 아르엔에이를 유전체로 가지는 바이러스 속의 하나. 아르엔에이는 열한 개의 분절로 나누어지며 열 개는 단일 시스트론(monocistron)이며 남은 한 개는 다이시스트론(dicistron)이다. 여섯 종류의 구조단백질이 삼층의 단백질 껍질을 형성하고 있다. 겨울에 주로 발생하며 생후 육 개월부터 이년 사이의 아기가 많이 감염되고 설사, 구토 증상을 나타낸다. 물 같은 심한 설사로 탈수상태가 되기 쉽다. 음식중독의 원인이 되기도 하나 빈도는 낮다.

뢰플러 배지 Löffler's medium 디프테리아세균 배양에 쓰는 배지. 처음에는 말 혈청, 고기즙과 포도당으로 만들어 코리네세균 배양과 다른 세균과의 차이식별 목적으로 썼으나 그 뒤 디프테리아세균 배양 목적으로 변형되어 소 혈청, 심장 즙, 포도당, 펩톤, 소금과 달걀로 만든다.

루골 용액 iodine/potassium iodide solution 아이오딘화 포타슘 100그램과 아이오딘 50그램을 1리터 증류수에 녹인 용액. 그람염색의 보조 염색제, 상처 소독제 따위로 쓴다.

루리아-베르타니 배지 Luria-Bertani medium 세균 강화배지의 하나. 특히 분자생물학 분야에서 대장균 따위의 배양에 많이 쓰며 식품이나 물의 대장균군 세균 검사에도 쓴다.

루미노알세균속 *Ruminococcus* 세균역(Bacteria) 막대세균문(Bacillota) 클로스트리듐강(Clostridia) 진정세균목(Eubacteriales) 오실로스피라과(Oscillospiraceae)의 그람양성 알 모양의 무산소 세균 속. 사람 창자 미생물상에서 많이 발견되며 잘록창자에서 식품 세포벽 분해에 관여한다. 동물의 혹위에서 발견된다.

루미노알세균 알부스 *Ruminococcus albus* 세균역(Bacteria) 막대세균문(Bacillota) 클로스트리듐강(Clostridia) 진정세균목(Eubacteriales) 오실로스피라과(Oscillospiraceae)의 그람양성 알 모양 무산소 세균. 글리코사이드 가수분해효소 생산에 쓴다.

루미노알세균 플라베파시엔스 *Ruminococcus flavefaciens* 세균역(Bacteria) 막대세균문(Bacillota) 클로스트리듐강(Clostridia) 진정세균목(Eubacteriales) 오실로스피라과(Oscillospiraceae) 루미노알세균속(*Ruminococcus*)의 그람양성 알 모양 무산소 세균. 셀룰로스 가수분해효소의 생산에 쓴다.

루미노클로스트리듐 셀로비오파룸 *Ruminiclostridium cellobioparum* 세균역(Bacteria) 막대세균문(Bacillota) 클로스트리듐강(Clostridia) 진정세균목(Eubacteriales) 오실로스피라과(Oscillospiraceae) 루미노클로스트리듐속(*Ruminiclostridium*)의 그람양성 무산소 세균. 소의 되새김위에서 셀룰로스를 분해한다.

루미노클로스트리듐속 *Ruminiclostridium* 세균역(Bacteria) 막대세균문(Bacillota) 클로스트리듐강(Clostridia) 진정세균목(Eubacteriales) 오실로스피

라과(Oscillospiraceae) 의 속.

루브라독소 rubratoxin 푸른곰팡이 루브룸(*Penicillium rubrum*)과 푸른곰팡이 푸르푸로게눔(*P. purpurogenum*)이 생산하는 간독성 곰팡이독소. 루브라독소 에이(A)와 항암 활성이 있는 루브라독소 비(B)가 있다.

루테린 reuterin 젖산막대세균 루테리(*Lactobacillus reuteri*)가 글리세롤에서 생산하는 광역 스펙트럼의 미생물 억제 물질. 그람양성 세균, 그람음성 세균, 효모(*Saccharomyces cerevisiae*), 곰팡이와 원생동물에 활성을 보인다. 물에 녹고 넓은 피에이치 범위에서도 작용하며 단백질 가수분해효소와 지방질 가수분해효소에도 저항성이 크다. 젖산막대세균 루테리는 젖먹이동물과 새의 창자에서 발견된다.

루테오스카이린 luteoskyrin 황변미의 원인 곰팡이인 푸른곰팡이 이스란디쿰(*Penicillium islandicum*)이 생산하는 간독성 곰팡이독소.

룩팡 loog-pang 밀과 향신료로 만드는 태국의 술 발효 스타터. 주로 가정에서 만든다. 미생물은 거미줄곰팡이속, 털곰팡이속 따위의 곰팡이와 페디오알세균속 따위의 젖산 세균이 존재하나 효모인 사카로미콥시스 피불리게라(*Saccharomycopsis fibuligera*)가 압도적으로 많고 아밀레이스, 단백질 가수분해효소와 베타-글루코사이드 가수분해효소의 활성이 강하다. 인도네시아의 라기(ragi)와 유사하다.

류코노스톡 겔리둠 *Leuconostoc gelidum* 세균역(Bacteria) 막대세균문(Bacillota) 막대세균강(Bacilli) 젖산막대세균목(Lactobacillales) 젖산막대세균과(Lactobacullaceae) 류코노스톡속(*Leuconostoc*)의 그람양성 젖산 세균. 냉장 고기에서 처음 분리되었다.

류코노스톡과 Leuconostocaceae '젖산막대세균과(Lactobacilliaceae)'의 옛 이름.

류코노스톡 김치이 *Leuconostoc kimchii* 세균역(Bacteria) 막대세균문(Bacillota) 막대세균강(Bacilli) 젖산막대세균목(Lactobacillales) 젖산막대세균과(Lactobacullaceae) 류코노스톡속(*Leuconostoc*)의 그람양성 세균. 김치에서 분리되었다. 식품 가공에서 원료로 쓸 수 있다.

류코노스톡 락티스 *Leuconostoc lactis* 세균역(Bacteria) 막대세균문(Bacillota) 막대세균강(Bacilli) 젖산막대세균목(Lactobacillales) 젖산막대세균과(Lactobacullaceae) 류코노스톡속(*Leuconostoc*)의 그람양성 젖산 세균. 산성 조건(피에이치 4.0~4.1)에서 젖당을 발효한다. 발효 우유 제품에 쓰는 버터 같은 화합물 생산과 사워 반죽에 덱스트란 같은 다당류를 생산한다. 일부 종은 글리코실기 전달 효소(glycosyltransferase, EC 2.4)를 생산한다.

류코노스톡 메센테로이데스 *Leuconostoc mesenteroides* 세균역(Bacteria) 막대세균문(Bacillota) 막대세균강(Bacilli) 젖산막대세균목(Lactobacillales) 젖산막대세균과(Lactobacullaceae) 류코노스톡속(*Leuconostoc*)의 그람양성 조건 무산소 젖산 세균. 소금이 있는 저온 조건에서 남새류와 소시지를 발효하여 젖산을 생산한다. 아종으로는 아종 덱스트라니쿰, 아종 메센테로이데스, 아종 크레모리스 따위가 있다.

류코노스톡 메센테로이데스 아종 덱스트라니쿰 *Leuconostoc mesenteroides* subsp. *dextranicum* 세균역(Bacteria) 막대세균문(Bacillota) 막대세균강(Bacilli) 젖산막대세균목(Lactobacillales) 젖산막대세균과(Lsctobacullaceae) 류코노스톡속(*Leuconostoc*)의 그람양성 조건 무산소 헤테로 젖산 세균. 생장 최적 온도는 20~30도이며 포도당, 과당, 젖당, 엿당, 설탕, 트레할로스를 발효한다. 설탕으로부터 점질 물질인 덱스트란을 생성하므로 제당공업에는 유해 세균이다.

류코노스톡 메센트로이데스 아종 메센테로이데스 *Leuconostoc mesenteroides* subsp. *mesenteroides* 세균역(Bacteria) 막대세균문(Bacillota) 막대세균강(Bacilli) 젖산막대세균목(Lactobacillales) 젖산막대세균과(Lactobacullaceae) 류코노스톡속(*Leuconostoc*)의 젖산 세균. 소금 농도 3퍼센트까지 자랄 수 있으며 생장 최적 온도는 20~30도이다. 일부 균주는 구연산을 발효할 수 있다. 김치 따위의 남새 발효식품에서 초기에 왕성하게 증식한다. 설탕으로부터 점질 물질인 덱스트란을 생성하므로 제당공업에는 유해 세균이다.

류코노스톡 메센트로이데스 아종 크레모리스 *Leuconostoc mesenteroides* subsp. *cremoris* 세균역(Bacteria) 막대세균문(Bacillota) 막대세균강(Bacilli) 젖산막대세균목(Lactobacillales) 젖산막대세균과(Lactobacullaceae) 류코노스톡속(*Leuconostoc*)의 젖산 세균. 생장 온도는 18~25도이며 구연산을 발효하여 아세토인과 다이아세틸(diacetyl)을 생산한다. 설탕은 발효하지 못하며 다른 아종 균주와는 달리 갈락토스와 엿당을 발효한다. 우유와 우유 제품에서 발견된다. 버터와 치즈 제조에서 향기 성분인 다이아세틸을 생성한다.

류코노스톡속 *Leuconostoc* 세균역(Bacteria) 막대세균문(Bacillota) 젖산막대세균목(Lactobacillales) 막대세균강(Bacilli) 젖산막대세균과(Lactobacullaceae)

의 그람양성 무산소 알 모양의 세균 속. 포도당에서 젖산, 알코올, 이산화탄소를 생산하는 헤테로 젖산 세균이다. 이 속의 종은 반코마이신에 저항성이 있고 사슬 알세균과는 달리 카탈레이스 음성이다. 사워크라우트 발효에 관여한다. 기준 종은 류코노스톡 메센테로이데스(*Leuconostoc mesenteroides*)이다.

류코노스톡 슈도메센테로이데스 *Leuconostoc pseudomesenteroides* 세균역(Bacteria) 막대세균문(Bacillota) 막대세균강(Bacilli) 젖산막대세균목(Lactobacillales) 젖산막대세균과(Lactobacullaceae) 류코노스톡속(*Leuconostoc*)의 그람양성 헤테로 젖산 세균. 젖산과 그 밖에 에탄올과 이산화탄소를 생성하며 균종에 따라서는 산소가 있으면 최종적으로 에탄올보다 아세트산을 생성한다. 생장 최적 온도는 20~30도로 비교적 낮다. 반코마이신 저항 세균이다. 식품 가공에서 원료로 쓸 수 있으며 우유 가공품 제조에만 쓸 수 있다.

류코노스톡 시트레움 *Leuconostoc citreum* 세균역(Bacteria) 막대세균문(Bacillota) 막대세균강(Bacilli) 젖산막대세균목(Lactobacillales) 젖산막대세균과(Lactobacullaceae) 류코노스톡속(*Leuconostoc*)의 그람양성 알 모양 젖산 세균. 반코마이신에 저항성이 있다. 김치 젖산 세균의 하나이다. 식품 가공에서 원료로 쓸 수 있다.

류코노스톡 카르노숨 *Leuconostoc carnosum* 세균역(Bacteria) 막대세균문(Bacillota) 막대세균강(Bacilli) 젖산막대세균목(Lactobacillales) 젖산막대세균과(Lactobacullaceae) 류코노스톡속(*Leuconostoc*)의 그람양성 젖산 세균. 냉장 고기에서 처음으로 분리되었다. 온도 2도 정도의 무산소 조건에서도 살 수 있어 감압 포장한 고기를 상하게 할 수 있다. 류코노스톡 카르노숨의 일부 균주는 리스테리아 모노시토게네스(*Listeria monocytogenes*)를 억제 또는 죽일 수 있는 살세균제를 생산한다. 식품 가공에서 발효 육류 제조에만 쓸 수 있다.

류코노스톡 크레모리스 *Leuconostoc cremoris* '류코노스톡 메센트로이데스 아종 크레모리스'의 옛 이름.

류코노스톡 피리멘센데로이디스 *Leuconostoc paramensenteroides* 세균역(Bacteria) 막대세균문(Bacillota) 막대세균강(Bacilli) 젖산막대세균목(Lactobacillales) 젖산막대세균과(Lactobacullaceae) 류코노스톡속(*Leuconostoc*)의 헤테로 젖산 세균. 포도당에서 젖산, 알코올, 이산화탄소를 생산한다. 식품 가공에서 원료로 쓸 수 있다.

류코노스톡 홀잡펠리이 *Leuconostoc holzapfellii* 세균역(Bacteria) 막대세균문(Bacillota) 막대세균강(Bacilli) 젖산막대세균목(Lactobacillales) 젖산막대세균과(Lactobacullaceae) 류코노스톡속(*Leuconostoc*)의 젖산 세균. 김치 헤테로 젖산 세균의 하나이다.

류코신 leucocin 류코노스톡속의 종이 분비하는 박테리오신. 고기 제품에 리스테리아 모노시토게네스(*Listeria monocytogenes*) 증식을 억제하기 위한 보존료로 쓴다.

리기젖산막대세균 살리바리우스 *Ligilactobacillus salivarius* 세균역(Bacteria) 막대세균문(Bacillota) 막대세균강(Bacilli) 젖산막대세균목(Lactobacillales) 젖산막대세균과(Lactobacillaceae) 리기젖산막대세균속(*Ligilactobacillus*)의 세균. 위창자길에 사는 프로바이오틱 세균이다. 식품 가공에서 원료로 쓸 수 있다.

리기젖산막대세균속 *Ligilactobacillus* 세균역(Bacteria) 막대세균문(Bacillota) 막대세균강(Bacilli) 젖산막대세균목(Lactobacillales) 젖산막대세균과(Lactobacillaceae)의 젖산 세균 속.

리노바이러스 rhinovirus 리보바이러스역(Riboviria) 오르토르나바이러스계(Orthornavirae) 피수바이러스문(Pisuviricota) 피소니바이러스강(Pisoniviricetes) 피코르나바이러스목(Picornavirales) 피코르나바이러스과(Picornaviridae) 창자바이러스속(*Enterovirus*)의 아르엔에이 바이러스. 가장 흔한 바이러스 감염원이며 감기의 주원인이다. 인간의 콧속 온도인 33~35도에서 잘 자란다.

리노바이러스속 *Rhinovirus* 리보바이러스역(Riboviria) 오르토나바이러스계(Orthornavirae) 피수 바이러스문(Pisuviricota) 피소니바이러스강(Pisoniviricetes) 피코르나바이러스목(Picornavirales) 피코르나바이러스과(Picornaviridae)의 속. 가장 대표적인 사람의 감기 바이러스이다.

리모시젖산막대세균 루테리 *Limosilactobacillus reuteri* 세균역(Bacteria 막대세균문(Bacillota) 막대세균강(Bacilli) 젖산막대세균목(Lactobacillales) 젖산막대세균과(Lactobacillaceae) 리모시젖산막대세균속(*Limosilactobacillus*)의 세균. 고기붙이나 우유 제품에서 흔히 발견된다. 식품 가공에서 원료로 쓸 수 있다.

리모시젖산막대세균속 *Limosilactobacillus* 세균역(Bacteria) 막대세균문(Bacillota) 막대세균강(Bacilli) 젖산막대세균목(Lactobacillales) 젖산막대세균과(Lactobacillaceae)의 세균 속.

리모시젖산막대세균 페르멘툼 *Limosilactobacillus fermentum* 세균역(Bacteria) 막대세균문(Bacillota) 막

대세균강(Bacilli) 젖산막대세균목(Lactobacillales) 젖산막대세균과(Lactobacillaceae) 리모시젖산막대세균속(*Limosilactobacillus*)의 그람양성 세균. 치아 부식을 유발한다. 발효가 진행되는 사워 반죽과 코코아 따위에서 발견된다. 프로바이오틱 세균으로 식품가공에서 원료로 쓸 수 있다.

리보바이러스역 Riboviria 복제에 상동 아르엔에이 의존 중합 효소를 이용하는 모든 바이러스를 포함하는 바이러스의 역. 아르엔에이 의존 아르엔에이중합효소를 암호화(encode)하는 아르엔에이 바이러스와 아르엔에이 의존 디엔에이 중합 효소를 암호화하는 역전사 바이러스를 포함한다. 진핵생물과 관련한 모든 바이러스 그리고 바이러스 병을 일으키는 바이러스는 모두 이 역에 속한다.

리스테리아과 Listeriaceae 세균역(bacteria) 막대세균문(Bacillota) 막대세균강(Bacilli) 막대세균목(Bacillales)의 한 과.

리스테리아 모노시토게네스 *Listeria monocytogenes* 세균역(bacteria) 막대세균문(Bacillota) 막대세균강(Bacilli) 막대세균목(Bacillales) 리스테리아과(Listeriaceae) 리스테리아속(*Listeria*)의 그람양성 막대 모양 또는 알 모양의 산소 세균. 리스테리아속의 기준 종이다. 이 세균에 따른 음식매개병은 기회감염으로 발생률은 낮으나 사망률은 약 30퍼센트로 높다. 사람에게 리스테리아증을 일으키는 병원체로 연질 치즈, 우유, 아이스크림, 남새, 샐러드, 케이크, 발효 소시지, 물고기, 얇게 저민 고기 따위에서 발견된다. 일반적으로 이 세균이 젖먹이동물에 감염되면 핏속의 포식 세포인 마크로파지의 리소좀 효소에 의해 분해되어 사멸한다. 그러나 입을 통하여 창자관에 침입한 세균은 창자 상피세포를 통과한 뒤 간이나 지라에 도달하면 용혈소 일종인 리스테리오리신 오(listeriolysin O)를 생성하여 세포막을 파괴하고 세포질로 침입한다. 피우무배지에서는 약한 베타-용혈(β-hemolysis)을 나타낸다. 이 용혈성은 누런 포도알 세균을 이용한 시에이엠피 시험(CAMP test)에서 더 강하게 나타나는 데 이 현상은 이 균종을 동정하는 중요한 지표이다.

리스테리아 모노시토게네스 감염증 *Listeria monocytogenes* infectious disease 리스테리아증.

리스테리아속 *Listeria* 세균역(bacteria) 막대세균문(Bacillota) 막대세균강(Bacilli) 막대세균목(Bacillales) 리스테리아과(Listeriaceae)의 그람양성 막대 모양 또는 알 모양의 세균 속. 흙, 민물과 짠물, 썩는 남새 따위에서 발견된다. 저산소 또는 조건 무산소 세균이며 카탈레이스 양성이다. 주변 편모로 운동한다. 포도당을 발효해서 주로 젖산을 생성하고 가스는 발생하지 않는다. 냉장 온도(4도)에서도 자라고 소금 10퍼센트 배지에서도 자라는 내염성이다. 가공식품, 치즈, 우유, 그 밖의 식품, 사람이나 동물의 똥에서도 분리된다. 사람에게 병원성을 나타내는 것은 리스테리아 모노시토게네스(*L. monocytogenes*) 뿐이다.

리스테리아증 listeriosis 그람양성 산소 세균인 리스테리아 모노시토게네스(*Listeria monocytogenes*)가 일으키는 감염증. 주로 오염된 음식을 먹어 감염된다. 임부, 어린아이와 노인들에게 잘 걸린다. 증상은 약한 인플루엔자 같은 증상에서부터 심하면 수막염, 뇌증, 패혈증 따위를 일으킨다. 법정 제4급 감염병이다.

리스테리아 강화 액체배지 Listeria enrichment broth 우유, 우유 제품과 가공식품의 리스테리아 모노시토게네스(*Listeria monocytogenes*) 검사를 위한 선택 강화 배지. 선택제로 아크리플래빈(acriflavine), 날리딕스산(nalidixic acid), 사이클로헥시미드(cycloheximide) 따위를 쓴다. 미국식품의약국(FDA)에서는 이 배지에 완충제와 피루브산소듐을 첨가한 배지를 리스테리아 강화 배지로 지정하고 있다.

리스테리오리신 오 listeriolysin O 리스테리아증을 일으키는 리스테리아 모노시토게네스(*Listeria monocytogenes*)가 생성하는 용혈소. 싸이올(thiol) 활성화, 콜레스테롤 의존성 세포 용해소(cytolysin)로서 환원제로 활성화되고 산화제로 억제된다.

리조무코르 미에헤이 *Rhizomucor miehei* 진핵생물역(Eukaryota) 진균계(Fungi) 털곰팡이문(Mucoromycota) 털곰팡이강(Mucoromycetes) 털곰팡이목(Mucorales) 리크테이미아과(Lichtheimiaceae) 리조무코르속(*Rhizomucor*)의 곰팡이. 생장 온도는 24~55도이며 치즈 생산에 쓰는 우유 응고효소인 미생물 레닌 생산에 쓴다. 지방질의 에스터 교환에 쓰는 라이페이스(lipase) 생산에도 쓴다.

리조무코르속 *Rhizomucor* 진핵생물역(Eukaryota) 진균계(Fungi) 털곰팡이문(Mucoromycota) 털곰팡이강(Mucoromycetes) 털곰팡이목(Mucorales) 리크테이미아과(Lichtheimiaceae)의 진균 속. 기준 종은 리조무코르 푸실루스(*R. pusillus*)이다. 흙에 산다. 거미줄곰팡이속(*Rhizopus*)과 마찬가지로 홀씨주머니자루가 생긴 곳에 헛뿌리가 있다.

리조무코르 푸실루스 *Rhizomucor pusillus* 진균계(Fungi) 털곰팡이문(Mucoromycota) 털곰팡이강(Mucoromycetes) 털곰팡이목(Mucorales) 리크테이미아과(Lichtheimiaceae) 리조무코르속(*Rhizomucor*)

의 곰팡이. 리조무코르속의 기준 종으로 생장 최적 온도는 50~70도이며 주로 두엄 덩이에서 발견된다. 잿빛 팡이실을 가지고 있으며 홀씨는 누런 갈색이다. 아밀레이스를 생산한다. 사람에게 털곰팡이증을 일으킨다.

리조븀속 *Rhizobium* 뿌리혹세균속.

리조푸스속 *Rhizopus* 거미줄곰팡이속.

리족토니아속 *Rhizoctonia* 진핵생물역(Eukaryota) 진균계(Fungi) 담자균문(Basidiomycota) 주름버섯강(Agaricomycetes) 꾀꼬리버섯목(Cantharellales) 세라토바시듐과(Ceratobasidiaceae)의 곰팡이 속. 이 속의 종은 죽은 유기물에서 영양을 얻는 부생자(saprotroph)이며 일부는 조건 식물 병원체이다.

리족토니아 솔라니 *Rhizoctonia solani* 진핵생물역(Eukaryota) 진균계(Fungi) 담자균문(Basidiomycota) 주름버섯강(Agaricomycetes) 꾀꼬리버섯목(Cantharellales) 세라토바시듐과(Ceratobasidiaceae) 리족토니아속(*Rhizoctonia*)의 곰팡이. 조건 식물 병원체이며 감자의 안점(eyespot) 부패를 일으킨다.

리케차 rickettsia 세균역(Bacteria) 슈도모나스문(Pseudomonadota) 알파가변세균강(Alphaproteobacteria) 리케차목(Rickettsiales)의 그람음성 세균을 이르는 말. 공 모양 또는 막대 모양 또는 실 모양이다. 절대 세포 안 세균으로서 살아 있는 진핵생물 숙주세포의 세포질 안에서 생장, 생식한다.

리케차과 Rickettsiaceae 세균역(Bacteria) 슈도모나스문(Pseudomonadota) 알파가변세균강(Alphaproteobacteria) 리케차목(Rickettsiales)의 한 과.

리케차 리케치이 *Rickettsia rickettsii* 세균역(Bacteria) 슈도모나스문(Pseudomonadota) 알파가변세균강(Alphaproteobacteria) 리케차목(Rickettsiales) 리케차과(Rickettsiaceae) 리케차속(*Rickettsia*)의 그람음성 둥근 막대 모양 세균. 로키산 홍반열(Rocky Mountain spotted fever)을 일으킨다.

리케차목 Rickettsiales 세균역(Bacteria) 슈도모나스문(Pseudomonadota) 알파가변세균강(Alphaproteobacteria)의 작은 목.

리케차병 rickettsial disease 리케차 감염에 따른 병. 미국에서 가장 치명적이면서 가장 흔한 리케차병은 리케차 리케치이(*Rickettsia rickettsii*)가 원인인 로키산 홍반열(Rocky Mountain spotted fever)이다. 동물 숙주에서 사람 숙주로 옮기는 매개체는 모기, 진드기, 벼룩 따위이다. 로키산 홍반열은 진드기가 자연 숙주로서 매개체 역할을 하며. 발진열(murine typhus)은 집쥐에 기생하는 벼룩을 통해 전염되는 리케차에 의해 발생한다.

리케차속 *Rickettsia* 세균역(Bacteria) 슈도모나스문(Pseudomonadota) 알파가변세균강(Alphaproteobacteria) 리케차목(Rickettsiales) 리케차과(Rickettsiaceae)의 그람음성, 홀씨를 생성하지 않는 알, 실 또는 막대 모양 세균 속. 살아 있는 세포의 세포질에서만 번식한다. 병원체 리케차속 종은 이, 진드기 따위의 매개로 사람과 식물에 전파된다. 발진티푸스, 시베리아 진드기 열병, 리케차폭스(rickettsialpox), 부토네즈열(boutonneus fever) 따위를 일으킨다. 대부분 병원성 리케차 세균은 테트라사이클린 항생제에 감수성이 있다.

리케차 시베리카 *Richettsia siberica* 세균역(Bacteria) 슈도모나스문(Pseudomonadota) 알파가변세균강(Alphaproteobacteria) 리케차목(Rickettsiales) 리케차과(Rickettsiaceae) 리케차속(*Rickettsia*)의 기생 세균. 시베리아 진드기 열병을 일으킨다.

리케차증 rickettsiosis 리케차병.

리케차 츠츠가무시 *Rickettsia tsutsugamushi* '오리엔티아 츠츠가무시'(*Orientia tsutsugamushi*)의 옛 이름.

리케차 티피 *Rickettsia typhi* 세균역(Bacteria) 슈도모나스문(Pseudomonadota) 알파가변세균강(Alphaproteobacteria) 리케차목(Rickettsiales) 리케차과(Rickettsiaceae) 리케차속(*Rickettsia*)의 그람음성 산소성 막대 모양 세균. 인수공통 감염세균으로 이 세균을 가지고 있는 쥐벼룩에 물리면 발진열을 일으킨다.

리쿼 liquor 알코올음료, 특히 증류주.

리큐르 liqueur ① 증류주에 과일, 허브, 향신료 따위로 향을 내고 설탕을 넣어 달게 만든 술. 알코올 함량은 15~30퍼센트이다. 보통 디저트와 함께 또는 뒤에 마신다. ② 증류주 가운데 소주, 위스키, 브랜디, 일반 증류주 밖의 증류주.

리크테이미아과 Lichtheimiaceae 진핵생물역(Eukaryota) 진균계(Fungi) 털곰팡이문(Mucoromycota) 털곰팡이강(Mucoromycetes) 털곰팡이목(Mucorales)의 과.

리트머스 litmus 진핵생물역(Eukaryota) 진균계(Fungi) 자낭균문(Ascomycota) 아르토니오강(Arthoniomycetes) 아르토니아목(Arthoniales) 로셀라과(Roccellaceae)의 지의류 특히 리트머스이끼(*Roccella tinctoria*)에서 추출하는 물에 녹는 자줏빛 색소. 알칼리에서는 푸른색, 산성에서는 붉은색을 띤다. 흔히 거름종이에 흡수시켜 물질의 산도를 재는 데 쓴다.

리트머스 우유 litmus milk 탈지우유에 분명한 보라색이 나타나도록 리트머스 용액을 충분히 첨가한 세균용 배지. 리트머스 용액은 피에이치 지시약으로 리트머스 1그램을 증류수 60밀리리터터에 녹여 만들며 변색 영역은 피에이치 4.5~8.3이다. 사용 전에 간헐 스팀 살균 또는 오토클레이브 살균하고 피에이치를 7로 조절한다. 세균의 산 생성, 카세인의 응고, 리트머스의 환원(탈색) 따위를 검사하는 데 쓴다.

리파마이신 rifamycin 세균역(Bacteria) 바퀴살세균문(Actinomycetota) 바퀴살세균강(Actinomycetia) 슈도노카르디아목(Pseudonocardiales) 슈도노카르디아과(Pseudonocardiaceae) 아미콜라톱시스속(*Amycolatopsis*)의 아미콜라톱시스 리파미시니카(*A. rifamycinica*) 세균이 생산하는 항생물질. 미코세균속(*Mycobacterium*) 세균에 효과가 있어 결핵, 나병 따위의 치료에 쓴다.

리포미세스속 *Lipomyces* 진핵생물역(Eukaryota) 진균계(Fungi) 자낭균문(Ascomycota) 사카로미세스강(Saccharomycetes) 사카로미세스목(Saccharomycetales) 디포다스쿠스과(Dipodascaceae)의 효모 속.

린코마이신 lincomycin 세균역(Bacteria) 바퀴살세균문(Actinomycetota) 바퀴살세균강(Actinomycetia) 스트렙토미세스목(Streptomycetales) 스트렙토미세스과(Streptomycetaceae)의 스트렙토미세스속(*Streptomyces*)의 스트렙토미세스 린콜넨시스(*S. lincolnensis*) 세균이 생성하는 항생물질. 그람양성 세균과 세포벽이 없는 병원성 종에 항생 효과가 있으며 대부분 그람 음성 세균에는 활성이 매우 낮다. 누런 포도알 세균, 폐렴 포도알 세균 따위에 효과가 있으며 페니실린에 알레르기 반응을 보이는 환자에게 쓴다.

ㅁ

마귀곰보버섯 brain mushroom, *Gyromitra esculenta* 진핵생물역(Eukaryota) 진균계(Fungi) 자낭균문(Ascomycota) 주발버섯강(Pezizomycetes) 주발버섯목(Pezizales) 게딱지버섯과(Discinaceae) 마귀곰보버섯속(*Gyromitra*)의 먹는 버섯. 갓은 지름 5~20센티미터로 머리 부분은 주름진 사람의 뇌 모양이며 황토색 또는 적갈색이다. 봄과 초여름에 걸쳐 바늘잎나무의 땅에서 홀로 또는 뭉쳐난다. 스칸디나비아와 유럽 지역에서 즐겨 먹는다. 지로미트린(gyromitrin)이라는 성분의 독성 때문에 때로는 중독 사고도 일어난다. 독성을 제거하기 위해서는 직접 삶거나 말린 뒤에 삶는다. 중독되면 간, 중심 신경계통과 콩팥이 영향을 받으며 구토와 설사 증상이 있고 심하면 죽는다. 한국, 일본, 중국, 유럽과 북아메리카에 널리 분포한다.

마귀곰보버섯속 *Gyromitra* 진핵생물역(Eukaryota) 진균계(Fungi) 자낭균문(Ascomycota) 주발버섯강(Pezizomycetes) 주발버섯목(Pezizales) 게딱지버섯과(Discinaceae)의 속. 마귀곰보버섯 따위가 있다.

마그사바이러스강 Magsaviricetes 리보바이러스역(Riboviria) 오르토나바이러스계(Orthornavirae) 키트리노바이러스문(Kitrinoviricota)의 강.

마데이라 madeira 아프리카의 북서해안 마데이라섬에서 생산하는 알코올 강화 포도주. 발효과정이나 발효가 거의 끝날 때 주정을 첨가한 뒤 가열 용기인 에스투파(estufa)에 넣고 고온(45~50도)에서 수개월 유지한 뒤 상온에서 수년 이상 숙성한다. 알코올 농도는 20퍼센트 정도이다.

마데이라화 madeirization 열처리를 조절하여 마데이라에 특징적인 향미를 생성시키는 과정.

마라스키노 maraschino 마라스카 나무(*Prunus cerasus* var. *marasca*)의 작고 약간 신 열매인 마라스카 체리(Marasca cherry) 즙을 발효, 증류하여 만든 리큐르. 증류한 뒤 이 년 동안 숙성하고 묽혀 당을 첨가한다. 알코올 농도는 32퍼센트이다. 크로아티아가 원산지이다.

마룰라 맥주 marula beer 옻나뭇과(Anacardiaceae)의 갈잎나무인 마룰라(*Sclerocarya birrea*) 열매로 만든 맥주. 떫은 열매의 껍질을 벗기고 물로 으깨어 이틀에서 나흘 발효한다. 알코올함량은 아주 낮고 약간 신맛이 있다. 남아프리카에서 주로 여성이 만들어 길가에서 판다.

마르 marc 포도에서 즙을 짜고 난 찌꺼기를 발효하여 증류한 술.

마르브르그 마르부르그바이러스 *Marburg marburgvirus* 리보바이러스역(Riboviria) 오르토르나바이러스계(Orthornavirae) 네가르나바이러스문(Negarnaviricota) 몬지바이러스강(Monjiviricetes) 모노네가바이러스목(Mononegavirales) 필로바이러스과(Filoviridae) 마르부르그바이러스속(*Marburgvirus*)의 유일한 종. 이 종에는 출혈열 바이러스인 마르브르그 바이러스(Marburg virus)와 레븐 바이러스(Ravn virus)가 있다.

마르브르그 바이러스 Marburg virus 마르브르그 마르부르그바이러스(*Marburg marburgvirus*)의 한 구성원. 바이러스 출혈열 형태인 마르부르그 바이러스병을 일으킨다.

마르브르그바이러스속 *Marburgvirus* 리보바이러스역(Riboviria) 오르토르나바이러스계(Orthornavirae) 네가르나바이러스문(Negarnaviricota) 몬지바이러스강(Monjiviricetes) 모노네가바이러스목(Mononegavirales) 필로바이러스과(Filoviridae)의 아르엔에이 바이러스 속. 이 속에는 유일한 종으로 마르브르그 마르부르그바이러스(*Marburg marburgvirus*)가 있다. 유전적으로 동물 유래 바이러스로 유행성 출혈열 바이러스이며 동아프리카와 남아프리카에서 유행한다. 감염된 원숭이나 사람의 피에 생체 조직, 피부, 점막이 접촉되었을 때 감염된다. 에어로졸 흡입을 통해서도 감염될 수 있다. 두통, 인후염, 근육통, 흉부 통증, 구토, 설사, 피부 발진, 황달, 타박상, 출혈 따위의 증상이 나타난다.

마른썩음병 dry rot 감자, 토란, 양파, 곤약 따위에 일어나는 푸사륨속(*Fusarium*) 곰팡이병. 알뿌리가 갈색으로 변하면서 썩고 마르면서 미이라 모양이 된다. 생육 기간에 발생하면 지상부는 황변하여 말라 죽는다. 감자, 토란, 당근, 곤약(구약) 따위의 주된 병원체는 푸사륨 솔라니(*Fusarium solani*)이며 양파, 마늘, 부추 따위의 주된 병원체는 푸사륨 옥시스포룸(*F. oxysporum*)이다. 포마 바타타(*Phoma batata*)는 고구마 마른썩음병을 일으킨다. 건물의 목재나 죽은 나무 따위에서도 볼 수 있다.

마름병 blight 식물의 잎, 줄기 과일 따위가 갑자기 시들어 말라 죽는 병을 통틀어 이르는 말. 감자가 감자역병균(*Phytophthora infestans*)에 감염되어 일어나는 감자 마름병, 푸사륨 감염에 따른 밀의 이삭 끝 마름병 따위가 있다.

마마 smallpox 마마바이러스가 일으키는 급성 발진성 병. 발열, 수포, 농포성 피부 변화를 특징으로 한다. 예방주사가 보급됨에 따라 세계보건기구는 1980년에 마마는 지구상에서 사라진 질병으로 선언하였다.

마마바이러스 poxvirus 등뼈동물의 마마와 이와 비슷한 병을 일으키는 디엔에이 바이러스를 통틀어 이르는 말.

마마바이러스과 Poxviridae 바리드나바이러스역(Varidnaviria) 밤포르드바이러스계(Bamfordvirae) 누클레오시토바이러스문(Nucleocytoviricota) 포케스바이러스강(Pokkesviricetes) 키토바이러스목(Chitovirales)의 바이러스 과. 껍질이 있는 두 가닥 디엔에이 바이러스이며 등뼈동물과 마디발동물이 숙주이며 사람에게 마마를 일으킨다.

마마스트로바이러스속 *Mamastrovirus* 리보바이러스역(Riboviria) 오르토르나바이러스계(Orthornavirae) 피수바이러스문(Pisuviricota) 스텔파바이러스강(Stelpaviricetes) 스텔라바이러스목(Stellavirales) 아스트로바이러스과(Astroviridae)의 겉껍질이 없는 바이러스 속. 사람, 젖먹이동물과 등뼈동물이 자연 숙주 역할을 한다. 이 속과 관련한 질병에는 유아 위장염이 포함된다.

마비성 조개 중독 paralytic shellfish poisoning 유독성 플랑크톤 또는 와편모조류가 생산하는 삭시톡신에 오염된 조개류를 먹어서 나타나는 음식매개병. 증상은 욕지기, 구토, 설사, 실조(ataxia), 감각 이상(paresthesia) 따위이며 심하면 사망에 이를 수도 있다. 어패류를 가열, 조리, 냉장, 냉동해도 삭시톡신은 파괴되지 않는다.

마사리나과 Massarinaceae 진핵생물역(Eukaryota) 진균계(Fungi) 자낭균문(Ascomycota) 입술버섯강(Dothideomycetes) 플레오스포라목(Pleosporales)의 과.

마스트아데노바이러스속 *Mastadenovirus* 바리드나바이러스역(Varidnaviria) 프레플라스미바이러스계(Preplasmiviricota) 밤포드바이러스문(Bamfordvirae) 테크틸리바이러스강(Tectiliviricetes) 로와바이러스목(Rowavirales) 아데노바이러스과(Adenoviridae)의 겉껍질이 없는 두 가닥 디엔에이 바이러스 속.

마오타이(茅台) maotai 수수를 보리 누룩으로 발효, 증류, 숙성한 중국 백주의 하나. 보통 아홉 번 증류하고 사 년 숙성하며 알코올함량은 38, 43과 53퍼센트이다. 중국 구이저우(Guizhou)성의 마오타이 마을에서 귀주모태주 회사(Kweichow Moutai)가 만든다.

마유주(馬乳酒) mayuju 쿠미스.

마이크로바이옴 microbiome 흙, 물, 그리고 인간을 포함한 동식물계의 특정 자연환경에서 공생 관계를 유지하면서 생태계를 이루는 모든 미생물(세균, 진균과 바이러스) 그리고 그 유전자를 통틀어 이르는 말. 좁게는 인체에 자연적으로 사는 모든 미생물과 그 유전자를 통틀어 이른다. 마이크로바이오타(microbiota)와 유전체(genome)의 합성어이다.

마이크로시스틴 microcystin 세균역(Bacteria) 남세균문(Cyanobacteria) 남세균강(Cyanophyceae) 크로오알세균목(Chroococales) 작은시스티스과(Microcystaceae) 작은시스티스속(*Microcystis*)의 민물 남세균(*Microcystis aeruginosa*)이 생산하는 비 리보솜성 고리 모양의 일곱 개 아미노산으로 된 펩타이드 간독소. 오염된 물을 먹으면 사람과 동물의 간 독성을 일으킨다.

마이크로신 microcin 비교적 적은 아미노산으로 된 아주 작은 박테리오신. 대장균의 마이크로신 브이(V)와 막대세균 수브틸리스가 생성하는 수브틸로신 에이(A) 따위가 있다.

마이크로콕쿠스 micrococcus 작은 알세균.

마이크로파살균 microwave sterilization 마이크로파로 미생물을 죽임.

마크롤라이드 macrolide 큰 고리 락톤 구조와 하나 이상의 데옥시당으로 구성된 화합물. 락톤 고리는 보통 14, 15 또는 16개의 탄소로 이루어져 있다.

마크롤라이드 항생물질 macrolide antibiotic 큰 고리 락톤(아글리콘)에 데옥시당과 아미노당이 결합한 구조를 가진 항생물질. 세균 리보솜의 50에스 소단위(50S subunit)에 작용하여 펩타이드 전달반응을 억제하여 단백질 합성을 막는다. 클라리트로마이신(clarithromycin), 아지트로마이신(azithromycin), 에리트로마이신(erythromycin) 따위가 있다. 미코플라스마속(*Mycoplasma*), 레지오넬라속(*Legionella*), 캄필로박터속(*Camphylobacter*) 따위의 세균에 활성이 있다.

마티니 martini 진에 드라이 베르무트를 섞은 칵테일.

막걸리 makgeolli ① 녹말이 포함된 재료(쌀, 밀가루 따위, 엿기름 제외), 누룩 또는 고지와 물을 원료로 하여 당화 발효한 술덧을 짠 탁한 술. 술을 짤 때 물을 넣어 찌끼에 있는 술 성분을 헹구어 내므로 발효 원액이 아닌 묽힌 액이다. ② 녹말이 포함된 재료(쌀, 밀가루 따위, 엿기름은 제외), 누룩 또는 고지, 당분, 과일, 남새와 물을 원료로 하여 발효한 술덧을 짠 탁한 술. 막걸리에는 아스파탐, 스테비올 배당체, 효소 처리 스테비아, 사카린소듐, 젖산, 주석산, 구연산. 아미노산, 수크랄로스, 토마틴, 아세설팜포타슘, 에리트리톨, 자일리톨, 잔탄검, 글리세린지방산에스터, 당, 알룰로스 그 밖에 〈식품위생법〉에서 허용하는 식물 따위의 재료를 첨가할 수 있다. 당화와 알코올 발효가 함께 진행되며 고지는 흰고지곰팡이(*Aspergillus luchuensis*)를 배양하여 쓴다. 알코올 농도는 6~8퍼센트이다. 효모의 알코올 발효와 함께 주로 젖산막대세균속과 페디오알세균속(*Pediococcus*) 젖산 세균의 발효작용으로 젖산이 소량 생성된다.

막대세균 bacillus 막대 모양으로 생긴 분열 세균 세포를 일반적으로 이르는 말. 결핵세균, 대장균, 디프테리아 세균, 페스트 세균 따위가 있다.

막대세균강 Bacilli 세균역(Bacteria) 막대세균문(Bacillota)의 강.

막대세균과 Bacillaceae 세균역(Bacteria) 막대세균문(Bacillota) 막대세균강(Bacilli) 막대세균목(Bacillales)의 과.

막대세균 글로비기이 *Bacillus globigii* '막대세균 아트로파에우스(*Bacillus atrophaeus*)'의 옛 이름.

막대세균 나토 *Bacillus natto* 세균역(Bacteria) 막대세균문(Bacillota) 막대세균강(Bacilli) 막대세균목(Bacillales) 막대세균과(Bacillaceae) 막대세균속(*Bacillus*)의 세균. 흙과 물에 있다. 나토 발효에 쓰는 세균으로 점질물인 폴리글루탐산과 레반을 생성한다. 공식 분류 명칭은 막대세균 수브틸리스(*B. subtilis*)이다. 식품 가공에서 원료로 쓸 수 있다.

막대세균 리케니포르미스 *Bacillus licheniformis* 세균역(Bacteria) 막대세균문(Bacillota) 막대세균강(Bacilli) 막대세균목(Bacillales) 막대세균과(Bacillaceae) 막대세균속(*Bacillus*)의 그람양성 세균. 최적 생장 온도는 50도 부근이며 홀씨를 만든다. 산업용 단백질 가수분해효소인 알칼리성 세린 단백질 가수분해효소의 생산 균주이다. 오리나 참새 따위의 깃털에서 흔히 분리된다.

막대세균 마세란스 *Bacillus macerans* '파에니막대세균 마세란스'(*Paenibacillus macerans*)의 옛 이름.

막대세균 메가테륨 *Bacillus megaterium* 세균역(Bacteria) 막대세균문(Bacillota) 막대세균강(Bacilli) 막대세균목(Bacillales) 막대세균과(Bacillaceae) 막대세균속(*Bacillus*)의 그람양성 막대 모양의 산소 세균. 쌍 또는 사슬 모양을 띤다. 페니실린 합성에 사용하는 페니실린 아미데이스(amidase)의 생산 그 밖에 제빵에 쓰는 아밀레이스, 포도당 피 검사에 쓰는 포도당 수소 떼기 효소 생산에도 쓴다. 일부 종은 질소를 고정한다.

막대세균목 Bacillales 세균역(Bacteria) 막대세균문(Bacillota) 막대세균강(Bacilli)의 목.

막대세균문 Bacillota 세균역(Bacteria)의 문.

막대세균 세레우스 *Bacillus cereus* 세균역(Bacteria) 막대세균문(Bacillota) 막대세균강(Bacilli) 막대세균목(Bacillales) 막대세균과(Bacillaceae) 막대세균속(*Bacillus*)의 그람양성 막대 모양의 무산소 또는 조건 무산소 세균. 흙과 농산물, 수산물, 축산물, 사료 따위에 널리 분포한다. 저온 살균한 우유와 크림을 변질시킨다. 독소형 음식중독의 원인 세균으로 구토 또는 설사를 일으킨다.

막대세균 세레우스 음식매개병 *Bacillus cereus* food-borne illness 막대세균 세레우스(*Bacillus cereus*)의 독소로 일어나는 음식매개병. 설사형과 구토형의 두 가지가 있다. 설사형은 잠복기가 8~16시간으로 설사, 복통을 주 증상으로 하고, 구토형은 잠복기가 1~5시간으로 메스꺼움, 구토를 주 증상으로 한다. 독소중독인 구토형은 조리 뒤 오래 실온에 두었을 때 세균이 증식하여 생성된 구토 독을 음식과 함께 섭취함으로써 증상이 나타난다. 구토 독은 세레울라이드(cereulide)라고 하며 아미노산이 고리 모양으로 연결된 작은 펩타이드로 121도, 90분 열처리에도 활성을 잃지 않는 강한 내열성 독소이고 피에이치 2의 강산성 또는 피에이치 11의 알칼리성에서나 펩신(pepsin)에 의해서도 활성을 잃지 않는다. 설사형은 세균이 죽지 않고 창자관에 도달하면 작은창자에서 용혈 창자관 독소(heamolytic enterotoxin), 비 용혈 창자관 독소(non-heamolytic enterotoxin)따위의 설사 독을 생성한다. 설사 독은 56도에서 5분 가열로 독성이 없어진다.

막대세균속 *Bacillus* 세균역(Bacteria) 막대세균문(Bacillota) 막대세균강(Bacilli) 막대세균목(Bacillales) 막대세균과(Bacillaceae)의 그람양성 내생 홀씨를 만드는 막대 모양의 무산소 또는 조건 무산소 세균 속. 흙과 물에 산다. 중성 범위에서 잘 자라나 저온 세균(*B. globisporus*), 고온 세균(*B. schlegelii, B. coagulans*), 호알칼리 세균(*B. alcalophilus, B. firmus*) 따위도 있다. 이 속의 기준 종은 막대세균 수브틸루스(*B. subtilis*)이다. 막대세균 알칼로필루스(*B. alcalophilus*)가 생산하는 알칼리 단백질 가수분해효소나 셀룰로스 가수분해효소는 세제 따위에 쓴다. 의학적으로 중요한 기생 병원체 종으로는 탄저병을 일으키는 탄저 세균(*B. anthracis*)과 음식매개병을 일으키는 막대세균 세레우스(*B. cereus*)이다.

막대세균 수브틸리스 *Bacillus subtilis* 세균역(Bacteria) 막대세균문(Bacillota) 막대세균강(Bacilli) 막대세균목(Bacillales) 막대세균과(Bacillaceae) 막대세균속(*Bacillus*)의 그람양성 무산소 또는 조건 무산소 내생 홀씨를 만드는 막대 모양의 세균. 흙과 물에 있으며, 마른 풀에서 흔히 발견되기 때문에 과거에 마른풀 막대세균(hay bacillus, 고초균)이라는 별칭이 있었다. 막대세균속의 기준 종이다. 알파-아밀레이스와 단백질 가수분해효소를 생산하며 빵에 번식하여 점질 로프(rope)를 생성한다. 식품 가공에서 원료로 쓸 수 있다.

막대세균 스테아로열필루스 *Bacillus stearothermophilus* 게오막대세균 스테아로열필루스(*Geobacillus stearothermophilus*)의 옛 이름.

막대세균 시르쿨란스 *Bacillus circulans* '니알리아 시르쿨란스'(*Nialia circulans*)의 옛 이름.

막대세균 아밀로리퀘파시엔스 *Bacillus amyloliquefaciens* 세균역(Bacteria) 막대세균문(Bacillota) 막대세균강(Bacilli) 막대세균목(Bacillales) 막대세균과(Bacillaceae) 막대새균속(*Bacillus*)의 세균. 흙에서 처음 발견되었으며 액화(*lique*) 아밀레이스(*amylo*)를 생산(*faciens*)한다는 뜻이다. 알파-아밀레이스, 수브틸리신 따위를 생산한다. 식품 가공에서 원료로 쓸 수 있다.

막대세균 아트로파에우스 *Bacillus atrophaeus* 세균역(Bacteria) 막대세균문(Bacillota) 막대세균강(Bacilli) 막대세균목(Bacillales) 막대세균과(Bacillaceae) 막대세균속(*Bacillus*)의 그람양성 내생 홀씨를 만드는 막대 모양의 산소 세균. 검은색 색소를 생산한다. 탄저 세균을 대신한 연구 균주로 활용되었다.

막대세균 안트라시스 *Bacillus anthracis* 탄저 세균.

막대세균 열프로테올리티쿠스 *Bacillus thermoproteolyticus* 세균역(Bacteria) 막대세균문(Bacillota) 막대세균강(Bacilli) 막대세균목(Bacillales) 막대세균과(Bacillaceae) 막대세균속(*Bacillus*)의 그람양성 내열 세균. 내열성 단백질 가수분해효소인 테르모리신(thermolysin)을 생산한다.

막대세균 코아굴란스 *Bacillus coagulans* 세균역(Bacteria) 막대세균문(Bacillota) 막대세균강(Bacilli) 막대세균목(Bacillales) 막대세균과(Bacillaceae) 막대세균속(*Bacillus*)의 그람양성 홀씨를 만드는 조건 무산소 막대 세균. 비교적 높은 온도(30~55도)에 내성을 보이며 생장 최적 온도는 50도이다. 돼지, 소와 새우 생산에 프로바이오틱으로 작용한다. 사람에게는 질의 미생물 무리 개선에 도움을 주며 과민큰창자 증후군 환자의 복부 고통이나 위창자가스참 따위를 좋게 한다. 게오막대세균 스테아로열필루스(*Geobacillus stearothermophilus*)와 함께 내열 세균으로 통조림 식품의 무가스 사워 부패를 일으킨다.

식품 가공에서 원료로 쓸 수 있다.

막대세균 투린기엔시스 *Bacillus thuringiensis* 세균역(Bacteria) 막대세균문(Bacillota) 막대세균강(Bacilli) 막대세균목(Bacillales) 막대세균과(Bacillaceae) 막대세균속(*Bacillus*)의 그람양성 막대 모양 세균. 나방, 나비 따위 털애벌레(caterpillar) 창자에 존재한다. 그 밖에 잎 겉면, 수생 환경, 동물 똥, 곡물 저장 시설 따위에서도 발견된다. 곤충 애벌레를 죽이는 델타-내독소(delta-endotoxin)라는 단백질 결정체를 생산하므로 미생물농약으로 널리 쓴다.

막대세균 폴리퍼멘티쿠스 *Bacillus polyfermenticus* 세균역(Bacteria) 막대세균문(Bacillota) 막대세균강(Bacilli) 막대세균목(Bacillales) 막대세균과(Bacillaceae) 막대세균속(*Bacillus*)의 세균. 메주에서 분리되었다. 식품 가공에서 원료로 쓸 수 있다.

막대세균 푸밀루스 *Bacillus pumilus* 세균역(Bacteria) 막대세균문(Bacillota) 막대세균강(Bacilli) 막대세균목(Bacillales) 막대세균과(Bacillaceae) 막대세균속(*Bacillus*)의 그람양성 막대 모양 산소 세균. 주로 흙에서 발견된다. 홀씨는 자외선, 건조, 과산화수소 따위의 환경 스트레스에 대한 저항성이 크다. 지비(GB) 34 균주는 식물 뿌리에 자라 리족토니아속(*Rhizoctonia*)와 푸사륨속(*Fusarium*)의 홀씨 발아를 방지하므로 농업에서 살진균제로 쓴다.

막대세균 플렉수스 *Bacillus flexus* 세균역(Bacteria) 막대세균문(Bacillota) 막대세균강(Bacilli) 막대세균목(Bacillales) 막대세균과(Bacillaceae) 막대세균속(*Bacillus*)의 내생 홀씨를 만드는 막대 모양 산소 세균. 가금류 똥과 흙에서 발견된다.

막소주 maksoju. 에탄올(95퍼센트)에 주사용 포도당액을 섞은 술. 6.25 전쟁 때와 1960~1970년대에 주로 노동판에서 마시던 가짜 술이다.

만가닥버섯과 Lyophyllaceae 진핵생물역(Eukaryota) 진균계(Fungi) 담자균문(Basidiomycota) 주름버섯강(Agaricomycetes) 주름버섯목(Agaricales)의 과.

만가닥버섯속 *Lyophyllum* 진핵생물역(Eukaryota) 진균계(Fungi) 담자균문(Basidiomycota) 주름버섯강(Agaricomycetes) 주름버섯목(Agaricales) 만가닥버섯과(Lyophyllaceae)의 속. 먹는 것으로는 만가닥버섯 따위가 있다.

만니톨 노른자 폴리믹신 우무배지 mannitol egg yolk polymyxin agar 막대세균 세레우스(*Bacillus cereus*)의 분리와 배양에 쓰는 선택 분리 배지. 폴리믹신과 달걀노른자는 배지 살균 뒤 첨가한다. 폴리믹신 비(polymyxin B)는 그람음성 세균의 발육을 억제한다. 만니톨 분해성과 달걀노른자 반응(egg-yolk reaction)으로 막대세균 세레우스와 그 밖의 막대세균속(*Bacillus*) 세균이나 이 배지에서 생장이 가능한 다른 세균과 구별할 수 있다.

만니톨 라이신 크리스털바이올렛 블리리언트 그린 우무배지 mannitol lysine crystal violet brilliant green agar 앰엘시비(MLCB) 우무배지.

만니톨 소금 우무배지 mannitol salt agar 미생물학에서 일반적으로 쓰는 선택 배지. 고농도(약 7.5~10퍼센트)의 염화소듐을 함유하고 있고 대부분의 그람음성과 일부 그람양성 세균(포도알 세균, 창자알 세균과 작은 알세균과)에 대해 선택적이다. 누런 포도알 세균은 노란색 구역이 있는 노란색 콜로니를 생성하는 반면, 다른 응고효소 음성 포도알 세균은 배지의 색 변화 없이 작은 분홍색 또는 빨간색 콜로니를 생성한다. 미생물이 만니톨을 발효할 수 있을 때는 산이 생성되어 페놀레드가 노란색으로 변한다.

만성 독성(慢性毒性) chronic toxicity 오랜 시간에 걸쳐 나타나는 독성. 시험 동물을 이용하여 시험하려는 물질을 6개월 이상 매일 반복 적용한 뒤 생체에 장애가 나타나는가를 검사한다. 주로 중금속 따위의 중독이다.

말굽버섯 tinder fungus, *Fomes fomentarius* 진핵생물역(Eukaryota) 진균계(Fungi) 담자균문(Basidiomycota) 주름버섯강(Agaricomycetes) 구멍장이버섯목(Polyporales) 구멍장이버섯과(Polyporaceae) 말굽버섯속(*Fomes*)의 버섯. 갓은 지름 20~50 센티미터로 말굽 모양이며 보통 갈색이나 옅은 잿빛부터 거의 검은색까지 다양하며 띠무늬가 있다. 여름부터 가을에 걸쳐 넓은잎나무의 마른나무나 생나무에 난다. 셀룰로스, 자일란과 리그닌을 분해할 수 있는 효소를 생산한다. 유럽, 아시아, 아프리카, 북아메리카 등지에 분포한다. 식품에 제한적으로 쓸 수 있는 원료이다.

말굽버섯속 *Fomes* 진핵생물역(Eukaryota) 진균계(Fungi) 담자균문(Basidiomycota) 주름버섯강(Agaricomycetes) 주름버섯강(Agaricomycetes) 구멍장이버섯목(Polyporales) 구멍장이버섯과(Polyporaceae)의 속. 말굽버섯 따위가 있다.

말뚝버섯 *Phallus impudicus* 진핵생물역(Eukaryota) 진균계(Fungi) 담자균문(Basidiomycota) 주름버섯강(Agaricomycetes) 말뚝버섯목(Phallales) 말뚝버섯과(Phallaceae) 말뚝버섯속(*Phallus*)의 먹는 버섯. 여름부터 가을에 숲속 땅에 홀로 나며 부생 생활한다.

말뚝버섯과 Phallaceae 진균계(Fungi) 담자균문(Basidiomycota) 주름버섯강(Agaricomycetes) 말뚝버섯목(Phallales)의 과.

말뚝버섯류 stinkhorns 진균계(Fungi) 담자균문(Basidiomycota) 주름버섯강(Agaricomycetes) 말뚝버섯목(Phallales)의 진균을 통틀어 이르는 말. 갓은 말뚝버섯 비슷하며 홀씨를 퍼뜨리기 위하여 벌레를 꾀어내는 고약한 내가 있다.

말뚝버섯목 Phallales 진균계(Fungi) 담자균문(Basidiomycota) 주름버섯강(Agaricomycetes)의 목. 말뚝버섯과가 있다.

말뚝버섯속 *Phallus* 진핵생물역(Eukaryota) 진균계(Fungi) 담자균문(Basidiomycota) 주름버섯강(Agaricomycetes) 말뚝버섯목(Phallales) 말뚝버섯과(Phallaceae)의 속.

말라카이트그린 malachite green 말라카이트그린 양이온 또는 염소 한 분자가 결합한 염. 밝은 청록색 물감으로 비단, 가죽과 종이의 초록 염색에 쓰며 수산양식에서 진균 억제제로 써 왔으나 발암성, 돌연변이성과 기형발생성 위험이 있어 지금은 쓰지 않는다. 말라카이트그린 우무배지(malachite green agar) 따위의 살모넬라속 세균이나 푸사륨속 곰팡이의 분리용 배지에 선택성 색소(selective pigment)로 쓴다. 내생 홀씨 염색에도 이용한다.

말불버섯 common puffball, *Lycoperdon perlatum* 진핵생물역(Eukaryota) 진균계(Fungi) 담자균문(Basidiomycota) 주름버섯강(Agaricomycetes) 주름버섯목(Agaricales) 주름버섯과(Agaricaceae) 말불버섯속(*Lycoperdon*)의 먹는 버섯. 갓은 지름 1.5~6센티미터로 기둥 모양의 줄기 위에 둥그런 머리가 있고 뾰족한 알갱이 모양의 돌기가 많이 있다. 여름부터 가을까지 숲속이나 풀밭에 모여 난다. 전 세계에 분포한다. 어릴 때 먹으며 홀씨가 자라면 검게 되는 데 이때는 먹을 수 없다.

말불버섯과 Lycoperdaceae '주름버섯과'로 한데 모여 지금은 쓰지 않는 과.

말불버섯목 Lycoperdales '주름버섯목'으로 한데 모여 지금은 쓰지 않는 목.

말불버섯속 *Lycoperdon* 진핵생물역(Eukaryota) 진균계(Fungi) 담자균문(Basidiomycota) 주름버섯강(Agaricomycetes) 주름버섯목(Agaricales) 주름버섯과(Agaricaceae)의 속. 먹는 것으로는 말불버섯 따위가 있다.

말산젖산발효 malolactic fermentation 포도주를 통에 저장하여 숙성하는 동안 젖산 세균이 자라 말산을 젖산과 이산화탄소로 변화시켜 산도를 적절한 수준으로 낮추는 작용. 관여하는 젖산 세균으로는 플란타룸 젖산막대세균, 류코노스톡 오에노스(*Leuconostoc oenos*), 류코노스톡 메센테로이데스 따위이다. 이 발효에 따라 향도 함께 생성되어 포도주 향미에 영향을 준다.

말타열 Malta fever 브루셀라증.

말토리진 maltoryzine 아스페르길루스 오리자에 변종 작은수포루스(*Aspergllus oryzae* var *microsporus*)가 생산하는 독성 대사산물. 1954년 가을 일본에서 일어난 젖소의 집단 중독의 원인 물질이다.

맑은술 clear rice wine 찹쌀을 쪄서 지에밥과 누룩을 버무려 빚어서 담갔다가 용수를 박아 떠낸 술.

맘마레나바이러스속 *Mammarenavirus* 리보바이러스역(Riboviria) 오르토르나바이러스계(Orthornavirae) 네가르바이러스문(Negarnaviricota) 엘리오바이러스강(Ellioviricetes) 부니아바이러스목(Bunyavirales) 아레나바이러스과(Arenaviridae)의 속.

맛버섯 matbeoseot 나도팽나무버섯.

망태말뚝버섯 bamboo mushroom, *Phallus indusiatus* 진핵생물역(Eukaryota) 진균계(Fungi) 담자균문(Basidiomycota) 주름버섯강(Agaricomycetes) 말뚝버섯목(Phallales) 말뚝버섯과(Phallaceae) 말뚝버섯속(*Phallus*)의 먹는 버섯. 알에서 자루가 나오면 위에 있는 종 모양의 갓에서 흰 그물 모양의 균망(indusium)이 나와 자루를 덮는다. 균망은 펼치면 지름이 10센티미터 이상이고 길이는 10센티미터 정도이다. 여름부터 가을까지 주로 대나무밭에서 난다. 가장 빨리 자라는 버섯으로 알에서 완전한 버섯이 되기까지 너덧 시간 걸린다. 한국에서는 대나무밭이 많은 담양에서 주로 나며, 동남아시아, 아프리카, 아메리카, 호주 등지에 분포한다.

망태버섯속 *Dictyophora* 진핵생물역(Eukaryota) 진균계(Fungi) 담자균문(Basidiomycota) 주름버섯강(Agaricomycetes) 말뚝버섯목(Phallales) 말뚝버섯과(Phallaceae)의 속.

망형충강(網形蟲綱) Labyrinthulomycetes 진핵생물역(Eukaryota) 비기라문(Bigyra)의 강. 실 같은 망 또는 튜브를 생산하는 원생생물의 강이다. 망 또는 튜브를 이용하여 세포를 미끄러지게 하거나 영양소를 흡수한다.

망형충류(網形蟲類) slime nets 진핵생물역(Eukaryota) 비기라문(Bigyra) 망형충강(Labyrinthulomycetes)의 원생생물을 통틀어 이르는 말. 주로 바닷속의 말무리나 그 밖의 식물 세포에 기생한다. 단세포체나 그 집단의 세포질은 독특한 구조 물질로 서로 이어져 그물 모양을 이루고 이를 따라 천천히 앞뒤로 움직인다. 세포는 분열법으로 증식하며 각 세포에 막이 생겨 홀씨가 만들어진다. 대부분은 다세포인 다시마부터 단세포인 돌말류에 이르는 말무리로서 플랑크톤의 주요 구성원이다.

망형충목(網形蟲目) Lybyrinthulida 진핵생물역(Eukaryota) 비기라문(Bigyra) 망형충강(Labyrinthulomycetes)의 목.

매끈 콜로니 smooth colony 우무 평판배지에 생성된 매끄럽고 축축하며 윤기가 나는 콜로니. 둥근 모양으로 중앙이 둥글게 솟아오르고 주변과 겉면이 매끄러운 콜로니이다.

맥각(麥角) ergot 맥각 곰팡이(*Claviceps purpurea*)가 호밀, 보리, 밀 따위의 맥류와 다른 곡류의 이삭에 기생하여 형성하는 단단한 팡이실 덩어리. 작물 수율을 떨어뜨리며 독성 알칼로이드를 가지고 있어 맥각으로 오염된 곡물을 먹으면 맥각 중독을 일으킨다.

맥각 곰팡이 ergot fungus, *Claviceps purpurea* 진핵생물역(Eukaryota) 진균계(Fungi) 자낭균문(Ascomycota) 구멍공버섯강(Sordariomycetes) 동충하초목(Hypocreales) 맥각곰팡이과(Clavicipitaceae) 맥각곰팡이속(*Claviceps*)의 곰팡이. 귀리, 밀, 보리, 호밀 따위의 볏과 식물의 씨방에 팡이실이 침입하여 싹에 맥각이라고 하는 검은 색의 단단한 균핵을 형성한다. 흔히 호밀 맥각 곰팡이라고도 한다. 맥각 크기는 1~3센티미터의 바른네모꼴이다. 맥각 곰팡이는 작물의 수율을 떨어뜨리며 이에 오염된 식품을 먹으면 맥각에 들어있는 알칼로이드 때문에 팔다리가 차게 느끼는 증세부터 괴저, 어지러움, 경련 따위의 중독증이 나타날 수 있다. 인돌알칼로이드 가운데 에고타민(ergotamine)이나 에고메트린(ergometrine) 따위는 지혈제나 자궁수축제로 쓴다.

맥각곰팡이과 Clavicipitaceae 진핵생물역(Eukaryota) 진균계(Fungi) 자낭균문(Ascomycota) 구멍공버섯강(Sordariomycetes) 동충하초목(Hypocreales)의 과.

맥각곰팡이속 *Claviceps* 진핵생물역(Eukaryota) 진균계(Fungi) 자낭균문(Ascomycota) 구멍공버섯강(Sordariomycetes) 동충하초목(Hypocreales) 맥각곰팡이과(Clavicipitaceae)의 곰팡이 속. 맥각 곰팡이(*C. purpurea*)가 대표적이며 그 밖에 맥각 곰팡이 파스팔리(*C. paspali*)와 맥각 곰팡이 푸시포르미스(*C. fusiformis*)가 있다.

맥각곰팡이 파스팔리 *Claviceps paspali* 진핵생물역(Eukaryota) 진균계(Fungi) 자낭균문(Ascomycota) 구멍공버섯강(Sordariomycetes) 동충하초목(Hypocreales) 맥각곰팡이과(Clavicipitaceae) 맥각곰팡이속(*Claviceps*)의 곰팡이. 달리스 그라스(Dallis grass)에 맥각을 형성한다.

맥각곰팡이 푸시포르미스 *Claviceps fusiformis* 진핵생물역(Eukaryota) 진균계(Fungi) 자낭균문(Ascomycota) 구멍공버섯강(Sordariomycetes) 동충하초목(Hypocreales) 맥각곰팡이과(Clavicipitaceae) 맥각곰팡이속(*Claviceps*)의 곰팡이. 진주 기장에 맥각을 형성한다.

맥각균속(麥角菌속) *Claviceps* 맥각곰팡이속.

맥각독(麥角毒) ergotoxin 맥각에 들어있는 알칼로이드 독소. 맥각 중독을 일으키나 자궁 출혈의 지혈제, 진통 촉진제 따위로도 쓴다.

맥각 알칼로이드 ergot alkaloid 맥각에 함유된 알칼로이드. 자궁수축 작용, 분만 촉진, 분만 때 지혈작용을 하여 예로부터 약으로 이용하였다.

맥각 중독(麥角中毒) ergotism 맥각을 약으로 남용하거나 맥각이 든 음식(특히 호밀)을 먹었을 때 생기는 중독. 급성은 구토, 복통, 팔다리와 가슴의 동통 따위의 증상을 나타내며 만성은 경련과 팔다리의 조직이 죽는 현상을 일으킨다.

맥류줄기녹병 stem rust 진핵생물역(Eukaryota) 진균계(Fungi) 담자균문(Basidiomycota) 푸시니아강(Pucciniomycetes) 푸시니아목(Pucciniales) 푸시니아과(Pucciniaceae) 푸시니아속(*Puccinia*)의 곰팡이인 푸시니아 그라미니스(*P. graminis*)의 감염으로 밀, 보리, 듀럼 밀과 트리티케일에 생기는 병. 주로 줄기와 잎집에 많이 발생하는데, 처음에는 녹이 슨 듯한 반점이 생기고 심해지면 줄무늬가 생기거나 표피가 터진다.

맥아(麥芽) malt 엿기름.

맥아즙 wort 엿기름즙.

맥주(麥酒) beer 엿기름, 홉과 물을 원료로 하여 발효한 술. 알코올함량은 나라마다 다르나 보통 4~5퍼센트이다. 엿기름은 주로 보리 엿기름을 쓰나 때로는 밀 또는 수수 엿기름을 쓰기도 한다. 엿기름을 분쇄하고 뜨거운 물과 섞어 특정 온도에 유지하여 엿기름 속의 효소(아밀레이스, 단백질 가수분해효소 따위)가 활성화하도록 한다. 이때 엿기름 밖에 부가물(옥수수 녹말, 싸라기 따위)과 캐러멜을 넣기도 한다. 담금액을 걸러 얻은 엿기름 즙에 홉을 넣고 끓이면 홉에 들어있는 수지, 정유, 타닌 따위가 녹아 나오며 이들 성분은 맥주 특유의 쓴맛, 향미와 거품의 지속성을 준다. 하면발효는 식힌 엿기름 즙에 하면발효 효모를 첨가하고 10도 이하에서, 상면발효는 상면발효 효모를 첨가하여 15~30도에서 발효한다. 주 발효가 끝나면 액면으로 뜬 효모를 회수하고 영(0)도에서 영하 1도의 저장실에서 이차발효 하고 무균 거르기로 효모를 없애어 생맥주로 판매하거나 저온 살균하여 유통한다.

맥주 공장 brewery 맥주를 만드는 산업 시설.

맥주 공장 폐수(麥酒工場廢水) brewery effluent 맥주 공장에서 쓰고 난 뒤에 버리는 물.

맥주 보리 barley for brewing 두줄보리.

맥주 부가물(麥酒附加物) brewing adjunct 맥주 제조에서 엿기름에 더하여 쓰는 발효성 탄수화물. 곡물(쌀, 밀, 옥수수 따위), 시럽, 설탕 따위가 있다.

맥주 부산물(麥酒副産物) brewing byproduct 맥주 제조에서 생기는 부산물. 고체 폐기물, 엿기름 찌꺼기, 맥주 효모, 발효에서 생기는 이산화탄소 따위가 있다.

맥주제조(麥酒製造) brewing 맥주를 만드는 과정. 주요 단계는 엿기름과 다른 곡물(쌀, 밀, 옥수수 따위)에서 물에 녹는 물질을 추출하는 당화, 홉 첨가, 엿기름 즙 끓이기, 거르기(홉 찌꺼기 제거), 냉각(5.6도), 효모 첨가, 알코올 발효, 후발효, 거르기(효모 제거)이다. 필요에 따라 저온 살균한다. 전통 독일 맥주는 엿기름만으로 만든다.

맥주 곡물 찌꺼기 brewers spent grain 맥주 제조에서 나오는 곡물 찌꺼기. 당화 과정에서 녹는 물질을 뽑아내고 남은 엿기름과 그 밖의 곡물의 고체 찌꺼기이다.

맥주 효모(麥酒酵母) brewers yeast 맥주 발효에 쓰는 사카로미세스과(Saccharomycetaceae)의 효모(*Saccharomyces cerevisiae*). 주 발효 후기에 응집하여 발효액 밑으로 가라앉는 하면발효 효모(라거에 쓴다)와 발효액 겉면으로 떠오르는 상면발효 효모(에일에 쓴다)가 있다.

맥콘키 소비톨 우무배지 McConkey sorbitol agar 대장균 O157:H7의 검출에 쓰는 전통적인 맥콘키 우무배지의 변형 배지.

맥콘키 우무배지 McConkey agar 티푸스성 살모넬라(typhoidal Salmonella)의 분리 배지를 변형한 창자세균과 그람음성 막대 세균의 분리 배지. 주로 그람양성 세균의 발육을 억제하기 위해서 쓸개즙산과 크리스털바이올렛을 첨가하나 디에치엘 우무배지(desoxycholate hydrogen sulfide lactose agar, DHL agar)보다 선택성이 약하다. 당으로는 젖당만 들어있다. 젖당을 분해하는 대장균 따위는 붉은색 콜로니를 형성하며 젖당을 분해하지 않는 이질세균속(*Shigella*), 살모넬라속(*Salmonella*) 따위는 무색투명한 콜로니를 형성한다. 세균의 황화수소생성 능력은 감별할 수 없다. 여러 가지로 변형된 배지가 있으므로 사용 목적에 따라 선택하여야 한다.

맥파란드 표준 비탁액 McFarland equivalence turbidity standard 세균 서스펜션의 밀도를 맥파란드 표준 비탁액의 탁한 정도와 눈으로 비교하면서 세균 수를 조정하는데 쓰는 표준 용액. 처음에는 염화바륨에 황산을 첨가하여 만들었으나 지금은 황산바륨 표준 용액의 흡광도를 갖는 라텍스 알갱이 서스펜션을 쓴다.

먹물버섯 shaggy ink cap, *Coprinus comatus* 진핵생물역(Eukaryota) 진균계(Fungi) 담자균문(Basidiomycota) 주름버섯강(Agaricomycetes) 주름버섯목(Agaricales) 주름버섯과(Agaricaceae) 먹물버섯속(*Coprinus*)의 먹는 버섯. 갓은 지름 3~5센티미터로 긴 달걀 모양으로 자루의 반 이상이 갓으로 덮여 있으며 검고 가장자리 부근부터 검은 잉크처럼 녹는다. 봄에서 가을 사이에 풀밭, 밭, 정원, 길가의 부식질이 많은 땅 따위에서 난다. 전 세계에 분포한다.

먹물버섯속 *Coprinus* 진핵생물역(Eukaryota) 진균계(Fungi) 담자균문(Basidiomycota) 주름버섯강(Agaricomycetes) 주름버섯목(Agaricales) 주름버섯과(Agaricaceae)dml 속.

멀드와인 mulled wine 주로 적포도주에 향신료(정향, 오렌지, 생강, 계피 따위)를 넣고 따듯하게 데워 마시는 포도주. 주로 유럽에서 겨울철에 마신다.

메가바이러스강 Megaviricetes 바리드나바이러스역(Varidnaviria) 밤포르드바이러스계(Bamfordvirae) 뉴클레오사이토바이러스문(Nucleocytoviricota)의 강.

메르스 MERS Middle East Respiratory Syndrome(중동호흡기증후군)의 약자.

메리스모페디아과 Merismopediaceae 세균역(Bacteria) 남세균문(Cyanobacteria) 녹조강(Cyanophyceae) 시네초알세균목(Synechococcales)의 과.

메센테리신 mesentericin 세균역(Bacteria) 막대세균문(Bacillota) 막대세균강(Bacilli) 젖산막대세균목(Lactobacillales) 젖산막대세균과(Lactobacullaceae) 류코노스톡속(*Leuconostoc*)의 류코노스톡 메센트로이데스(*Leuconostoc mesenteroides*) 세균이 생산하는 박테리오신. 메센테리신 와이(Y) 105는 37개의 아미노산으로 된 펩타이드로서 창자알세균속, 젖산막대세균속, 카르노세균속과 리스테리아속 종에 활성을 보인다.

메소-2,6-다이아미노피멜산 meso-2,6-diaminopimelic acid 2,6-다이아미노피멜산의 메소-이성질체. 아미노카복실과 다이카복실 지방산이다. 세균 펩티도글리칸의 핵심 성분이다. 대장균의 대사산물로 사람의 창자 미생물의 분해에 따라 오줌에서도 발견된다.

메소뿌리혹세균속 *Mesorhizobium* 세균역(Bacteria) 슈도모나스문(Pseudomonadota) 알파가변세균강(Alphaproteobacteria) 히포마이크로븀목(Hyphomicrobiales) 필로세균과(Phyllobacteriaceae)의 그람음성 홁 세균 속. 질소를 고정하는 종인 메소뿌리혹세균 로티(*M. loti*)는 로투스속(*Lotus*)과 공생하여 뿌리혹을 생성한다.

메주 meju 무르게 삶은 콩을 찧어 직육면체 덩이로 뭉쳐서 띄워 말린 것. 전통적으로 덩이를 볏짚 위에 얹어 이삼일 말린 뒤에 볏짚으로 묶어 바람이 잘 통하는 처마 밑이나 기둥에 매달아 띄운다. 주로 곰팡이(털곰팡이속, 거미줄곰팡이속, 아스페르길루스속 따위), 세균(주로 막대세균속), 효모 따위가 번식한다. 이들 미생물은 단백질 가수분해효소를 비롯한 여러 효소를 생성하고 간장이나 된장 제조에서 콩 단백질을 비롯한 여러 성분을 분해하는 중요한 역할을 한다. 가을에 만들며 발효 기간은 10~20일이다. 간장, 된장, 고추장 따위를 담그는 원료이다.

메타게노믹스 metagenomics 주어진 환경에 존재하는 모든 미생물 시료에서 전체 뉴클레오타이드를 분리하고 그 구조와 기능을 분석하는 학문.

메타게놈 metagenome 주어진 환경에 존재하는 모든 미생물의 유전체 집합.

메타노고균강 Methanobacteria 고균역(Archaea) 에우리고균계(Euryarchaeota)의 강. 메테인생성 고균이다.

메타노알고균강 Methanococci 고균역(Archaea) 에우리고균계(Euryarchaeota)의 강. 메테인생성 고균이다.

메타노테르무스속 *Methanothermus* 고균역(Archaea) 에우리고균계(Euryarchaeota) 메타노고균강(Methanobacteria) 메타노고균목(Methanobacteriales) 메타노테르무스과(Methanothermaceae)의 속. 이산화탄소를 수소로 환원하여 메테인을 생성하여 에너지를 얻는다. 온도 85도의 열수구(hydrothermal vent)에서 발견된다.

메타락실 metalaxyl 식용 작물의 곰팡이병을 치료하는데 쓰는 침투성 살진균제.

메타바이오틱스 metabiotics 숙주 특유의 생리 기능, 조절, 대사 반응을 최적화하는 프로바이오틱 미생물의 구조 성분, 대사산물 또는 호학 구조가 알려진 신호 분자 따위를 이르는 말.

메타유전체학 metagenomics 디엔에이 순서 분석으로 환경 또는 의료 시료로부터 직접 회수한 시료에 대한 유전 물질을 연구하는 일.

메탄올분해 methanolysis 유기 화합물이 메탄올과 반응하여 메톡사이드 이온과 결합한 화합물을 생성하는 반응. 식물성기름으로부터 지방산 에스터를 만드는 데 사용된다. 당지방질의 경우 지방 아실기를 잘라내어 메틸에스터로 만든다. 이 반응은 산성 또는 알칼리성에서 일어난다.

메테인 methane CH_4. 메테인계 탄화수소의 알칸족에서 구조가 가장 간단한 물질. 색과 냄새가 없는 가연성 기체로 물에 녹지 않으며 공기 속에서 불을 붙이면 파란 불꽃을 내면서 탄다. 자연 가스의 주성분이다.

메테인 가스 methane gas 메테인.

메테인 발효 methane fermentation 무산소 조건에서 미생물로 유기물을 분해하여 메테인과 이산화탄소를 생성하는 일. 두 단계의 과정을 거친다. 첫 단계는 유기물부터 포화 저급 지방산을 생성하는 반응이며 클로스트리듐속, 막대세균속, 슈도모나스속, 포도알세균속, 에셰리키아속 따위의 조건 무산소 세균이 관여한다. 둘째 단계는 지방산으로부터 메테인을 생성하는 반응이며 여러 메테인생성 세균이 관여한다. 메테인생성 세균은 유기물의 분해로 생성된 수소, 폼산, 메탄올을 이용하여 탄산염 호흡(carbonate respiration)을 하고 이산화탄소를 환원하여 메테인을 만든다. 메테인발효는 하수나 사람 또는 가축의 배설물을 처리하는 무산소 생물처리 방법이다. 회수한 바이오가스(메테인 약 65퍼센트)는 연료로 쓸 수 있다.

메테인 생성 세균 methanogen 무산소 조건에서 대사 부산물로 메테인 가스를 생산할 수 있는 세균. 이산화탄소를 메테인 가스로 환원한다. 분류상으로는 모든 종이 고균역(Archaea) 에우리고균계(Euryarchaeota)에 속하는 고균이다. 주된 속으로는 메타노세균속(*Methanobacterium*), 메타노알세균속(*Methanococcus*), 메타노피루스속(*Methanopyrus*), 메타노스피릴룸속(*Methanosprillum*), 메타마이크로븀속(*Metamicrobium*) 따위가 있다. 하천, 호수와 늪, 해저, 수풀, 초원, 논, 밭, 되새김동물의 제일위 따위의 유기물이 있는 무산소 환경에 존재한다. 메테인 생성 세균은 지구상의 메테인 대부분을 생성하고 있으며 지구상의 탄소순환에 크게 기여한다. 하수나 가축 배설물의 무산소 생물처리에 주된 세균으로 중요하다.

메테인 이용 세균 methanotroph 메테인을 에너지와 탄소 원으로 사용하는 세균 또는 고균. 무산소 또는 산소 조건에서 자라며 주로 메테인이 생성되는 환경에서 발견된다.

메테인 탄화수소 methane hydrocarbon 메테인.

메티실린 methicillin 페니실린(penicillin)에 대해서 내성이 있는 세균을 대상으로 하는 반 합성 페니실린의 하나. 그람양성 세균, 그람음성 알세균, 바퀴살세균 따위에 효과가 있으나 내성세균의 출현으로 사용이 크게 줄고 있다.

메티실린 저항 누런 포도알세균 methicillin-resistant *Staphylococcus aureus* 베타-락탐 항생물질에 넓은 저항성을 얻은 누런 포도알 세균의 종을 통틀어 이르는 말.

메틸레드 methyl red 산성(피에이치 4.4 이하)에서 붉은색을 피에이치 6.2 이상에서 노란색을 띠는 피에이치 지시약. 아조 물감의 하나이다. 미생물학에서는 포도당의 혼합 산 발효 메커니즘으로 안정한 산을 생성하는 세균을 확인하는 메틸레드시험에 쓴다.

메틸레드시험 methyl red test 임빅 시험(IMViC test)의 하나. 시험 세균이 포도당을 발효하여 생성된 산(아세트산, 젖산, 폼산 따위)으로 배지의 피에이치가 크게 산성으로 되는 것을 확인하는 시험이다. 생성된 산으로 배지의 피에이치가 4.4 이하로 되어 메틸레드를 첨가하였을 때 붉은색을 나타내면 양성이며 음성의 경우에는 노란색을 나타낸다. 메틸레드시험의 양성 세균으로는 대장균 따위가 있다. 포게스-프로스카우어 시험의 양성 세균은 배지의 피에이치가 크게 산성으로 기울지 않고 메틸레드시험 음성으로 나타나므로 이론적으로는 메틸레드시험과 포게스-프로스카우어 시험 결과는 반대로 된다. 이 시험에는 메틸레드 포게스-프로스커우어 액체배지를 사용할 수 있으며 메틸레드시험의 정확한 판정을 위해서 35~37도에서 2일 이상 4일까지 배양 하여야 한다.

메틸레드 포게스-프로스커우어 액체배지 methyl red Voges-Proskauer broth 창자 세균 감별에 쓰는 액체배지. 포게스-프로스카우어 시험(Voges-Proskauer test)과 메틸레드 시험(methyl red test)에 쓴다. 이 배지의 성분은 펩톤, 포도당, 인산수소포타슘이다. 엠아르 브이피 액체배지(MR-VP broth), 포도당 인산염 액체배지(glucose phosphate broth) 또는 클라그-룹 배지(Clark-Lub medium)라고도 한다.

메틸렌블루 methylene blue 페노싸이아진(phenothiazine)의 유도체. 짙은 초록색 가루로 물에 녹아 푸른 용액이 된다. 분석화학에서 산화 환원 지시약으로 쓴다. 산화 환경에서는 푸른색을 띠고 환원제에 노출되면 무색이 된다. 식품산업에서는 우유나 우유 가공제품의 신선도 판정에 쓴다. 우유에 충분한 산소가 녹아 있으면 메틸렌블루를 몇 방울 떨어뜨리면 우유는 푸른색을 띠나 신선하지 않거나 세균 오염으로 산소 농도가 낮은 경우에는 무색을 띤다. 또 메틸렌블루는 물 거르개에 쓰는 활성탄소의 흡수 능력을 판정하는 데도 쓴다. 세균 조직이나 균체의 단순염색과 항산성염색(acid-fast stain)에 있어서 대비염색(counter stain)에도 쓴다. 세포염색에서 생 세포는 무색으로 나타나므로 효모 생사를 판별하는 데도 쓴다. 또 그람양성 세균의 생육을 억제하므로 에오신 메틸렌블루 우무배지(eosin methylene blue agar)에 첨가한다. 이 배지에서 대장균은 메틸렌블루의 색과 배지의 젖당 분해에 따른 산성화로 생기는 에오신 와이(eosin Y) 형광과 겹쳐서 금속광택이 있는 콜로니를 형성한다.

메틸렌블루 환원시험 methylene blue reduction test 우유에서 세균 존재를 간접적으로 조사하는 방법. 현재는 레사주린 시험을 쓰므로 지금은 거의 쓰지 않는다.

메틸로막대세균속 *Methylobacillus* 세균역(Bacteria) 슈도모나스문(Pseudomonadota) 베타가변세균강(Betaproteobacteria) 메틸로필루스목(Methylophilales) 메틸로필루스과(Methylophilaceae)의 그람음성 막대 모양 세균 속. 메틸 영양생물로 탄소 수가 한 개인 메테인이나 메탄올 따위를 유일한 탄소 원으로 한다. 바이오매스와 세포 밖 다당류 생산에 쓴다.

메틸로모나스 메타니카 *Methylomonas methanica* 세균역(Bacteria) 슈도모나스문(Pseudomonadota) 감마가변세균강(Gammaproteobacteria) 메틸로알세균목Methylococcales) 메틸로알세균과(Methylococcaceae) 메틸로모나스속(*Methylomonas*)의 그람음성 막대 모양 세균. 탄소 원으로 메테인을 이용하여 에너지를 얻는다. 호수, 연못, 만물 바닥 등지에서 발견된다.

메틸로모나스속 *Methylomonas* 세균역(Bacteria) 슈도모나스문(Pseudomonadota) 감마가변세균강(Gammaproteobacteria) 메틸로알세균목(Methylococcales) 메틸로알세균과(Methylococcaceae)의 그람음성 막대 모양 세균 속. 탄소 수가 한 개인 유기 화합물(메테인 따위)을 분해하여 탄소와 에너지의 급원으로 이용한다.

메틸로박터속 *Methylobacter* 세균역(Bacteria) 슈도모나스문(Pseudomonadota) 감마가변세균강(Gammaproteobacteria) 메틸로알세균목(Methylococcales) 메틸로알세균과(Methylococcaceae)의 그람음성 홀씨를 만들지 않는 막대 모양 세균. 메테인을 산화한다.

메틸로알세균과 Methylococcaceae 세균역(Bacteria) 슈도모나스문(Pseudomonadota) 감마가변세균강(Gammaproteobacteria) 메틸로알세균목(Methylococcales)의 세균 과. 이 과의 메틸로박터속(*Methylobacter*), 메틸로알세균속(*Methylococcus*), 메틸로모나스속(*Methylomonas*) 따위는 메테인을 탄소와 에너지원으로 이용할 수 있는 메테인 이용 세균(methanotroph)이다.

메틸로알세균목 Methylococcales 세균역(Bacteria) 슈도모나스문(Pseudomonadota) 감마가변세균강(Gammaproteobacteria)의 목.

메틸로알세균속 *Methylococcus* 세균역(Bacteria) 슈도모나스문(Pseudomonadota) 감마가변세균강(Gammaproteobacteria) 메틸로알세균목(Methylococcales) 메틸로알세균과(Methylococcaceae)의 그람음성 알 모양의 메테인 이용 세균 속. 진흙, 흙과 물에 살며 메테인, 메탄올, 메틸아민 따위의 탄소 한 개인 화합물이나 다이메틸아민, 트라이메틸아민 따위의 분자 안에 탄소-탄소 결합이 없는 화합물을 유일한 탄소원과 에너지원으로 이용할 수 있다.

메틸로알세균 캅술라투스 *Methylococcus capsulatus* 세균역(Bacteria) 슈도모나스문(Pseudomonadota) 감마가변세균강(Gammaproteobacteria) 메틸로알세균목(Methylococcales) 메틸로알세균과(Methylococcaceae) 메틸로알세균속(*Methylococcus*)의 그람음성 알 모양의 메테인 이용 세균. 단세포 단백질 생산에 쓴다.

메틸로필루스과 Methylophilaceae 세균역(Bacteria) 슈도모나스문(Pseudomonadota) 베타가변세균강(betaproteobacteria) 메틸로필루스목(Methylophilales)의 과.

메틸영양생물 methylotroph 탄소 원으로 메테인이나 메탄올 같은 일 탄소 화합물을 이용하는 세균과 고균.

메틸하이드라진 methylhydrazine 하이드라진 유도체의 하나. 휘발성으로 독성이 있는 발암물질이다. 마귀곰보버섯 따위에 들어있는 자이로미트린의 가수분해로 생긴다.

면국(麪麴) powder nuruk 밀가루로 만든 누룩.

면역성(免疫性) immunogenicity 항원이 면역계통의 세포 촉진 면역 반응을 유도할 수 있는 능력.

면역손상(免疫損傷) immunocompromised 면역 억제 약물 투여, 방사선 조사, 영양 부족이나 어떤 질병의 진행 과정으로 면역 반응이 약하게 되는 것.

명명법(命名法) nomenclature 과학 분야에서 생물, 화합물, 원소 따위의 특별한 대상에 이름을 붙이는 일. 일반적으로 국제 규약에 따라 정해진다. 생물 명명법에 대한 국제 규약으로는 국제 동물 명명규약, 국제 조류, 균류와 식물 명명규약, 국제 재배식물 명명규약, 국제 원핵생물 명명규약 따위가 있다.

모나스쿠스과 Monascaceae 진핵생물역(Eukaryota) 진균계(Fungi) 자낭균문(Ascomycota) 분가지버섯강(Eurotiomycetes) 분가지버섯목(Eurotiales)의 과.

모나스쿠스 루베르 *Monascus ruber* 진핵생물역(Eukaryota) 진균계(Fungi) 자낭균문(Ascomycota) 분가지버섯강(Eurotiomycetes) 분가지버섯목(Eurotiales) 모나스쿠스과(Monascaceae) 모나스쿠스속(*Monascus*)의 곰팡이. 붉은색, 노란색과 자주색 색소를 생산하며 쌀, 보리, 사일리지(silage) 따위에서 분리된다. 식품 가공에서 주류(알코올 발효 포함) 제조, 홍국 쌀 따위 곡류 제조, 콩 껍질에 접종하여 발효에만 쓸 수 있다.

모나스쿠스속 *Monascus* 진핵생물역(Eukaryota) 진균계(Fungi) 자낭균문(Ascomycota) 분가지버섯강(Eurotiomycetes) 분가지버섯목(Eurotiales) 모나스쿠스과(Monascaceae)의 곰팡이 속. 붉은색, 노란색과 자주색의 색소를 생산한다. 무성세대에서는 팡이실의 가지에 분생 홀씨가 2~3개 이어서 착생하며 유성생식의 경우에는 팡이실의 끝에 폐자낭각을 만들고 그 속에 주머니홀씨를 생성한다. 붉은 색소를 생성하기 때문에 콜로니는 선홍색을 나타낸다. 기준종은 모나스쿠스 루베르(*M. ruber*)이다.

모나스쿠스 안카 *Monascus anka* 모나스쿠스 푸르푸레우스(*Monascus purpureus*).

모나스쿠스 푸르푸레우스 *Monascus purpureus* 진핵생물역(Eukaryota) 진균계(Fungi) 자낭균문(Ascomycota) 분가지버섯강(Eurotiomycetes) 분가지버섯목(Eurotiales) 모나스쿠스과(Monascaceae) 모나스쿠스속(*Monascus*)의 곰팡이. 붉은색, 노란색과 자주색의 색소를 생산하며 붉은 색소인 모나스코루빈(monascorubine), 안카플래인(ankaflavin) 따위의 식용색소 제조에 쓴다. 식품 가공에서 주류(알코올 발효 포함) 제조, 홍국 쌀 따위 곡류 제조, 콩 껍질에 접종하여 발효에만 쓸 수 있다.

모노네기비이러스목 Mononegavirales 리보바이러스역(Riboviria) 오르토르나바이러스계(Orthornavirae) 네가르나바이러스문(Negarnaviricota) 몬지바이러스강(Monjiviricetes)의 바이러스 목.

모노드나바이러스역 Monodnaviria 원형 바이러스 유전체를 회전 환 복제(rolling circle replication)하는 에이치유에이치(HUH) 핵산내부가수분해효소(endonuclease)를 가지고 있는 외가닥 디엔에이 바이러스역. 에이치유에이치 핵산내부가수분해효소는 단일 가닥 디엔에이의 특정 순서에 결합하는 효소이며, 에이치유에이치(히스티딘-소수성-히스티딘)는 핵산내부가수분해효소 활성 부위의 아미노산 순서로서 유(U)는 소수성을 나타낸다.

모노메틸하이드라진 monomethylhydrazine 메틸하이드라진.

모니터링 monitoring ① 중요관리점에 설정된 한계 기준을 적절히 관리하고 있는지를 확인하기 위하여 수행하는 일련의 계획된 관찰이나 측정하는 행위. ② 일정한 시간 동안 제품, 방송 프로그램, 신문 기사 따위의 과정이나 질을 관찰하고 확인하는 일.

모닐리니아속 *Monilinia* 진핵생물역(Eukaryota) 진균계(Fungi) 자낭균문(Ascomycota) 두건버섯강(Leotiomycetes) 고무버섯목(Helotiales) 균핵버섯과(Sclerotiniaceae)의 곰팡이 속. 부생 또는 식물 기생 곰팡이이다. 자낭과는 측사(paraphysis)가 있으며 균핵으로부터 자낭반이 형성된다. 자낭은 단층벽이며 주로 여덟 개 자낭 홀씨를 형성한다. 사과, 배, 그 밖의 과일에 병원성이 있으며 잿빛무늬병(brown rot)을 일으키는 모닐리니아 푸룩티콜라(*M. fructicola*)와 모닐리니아 푸룩티게나(*M. fructigena*) 따위가 있다.

모닐리니아 프룩티게나 *Monilinia fructigena* 진핵생물역(Eukaryota) 진균계(Fungi) 자낭균문(Ascomycota) 두건버섯강(Leotiomycetes) 고무버섯목(Helotiales) 균핵버섯과(Sclerotiniaceae) 모닐리니아속(*Monilinia.*)의 곰팡이. 사과, 배, 자두, 복숭아 따위를 상하게 하는 식물 병원체이다.

모닐리니아 프룩티콜라 *Monilinia fructicola* 진핵생물역(Eukaryota) 진균계(Fungi) 자낭균문(Ascomycota) 두건버섯강(Leotiomycetes) 고무버섯목(Helotiales) 균핵버섯과(Sclerotiniaceae) 모닐리니아속(*Monilinia.*)의 곰팡이. 핵과(살구, 복숭아 따위)의 잿빛무늬병(brown rot)을 일으킨다.

모닐리아속 *Monilia* '모닐리니아속(*Monilinia*)'의 옛 이름.

모닐리엘라강 Moniliellomycetes 진핵생물역(Eukaryota) 진균계(Fungi) 담자균문(Basidiomycota)의 강.

모닐리엘라과 Moniliellaceae 진핵생물역(Eukaryota) 진균계(Fungi) 담자균문(Basidiomycota) 모닐리엘라강(Moniliellomycetes) 모닐리엘라목(Moniliellales)의 과.

모닐리엘라목 Moniliellales 진핵생물역(Eukaryota) 진균계(Fungi) 담자균문(Basidiomycota) 모닐리엘라강(Moniliellomycetes)의 목.

모닐리엘라속 *Moniliella* 진핵생물역(Eukaryota) 진균계(Fungi) 담자균문(Basidiomycota) 모닐리엘라강(Moniliellomycetes) 모닐리엘라목(Moniliellales) 모닐리엘라과(Moniliellaceae)의 곰팡이 속. 효모와 닮은 곰팡이로서 팡이실에 사이막이 있으며 주로 팡이실 끝으로부터 떨어지면서 연쇄적으로 형성되는 출아형 분생홀씨를 형성한다. 유사팡이실체나 후막홀씨도 존재한다. 분생 홀씨는 타원형 또는 원기둥 모양이며 세포벽은 여러 층으로 되어있다. 콜로니는 흰색~옅은 잿빛이며 표면은 매끄럽고 중심부는 양모와 비슷하다. 다이아조늄블루 비 반응(diazonium blue B reaction)은 양성이며 요소 가수분해효소를 생성한다.

모닐리엘라 수아베오렌스 *Moniliella suaveolens* 진핵생물역(Eukaryota) 진균계(Fungi) 담자균문(Basidiomycota) 모닐리엘라강(Moniliellomycetes) 모닐리엘라목(Moniliellales) 모닐리엘라과(Moniliellaceae) 모닐리엘라속(*Moniliella*)의 곰팡이. 호 지방성이며 내 건성으로 마가린, 치즈 따위의 우유 제품에서 분리되며 알코올 내성도 있다.

모닐리엘라 아세토아부텐스 *Moniliella acetoabutens* 진핵생물역(Eukaryota) 진균계(Fungi) 담자균문(Basidiomycota) 모닐리엘라강(Moniliellomycetes) 모닐리엘라목(Moniliellales) 모닐리엘라과(Moniliellaceae) 모닐리엘라속(*Moniliella*)의 곰팡이. 호산성이며 피클, 마요네즈, 샐러드드레싱, 식초 따위에서 분리된다. 곰팡이독소는 생성하지 않는다.

모닐리엘라 폴리니스 *Moniliella pollinis* 진핵생물역(Eukaryota) 진균계(Fungi) 담자균문(Basidiomycota) 모닐리엘라강(Moniliellomycetes) 모닐리엘라목(Moniliellales) 모닐리엘라과(Moniliellaceae) 모닐리엘라속(*Moniliella*)의 곰팡이. 사탕수수즙에서 에리트리톨(erythritol)을 생산한다.

모닐리포민 moniliformin 옥수수, 귀리, 밀, 호밀 따위의 곡물에 기생하는 푸사륨속의 곰팡이가 생산하는 독소. 사료의 오염원으로 가금에 치명적이다. 주로 심장 독성으로 심실비대를 일으킨다. 화학적으로는 데옥시스콰르산(deoxysquaric acid)의 소듐염이다.

모락셀라과 Moraxellaceae 세균역(Bacteria) 슈도모나스문(Pseudomonadota) 감마가변세균강(Gammaproteobacteria), 슈도모나스목(Pseudomonadales)의 한 과.

모락셀라 보비스 *Moraxella bovis* 세균역(Bacteria) 슈도모나스문(Pseudomonadota) 감마가변세균강(Gammaproteobacteria) 슈도모나스목(Pseudomonadales) 모락셀라과(Moraxellaceae) 모락셀라속(*Moraxella*)의 그람음성 산화 효소 양성 막대 모양 절대 산소 세균. 소의 각막결막염을 일으킨다. 이 전염 증상을 통틀어 핑크아이(pinkeye) 또는 뉴 포레스트 아이(New Forest eye)라고 한다.

모락셀라속 *Moraxella* 세균역(Bacteria) 슈도모나스문(Pseudomonadota) 감마가변세균강(Gammaproteobacteria) 슈도모나스목(Pseudomonadales) 모락셀라과(Moraxellaceae)의 그람음성 산화효소와 카탈레이스 양성 짧은 막대 모양 또는 알과 막대 중간 모양의 산소 세균 속. 자연계에 널리 분포하고 식품으로부터도 흔히 분리되며 동물이나 사람의 입안, 숨길 따위의 점막에 분포하고 숨길이나 눈 따위의 기회 병원체이다. 식품에서 분리되는 모락셀라속 세균은 병원성이 없다.

모락셀라 카타랄리스 *Moraxella catarrhalis* 세균역(Bacteria) 슈도모나스문(Pseudomonadota) 감마가변세균강(Gammaproteobacteria) 슈도모나스목(Pseudomonadales) 모락셀라과(Moraxellaceae) 모락셀라속(*Moraxella*)의 세균. 사람의 호흡기, 귀, 눈, 중심신경, 관절에 감염을 유발할 수 있다.

모로미 moromi ① 사케 술덧. 찐쌀, 고지, 효모와 물의 발효 혼합물. ② 장유 제조에서 콩 또는 밀 고지에 소금물을 넣고 발효한 액.

모르가넬라과 Morganellaceae 세균역(Bacteria) 슈도모나스문(Pseudomonadota) 감마가변세균강(Gammaproteobacteria) 창자세균목(Enterobacterales)의 과.

모르가넬라 모르가니이 *Morganella morganii* 세균역(Bacteria) 슈도모나스문(Pseudomonadota) 감마가변세균강(Gammaproteobacteria) 창자세균목(Enterobacterales) 창자세균과(Enterobacteriaceae) 모르가넬라속(*Morganella*)의 그람음성 산화 효소 음성 조건 무산소 곧은 막대 세균. 히스티딘 카복실기 떼기 효소의 활성이 강하여 히스티딘을 히스타민으로 만든다. 꽁치, 고등어, 참치, 다랑어, 방어 따위는 히스티딘이 많은 생선이며 이 세균이 증식하면 히스타민이 축적되어 히스타민 중독인 스콤브로이드 음식매개병을 일으킬 수 있다. 트레할로스를 발효할 수 없는 이종 모르가니이(subsp. *morganii*)와 트레할로스를 발효할 수 있는 아종 시보니이(subsp. *sibonii*)의 두 아종이 있다.

모르가넬라속 *Morganella* 세균역(Bacteria) 슈도모나스문(Pseudomonadota) 감마가변세균강(Gammaproteobacteria) 창자세균목(Enterobacterales) 창자세균과(Enterobacteriaceae)의 그람음성 조건 무산소

막대 모양 세균 속.

모젤와인 Moselle wine 모젤강 하류 지역(프랑스, 룩셈부르크와 독일)에서 생산하는 백포도주.

모주(母酒) moju 재강에 물을 타서 뿌옇게 걸러낸 술. 알코올함량은 약 1퍼센트이다.

목이(木耳) jelly ear, *Auricularia auricula-judae* 진핵생물역(Eukaryota) 진균계(Fungi) 담자균문(Basidiomycota) 주름버섯강(Agaricomycetes) 목이목(Auriculariales) 목이과(Auriculariaceae) 목이속(*Auricularia*)의 먹는 버섯. 갓은 지름 2~6센티미터로 사람 귀와 비슷한 모양이며 적갈색이다. 여름부터 가을까지 죽은 넓은잎나무에서 많이 나는 목재 부후곰팡이이다. 한방에서는 적리, 치질 따위에 약재로 쓴다. 참나무 원목에 재배한다. 전 세계에 분포한다.

목이과(木耳科) Auriculariaceae 진핵생물역(Eukaryota) 진균계(Fungi) 담자균문(Basidiomycota) 주름버섯강(Agaricomycetes) 목이목(Auriculariales)의 과.

목이목(木耳目) Auriculariales 진핵생물역(Eukaryota) 진균계(Fungi) 담자균문(Basidiomycota) 주름버섯강(Agaricomycetes)의 목. 아래에는 목이과가 있다.

목이속(木耳屬) *Auricularia* 진핵생물역(Eukaryota) 진균계(Fungi) 담자균문(Basidiomycota) 주름버섯강(Agaricomycetes) 목이목(Auriculariales) 목이과(Auriculariaceae)의 속. 먹을 수 있는 것으로는 목이 따위가 있다.

몬지바이러스강 Monjiviricetes 리보바이러스역(Riboviria) 오르토르나바이러스계(Orthornavirae) 네가르나바이러스문(Negarnaviricota)의 강.

몰리쿠테스강 Mollicutes 세균역(Bacteria) 미코플라스마문(Mycoplasmatota)의 강. 세포 크기가 매우 작으며 세포벽이 없는 세포 안팎의 기생 세균으로 대표 속은 미코플라스마속(*Mycoplasma*)이다. 고체배지에서 반숙 달걀 모양의 콜로니를 만든다.

몰트 위스키 malt whisky 엿기름만으로 만든 위스키. 스코틀랜드에서 유래한 위스키이다.

묄러 기초배지 Moeller basal broth 그람음성 창자 막대세균의 생화학적 구별에 쓰는 배지. 이 배지에 아미노산인 아르지닌, 라이신, 오니틴 따위를 첨가하여 각 아미노산의 카복실기떼기효소(decarboxylase)의 생산 여부를 확인하는 데 쓴다.

무데기만가닥버섯 *Lyophyllum cinerascens* 진핵생물역(Eukaryota) 진균계(Fungi) 담자균문(Basidiomycota) 주름버섯강(Agaricomycetes) 주름버섯목(Agaricales) 만가닥버섯과(Lyophyllaceae) 만가닥버섯속(*Lyophyllum*)의 먹는 버섯. 갓은 지름 0.5~1.5센티미터로 편평하고 가운데가 조금 볼록하며 잿빛에 밤색을 띤다. 여름부터 가을에 걸쳐 참나무 숲, 소나무 숲 따위의 땅에 난다. 한국, 중국, 일본, 유럽, 북아메리카 등지에 분포한다.

무 가스 사워 부패 flat sour spoilage 통조림 상함의 한 형태. 미생물의 증식에 따른 산 생성으로 캔의 내용물이 상하는 현상이다. 이때 가스 생성은 없으므로 캔은 부풀지 않아 겉으로는 상한 정도를 알 수 없다. 원인 세균은 호열성 게오막대세균 스테아로열필루스(*Geobacillus stearothermophilus*), 막대세균 페포(*B. pepo*)와 내산성 막대세균 코아굴란스(*B. coagulans*) 따위이다. 저 산성식품의 통조림에서 살균 뒤 냉각이 불충분하거나 저장온도가 40도 이상일 때 일어날 수 있다.

무균(無菌) asepsis ① 세균, 바이러스와 다른 미생물이 없음. ② 수술하는 동안 세균과 다른 미생물을 차단함.

무균(無菌) germ-free 미생물, 특히 병을 일으키는 미생물이 존재하지 않는 상태.

무균(無菌) sterility 세균 또는 다른 살아 있는 미생물이 없는 상태. 살균 대상물에서 모든 미생물을 죽이거나 없애어 미생물이 생장할 수 없는 상태를 이른다.

무균 가공(無菌加工) aseptic processing 살균한 식품을 무균 환경에서 미리 살균한 용기에 채워 넣고 밀봉하는 과정. 우유, 우유 제품, 주스, 수프, 소스 포장에 이용한다. 일반적인 통조림 과정보다 텍스처, 색, 향미와 영양 값이 좋아진다.

무균 거르기 sterile filtration 거름막을 써서 미생물을 없애거나 수를 줄이기 위한 거름 기술. 주로 기체, 물 또는 가용성이며 열에 변성 또는 분해되기 쉬운 배지, 시약, 의약품 따위에서 미생물을 없앨 목적으로 쓴다. 액체에 쓰는 장치로는 뎁스 거르개(depth filter)와 스크린 거르개(screen filter)가 있다. 뎁스 거르개는 제균을 위한 재질로 도토(Chamberland형), 규조토(Berkefeld형), 세라믹(ceramic), 신터드 유리(sintered glass), 석면판(asbestos filter plate) 따위를 이용하며 스크린 거르개인 막 거르개는 미세한 구멍(지름: 0.1~0.45마이크로미터)이 있는 셀룰로스 나이트레이트(cellulosenitrate, collodion), 셀룰로스 아세테이트(cellulose acetate), 나이론(nylon), 폴리카보네이트(polycarbonate), 폴리테트라플루오로에틸렌(polytetrafluoroethylene, Teflon), 폴리바이닐리덴(polyvylidene) 따위의 필름을 이용한다. 무균 공기를 얻기 위해서는 원통 용기에 면, 석면 또는 유리섬유나 고체 입자를 채우거나 이들을 판 모양으로 가공한 것, 폴리바이닐알코올(polyvinyl alcohol) 따위의 합성수지를 열처리한 것 따위를 충전한 뎁스 공기거르개가 이용된다. 또 유리섬유로 만든 거름종이를 이용한 헤파필터(high efficiency particulate air filter, HEPA filter)와 성능이 더욱 향상된 울파필터(ultra low penetration air filter, ULPA filter)는 입자에 대한 포집 효율이 높아 공기에 떠도는 미생물 제거에 이용된다. 뎁스 거르개는 비교적 대량의 입자를 제거하는 데 적합하며 완전한 제균을 보장할 수 없는 데 대해서 막 거르개는 완전한 제균이 보장되나 거르기 진행에 따라 구멍이 막혀서 효율이 떨어지는 단점이 있다.

무균 공기(無菌空氣) sterile air 살균이나 제균한 공기.

무균 동물(無菌動物) germ-free animal 미생물이나 기생충이 없는 실험동물. 무균 환경에서 키운 것으로 대표적인 것으로 생쥐와 쥐가 있다.

무균 돼지 germ-free pig 특정한 기생충이나 병원 세균이 없는 돼지.

무균 배양(無菌培養) sterile culture 다른 미생물이 오염되지 않게 하면서 목적하는 미생물만을 키우는 일.

무균 시료 채취(無菌試料採取) aseptic sampling 미생물로 오염되지 않는 방법으로 시료를 취함.

무균 시험(無菌試驗) aseptic test 모든 살아 있는 세포와 홀씨가 존재하지 않는 상태를 확인하기 위한 시험. 항온시험과 세균시험이 있다. 항온시험에서는 각종 세포나 바이러스 따위의 증식이 가능한 배지 또는 환경에 시료를 접종하고 일정 온도를 유지하여 이들이 존재하지 않는 것을 확인한다. 또 용기에 포장한 가압 가열 식품의 경우에는 35도에서 14일간 보존하여 포장 용기의 변형이나 내용물의 유출 여부를 관찰한다. 정상 시료는 다시 싸이오글리콜산염 배지(thioglycolate medium)를 이용한 세균시험을 통하여 세균의 발육 여부를 확인한다.

무균 우유(無菌牛乳) sterilized milk 우유의 모든 미생물을 완전히 죽인 우유.

무균 조작(無菌操作) aseptic processing 미생물을 취급하는 과정에서 외부에서 다른 미생물이 오염되지 않도록 하는 일 또는 그 방법.

무균 조작대(無菌操作臺) clean bench 세포나 미생물 실험을 할 때 외부로부터 불순물이나 다른 미생물이 오염되지 않도록 내부와 외부를 차단, 격리하는 장치를 갖춘 실험대.

무균 충전(無菌充塡) aseptic filling 식품을 살균한 뒤 미생물이 오염되지 않도록 용기에 채움.

무균 충전 포장기(無菌充塡包裝機) aseptic filling packaging machine 무균충전과 포장에 쓰는 장치.

무균 포장(無菌包裝) aseptic packaging 살균한 식품을 무균 환경에서 무균 포장재에 채워 넣고 밀봉하는 기술. 무균가공과 같은 개념이다.

무기질 변형 글루탐산 배지 minerals modified glutamate medium, MMGM 액체배지는 물에 있는 대장균군 수 시험에, 고체배지는 베타-글루쿠론산 가수분해효소에 양성인 대장균 수 시험에 쓴다.

무당버섯 *Russula emetica* 진핵생물역(Eukaryota) 진균계(Fungi) 담자균문(Basidiomycota) 주름버섯강(Agaricomycetes) 무당버섯목(Russulales) 무당버섯과(Russulaceae) 무당버섯속(*Russula*)의 독 버섯. 갓은 지름 10~20센티미터로 둥근 산 모양으로 가운데가 볼록하며 습기가 있을 때 약간 끈적이고 색은 갈색, 포도주색, 누르스름한 연두색 따위로 다양하다. 여름과 가을에 바늘잎나무, 넓은잎나무 숲에 모여 난다, 한국, 일본, 중국, 유럽, 북아메리카 등지에 분포한다.

무당버섯과 Russulaceae 진핵생물역(Eukaryota) 진균계(Fungi) 담자균문(Basidiomycota) 주름버섯강(Agaricomycetes) 무당버섯목(Russulales)의 과.

무당버섯목 Russulales 진핵생물역(Eukaryota) 진균계(Fungi) 담자균문(Basidiomycota) 주름버섯강(Agaricomycetes)의 목. 무당버섯과, 노루궁뎅이과 따위가 있다.

무당버섯속 *Russula* 진핵생물역(Eukaryota) 진균계(Fungi) 담자균문(Basidiomycota) 주름버섯강(Agaricomycetes) 무당버섯목(Russulales) 무당버섯과(Russulaceae)의 속. 먹는 것으로는 무당버섯 따위가 있다.

무람산 muramic acid 젖산과 글루코사민의 에테르 화합물. 화학적으로는 아미노 당 산(amino sugar acid)이다. 세균의 세포벽을 구성하는 펩티도글리칸에 엔-아세틸무람산으로 존재한다.

무레인 murein 펩티도글리칸.

무름병 soft rot 과일이나 남새가 무름병세균에 감염되어 조직이 분해되고 악취가 나며 썩어 문드러지는 병.

무름병세균 soft rot bacterium, *Pectobacterium carotovorum* 세균역(Bacteria) 슈도모나스문(Pseudomonadota) 감마가변세균강(Gammaproteobacteria) 엔테로박터목(Enterobacterales) 펙토세균과(Pectobacteriaceae) 펙토세균속(*Pectobacterium*)의 그람음성 세균. 식물 병원체로 펙틴 가수분해효소를 생산하여 세포 사이의 펙틴을 분해하여 무름병을 일으킨

다. 숙주는 과일, 남새(홍당무, 감자, 잎채소, 호박, 양파 따위), 식물조직 따위로 광범위하다. 농산물의 수확 뒤 손실과 관련하여 매우 중요한 병원체이다.

무 사이막 팡이실 aseptate hypha 사이막이 생기지 않는 팡이실. 생장할 때 세포분열이 일어나지 않는다. 편모균류와 접합균류에서는 생식기관을 만드는 경우를 제외하면 평생 사이막이 없는 팡이실 상태를 유지한다.

무산소 달걀노른자 우무배지 anaerobic egg yolk agar 무산소 그리고 미산소 미생물 배양에 쓰는 선택배지.

무산소 미생물(無酸素微生物) anaerobic microorganism 생장에 산소를 요구하지 않는 미생물. 주로 단세포 세균으로 소 혹위에 사는 세균, 등뼈동물의 창자 세균, 심해의 세균 따위이다. 대부분 진균은 절대 산소 미생물이다.

무산소 발효(無酸素醱酵) anaerobic fermentation 산소가 없는 상태에서 미생물이 탄수화물을 분해하는 일. 효모의 알코올 발효, 젖산 세균의 젖산발효 따위가 있다. 산업적으로는 메테인발효, 아세톤-뷰탄올발효 따위도 포함한다.

무산소 배양(無酸素培養) anaerobic culture 산소가 없는 상태에서 세균을 기름. 조건 무산소 세균을 위한 무산소 조건 배양 또는 싸이오글리콜산(thioglycolic acid) 따위의 환원제를 넣어서 배지의 산화 환원 전위를 낮추는 배양이 있다. 가스가 투과하지 않는 라미네이트 필름(laminate film)으로 만든 파우치(pouch)에 무산소 세균이 들어있는 시료와 녹인 우무배지를 넣어서 잘 섞고 기포를 제거한 다음 파우치를 밀봉하여 그대로 배양하는 무산소 파우치법도 있다.

무산소배양 통 anaerobic jar 세균의 무산소배양에 쓰는 용기. 금속, 유리 또는 플라스틱으로 된 용기는 밀폐할 수 있는 뚜껑이 있고 필요에 따라 공기의 배출과 흡입을 위한 밸브나 압력계가 장착되어 있다. 진공펌프로 용기의 공기를 빨아낼 수 있는 형과 그렇게 할 수 없는 형이 있다. 전자는 가스치환법(gas displacement method)이 이용되고 후자는 가스팩법(gas pak method)을 이용하여 무산소 조건을 만들 수 있다. 그 밖에 섬유 상태의 강철을 사용하는 강철 울 법(steel wool method)이 있다.

무산소 생물처리(無酸素生物處理) anaerobic biological treatment 가축분뇨, 하수 따위의 유기물을 메테인발효하는 생물폐수 처리의 하나. 메테인발효는 수분 약 90퍼센트 정도의 액체를 발효하는 습식법과 수분 70퍼센트 이상의 반고체 상태에서 발효하는 건식법이 있다. 습식법은 축사의 가축분뇨 따위에 이용하고 건식법은 도시의 쓰레기 처리 따위에 이용한다. 처리탱크에서 생성된 메테인은 연료로 쓴다.

무산소 생화학 처리(無酸素生化學處理) anaerobic biochemical treatment 무산소 미생물이 유기물을 분해하는 일.

무산소생활(無酸素生活) anaerobiosis 산소가 없는 상태에서의 삶.

무산소성(無酸素性) anaerobic ① 산소가 없는 상태에서 잘 자라는 성질. ② 대기 가운데 산소가 없는 상태. 또는 물속에 용존 산소가 없는 상태.

무산소 세균(無酸素細菌) anaerobic bacterium 산소가 없는 상태에서 살 수 있는 세균. 악티노미세스, 비피도세균, 프로피온산세균, 클로스트리듐, 박테로이데스 따위의 속이 있다. 산소가 있으면 자랄 수 없는 절대 무산소세균과 산소가 있어도 또는 없어도 살 수 있으나 산소 없이 더 잘살 수 있는 조건 무산소세균이 있다. 산소를 이용할 수는 없으나 공기 중에서도 생존에 영향이 없는 세균은 산소내성세균(aerotolerant bacterium)이라고 한다. 사람에서는 피부, 점막, 위창자길에서 발견된다. 막창자꼬리염(appendicitis), 곁주머니염(diverticulitis) 따위에 중요한 역할을 한다.

무산소 소화(無酸素消化) anaerobic digestion 미생물이 산소가 없는 상태에서 생분해 물질을 분해하는 일련의 과정. 산업 폐기물 관리 또는 연료 생산에 이용한다. 발효식품과 발효 음료 제품 생산은 대부분 무산소분해를 이용한다. 메테인생성 고균은 무산소 폐수 처리에 중요한 역할을 한다.

무산소 장갑 상자 anaerobic glove box 외부로부터 손을 넣어 조작할 수 있도록 한 쌍의 고무장갑이 붙어 있는 무산소 환경 상자. 상자 안은 혼합 가스(예; 수소 10퍼센트, 이산화탄소 5퍼센트, 질소 85퍼센트)로 채워져 있고, 팔라듐(Pd) 촉매 작용으로 산소는 제거된다.

무산소 파우치 anaerobic pouch 가스가 투과하지 않는 라미네이트 필름(laminate film)으로 만든 파우치에 시료를 접종한 페트리접시를 넣고 밀봉하여 그대로 배양할 수 있는 무산소배양 용기.

무산소 호흡(無酸素呼吸) anaerobic respiration 산소가 없는 상태에서 이루어지는 호흡. 산소 대신에 다른 물질(이산화탄소, 철, 푸마르산, 아질산염, 산화질소, 황, 황산염 따위)을 최종 전자 받개로 이용하는 호흡이다.

무성(無性) asexuality ① 같은 종의 개체에 암컷과 수컷의 성의 구별이 없는 것. 또는 성 기관이 없는 것. ② 무성생식.

무성 생식(無性生殖) asexual reproduction 배우자의 융합 없이 어버이와 똑같은 유전 구조를 갖는 자손을 낳는 생식. 생식은 이분법, 출아, 무성 홀씨 형성 또는 영양 번식으로 일어날 수 있다. 진핵생물의 무성생식에서는 모든 세포분열이 유사 분열에 의한다.

무성 세대(無性世代) anamorph 자낭균문(Ascomycota)과 담자균문(Basidiomycota) 진균 가운데 무성생식만으로 증식하는 진균.

무성 홀씨 asexual spore 진균에서 무성으로 체세포분열에 따라 형성되는 홀씨. 분생 홀씨(conidium)와 주머니 홀씨가 있으며 자낭균문(Ascomycota)과 담자균문(Basidiomycota)의 무성세대에서 볼 수 있다. 그 밖에 후막 홀씨(chlamydospore), 운동 홀씨(zoospore) 따위가 있다.

무시몰 muscimol 광대버섯에 들어있는 독 성분의 하나. 신경계통의 기능을 변화시키는 정신 작용제이다.

무스카린 muscarine 독성 알칼로이드의 하나. 광대버섯이나 그 밖의 버섯류에 들어 있다. 눈알 조절 경련, 순환성 쇼크, 혼수 따위를 일으킨다. 혈압을 내리게 하고, 샘의 분비를 촉진하며, 위장을 수축시키는 작용을 한다. 의약품으로는 쓰지 않는다.

무증상 감염(無症狀感染) symptom-less infection 미생물에 감염되었으나 눈에 띄는 병리 증세가 없는 상태.

무코르과 Mucoraceae 털곰팡이과.

무코르목 Mucorales 털곰팡이목.

무코르속 *Mucor* 털곰팡이속.

무홀씨 곰팡이 mycelia sterilia 어떤 종류의 홀씨도 만들지 않는 곰팡이 그룹.

무홀씨균강 Agonomycetes 진핵생물역(Eukaryota) 진균계(Fungi) 불완전균문(Deuteromycota)의 강.

문배주 munbaeju 좁쌀 누룩을 수수밥과 섞어 빚은 뒤 발효하여 증류한 소주. 육 개월에서 일 년 동안 숙성한다. 알코올 농도는 40퍼센트 정도이며 빛깔은 누런 갈색을 띤다. 서울의 특산종인 장미과(Rosaceae)의 갈잎 넓은잎 큰키나무인 문배나무(*Pyrus ussuriensis* var. *seoulensis*)와 비슷한 향기가 나서 붙은 이름이다. 고려 왕건 시대부터 내려온 평양 일대의 소주로서 1986년도에 중요 무형문화재 제86호로 지정되었다.

물곰팡이 water mold 크로미스타계(Chromista) 난균강(Oomycota) 물곰팡이목(Saprolegniales)의 실 모양의 곰팡이 같은 생명체를 통틀어 이르는 말. 민물 또는 젖은 흙에서 산다. 대부분 종은 부생성이며 일부는 물고기, 식물, 말무리, 원생동물과 바다 민등뼈동물에 병을 일으킨다. 무성 홀씨로 생식한다.

물곰팡이목 Saprolegniales 진핵생물역(Eukaryota) 유색조식물계(Chromista) 난균문(Oomycota) 난균강(Oomycetes)의 곰팡이 목. 민물 곰팡이가 많다.

물나선세균속 *Aquaspirillum* 세균역(Bacteria) 슈도모나스문(Pseudomonadota) 베타가변세균강(Betaproteobacteria) 네이세리아목(Neisseriales) 네이세리아과(Neisseriaceae)의 크기가 작은 나선형 산소 세균. 민물에 산다.

물매개 감염 waterborne infection 병원체인 미생물이 오염된 물을 통해 동물이나 식물 몸 안에 들어가 자라는 일.

물소독 disinfection of water 물속의 병원 미생물 또는 유해 미생물을 없앰. 물리적 방법으로는 가열 살균법, 거르기법이 있고 화학적 방법으로는 염소 처리법, 자외선 살균법, 이온 처리법이 있다. 가장 경제적이고 널리 쓰는 방법은 염소 처리이다.

물중탕 heat in a water bath, water-bath heating 물을 열전달 매개체로 하여 가열함.

묽힘 평판법 dilution plate method 식품에 사는 미생물의 계수와 분리를 위한 배양법.

뮤코이드 콜로니 mucoid colony 우무배지 위에 발육한 원형이며 투명한 점질물로 덮인 광택이 있는 콜로니. 이를 생산하는 세균 종으로는 클레브시엘라, 창자세균 따위가 있다.

뮤타노라이신 mutanolysin EC 3.2.1.17 세포벽의 펩티도글리칸-탄수화물 중합체의 베타-엔-아세틸무라밀-(1,4)-엔-아세틸글루코사민 결합을 끊는 반응을 촉매하는 효소. 라이소자임과 비슷하다. 스트렙토미세스 글로비스포루스(*Streptomyces globisporus*)에서 얻는다. 사슬알세균속, 창자알세균속, 리스테리아속, 젖당막대세균속, 젖당알세균속 따위의 그람양성세균의 세포벽을 용해하여 디엔에이를 분리하는 데 쓴다.

뮤타스테인 mutastein 아스페르길루스 테레우스(*Aspergillus terreus*)에서 얻는 당단백질. 사슬알세균 무탄스(*Staphylococcus mutans*)의 글루코실기 전달 효소에 작용하여 물에 녹지 않는 글루칸 합성을 억제한다.

뮬러-힌톤 우무배지 Mueller-Hinton agar 임질세균(*Neisseria gonorrhoese*)이나 수막염 세균(*Neisseria meningitidis*)의 분리에 쓰는 배지. 현재는 종이 원반(paper disk)을 사용한 퍼짐법(diffusion method)이나 액체 묽힘법(broth dilution method)에 따른 항생제 감수성 시험(antibiotic susceptibility test) 배지로 널리 쓴다. 펩톤에 들어있는 파라-아미노벤조산은 항균작용을 하는 설폰아마이드(sulfonamide)와 길항작용

을 하므로 이 배지에는 펩톤 대신에 카세인의 가수분해물인 카사미노산(casamino acid)이 들어있다.

미국식품안전검사국(美國食品安全檢查局) Food Safety and Inspection Service, FSIS 미국농무부(United States Department of Agriculture, USDA) 산하의 식품안전과 검사국. 식품 생산과 가공 과정에서 안전과 위생 기준을 준수하도록 감독하고 소비자를 위해 안전한 식품 공급의 보장에 관련된 검사 업무를 수행하고 있다.

미국식품의약국(美國食品醫藥國) Food and Drug Administration, FDA 미국 보건복지부 소속 연방 정부 기관. 식품, 의약품과 화장품에 대한 관리 규제를 하는 기관이다. 대부분 식품의 규격과 기준 제정, 영양소 기준, 약품, 백신, 의학 관련 물품, 혈액 관련 물품, 의료 기구, 방사능 측정 기구, 화장품에 이르기까지 다양한 분야의 안전 규칙을 정한다.

미국 위스키 American whisky 미국에서 만드는 위스키. 엿기름을 쓰는 스카치위스키와는 달리 주로 옥수수를 써서 만든다. 대표적인 것은 버번이다.

미국질병통제예방센터 Center for Disease Control and Prevention, CDC 미국 연방 정부 부처인 보건복지부 산하의 기관. 건강 정보를 제공하고, 공중보건과 안전을 개선하기 위하여 질병 예방과 통제 수준을 개선하고 동시에 환경 보건, 산업안전 보건, 건강증진, 상해 예방, 건강교육 따위의 다양한 분야의 정책을 담당하고 있다.

미끄럼 세균 gliding bacterium 편모는 없으나 물기가 있는 고체 겉면에서 미끄러지듯 움직일 수 있는 세균. 다세포성 자실체를 형성하는 점액 세균, 오염된 물과 오니에서 흰 띠를 형성하는 황 산화 세균 따위의 사상세균, 남세균, 믹소세균(myxobacterium), 시토파가(cytophaga), 플라보세균(flavobacterium)과 미코플라스마 따위이다.

미끄럼 운동성 gliding motility 일부 막대 모양 세균이 편모 도움 없이 겉면 위를 미끄러지듯 움직일 수 있는 능력. 보통 세포의 긴 축 방향으로 겉면을 따라 움직인다. 움직임은 생물 막, 흙, 미생물 매트 따위이 주로 단단하고 수분 함량이 적은 겉면에서 주로 볼 수 있다.

미들부르크 7에이치10 우무배지 middlebrook 7H10 agar 미코세균속(*Mycobacterium*) 특히 결핵세균(*Mycobacterium tuberculosis*)의 배양에 특별히 사용하는 고체 생장 배지.

미로테슘 로디둠 *Myrothecium rodidum* 진핵생물역(Eukaryota) 진균계(Fungi) 자낭균문(Ascomycota) 구멍공버섯강(Sordariomycetes) 동충하초목(Hypocreales) 스타키보트리스과(Stachybotryaceae) 미로테슘속(*Myrothecium*)의 곰팡이. 식물 병원체로서 진균 독소인 미로톡신 비(myrotoxin B)를 생산한다.

미로테슘 베루카리아 *Myrothecium verrucaria* 진핵생물역(Eukaryota) 진균계(Fungi) 자낭균문(Ascomycota) 구멍공버섯강(Sordariomycetes) 동충하초목(Hypocreales) 스타키보트리스과(Stachybotryaceae) 미로테슘속(*Myrothecium*)의 곰팡이. 식물 병원체로 전 세계에 분포한다. 셀룰로스 가수분해효소, 자일란 가수분해효소 따위를 얻는다.

미로테슘속 *Myrothecium* 진핵생물역(Eukaryota) 진균계(Fungi) 자낭균문(Ascomycota) 구멍공버섯강(Sordariomycetes) 동충하초목(Hypocreales) 스타키보트리스과(Stachybotryaceae)의 곰팡이 속.

미린(味醂) mirin 찐 찹쌀을 쌀 고지(*Aspergillus oryzae*)로 당화 한 뒤 소주(알코올 함량 40퍼센트 정도)를 섞어 20∼30도에서 40∼60일 동안 숙성하여 거른 이본 조미액. 알코올 함량은 약 14퍼센트이다. 주로 조림이나 생선 음식 따위의 조미에 쓴다.

미생물(微生物) microorganism, microbe 세균, 진균(효모, 곰팡이 따위), 말무리, 바이러스, 원생동물을 통틀어 이르는 말. 대부분의 미생물은 현미경으로나 볼 수 있는 작은 생물이다.

미생물 감지기(微生物感知器) microbial sensor 분석물질에 작용하는 미생물 작용을 측정 가능한 신호로 바꾸는 물리 변환기. 미생물의 효소 반응을 이용한 특정 아미노산 정량에 쓰는 센서, 미생물 호흡에 따른 산소 소비량으로부터 물 오염도 측정에 쓰는 비오디(BOD) 센서 따위이다.

미생물 균주 보존 기관(微生物菌株保存機關) culture collection 균주 은행.

미생물 기법(微生物技法) microbiological technique 미생물 연구 또는 미생물을 다루는 데 쓰는 기본 기법. 무균 기법, 배양 기법, 다른 미생물 확인 기법, 미생물 수를 세는 기법 따위이다.

미생물 기술(微生物技術) microbial technology 경제성이 있는 세균, 효모, 곰팡이와 바이러스의 생산과 이용 그리고 미생물 대사산물과 관련한 기술에 대한 검토를 다루는 일.

미생물 농약(微生物農藥) microbial pesticide 세균, 바이러스 따위를 써서 농작물의 해충이나 병균 따위를 죽이는 생물농약. 화학 농약의 환경오염과 해충의 면역성이 염려되어 개발된 것이다. 가장 일반적인 것은 비티(BT)세균(*Bacillus thuringiensis*)이다.

미생물단백질(微生物蛋白質) microbial protein 단세포 단백질.

미생물대사(微生物代謝) microbial metabolism 미생물에서 일어나는 생리 화학 반응.

미생물레닛 microbial rennet 미생물이 생산하는 우유 응고효소. 동물 레닛 대용으로 쓴다. 곰팡이인 리조뮤코르 미에헤이(*Rhizomucor miehei*), 리조뮤코르 푸실루스(*R. pusillus*) 따위가 생산하는 우유 응고효소가 있다. 동물 레닛보다 경제적이고 채식주의자도 이용할 수 있고 저장성이 좋으며 쉽게 생산할 수 있으며 단백질 가수분해 활성이 더 높은 장점이 있다.

미생물막(微生物膜) biofilm 미생물 세포들이 스스로 생산한 세포 밖 단백질, 다당류 따위의 점착성 고분자 물질에 의해 생물 또는 무생물 겉면에 달라붙은 집합체.

미생물 매트 microbial mat 약 2센티미터 두께의 매트를 형성하는 미생물 군집. 특히 온천과 수심이 얕은 바다 환경에서 볼 수 있다. 표층은 주로 남세균, 중간층은 산소를 생성하지 않는 광합성 세균이며 아래층은 화학 영양세균으로 되어있다.

미생물명명법(微生物命名法) nomenclature of microorganism 국제 명명규약에 따라 미생물의 이름을 붙이는 일. 바이러스는 바이러스의 분류와 명명(Classification and Nomenclature of Viruses), 세균과 고균은 국제 원핵생물 명명규약(International Code of Nomenclature of Prokaryotes) 그리고 효모, 곰팡이, 버섯 따위의 진균(fungus)과 말무리(algae)는 국제 말무리, 진균류와 식물 명명규약(International Code of Nomenclature for algae, fungi, and plants, ICN)에 따른다.

미생물무리 microflora 미생물상(microbiota).

미생물변질(微生物變質) microbial spoilage 미생물의 영향으로 식품 따위의 품질이 나빠지거나 상함.

미생물살충제(微生物殺蟲劑) microbial insecticide 해충에 병원체로 작용하거나 해충을 죽이는 데 쓰는 세균. 미생물농약의 하나이다.

미생물상(微生物相) microbiota 특정한 자리, 서식지 또는 지질 시대의 미생물. 세균, 고균, 원생동물, 진균과 바이러스를 포함한다. 인간 미생물상은 세균, 진균, 고균과 바이러스를 포함하며 몸에 사는 미세 동물은 제외한다. 창자 속 미생물상, 발효식품의 미생물상, 흙의 미생물상 따위이다. 미생물상에 대한 해석은 미생물의 서식 장소인 환경을 이해할 수 있을 뿐 아니라 미생물 억제 방법의 개발이나 새로운 기능을 가진 미생물의 발견으로 이어진다.

미생물생체량(微生物生體量) microbial biomass 일정 지역 안에 있는 단위 부피당 또는 단위 질량당 미생물 총질량.

미생물생태학(微生物生態學) microbial ecology 미생물 사이의 관계 그리고 주변 환경과의 관계를 다루는 학문.

미생물수(微生物數) microbial count 주어진 시료에 있는 미생물의 수.

미생물억제단백질(微生物抑制蛋白質) antimicrobial protein 세균, 바이러스, 진균 따위의 세포막을 파괴하여 세포를 죽이거나 세포 안의 디엔에이, 아르엔에이 또는 다른 단백질과 결합하여 세포 안 기능을 억제하는 작은 펩타이드. 시토카인(cytokine), 라이소자임, 락토페린, 디펜신(defensin) 따위가 있다. 중성 백혈구, 단핵 백혈구, 큰 포식 세포 따위가 분비한다.

미생물억제스펙트럼 antimicrobial spectrum 항생물질이나 미생물억제제가 생장을 멈추게 하는 미생물 범위.

미생물억제작용(微生物抑制作用) antimicrobial action 미생물 생장을 멈추게 하는 일.

미생물억제제(微生物抑制劑) antimicrobial 미생물의 생장을 멈추게 하는 항생물질이나 화학 요법제.

미생물억제제저항성(微生物抑制劑抵抗性) antimicrobial resistance 세균, 바이러스와 곰팡이가 시간이 지남에 따라 유전적으로 변화하여 치료 효과가 있었던 미생물 생장을 멈추게 하는 약에 대하여 반응하지 않는 성질.

미생물 억제 포장 필름 antimicrobial packaging film 식품 따위의 유통이나 보존에서 미생물 생장을 멈추게 하는 필름.

미생물억제활성검정법(微生物抑制活性檢定法) method of antimicrobial activity assay 어떤 물질이나 조건에서 미생물에 대한 억제력을 측정하기 위한 실험법.

미생물예측모델 predictive microbiology model 일정한 환경 조건에서 미생물의 생장 상태를 예측할 수 있는 수식 모델.

미생물오염(微生物汚染) microbial contamination 식품이나 주어진 환경에 미생물이 밖에서 흘러들어 옴.

미생물유전학(微生物遺傳學) microbiological genetics 미생물 유전을 연구하는 학문.

미생물적검정(微生物的檢定) microbioassay 미생물을 이용하여 어떤 물질의 생리 기능성을 분석하는 일.

미생물적품질(微生物的品質) microbiological quality 식품이 미생물에 오염된 정도.

미생물 제거(微生物除去) removal of microorganism 식품에 있는 미생물을 없애거나 그 수를 줄이는 일. 주로 원심분리, 거르기, 다듬기와 씻기 따위의 물리 방법을 쓴다.

미생물 조절(微生物調節) microbial control 미생물 생장을 억제하거나 막는 일.

미생물 직접계수법(微生物直接計數法) direct microscopic count 미생물 수를 현미경으로 세는 방법. 살아 있는 세포와 죽은 세포도 포함하며 단위는 1그램당 또는 1밀리리터당 세포 수(cells/g 또는 cells/mL)로 나타낸다.

미생물학(微生物學) microbiology 미생물 자체와 그 응용, 미생물과 다른 생물 또는 환경과의 상호 관계 따위를 연구하는 학문.

미생물학자(微生物學者) microbiologist 미생물학을 전문으로 공부하는 과학자.

미생물 홀씨 microbial spore 세균 또는 진균이 만드는 홀씨.

미세거르기 microfiltration 크기가 약 0.1∼10.0마이크로미터인 알갱이를 걸러내는 일. 지방구, 분자량이 큰 단백질, 미생물 세포 따위를 거를 수 있으며 맥주, 포도주, 청량음료 따위의 거르기와 우유의 비열 처리에 쓴다.

미세진균(微細眞菌) microfungus 버섯과 같은 큰 자실체와 비교하여 작은 자실체를 가지는 곰팡이. 키틴으로 된 세포벽이 있으며 몸은 팡이실을 가지고 있다. 푸른곰팡이속, 아스페르길루스속, 뉴로스포라속 따위가 있다. 일부는 식물, 동물과 사람에게 병을 일으킨다.

미셀리오프토라 열필라 *Myceliophthora thermophila* 진핵생물역(Eukaryota) 진균계(Fungi) 자낭균문(Ascomycota) 구멍공버섯강(Sordariomycetes) 구멍공버섯목(Sordariales) 채토뮴과(Chaetomiaceae) 미셀리오프토라속(*Myceliophthora*)의 곰팡이. 생장 최적 온도는 45∼50도이며 셀룰로스를 효율적으로 분해하므로 바이오 연료 생산에 중요하다. 식물 세포벽 물질을 분해하는 모든 범위의 효소를 생산한다.

미소(味噌) miso 삶아서 으깬 콩에 찐 쌀 고지 또는 보리 고지, 소금과 물을 넣고 발효한 일본 콩 소스의 하나. 발효 기간은 제품에 따라 수주 일에서 수년까지 다양하다.

미소 고지 miso koji 미소 제조에 쓰는 고지. 쌀, 콩 또는 보리 고지를 쓴다.

미오바이러스과 Myoviridae 두플로드나바이러스역(Duplodnaviria) 훙공바이러스계(Heunggongvirae) 우로바이러스문(Uroviricota) 카우도바이러스강(Caudoviricetes) 카우도바이러스목(Caudovirales)의 세균파지 과. 숙주는 세균과 고균이다.

미인주(美人酒) miin-ju 곡물을 씹은 다음 이를 모아 발효한 술. 침에 들어있는 아밀레이스 작용으로 녹말을 당화하고 알코올 발효한 술이다.

미코데르마속 *Mycoderma* 아세토박터속(*Acetobacer*) 또는 글루코노박터속(*Bluconobacter*)의 옛 이름. 종초(mother of vinegar)에 있는 아세트산 세균을 처음 발견하고 명명한 속명이나 그 뒤 아세트산을 생성하는 세균의 속은 아세토박터속과 글로코노박터속으로 확인되었다.

미코세균과 Mycobacteriaceae 세균역(Bacteria) 바퀴살세균문(Actinomycetota) 바퀴살세균강(Actinomycetia) 미코세균목(Mycobacteriales)의 과.

미코세균목 Mycobacteriales 세균역(Bacteria) 바퀴살세균문(Actinomycetota) 바퀴살세균강(Actinomycetia)의 목.

미코세균 보비스 *Mycobaterium bovis* 소 결핵세균.

미코세균속 *Mycobacterium* 세균역(Bacteria) 바퀴살세균문(Actinomycetota) 바퀴살세균강(Actinomycetia) 미코세균목(Mycobacteriales) 미코세균과(Mycobacteriaceae)의 그람양성 막대 모양 산소 세균 속. 우유 제품, 흙과 물에서 발견된다. 항산 세균(acid-fast bacterium)으로 때로는 분기하여 팡이실을 형성한다. 일반적으로 발육이 느리다. 이 속에는 사람의 결핵세균(*Mycobacterium tuberculosis*)과 나병 세균(*M. leprae*)이 있다. 소 결핵세균(*M. bovis*)은 소 결핵을 일으키며 살균하지 않은 우유를 통하여 사람에게 감염될 수 있다.

미코세균 스메그마티스 *Mycobacterium smegmatis* '미콜리시세균 스메그마티스'(*Mycolicibacterium smegmatis*)의 옛 이름.

미코세균 아비움 아종 파라투베르쿨로시스 *Mycobacterium avium* subsp. *paratuberculosis* 세균역(Bacteria) 바퀴살세균문(Actinomycetota) 바퀴살세균강(Actinomycetia) 미코세균목(Mycobacteriales) 미코세균과(Mycobacteriaceae) 미코세균속(*Mycobacterium*)의 세균. 소나 다른 되새김동물의 파라결핵성 창자염을 일으키며 사람은 오염된 우유를 통해 감염될 수 있으며 게 크론병과 류마티스 관절염을 일으키는 것으로 추정된다.

미코세균 파라투베르쿨로시스 *Mycobacterium paratuberculosis* '미코세균 아비움 아종 파라투베르쿨로시스'를 달리 이르는 말.

미코세균파지 mycobacteriophage 미코세균속 세균을 숙주로 하는 세균 파지. 두 가닥 디엔에이 유전체를 가지고 있다. 미코세균 스메그마티스(*Mycobacterium smegmatis*)와 결핵세균에서 처음 분리되었고 그 뒤 다양한 환경과 임상 시료에서도 분리되었다.

미코스파에렐라과 Mycosphaerellaceae 진핵생물역(Eukaryota) 진균계(Fungi) 자낭균문(Ascomycota) 입술버섯강(Dothideomycetes) 카프노디아목(Capnodiales)의 한 과. 여러 식물 특히 도금양과(Myrtaceae)와 프로테아과(Proteaceae) 식물에 영향을 준다. 널리 분포한다.

미코신 mycocin 진균 억제와 살진균 활성이 있는 폴리엔 항생물질. 여러 효모와 효모 비슷한 진균에 작용한다.

미코톡신 mycotoxin 진균독소.

미코플라스마 mycoplasma 미코플라스마속(*Mycoplasma*) 세균을 통틀어 이르는 말.

미코플라스마과 Mycoplasmataceae 세균역(Bacteria) 미코플라스마문(Mycoplasmatota) 몰리쿠테스강(Mollicutes) 미코플라스마목(Mycoplamatales)의 과.

미코플라스마문 Mycoplasmatota 세균역(Bacteria)의 문.

미코플라스마 보비스 *Mycoplasma bovis* 세균역(Bacteria) 미코플라스마문(Mycoplasmatota) 몰리쿠테스강(Mollicutes) 미코플라스마과(Mycoplasmataceae) 미코플라스마속(*Mycoplasma*)의 세균. 소의 유방염을 일으킨다.

미코플라스마속 *Mycoplasma* 세균역(Bacteria) 미코플라스마문(Mycoplasmatota) 몰리쿠테스강(Mollicutes) 미코플라스마목(Mycoplamatales) 미코플라스마과(Mycoplasmataceae)의 그람음성 조건 무산소 세균 속. 동물이나 식물에 기생하거나 땅속에 존재한다. 세포벽이 없고 모양은 매우 불규칙하며 세포 크기는 매우 작다. 세포벽을 이루는 펩티도글리칸이 없어 베타-락탐계열 항생제가 항균 효과를 보이지 못한다.

미코헵틴 mycoheptin 세균역(Bacteria) 바퀴살세균문(Actinomycetota) 바퀴살세균강(Actinomycetia) 스트렙토미세스목(Streptomycetales) 스트렙토미세스과(Streptomycetaceae) 스트렙토미세스속(*Streptomyces*)의 세균인 스트렙토미세스 네트롭시스(*S. netropsis*)가 생산하는 진균억제 폴리인(polyene) 항생물질.

미콜리시세균 스메그마티스 *Mycolicibacterium smegmatis* 세균역(Bacteria) 바퀴살세균문(Actinomycetota) 바퀴살세균강(Actinomycetia) 미코세균목(Mycobacteriales) 미코세균과(Mycobacteriaceae) 미콜리시세균속(*Mycolicibacterium*)의 막대 세균. 오줌이나 정액 따위의 생식기 분비물이 남녀 성기 주변에 쌓여서 생기는 귀두지(smegna)에서 발견된다.

미포자충(微胞子蟲) microsporidia 진핵생물역(Eukaryota) 진균계(Fungi) 미포자충문(Rozellomycota) 미포자충강(Microsporidea)의 홀씨를 만드는 단세포 기생 곰팡이 무리. 동물 숙주에만 감염하며 곤충, 갑각류, 물고기에 감염하고 일부는 사람에게도 감염한다.

미포자충강(微胞子蟲綱) Microsporidea 진핵생물역(Eukaryota) 진균계(Fungi) 미포자충문(Rozellomycota)의 강. 홀씨를 만드는 단세포 기생생물이다. 사람에 감염하여 미포자충증(microporiasis)을 일으킬 수 있다.

미포자충문(微胞子蟲門) Rozellomycota 진핵생물역(Eukaryota) 진균계(Fungi)의 문. 포자충류 가운데 아주 작은 홀씨를 가지는 진균이다.

믹소마 바이러스 mixoma virus 바리드나바이러스역(Varidnaviria) 뱀포르드바이러스계(Bamfordvirae) 뉴클레오시토바이러스문(Nucleocytoviricota) 포제스바이러스강(Pokkesviricetes) 키토바이러스목(Chitovirales) 폭스바이러스과(Poxviridae) 레포리폭스바이러스속(*Leporipoxvirus*)의 폭스바이러스. 캘리포니아와 남아메리카의 두 유형이 있다. 남아메리카 또는 브라질 믹소마 바이러스는 정글 토끼인 타페티(*Sylvilagus brasiliensis*)가 숙주이며 캘리포니아 믹소마 바이러스는 덤불 토끼(*Sylvilagus bachmani*)가 숙주이다. 믹소마 바이러스는 숙주의 전신 질환보다는 양성 피부 섬유종을 일으킨다.

믹소바이러스 myxovirus 오르토믹소바이러스(인플루엔자바이러스 에이(A), 비(B), 시(C) 따위)와 파라믹소바이러스(일반 감기, 볼거리, 뉴캐슬병 따위)를 통틀어 이르는 말. 아르엔에이 바이러스의 한 그룹이다.

민달걀버섯 Caesar's mushroom, *Amanita caesarea* 진핵생물역(Eukaryota) 진균계(Fungi) 담자균문(Basidiomycota) 주름버섯강(Agaricomycetes) 주름버섯목(Agaricales) 광대버섯과(Amanitaceae) 광대버섯속(*Amanita*)의 먹는 버섯. 갓은 지름 15~20센티미터로 편평하며 오렌지색이다. 초여름에서 가을 중순까지 오크 숲에서 홀로 또는 무리 지어 난다. 유럽, 특히 이탈리아에서 즐겨 먹는다. 멕시코에서도 먹는다. 유럽과 북아프리카 원산으로 북부 이탈리아의 언덕에서 발견된다.

민물 세균 freshwater bacterium 민물에서 사는 세균.

민주름버섯목 Aphyllophorales 지금은 쓰지 않는 '담자균문'의 목.

밀기울 고지 wheat bran koji 밀기울이나 밀기울에 밀가루를 일부 섞어서 고지 곰팡이를 배양한 고지. 소주나, 주정발효 따위에 쓴다.

밀 깜부기곰팡이 smut fungus, *Tilletia indica* 진핵생물역(Eukaryoota), 진균계(Fungi) 담자균문(Basidiomycota) 엑소담자균강(Exobasidiomycetes) 틸레티아목(Tilletiaceae) 틸레티아과(Tilletiaceae) 틸레티아속(*Tilletia*)의 곰팡이. 밀 깜부기병을 일으킨다.

밀 깜부깃병 Kernal bunt 진핵생물역(Eukaryoota), 진균계(Fungi) 담자균문(Basidiomycota) 엑소담자균강(Exobasidiomycetes) 틸레티아목(Tilletiaceae) 틸레티아과(Tilletiaceae) 틸레티아속(*Tilletia*)의 밀깜부기 곰팡이가 밀, 듀럼 밀과 트리티케일에 일으키는 병. 곰팡이는 씨눈에 침투하여 배젖에서 영양소를 얻는다. 감염된 밀은 씨눈이 검게 변하며 물고기 비린내가 난다. 곡물 수율을 떨어뜨리며 수출 곡물에 대한 검역 문제가 될 수 있다. 이 병은 1931년 인도 카날(Karnal) 지방에서 밀에서 처음 발견되었고 인도, 파키스탄, 아프가니스탄, 멕시코와 미국 남서 지역 일부에서도 발생이 확인되었다.

밀레로지마 파리노사 *Millerozyma farinosa* 진핵생물역(Eukaryota) 진균계(Fungi) 자낭균문(Ascomycota) 사카로미세스강(Saccharomycetes) 사카로미세스목(Saccharomycetales) 데바리오미세스과(Debaryomycetaceae) 밀레로지마속(*Millerozyma*)의 효모.

밀 맥주 wheat beer 보리 엿기름 대신에 밀 엿기름만으로 또는 부분적으로 밀 엿기름을 이용하여 상면 발효한 맥주. 대표 맥주는 독일의 흰 맥주(Weizenbier)와 벨기에의 흰 맥주(witbier)이다. 그 밖에 자연 효모로 발효한 벨기에의 람빅(lambic), 시고 짠맛이 있는 독일의 고제(Gose) 따위가 있다.

밀 붉은곰팡이병 *Fusarium* head blight 푸사륨속(*Fusarium*) 곰팡이가 밀, 보리, 귀리, 호밀, 트리티케일 따위 곡류에 일으키는 병. 가장 중요한 병원체는 푸사륨 그라미네아룸(*F. graminearum*)이며 그 밖에 푸사륨 아베나세움(*F. avenaceum*), 푸사륨 쿨모룸(*F. culmorum*) 따위도 있다. 밀의 경우 곰팡이는 이삭에 감염하여 낟알을 쪼글쪼글하게 하고 분필처럼 희게 한다. 감염된 낱꽃(floret)은 검은빛을 띤다.

밀꽃애기버섯 clustered toughshank, *Collybiopsis confluens* 진핵생물역(Eukaryota) 진균계(Fungi) 담자균문(Basidiomycota) 주름버섯강(Agaricomycetes) 주름버섯목(Agaricales) 솔밭버섯과(Omphalotaceae) 콜리비옵시스속(*Collybiopsis*)의 먹는 버섯. 갓은 지름 1~3.5센티미터로 거의 편평하며 살구색으로 가운데는 진하다. 여름에서 가을 사이에 넓은잎나무와 바늘잎나무가 함께 있는 숲속 낙엽 위에 무리 지어 난다. 낙엽을 분해한다. 한국, 일본, 유라시아, 아프리카, 북아메리카 등지에 분포한다.

밀 잎 녹병 wheat leaf rust 녹병곰팡이(*Puccinia triticina*)가 밀, 보리, 호밀, 트리티케일 따위의 잎에 기생하여 일으키는 녹병.

밑둥혹 crown gall 뿌리혹세균과(Rhizobiaceae)의 그람음성 밑둥혹세균(*Agrobacterium tumefaciens*)이 식물의 상처 난 뿌리와 줄기에 감염하여 식물조직이 비정상으로 자라 만드는 혹. 사과, 포도, 복사나무, 딸기 장미 따위에서 볼 수 있다.

밑둥혹 세균 crown gall bacterium, *Agrobacterium tumefaciens* 세균역(Bacteria) 슈도모나스문(Pseudomonadota) 알파가변세균강(Alphaproteobacteria) 히포마이크로븀목(Hyphomicrobiales) 뿌리혹세균과(Rhizobiaceae) 아그로세균속(*Agrobacterium*)의 그람음성 막대 모양 세균. 주로 뿌리와 줄기에 혹이 생겨 열매의 품질 저하와 수량 감소를 일으킨다. 사과, 복사나무, 딸기 장미 따위에 나타난다. 알로뿌리혹세균 비티스(*Allorhizobium vitis*)는 포도의 밑둥혹병을 일으킨다.

밑술 mitsul ① 효모를 배양, 증식한 것으로서 당분을 포함한 물질을 알코올 발효시킬 수 있는 재료. 지에밥과 누룩을 넣은 물에 효모를 배양하여 효모 수를 늘린 술 발효용 배양물이다, 보통 술을 만드는 원료와 같은 재료로 만든다. ② 술을 빚을 때 빨리 발효하도록 누룩, 지에밥과 함께 조금 넣는 묵은 술.

ㅂ

바구니버섯속 *Clathrus* 진균계(Fungi) 담자균문(Basidiomycota) 주름버섯강(Agaricomycetes) 말뚝버섯목(Phallales) 말뚝버섯과(Phallaceae)의 속.

바깥막 outer membrane 그람음성 세균에서 펩티도글리칸으로 이루어진 세포벽의 바깥쪽에 있는 두 번째 막. 주로 지방질다당류로 이루어져 있다. 단백질 포린(porin)은 물과 그 밖의 작은 분자를 통과시키는 역할을 한다. 바깥막에서 밖으로 뻗어있는 지방질단백질 복합체의 지방질 부분은 내독소로 작용한다. 바깥쪽의 오 곁사슬 다당류(O side chain polysaccharide)는 항원성이 있으며 오 항원(O antigen)이라 한다.

바늘버섯 ochre spreading tooth, *Steccherinum ochraceum* 진핵생물역(Eukaryota) 진균계(Fungi) 담자균문(Basidiomycota) 주름버섯강(Agaricomycetes) 구멍장이버섯목(Polyporales) 바늘버섯과(Steccherinaceae) 바늘버섯속(*Steccherinum*)의 버섯. 갓은 지름 1~2센티미터로 조개껍데기 모양이며 흰색에서 누런 흰색이다. 주로 넓은잎나무의 죽은 가지에 난다. 죽은 나무의 부후 곰팡이로 흰색 부후를 일으킨다. 전 세계에 분포한다.

바늘버섯과 Steccherinaceae 진핵생물역(Eukaryota) 진균계(Fungi) 담자균문(Basidiomycota) 주름버섯강(Agaricomycetes) 구멍장이버섯목(Polyporales)의 과.

바늘버섯속 *Steccherinum* 진핵생물역(Eukaryota) 진균계(Fungi) 담자균문(Basidiomycota) 주름버섯강(Agaricomycetes) 구멍장이버섯목(Polyporales) 바늘버섯과(Steccherinaceae)의 속. 바늘버섯 따위가 있다.

바다 미생물 marine microbe 바다 환경에서 사는 세균, 고균, 원생동물과 바이러스를 포함한 미생물을 통틀어 이르는 말. 아주 작은 단세포 생물로서 해양 생체량(biomass)의 98퍼센트 이상을 차지한다.

바다 미생물학 marine microbiology 바다에서 발견되는 미생물의 생태, 생리 따위를 연구하는 과학 분야.

바다 박테리오파지 marine bacteriophage 남세균 파지(cyanophages)와 같은 바다 세균에 기생하는 바이러스. 해양에는 세균 수보다 박테리오파지 수가 좀도 많다.

바다 세균 marine bacterium 바다 환경에서 사는 세균. 일반 특징은 그람음성 조건 무산소 세균으로 저온성이며 약긴 호염성이다. 알테로모나스속(*Alteromonas*), 슈도알테로모나스속(*Pseudoalteromonas*), 비브리오속(*Vibrio*), 슈도모나스속(*Pseudomonas*), 시토파가플라보세균군(Cytophaga-Flabobacterium group) 따위에 속하는 종속영양 세균이다. 독립영양 세균, 질산화 세균, 광합성 세균 따위는 양적으로 적다. 연안의 퇴적물에는 황산염 환원 세균(데술포비브리오속과) 막대세균속 세균 따위가 있다. 바닷물에 유래하는 음식중독 세균으로는 창자염비브리오 세균 따위가 있다.

바랜황변무당버섯 *Russula subdepallens* 진핵생물역(Eukaryota) 진균계(Fungi) 담자균문(Basidiomycota) 주름버섯강(Agaricomycetes) 무당버섯목(Russulales) 무당버섯과(Russulaceae) 무당버섯속(*Russula*)의 먹는 버섯. 갓은 지름 5~8센티미터로 편평하고 가운데는 오목하며 분홍색이다. 여름부터 가을에 걸쳐 잣나무나 넓은잎나무 혼효림의 땅에서 홀로 또는 모여 난다. 한국(백두산)에 분포한다.

바르부르크-디켄스경로 Warburg-Dickens pathway 오탄당인산 경로.

바리드나바이러스역 Varidnaviria 바이러스의 한 역.

바시트라신 bacitracin 막대세균 리케니포르미스(*Bacillus licheniformis*)가 생산하는 폴리펩타이드 항생물질. 그람양성 세균의 세포벽과 펩티도글리칸 합성을 방해한다. 바시트라신 아연염은 피부와 눈 감염에 연고제로 쓴다. 미국에서는 닭과 칠면조에도 쓴다.

바시페토스포라속 *Basipetospora* 지금은 쓰지 않는 진균 속. 아스페르길루스속(*Aspergillus*), 오오스포라속(*Oospora*), 피알로심플렉스속(*Phialosimplex*)으로 나누어 배치되었다.

바실라리아과 Bacillariaceae 진핵생물역(Eukaryota) 진균계(Fungi) 기리스타문(Gyrista) 바실라리아강(Bacillariophyceae) 바실라리아목(Bacillariales)의 돌말류 과.

바실로타문 Bacillota 막대세균문.

바실루스속 *Bacillus* 막대세균속.

바이구아나이드 biguanide 구아니딘(guanidine) 두 분자가 질소 원자 한 개를 공유하는 구조를 가지는 화합물. 무색 고체로 물에 녹아 강한 알칼리 용액이 되며 천천히 가수분해되어 암모니아와 요소가 된다. 대부분의 그람양성 세균과 일부 그람음성 세균에 대해서 강한 살균력이 있다. 바이구아나이드 유도체는 당뇨 치료 약으로도 쓴다.

바이러스 virus 전자현미경으로만 볼 수 있는 아주 작은 절대 기생성 알갱이. 생명력이 있는 숙주세포 안에서

만 증식하므로 숙주에 따라 세균 바이러스(티2 파지, 티4 파지 따위), 식물 바이러스(감자 위축병 바이러스 따위), 동물 바이러스(뇌염, 천연두, 소아마비, 에이즈, 코로나 따위의 바이러스)로 나눈다. 바이러스 알갱이는 중심부의 핵산(디엔에이 또는 아르엔에이)과 이를 둘러싼 단백질 껍질(capsid)로 되어있으며 일부 바이러스는 그 바깥에 지방질/당단백질로 된 겉껍질)로 싸여 있다. 유행성 감기, 천연두, 바이러스간염 따위의 병원체이다.

바이러스 간염 viral hepatitis 바이러스의 감염에 따른 간의 염증과 손상. 간염 에이(A)와 이(E) 바이러스는 급성 감염을 일으키며, 간염 비(B), 시(C)와 디(D)는 급성과 만성 간염을 일으킨다.

바이러스 관절염 viral arthritis ① 바이러스 감염으로 일어나는 관절 부기(swelling)와 염증. ② 조류 레오바이러스(aviam reovirus) 감염으로 일어나는 닭, 칠면조 따위의 전염병. 닭의 주요 증상은 관절염과 건초염이다. 두드러진 징후는 가락 굽힘근육(digital flexor)과 발허리뼈 편근(extensor) 힘줄 부기(swelling)이다.

바이러스 뇌염 viral encephalitis 바이러스 감염으로 일어나는 뇌실질 염증. 일본 뇌염, 헤르페스 뇌염 따위가 있다. 의식 장애, 정신 장애, 마비 따위의 증상이 나타나며 대부분 급성이다. 사람끼리 전염되기도 하지만 아르보바이러스(arbovirus) 같은 경우 모기, 진드기 따위의 마디발동물에 물림으로써 전염되기도 한다. 진드기로 전염되는 경우는 티보바이러스(tibovirus, *tick-borne* virus)라고 한다. 뇌염을 일으키는 바이러스 가운데 사람끼리 감염되는 대표적인 바이러스는 단순 포진 바이러스로 접촉으로 감염된다.

바이러스 병 viral disease 바이러스 감염으로 일어나는 병. 감기, 독감, 수두, 에이형 간염, 비형 간염, 코비드-19, 사람유두종, 폴리오, 홍역, 볼거리, 풍진 따위이다.

바이러스 설사병 viral diarrhea 바이러스 감염으로 일어나는 급성 위장염. 감염자 배설물에 있는 바이러스가 물 또는 식품 따위를 통하여 감염된다. 환자의 대부분은 어린이이고 겨울에 많이 발생한다.

바이러스 약 antiviral drug 건강한 세포에 들러붙지 못하게 하거나 복제를 막아 바이러스 감염 예방 또는 처리에 쓰는 약. 단백질 가수분해효소 억제제, 바이러스 디엔에이 중합 효소 억제제, 인테그레이스(integrase) 억제제 따위로 주로 항생물질, 살진균제, 단 클론 항체에 기반한 바이러스 약 따위이다. 신종인플루엔자에 대한 치료제로 타미플루, 자나미비르(릴렌자)가 있으며 바이러스 억제 단백질인 인터페론, 면역글로불린 제제 따위가 있다. 사람 면역 결핍 바이러스, 헤르페스바이러스, 간염 비와 시 바이러스, 독감 따위의 치료에 쓴다.

바이러스유전자 virogene 바이러스 발생에 관여하는 유전자.

바이러스 음식매개병 viral foodborne illness 바이러스에 오염된 음식을 먹어 일어나는 병. 음식매개병을 일으키는 바이러스는 노로바이러스(Norovirus), 에이(A)형 간염, 이(E)형 간염, 로타바이러스(rotavirus), 아데노바이러스(adenovirus), 아스트로바이러스(astrovirus), 사포바이러스(sapovirus) 따위가 있다. 이들 바이러스에 감염된 식품 취급자가 식품을 취급하거나 음식을 준비할 때 또는 식품의 일차 생산 때 오염이 일어날 수 있다. 증상은 욕지기, 구토, 설사와 복통이다.

바이러스 이질 viral dysentery 심한 물 설사를 특징으로 하는 바이러스 감염에 따른 유행성이질.

바이러스 창자염 viral enteritis 바이러스가 위와 창자에 감염되어 일으키는 병. 주로 설사와 구토 증상이 나타나며 가장 흔한 원인은 노로바이러스와 로타바이러스이다. 노로바이러스에 의한 위창자염은 12~48시간 뒤에 증상이 나타나며 1~3일 동안 지속한다. 로타바이러스 창자염은 2일 뒤에 증상이 나타나고 3-8일 동안 지속한다.

바이러스 출혈열 viral hemorrhagic fevers, VHFs 에볼라 바이러스(Evola virus), 마르부르그 바이러스(Marburg virus), 라싸 바이러스(Lassa virus) 따위의 출혈열 바이러스 감염에 따른 출혈과 열이 동반되는 급성 질환. 환자의 체액, 분비물, 배설물 따위에 직접 접촉 또는 비말 감염으로 전파된다. 고열, 피로, 근육통, 두통, 인두통에 이어 구토, 설사, 출혈 따위가 나타난다.

바이러스 특이성 virus specificity 숙주세포 또는 조직에 대한 바이러스의 특이성.

바이러스학 virology 바이러스를 연구하는 과학의 한 분야.

바이러스학자 virologist 바이러스학을 연구하는 전문인.

바이러스 핵산 viral nucleic acid 바이러스를 이루고 있는 유전 물질(디엔에이 또는 아르엔에이). 디엔에이 바이러스는 보통 두 가닥 디엔에이를 가지고 있으며 드물게 외가닥 디엔에이를 가지고 있다. 아르엔에이 바이러스는 외가닥 아르엔에이를 가지고 있으나 두 가닥 아르엔에이도 가질 수 있다.

바이로이드 viroid 식물에서 다양한 질병을 일으키는 고리 모양의 작은 아르엔에이. 바이러스와는 달리 캡시드가 없다. 곤충의 매개로 식물에서 식물로 전염된다.

바이리온 virion 감염 세포 밖에서 독립적으로 존재하는 바이러스.

바이오멜레인 viomellein 아스페르길루스 술푸레우스(*Aspergillus sulphyreus*)에서 분리한 곰팡이독소. 그람양성 세균에 대한 살세균성이 있으며 살곤충성도 있다. 밀 따위의 저장 곡물에서 발견된다.

바이올렛 빨강 쓸개즙 우무배지 violet red bile agar 젖당 발효 대장균군의 생장에 쓰는 배지. 분홍색 콜로니는 젖당이 발효할 때 나타나며 침전된 쓸개즙으로 둘러싸여 있다. 이 콜로니를 브릴리언트 그린 젖당 쓸개즙으로 옮겨 배양하여 가스가 보이면 시료에 대장균군이 존재함을 확인할 수 있다.

바이페닐 biphenyl 페닐기 두 개가 결합한 방향족 탄화수소. 진균 발아를 억제하는 진균 억제제이다. 주로 감귤류 저장에서 감귤류 겉면에 곰팡이가 자라는 것을 막기 위하여 쓴다.

바퀴살세균강 Actinomycetes 세균역(Bacteria) 바퀴살세균문(Actinomycetota)의 강.

바퀴살세균과 Actinomycetaceae 세균역(Bacteria) 바퀴살세균문(Actinomycetota) 바퀴살세균강(Actinomycetia) 바퀴살세균목(Actinomycetales)의 과.

바퀴살세균류 actinomycetes 세균역(Bacteria) 바퀴살세균문(Actinomycetota)의 세균을 통틀어 이르는 말. 가늘고 가지를 가진 팡이실체(mycelium)로 생장하며 홀씨를 만드는 그람양성 산소 세균의 큰 무리이다. 흙, 강의 진흙, 호수 바닥에서 발견된다. 농업과 산림에서 죽은 생물체의 유기 물질을 분해하여 흙의 생태계에 중요한 역할을 한다. 스트렙토마이신 같은 중요한 항생물질을 생산하는 스트렙토미세스속(*Streptomyces*)을 포함한 많은 종이 있다. 식품 보존료인 폴리라이신(polylysine)을 생산하는 스트렙토미세스 알불루스(*S. albulus*), 글루탐산을 생산하는 코리네세균 글루타미쿰(*Corynebacterium glutamicum*), 비피도세균 비피둠(*Bifidobacterium bifidum*) 따위의 유익한 세균과 그 밖에 결핵세균(*Mycobacterium tuberculosis*), 디프테리아 세균(*Corynebacterium diphtheriae*)과 같은 병원체도 있다.

바퀴살세균목 Actinomycetales 세균역(Bacteria) 바퀴살세균문(Actinomycetota) 바퀴살세균강(Actinomycetia)의 목. 흙, 퇴비, 물속에 산다. 대부분 종은 부생 세균이며 일부 종은 사람, 동물과 식물의 병원체이다.

바퀴살세균문 Actinomycetota 세균역(Bacteria)의 한 문. 지시(GC) 함량이 높은 그람양성 세균이다. 흙에서 죽은 생물체의 유기 물질을 분해하므로 농업과 산림에서 매우 중요한 역할을 한다.

바퀴살세균속 *Actinomyces* 세균역(Bacteria) 바퀴살세균문(Actinomycetota) 바퀴살세균강(Actinomycetia) 바퀴살세균목(Actinomycetales) 바퀴살세균과(Actinomycetaceae)의 그람양성 산소 세균 속. 흙 세균이다.

바퀴살세균 이스라엘리 *Actinomyces israelli* 세균역(Bacteria) 바퀴살세균문(Actinomycetota) 바퀴살세균강(Actinomycetia) 마이크로모노스포라목(Micromonosporales) 바퀴살세균과(Actinomycetaceae)의 그람양성 막대 모양 세균. 입, 질과 잘록창자에 존재하며, 기회 병원체로 외상에 감염이 생기면 바퀴살세균증(actinomycosis)을 일으킨다. 때로는 사람과 소의 병원체이다.

바퀴살세균증 actinomycosis 바퀴살세균 이스라엘리(*Actinomyces israelii*) 세균에 기인하는 감염. 바퀴살세균 이스라엘리는 그람양성 무산소 세균으로 코와 목에 콜로니를 이루며 보통 병을 일으키지는 않는다. 그러나 치아 병이 있는 경우 얼굴과 입 주위에 고름집이 생긴다.

바퀴살세균 파라비피두스 *Actinomyces parabifidus* '비피도세균 비피둠'(*Bifidobacterium bifidum*)의 옛 이름.

바퀴살세균 피오게네스 *Actinomyces pyogenes* 세균역(Bacteria) 바퀴살세균문(Actinomycetota) 바퀴살세균강(Actinomycetia) 마이크로모노스포라목(Micromonosporales) 바퀴살세균과(Actinomycetaceae) 바퀴살세균속(*Actinomyces*)의 그람양성, 조건 무산소 세균 속. 소의 유방염을 일으킨다.

박시니아 바이러스 *Vaccinia virus* 바리드나바이러스역(Varidnaviria) 밤포드바이러스계(Bamfordvirae) 뉴클레오시토바이러스문(Neuclocytoviricota) 포케스바이러스강(Pokkesviricetes) 키토바이러스목(Chitovirales) 폭스바이러스과(Poxviridae) 오르토폭시바이러스속(*Orthopoxvirus*)의 겉껍질 보유 바이러스. 두 가닥 디엔에이 유전체를 가지고 있다. 젖소를 숙주로 한다.

박테로이데스과 Bacteroidaceae 세균역(Bacteria) 박테로이데스문(Bacteroidota) 박테로이데스목(Bacteroidales)의 과.

박테로이데스목 Bacteroidales 세균역(Bacteria) 박테로이데스문(Bacteroidota)의 목.

박테로이데스문 Bacteroidota 세균역(Bacteria)의 한 문.

박테로이데스속 *Bacteroides* 세균역(Bacteria) 박테로이데스문(Bacteroidota) 박테로이데스목(Bacteroidales) 박테로이데스과(Bacteroidaceae)의 그람음성 막대 모양 절대 무산소 세균 속. 사람과 다른 동물의 충치와 창자에서 발견된다. 사람의 똥에 있으며, 똥으로 오염된 고기를 먹어 감염된다. 일반적으로 여러 종류의 항생물질에 저항성을 보인다. 운동성이 있는 것과 없는 것이 있다. 세포막에 스핑고지방질을 가지고 있다. 프럭토올리고당과 단당류를 동화하며 입안에서부터 창자까지의 세균무리를 구성하는 우세한 세균의 하나이다. 기본적으로 기회감염 세균의 하나로 일부 종은 질병을 일으키는 병원체이다.

박테로이데스 플레베이우스 *Bacteroides plebeius* '포타에이콜라 플레베이우스'(*Phocaeicola plebeius*)의 옛 이름.

박테로이드 bacteroid 질소고정 세균의 분화한 공생 형태.

박테륨 bacterium 세균(단수).

박테륨 글로비포르메 *Bacterium globiforme* '아르트로박터 글로비포르미스'(*Arthrobacter globiformis*)의 옛 이름.

박테리아 bacteria 세균(복수).

박테리오신 bacteriocin 한 균종의 세균이 생산하여 비슷한 또는 밀접하게 관련 있는 세균 균주를 죽이는 단백질. 첫 박테리오신은 그람양성 세균인 대장균에서 발견된 콜리신(colicin)이다. 그람음성 세균이 생성하는 박테리오신은 마이크로신(microcin), 콜리신 유사 박테리오신으로 클레브시엘라속의 클레비신(klebicin)과 슈도모나스속의 피오신(pyocin)과 슈도모나스 아에루기노사(*Pseudomonas aeruginosa*)의 타일로신(tailocin) 따위가 있다. 마이크로신은 창자 병원체인 창자 살모넬라세균을 제거한다. 그람양성 세균이 생성하는 박테리오신은 열에 안정하며 젖산알세균 락티스(*Lactococcus lactis*)가 당(포도당 따위)을 발효하여 생산하는 니신(nisin)은 서른네 개 아미노산으로 구성된 박테리오신으로 란싸이오닌(lanthionine)이라는 독특한 아미노산을 가지고 있다. 니신은 미국에서 2016년에 일반적으로 안전한 것으로 인정되어 여러 나라에서 식품 보존료로 쓴다. 박테리오신 가운데 란싸이오닌 아미노산을 가진 것을 란티항생물질(lantibiotic)이라고 한다.

박테리오파지 bacteriophage 세균파지.

반고체 배양(半固體培養) semisolid culture 반유동 배지에 미생물을 기르는 일. 미생물의 운동성 여부를 알 수 있다.

반고체 배지(半固體培地) semisolid medium 일반적으로 0.2~0.5퍼센트의 우무를 첨가한 찔러심기 배지(stab culture medium). 반유동성이므로 세균의 운동성을 확인할 수 있으며 배지의 바닥 쪽은 공기의 영향이 미치기 어려운 무산소 상태가 되므로 당 분해 또는 아미노산의 카복실기 떼기 작용(decarboxylation) 시험용이나 균주의 보존 배지로 쓴다. 운동성 시험(motility test)에서는 배지 전체에서 세균 발육을 볼 수 있으면 양성, 세균을 심은 부위에만 발육하면 음성으로 판정한다.

반고체 우무배지 semisolid agar medium '반고체배지'를 달리 이르는 말.

반균강(盤菌綱) Discomycetes 갓 모양이 컵, 스펀지와 뇌 모양인 진균을 포함한 자낭균류의 강. 지금은 이 분류를 쓰지 않는다.

반균류(盤菌類) discomycetes 일반적으로 주발버섯이라고 하는 자낭균류의 버섯. 송로버섯과 곰보버섯도 포함한다. 자실체는 자낭반 형태이고 대체로 검거나 밝은색을 띤다. 자낭반은 벌어진 컵 또는 원반 모양이거나 덩이 버섯과 같이 닫힌 상태로 땅속에 있다.

반수체(半數體) haploid ① 짝 짓지 않은 한 세트의 염색체를 가진 세포나 핵. 체세포가 가지는 염색체 세트 수의 절반을 의미한다. ③ 반수체 세포로 이루어진 생물.

반점 상함 spot spoilage 어육 소시지, 햄 따위의 표면에 갈색, 적자색, 흑색 따위의 반점이 생기는 현상. 막대세균 코아굴란스(*Bacillus coagulans*) 따위가 번식하여 생긴다. 악취가 나거나 탄력이 변하는 것은 아니고 독성도 알려지지 않았다.

반점세균병(斑點細菌病) bacterial leaf spot 세균성 점무늬병.

반케라과 Bankeraceae 진핵생물역(Eukaryota) 진균계(Fungi) 담자균문(Basidiomycota) 주름버섯강(Agaricomycetes) 사마귀버섯목(Thelephorales)의 과.

반코마이신 vancomycin 그람양성 세균 감염 치료에 쓰는 당펩타이드 항생물질. 바퀴살세균문(Actinomycetota)의 그람양성 세균인 아미콜라톱시스 오리엔탈리스(*Amycolatopsis orientalis*)가 생산하며 세포벽 생성을 억제한다. 귀 독성과 신경독성이 있을 수 있다.

반코마이신 저항 누런 포도알 세균 vancomycin-resistant *Staphylococcus aureus*, VRSA 광범위 항생제인 반코마이신에 저항성이 있는 누런 포도알 세균. 사람 피부나 입안과 목구멍 점막에 있는 포도알 세균 가운데 반코마이신에 저항성을 나타내는 세균으로 항생제를 많이 사용하는 종합병원에서 발견되며 상처나 수술 부위 따위를 통해 감염될 수 있다. 고열, 오한, 혈압 저하를 일으킬 수 있다.

반코마이신 저항 창자알세균 vancomycin-resistant enterococci, VRE 광범위 항생제인 반코마이신에 저항성이 있는 창자알세균. 주로 위창자관과 비뇨생식기계에 존재하는 알세균이다. 독성이 약하여 건강한 사람에게는 무증상이지만 노인이나 면역 저하 환자, 만성 기저질 환자 또는 병원에 입원 환자에게 요로감염, 상처감염, 균혈증(bacteremia), 심장내막염(endocarditis) 따위의 감염증을 일으킨다.

반합성 배지(半合成培地) semisynthetic medium 합성배지에 영양을 보강하기 위하여 소량의 펩톤이나 고기 추출물을 넣은 배지. 창자 세균 생장에 쓰는 배지의 하나이다.

발광 세균(發光細菌) luminous bacterium 빛을 생산하는 세균. 산소 존재 아래에서 루시페린(luciferin)의 산화 반응을 발광효소가 촉매하여 청백색(파장 490 나노미터 부근)의 빛을 발한다. 발광세균은 주로 바닷물, 해양 침전물, 바다 동물의 창자 따위에 존재한다. 숙주 생물은 세균에게 안전한 집과 영양을 공급하며 세균이 생산하는 빛을 이용하여 자신을 위장하거나, 먹이나 짝을 유인하는 데 쓴다. 발광세균은 감마가변세균강 비브리오과(Vibrionaceae)의 광세균속(*Photobascterium*), 비브리오속(*Vibrio*)과 알리이비브리오속(*Aliivibrio*), 창지세균과의 광라브두스속(*Photorhabdus*)과 쉬와넬라과(Shewanellaceae)의 쉬와넬라속(*Shewanella*)이 있다.

발병력(發病力) virulence 병원체가 나타내는 병원성 정도와 병을 일으키는 능력.

발병률(發病率) attack rate, onset rate 어떤 기간 동안 질병 발생 건수와 같은 기간 동안 평균 인구에 대한 비율.

발병 인자(發病因子) virulence factor 질병을 일으키는 병원체가 생산하는 물질. 또는 질병을 일으키는 병원체의 성질. 세포 이동, 세포 독소의 생산 따위를 포함한다.

발아(發芽) germination ① 씨가 싹을 틔움. ② 미생물이 홀씨 또는 이와 유사한 생식 구조로부터 생장이 시작됨.

발아식물(發芽植物) germinant 싹을 틔우는 식물.

발육(發育) development 생물체가 자라남.

발진열 murine typhus 리케차 티피에 감염된 집쥐에 기생하는 벼룩에 물려 일어나는 병. 증상은 온몸의 발진과 고열이나 증세는 비교적 가볍다. 법정 제3급 감염병이다.

발진티푸스 typhus, typhus fever 발진티푸스 리케차(*Rickettsia prowazekii*)의 감염으로 일어나는 급성 열성병. 감염원은 세균을 가지고 있는 환자의 피를 빨아먹는 이(louse)이다. 사람에서 사람으로 직접 감염하지는 않는다. 겨울에서 봄에 걸쳐 발생하는데 잠복기는 1~2주이다. 발병하면 갑자기 몸이 떨리며 오한이 나고, 40도 정도의 고열이 계속되어 의식을 잃으며, 온몸에 붉고 작은 발진이 생긴다. 법정 제3군 감염병이다.

발진티푸스 리케차 *Rickettsia prowazekii* 세균역(Bacteria) 슈도모나스문(Pseudomonadota) 알파가변세균강(Alphaproteobacteria) 리켓차목(Rickettsiales) 리켓차과(Rickettsiaceae) 리켓차속(*Rickettsia*)의 그람음성 절대 세포 안 기생 막대 모양 산소 세균. 이(louse)의 똥을 통하여 사람에게 감염되면 발진티푸스를 일으킨다.

발트호프 발효기 Waldhof fermentor 아황산 폐액이나 목제당화액을 이용한 연속 효모배양 장치. 독일에서 개발한 것이다.

발포 포도주(發泡葡萄酒) sparkling wine 뚜껑을 따면 거품이 나게 이산화탄소를 충분히 갖도록 한 포도주. 높은 이산화탄소 농도는 병 또는 탱크에서 이차 발효하거나 이산화탄소를 직접 주입하여 이룰 수 있다. 주로 백포도주 또는 로제가 이에 속하며 일부 적포도주도 있다. 프랑스의 샴페인(champagne), 크레망(crémant), 스페인의 카바(cava), 이탈리아의 스푸만테(spumante), 독일의 세크트(Sekt) 따위가 있다.

발포 포도주제조(發泡葡萄酒製造) sparkling winemaking 발포포도주를 만드는 과정.

발효(醱酵) fermentation 미생물이 유기 화합물을 분해하여 알코올, 유기산, 아미노산, 핵산 관련 물질, 항생물질, 효소, 균체, 색소, 이산화탄소 따위의 유용한 물질을 생산하는 과정. 좁은 뜻으로는 산소가 없거나 아주 적은 상태에서 미생물이 탄수화물을 분해하여 외부 전자 받개의 관여 없이 에너지를 생산하는 과정을 이른다. 예를 들면 에탄올이나 젖산발효에서 포도당 한 분자가 발효되면 에이티피가 두 분자 생성된다. 일상으로는 술, 빵, 김치, 식초, 된장, 간장, 치즈, 발효 음료 따위를 만드는 데 쓴다. 식초는 산소 조건에서 알코올을 산화하여 만드나 발효로 얻은 알코올을 이용한 식초라 하여 관행적으로 발효로 부른다.

발효가공(醱酵加工) fermentation processing 발효를 이용하여 식품을 가공함. 술, 장, 젓, 식초, 김치, 빵, 치즈, 발효차 따위는 특정 미생물 또는 효소작용을 이용한 발효가공 제품이다.

발효곡주(醱酵穀酒) fermented cereal wine 곡물을 발효하여 얻는 술.

발효공업(醱酵工業) fermentation industry 발효로 여러 가지 유용한 물질을 생산하는 산업. 발효식품으로는 곡류 발효식품(알코올, 술, 빵, 식초 따위), 우유 발효식품(치즈, 요구르트 따위), 남새 발효식품(김치, 피클, 사워크라우트), 콩 발효식품(간장, 된장, 청국장, 장유, 미소, 템페), 과일 발효식품(포도주, 브랜디, 식초), 물고기 발효식품(젓, 액젓, 피시 소스)이 있다. 화합물로는 알코올, 아세톤, 구연산, 효소, 바이타민, 아미노산, 핵산, 덱스트란, 잔탄검, 항생물질, 색소인 카로테노이드 따위가 있고 그 밖에 세제용 효소 생산, 세균독소인 보톡스 생산 따위가 있다.

발효공학(醱酵工學) fermentation technology 발효 미생물과 발효 메커니즘, 발효 과정 이론과 발효 장치 따위에 관하여 연구하는 학문.

발효관(醱酵管) fermentation tube 미생물이나 효소의 작용으로 발생한 가스를 검출하기 위한 장치. 발효 기질을 포함한 액체배지를 채운 유리관 안으로 발생한 가스를 모아서 간단하게 가스를 검출할 수 있다. 대장균군 세균(coliform bacterium)시험과 다른 식품 위생 분야에서 가스생성을 알아보기 위한 더럼(Durham) 발효관과 발생하는 이산화탄소량을 부피로 측정하는 알코올 발효시험 따위에 쓰는 아인호른(Einhorn) 발효관 따위가 있다. 그 밖에 이산화탄소량을 중량으로 측정하는 마이셀(Meissel) 발효관이 있다.

발효기술(醱酵技術) fermentation technology 미생물 발효 수단으로 특정 제품 생산에 쓰는 기술과 방법.

발효 남새 fermented vegetable 세균을 이용하여 발효한 남새. 젖산 세균을 이용한 김치, 피클, 사워크라우트 따위가 있다.

발효당(醱酵糖) fermentable sugar 미생물이 에너지원으로 이용할 수 있는 당. 포도당, 과당, 마노스, 갈락토스, 설탕, 엿당 따위로 미생물 작용으로 유기산, 이산화탄소 따위로 전환된다. 같은 당이라도 미생물에 따라 발효되는 경우와 발효되지 않는 때가 있다. 당의 발효성은 미생물의 분류기준으로도 쓰며 발효공업에서는 제품의 수율이나 품질에 큰 영향을 미친다.

발효도(醱酵度) degree of fermentation 발효식품 제조에서 발효가 진행된 정도, 맥주 발효에서는 엿기름 즙이 알코올로 발효한 정도를 이른다. 녹차는 발효도에 따라 반발효차(우롱차)와 발효차(홍차)로 나눈다. 스펀지법에 따른 제빵에서 스펀지 발효도는 스펀지 완성을 나타내는 지표이다.

발효두부(醱酵豆腐) fermented tofu 자연 발효하면서 말린 두부를 쌀 술, 식초, 고추 또는 참기름을 섞은 소금물에 담가 간직한 중국의 콘디멘트. 두부는 마른 풀 밑에 두어 공기 속의 세균과 진균 홀씨로 발효한다. 상업적으로는 말린 단단한 두부에 털곰팡이 라세모수스(*Mucor racemosus*) 또는 털곰팡이속 종을 접종하여 만든다. 텍스처는 부드러운 크림과 같이 연하고 맛은 짜고 약간 단맛이 있다. 밥에 얹어 먹거나, 수프에 넣거나 비건 치즈 따위로 먹는다. 때로는 붉은 효모 쌀을 첨가하여 붉게 만들기도 한다. 육 개월 이상 발효하여 만든 취두부도 있다.

발효력(醱酵力) fermentation power 미생물이 물질을 발효하여 에너지와 다양한 대사산물(알코올, 유기산 따위)을 만드는 힘.

발효 물고기 fermented fish 미생물 또는 자동 효소작용으로 여러 바람직한 생물학적 변화가 일어난 물고기. 기본적으로 염장하여 발효하며 물고기의 전통 보존 방법이다. 최근에는 발효할 물고기에 젖산 세균을 첨가하는 방법도 있다. 이는 미생물을 억제하는 젖산, 아세트산, 과산화수소, 펩타이드 박테리오신 따위를 생성하여 보존성을 높이는 방법이다. 아시아의 피시 소스, 한국의 홍어회, 젓(멸치젓, 액젓, 조개젓, 창란젓 따위), 식해 따위, 스웨덴의 수르스트뢰밍, 일본의 쿠사야(kusaya) 따위가 있다.

발효미생물학(醱酵微生物學) fermentation microbiology 발효에 관여하는 미생물을 연구하는 학문.

발효 버터 cultured butter 젖산 세균으로 발효한 크림으로 만든 버터. 주로 쓰는 젖산 세균은 젖산막대세균 락티스 아종 락티스(*Lactobacillus lactis* subsp. *lactis*)이다.

발효 버터밀크 fermented buttermilk, cultured buttermilk 탈지우유 또는 파스퇴르 살균하여 균질화한 우유에 젖산 세균을 넣어 발효한 음료. 우유의 젖당을 세균이 분해하여 젖산이 생성되어 신맛이 난다. 젖산 세균은 젖산알세균 락티스(*Lactococcus lactis*) 또는 젖산막대세균 불가리쿠스(*L. bulgaricus*)와 류코노스톡 시트로보룸(*Leuconostoc citrovorum*)을 쓴다.

발효 빵 fermented bread 반죽을 효모로 부풀려 만든 빵. 또는 야생 효모와 젖산 세균으로 부풀려 만든 빵.

발효 사료(醱酵飼料) fermented feed 동물 먹이에 미생물(젖산 세균이나 효모)을 접종하여 발효한 사료.

발효성(醱酵性) fermentability 발효가 가능한 상태. 또

는 발효가 일어날 수 있는 능력.

발효성 섬유(醱酵性纖維) fermentable fiber 사람의 큰창자에서 세균이 분해할 수 있는 식품 섬유. 펙틴, 옥수수, 귀리 겨, 카라긴, 우무, 사일륨, 구아검, 자주개자리 따위이다.

발효 소시지 fermented sausage 자연 건조하면서 젖산 발효한 소시지. 소금에 절인 고기에 지방, 향신료, 설탕, 젖산 세균 배양액을 섞고 자루에 담아 매달아 놓으면 마르면서 젖산 세균 종이 당을 분해하여 젖산을 생성한다. 고기의 수분 감소와 젖산에 따른 낮은 피에이치(4.5-5.0)는 다른 세균에 따른 변질 또는 부패를 막는 역할을 한다. 이탈리아, 스페인, 포르투갈 등지의 더운 지중해 지역에서 만드는 것은 수분 25~35퍼센트, 소금 4퍼센트 이상으로 실온에서 저장한다.

발효 속도(醱酵速度) fermentation rate 발효에 따라 기질이 단위 시간당 최종 생성물로 변화하는 양. 알코올 발효에서는 기질인 당 소비량, 알코올 생성량 또는 일산화탄소 생성량의 단위 시간당 변화를 측정하여 발효속도로 한다.

발효 손실(醱酵損失) fermentation loss 발효에서 최종 생성물의 생산량이 이론값보다 줄어드는 일.

발효 시간(醱酵時間) fermentation time 미생물이 기질을 발효하여 최종 대사산물을 생산할 때까지의 시간.

발효 시험(醱酵試驗) fermentation test 미생물이 이용하는 기질의 발효 특성 시험. 정성적으로 여러 당에 대한 효모의 발효력을 알아보는 시험과 정량적으로 발효당에 대한 발효력의 세기를 측정하는 시험이 있다. 술의 담금 시험에서 플라스크 규모로 실시하여 이산화탄소가스 발생에 따른 무게의 감소속도로 발효 경과를 추적하는 것도 발효시험이라고 한다.

발효 식초(醱酵食醋) fermented vinegar 곡류나 과일을 주원료로 하여 발효한 알코올을 아세트산으로 산화하여 얻는 액.

발효 식품(醱酵食品) fermented food 바람직한 변화를 얻기 위하여 유익한 미생물을 써서 발효한 식품. 발효에 따른 변화는 저장성 향상(우유에서 치즈와 요구르트 제조), 영양 값 향상(두류에서 영양 억제 인자 제거 따위), 향미와 텍스처 변화 따위이다. 코코아, 청국장, 된장, 두반장, 발효 두부, 미소, 나토, 온콤, 쌈장, 템페, 발효 치즈, 발효 양념(피시 소스, 간장, 장유, 식초 따위), 발효 크림, 프로바이오틱 요구르트, 발효 곡물(빵 따위), 발효 과일이나 남새(김치, 사워크라우트, 포이 따위), 발효 해산물(홍어회, 젓, 가쯔오부시 따위), 발효 음료(맥주, 버터밀크, 케피르, 콤부차, 쿠미스, 포도주 따위) 따위가 있다.

발효실(醱酵室) fermentation room 발효에 알맞은 온도와 습도를 유지하면서 최적 발효 환경을 유지하도록 하는 공간. 산업발효에서 쓰는 큰 공간부터 가정에서 쓰는 작은 발효실이 있다.

발효열(醱酵熱) fermentation heat 미생물의 발효 과정에서 생기는 열. 발효하는 동안 알코올과 이산화탄소 생성에 따른 열과 발열 당의 분해에 따른 흡수 열의 차이이다.

발효 우유류(醱酵牛乳類) fermented milks 우유 또는 우유 가공품을 젖산 세균 또는 효모로 발효시킨 것. 또는 이에 식품 또는 식품첨가물을 넣은 것. 유형으로는 발효 우유(무지 우유 고형물 3퍼센트 이상), 농후 발효 우유(무지 우유 고형물 8퍼센트 이상), 크림 발효 우유(무지 우유 고형물 3퍼센트 이상, 우유 지방 8퍼센트 이상), 농후 크림 발효 우유(무지 우유 고형물 8퍼센트 이상, 우유 지방 8퍼센트 이상), 발효 우윳가루(우유 고형물 85퍼센트 이상), 버터 우유를 발효한 발효 버터 우유(무지 우유 고형물 8퍼센트 이상)가 있다. 성분 규격으로 젖산 세균 또는 효모 수는 1밀리리터당 1천만 이상(농후 발효 우유와 농후 크림 발효 우유는 1억 이상, 냉동 제품은 1천만 이상), 대장균군은 음성이어야 한다.

발효 우유제품(醱酵牛乳製品) fermented milk product 젖산 세균(젖산막대세균속, 젖산알세균속과 류코노스톡속)으로 발효한 젖 가공식품. 주로 소, 말, 산양(염소) 같은 젖먹이동물의 젖을 이용한다. 발효하는 동안 젖당은 젖산으로 전환되며 방향 화합물이 생성되고 단백질은 부분적으로 펩타이드와 자유 아미노산으로 분해되어 맛, 소화성과 저장성이 좋아진다. 스타터에 효모를 함께 쓰면 최종 제품에 알코올도 생성된다. 발효 우유, 아시도필루스 우유, 사워크림(sour cream), 치즈, 요구르트, 아이스크림, 쿠미스, 케피르 따위가 있다.

발효원(醱酵原) fermenter 발효를 일으키는 생물. 효모, 세균 따위이다.

발효율(醱酵率) fermentation recovery 기질에서 목적하는 발효 생산물을 얻는 비율.

발효 음료(醱酵飮料) fermented beverage 미생물의 발효로 만든 음료. 알코올음료, 젖산 세균 음료 따위가 있다.

발효제(醱酵劑) ferment 발효를 일으키는 모체. 또는 효소.

발효 제품(醱酵製品) fermented product ① 발효식품. ② 미생물의 발효로 얻는 제품. 알코올, 향미 화합물,

유화제, 유기산, 아미노산, 항생물질 따위가 있다.

발효조(醱酵槽) fermenter 미생물을 배양하여 균체나 대사산물을 생산하기 위한 통이나 탱크. 일반적으로 열교환기, 혼합기와 통기 시설을 갖추고 있다. 용량은 1리터부터 수천 리터까지 다양하며 배치식과 연속식이 있다. 발효조 안의 발효액(또는 술덧)이 직접 공기와 접촉하는 개방식과 외기와 차단된 밀폐식이 있다. 개방식은 술, 간장, 구연산 따위의 생산을 위한 정치배양에 쓰며, 밀폐식은 통기 교반 발효조로 알코올, 아미노산, 항생물질, 아세트산 따위의 생산에 쓴다. 밀폐식은 발효 생산물의 종류에 따라 배지에 공기를 분산시키는 방법이나 액의 혼합방법 따위를 달리한 발트호프 발효조(Waldhof fermenter), 프린지 아세테이터(Frings acetator), 캐비테이터(cavitator), 기포 탑 발효조(bubble column fermenter) 따위가 있다.

발효조 마개 fermentation bung 발효 용기의 마개. 발효하는 동안 용기 안으로 공기나 잡균이 들어가지 못하도록 하는 동시에 용기 안에서 발효로 생성된 이산화탄소가 액을 통해서 밖으로 빠져나갈 수 있도록 물, 알코올 또는 글리세린 따위의 액을 이용하여 외기와 차단하는 역할을 한다.

발효 조미료(醱酵調味料) fermented seasoning 미생물의 발효작용을 이용하여 만든 조미료. 간장, 된장, 발효 식초 따위이다. 이 밖에 발효로 생산하는 글루탐산일소듐(MSG)이나 핵산 조미료(5'-IMP, 5'-GMP)가 있다.

발효 조절 물질(醱酵調節物質) fermentation regulating agent 발효 과정을 조절하는 화합물. 치즈의 이상발효로 생기는 나쁜 맛의 발생을 억제하기 위하여 첨가하는 질산염 따위가 있다.

발효주(醱酵酒) fermented alcoholic beverage 곡류나 과일 따위를 효모로 알코올 발효하여 만든 술. 곡류는 먼저 녹말을 당화 한 뒤 효모로 발효하며 과일은 당화 없이 그대로 효모로 발효한다. 당화와 알코올 발효의 두 과정을 거쳐서 만든 술을 복발효주라고 하며 복발효주 가운데 단행 복발효 술에는 맥주가 있고, 병행 복발효 술에는 탁주, 청주, 약주 따위가 있다. 〈주세법〉은 발효주를 탁주, 약주, 청주, 맥주와 과일주로 나눈다.

발효차(醱酵茶) fermented tea 찻잎 속에 들어있는 산화효소를 이용하여 발효한 차. 홍차 따위가 있다. 발효를 일부 진행한 것은 반 발효차(우롱차, 황차 따위)라 한다.

발효 콩 소스 fermented soy sauce 콩을 발효하여 만든 소스. 간장, 된장, 장유 따위이다.

발효 크림 cultured cream, fermented cream 젖산 세균의 작용으로 산성화한 크림. 크림의 젖당이 젖산으로 바뀌어 신맛을 내며 젖산 세균이 생성한 다이아세탈이 제품에 상쾌한 향을 준다. 샤워 크림 따위가 있다.

발효 향미(醱酵香味) fermentation flavor 발효로 생성하는 비 휘발 산, 당과 휘발 향미 화합물에 따른 향미.

발효 환원효소시험(醱酵還元酵素試驗) fermentation reductase test 우유에 들어있는 세균 수를 예측하는 시험. 세균은 여러 물감을 환원하는 성질을 이용하여 우유에 메틸렌블루를 첨가하고 푸른색이 사라지는 시간으로부터 세균 수를 예측한다. 일부 유럽 국가에서 쓰는 방법이다.

발효 효율(醱酵效率) fermentation efficiency 효모가 기질을 발효하여 대사산물을 생산하는 능력. 발효효율은 효모가 여러 스트레스 조건(영양소 가용성, 피에이치, 산소 농도, 고 알코올 농도 따위)에 반응하는 능력에 따라 달라진다.

밤버마이신 bambermycin 스트렙토미세스 밤베르기엔시스(*Streptomyces bambergiensis*)와 스트렙토미세스 가나엔시스(*S. ghanaensis*)가 생산하는 항생물질 복합체. 주로 그람양성 세균 병원체의 세포벽 합성을 억제한다. 동물 영양 향상 목적으로 고기소, 젖소, 가금, 돼지 사료에 첨가한다.

밤버섯 St. George's mushroom, *Calocybe gambosa* 진핵생물역(Eukaryota) 진균계(Fungi) 담자균문(Basidiomycota) 주름버섯강(Agaricomycetes) 주름버섯목(Agaricales) 만가닥버섯과(Lyophyllaceae) 밤버섯속(*Calocybe*)의 먹는 버섯. 지름 4~15센티미터이고 편평하나 때로는 갈라진다. 겉면은 누런 잿빛이며 솜털이 조금 있다. 초여름에 숲속 또는 풀밭의 땅에 모여 난다. 한국, 일본, 중국, 유럽 등지에 분포한다. 영국에서 세인트 조지 축일(4월 23일)에 발견되어 이 이름이 붙었다.

밤버섯속 *Calocybe* 진핵생물역(Eukaryota) 진균계(Fungi) 담자균문(Basidiomycota) 주름버섯강(Agaricomycetes) 주름버섯목(Agaricales) 만가닥버섯과(Lyophyllaceae)의 속. 먹는 것으로 밤버섯 따위가 있다.

밤포르드바이러스계 Bamfordvirae 바리드나바이러스역(Varidnaviria)의 바이러스 계.

밤포르드바이러스문 Bamfordvirae 바리드나바이러스역(Varidnaviria) 프레플라스미바이러스계(Preplasmiviricota)의 바이러스 문.

방사선병원세균살균(放射線病原細菌殺菌) radicidation

이온화 방사선을 쬐어 식품의 병원성 미생물을 죽임. 향신료, 닭고기, 냉동 어패류, 건조 혈액 따위의 병원체 미생물을 죽이는 데 쓴다.

방사선 보존(放射線保存) irradiation preservation 이온화 방사선을 쬐어 식품의 저장 수명이나 품질을 유지하는 기술.

방사선 부분 살균(放射線部分殺菌) radurization, food irradiation 낮은 선량의 이온화 방사선을 쬐어 식품의 변질 미생물의 수를 줄임. 주목적은 식품의 저장 기간 연장이다.

방사선 살균(放射線殺菌) radiosterilization 이온화 방사선을 쬐어 미생물을 죽임. 보통 세균 살균에는 1~10킬로그레이(kGy), 홀씨 살균에는 20~50킬로그레이의 선량 조사를 한다.

방사선 소독(放射線消毒) disinfection by irradiation 이온화 방사선을 쬐어 소독하는 일. 의료 기기, 식품, 사료 따위에 쓴다.

방사선 완전 살균(放射線完全殺菌) radappertization 이온화 방사선을 쬐어 모든 미생물을 죽임. 의료 기구, 사료, 포장 용기, 환자식 또는 우주식의 살균에 쓴다.

방선균(放線菌) actinomyces 바퀴살세균.

방선균강(放線菌綱) Actinobacteria 바퀴살세균강.

방선균목(放線菌目) Actinomycetales 바퀴살세균목.

방선균문(放線菌門) Actinobacteria 바퀴살세균문.

방선균증(放線菌症) actinomycosis 바퀴살세균증.

배가 시간(倍加時間) doubling time 미생물이 생장할 때 세포 수가 두 배로 증가하는 데 걸리는 시간.

배수체(倍數體) polyploid 체세포마다 두 세트의 염색체보다 많은 염색체를 갖는 생물. 세 배체(triploid), 네 배체(tetraploid) 따위가 있다.

배술 perry 배즙을 자연 발효하여 만드는 알코올음료. 배 껍질에 있는 야생 효모를 이용하는 것으로 사과를 이용한 사이다 생산과 비슷한 방법으로 만든다. 주로 영국과 영연방 국가와 프랑스 일부 지역에서 생산한다.

배아 홀씨주머니 germ sporangium 접합 홀씨(zygospore)에서 발아하여 풋팡이실(promycelium)의 끝부분에 만드는 홀씨주머니.

배양(培養) culture 미생물, 동식물 세포와 조직 일부를 인공 환경에서 기름. 온도, 피에이치(pH), 습도, 산소 유무 따위를 조절하여야 한다.

배양(培養) incubation 미생물을 최적 환경에서 일정 기간 유지하면서 자라게 함.

배양 균주(培養菌株) culture strain 실험실, 연구소, 공장 등지에서 소기의 목적을 위하여 보존하고 있는 미생물.

배양기(培養基) incubator 미생물 따위를 일정한 온도에서 기르는 데 쓰는 기구.

배양 병(培養瓶) Roux bottle 미생물이나 동식물 조직 배양에 쓰는 실험실용 유리 또는 플라스틱 기구.

배양 세포(培養細胞) cultured cell 동식물 조직에서 떼어 내 인공 조건에서 기른 세포.

배양 접시 culture dish 페트리접시.

배양 효모(培養酵母) cultured yeast 제빵, 맥주 제조, 포도주 제조, 연구 따위의 목적에 맞게 배양한 효모.

배지(培地) culture medium 동식물 조직, 세포, 미생물의 인공 배양에 필요한 영양분이 들어있는 액체 또는 고체 혼합물.

배치 발효 batch fermentation 발효조에 넣은 원료를 미생물이나 효소로 발효하고 발효가 끝나면 생산물을 회수한 뒤 다시 새로운 재료를 넣고 발효하는 방법. 연속발효에 상대하여 쓰는 말이다.

배치 배양 batch culture 발효조에 넣은 원료를 미생물이나 효소로 배양하고 배양이 끝나면 생산물을 회수한 뒤 다시 새로운 재료를 넣고 배양하는 방법.

배치 살균기 batch sterilizer 살균기 통에 대상물을 넣고 살균한 뒤 꺼내고 다시 새 대상물을 넣고 살균하는 장치. 연속살균기에 대응하여 쓰는 말이다.

배치 파스퇴르살균 batch pasteurization 살균기 통에 대상물을 넣고 파스퇴르 살균한 뒤 꺼내고 다시 새 대상물을 넣고 파스퇴르 살균하는 비연속 살균법.

배털젖버섯 weeping milk cap, *Lactifluus volemus* 진핵생물역(Eukaryota) 진균계(Fungi) 담자균문(Basidiomycota) 주름버섯강(Agaricomycetes) 무당버섯목(Russulales) 무당버섯과(Russulaceae) 털젖버섯속(*Lactifluus*)의 먹는 버섯. 갓은 지름 5~12센티미터로 얕은 깔때기 모양이며 오렌지색을 띤 갈색이다. 주름에 상처가 나면 라텍스가 흘러나온다. 여름과 가을에 넓은잎나무 숲의 땅에 홀로 또는 무리 지어 난다. 한국, 일본, 중국, 러시아의 극동, 북아메리카, 유럽, 북반구 온대 이북에 분포한다.

백강 곰팡이 *Beauveria bassiana* 진핵생물역(Eukaryota) 진균계(Fungi) 자낭균문(Ascomycota) 구멍공버섯강(Sordariomycetes) 동충하초목(Hypocreales) 육좌균과(Cordycipitaceae) 백강곰팡이속(*Beauveria*)의 곰팡이. 흙에 살며 누에 따위 곤충에 기생하여 백강병을 일으킨다. 홀씨는 알 모양으로 흰색이며 곤충 피부를 통하여 몸 안으로 침투한다. 해충의 생물 방제 수단으로도 쓴다.

백강곰팡이속 *Beauveria* 진핵생물역(Eukaryota) 진

균계(Fungi) 자낭균문(Ascomycota) 구멍공버섯강(Sordariomycetes) 동충하초목(Hypocreales) 육좌균과(Cordycipitaceae)의 곰팡이 속.

백강병(白殭病) white muscardine disease 백강 곰팡이(*Beauveria bassiana*)가 일으키는 곤충 병. 곰팡이 홀씨는 곤충(파리, 메뚜기, 딱정벌레, 털애벌레, 응애류 따위) 몸과 접촉하면 발아하여 곤충 몸속으로 뚫고 들어가서 몸 안에서 자란다. 이에 따라 곤충은 수일 안에 죽게 된다. 누에와 누에 번데기에 기생한 백강 곰팡이를 백강잠이라 하여 한약재로 쓴다.

백강잠(白殭蠶) dried sick silkworm 백강병으로 죽은 누에나방의 새끼벌레를 한방에서 이르는 말. 백강 곰팡이(*Beauveria bassiana*)가 기생하여 누에가 점점 굳어져 죽게 되며 죽은 누에 피부는 크고 작은 흑갈색 반점이 있고 흰빛의 팡이실로 덮인다.

백곡(白麯) white nuruk 흰누룩.

백국(白麴) white koji 흰 고지.

백국균(白麴菌) white koji mold 흰 고지곰팡이.

백금선(白金線) platinum needle 접종선.

백신 vaccine 몸의 면역 반응을 자극하기 위하여 생체에 투여하는 항원의 하나. 세균 또는 바이러스의 독소를 약화하거나 세균 또는 바이러스로 만든 주사용 제재이다. 널리 쓰는 백신은 에이(A)형 간염 백신, 비(B)형 간염 백신, 로타바이러스 백신, 폴리오 백신, 파상풍 백신, 대상포진 백신, 풍진 백신, 코비드-19(Covid-19) 백신 따위가 있다.

백일해세균(百日咳細菌) *Bordetella pertussis* 세균역(Bacteria) 슈도모나스문(Pseudomonadota) 베타가변세균강(Betaproteobacteria) 부르크홀데리아목(Burkholderiales) 알칼리게네스과(Alcaligenaceae) 보르데텔라속(*Bordetella*)의 그람음성 협막(capsule)이 있는 아주 짧은 막대 산소 세균. 병원체로 공기와 침 속에 섞여 비말로 퍼지며 백일해를 일으킨다.

백주(白酒) baegju ① 흰 빛깔을 띤 술. ② '고량주'를 달리 이르는 말.

백포도주(白葡萄酒) white wine 백포도주용 포도 또는 붉은 포도의 껍질을 없애고 효모로 발효한 옅은 누런 새의 포도주. 떫은맛이 적고 담백한 맛을 갖는다. 청포도의 대표 품종은 샤르도네(Chardonnay), 소비뇽 블랑(Sauvignon Blanc), 리슬링(Riesling) 따위이다. 낮은 온도(15도 정도)에서 발효하므로 맛이 진하지 않고 폴리페놀의 떫은맛을 느낄 수 없다. 드라이와인부터 스위트 와인까지 다양하다. 숙성 기간은 일반적으로 적포도주보다 짧다.

버건디 burgundy 프랑스 부르고뉴 지방에서 생산하는 포도주. 따로 설명이 없는 한 적포도주를 이른다.

버딩 이스트 budding yeast '출아 효모'의 잘못.

버번 bourbon 옥수수, 엿기름과 호밀의 담금 액을 증류한 미국 위스키. 켄터키주 버번 카운티에서 시작된 것이다. 미국 연방 증류주 표준 규격(The Federal Standards of Identity for Distilled Spirits)에 따라 옥수수는 51퍼센트 이상이어야 하며 증류는 알코올 160프루프(80퍼센트 알코올) 미만으로 하고 그을린 새 오크 통에 알코올 125프루프(62.5퍼센트 알코올) 미만으로 저장하여 숙성하며 판매 제품의 알코올 함량은 80프루프(40퍼센트) 이상이어야 한다. 숙성 기간은 스트레이트 버번은 최소 이 년이며 사 년 이하인 경우는 반드시 숙성 기간을 표시하여야 한다. 수출용 버번은 위 규정을 따르지 않을 수 있다.

버섯 mushroom 진균의 유성홀씨를 만드는 큰 자실체. 주로 담자균문(Basidiomycota)과 자낭균문(Ascomycota)의 고등 진균으로 구조는 갓과 이를 떠받드는 자루로 되어있다. 갓 바로 밑 부분의 줄기는 턱받이로 싸여 있고 자루 뿌리 부근을 둘러싼 주머니 모양의 대주머니가 있고 맨 밑에 파이실체가 있다. 주로 그늘진 땅이나 썩은 나무에서 자라며 홀씨로 번식한다.

버섯독 mushroom poison 버섯의 독 성분. 아마니틴, 팔로톡신, 무스카린, 이보텐산, 자이로미트린 따위가 있다.

버섯 알코올 mushroom alcohol 송이에서 발견한 탄소 여덟 개인 알코올인 1-옥텐-3-올(1-octen-3-ol). 팡이실 곰팡이에서 가장 많이 발견되는 휘발 화합물로 효소 산화와 리놀레산의 분해로 생긴다.

버섯 중독 mushroom poisoning 독버섯을 먹어 일어나는 중독 현상. 독버섯 종류에 따라 독 성분이 다르므로 나타나는 증상도 다르다. 버섯 독 가운데 아마톡신은 간 손상, 팔로톡신(phallotoxin)은 위장 장애, 무스카린은 땀이나 침을 많이 흘리고 부교감신경의 흥분, 이보텐산은 구토, 환각 따위, 지로미트린(gyromitrin)은 중심 신경계통에 작용하며 바이타민 비 식스(B_6)의 작용을 방해한다. 보통 중독 증상은 독버섯을 먹은 뒤 서너 시간 안에 일어난다.

버섯 판 재배 mushroom culture on bed 톱밥에 쌀겨나 밀기울을 섞고 물로 개어 플라스틱병이나 자루 또는 나무 상자에 채워 살균하고 씨균을 심어 버섯을 가꾸는 방법. 느타리, 팽나무버섯, 잎새버섯, 표고버섯 따위를 기르는 방법이다.

버지니아마이신 virginiamycin 스트렙토미세스 비르기네아에(*Streptomyces virgineae*)가 생산하는 고리 모양의 폴리펩타이드 항생물질의 복합체. 엠 원(M1)과 에스원(S1) 두 개의 주된 성분으로 되어있으며 두 성분이 서로 상승적으로 작용한다. 주로 그람양성 세균에 유효하다. 소, 양, 돼지, 가금류의 생장 촉진제, 암탉의 달걀 생산을 높이기 위하여 쓴다.

버터철쭉버섯 buttery collybia, *Rhodocollybia butyracea* 진핵생물역(Eukaryota) 진균계(Fungi) 담자균문(Basidiomycota) 주름버섯강(Agaricomycetes) 주름버섯목(Agaricales) 솔밭버섯과(Omphalotaceae) 철쭉버섯속(*Rhodocollybia*)의 먹는 버섯. 지름은 2~10센티미터로 거의 납작한 모양이고 붉은 갈색을 띤다. 여름에서 가을 사이에 넓은잎나무와 바늘잎나무의 흙에 모여 난다. 바늘잎나무의 잔가지를 분해하여 사는 부생 버섯이다. 한국, 일본, 유럽, 북아메리카 등지에 분포한다.

벌꿀술 mead 꿀물을 발효하여 만든 술. 알코올 함량은 3.5~20퍼센트이다. 증류하거나 이산화탄소를 주입하기도 한다.

벌크 발효 bulk fermentation 빵 제조에서 반죽 또는 스펀지 덩이의 발효 과정을 이르는 말. 밀가루 혼합이 끝나면 반죽은 바로 부풀기 시작하며 반죽 나누기까지 계속된다. 반죽 형성부터 반죽 나누기까지 흐른 시간을 벌크 발효시간이라고 한다. 제빵 과정에서 가장 중요한 단계의 하나이다.

벌크 스타터 bulk starter 치즈, 요구르트, 그 밖의 발효 제품 제조 때 접종하는 액체 스타터.

벌크 스타터 배양 bulk starter culture 스타터를 일정한 부피에 대규모로 키움.

법정감염병(法定感染病) nationally notifiable communicable diseases 병의 발생과 유행을 방지하고, 그 예방과 관리를 위하여 국가가 법령으로 지정한 감염병. 〈감염병의 예방 및 관리에 관한 법률〉에서 정의하는 법적 감염병은 다음과 같다. 감염병이란 제1급 감염병, 제2급 감염병, 제3급 감염병, 제4급 감염병, 기생충 감염병, 세계보건기구 감시 대상 감염병, 생물 테러 감염병, 성 매개 감염병, 인수 공통 감염병과 의료 관련 감염병을 이른다. 제1급 감염병은 생물 테러 감염병 또는 치명률이 높거나 집단 발생 우려가 커서 발생 또는 유행 즉시 신고하여야 하고 음압 격리와 같은 높은 수준의 격리가 필요한 감염병으로 에볼라바이러스병, 마버그열, 라싸열, 크리미안콩고 출혈열, 남아메리카 출혈열, 리프트벨리 열, 두창, 페스트, 보툴리눔독소증, 야토병, 신종 감염병 증후군, 중증 급성호흡기증후군(SARS), 중동호흡기증후군(MERS), 동물 인플루엔자 인체 감염증, 신종인플루엔자와 디프테리아이다. 제2급 감염병은 발생 또는 유행 때 24시간 이내에 신고하여야 하고 격리가 필요한 감염병을 이른다. 결핵, 수두, 홍역, 콜레라, 장티푸스, 파라티푸스, 세균성이질, 장출혈성대장균감염증, 에이(A)형 간염, 백일해, 유행성이하선염, 풍진, 폴리오, 수막구균 감염증, 비(b)형 헤모필루스 인플루엔자, 폐렴구균 감염증, 한센병, 성홍열, 반코마이신 내성 황색포도알균 감염증, 카바페넴 내성 장내세균목 감염증과 이(E)형 간염이다. 제3급 감염병은 그 발생을 계속 감시할 필요가 있어 발생 또는 유행 때 24시간 이내에 신고해야 하는 감염병이다. 파상풍, 비(B)형 간염, 일본뇌염, 시(C)형 간염, 말라리아, 레지오넬라증, 비브리오 패혈증, 발진티푸스, 발진열, 쯔쯔가무시증, 렙토스피라증, 브루셀라증, 공수병, 신증후군출혈열, 후천 면역결핍증(AIDS), 크로이츠펠트-야콥병(CJD)과 변종 크로이츠펠트-야콥병(vCJD), 황열, 뎅기열, 큐열, 웨스트나일열, 라임병, 진드기매개뇌염, 유비저, 치쿤구니야열, 중증열성혈소판감소증후군, 지카바이러스 감염증과 매독이다. 제4급 감염병은 유행 여부를 조사하기 위하여 표본 감시 활동이 필요한 감염병이다. 인플루엔자, 회충증, 편충증, 요충증, 간흡충증, 폐흡충증, 장흡충증, 수족구병, 임질, 클라미디아감염증, 연성하감, 성기단순포진, 첨규콘딜롬, 반코마이신 내성 장알균 감염증, 메티실린 내성 황색포도알균 감염증, 다제내성 녹농균 감염증, 다제내성아시네토박터바우마니균 감염증, 장관감염증, 급성호흡기감염증, 해외유입기생충감염증, 엔테로바이러스감염증과 사람유두종바이러스 감염증이다. 세계보건기구 감시 대상 감염병은 세계보건기구가 국제 공중 보건의 비상사태에 대비하기 위하여 감시 대상으로 정한 질환으로 질병관리청장이 고시하는 감염병을 이른다. 생물 테러 감염병은 고의 또는 테러 따위를 목적으로 이용된 병원체로 발생하는 감염병 가운데 질병관리청장이 고시하는 감염병을 이른다. 성 매개 감염병은 성 접촉을 통하여 전파되는 감염병 가운데 질병관리청장이 고시하는 감염병을 이른다. 인수공통 감염병은 동물과 사람 사이에 서로 전파되는 감염병 가운데 질병관리청장이 고시하는 감염병을 이른다. 의료 관련 감염병은 환자나 임산부가 의료 행위를 받는 과정에서 발생한 감염병으로서 감시 활동이 필요하여 질병관리청장이 고시하는 감염병을 이른다.

법주(法酒) beopju 빚는 날과 법에 꼭 맞추어서 빚은 술. 기장 한 석(약 180리터), 누룩 가루 한 석과 끓는 물 한 석의 비율로 담근다. 2월 2일에 길은 물을 쓴다.

술을 담가 열흘 뒤에 덧술하고 6-8일 뒤에 다시 덧술한다. 한국을 대표하는 전통주인 교동법주는 경주시 최씨 집안에서 이어 온 술로 1966년 11월 1일 국가무형문화재로 지정되었다.

벚꽃버섯과 Hygrophoraceae 진핵생물역(Eukaryota) 진균계(Fungi) 담자균문(Basidiomycota) 주름버섯강(Agaricomycetes) 주름버섯목(Agaricales)의 과.

벚꽃버섯속 *Hygrophorus* 진핵생물역(Eukaryota) 진균계(Fungi) 담자균문(Basidiomycota) 주름버섯강(Agaricomycetes) 주름버섯목(Agaricales) 벚꽃버섯과(Hygrophoraceae)의 속. 먹는 것으로는 다색벚꽃버섯 따위가 있다.

베로 세포독소 vero cytotoxin 베로톡신. 아프리카 초록 원숭이 콩팥(vero) 세포에 독성을 보여 붙은 이름이다.

베로톡신 verotoxin 쉬가 같은 독소(Shiga like toxin)를 달리 이르는 말.

베로톡신 생성 대장균 verotoxin-producing *E.coli* 창자출혈 대장균.

베루코시딘 verrucosidin 푸른곰팡이 폴로니쿰(*Penicillium polonicum*), 푸른곰팡이 아우란티오그리세움(*P. aurantiogriseum*)이 생산하는 떨림 유발 곰팡이 신경독소. 특히 소시지와 건조 절이 햄 따위의 고기 제품에서 발견된다.

베루쿨로젠 verruculogen 식품을 변질시키는 아스페르길루스 푸미가투스(*Aspergillus fumigatus*) 따위가 생산하는 떨림 유발 곰팡이독소.

베르무트 vermouth 약초, 풀뿌리, 나무껍질, 향미료 따위로 향을 낸 적포도주 또는 백포도주, 알코올 함량은 15~21퍼센트이다. 주로 프랑스(쓴맛)와 이탈리아(단맛)에서 만들며 칵테일에 쓴다.

베르티실륨속 *Verticillium* 진핵생물역(Eukaryota) 진균계(Fungi) 자낭균문(Ascomycota) 구멍공버섯강(Sordariomycetes) 수지상균근균목(Glomerellales) 플렉토스페렐라과(Plectosphaerellaceae)의 곰팡이 속.

베스티바이러스속 *Vestivirus* 리보바이러스역(Riboviria) 오르토르나바이러스계(Orthornavirae) 피수바이러스문(Pisuviricota) 피소니비이리스강(Pisoniviricetes) 피코르나바이러스목(Picornavirales) 칼리시바이러스과(Caliciviridae)의 바이러스 속.

베시콜로린 versicolorin 곰팡이에서 아플라톡신 비 원(B_1) 생합성의 전구물질. 베시콜로린 에이(A)와 베시콜로린 비(B)가 있다.

베어드-파커 아르피에프 우무배지 Baird-Parker RPF agar 누런 포도알 세균(*Staphylococcus aureus*)의 검출에 쓰는 선택배지. 토끼 혈청 피브리노젠(rabbit plasma fibrinogen, RPF) 보충제와 함께 사용하는 베어드-파커 우무배지. 응고효소(coagulase) 양성 포도알 세균의 계수에 쓴다.

베어드-파커 우무배지 Baird-Parker agar 시료로부터 누런 포도알 세균의 분리를 목적으로 한 배지. 누런 포도알 세균 밖의 잡균을 억제하기 위해서 글리신(glycine), 리튬(lithium)과 아텔루륨산(tellurous acid)이 들어있다. 살균한 기초배지를 50도로 냉각하여 달걀 에멀션(egg emulsion)과 아텔루륨산포타슘(potassium tellurite)을 혼합한 것을 첨가한다. 누런 포도알 세균은 아텔루륨산을 환원하여 잿빛을 띤 검은색 광택이 있는 콜로니를 형성하고 노른자 반응(egg-yolk reaction)으로 주위가 투명하게 된다. 배지 조성을 바꾸어 토끼 혈장과 소의 피브리노젠을 첨가하여 따로 응고효소 반응시험이 필요하지 않은 제품도 있다.

베오베리신 beauvericin 베오베리아 바시아나(*Beauveria bassiana*)와 여러 푸사륨속의 종이 생산하는 곰팡이독소. 에니아틴(enniatin)계의 항생물질로서 살충과 미생물 억제 작용이 있는 뎁시펩타이드이다. 특히 그람양성 세균과 미코세균에 활성을 보인다. 화학적으로는 여섯 개의 뎁시펩타이드로 된 고리 화합물이다. 푸사륨에 감염된 곡류(옥수수, 밀, 보리 따위)에서 생산된다.

베일로넬라과 Veillonellaceae 세균역(Bacteria) 막대세균문(Bacillota) 네가티비알세균강(Negativicutes)베일로넬라목(Veillonellales)의 과.

베일로넬라목 Veillonellales 세균역(Bacteria) 막대세균문(Bacillota) 네가티비알세균강(Negativicutes)의 목.

베일로넬라속 *Veillonella* 세균역(Bacteria) 막대세균문(Bacillota) 네가티비알세균강(Negativicutes) 베일로넬라목(Veillonellales) 베일로넬라과(Veillonellaceae)의 그람음성 무산소 알세균 속. 사람과 동물의 입, 창자관, 순환기 따위에서 발견된다. 젖산을 발효하여 아세트산, 두 분자의 프로피온산, 이산화탄소와 물을 생성한다.

베타가변세균강 Betaproteobacteria 세균역(Bacteria) 슈도모나스문(Pseudomonadota)의 강.

베타-락탐 가수분해효소 β-lactamase EC 3.5.2.6 베타-락탐을 가수분해하는 효소를 통틀어 이르는 말.

베타-락탐 항생물질 β-lactam antibiotic 베타-락탐 구조를 가진 항생물질. 세균 세포벽을 구성하는 펩티도글리칸의 생합성을 억제한다. 페니실린, 세팔로스포린, 세파마이신, 카바페넴(carbapenem)과 모노박탐

(monobactam) 따위가 있다.

베타알세균속 *Betacoccus* '류코노스톡속'의 옛 이름.

베타-포피란 가수분해효소 β-porphyranase EC 3.2.1.178 김속(*Porphyra*)의 물에 녹는 곧은 사슬 구조의 다당류인 포피란의 가수분해를 촉매하는 효소. 일본인의 창자 세균에서 발견된다. 서구 사람에게는 발견되지 않는다.

벤질페니실린 benzylpenicillin 페니실린 지.

벼 줄무늬잎마름병 rice stripe virus disease 벼에 발생하는 바이러스성 병해의 하나. 애멸구가 벼 줄무늬 테누이바이러스(*Rice stripe tenuivirus*)를 옮겨서 생기고, 잎이 말라 죽거나 벼 이삭이 아예 나오지 않는 병이다. 동아시아의 온대 지역에서 많이 발생한다.

벼 줄무늬 테누이바이러스 *Rice stripe tenuivirus* 리보바이러스역(Riboviria) 오르토르나바이러스계(Orthornavirae) 네가르나바이러스문(Negarnaviricota) 엘리오바이러스강(Ellioviricetes) 부니아바이러스목(Bunyavirales) 페누이바이러스과(Phenuiviridae) 테누이바이러스속(*Tenuivirus*)의 바이러스. 볏과 식물에 애멸구를 통하여 감염되며 잎마름병을 일으킨다.

변성독소(變性毒素) toxoid 화학 처리 또는 열처리로 세균독소(보통 외독소)를 불활성화한 것. 면역원성은 그대로 유지하며 발병 억제 백신의 가장 흔한 형태이다. 세균 발병 인자에 대응하기 위하여 예방접종하면 몸은 세균의 공격 메커니즘에 대항하는 방어수단을 만들어 세균 침입을 감소시킨다. 테타누스 변성독소, 디프테리아 변성독소, 보툴리눔 변성독소 따위가 있다.

변형 시시디 우무배지 mCCD agar, modified charcoal cefoperazone desoxycholate agar 시료의 캄필로박터속(*Campylobacter*)을 감별하기 위한 선택배지. 펩톤과 카세인 가수분해물에 활성탄, 황산철(II)과 피루브산소듐을 첨가하고 선택제로 데옥시콜산소듐, 세포페라존(cefoperazone), 암포테리신 비(amphotericin B)가 들어있다. 42도에서 2일 동안 저산소 조건에서 배양하면 캄필로박터 제주니(*C. jejuni*)는 지름 1~3밀리미터의 갈색을 조금 띤 잿빛 콜로니를 형성한다.

변형 시피시 우무배지 mCPC agar, modified cellobiose-polymixin B-colistin agar 비브리오 패혈증 비브리오 세균(*Vibrio vulnificus*)과 콜레라세균을 선택적으로 감별하는 데 쓰는 배지. 비브리오가 필요한 영양성분과 높은 염도로 호염 세균인 비브리오 세균의 배양에 적합하다. 보충제로 셀로바이오스를 첨가하여 이를 분해하여 산을 생성하는 패혈증 비브리오 세균의 경우 배지 피에이치가 낮아져 브로모티몰 블루(bromothymol blue)에 의해 노란색 콜로니를 형성한다. 폴리믹신 비(B)와 항생물질인 콜리스틴(colistin)은 다른 세균의 생장을 억제한다.

변형 이시 액채배지 mEC broth, modified EC (*Escherichia coli*) broth 대장균 O157:H7의 강화 배양에 쓰는 배지. 창자 출혈 대장균(enterohemorrhagic *E. coli*)의 강화 배양에 적합하도록 이시 액체배지(EC broth)의 쓸개즙산염의 양을 1리터당 1.12그램으로 줄인 배지이다. 이시(EC) 액체배지는 44.5도에서 배양하나 변형 이시 액체배지는 35~37도에서 배양한다. 최적 배양조건이 유사한 다른 세균보다 창자 출혈 대장균의 선택성을 높이기 위해서 노보바이오신(novobiocin)을 첨가한 이시(EC) 변형 액체배지를 쓴다.

변형 캄피 무피 우무배지 modified Campy blood free agar 캄필로박터 제주니(*Campylobacter jejuni*)와 캄필로박터 콜리(*Campylobacter coli*)를 위한 선택배지.

변형 티에스비 배지 mTSB medium 창자 출혈 대장균의 생장을 위한 선택배지.

볏짚버섯 straw mushroom, *Agrocybe praecox* 진핵생물역(Eukaryota) 진균계(Fungi) 담자균문(Basidiomycota) 주름버섯강(Agaricomycetes) 주름버섯목(Agaricales) 포도버섯과(Strophariaceae) 볏짚버섯속(*Agrocybe*)의 먹는 버섯. 갓은 지름 4~8센티미터로 편평하고 겉면은 짚 색이다. 초여름에서 늦가을까지 황무지, 맨땅, 풀밭 따위에 모여 난다. 한국, 중국, 러시아의 극동, 북아메리카, 북반구 온대에 분포한다.

볏짚버섯속 *Agrocybe* 진핵생물역(Eukaryota) 진균계(Fungi) 담자균문(Basidiomycota) 주름버섯강(Agaricomycetes) 주름버섯목(Agaricales) 포도버섯과(Strophariaceae)의 속. 먹는 것으로는 볏짚버섯 따위가 있다.

병독성 세균(病毒性細菌) virulent bacterium 숙주에 독성을 나타내는 세균.

병원성(病原性) pathogenicity 병원체가 숙주에 감염하여 병을 일으킬 수 있는 정도. 또는 능력.

병원성 대장균(病原性大腸菌) pathogenic *Escherichia coli* 병을 일으킬 수 있는 대장균 균주를 통틀어 이르는 말. 대부분의 대장균은 인체에 유익하거나 병원성을 나타내지 않으나, 일부 대장균은 독소, 항원 인자 따위를 발현하여 병을 일으킬 수 있다. 병원성 대장균은 주로 창자관 염증을 유발하며, 창자염 그 밖에 방광염, 뇌수막염, 패혈증 따위의 다양한 병을 일으킨다. 병원성 대장균은 겉면 항원 단백질과 독소를 통해 여러 질환을 유발한다. 대장균 항원은 겉면 내독소(lipopolysaccharide)와 관련된 오(O) 항원, 세균 캡슐(capsule)과 관련된 케이(K) 항원, 편모 특성에 따른 에이치(H) 항원의 세 가지 종류가 있다. 대장균이 생성하는 대표 독소는 쉬가 독소(Shiga toxin)와 창자독소(enterotoxin)이다. 병원성 대장균은 대체로 설사와 구토를 유발하며 혈청형 종류에 따라 창자 병원성 대장균(enteropathogenic *E. coli*, EPEC), 창자 출혈성 대장균(enterohaemorrhagic *E. coli*, EHEC), 창자 독소형 대장균(enterotoxigenic *E. coli*, ETEC), 창자 응집 대장균(enteroaggregative *E. coli*, EAEC), 창자 침입 대장균(Enteroinvasive *E. coli*, EIEC), 창자관 퍼짐 부착 대장균(Diffusely adherent *E. coli*, DAEC)의 여섯 가지로 구분한다. 그 밖에 요로 질환 대장균(uropathogenic *E. coli*, UPEC)은 방광염과 급성 깔때기콩팥염(nephropyelitis) 따위의 비뇨기 병을 일으킨다.

병원성 미생물(病原性微生物) pathogenic microorganism 병을 일으킬 수 있는 미생물. 병원성 세균과 병원충이 대표적이다.

병원성 미생물학(病原性微生物學) pathogenic microbiology 병을 일으킬 수 있는 미생물을 연구하는 과학 분야.

병원성 비브리오 pathogenic *Vibrio* 비브리오속 세균 가운데 사람에게 위창자염(gastroenteritis)을 일으키는 세균. 주로 바다 동물, 특히 게나 새우가 운반체이다. 콜레라 세균(*Vibrio cholera*), 창자염 비브리오세균(*V. parahaemolyticus*), 패혈증비브리오세균(*V. vulnificus*) 따위가 있다. 패혈증비브리오세균은 상처를 통하여 감염되며 연조직염(cellulitis) 또는 심하면 패혈증을 일으키며 음식중독의 원인 세균이기도 하다. 바닷물의 온도 상승과 함께 소금기가 적은 환경에서 어패류의 비브리오속 세균은 크게 증가하며 이를 먹거나 상처를 통하여 감염된다.

병원성 세균(病原性細菌) pathogenic bacterium 생물에 기생하여 병을 일으킬 수 있는 세균. 지금은 병원체에 포함되어 병원성 세균이란 말은 잘 쓰지 않는다.

병원성 진균(病原性眞菌) pathogenic fungus 생물에 기생하여 병을 일으킬 수 있는 진균. 지금은 병원체에 포함되어 병원성 세균이란 말은 잘 쓰지 않는다.

병원체(病原體) pathogen 병을 일으킬 수 있는 생물 또는 작용물질. 보통은 감염을 일으키는 미생물을 이르며 병을 일으키는 기생충이나 벌레는 병원체보다는 기생생물로 따로 다룬다. 감염 미생물로는 바이러스, 세균, 원생동물, 프라이온, 바이로이드(viroid) 또는 진균 따위가 있다.

병원형(病源形) pathovar 하나 또는 그 이상의 뚜렷한 병원성에 근거하여 같은 또는 비슷한 특성을 가지는 같은 종 또는 아종의 균주와 구분하는 아종 아래 수준에서의 세균 균주. 병원성에 따라 종 아래에서 구분하는 단위이다.

병자기(柄子器) picnium 가루홀씨그릇.

병행복발효(竝行複醱酵) simultaneous saccharification and alcohol fermentation 녹말의 효소 당화와 알코올 발효가 같은 발효조 안에서 동시에 일어나는 발효. 한국, 중국과 일본에서 곡물을 원료로 하여 발효주를 생산하는 방법으로 막걸리, 약주, 청주 따위의 발효가 이러한 예이다.

병 후숙 맥주(甁後熟麥酒) bottle conditioned beer 맥주 탄산화 방법의 하나. 발효가 끝난 맥주에는 소량의 효모가 남아 있으므로 병에 담기 전에 소량의 설탕을 첨가한 뒤 병에 담아 밀봉하여 병 속에서 이차발효가 일어나 이산화탄소가 생성되게 한다. 이 맥주는 탄산 주입식 맥주보다 거품 보유력이 높으며 산소는 감소하여 저장성이 좋은 장점이 있다. 죽은 효모 세포가 밑으로 가라앉아 얇은 필름을 이룰 수도 있다.

보균자(保菌者) disease carrier 병원체를 다른 생물에게 전달하는 사람 또는 동물. 자신은 병에 대한 고통을 전혀 받지 않는다.

보드카 vodka 호밀, 밀 또는 감자를 엿기름으로 당화, 발효한 술덧을 연속 증류한 뒤 자작나무 숯으로 거른 술. 알코올 함량은 40~60퍼센트이다.

보라 세균 purple bacterium 가변 세균 가운데 광합성으로 영양을 얻는 광 영양 그람 음성 세균. 세균엽록소 에이(*a*)와 비(*b*) 그 밖에 여러 카로테노이드 색소가 있어 세균은 보라, 빨강, 갈색, 오렌지색 따위의 여러 색을 띤다. 환원제로서 황을 이용하는 보라 황세균과 수소를 이용하는 보라 비 황세균으로 나눌 수 있다. 광합성에서 산소를 생성하지 않으며 수생 환경에 널리 분포한다.

보라 황세균 purple sulfur bacterium 보라 세균의 하나. 무산소 또는 미산소성으로 온천이나 고인물 따위에서 발견된다. 광합성에서 환원제로 물 대신에 설파이드(sulfide)를 전자 주개로 하므로 산소를 발생하지 않는다. 황은 산화하여 원소 황 알갱이를 만들며 이는 다시 산화하여 황산이 된다. 보라 황세균은 세포 안에 황 알갱이를 만드는 크로마튬과(Chromatiaceae)와 세포 밖에 황 알갱이를 만드는 액토싸이오로도스피라과(Ectothiorhodospiraceae)의 두 과로 나눈다.

보르도 포도주 Bordeaux wine 프랑스 남서부 보르도 지역에서 생산하는 포도주. 백포도주, 적포도주와 로제가 있다.

보리수버섯과 Nectriaceae 진핵생물역(Eukaryota) 진균계(Fungi) 자낭균문(Ascomycota) 구멍공버섯강(Sordariomycetes) 동충하초목(Hypocreales)의 곰팡이 과.

보리수버섯속 *Nectria* 진핵생물역(Eukaryota) 진균계(Fungi) 자낭균문(Ascomycota) 구멍공버섯강(Sordariomycetes) 동충하초목(Hypocreales) 보리수버섯과(Nectriaceae)의 곰팡이 속.

보미톡신 vomitoxin 푸사륨속의 진균이 생산하는 곰팡이독소. 에폭시세스퀴테페노이드(epoxysesquiterpenoid)로 트라이코테센(trichothecene)의 하나이다. 밀, 보리, 귀리, 호밀, 옥수수 따위에서 발견된다. 주로 밀의 끝 마름병을 일으키는 푸사륨 그라미네아룸(*Fusarium graminearum*)과 옥수수 이삭의 부패를 일으키는 푸사륨 쿨모룸(*F. culmorum*)이 생산한다. 보미톡신은 단백질 합성을 억제하나 독성은 다른 트리코테센보다 약하다.

보세 위스키 bonded whisky 미국의 증류주 표준 규격에 따라 숙성하고 병에 담았음을 증명하는 보세병입(bottled-in-bond)이라는 라벨을 붙인 위스키. 진짜 위스키임을 증명하기 위한 수단으로 미국 정부가 1897년에 도입한 보세병입법(Bottle-in-Bond Act)에 따라 정부가 지정한 보세 구역에서 사 년 동안 보관한 뒤 병에 담는다. 위스키의 알코올 함량은 50퍼센트(100 프루프)이고 병에는 반드시 증류소를 밝혀야 한다.

보온 파스퇴르법 holding pasteurization 식품을 증기나 열수로 60도 이상으로 유지하여 미생물을 죽임. 배치식 살균법으로 우유의 경우 63도에서 30분 가열 보온한 뒤 실온으로 냉각한다.

보이디 이질세균 *Shigella boydii* 세균역(Bacteria) 슈도모나스문(Pseudomonadota) 감마가변세균강(Gammaproteobacteria) 창자세균목(Enterobacterales) 창자세균과(Enterobacteriaceae) 이질세균속(*Shigella*)의 그람음성 막대 모양 세균. 똥-입을 통하여 감염되며 법정 제1군 감염병인 이질을 일으킨다. 특히 열대 지방에서 사람의 급성 설사병의 원인 세균이다.

보자 boza 불구르(bulgur) 밀 또는 기장 또는 다른 곡물(보리, 귀리나 옥수수)을 물에 익힌 뒤 으깨어 효모로 발효한 음료. 튀르키예, 불가리아와 다른 발칸 국가의 전통 발효 음료이다.

보존료(保存料) preservative 미생물 생장을 억제하고 식품 성분의 산화 따위에 따른 변질을 막아 식품 저장 수명을 늘려주는 식품첨가물. 유기산(젖산, 프로피온산 따위), 벤조산 유도체(벤조산소듐, 하이드록시벤조산 에스터), 이산화황, 아질산염, 산화 방지제 따위가 있다.

보존 배양(保存培養) stock culture 필요할 때 쓰기 위하여 보존하는 미생물 균주.

보존 배지(保存培地) maintenance medium 균주보존에 쓰는 배지를 통틀어 이르는 말. 일반적으로 목적하는 균주가 잘 생육하는 성분으로 된 우무배지를 쓴다. 증식속도를 제한하고 노폐물이 많이 생성되지 않도록 배지 성분 농도를 조절한다. 효모 추출물-카세인 반유동 배지, 고기 추출물 배지, 피를 첨가한 반유동 배지가 있다.

보툴로톡신 botulotoxin 보툴리눔 독소.

보툴리누스독소 botulinustoxin '보툴리눔 독소'의 잘못.

보툴리누스세균 botulinus bacteria 보툴리눔 세균(*Clostridium botulinum*)의 잘못. 19세기 초 가정에서 만든 상한 소시지에서 처음 분리한 세균을 막대세균 보툴리누스(*Baccillus botuinus*)라고 하였다. 라틴어로 *butulus*는 소시지를 뜻한다. 그러나 1900년도 초 미국에서 보툴리눔 중독의 원인 세균은 무산소 상태에서 홀씨를 만드는 세균임이 밝혀져 막대세균 보툴리누스를 클로스트리듐 보툴리눔으로 하였다.

보툴리눔 독소 botulinum toxin 보툴리눔 세균(*Clostridium botulinum*)이 생산하는 신경 독소 단백질, 호흡기와 근육경련을 일으키며 자연계에 존재하는 독소 가운데 가장 강한 독성을 가지고 있다. 독소 항원의 모든 혈청형은 신경 근육 이음부에서 신경전달물질인 에세틸콜린 방출을 막아 신경 전달을 방해하여 근육 마비를 일으킨다. 독소는 보툴리눔 중독을 일으키며 보툴리눔독소증은 법정 제1급 감염병이다. 독소는 또한 보톡스(Botox)라는 상표로 의학과 성형 목적으로도 쓴다. 독소는 항원 혈청형에 따라 일곱 형의 내독소(에이, 비, 시원, 시투, 디, 이, 에프와 지)로 나눈다. 그 가운데 에이(A)와 비(B)형은 사람에게 병을 일으키며 상업용과 의학용으로도 쓴다. 시(C)에서 지(G)형은 흔하지는 않으나 이(E)와 에프(F)형은 사람에게 병을 일으키며, 다른 형은 다른 동물에 병을 일으킨다. 음식매개병인 보툴리눔 중독을 일으키는 혈청형은 에이 형(44.6퍼센트), 이 형(35.7퍼센트)과 비 형(12.5퍼센트)이다. 에이형 독소의 사람에 대한 중간 치사 용량은 혈관주사 또는 근육 주사로 킬로그램당 2.1나노그램, 흡인했을 때는 킬로그램당

10~13나노그램이고 입으로 먹었을 때는 킬로그램당 1000나노그램이다.

보툴리눔 세균 *Clostridium botulinum* 세균역(Bacteria) 막대세균문(Bacillota) 클로스트리듐강(Clostridia) 진정세균목(Eubacteriales) 클로스트리듐과(Clostridiaceae) 클로스트리듐속(*Clostridium*)의 그람양성 막대 모양 절대 무산소 세균. 주로 흙에서 발견되며 식품에서는 주로 세균이 생산하는 가스로 부푼 통조림과 관련이 있다. 무산소 환경에서 홀씨를 만들 때 신경 독소인 보툴리눔(botulinum)을 생산한다. 독소는 지금까지 알려진 독소 가운데 가장 강력하여 사람에 대한 치사량은 킬로그램당 1.3~2.1나노그램이며 의학에서는 보톡스(Botox)에 이용한다. 사람과 동물의 심한 이완 마비 병인 보툴리눔 중독(botulism)의 원인 세균이다. 보툴리누스 중독은 음식중독과 그 밖에 어린아이 창자 감염과 상처감염에 따른 중독이 있다.

보툴리눔 중독 botulism 보툴리눔 세균(*Clostridium botulinum*)이 생산하는 보툴리눔 독소로 일어나는 중독 또는 중독증. 대표적인 것은 독소에 오염된 식품을 먹어 생기는 중독으로, 남새, 수프, 물고기, 고기 따위의 저산, 저염 식품에서 일어난다. 증상은 구토, 복통, 시각 장애, 말하기와 음식 삼키기가 어렵고 치명적인 경우가 많다. 그 밖에 보툴리눔 세균 홀씨에 오염된 꿀을 먹어 일어나는 젖먹이 보툴리눔 중독, 상처 보툴리눔 중독, 흡입 보툴리눔 중독 따위가 있다.

보툴리눔 항독소 botulinum antitoxin 보툴리눔 세균이 생산하는 신경 독소를 막는 항체 또는 항체 항원-결합 조각. 항독소는 독소가 순환을 통하여 신경세포에 운반되기 전에 중화하는 역할을 한다.

보툴리스모톡신 botulismotoxin '보툴리눔 독소'의 잘못.

보툴린 botulin 보툴리눔 독소.

보트리오스파에리아과 Botryosphaeriaceae 주머니곰팡이과.

보트리티스속 *Botrytis* 진핵생물역(Eukaryota) 진균계(Fungi) 자낭균문(Ascomycota) 두건버섯강(Leotiomycetes) 고무버섯목(Helotiales) 균핵버섯과(Sclerotiniaceae)의 곰팡이 속. 일부 종은 식물의 병원체이다. 이 속의 기준 종인 잿빛곰팡이(*Botrytis cinerea*)는 사물 기생 곰팡이로서 여러 작물에 나쁜 영향을 주는데 가장 특징적인 것은 포도와 딸기이다. 잿빛곰팡이가 포도에 미치는 영향은 포도송이의 귀부병이다. 귀부병에 걸린 포도는 단맛이 강하여 디저트용 포도주 생산에 쓴다. 잿빛 곰팡이에 감염된 딸기는 포도와는 달리 먹을 수 없다.

복균강(腹菌綱) Gasteromycetes 예전에 담자균문의 한 강이었으나 지금은 쓰지 않는 진균 강.

복령(茯笭) hoelen, *Wolfipoia extensa* 진핵생물역(Eukaryota) 진균계(Fungi) 담자균문(Basidiomycota) 주름버섯강(Agaricomycetes) 구멍장이버섯목(Polyporales) 구멍장이버섯과(Polyporaceae) 복령속(*Wolfiporia*)의 먹는 버섯. 소나무 뿌리 주변에 기생하여 자란 공 모양 또는 타원형의 팡이실 덩어리이다. 크기는 10~30센티미터이고 무게는 0.1~2킬로그램에 이른다. 껍질은 검은 갈색으로 주름이 많고 속이 희고 단단한 것을 '백복령'이라 한다. 식품 원료로 쓰며 한약재로도 쓴다. 한국, 일본, 중국 등지에 분포한다.

복령(茯笭) Poria Sclerotium 복령의 균핵을 한방에서 이르는 말. 바깥층을 없애고 쓴다. 주된 생물 활성 물질은 트라이터페노이드인 파킴산(pachymic acid)이다. 냄새가 없고 조금 점액성이고 맛은 달고 밋밋하다. 이뇨 효과가 있으며 한방에서 수종, 이뇨 불량, 설사, 진정 따위에 쓴다.

복령속(茯笭屬) *Wolfipoia* 진핵생물역(Eukaryota) 진균계(Fungi) 담자균문(Basidiomycota) 주름버섯강(Agaricomycetes) 구멍장이버섯목(Polyporales) 구멍장이버섯과(Polyporaceae)의 속. 먹는 것으로는 복령 따위가 있다.

복령피(茯笭皮) *Wolfipoia extensa* bark 복령의 바깥 껍질을 한방에서 이르는 말. 겉면은 밤색에서 흑갈색이고 안쪽은 흰색에서 연한 갈색이다. 이뇨제로 쓴다.

복발효(複醱酵) saccharification and alcohol fermentation 녹말 당화와 당의 알코올 발효의 두 단계로 이루어지는 발효. 맥주와 같이 당화와 발효가 뚜렷하게 두 단계로 구별되는 단행 복발효와 청주와 같이 그렇지 않은 병행 복발효가 있다.

복발효주(複醱酵酒) saccharified and fermented alcoholic beverage 녹말 당화와 당의 알코올 발효의 두 단계로 만드는 술.

복분자술 bogbunja-sul 복분자를 발효, 숙성하여 만든 술.

복합 배지(複合培地) complex medium 동식물 또는 효모 추출물에서 얻은 영양성분으로 만든 배지. 아미노산, 바이타민, 당, 무기질 따위의 영양성분이 복합되어 있어 여러 미생물 균주 생장에 적절한 배지이다. 주로 영양 요구성이 밝혀지지 않은 미생물을 감별하거나 보다 넓은 범위에서 미생물 균주를 탐색하는 데 쓴다.

볼루틴 알갱이 volutin granule 일부 미생물 세포질 안에 무기 폴리인산염의 저장 형태. 사카로미세스속 세포질에서도 발견된다.

볼바톡신 volvatoxin 풀버섯이 만드는 심장 독 단백질. 볼바톡신 에이원(A_1)과 에이투(A_2)가 있다. 사람 적혈구 용해(lysis), 간세포 미토콘드리아와 종양 세포의 팽윤(swelling), 단백질 합성, 심실의 수축 작용을 막아 심장마비를 일으킨다.

볼톤 선택 강화배지 Bolton selective enrichment broth 캄필로박터속(*Campylobacter*) 세균의 선택 강화 배지. 주성분은 고기유래 펩톤(enzymatic digest of animal tissues), 락트알부민 가수분해물, 효모 추출물 따위이며 일반적으로 말의 용혈액을 첨가하여 쓴다. 선택제로 세포페라존(cefoperazone), 반코마이신(vancomycin), 트라이메토프림(trimethoprim)과 사이클로헥시미드(cycloheximide)를 첨가한다. 식품 중의 손상 세균의 회복을 목적으로 하는 영양물질로 메타아황산수소소듐(sodium metabisulphite)과 피루브산소듐이 들어있으며 손상 세균의 분리율을 높이기 위하여 30~37도에서 배양한 뒤 42도로 올려서 배양하는 방법도 쓴다.

볼톤 액체배지 Bolton broth 캄필로박터속(*Campylobacter*) 세균의 분리와 배양에 쓰는 선택배지. 선택제인 세포페라존(cefoperazone) 항생물질은 슈도모나스속과 창자세균과의 세균 생장을 억제하여 배지에 선택성을 준다. 또한 리팜피신(rifampicin)과 암포테리신 비(amphotericin B)는 각각 그람양성 세균과 효모, 곰팡이 생장을 억제한다. 캄필로박터 제주니(*Campylobacter jejuni*)는 자라 배지가 혼탁해지고 튜브 아래쪽으로 가라앉은 균체를 확인할 수 있다.

부르크홀데리아과 Burkholderiaceae 세균역(Bacteria) 슈도모나스문(Pseudomonadota) 베타가변세균강(Betaproteobacteria) 부르크홀데리아목(Burkholderiales)의 과.

부르크홀데리아 글라디올리 *Burkholderia gladioli* 세균역(Bacteria) 슈도모나스문(Pseudomonadota) 베타가변세균강(Betaproteobacteria) 부르크홀데리아과(Burkholderiaceae) 부르크홀데리아속(*Burkholderia*)의 그람음성 막대 모양 산소 세균. 흙, 물, 많은 동물에서 발견된다. 발효 코코넛 제품(봉크레크)에 독성물질인 봉크레크산을 생산한다.

부르크홀데리아목 Burkholderiales 세균역(Bacteria) 슈도모나스문(Pseudomonadota) 베타가변세균강(Betaproteobacteria)의 목.

부르크홀데리아 세파시아 *Burkholderia cepacia* 세균역(Bacteria) 슈도모나스문(Pseudomonadota) 베타가변세균강(Betaproteobacteria) 부르크홀데리아목(Burkholderiales) 부르크홀데리아과(Burkholderiaceae) 부르크홀데리아속(*Burkholderia*)의 그람음성 세균. 지방질 가수분해효소 따위의 효소 생산에 쓴다. 일부 균주는 기회 병원체로 면역성이 떨어진 사람에 폐렴을 일으킨다.

부르크홀데리아속 *Burkholderia* 세균역(Bacteria) 슈도모나스문(Pseudomonadota) 베타가변세균강(Betaproteobacteria) 부르크홀데리아목(Burkholderiales) 부르크홀데리아과(Burkholderiaceae)의 그람음성 막대 모양 절대 산소 세균 속.

부생 미생물(腐生微生物) saprophyte 생물 사체나 썩어가는 유기물에서 영양을 얻어 사는 세균이나 진균.

부생 생물(腐生生物) saprobe 부생 생활을 하는 생물.

부생자(腐生者) saprotroph 썩어가는 유기물을 먹고 살거나 영양을 얻어 사는 식물, 곰팡이 또는 세균.

부생 진균(腐生眞菌) saprobic fungus 생물 사체나 썩어가는 유기물에서 영양을 얻는 진균. 유기물을 세포 밖에서 효소로 분해하고 분해물을 흡수하여 생장한다.

부생 포도알 세균 *Staphylococcus saprophyticus* 세균역(Bacteria) 막대세균문(Bacillota) 막대세균강(Baciilli) 막대세균목(Baacillales) 사슬알세균과(Staphylococcaceae) 사슬알세균속(*Staphylococcus*)의 그람양성 알 세균. 요로감염을 일으키며 급성 깔때기정맥염, 부고환염, 전립샘염과 요도염을 포함한 합병증의 원인 세균이다.

부영양(富營養) eutrophy 영양소와 무기질 특히 질소와 인산 따위가 풍부한 상태.

부영양세균(富營養細菌) eutrophic bacterium 고농도의 유기 영양물을 에너지원으로 활용하는 세균.

부영양화(富營養化) eutrophication 민물에 질산염, 인산염 따위의 식물의 무기 영양소가 풍부해지는 현상. 흐름이 느린 강과 수심이 얕은 호수에서 자주 나타나는 자연 현상이나 주로 농업용 비료나 생활하수 유입으로 일어난다. 식물 플랑크톤과 동물플랑크톤의 생물량이 증가하고 종 다양성은 감소한다. 물은 여름에 탁해지고 물속 식물의 생장이 억제되고 말무리의 물꽃이 자주 나타난다. 심하면 많은 양의 유기물이 분해되면서 물이 무산소 상태가 되기도 한다. 바닥에 쌓이는 퇴적물의 양이 늘어나서 호수나 가의 바닥이 높아지면 주변의 육상 식물이 자라기 시작하면서 그 일대가 육지로 변하게 된다.

부용 bouillon 브로스를 이르는 프랑스 말.

부유균문(浮遊菌門) Planctomycetes 세균역(Bacteria)의 한 문. 그람음성 알 세균으로 다른 세균과는 달리 출아로 증식한다.

부의주(浮蟻酒) buuiju 동동주.

부정자낭균강(不整子囊菌綱) Plectomycetes 지금은 쓰지 않는 자낭균문의 강. 이 분류에 속하던 곰팡이는 대부분 분가지버섯강(Eurotiomycetes)으로 개편되었다.

부착 생물막(附着生物膜) periphytic biofilm 수생 생태계에서 물속에 잠겨 있는 겉면에 들러붙은 말무리, 남세균, 종속영양 미생물과 퇴적물 따위의 복합 혼합물.

부착 선모(附着腺毛) fimbria 세균이 다른 세균, 동물 세포 따위와 부착하는 데 쓰는 짧은 선모.

부착 세균(附着細菌) periphytic bacterium 고체 물질이나 생물체에 달라붙어 사는 미생물.

부착소(附着素) adhesin 세포가 표면 또는 다른 세포에 잘 부착하도록 돕는 세포 밖 고분자 성분. 또는 세균 세포의 표면 부속 기관.

부패(腐敗) decay 세균이나 진균 작용에 따른 유기물의 분해 또는 썩는 과정.

부패(腐敗) putrefaction 몸이나 유기물이 미생물 작용으로 분해됨. 또는 썩음. 사후강직 이후에 나타나는 죽음의 한 단계로서 단백질의 분해, 대부분 장기의 액화와 아민 화합물 생성, 암모니아, 황화수소 따위의 가스 발생이 함께 일어난다.

부패(腐敗) rot 세균이나 진균 작용으로 식물조직이 분해를 일으키는 일.

부패(腐敗) spoilage ① 화학적, 물리적 또는 미생물 작용으로 식품의 품질이 점점 나빠지는 현상. ② 식품과 상하기 쉬운 물질이 변하거나 썩음.

부패균과(腐敗菌科) Pythiaceae 진핵생물역(Eukaryota) 난균문(Oomycota) 페로노스포라목(Peronosporales)의 물곰팡이 과. 일부는 식물과 동물의 병원체이다.

부패 내 putrid odor 부패에 따라 발생하는 악취.

부패 미생물(腐敗微生物) spoilage microorganism 식품의 품질을 떨어뜨려 먹을 수 없게 만드는 미생물.

부패성(腐敗性) perishability 식품이 상하기 쉬운 정도. 또는 품질이 빠르게 나빠지는 정도. 수분 함량이 높아 저장 수명이 짧거나 저장하는 동안 빨리 상하는 것을 이른다.

부패 세균(腐敗細菌) spoilage bacterium 식품을 점점 나쁘게 하여 좋지 않은 냄새, 맛과 텍스처를 가져오게 하는 세균.

부패 시작단계 initial stage of spoilage 식품이 상하기 시작하는 단계. 일반적으로 살아 있는 세균수가 그램당 10^6～10^7 정도이거나 휘발성 염기 질소량이 100그램당 30밀리그램인 경우이다.

부패 아민 putrid amine 유기 물질이 썩는 과정에서 암모니아가 분해되어 생기는 아민 화합물. 상한 물고기 또는 썩은 고기 내의 주성분이다. 트라이메틸아민, 카다베린(cadaverine), 푸트레신(putrescine) 따위이다. 매우 낮은 농도에서도 쉽게 감지되기 때문에 식품 부패 지표 화합물로 이용한다.

부패털곰팡이과 Mortierellaceae 진핵생물역(Eukaryota) 진균계(Fungi) 털곰팡이문(Mucoromycota) 부패털곰팡이강(Mortierellomycetes) 부패털곰팡이목(Mortierellales)의 과.

부패털곰팡이목 Mortierellales 진핵생물역(Eukaryota) 진균계(Fungi) 털곰팡이문(Mucoromycota) 부패털곰팡이강(Mortierellomycetes)의 목.

부패털곰팡이속 *Mortierella* 진핵생물역(Eukaryota) 진균계(Fungi) 털곰팡이문(Mucoromycota) 부패털곰팡이강(Mortierellomycetes) 부패털곰팡이목(Mortierellales) 부패털곰팡이과(Mortierellaceae)의 곰파이 속. 흙에 사는 부생 곰팡이이다.

부패 효모(腐敗酵母) spoilage yeast 식품의 품질을 떨어뜨려 먹을 수 없게 만드는 효모.

부후고약버벗속 *Athelia* 진핵생물역(Eukaryota) 진균계(Fungi) 담자균문(Basidiomycota) 주름버섯강(Agaricomycetes) 부후고약버섯목(Atheliales) 부후고약버섯과(Atheliaceae)의 속.

부후고약버섯과 Atheliaceae 진핵생물역(Eukaryota) 진균계(Fungi) 담자균문(Basidiomycota) 주름버섯강(Agaricomycetes) 부후고약버섯목(Atheliales)의 과.

부후고약버섯목 Atheliales 진핵생물역(Eukaryota) 진균계(Fungi) 담자균문(Basidiomycota) 주름버섯강(Agaricomycetes)의 목. 아래에는 부후고약버섯과가 있다.

북아시아 진드기 열병 North Asian tick typhus 시베리아 진드기 열병.

분가지버섯강 Eurotiomycetes 진핵생물역(Eukaryota) 진균계(Fungi) 자낭균문(Ascomycota)의 곰팡이 강.

분가지버섯목 Eurotiales 진핵생물역(Eukaryota) 진균계(Fungi) 자낭균문(Ascomycota) 분가지버섯강(Eurotiomycetes)의 곰팡이 목.

분리(分離) isolation 여러 균주의 미생물이 들어있는 시료에서 한 균주(single strain)만을 갈라 내는 일.

미생물의 순수배양(pure culture)을 위한 것으로 보통 평판 배양법을 이용한다.

분리균(分離菌) isolate 여러 균주의 미생물이 들어있는 시료에서 순수하게 갈라 낸 균주.

분리 배지(分離培地) isolation medium 목적으로 하는 미생물을 분리하기 위한 식별이나 선별에 쓰는 배지. 주로 우무 평판배지를 쓴다. 식별에는 특정 미생물이 생산하는 산에 따른 지시약의 색 변화, 황화수소의 발생에 따른 흑색 콜로니 형성, 용혈(hemolysis), 자외선 조사에 따른 형광성 따위의 식별 능력을 높인 배지도 있다. 선별에는 선택 색소(selective pigment), 쓸개즙산염(bile salt), 항생물질(antibiotic) 따위의 선택제를 첨가한 선택배지를 쓴다.

분리 선택 배지(分離選擇培地) selective isolating medium 여러 미생물이 섞여 있는 재료에서 어느 특정한 미생물을 분리하는 데 쓰는 배지. 분리하고자 하는 미생물이 갖는 생화학 특징을 이용하고 그 미생물에는 해가 없고 다른 미생물에는 해가 되는 물질이 들어있는 배지이다.

분생자(分生子) conidium 분생홀씨.

분생자과(分生子果) conidioma 곰팡이에서 분생홀씨가 달리는 특수 구조.

분생자반 acervulus 홀씨가 달린 팡이실의 작은 무리.

분생자자루 conidiophore 분생홀씨자루.

분생자좌(分生子座) sporodochium 유사 분열 홀씨 곰팡이가 기생하는 숙주식물에 형성하는 작고 치밀한 가좌(stroma). 가좌는 분생 홀씨를 만드는 분생홀씨자루를 가지고 있다. 푸사륨속(*Fusarium*)과 넥트리아속(*Nectina*) 따위에서 볼 수 있다.

분생홀씨 conidium 팡이실 또는 담자뿔 꼭대기가 조여들어 만들어지고 홀씨주머니에 둘러싸이지 않는 곰팡이 무성 홀씨.

분생홀씨자루 conidiophore 분생 홀씨가 달리는 담자뿔(sterigmata)을 갖는 팡이실.

분생홀씨자루다발 synnema, coremia 분생홀씨자루의 다발처럼 생긴 집합. 일부 곰팡이의 크고 곧은 생식 구조이다. 끝에 분생 홀씨를 형성한다.

분열균강(分裂菌綱) Schizomycetes 지금은 남세균에 포함하는 옛 이름.

분열균문(分裂菌門) Schizomycophyta 예전에 세균을 지칭했던 용어. 지금은 쓰지 않는다.

분열진균(分裂眞菌) fission fungus 분열효모.

분열효모(分裂酵母) fission yeast 세포가 핵분열로 크기가 같은 두 개의 딸세포로 생식하는 분열효모속(*Schizosaccharomyces*) 효모.

분열효모강(分裂酵母綱) Schizosaccharomycetes 진핵생물역(Eukaryota) 진균계(Fungi) 자낭균문(Ascomycota)의 효모 강.

분열효모과(分裂酵母科) Schizosaccharomycetaceae 진핵생물역(Eukaryota) 진균계(Fungi) 자낭균문(Ascomycota) 분열효모강(Schizosaccharomycetes) 분열효모목(Schizosaccharomycetales)의 효모 과

분열효모목(分裂酵母目) Schizosaccharomycetales 진핵생물역(Eukaryota) 진균계(Fungi) 자낭균문(Ascomycota) 분열효모강(Schizosaccharomycetes)의 효모 목.

분열효모속(分裂酵母屬) *Schizosaccharomyces* 진핵생물역(Eukaryota) 진균계(Fungi) 자낭균문(Ascomycota) 분열효모강(Schizosaccharomycetes) 분열효모목(Schizosaccharomycetales) 분열효모과(Schizosaccharomycetaceae)의 속. 영양세포는 원통형이며 분열법으로 증식하며 4~8개의 자낭홀씨를 생성한다. 각종 과일과 설탕 은행나무의 수액에서 분리되는 분열효모 옥토스포루스(*S. octosporus*)는 삼투압 내성이며 보통 여덟 개의 자낭 홀씨를 만든다. 이 속에는 다섯 종(*S. pombe, S. japonicus, S. octosporus, S. cryophilus* 그리고 *S. osmophilus*)이 있다.

분열효모 오스모필루스 *Schizosaccharomyces osmophilus* 진핵생물역(Eukaryota) 진균계(Fungi) 자낭균문(Ascomycota) 분열효모강(Schizosaccharomycetes) 분열효모목(Schizosaccharomycetales) 분열효모과(Schizosaccharomycetaceae) 분열효모속(*Schizosaccharomyces*)의 효모.

분열효모 옥토스포루스 *Schizosaccharomyces octosporus* 진핵생물역(Eukaryota) 진균계(Fungi) 자낭균문(Ascomycota) 분열효모강(Schizosaccharomycetes) 분열효모목(Schizosaccharomycetales) 분열효모과(Schizosaccharomycetaceae) 분열효모속(*Schizosaccharomyces*)의 효모. 영양세포는 원기둥 모양이며 분열법으로 증식한다. 과일과 설탕 은행나무의 수액에서 분리되며 내삼투압성이고 보통 여덟 개의 자낭 홀씨를 생성한다.

분열효모 자포니쿠스 *Schizosaccharomyces japonicus* 진핵생물역(Eukaryota) 진균계(Fungi) 자낭균 문(Ascomycota) 분열효모강(Schizosaccharomycetes) 분열효모목(Schizosaccharomycetales) 분열효모과(Schizosaccharomycetaceae) 분열효모속(*Schizosaccharomyces*)의 효모.

분열효모 크리오필루스 *Schizosaccharomyces cryophilus* 진핵생물역(Eukaryota) 진균계(Fungi) 자낭

균문(Ascomycota) 분열효모강(Schizosaccharomycetes) 분열효모목(Schizosaccharomycetales) 분열효모과(Schizosaccharomycetaceae) 분열효모속(*Schizosaccharomyces*)의 효모.

분열효모 폼베 *Schizosaccharomyces pombe* 진핵생물역(Eukaryota) 진균계(Fungi) 자낭균문(Ascomycota) 분열효모강(Schizosaccharomycetes) 분열효모목(Schizosaccharomycetales) 분열효모과(Schizosaccharomycetaceae) 분열효모속(*Schizosaccharomyces*)의 효모. 분열효모속의 기준 종이며 네 개의 자낭홀씨를 만든다. 알코올 발효력이 강하며 아프리카의 수수 따위로 만드는 폼베(pombe) 술 제조에 쓴다. 식품 가공에서 원료로 쓸 수 있다.

분자 인식(分子認識) molecular recognition 제한효소가 디엔에이와 결합하고 잘라낼 특정 자리에 위치함.

분절홀씨 arthrospore ① 곰팡이의 팡이실 분절로 생성되는 세포. ② 필라멘트의 분절로 생성된 두꺼운 벽을 가진 휴식 세포. 일부 남세균에서 볼 수 있다.

분포자기(粉胞子器) pycnidium 가루홀씨그릇.

분해대사 억압(分解代謝抑壓) catabolite repression 여러 탄소 원 있을 때 미생물이 선호하는 탄소 원 밖의 다른 탄소 원을 사용하는 데 필요한 효소 발현과 활성이 억눌리는 일. 포도당과 젖당이 함께 있는 배지에 대장균을 배양하면 포도당을 완전히 소모하기 전에는 젖당을 이용하지 않는다. 포도당이 소모되면 대장균은 젖당을 가수분해하는 효소를 생산하여 젖당을 이용하기 시작한다. 여기에 다시 포도당을 첨가하면 다시 젖당 가수분해효소 생산은 멈추고 포도당을 이용하기 시작한다.

분홍느타리 pink oyster mushroom, *Pleurotus djamor* 진핵생물역(Eukaryota) 진균계(Fungi) 담자균문(Basidiomycota) 주름버섯강(Agaricomycetes) 주름버섯목(Agaricales) 느타리과(Pleurotaceae) 느타리속(*Pleurotus*)의 먹는 버섯. 갓은 지름 5~15센티미터로 반구형 또는 부채꼴로 분홍빛이다. 넓은잎나무의 고목 따위에 난다. 백두산 지역, 중국, 인도네시아, 남아시아 등지에 분포한다. 자연에서는 가을에 나며 인공 재배한다.

분홍썩음병 pink rot 과일이나 남새의 곰팡이 감염병. 증상이 나타난 부위는 분홍색이나 오렌지색의 팡이실체(mycelium)가 생긴다. 트리코테슘 로세움(*Trichothecium roseum*)은 사과, 포도, 토마토, 수박, 머스크멜론, 바나나, 복숭아 따위에, 피토프토라 에리트로셉티카(*Phytophthora erythroseptica*)는 감자와 홍당무에 분홍썩음병을 일으킨다.

불꽃살균 flame sterilization 미생물 접종에 쓰는 유리 기구, 솜, 금속 따위를 불꽃 속에 넣어 미생물을 죽임. 가스버너나 알코올램프를 쓴다.

불레라과 Bulleraceae 진핵생물역(Eukaryota) 진균계(Fungi) 담자균문(Basidiomycota) 흰목이강(Tremellomycetes) 흰목이목(Tremellales)의 곰팡이 과.

불레라속 *Bullera* 진핵생물역(Eukaryota) 진균계(Fungi) 담자균문(Basidiomycota) 흰목이강(Tremellomycetes) 흰목이목(Tremellales) 불레라과(Bulleraceae)의 곰팡이 속.

불레라 알바 *Bullera alba* 진핵생물역(Eukaryota) 진균계(Fungi) 담자균문(Basidiomycota) 흰목이강(Tremellomycetes) 흰목이목(Tremellales) 불레라과(Bulleraceae) 불레라속(*Bullera*)의 진균.

불로초(不老草) lingzhi, *Ganoderma sichuanense* 진핵생물역(Eukaryota) 진균계(Fungi) 담자균문(Basidiomycota) 주름버섯강(Agaricomycetes) 주름버섯강(Agaricomycetes) 구멍장이버섯목(Polyporales) 불로초과(Ganodermataceae) 불로초속(*Ganoderma*)의 먹는 버섯. 갓은 지름 5~15센티미터로 콩팥 또는 둥근 모양이며 적갈색 또는 자갈색의 윤이 난다. 살은 가죽 모양의 코르크질로서 단단하고 일 년 내내 넓은잎나무의 뿌리 밑동이나 그루터기에서 홀로 또는 모여 난다. 말려서 약용한다. 인공 재배법이 개발되었다. 한국, 일본, 중국, 유럽, 북아메리카, 북반구의 온대 이북에 분포한다.

불로초과(不老草科) Ganodermataceae 진핵생물역(Eukaryota) 진균계(Fungi) 담자균문(Basidiomycota) 주름버섯강(Agaricomycetes) 구멍장이버섯목(Polyporales)의 과.

불로초속(不老草屬) *Ganoderma* 진핵생물역(Eukaryota) 진균계(Fungi) 담자균문(Basidiomycota) 주름버섯강(Agaricomycetes) 구멍장이버섯목(Polyporales) 불로초과(Ganodermataceae)의 버섯 속. 대표적인 버섯은 불로초이다.

불완전균강(不完全菌綱) Deuteromycetes 예전에 유성생식 세대가 알려지지 않은 진균계(Fungi)의 강. 지금은 분류상 위치가 없다.

불완전균류(不完全菌類) deuteromycetes, fungi Imperfecti 진균(fungus) 가운데 유성생식을 볼 수 없고 무성생식만을 하는 분류학 위치가 분명하지 않은 진균을 통틀어 이르는 말. 아직 분류군(taxon)으로 확정된 이름은 아니다.

불완전균문(不完全菌門) Deuteromycota 예전에 유성생식 세대가 알려지지 않은 진균계(Fungi)의 문. 지금은 분류상 위치가 없다.

불완전균아문(不完全菌亞門) Deuteromycotina 예전에 유성생식 세대가 알려지지 않은 진균계(Fungi)의 한 아문. 지금은 분류상 위치가 없다.

불완전사상균강(不完全絲狀菌綱) Hyphomycetes 진핵생물역(Eukaryota) 진균계(Fungi)의 강. 지금은 대부분 자낭균문(Ascomycota)으로 개편되었다.

불완전사상균류(不完全絲狀菌類) hyphomycetes 균사체 여기저기에 분생자가 달리는 곰팡이를 이르는 말. 지금은 쓰지 않는 곰팡이 그룹이다.

불완전사상균목(不完全絲狀菌目) Hyphomycetales 지금은 쓰지 않는 진균 문.

불활성건조효모(不活性乾燥酵母) inactive dry yeast 말려서 불활성화한 효모. 영양이 풍부하여 바이타민 비(B) 약제, 단백질 식품, 사료 원료로 쓴다.

불활성유전자(不活性遺傳子) silent gene 발현하지 않거나 발현이 아주 적은 디엔에이 순서. 이런 유전자는 돌연변이, 재조합 또는 삽입(insertion) 결과로 활성화된다.

붉은갓껄껄이버섯 wrinkled Lessium, *Leccinellum rugosiceps* 진핵생물역(Eukaryota) 진균계(Fungi) 담자균문(Basidiomycota) 주름버섯강(Agaricomycetes) 그물버섯목(Boletales) 그물버섯과(Boletaceae) 모래그물버섯속(*Leccinellum*)의 버섯. 갓은 지름 5~15센티미터로 둥근 산 모양이며 누런 갈색이다. 겉면은 쭈그러져 있으며 때로는 흰 갈라짐이 보인다. 팡이실이 주로 오크 뿌리 겉면을 덮는 진균이다. 한국, 인도, 중국, 대만, 북아메리카, 중앙아메리카, 남아메리카에 분포한다.

붉은갓주름버섯 almond mushroom, *Agaricus subrufescens* 진핵생물역(Eukaryota) 진균계(Fungi) 담자균문(Basidiomycota) 주름버섯강(Agaricomycetes) 주름버섯목(Agaricales) 주름버섯과(Agaricaceae) 주름버섯속(*Agaricus*)의 먹는 버섯. 갓은 지름 5~18센티미터로 반구형으로 흰색에서 잿빛 또는 붉은 갈색이다. 단맛과 아몬드 향기가 있다. 비옥한 흙의 낙엽에 홀로 또는 뭉쳐난다. 북동 미국과 캐나다, 영국, 네덜란드, 호주, 대만, 필리핀, 브라질 등지에 분포한다.

붉은곰팡이병 *Fusarium* head blight, scab 밀, 보리, 귀리, 듀럼 밀, 옥수수 따위에 감염하여 낟알에 손상을 주는 푸사륨속(*Fusarium*) 곰팡이병. 가장 크게 영향을 받는 곡물은 밀, 보리와 옥수수이다. 이삭에 곰팡이가 감염되면 낟알이 크지 않거나 이삭 전체가 말라버리기도 하여 생산량과 품질이 떨어지게 된다. 붉은곰팡이병은 푸사륨속의 여러 종이 일으키나 가장 심각한 영향을 주는 것은 푸사륨 그레미네아룸(*F. graminearum*)이다. 감염된 곡물에서 생산된 곰팡이 독소인 데옥시네발레놀(deoxynevalenol)은 다른 곡류를 오염시킨다.

붉은 녹병 red rust 줄기녹병.

붉은목이강 Dacrymycetes 진핵생물역(Eukaryota) 진균계(Fungi) 담자균문(Basidiomycota)의 강.

붉은목이과 Dacrymycetaceae 진핵생물역(Eukaryota) 진균계(Fungi) 담자균문(Basidiomycota) 붉은목이강(Dacrymycetes) 붉은목이목(Dacrymycetales)의 과.

붉은목이목 Dacrymycetales 진핵생물역(Eukaryota) 진균계(Fungi) 담자균문(Basidiomycota) 붉은목이강(Dacrymycetes)의 목. 아래에는 붉은목이과가 있다.

붉은목이속 *Dacrymyces* 진핵생물역(Eukaryota) 진균계(Fungi) 담자균문(Basidiomycota) 붉은목이강(Dacrymycetes) 붉은목이목(Dacrymycetales) 붉은목이과(Dacrymycetaceae)의 속.

붉은 빵 곰팡이 red bread mold, *Neurospora crassa* 진핵생물역(Eukaryota) 진균계(Fungi) 자낭균문(Ascomycota) 구멍공버섯목(Sordariales) 구멍공버섯과(Sordariaceae) 뉴로스포라속(*Neurospora*)의 곰팡이. 빵에 번식하여 붉은색 분생 홀씨를 생성한다. 기르기 쉽고 생식 시간이 스물두 시간으로 유전학 연구뿐만 아니라 생물학적 주기(circadian rhythm), 후생유전학(epigenetics)과 발생과 분화 연구 분야에서 모델 생명체로 이용한다.

붉은 빵 곰팡이속 *Neurospora* 진핵생물역(Eukaryota) 진균계(Fungi) 자낭균문(Ascomycota) 구멍공버섯목(Sordariales) 구멍공버섯과(Sordariaceae)의 곰팡이 속. 썩는 남새에서 발견된다. 빨강~오렌지색의 분생자를 형성하며 콜로니는 솜 모양의 팡이실이 자라 밝은 등황색을 띤다. 내열성으로 흔히 불타다 남은 나무, 옥수수 속대, 빵 따위의 가열 식품에서 자란다. 흙 미생물이며 수송이나 저장 사과나 딸기 같은 생과일의 부패를 일으킨다. 기준 종은 뉴로스포라 시토필라(*N. sitophila*)이다. 생육은 극히 느리며 분생홀씨의 형성으로 콜로니는 가루 모양의 분홍색이 된다. 자낭각은 플라스크형이며 자낭 홀씨는 단세포이고 타원형 또는 방추형이다. 붉은빵곰팡이(*N. crassa*)는 쉽게 자낭을 형성하며 자낭에 여덟 개의 홀씨를 만든다.

붉은 빵 곰팡이 시토필라 *Neurospora sitophila* 진핵생물역(Eukaryota) 진균계(Fungi) 자낭균문(Ascomycota) 구멍공버섯목(Sordariales) 구멍공버섯과(Sordariaceae) 붉은빵곰팡이속(*Neurospora*)의 곰

팡이. 여러 가지 식품을 변질시키며, 목재산업이나 코르크 산업의 근로자들에게 천식을 일으키기도 한다. 인도네시아 온쫌(ontjom) 제조에 쓴다.

붉은 빵 곰팡이 인터메디아 변종 온코멘시스 *Neurospora intermedia* var. *oncomensis* 진핵생물역(Eukaryota) 진균계(Fungi) 자낭균문(Ascomycota) 구멍공버섯목(Sordariales) 구멍공버섯과(Sordariaceae) 붉은빵곰팡이속(*Neurospora*)의 곰팡이. 인도네시아 온쫌(ontjom) 제조에 쓴다.

붉은 알버섯 *Rhizopogon roseolus* 진핵생물역(Eukaryota) 진균계(Fungi) 담자균문(Basidiomycota) 주름버섯강(Agaricomycetes) 그물버섯목(Boletales) 알버섯과(Rhizopogonaceae) 알버섯속(*Rhizopogon*)의 먹는 버섯. 갓은 지름 1~5센티미터로 비뚤어진 공 모양으로 흰색이나 땅 위에 꺼내면 누런 갈색 또는 붉은 갈색으로 변한다. 봄부터 가을까지 바닷가 모래땅의 소나무 숲 땅속에 난다. 한국, 일본, 북반구 전 지역에 분포한다.

붉은젖버섯 saffron milk cap, *Lactarius deliciosus* 진핵생물역(Eukaryota) 진균계(Fungi) 담자균문(Basidiomycota) 주름버섯강(Agaricomycetes) 무당버섯목(Russulales) 무당버섯과(Russulaceae) 젖버섯속(*Lactarius*)의 먹는 버섯. 갓은 지름 3~8센티미터이고 오목하며 당근과 같은 주황빛이다. 신선할 때 등적색 라텍스가 흘러나와 붙은 이름이다. 주로 여름에서 초가을에 걸쳐 소나무 숲의 나무 그루터기에 난다. 주로 유럽에 분포한다.

붉은 효모 쌀 red yeast rice 말린 앙칵을 이르는 말.

붓기 평판법 pour plate method 우무배지를 이용한 평판 배양법의 하나. 살균한 페트리접시에 미생물 현탁액을 적당량 넣고 45~50도로 완전히 녹인 우무배지 용액을 페트리접시에 붓고 미생물과 잘 섞은 뒤 그대로 식혀 굳혀 배양한다. 콜로니는 고체배지 속과 위에 형성된다.

붙박이 immobilization 미생물, 식물 또는 동물 세포와 고분자(효소 따위)를 고체 운반체 겉면에 붙어 있게 하는 일. 또는 젤 속에 갇히게 만드는 일. 세포를 고정한 것은 붙박이 세포, 효소를 고정한 것은 붙박이 효소, 미생물을 고정한 것은 붙박이 미생물이라고 한다. 효소나 세포를 고정한 것은 통틀어 붙박이 생체 촉매라고도 한다.

붙박이 균체 immobilized microbial cell 지지 물질에 박혀 용액이나 배지에서 움직일 수 없도록 고정한 미생물 세포. 항생물질 생산, 폐수 처리소에서 외래 물질의 생분해와 생전환 따위에 쓴다.

붙박이 배양 immobilization culture 붙박이 균체를 이용하여 대사산물을 생산함.

뷰탄올 발효 butanol fermentation 아세톤-뷰탄올-에탄올 발효.

뷰테인-2,3-다이올 발효 butane-2,3-diol fermentation 창자세균과의 창자세균속, 클레브시엘라속(*Klebsiella*), 에어로박터속(*Aerobacter*), 세라티아속(*Serratia*) 또는 막대세균속(*Bacillus*) 따위가 피루브산으로부터 생성된 아세토인을 환원하여 뷰테인다이올을 생성하는 과정. 그 밖에 이산화탄소, 수소 따위도 생산된다. 배지의 피에이치 저하 정도, 이산화탄소 발생량, 뷰테인다이올의 생성 따위는 창자 세균을 분류하는 지표이다. 대장균의 혼합 유기산발효와 비교되는 발효이다.

뷰티르산발효 butyric acid fermentation 뷰티르산 세균으로 당의 해당을 거쳐 뷰티르산을 생성하는 과정. 치즈의 변질 원인이기도 하다.

뷰티르산 세균 butyric acid bacterium 당 또는 녹말의 해당을 거쳐 뷰티르산을 생성하는 절대 무산소 세균. 대부분 클로스트리듐속(*Clostridium*)으로 대표 종은 클로스리듐 뷰티리쿰(*Clostridium butyricum*)이다. 그 밖에 진정세균속(*Eubacterium*), 뷰티르산세균속(*Butyribacterium*), 여덟알세균속(*Sarcina*), 푸소세균속(*Fusobacterium*) 따위도 뷰티르산을 생산한다.

뷰티리비브리오속 *Butyrivibrio* 세균역(Bacteria) 막대세균문(Bacillota) 클로스트리듐강(Clostridia) 진정세균목(Eubacteriales) 라크노스피라과(Lachnospiraceae)의 뷰티르산을 생산하는 굽은 막대 모양 무산소 세균. 소, 사슴 양 따위의 되새김위에서 흔히 발견된다.

브라디리조븀속 *Bradyrhizobium* 브라디뿌리혹세균속.

브라디뿌리혹세균과 Bradyrhizobiaceae '니트로박터과'(Nitrobacteraceae)의 옛 이름.

브라디뿌리혹세균속 *Bradyrhizobium* 세균역(Bacteria) 슈도모나스문(Pseudomonadota) 알파가변세균강(Alphaproteobacteria) 히포마이크로븀목(Hyphomicrobiales) 니트로박터과(Nitrobacteraceae)의 그람음성 막대 모양 산소 세균 속. 흙에서 많은 콩과 식물과 공생 하면서 질소를 고정한다.

브랜디 brandy 포도주 또는 발효 과일즙을 증류, 숙성한 알코올음료. 특별한 설명이 없을 때는 포도주를 증류한 프랑스 코냑(Cognac) 지방에서 생산하는 코냑이나 아르마냑(Armagnac) 지방에서 생산하는 아르마냑을 이르며 포도가 아닌 경우에는 사과 브랜디, 앵두 브랜디 따위와 같이 과일 이름을 앞에 붙인다. 코냑은 독특한 단식증류기로 두 번 증류하고 아르마냑은 간단한 구조의 단식증류기로 한 번 증류하여 오크 통에 서 오 년 이상 숙성한다.

브레비박테륨속 *Brevibacerium* 브레비세균속.

브레비세균과 Brevibacteriaceae 세균역(Bacteria) 바퀴살세균문(Actinomycetota) 바퀴살세균강(Actinomycetia) 마이크로알세균목(Micrococcales)의 과.

브레비세균 리넨스 *Brevibacterium linens* 세균역(Bacteria) 바퀴살세균문(Actinomycetota) 바퀴살세균강(Actinomycetia) 작은알세균목(*Micrococcales*), 브레비세균과(Brevibacteriaceae)의 세균. 우유 제품에서 분리되며 치즈 숙성에 관여한다. 치즈 생산에 스타터로 쓰인다. 식품 가공에서 우유 가공품 제조에만 쓸 수 있다.

브레비세균속 *Brevibacerium* 세균역(Bacteria) 바퀴살세균문(Actinomycetota) 바퀴살세균강(Actinomycetia) 작은알세균목(Micrococcales) 브레비세균과(Brevibacteriaceae)의 그람양성 산소 세균 속. 흙, 물, 우유 가공 제품, 분해 물질 따위에서 발견된다. 카탈레이스 양성이며 형태가 일정하지 않은 막대 세균이다. 분열한 두 개의 세포가 브이(V)자형을 나타내며 분기하나 팡이실은 만들지 않는다. 예전에 글루탐산의 공업 생산에 이용한 많은 균주가 이 속에 포함되었으나 현재 이들은 대부분 코리네세균속(*Corynebacterium*)으로 재분류되었다.

브레비세균 아우란티아쿰 *Brevibacterium aurantiacum* 세균역(Bacteria) 바퀴살세균문(Actinomycetota) 바퀴살세균강(Actinomycetia) 작은알세균목(Micrococcales) 브레비세균과(Brevibacteriaceae) 브레비세균속(*Brevibacerium*)의 그람양성 막대 모양 절대 산소 세균. 카망베르에서 처음 분리되었다. 세척 껍질 치즈 숙성에 중요한 세균으로 치즈 생산에 스타터로 쓴다.

브레비세균 에피데르미스 *Brevibacerium epidermidis* 표피 브레비세균.

브레비세균 이오디눔 *Brevibacerium iodinum* 세균역(Bacteria) 바퀴살세균문(Actinomycetota) 바퀴살세균강(Actinomycetia) 작은알세균목(Micrococcales) 브레비세균과(Brevibacteriaceae) 브레비세균속(*Brevibacerium*)의 그람양성 세균. 생육 조건에 따라 콜로니 가운데 특이적인 자주색의 침상결정을 형성한다. 흙에 산다.

브레비세균 플라붐 *Brevibacterium flavum* 세균역(Bacteria) 바퀴살세균문(Actinomycetota) 바퀴살세균강(Actinomycetia) 작은알세균목(Micrococcales) 브레비세균과(Brevibacteriaceae) 브레비세균속(*Brevibacerium*)의 그람양성 세균. 생물 산업에서 여러 아미노산 생산에 쓴다.

브레타노미세스 브루셀렌시스 *Brettanomyces bruxellensis* 진핵생물역(Eukaryota) 진균계(Fungi) 자낭균문(Ascomycota) 사카로미세스강(Saccharomycetes) 사카로미세스목(Saccharomycetales) 피키아과(Pichiaceae) 브레타노미세스속(*Brettanomyces*)의 효모. 자연에서는 과일 껍질에서 발견된다. 상면발효 맥주인 전통 벨기에 에일의 후발효에 관여하고 일부 적포도주의 숙성에 일부 관여한다. 일반적으로 하면 맥주, 포도주, 청량음료 따위를 상하게 한다. 우무배지에서 서서히 생장하고 생성되는 산으로 곧 죽는다.

브레타노미세스속 *Brettanomyces* 진핵생물역(Eukaryota) 진균계(Fungi) 자낭균문(Ascomycota) 사카로미세스강(Saccharomycetes) 사카로미세스목(Saccharomycetales) 피키아과(Pichiaceae)의 효모 속. 다극 출아로 증식하고 홀씨를 생성하지 않는다. 세포는 달걀 모양과 둥근 모양이고 포도당으로부터 아세트산 냄새를 생성하는 특징이 있다. 맥주, 포도즙, 포도주, 청량음료, 피클 따위의 변질을 일으킨다. 그러나 포도주 산업에서는 감각 화합물을 생산하는 데 중요하다. 유사팡이실을 형성한다. 자연에서는 과일 껍질에 존재한다. 산소 조건에서 포도당으로부터 대량의 아세트산을 생성하며 산소가 당의 발효를 촉진하는 쿠스터스 효과(Custers effect)를 나타낸다.

브레타노미세스 쿠스테르시이 *Brettanomyces custersii* '덱케라 브루셀렌시스'(*Dekkera bruxellensis*)의 옛 이름.

브로스 broth ① 고기붙이, 곡류(주로 쌀)나 남새 따위를 스톡에 넣고 약한 불에서 오래 끓여 만든 진한 국물. 브로스 자체를 먹기도 하며, 수프, 그레이비, 소스 따위를 만든 데도 쓴다 ② 세균배양에 쓰는 단백질과 다른 영양소를 함유한 액체배지. ③ 생물체 조직 보존에 쓰는 액체 혼합물.

브로스 미량 묽힘법 broth microdilution 항생물질에 대한 미생물 감수성 검사. 아흔여섯 개의 우물(well)이 있는 여러 개의 미량적정 판(microtiter plate)에 목적하는 세균에 적절한 농도의 브로스를 채운 뒤 여러 농도의 항생제와 세균을 판에 넣고 37도 인큐베이터에서 16~24시간 배양한다. 배양 뒤 브로스가 흐려졌거나 바닥에 세포층이 생겼으며 세균이 자랐다는 것을 뜻한다. 결과는 최소 억제 농도(minimum inhibitory concentration) 또는 세균 확장을 막는 항생제의 최저 농도로 나타낸다. 이 방법은 여러 항생물질을 한 번에 검사할 수 있으며 정밀도가 높고 판은 상업적으로 구입 가능하고 보관도 쉬우며 일부 검사는 기계로 결과를 판독할 수 있는 여러 장점이 있다.

브로코트릭스속 *Brochothrix* 세균역(Bacteria) 막대세균문(Bacillota) 막대세균강(Bacilli) 막대세균목(Bacillales) 리스테리아과(Listeriaceae)의 그람양성 막대 모양 조건 무산소 세균 속.

브로코트릭스 열스팍타 *Brochothrix thermosphacta* 세균역(Bacteria) 막대세균문(Bacillota) 막대세균강(Bacilli) 막대세균목(Bacillales) 리스테리아과(Listeriaceae) 브로코트릭스속(*Brochothrix*)의 그람양성 막대 모양 조건 무산소 세균. 감압 포장 고기 제품에도 살 수 있으며 고기와 고기 제품의 변질을 일으킨다.

브루셀라과 Brucellaceae 세균역(Bacteria) 슈도모나스문(Pseudomonadota) 알파가변세균강(Alphaproteobacteria) 히포마이크로뷺목(Hyphomicrobiales)의 과.

브루셀라병 brucellosis 염소, 소, 양, 돼지, 개 따위의 동물이 브루셀라속(*Brucella*) 세균 감염으로 일어나는 병. 법정 제2종 가축전염병이다.

브루셀라속 *Brucella* 세균역(Bacteria) 슈도모나스문(Pseudomonadota) 알파가변세균강(Alphaproteobacteria) 히포마이크로뷺목(Hyphomicrobiales) 브루셀라과(Brucellaceae)의 그람음성 짧은 막대 모양 산소 세균 속. 사람과 동물에 기생하거나 질병을 일으키기도 한다. 브루셀라병을 일으키는 대표 세균은 소의 전염성 유산을 일으키는 소 유산 세균(*Brucella abortus*)이고 그 밖에 양 브루셀라 세균(*B. melitensis*), 돼지 유산 세균(*B. suis*)과 개에 감염하는 브루셀라 카니스(*B. canis*)가 있다. 카탈레이스 양성이며 생육에 5~10퍼센트의 이산화탄소가 필요하다. 전형적으로 사람 또는 다른 동물의 세포 안에 기생체 또는 병원체로 존재한다. 인수공통 감염병으로 사람은 생우유를 먹어서 또는 감염 동물과의 접촉으로 감염되고 특징적인 파상열을 보인다. 브루셀라 세균은 지구상에 널리 분포하며 젖소가 감염되면 우유로 세균이 배출되나 우유의 살균처리로 사람이 감염되는 일은 드물다. 사람에 증세가 나타나면 인플루엔자와 비슷한 열이 나며 파상적으로 열이 3~4개월 계속되고 회복까지 수년이 걸리기도 하나 치사율은 낮다.

브루셀라 액체배지 Brucella broth 브루셀라속의 배양에 적합한 비선택 액체배지.

브루셀라 우무배지 Brucella agar 브루셀라속의 배양에 적합한 비선택 우무배지.

브루셀라증 brucellosis 브루셀라속(*Brucella*) 세균으로 오염된 생우유를 먹어서 또는 감염 동물의 배설물과 접촉으로 일어나는 사람과 가축 공통 병. 사람에게 브루셀라증을 일으키는 세균으로는 소 유산 세균(*Brucella abortus*), 양 브루셀라 세균(*B. melitensis*), 돼지 유산 세균(*B. suis*)과 개 브루셀라 세균(*B. canis*)이 있다. 사람에게는 법정 제3급 감염병으로 증상은 지나친 땀, 관절과 근육통 따위이다. 동물에게는 브루셀라병(법정 제2종 가축전염병)이라 한다.

브리드법 Breed method 우유의 미생물 수를 계수하는 실험실 기술. 살아 있는 미생물과 죽은 미생물 수를 알기 위한 체세포 계수 방법이다. 현미경법, 쿨터 계수기(Coulter counter), 질량분석법, 세포 배양법 따위로 측정한다. 우유 가공 산업에서 원유 품질을 분석하는 방법이다.

브릴리언트 그린 brilliant green 삼아릴메테인(truarylmethane) 물감의 하나. 수술 뒤 상처, 신생아 탯줄, 피부 상처, 사슬알 세균 감염 따위에 소독 효과가 있다. 그람양성 세균에 강한 억제 효과가 있어 브릴리언트 그린 젖당 쓸개즙 배지와 같은 대장균군 세균의 선택 증균 배지와 브릴리언트 그린 우무배지와 같은 선택 분리 배지에 쓴다.

브릴리언트 그린 설파 우무배지 brilliant green sulfa agar 살모네라속(*Salmonella*) 세균에 쓰는 선택배지. 이차 강화 배양한 뒤 분리배양 단계에 쓴다.

브릴리언트 그린 우무배지 brilliant green agar 살모네라속(*Salmonella)* 세균의 선택 분리 배지. 설파피리딘(sulfapyridine)을 첨가한 브릴리언트 그린 우무배지나 변형 브릴리언트 그린 우무배지는 살모넬라속 세균의 선택성을 더욱 높인 배지이다. 피에이치 지시약으로 페놀레드(phenol red)와 그람양성 세균과 그람음성 막대세균의 발육을 억제하는 브릴리언트 그린을 첨가한다. 젖당 또는 설탕 발효 세균은 황색~황녹색의 콜로니를 형성하며 콜로니 주변은 황록색이 된다. 살모넬라속 세균은 붉은색의 콜로니를 형성하고 콜로니 주변은 붉게 물든다.

브릴리언트 그린 젖당 쓸개즙 액체배지 brilliant green lactose bile broth 물, 우유, 우유 제품, 그 밖의 식품에서 대장균군 세균(coliform bacterium)의 정성시험 또는 정량시험에 쓰는 선택배지. 선택제로 그람양성 세균의 발육을 억제하는 브릴리언드 그린과 창자세균과(Enterobacteriacease) 세균의 발육을 촉진하는 소의 쓸개즙 가루가 들어있다. 듀람 발효관(Durham fermentation tube)이 들어있는 시험관에 넣고 살균하여 쓴다.

브이아르비지 우무배지 VRBG agar, violet red bile glucose agar 식품에서 창자세균과(Enterobacteriaceae) 세균의 검출과 계수에 쓰는 선택배지.

브이피 액체배지 Voges-Proskauer broth 포게스-프로스카우어 배지.

블라서 캄필로박터 우무배지 Blaser's Campylobacter agar 시료에서 캄필로박터속(*Campylobacter*) 종을 선택적으로 동정할 때 쓰는 고체배지.

블라스토미세테스 Blastomycetes 효모처럼 출아로 번식하는 병원성 불완전균류 강. 때로는 초보적인 팡이실을 만들기도 한다.

블라스토클라디아균문 Blastocladiomycota 진핵생물역(Eukaryota) 진균계(Fungi)의 문.

블라케슬레아속 *Blakeslea* 진핵생물역(Eukaryota) 진균계(Fungi) 접합균문(Zygomycota) 접합균강(Zygomycetes) 털곰팡이목(Mucorales) 비녀털곰팡이과(Choanephoraceae)의 진균 속. 썩는 냄새, 흙, 똥 따위에 부생하거나 식물이나 동물의 기생생물 또는 병원체이다.

블루베르바이러스목 Blubervirales 리보바이러스역(Riboviria) 파라나바이러스계(Pararnavirae) 아르트베르바이러스문(Artverviricota) 레브트라바이러스강(Revtraviricetes)의 바이러스 목.

비기라문 Bigyra 진핵생물역(Eukaryota)의 문.

비녀털곰팡이과 Choanephoraceae 진핵생물역(Eukaryota) 진균계(Fungi) 접합균문(Zygomycota) 접합균강(Zygomycetes) 털곰팡이목(Mucorales)의 과.

비늘버섯속 *Pholiota* 진핵생물역(Eukaryota) 진균계(Fungi) 담자균문(Basidiomycota) 주름버섯강(Agaricomycetes) 주름버섯목(Agaricales) 포도버섯과(Stropharizceae)의 속. 먹는 것으로는 나도팽나무버섯(*Pholiota nameko*), 검은 비늘 버섯(*P. adiposa*), 흰 비늘 버섯(*P. lenta*), 금빛 비늘 버섯(*P. aurivella*) 따위가 있다.

비단그물버섯 slippery jack, *Suillus luteus* 진핵생물역(Eukaryota) 진균계(Fungi) 담자균문(Basidiomycota) 주름버섯강(Agaricomycetes) 그물버섯목(Boletales) 비단그물버섯과(Suillaceae) 비단그물버섯속(*Suillus*)의 먹는 버섯. 갓은 지름 5~14센티미터로 둥근 산 모양이고 갈색을 띤다. 습기가 많으면 갓은 심한 끈적액이 겉면을 덮는다. 여름에서 가을 사이에 소나무 숲의 땅에 무리 지어 난다. 전 세계에 분포한다.

비단그물버섯과 Suillaceae 진핵생물역(Eukaryota) 진균계(Fungi) 담자균문(Basidiomycota) 주름버섯강(Agaricomycetes) 그물버섯목(Boletales)의 과.

비단그물버섯속 *Suillus* 진핵생물역(Eukaryota) 진균계(Fungi) 담자균문(Basidiomycota) 주름버섯강(Agaricomycetes) 그물버섯목(Boletales) 비단그물버섯과(Suillaceae)의 속. 먹는 것으로는 비단그물버섯 따위가 있다.

비단풀목 Ceramiales 진핵생물역(Eukaryota) 홍조식물문(Rhodophyta) 진정홍조강(Florideophyceae)의 목.

비리디카톨 viridicatol 일부 푸른곰팡이속의 종이 생산하는 곰팡이독소. 퀴놀리논 알칼로이드(quinolinone alkalide)로 누런 포도알세균(*Staphylococcus aureus*)에 강한 억제 작용이 있다.

비리디카틴 viridicatin 일부 푸른곰팡이속의 종이 생산하는 곰팡이독소. 결핵세균에 대하여 선택 활성을 보인다.

비리디톡신 viriditoxin 아스페르길루스 비리디누탄스(*Aspergillus viridinutans*)에서 처음 분리한 곰팡이독소. 세균 증식 억제 활성이 있다.

비 리보솜 펩타이드 nonribosomal peptide 세균이나 진균이 생산하는 펩타이드 이차 대사산물. 주로 단백질을 구성하지 않는 아미노산을 기질로 하여 합성된 펩타이드이다. 많은 펩타이드가 메신저 아르엔에이(RNA) 정보를 받아 리보솜에서 합성되는 것과는 달리 비 리보솜 펩타이드는 하나의 비 리보솜 펩타이드 합성 효소로 한 개의 펩타이드가 합성된다. 다양한 생물 활성이 있으며 항생물질(악티노마이신, 반코마이신 따위), 색소(인디고아이오딘 따위), 독소(마이크로시스틴, 사이아노독소 따위) 따위가 있다.

비발효당(非醱酵糖) non-fermentable sugar 미생물이 에너지원으로 이용할 수 없는 당.

비병원성(非病原性) avirulence 병원체 감염성이 없음.

비병원 세균(非病原細菌) non-pathogenic bacterium 세균을 인간 또는 동물에게 병을 일으키지 않는 세균. 자연계에 있는 세균 대부분은 비병원성이다.

비브리오과 Vibrionaceae 세균역(Bacteria) 슈도모나스문(Pseudomonadota) 감마가변세균강(Gammaproteobacteria) 비브리오목(Vibrionales)의 과.

비브리오목 Vibrionales 세균역(Bacteria) 슈도모나스문(Pseudomonadota) 감마가변세균강(Gammaproteobacteria)의 목.

비브리오 미미쿠스 *Vibrio mimicus* 세균역(Bacteria) 슈도모나스문(Pseudomonadota) 감마가변세균강(Gammaproteobacteria) 비브리오목(Vibrionales) 비브리오과(Vibrionaceae) 비브리오속(*Vibrio*)의 세균. 생굴, 물고기, 새우, 오징어, 가재를 통하여 감염되며 위창자염을 일으키며 물 설사를 특징으로 한다.

비브리오속 *Vibrio* 세균역(Bacteria) 슈도모나스문

(Pseudomonadota) 감마가변세균강(Gammaproteobacteria) 비브리오목(Vibrionales) 비브리오과(Vibrionaceae)의 그람음성 곧은 또는 굽은 막대 모양 조건 무산소 세균 속. 민물과 바닷물에 산다. 콜레라 세균(*Vibrio cholerae*), 창자염 비브리오 세균(*V. parahaemolyticus*), 비브리오 패혈증 세균(*V. vulnificus*) 따위는 오염된 어패류를 통하여 감염되며 음식 중독을 일으킨다. 극편모를 가지며 고체배지에서 배양하면 주변 편모를 형성하는 종도 있다. 대체로 카탈레이스와 산화 효소 양성이다. 포도당을 발효하여 산을 생성하고 질산염을 아질산염으로 환원한다. 거의 모든 종이 호염성이며 생육에 0.5~2퍼센트의 소금을 요구한다.

비브리오 우무배지 *Vibrio* agar 콜레라세균(*Vibrio cholerae*)과 창자염 비브리오 세균(*Vibrio parahaemolyticus*)의 선택배지. 배지에 들어있는 쓸개즙산염(bile salt), 구연산, 싸이오황산염(thiosulfate)와 로릴황산염(laurylsulfate)은 그람양성 세균과 일부 그람음성 세균의 생장을 억제한다. 비브리오세균 선택성은 티시비에스 우무배지(TCBS agar)보다 약하고 형성된 콜로니는 크다. 설탕을 분해하는 콜레라세균과 비브리오 플라비알리스(*Vibrio fluvialis*)는 푸른색 콜로니를 형성하고 설탕을 분해하지 않는 창자염 비브리오 세균, 페혈증 비브리오 세균 그리고 비브리오 미미쿠스(*V. mimicus*)는 붉은색을 띤 조금 불투명한 콜로니를 형성한다.

비브리오증 vibriosis 비브리오속(*Vibrio*) 세균이 일으키는 병. 주로 어패류를 날로 또는 덜 익혀 먹어 일어난다. 때로는 상처 난 부위에 바닷물 접촉으로도 일어난다. 비브리오는 바닷물 연안 환경에서 주로 날씨가 따듯한 5월부터 10월 사이에 일어난다. 증산으로는 물 설사, 복부 경련, 욕지기, 구토, 열, 오한 따위이다.

비브리오 패혈증 vibrio septicemia 비브리오 불니피쿠스(*Vibrio vulnificus*)가 일으키는 패혈증. 법정 제3군 감염병이다.

비브리오 플루비알리스 *Vibrio fluvialis* 세균역(Bacteria) 슈도모나스문(Pseudomonadota) 감마가변세균강(Gammaproteobacteria) 비브리오목(Vibrionales) 비브리오과(Vibrionaceae) 비브리오속(*Vibrio*)의 세균. 중증 설사 환자에서 처음 분리된 수인성 세균이다.

비소클라미스 니베아 *Byssochlamys nivea* 진핵생물역(Eukaryota) 진균계(Fungi) 자낭균문(Ascomycota) 분가지버섯강(Eurotiomycetes) 분가지버섯목(Eurotiales) 열아스쿠스과(Thermoascaceae) 비소클라미스속(*Byssochlamys*)의 곰팡이. 산성 과일 통조림을 상하게 한다. 파툴린 곰팡이독소를 생산한다.

비소클라미스속 *Byssochlamys* 진핵생물역(Eukaryota) 진균계(Fungi) 자낭균문(Ascomycota) 분가지버섯강(Eurotiomycetes) 분가지버섯목(Eurotiales) 테르모아스카과(Thermoascaceae)의 곰팡이 속. 흙에서 발견된다. 산성 가열 식품의 변질에 관여한다.

비소클라미스 풀바 *Byssochlamys fulva* 진핵생물역(Eukaryota) 진균계(Fungi) 자낭균문(Ascomycota) 분가지버섯강(Eurotiomycetes) 분가지버섯목(Eurotiales) 열아스크스과(Thermoascaceae) 비소클라미스속(*Byssochlamys*)의 곰팡이. 과일 통조림의 변질을 일으킨다. 곰팡이독소인 비소클람산을 생산한다.

비소클람산 byssochlamic acid 진핵생물역(Eukaryota) 진균계(Fungi) 자낭균문(Ascomycota) 유로티아강(Eurotiomycetes) 유로티아목(Eurotiales)의 내열성 곰팡이인 바소클라미스 풀바(*Bassochlamys fulva*)가 생산하는 곰팡이독소. 통조림 과일 제품과 과일 주스 같은 산성 열 가공식품의 변질 원인이다.

비스무트 아황산염 우무배지 bismuth sulfite agar 살모넬라세균 종을 분리하는 데 쓰는 감별 선택 고체배지. 살모넬라세균 생장을 돕는 비스무트아황산염이 들어있으며 황산철(II)도 들어있는데 황화철(II)을 황화수소로 전환하는 능력을 검사한다. 포도당을 탄소의 주요 공급원으로 쓴다. 비엘비지(BLBG)와 비스무트는 그람양성 세균의 생장을 억제한다.

비시아이지 우무배지 BCIG agar, 5-bromo-4-chloro-3-indolyl-β-D-glucuronide 대장균의 검출과 계수에 쓰는 선택 발색 배지.

비시엠 오157 우무배지 BCM O157 agar, biosynth culture medium O157 agar 창자 출혈 대장균(enterohemorrhagic *E. coli*) O157의 선택 분리 배지. 배지 성분에 포함되는 발색 기질에 따라 이 대장균은 검은색~짙은 초록색의 전형적인 콜로니를 형성하는 것이 특징이다. 아텔루륨산포타슘(potassium tellurite)을 첨가하나 선택성을 더 높이기 위해서 노보바이오신 소듐(novobiocin sodium)을 첨가하기도 한다.

비시피 첨가 평판 우무배지 plate count agar with BCP(bromocresol purple) 발효 우유, 젖산 음료와 젖산 세균이 들어있는 아이스크림 따위의 젖산 세균 수 측정에 쓰는 고체배지.

비에이엠법 BAM method, bacteriological analytical manual method 식품 미생물의 표준시험법. 미국식품의약국(Food and Drug Administration, FDA)이 제공하는 시험법이다.

비엘 우무배지 BL agar, glucose-blood liver agar 사람이나 동물의 창자세균과(Enteriobacteriaceae)의 검색에 쓰는 비 선택배지. 창자세균과의 거의 모든 세균의 배양이 가능하며 특히 영양요구성이 복잡한 젖산 막대세균속(*Lactobacillus*) 세균의 배양에도 적합하다. 균종이나 균군에 따라서 콜로니 특징이 명확하게 나타나므로 창자세균군의 검색에는 편리하게 이용할 수 있다. 또 각종 식품의 젖산 세균 수 측정에도 이용한다.

비오넥트리아과 Bionectriaceae 진핵생물역(Eukaryota) 진균계(Fungi) 자낭균문(Ascomycota) 구멍공버섯강(Sordariomycetes) 동충하초목(Hypocreales)의 과.

비오디 BOD biochemical oxygen demand(생화학적산소요구량)의 약자.

비정상발효(非正常醱酵) abnormal fermentation 작은창자에서 질병 때문에 일어나는 잘못된 발효나 식품 가공 따위에서 다른 미생물의 오염으로 일어나는 잘못된 발효.

비지엘비 액체배지 BGLB broth 브릴리언트 그린 젖당 쓸개즙 배지.

비츄 bichiew 찐 쌀에 백곡(베이카) 가루와 물을 넣고 담금 육 일째에 증류하는 대만 술. 알코올 함량은 20~25퍼센트이다.

비탈 우무배지 slant agar 시험관을 옆으로 비스듬하게 뉘어 우무를 기울어지게 굳힌 시험관 배지. 표면적이 넓어 산소 미생물의 균주 보관에 쓴다.

비티 농약 BT pesticide 막대세균 투린기엔시스(*Bacillus thuringiensis*)가 생산하는 단백질. 이 단백질은 델타-내독소(δ-endotoxin)이며 이 독소를 먹은 일부 곤충 애벌레에 독성을 나타낸다. 곤충 살충제로 쓴다.

비티 막대세균 BT bacillus '막대세균 투린기엔시스'(*Bacillus thuringiensis*)를 이르는 말.

비티비-엠아르 지시약 BTB-MR indicator, bromthymol blue-methyl red indicator 브롬티몰블루 0.2그램과 메틸 레드 0.1그램을 95퍼센트 에탄올 300밀리리터에 녹이고 증류수 200밀리리터를 섞은 용액.

비피도세균 bifidobacterium 세균역(Bacteria) 바퀴살세균문(Actinomycetota) 바퀴살세균강(Actinomycetia) 비피도세균목(Bifidobacteriales) 비피도세균과(Bifidobacteriaceae) 비피도세균속(*Bifidobacterium*)의 세균 종을 통틀어 이르는 말. 때로는 이 속의 기준 종인 비피도세균 비피둠(*Bifidobacterium bifidum*)을 이르기도 한다.

비피도세균과 Bifidobacteriaceae 세균역(Bacteria) 바퀴살세균문(Actinomycetota) 바퀴살세균강(Actinomycetia) 비피도세균목(Bifidobacteriales)의 과.

비피도세균 락티스 *Bifidobacterium lactis* '비피도세균 아니말리스'(*Bifidobacterium animalis*)의 옛 이름.

비피도세균 론굼 *Bifidobacterium longum* 세균역(Bacteria) 바퀴살세균문(Actinomycetota) 바퀴살세균강(Actinomycetia) 비피도세균목(Bifidobacteriales) 비피도세균과(Bifidobacteriaceae) 비피도세균속(*Bifidobacterium*)의 그람양성 막대 모양 무산소 세균. 아종 론굼(subsp. *longum*), 인판티스(subsp. *infantis*)와 수이스(*suis*)의 세 아종이 있으며 앞의 두 아종은 창자 미생물상을 대표한다. 사람 창자관에 있는 흔한 비피도세균의 하나이며 유아 똥 미생물상에서 흔한 세균이다. 젖산을 생성하므로 우유와 요구르트 또는 정장제의 제조에 이용한다. 식품 가공에서 원료로 쓸 수 있다.

비피도세균 론굼 아종 론굼 *Bifidobacterium longum* subsp. *longum* 비피도세균 론굼 아종의 하나. 창자에 사는 프로바이오틱으로 젖산과 아세트산을 생성한다.

비피도세균 론굼 아종 수이스 *Bifidobacterium longum* subsp. *suis* 비피도세균 론굼 아종의 하나. 돼지 똥에서 분리되었다.

비피도세균 론굼 아종 인판티스 *Bifidobacterium longum* subsp. *infantis* 비피도세균 론굼 아종의 하나. 유아 창자에 있으며 젖당 발효에 관여한다.

비피도세균목 Bifidobacteriales 세균역(Bacteria) 바퀴살세균문(Actinomycetota) 바퀴살세균강(Actinomycetia)의 목.

비피도세균 브레베 *Bifidobacterium breve* 세균역(Bacteria) 바퀴살세균문(Actinomycetota) 바퀴살세균강(Actinomycetia) 비피도세균목(Bifidobacteriales) 비피도세균과(Bifidobacteriaceae) 비피도세균속(*Bifidobacterium*)의 그람양성 막대 모양 무산소 세균. 프로바이오틱으로 쓴다. 식품 가공에서 원료로 쓸 수 있다

비피도세균 비피둠 *Bifidobacterium bifidum* 세균역(Bacteria) 바퀴살세균문(Actinomycetota) 바퀴살세균강(Actinomycetia) 비피도세균목(Bifidobacteriales) 비피도세균과(Bifidobacteriaceae) 비피도세균속(*Bifidobacterium*)의 그람양성 막대 모양 무산소 세균. 홀씨를 만들지 않으며 비피도세균 속의 기준 종이다. 사람의 잘록창자, 사람 젖 그리고 때로는 질에서 발견되는 젖산 세균의 하나이다. 발효 우유 제품 제조에서 스타터로 쓰며 일부는 프로바이오틱으로 쓴다.

식품 가공에서 원료로 쓸 수 있다.

비피도세균속 *Bifidobacterium* 세균역(Bacteria) 바퀴살세균문(Actinomycetota) 바퀴살세균강(Actinomycetia) 비피도세균목(Bifidobacteriales) 비피도세균과(Bifidobacteriaceae)의 그람양성 막대 모양 무산소 세균 속. 형태는 브이(V)자 모양, 와이(Y)자 모양, 코리네 모양 따위의 여러 가지가 있다. 일부 종은 이산화탄소의 존재 아래에서 산소 내성을 나타낸다. 사람이나 동물의 창자관, 질, 자연계, 식품 따위에서 발견된다. 일부 종은 프로바이오틱으로 이용한다. 발육 최적 온도는 보통 37~41도이며 포도당을 발효하여 아세트산과 젖산을 3 : 2의 몰 비로 생성하는 헤테로발효 젖산 세균이다. 이산화탄소는 생성하지 않는다.

비피도세균 슈도론굼 *Bifidobacterium pseudolongum* 세균역(Bacteria) 바퀴살세균문(Actinomycetota) 바퀴살세균강(Actinomycetia) 비피도세균목(Bifidobacteriales) 비피도세균과(Bifidobacteriaceae) 비피도세균속(*Bifidobacterium*)의 그람양성 막대 모양 무산소 세균. 식품 가공에서 원료로 쓸 수 있다

비피도세균 아니말리스 *Bifidobacterium animalis* 세균역(Bacteria) 바퀴살세균문(Actinomycetota) 바퀴살세균강(Actinomycetia) 비피도세균목(Bifidobacteriales) 비피도세균과(Bifidobacteriaceae) 비피도세균속(*Bifidobacterium*)의 그람양성 막대 모양 무산소 세균. 사람을 포함하는 대부분 젖먹이동물의 큰창자에서 살며 프로바이오틱으로 쓴다. 아종 아니말리스(subsp. *animalis*)와 아종 락티스(subsp. *lactis*)의 두 아종이 있다. 식품 가공에서 원료로 쓸 수 있다.

비피도세균 아니말리스 아종 락티스 *Bifidobacterium animalis* subsp. *lactis* 비피도세균 아니말리스 세균의 한 아종.

비피도세균 아니말리스 아종 아니말리스 *Bifidobacterium animalis* subsp. *animalis* 비피도세균 아니말리스 세균의 한 아종.

비피도세균 아돌레센티스 *Bifidobaterium adolescentis* 세균역(Bacteria) 바퀴살세균문(Actinomycetota), 비퀴살세균강(Actinomycetia) 비피도세균목(Bifidobacteriales) 비피도세균과(Bifidobacteriaceae) 비피도세균속(*Bifidobacterium*)의 무산소 세균. 사람의 소화관에서 발견된다. 프리바이오틱인 아라비노자일란(arabinoxylan) 따위를 대사하여 아세트산과 젖산을 생산한다. 식품 가공에서 원료로 쓸 수 있다.

비피도세균 인판티스 *Bifidobacterium infantis* 세균역(Bacteria) 바퀴살세균문(Actinomycetota) 바퀴살세균강(Actinomycetia) 비피도세균목(Bifidobacteriales) 비피도세균과(Bifidobacteriaceae) 비피도세균속(*Bifidobacterium*)의 세균. 사람의 입안과 소화관에서 발견되는 젖산 세균이다. 우유와 요구르트 또는 정장제의 제조에 쓴다. 식품 가공에서 원료로 쓸 수 있다.

비피도세균 파에칼레 *Bifidobacterium faecale* 세균역(Bacteria) 바퀴살세균문(Actinomycetota) 바퀴살세균강(Actinomycetia) 비피도세균목(Bifidobacteriales) 비피도세균과(Bifidobacteriaceae) 비피도세균속(*Bifidobacterium*)의 그람양성 짧은 막대 또는 와이(Y) 모양 무산소 세균. 사람 똥에서 분리되었다.

비피두스 생장 인자 bifidus growth factor 비피두스 인자.

비피두스 인자 bifidus factor 창자에서 비피두스 세균의 생장을 촉진하는 음식 성분. 이 활성을 갖는 것으로는 일부 올리고당, 락툴로스, 당단백질 유도체 따위가 있다.

빈영양(貧營養) oligotrophy 미생물이 영양소가 부족한 환경에서 자라는 능력.

빨간검둥이과 Rhodomelacea 진핵생물역(Eukaryota) 홍조식물문(Rhodophyta) 진정홍조강(Florideophyceae) 비단풀목(Ceramiales)의 붉은말 과.

뽕나무버섯 honey fungus, *Armillaria mellea* 진핵생물역(Eukaryota) 진균계(Fungi) 담자균문(Basidiomycota) 주름버섯강(Agaricomycetes) 주름버섯목(Agaricales) 뽕나무버섯과(Physalarcriaceae) 뽕나무버섯속(*Armillaria*)의 먹는 버섯. 갓은 지름 4~15센티미터로 편평하고 가운데는 조금 오목하고 황갈색이다. 독성분을 모르나 날로 먹으면 구역질, 설사 따위의 증상을 일으킨다. 봄에서 가을에 걸쳐 넓은잎나무나 바늘잎나무의 생나무 밑동, 그루터기에 무리 지어 나는 나무 부후 곰팡이이다. 전 세계에 분포한다.

뽕나무버섯과 Physalacriaceae 진핵생물역(Eukaryota) 진균계(Fungi) 담자균문(Basidiomycota) 주름버섯강(Agaricomycetes) 주름버섯목(Agaricales)의 과.

뽕나무버섯속 *Armillaria* 진핵생물역(Eukaryota) 진균계(Fungi) 담자균문(Basidiomycota) 주름버섯강(Agaricomycetes) 주름버섯목(Agaricales) 뽕나무버섯과(Physalarcriaceae)의 속. 먹는 것으로는 뽕나무버섯 따위가 있다.

뿌리 세균 rhizobacterium 식물 뿌리 겉면과 관계가 있는 흙 세균. 뿌리와 맞닿거나 뿌리 주위에 사는 세균으로 식물과 공생하며 식물에 영양소를 주고 병

충해를 막는 역할을 한다.

뿌리혹 root nodule 질소고정 세균이 콩과식물의 뿌리 조직에 혹 모양을 이룬 조직.

뿌리혹곰팡이강 Phytomyxea 진핵생물역(Eukaryota) 뿌리혹곰팡이문(Endomyxa)의 강. 식물, 돌말류, 난균류, 갈조류에 기생한다.

뿌리혹곰팡이목 Plasmodiophorida 진핵생물역(Eukaryota) 뿌리혹곰팡이문(Endomyxa) 뿌리혹곰팡이강(Phytomyxea)의 목.

뿌리혹곰팡이문 Endomyxa 진핵생물역(Eukaryota)의 문. 단세포 진균으로 식물의 절대 기생성 곰팡이이다.

뿌리혹박테리아 root nodule bacteria 콩과식물의 뿌리에 공생하여 자유 질소를 고정하는 세균. 그람음성으로 막대 모양이다. 대표 세균은 뿌리혹세균속(*Rhizobium*) 세균으로 식물체로부터 탄수화물을 흡수하고 공기 질소를 고정하여 식물에 제공한다.

뿌리혹세균 rhizobia 콩과식물 뿌리에 혹을 형성하여 공생하면서 공기 질소를 고정하는 흙 세균. 그람음성 막대 세균이다. 공기 질소를 질소 고정효소(nitrogenase, EC 1.18.6.1과 EC 1.19.6.1)로 환원하여 암모니아 질소로 변환하여 숙주에 공급하고 식물로부터 탄수화물을 흡수한다. 뿌리혹세균은 완두를 숙주로 하는 뿌리혹세균속(*Rhizobium*), 콩을 숙주로 하는 브라디뿌리혹세균속(*Bradyrhizobium*)과 시노뿌리혹세균속(*Sinorhizobium*), 그리고 연을 숙주로 하는 메소뿌리혹세균속(*Mesorhizobium*) 따위가 있다.

뿌리혹세균과 Rhizobiaceae 세균역(Bacteria) 슈도모나스문(Pseudomonadota) 알파가변세균강(Alphaproteobacteria) 뿌리혹세균목(Rhiuzobiales)의 과.

뿌리혹세균목 Rhizobiales 세균역(Bacteria) 슈도모나스문(Pseudomonadota) 알파가변세균강(Alphaproteobacteria)의 목.

뿌리혹세균속 *Rhizobium* 세균역(Bacteria) 슈도모나스문(Pseudomonadota) 알파가변세균강(Alphaproteobacteria) 뿌리혹세균목(Rhiuzobiales) 뿌리혹세균과(Rhizobiaceae)의 그람음성 막대 모양 산소 세균속. 흙에 산다. 공기 질소를 고정하여 콩과식물과 공생한다.

뿌리혹세균 파세올리 *Rhizobium phaseoli* 세균역(Bacteria) 슈도모나스문(Pseudomonadota) 알파가변세균강(Alphaproteobacteria) 뿌리혹세균목(Rhiuzobiales) 뿌리혹세균과(Rhizobiaceae) 뿌리혹세균속(*Rhizobium*)의 그람음성 막대 모양 산소 세균. 공기 질소를 암모니아로 전환한다.

뿌리혹형성 nodulation 식물 뿌리에 질소를 고정하는 뿌리혹이 만들어지는 일.

뿔나팔버섯 horn of plenty, *Craterellus cornucopioides* 진핵생물역(Eukaryota) 진균계(Fungi) 담자균문(Basidiomycota) 주름버섯강(Agaricomycetes) 꾀꼬리버섯목(Cantharellales) 수염버섯과(Hydnaceae) 뿔나팔버섯속(*Craterellus*)의 먹는 버섯. 갓은 지름 1~5센티미터로 나팔 모양이며 흑갈색이다. 늦여름부터 가을에 걸쳐 숲속 땅에 두세 개씩 뭉쳐난다. 전 세계에 분포한다.

뿔나팔버섯속 *Craterellus* 진핵생물역(Eukaryota) 진균계(Fungi) 담자균문(Basidiomycota) 주름버섯강(Agaricomycetes) 꾀꼬리버섯목(Cantharellales) 수염버섯과(Hydnaceae)의 속. 먹는 것으로는 뿔나팔버섯 따위가 있다.

ㅅ

사과 점무늬낙엽병곰팡이 alternasria blotch of apple, *Alternaria mali* 진핵생물역(Eukaryota) 진균계(Fungi) 자낭균문(Ascomycota) 입술버섯강(Dothideomycetes) 플레오스포라목(Pleosporales) 플레오스포라과(Pleosporaceae) 알테르나리아속(*Alternaria*)의 곰팡이. 사과나무 잎에 갈색 또는 암갈색 둥근 반점이 생기는 병을 일으킨다.

사람 마이크로바이옴 human microbiome ① 사람 조직과 체액에 사는 모든 미생물상을 통틀어 이르는 말. 피부, 젖샘, 자궁, 난포, 허파, 침, 입안 점막, 결막, 쓸개길과 위창자길에 사는 미생물을 모두 포함한다. 사람 몸에 존재하는 미생물은 태어나는 과정에서 정착이 시작되며 생애 주기 동안 음식, 유전요인, 병력, 약물 복용, 생활환경 따위의 다양한 요인으로 지속적인 변화를 겪으며 각 개인의 특이적인 마이크로바이옴을 형성한다. 사람 몸에 있는 미생물 세포 수는 사람 세포 수보다 열 배 정도 더 많은 것으로 알려져 있다. ② 사람의 몸 안과 밖에서 사는 미생물 유전체의 총합.

사람 면역 결핍 바이러스 human immunodeficiency virus, HIV. 사람의 면역계통을 공격하여 에이즈(AIDS)를 일으키는 로토바이러스.

사람 아데노바이러스 human adenovirus, HAdV 바리드나바이러스역(Varidnaviria) 밤포르드바이러계(Bamfordvirae) 프레플라스미바이러스문(Preplasmiviricota) 텍틸리바이러스강(Tectiliviricetes) 로와바이러스목(Rowavirales) 아데노바이러스과(Adenoviridae) 마스트아데노바이러스속(*Mastadenovirus*)의 사람 아데노바이러스. 이중가닥 선형 디엔에이 바이러스이며 캡시드는 정이십면체의 둥근 알갱이로 외피를 가지지 않는다. 에이(A)부터 지(G)까지 일곱 아군으로 분류한다. 감염증의 증상은 상기도염, 폐렴, 결막염, 위장염 따위로 다양하며 위장염의 원인이 되는 것은 에프 아군의 바이러스이다. 그 혈청형은 31형, 40형, 41형이며 이들은 창자 아데노바이러스(enteric adenovirus)라고도 한다. 장사 아데노바이러스에 의한 위장염은 젖먹이에서 산발적으로 볼 수 있으나 로타바이러스나 노로바이러스보다 발생 빈도는 낮다.

사람 알파헤르페스바이러스 3 *Human alphaherpesvirus* 3 사람에 감염하는 아홉 개의 헤르페스바이러스의 하나. 어린이에는 수두를 일으키고 어른에는 대상포진을 일으킨다.

사련구균(四連球菌) tetracoccus 네알세균.

사로클라듐 오리자에 *Sarocladium oryzae* 진핵생물역(Eukaryota) 진균계(Fungi) 자낭균문(Ascomycota) 동충하초강(Sordariomycetes) 동충하초목(Hypocreales) 사로클라듐속(*Sarocladium*)의 진균. 과는 정해지지 않았다. 식물 병원체로 벼의 잎집(leaf sheath) 썩음병을 일으킨다.

사료효모(飼料酵母) fodder yeast 사료 목적으로 쓰는 효모가 생산하는 단백질. 생산 원료로는 아황산 폐액, 농산물 가공 폐수, 폐기물, 탄화수소, 메탄올, 아세트산 따위를 쓰고, 효모 균주는 칸디다속(*Candida*)을 쓴다.

사르시나속 *Sarcina* 여덟알세균속.

사마귀버섯과 Thelephoraceae 진핵생물역(Eukaryota) 진균계(Fungi) 담자균문(Basidiomycota) 주름버섯강(Agaricomycetes) 사마귀버섯목(Thelephorales)의 과.

사마귀버섯목 Thelephorales 진핵생물역(Eukaryota) 진균계(Fungi) 담자균문(Basidiomycota) 주름버섯강(Agaricomycetes)의 목. 반케라과(Bankeraceae)와 사마귀버섯과(Thelephoraceae)가 있다.

4-메틸펜탄산 4-methylpentanoic acid 메틸기 가지를 가지고 있는 지방산. 4번 자리에 메틸기를 가진 탄소 수 다섯 개인 카복실산이다.

사면 배지(斜面培地) slant medium 비탈 우무배지.

사멸 곡선(死滅曲線) death curve 가열, 화학 약품, 자외선, 방사선 따위의 처리로 미생물을 죽일 때 처리 시간과 총 생존 미생물 수와의 관계를 나타내는 곡선.

사멸기(死滅期) death phase 미생물의 생장곡선에서 로그기에 이어지는 생장기로서 먹이 부족 따위의 이유로 죽어가는 미생물 수가 생장으로 불어나는 수보다 더 많은 시기.

사멸률(死滅率) death rate 가열, 화학 약품, 자외선, 방사선 따위의 처리로 미생물이 죽는 비율.

사멸 시간(死滅時間) death time 가열, 화학 약품, 자외선, 방사선 따위의 처리로 미생물을 죽이는 데 걸리는 시간.

사부로 우무배지 Sabouraud's agar, Sabouraud's dextrose agar, SDA 사람이나 동물에 병원성이 있는 각종 진균의 배양에 쓰는 배지. 노카르디아속과 같은 사상세균에도 쓸 수 있다. 주된 성분은 1~1.5퍼센트의 펩톤과 포도당 또는 엿당이다. 여러 세균의 증식을 억제하기 위해서 피에이치(pH)는 5.4~5.6으로 조정하며 겐타마이신 따위의 선택제를 첨가한다.

사상 세균(絲狀細菌) filamentous bacterium 세포분열

뒤 세포가 분리하지 않고 실 모양으로 자라는 세균. 바퀴살세균류(actinomycetes), 노카르디아속(*Nocardia*) 따위이다.

사스 SARS, Severe Acute Respiratory Syndrome 사스-코로나바이러스(SARS-CoV)가 일으키는 중증 급성 호흡기 증후군. 법정 제1급 감염병이다.

사스-코로나바이러스-2 SARS-CoV-2, severe acute respiratory syndrome coronavirus 2 법정 제2형 중증급성호흡기증후군 코로나바이러스. 외 가닥 아르엔에이 바이러스로 2019년에 시작한 코비드-19(COVID-19)의 원인 바이러스이다. 기침이나 콧물에서 나온 호흡기 비말에 대한 밀접 접촉을 통해 전파된다. 오염된 물건을 만진 손으로 눈, 코, 입을 만지는 것도 해당 감염증에 걸릴 수 있는 다른 원인이다.

사슬막대세균속 *Streptobacillus* 세균역(Bacteria) 푸소세균문(Fusobacteriota) 푸소세균강(Fusobacteriia) 푸소세균목(Fusobacteriales) 렙토트리키아과(Leptotrichiaceae)의 그람음성 막대 모양 저산소 세균. 사람에게 감염되면 열병(Haverhill fever)을 일으키며 감염 증상은 발열, 발진, 오한, 두통, 구토, 근육통, 관절통과 때로는 패혈증으로 발전되기도 한다. 어린이에게는 체중감소와 설사를 동반하기도 한다.

사슬알세균과 Streptococcaceae 세균역(Bacteria) 막대세균문(Bacillota) 막대세균강(Bacilli) 젖산막대세균목(Lactobacillales)의 한 과.

사슬알세균 다이아세티락티스 *Streptococcus diacetylactis* '젖산알세균 락티스 변종 다이아세틸락티스'(*Lactococcus lactis* var. *diacetylactis*)의 옛 이름.

사슬알세균 락티스 *Streptococcus lactis* '젖산알세균 락티스 아종 락티스'의 옛 이름.

사슬알세균 무탄스 *Streptococcus mutans* 세균역(Bacteria) 막대세균문(Bacillota) 막대세균강(Bacilli) 젖산막대세균목(Lactobacillales) 사슬알세균과(Streptococcaceae) 사슬알세균속(*Streptococcus*)의 그람양성 저건 무산소 알 세균. 사람의 입에 살며 어린이 충치를 유발한다. 충치에 관여하는 또 다른 종은 사슬알세균 소브리누스(*S. sobrinus*)이다. 효모 칸디다 알비칸스(*Candida albicans*)와 같이 증식하면 글루칸 생산이 증가하고 이에 따라 생물막(biofilm) 형성이 증가하며 충치 유발성이 커진다.

사슬알세균 보비스 *Streptococcus bovis* 세균역(Bacteria) 막대세균문(Bacillota) 막대세균강(Bacilli) 젖산막대세균목(Lactobacillales) 사슬알세균과(Streptococcaceae) 사슬알세균속(*Streptococcus*)의 그람양성 세균. 사람의 요로감염, 대장암, 심장내막염, 패혈증 따위의 원인 세균이다.

사슬알세균 살리바리우스 *Streptococcus salivarius* 세균역(Bacteria) 막대세균문(Bacillota) 막대세균강(Bacilli) 젖산막대세균목(Lactobacillales) 사슬알세균과(Streptococcaceae) 사슬알세균속(*Streptococcus*)의 그람양성 둥근 모양 조건 무산소 젖산 세균. 입안과 호흡기 윗부분에 살며 기회감염 세균이다. 일부 균주는 입의 감염 방지용 프로바이오틱으로 이용되기도 한다. 식품 가공에서 원료로 쓸 수 있다.

사슬알세균 살리바리우스 아종 열필루스 *Streptococcus salivarius* subsp. *thermophilus* '사슬알세균 열필루스'(*Streptococcus thermophilus*)의 옛 이름.

사슬알세균속 *Streptococcus* 세균역(Bacteria) 막대세균문(Bacillota) 막대세균강(Bacilli) 젖산막대세균목(Lactobacillales) 사슬알세균과(Streptococcaceae)의 그람양성 알 모양 무산소 젖산 세균 속. 사람과 동물의 피부, 점막, 질과 창자관에서 발견된다. 산소의 유무와 관계없이 호모젖산 발효하여 엘-젖산을 생성한다. 이 속의 기준 종은 사슬알세균 아갈락티아에(*S. agalactiae*)이다. 폐렴 세균(*S. pneumoniae*)도 있다.

사슬알세균 아갈락티아에 *Streptococcus agalactiae* 세균역(Bacteria 막대세균문(Bacillota) 막대세균강(Bacilli) 젖산막대세균목(Lactobacillales) 사슬알세균과(Streptococcaceae) 사슬알세균속(*Streptococcus*)의 세균. 설탕을 발효하여 다당류로 된 캡슐을 만들며 혈구를 파괴할 수 있으며 건강한 사람의 위창자와 성기에 자란다. 소의 유방염을 일으킨다.

사슬알세균 열필루스 *Streptococcus thermophilus* 세균역(Bacteria 막대세균문(Bacillota) 막대세균강(Bacilli) 젖산막대세균목(Lactobacillales) 사슬알세균과(Streptococcaceae) 사슬알세균속(*Streptococcus*)의 그람양성 조건 무산소 젖산 세균. 요구르트, 치즈 따위의 제조에 이용한다. 요구르트에 매끄러운 점성을 부여하고 생성하는 폼산은 요구르트 생산에 함께 이용하는 젖산막대세균 델부루엑키이 아종 불가리쿠스(*Lactobacillus delbrueckii* subsp. *bulgaricus*) 생육에 필수 성분이 된다. 또 프로바이오틱으로 알려져 있다. 식품 가공에서 원료로 쓸 수 있다.

사슬알세균 우베리스 *Streptococcus uberis* 세균역(Bacteria 막대세균문(Bacillota) 막대세균강(Bacilli) 젖산막대세균목(Lactobacillales) 사슬알세균과(Streptococcaceae) 사슬알세균속(*Streptococcus*)의 세균. 소의 유방염을 일으킨다.

사슬알세균 음식매개병 streptococcal foodborne

illness 사람, 동물의 창자 세균인 사슬알세균 파에칼리스(*Streptococcus faecalis*)에 오염된 식품을 먹어 일어나는 음식중독. 메스꺼움, 구토, 설사, 복통을 일으킨다.

사슬알세균 인테르메디우스 *Streptococcus intermedius* 세균역(Bacteria 막대세균문(Bacillota) 막대세균강(Bacilli) 젖산막대세균목(Lactobacillales) 사슬알세균과(Streptococcaceae) 사슬알세균속(*Streptococcus*)의 무산소 세균. 고름집(abscess)에서 분리되었으며 대사산물로 다이아세틸(diacetyl)을 생산한다.

사슬알세균 콘스텔라투스 *Streptococcus constellatus* 세균역(Bacteria 막대세균문(Bacillota) 막대세균강(Bacilli) 젖산막대세균목(Lactobacillales) 사슬알세균과(Streptococcaceae) 사슬알세균속(*Streptococcus*)의 그람양성 카탈레이스 음성 알 세균. 포도당, 엿당과 설탕을 발효하여 젖산을 생산한다. 사람의 입, 비뇨 생식기관과 창자에 산다.

사슬알세균 피오게네스 *Streptococcus pyogenes* 화농알세균.

사오싱주(紹興酒) Shaoxing chiew 찹쌀을 보리 누룩으로 발효한 중국 중부 사오싱 지방의 술. 중국 황주의 하나이다.

사워 크림 sour cream 자연 또는 스타터 젖산 세균의 발효로 산성화한 크림. 크림 안의 젖당이 발효되어 젖산으로 변해 신맛이 난다.

사이다 효모 cider yeast 사과 과즙을 발효하여 사이다를 만드는 데 쓰는 효모.

사이막 septum 생물체 내부에서 칸막이 구실을 하는 얇은 막 모양의 구조. 곰팡이 팡이실, 세균, 심장, 코, 혀 따위에서 볼 수 있다. 세균 세포가 분열할 때 보이는 두 개의 딸세포 사이에 생기는 막, 두 개 이상의 몸마디를 갖는 동물에 있어서 각 몸마디 사이를 구분 짓는 막, 유관속 식물의 물관이나 체관의 경계를 이루는 세포막의 부분 따위이다. 곰팡이의 경우에는 팡이실이나 홀씨 따위에서 세포를 분단하고 있는 칸막이 판을 뜻하며 분열 효모가 분열할 때도 형성된다.

사이막 팡이실 septate hypha 사이막이 있는 팡이실.

사이크로박터속 *Psychrobacter* 세균역(Bacteria) 슈도모나스문(Pseudomonadota) 감마가변세균강(Gammaproteobacteria) 슈도모나스목(Pseudomonadales) 모락셀라과(Moraxellaceae)의 그람음성 산소 세균속. 모양은 알 또는 알과 막대 중간이다. 산화효소 양성이며 저온성이다. 생장 온도 범위는 영하 10도에서 42도이며 치즈, 물고기, 가공 고기와 가금 제품에서 분리되었다.

사이크로박터 이모빌리스 *Psychrobacter immobilis* 세균역(Bacteria) 슈도모나스문(Pseudomonadota) 감마가변세균강(Gammaproteobacteria) 슈도모나스목(Pseudomonadales) 모락셀라과(Moraxellaceae) 사이크로박터속(*Psychrobacter*)의 그람음성 저온 세균. 고기와 생선 제품의 변질을 일으킨다.

사이토칼라신 cytochalasin 액틴 잔섬유(filament)에 결합하여 액틴 중합과 늘어남을 막는 곰팡이 대사산물. 그 밖에 세포막을 통한 단당류 운반 억제, 단백질 합성, 핏줄 생성 방지 따위의 역할도 한다.

사이프로플록삭신 ciprofloxacin 디엔에이 합성과 단백질 합성을 멈추게 하는 플루오로퀴놀론 항생물질. 가축 소화기와 호흡기 감염 방지 또는 치료에 쓴다.

사철느타리 *Pleurotus floridanus* 진핵생물역(Eukaryota) 진균계(Fungi) 담자균문(Basidiomycota) 주름버섯강(Agaricomycetes) 주름버섯목(Agaricales) 느타리과(Pleurotaceae) 느타리속(*Pleurotus*)의 먹는 버섯. 갓은 지름 3~12센티미터로 기와를 포개 놓은 모양으로 얕은 깔때기 모양으로 누런빛이다. 여름에서 가을에 걸쳐 넓은잎나무의 썩은 나무에 모여 난다. 한국, 중국, 북아메리카에 분포한다.

사출 홀씨 ballistospore 순간적으로 발사되는 것과 같이 강력하게 내뿜는 홀씨. 담자균류(basidiomycetes)의 많은 담자홀씨(basidiospore)는 사출 홀씨이다. 때로는 담자균류의 사출 홀씨만을 이르기도 한다.

사카로모나스 린드네리 *Saccharomonas lindneri* '지모모나스 모빌리스'의 옛 이름.

사카로미세스강 Saccharomycetes 진핵생물역(Eukaryota) 진균계(Fungi) 자낭균문(Ascomycota)의 강.

사카로미세스과 Saccharomycetaceae 진핵생물역(Eukaryota) 진균계(Fungi) 자낭균문(Ascomycota) 사카로미세스강(Saccharomycetes) 사카로미세스목(Saccharomycetales)의 과.

사카로미세스 락티스 *Saccharomyces lactis* '클루이베로미세스 락티스'(*Kluyveromyces lactis*)의 옛 이름.

사카로미세스 룩시이 *Saccharomyces rouxii* '접합효모 룩시이'(*Zygosaccharomyces rouxii*)의 옛 이름.

사카로미세스 마르시아누스 *Saccharomyces marxianus* '클루이베로미세스 마르시아누스'(*Kluyveromyces marxianus*)의 옛 이름.

사카로미세스목 Saccharomycetales 진핵생물역(Eukaryota) 진균계(Fungi) 자낭균문(Ascomycota) 사카로미세스강(Saccharomycetes)의 목.

사카로미세스 바야누스 *Saccharomyces bayanus* 진핵

생물역(Eukaryota) 진균계(Fungi) 자낭균문(Ascomycota) 사카로미세스강(Saccharomycetes) 사카로미세스목(Saccharomycetales) 사카로미세스과(Saccharomycetaceae) 사카로미세스속(*Saccharomyces*)의 효모. 셰리 숙성에 관여하여 독특한 향미를 부여한다.

사카로미세스 바일리이 *Saccharomyces bailii* '접합효모 바일리이'(*Zygosaccharomyces bailiii*)의 옛 이름.

사카로미세스 보울라르디이 *Saccharomyces boulardii* 진핵생물역(Eukaryota) 진균계(Fungi) 자낭균문(Ascomycota) 사카로미세스강(Saccharomycetes) 사카로미세스목(Saccharomycetales) 사카로미세스과(Saccharomycetaceae) 사카로미세스속(*Saccharomyces*)의 효모. 유럽에서 정장제로 쓴다.

사카로미세스 세레비시아에 *Saccharomyces cerevisiae* 진핵생물역(Eukaryota) 진균계(Fungi) 자낭균문(Ascomycota) 사카로미세스강(Saccharomycetes) 사카로미세스목(Saccharomycetales) 사카로미세스과(Saccharomycetaceae) 사카로미세스속(*Saccharomyces*)의 효모. 사카로미세스속의 대표 종이며 맥주를 비롯한 여러 술 발효에 쓰는 알코올 발효 효모이다. 대부분의 빵효모도 이에 속한다. 식품 가공에 원료로 쓸 수 있다.

사카로미세스속 *Saccharomyces* 진핵생물역(Eukaryota) 진균계(Fungi) 자낭균문(Ascomycota) 사카로미세스강(Saccharomycetes) 사카로미세스목(Saccharomycetales) 사카로미세스과(Saccharomycetaceae)의 효모 속. 식품, 음료, 흙과 사람의 피부에 산다. 맥주, 청주, 포도주 따위의 발효에 쓰는 효모 속으로 대표 종은 사카로미세스 세레비시아에(*Saccharomyces cerevisiae*)이다. 다극 출아로 증식하며 영양세포는 타원, 달걀 또는 원기둥 모양이다. 일반적으로 자낭 안에 1~4개의 자낭 홀씨를 만든다. 적당한 환경에서 자낭 홀씨는 발아와 동시 또는 발아 직후에 접합하여 접합자를 형성하고 출아하여 두배체의 영양세포가 된다. 영양세포는 배양조건에 따라 유사팡이실을 형성하기도 한다. 이 속의 효모는 당의 발효성이 강한 것이 많아서 주류 발효나 빵효모 따위에 널리 쓴다. 한편 일부 종은 포도주 발효 과정에서 재발효나 골마지 효모를 형성하고 아세트알데하이드나 휘발 산을 생성하여 술의 품질을 떨어뜨린다. 또 살생 효모(killer yeast)도 있다.

사카로미세스아문 Saccharomycotina 진핵생물역(Eukaryota) 진균계(Fungi) 자낭균문(Ascomycota)의 아문.

사카로미세스 엘립소이데우스 *Saccharomyces ellipsoideus* 한 때 포도주 제조에 썼던 효모. 지금은 사카로미세스 세레비시아에(*Saccharomyces cerevisiae*)와 같은 종으로 취급한다.

사카로미세스 칼스베르겐시스 *Saccharomyces carlsbergensis* 사카로미세스 파스토리아누스(*Saccharomyces pastorianus*)를 달리 이르는 말.

사카로미세스 코레아누스 *Saccharomyces coreanus* 진핵생물역(Eukaryota) 진균계(Fungi) 자낭균문(Ascomycota) 사카로미세스강(Saccharomycetes) 사카로미세스목(Saccharomycetales) 사카로미세스과(Saccharomycetaceae) 사카로미세스속(*Saccharomyces*)의 효모. 한국의 탁주와 약주 발효에 관여하는 것으로 알려져 있다. 누룩에서 분리되었다.

사카로미세스 파스토리아누스 *Saccharomyces pastorianus* 진핵생물역(Eukaryota) 진균계(Fungi) 자낭균문(Ascomycota) 사카로미세스강(Saccharomycetes) 사카로미세스목(Saccharomycetales) 사카로미세스과(Saccharomycetaceae) 사카로미세스속(*Saccharomyces*)의 효모. 라거 맥주 발효에 쓴다. 식품 가공에 원료로 쓸 수 있다.

사카로미코데스과 Saccharomycodaceae 진핵생물역(Eukaryota) 진균계(Fungi) 자낭균문(Ascomycota) 사카로미세스강(Saccharomycetes) 사카로미세스목(Saccharomycetales)의 과.

사카로미코데스 루드위기이이 *Saccharomycodes ludwigii* 진핵생물역(Eukaryota) 진균계(Fungi) 자낭균문(Ascomycota) 사카로미세스강(Saccharomycetes) 사카로미세스목(Saccharomycetales) 사카로미코데스과(Saccharomycodaceae) 사카로미코데스속(*Saccharomycodes*)의 효모. 알코올과 과일 주스 생산에서 오염균으로 잘 알려져 있다. 고온, 높은 당 농도, 높은 이산화황 농도에 저항성이 아주 커서 병 포도주를 변질시킨다. 출아를 많이 한 세포는 레몬 같은 모양을 보이는 것이 특징이며 현미경으로는 일반 맥주 효모와 비슷하게 보인다. 출아-분열로 증식한다. 유성생식에서 홀씨주머니에는 보통 1~4개의 작고 둥근 홀씨를 갖는다.

사카로미코데스속 *Saccharomycodes* 진핵생물역(Eukaryota) 진균계(Fungi) 자낭균문(Ascomycota) 사카로미세스강(Saccharomycetes) 사카로미세스목(Saccharomycetales) 사카로미코데스과(Saccharomycodaceae)의 효모 속.

사카로미콥시스과 Saccharomycopsidaceae 진핵생물역(Eukaryota) 진균계(Fungi) 자낭균문(Ascomycota)

사카로미세스강(Saccharomycetes) 사카로미세스목(Saccharomycetales)의 과.

사카로미콥시스속 *Saccharomycopsis* 진핵생물역(Eukaryota) 진균계(Fungi) 자낭균문(Ascomycota) 사카로미세스강(Saccharomycetes) 사카로미세스목(Saccharomycetales) 사카로미콥시스과(Saccharomycopsidaceae)의 자낭 홀씨 형성 효모 속. 과일, 흙에서 산다. 세포 끝이나 어깨 부위로부터 출아하여 분기된 유사팡이실을 형성하기도 한다. 홀씨주머니에는 1~4개 또는 드물게 여덟 개의 구형, 모자형 또는 토성형의 자낭 홀씨를 형성한다.

사카로미콥시스 피불리게라 *Saccharomycopsis fibuligera* 진핵생물역(Eukaryota) 진균계(Fungi) 자낭균문(Ascomycota) 사카로미세스강(Saccharomycetes) 사카로미세스목(Saccharomycetales) 사카로미콥시스과(Saccharomycopsidaceae) 사카로미콥시스속(*Saccharomycopsis*)의 효모. 아밀레이스를 생산하고 특히 글루코아밀레이스 활성이 강하다. 누룩의 일종인 인도네시아의 라기(raggi), 태국의 룩팡(lookpang)의 주요 효모이며 한국 누룩에서도 분리되었다.

사카로폴리스포라 에리트라에아 *Saccharopolyspora erythrea* 세균역(Bacteria) 바퀴살세균문(Actinomycetota) 바퀴살세균강(Actinomycetia) 슈도노카르디아목(Pseudonocardiales) 슈도노카르디아과(Pseudonocardiaceae) 사카로폴리스포라속(*Saccharopolyspora*)의 세균. 마크롤라이드(macrolide) 항생물질인 에리트로마이신(erythromycin)을 생산한다.

사카신 sakacin 젖산막대세균 사케이(*Lactobacillus sakei*)가 생산하는 박테리오신. 폴리펩타이드로 마흔한 개의 아미노산으로 된 열에 안정한 사카신 에이(A), 서른아홉 개의 아미노산으로 된 사카신 지(G), 사카신 에이와 비슷한 사카신 케이(K), 작고, 열에 안정하며 리보솜에서 합성되는 사카신 피(P) 따위가 있다. 소시지 생산에서 리스테리아속(*Listeria*) 세균 억제 따위에 쓴다.

사케 sake ① 일본에서 술을 이르는말. 쌀 고지 스타터로 지에밥(사케용 쌀 또는 일반 쌀)을 당화하고 사케 효모(사카로미세스속의 종)로 발효하여 만드는 일본술. 〈일본 주세법〉에서는 사케를 '청주'라고 한다. 쌀 고지와 지에밥에 사케 효모와 젖산을 넣고 대량 배양하여 밑술을 만든다. 밑술에 지에밥과 쌀 고지를 세 번 첨가하면서 발효한다. 발효가 끝나면 술덧을 걸러서 술 찌꺼기를 분리하고 맑게 만든다. 알코올 함량은 15~22퍼센트이다. ② 영어로는 쌀로 만든 일본술(nihonshu)을 이르는 말.

사케 고지 sake koji 찐 쌀에 누런 고지 곰팡이(*Aspergillus oryzae*)를 길러 사케 담금에 쓰는 고지.

사케 효모 sake yeast 사케 발효에 쓰는 효모. 사카로미세스 세레비지아에(*Saccharomyces cerevisiae*) 형 효모이다.

사트라톡신-에이치 satratoxin-H 자낭균문(Ascomycota)의 스타키보트리스 카르타룸(*Stachybotrys chartarum*)과 포도스트로마 코르누-다마에(*Podostroma cornu-damae*)가 생산하는 트라이코테센 곰팡이독소. 독소를 녹인 용액을 접촉하면 코피, 가슴 통증, 열, 두통 따위를 일으킨다. 생쥐의 경우 반수 치사량(LD_{50})은 킬로그램당 1~1.4밀리그램이다.

사포바이러스속 *Sapovirus* 리보바이러스역(Riboviria) 오르토르나바이러스계(Orthornavirae) 피수바이러스문(Pisuviricota) 피소니바이러스강(Pisoniviricetes) 피코르나바이러스목(Picornavirales) 칼리시바이러스과(Caliciviridae)의 외가닥 바이러스 속. 껍질이 없는 비교적 작은 바이러스이다. 표면에는 컵 모양의 움푹 들어간 곳이 있다. 감염성 위장염의 원인 바이러스이며 똥-입 경로로 감염된다. 주된 증상은 구토와 설사이다. 이 속의 종으로는 1977년 일본 사포로 지역에서 위창자염이 집단으로 발생했을 때 발견된 사포로 바이러스(*Sapporo virus*)가 알려져 있다.

사향내 foxyflavor 미국 포도(라풀스카 종)로 만든 포도주에서 나는 사향 비슷한 냄새.

산그물버섯 suede bolete, *Xerocomus subtomentosus* 진핵생물역(Eukaryota) 진균계(Fungi) 담자균문(Basidiomycota) 주름버섯강(Agaricomycetes) 그물버섯목(Boletales) 그물버섯과(Boletaceae) 산그물버섯속(*Xerocomus*)의 먹는 버섯. 지름 3~10센티미터로 넓은 둥근 모양이며 잿빛 갈색이다. 여름 또는 가을에 숲속, 풀밭 또는 길가, 나무 밑에 홀로 또는 모여 난다. 상처가 나면 푸른색으로 변한다. 한국, 일본, 중국, 시베리아, 보르네오, 유럽, 북아메리카, 호주 등지에 분포한다.

산그물버섯속 *Xerocomus* 진핵생물역(Eukaryota) 진균계(Fungi) 담자균문(Basidiomycota) 주름버섯강(Agaricomycetes) 그물버섯목(Boletales) 그물버섯과(Boletaceae)의 속. 먹는 것으로는 산그물버섯이 있다.

산느타리 Indian oyster, *Pleurotus pulmonarius* 진핵생물역(Eukaryota) 진균계(Fungi) 담자균문(Basidiomycota) 주름버섯강(Agaricomycetes) 주름버섯목(Agaricales) 느타릿과(Pleurotaceae) 느타리속(*Ple-*

urotus)의 먹는 버섯. 갓은 지름 2~8센티미터로 부채 또는 조개껍데기 모양으로 연한 잿빛 또는 흰색이다. 아니스 같은 내가 있다. 봄에서 가을 사이에 넓은잎나무의 쓰러진 고목, 떨어진 나뭇가지에 홀로 또는 모여 나는 흰색 부후 곰팡이이다. 한국, 일본, 유럽, 북아메리카 등지에 분포한다. 곡식에 팡이실을 번식한 뒤에 톱밥, 볏짚, 나무 칩 따위에 옮겨 인공 재배한다.

산막 효모(産膜酵母) film yeast 골마지 효모.

산생성(酸生成) acidogenesis 무산소 소화 과정의 두 번째 단계. 가수분해 산물인 당과 아미노산이 산생성 세균의 작용으로 알코올, 알데하이드, 휘발 지방산, 아세트산과 함께 수소와 이산화탄소로 분해되는 과정이다.

산생성 세균(酸生成細菌) acidogenic bacterium 당과 아미노산 따위를 소화하여 아세트산, 휘발 지방산, 암모니아 따위를 생성하는 세균. 주로 창자세균과(Enterobacteriaceae)의 무산소 또는 조건 무산소 세균이다. 젖산막대세균속(*Lactobacillus*), 에쉐리키아속(*Escherichia*), 포도알세균속(*Staphylococcus*), 슈도모나스속(*Pseudomonas*), 사슬알세균속(*Streptococcus*) 따위의 세균은 아미노산을 지방산, 아세트산과 암모니아로 분해한다. 클로스트리듐속(*Clostridium*), 사슬알세균속 따위는 당을 발효 중간 산물로 분해한다.

산성세균강(酸性細菌綱) Acidobacteriia 세균역(Bacteria) 산성세균문(Acidobacteriota)의 강.

산성세균과(酸性細菌科) Acidobaccteriaceae 세균역(Bacteria) 산성세균문(Acidobacteriota) 산성세균강(Acidobacteriia) 산성세균목(Acidobacteriales)의 과.

산성세균목(酸性細菌目) Acidobacteriales 세균역(Bacteria) 산성세균문(Acidobacteriota) 산성세균강(Acidobacteriia)의 목.

산성세균문(酸性細菌門) Acidobacteriota 세균역(Bacteria)의 문. 그람음성 호산성 세균이다. 생리적으로 매우 다양하며 주로 흙에서 발견되나 썩은 나무, 온천, 바다, 동굴 등지에서도 발견된다.

산성세균속(酸性細菌屬) *Acidobacterium* 세균역(Bacteria) 산성세균문(Acidobacteriota) 산성세균강(Acidobacteriia) 산성세균목(Acidobacteriales) 산성세균과(Acidobacteriaceae)의 속. 기준종은 산성세균 캅술라툼(*Acidobacterium capsulatum*)이다.

산성세균 캅술라툼 *Acidobacterium capsulatum* 세균역(Bacteria) 산성세균문(Acidobacteriota) 산성세균강(Acidobacteriia) 산성세균목(Acidobacteriales) 산성세균과(Acidobacteriaceae) 산성세균속(*Acidobacterium*)의 그람음성 막대 모양 조건 무산소 세균. 협막(capsule)을 형성하며 피에이치 3.0~6.0에서 자랄 수 있으며 탄소 원으로 포도당, 녹말, 셀로바이오스와 엿당을 이용한다. 세포는 상당히 많은 다당류로 코팅되어 있어 주위 환경에 쉽게 들러붙어 영양소를 얻을 수 있다. 주로 수생 환경에 널리 분포하나 유기물이 풍부한 흙이나 철이 풍부한 환경에서도 발견된다.

산성싸이오막대세균 싸이오옥시단스 *Acidithiobacillus thiooxidans* 세균역(Bacteria) 슈도모나스문(Pseudomonadota) 산성싸이오막대세균강(Acidithiobacillia) 산성싸이오막대세균목(Acidithiobacillales) 산성싸이오막대세균과(Acidithiobacillaceae) 산성싸이오막대세균속(*Acidithiobacillus*)의 그람음성 막대 모양 절대 산소 세균. 절대 호산성으로 최적 생장 피에이치는 4 이하이다. 흙에 살며 황을 주된 에너지원으로 이용하는 황 산화 세균이다.

산성아미노알세균과 Acidaminococcaceae 세균역(Bacteria) 막대세균문(Bacillota) 네가티비알세균강(Negativicutes) 산성아미노알세균목(Acidaminococcales)의 과. 그람음성 절대 무산소 세균으로 강, 호수, 등뼈 동물의 창자 따위에서 발견된다.

산성아미노알세균속 *Acidaminococcus* 세균역(Bacteria) 막대세균문(Bacillota) 네가티비알세균강(Negativicutes) 산성아미노알세균목(Acidaminococcales) 산성아미노알세균과(Acidaminococcaceae)의 그람음성 쌍알 무산소 세균 속. 아미노산을 생장에 필요한 유일한 에너지원으로 쓴다. 기준 종은 산성알세균 페르멘탄스(*A. fermentans*)이다.

산성화(酸性化) acidification 식품을 산성으로 만듦. 또는 산성이 됨. 식품을 식초에 절이는 일은 의도적인 산성화이다. 일반으로 산성화는 음식이 미생물 작용으로 산이 생성되면서 상하는 과정이다. 원인 세균은 주로 젖산 세균이며 그 밖에 작은알세균속(*Micrococcus*), 막대세균속(*Bacillus*), 아세트산 세균, 대장균군 세균, 뷰티르산 세균 따위가 있다. 이들 세균의 생장으로 젖산, 아세트산, 폼산, 프로피온산, 뷰티르산 따위가 증가하여 식품의 피에이치 저하와 함께 신맛이 강해지고 신 내가 나 식품의 향과 맛이 나빠진다. 원인 세균이 헤테로 젖산발효를 하는 류코노스톡속(*Leuconostoc*)과 젖산막대세균 브레비스(*Lactobacillus brevis*), 혼합산 발효를 하는 대장균군 세균, 뷰티르산 세균 따위인 경우에는 산과 더불어 가스 발생도 볼 수 있다. 통조림의 산성화에는 가스가 발생하지 않는 무가스 사워 변질(flat sour spoilage)이 있다.

산소모나스과 Aeromonadaceae 세균역(Bacteria) 슈도모나스문(Pseudomonadota) 감마가변세균강(Gammaproteobacteria) 산소모나스목(Aeromonadales)의 과.

산소모나스목 Aeromonadales 세균역(Bacteria) 슈도모나스문(Pseudomonadota) 감마가변세균강(Gammaproteobacteria)의 목. 막대모양 무산소 세균으로 일부 종은 한 개의 편모로 움직이나 다른 종은 움직이지 않는다. 아래에는 산소모나스과(Aeromonadaceae)와 숙시니비브리오과(Succinivibrionaceae)가 있다.

산소모나스 베로니이 생물형 소비리아 *Aeromonas veronii* bv *sobria* 세균역(Bacteria) 슈도모나스문(Pseudomonadota) 감마가변세균강(Gammaproteobacteria) 산소모나스목(Aeromonadales) 산소모나스과(Aeromonadaceae) 산소모나스속(*Aeromonas*)의 그람음성 막대 모양 세균. 사람에게는 병원체이며 거머리와 공생관계에 있다.

산소모나스속 *Aeromonas* 세균역(Bacteria) 슈도모나스문(Pseudomonadota) 감마가변세균강(Gammaproteobacteria) 산소모나스목(Aeromonadales) 산소모나스과(Aeromonadaceae)의 그람음성 막대 모양 조건 무산소 세균 속. 소금물, 민물, 흙, 하수에 산다. 대부분 균체의 한쪽 끝에 단모성 편모가 있으며 일부 종은 비운동성이다. 카탈레이스 양성, 산화효소 양성, 포게스-프로스카우어 시험(Voges-Proskauer test) 음성이며 포도당에서 산을 생성하고 질산을 환원한다. 기준 종은 산소모나스 히드로필라(*A. hydrophila*)이다. 하천이나 호수의 늪 또는 어패류 따위에 널리 분포하여 민물고기나 음료수의 오염원이 되며 연안 지역에도 분포하므로 해양 어패류에서도 발견된다. 산소모나스 히드로필라와 산소모나스 베로니이 생물형 소브리아(*A. veronii* bv *sobria*)는 감염성 위장염의 원인이 되는 음식중독 세균이다.

산소모나스 음식매개병 *Aeromonas* foodborne illness 산소모나스 히드로필라(*Aeromonas hydrophila*)와 산소모나스 소브리아(*A. sobria*)가 일으키는 음식매개병. 이들 세균은 주로 물고기와 양서류의 병원체이며 사람에게는 기회 병원체로 어린아이, 면역력이 떨어진 사람 또는 생장에 문제가 있는 사람에게 누가지 형태의 위창자염을 일으킨다. 하나는 콜레라와 비슷하게 물 설사를 일으키며, 다른 하나는 피와 점액이 섞인 연한 똥을 일으킨다.

산소모나스 히드로필라 *Aeromonas hydrophila* 세균역(Bacteria) 슈도모나스문(Pseudomonadota) 감마가변세균강(Gammaproteobacteria) 산소모나스목(Aeromonadales) 산소모나스과(Aeromonadaceae) 산소모나스속(*Aeromonas*)의 그람음성 막대 모양 세균. 바닷물, 민물, 흙, 하수에 자란다. 물고기, 조개류, 때로는 고기와 가금류 고기에서 세포 독성 내생 독소인 에어로라이신(aerolysin)을 분비하며, 위장염, 패혈증, 뇌막염, 감염성 위장염의 원인이 되는 음식중독 세균이다.

산소 발효(酸素醱酵) aerobic fermentation 산소가 있는 환경에서 세포가 발효를 통하여 당을 대사하는 과정. 사카로미세스속(*Saccharomyces*), 덱케라속(*Dekkera*), 쉬조사카로미세스속(*Schizosaccharomyces*) 따위의 효모, 암세포, 아세트산 세균, 옥수수나 담배 꽃가루 따위에서 볼 수 있다.

산소 세균(酸素細菌) aerobic bacterium 산소가 있을 때 자라거나 살 수 있는 세균. 산소호흡으로 산화인산화와 구연산회로를 통하여 에너지를 얻는다.

산소알세균과 Aerococcaceae 세균역(Bacteria) 슈도모나스문(Pseudomonadota) 감마가변세균강(Gammaproteobacteria) 엔테로박터목(Enterobacterales)의 과.

산소알세균 비리단스 *Aerococcus viridans* 세균역(Bacteria) 슈도모나스문(Pseudomonadota) 감마가변세균강(Gammaproteobacteria) 엔테로박터목(Enterobacterales) 산소알세균과(Aerococcaceae) 산소알세균속(*Aerococcus*)의 세균. 여러 식품, 특히 물고기와 발효식품에서 분리되며 엘-젖산을 아세트산과 이산화탄소로 산화하는 락트산 2-일산소화 효소(EC 1.13.12.4) 생산에 쓴다.

산소알세균속 *Aerococcus* 세균역(Bacteria) 슈도모나스문(Pseudomonadota) 감마가변세균강(Gammaproteobacteria) 엔테로박터목(Enterobacterales) 산소알세균과(Aerococcaceae)의 그람양성 알 모양의 세균 속. 공기의 먼지에 흔히 존재하며 특히 병원환경과 고기류 큐어링 액에서 발견된다.

산업미생물학(產業微生物學) industrial microbiology 미생물을 산업 생산과정에 이용하는 생물 공학 기술을 연구하는 응용 미생물학의 한 분야. 제약(항생제, 백신, 항암제, 보톡스 따위), 화학(유기산, 아미노산, 색소 따위) 식품(술, 발효식품 따위), 농업(미생물 비료 따위), 연료(메테인 가스 따위), 그 밖의 여러 분야의 제품을 대량 생산하기 위한 것이다.

산업 발효(產業醱酵) industrial fermentation 산업 생산 규모의 발효과정. 제조과정에 발효 기술을 이용하는 산업 분야이다. 발효식품과 음료의 대량 생산뿐만 아니라 화학 산업, 유기산(아세트산, 구연산 따위), 알코올, 효소, 바이오매스 따위도 생산한다.

산 저항성(酸抵抗性) acid-fastness 지일-닐센 염색법

(Ziehl-Neelsen stain)에서 산-알코올 처리에 따른 탈색에 저항성을 보이는 세균의 성질.

산 저항 염색(酸抵抗染色) acid-fast stain 미코세균속(*Mycobacterium*)과 같이 산 저항성이 있는 세균 확인에 쓰는 염색법. 이들 세균은 미콜산(mycolic acid), 지방산, 밀랍과 복합 지방질 함량이 높아 밀랍 같고 거의 투과 되지 않는 세포벽을 가지고 있어 그람염색 따위의 염색으로는 염색이 잘되지 않으나 산 저항 염색으로 강하게 염색된 뒤에는 산이나 알코올의 처리로 탈색이 잘되지 않는다. 이 성질을 이용한 것이 지일-닐센염색법(Ziehl-Neelsen stain)이다. 카볼 푹신(carbol fuchsin)으로 가온하여 강하게 염색한 뒤 염산-알코올로 탈색하고 메틸렌블루로 염색하면 양성은 붉은색, 음성은 푸른색으로 염색된다. 특히 병원 세균으로 산 저항 세균인 결핵세균(*Mycobacterium tuberculosis*)이나 한센병 세균(*M. leprae*)을 관찰하는 데 중요하다.

산호침버섯속 *Hericium* 진핵생물역(Eukaryota) 진균계(Fungi) 담자균문(Basidiomycota) 주름버섯강(Agaricomycetes) 무당버섯목(Russulales) 노루궁뎅이과(Hericiaceae)의 속. 먹는 것으로는 노루궁뎅이 따위가 있다.

산화발효 배지(酸化醱酵培地) oxidation-fermentative medium 그람 음성 막대세균의 탄수화물에 대한 산화발효 시험에 쓰는 배지. 브로모티몰 블루(bromothymol blue)가 들어있어 초록색이며 피에이치는 7.1이다.

산화발효 시험(酸化醱酵試驗) oxidation-fermentation test 그람 음성 막대 세균이 탄수화물을 산화 발효하는지 여부 또는 배지에 있는 탄수화물의 당화 여부를 시험하여 배지 속의 탄수화물을 당화 할 수 없음을 확인하는 시험. 그람음성 막대 세균 종의 차이 그리고 사슬알 세균속과 작은 알세균속의 차이를 구분하는 데 쓴다.

산화발효 포도당시험(酸化醱酵葡萄糖試驗) oxidation-fermentation glucose test 미생물의 포도당 이용성을 보는 시험. 우무배지를 담은 두 개의 시험관 끝에 미생물을 찔러 심고 하나는 유동파라핀으로 위를 막아 산소를 차단하여 35~37도에서 24시간 배양한다. 배지에 누런색이 나타나면 포도당 이용 양성이다. 열린 시험관에서만 누런색이 나타나면 포도당 산화 양성(슈도모나스속 따위)이고, 열린 시험관과 파라핀으로 막은 시험관 모두 누런색을 띠면 포도당 발효 양성(대장균 따위)이다.

산화에틸렌 ethylene oxide C_2H_4O. 실온에서 반응성이 큰 무색 기체 유기 화합물. 가연성, 발암성, 돌연변이 유발성 따위의 성질이 있다. 병원이나 스팀 살균할 수 없는 의료 기구 따위의 겉면 소독에 쓴다.

산화효소 시험(酸化酵素試驗) oxidase test 미생물이 사이토크롬 시 산화효소(cytochrome C oxidase, EC 7.1.1.9)를 가지고 있는가를 판정하는 시험. 산소 세균은 양성을 나타낸다. 산화효소 양성인 네이세리아속(*Neisseria*), 모락셀라속(*Moraxella*), 캄필로박터속(*Campylobacter*)과 파스퇴렐라속(*Pasteurella*)의 종 구별에 쓴다.

살갗버섯목 Helotiales 진핵생물역(Eukarya) 진균계(Fungi) 자낭균문(Ascomycota) 두건버섯강(Leotiomycetes)의 목.

살구 술 apricot wine 씨를 뺀 살구를 효모로 발효한 술.

살균(殺菌) sterilization 식품에 세균 또는 다른 살아있는 미생물이 없도록 함. 약품, 열, 압력, 방사선 처리 또는 거르기 따위의 방법을 쓴다. 가장 일반적인 방법은 121도에서 습열 처리하는 것이다. 한국 〈식품의 기준 및 규격〉에서는 살균이란 미생물의 영양세포를 죽이는 것, 멸균이란 미생물의 영양세포와 홀씨를 모두 죽이는 것으로 구별하고 있다. 가열에 따른 미생물의 전체 수 감소는 로그 함수에 따르며 이론적으로 미생물 수가 영(0)이 될 수는 없다. 이에 대하여 살균에서 무균 보증 기준(sterility assurance level)은 일반적으로 10^{-6}으로 정하는 데 이것은 살균 뒤 대상물에 미생물 홀씨가 생존할 수 있는 확률이 100만분의 1이라는 뜻이다. 따라서 미생물을 100퍼센트 완전히 죽이는 멸균이라는 것은 옳은 표현이 아니다.

살균기(殺菌器) sterilizer 미생물을 죽이는 데 쓰는 장치.

살균법(殺菌法) sterilization method 미생물을 죽이는 방법. 열처리, 전자기파, 특히 자외선과 이온화 방사선을 쬐는 방법, 살균 가스나 약제를 써서 미생물을 죽이는 방법 따위가 있다. 미생물을 걸러 없애는 방법도 포함한다.

살균소독제(殺菌消毒劑) antiseptic '살균제'의 잘못.

살균 온도(殺菌溫度) sterilization temperature 미생물을 죽이는 데 필요한 온도.

살균 온도 도달 시간(殺菌溫度到達時間) come-up time 식품의 냉점(cold point)이 살균온도에 도달하는 시간.

살균용 얼음 germicidal ice 살균작용이 있는 화학 약품이 들어있는 수용액을 얼린 얼음. 물고기의 보존 기간을 연장하기 위하여 아질산염, 하이포아염소산염, 벤조산, 과산화수소, 설파닐아마이드, 항생물질 따위를 넣은 얼음이다.

살균 우유(殺菌牛乳) sterilized milk 원유, 탈지우유, 반 탈지우유를 100도에서 가열하거나 실온에서 7일 이상 저장이 가능하도록 100도 이상에서 가열한 우유. 우유를 138~145도에서 2초 가열하고 균질한 뒤 용기에 무균 상태에서 넣고 스팀으로 113~130도에서 10~12분 처리하고 급히 냉각한다.

살균율(殺菌率) sterilizing rate 어떤 특정 온도에서 미생물의 가열 치사 시간의 역수. 같은 온도에서 티(t)분 동안 살균한 때에 살균율에 살균시간을 곱한 값은 부분 살균율이라고 한다.

살균 장치(殺菌裝置) sterilization apparatus 살균에 쓰는 장치. 대부분 열수나 증기를 이용하는 가열 살균 장치이다.

살균제(殺菌劑) antiseptic 병을 일으키는 미생물의 생장을 막는 화합물 또는 제제. 피부 소독, 상처 치료, 입안 청소, 상처의 감염 방지 따위의 목적으로 쓴다. 클로르헥시딘(chlorhexidine), 아이소포로판올, 포비돈-아이오딘, 헥사클로로프로펜(hexachlorophene), 과산화수소 따위이다.

살균제(殺菌劑) germicide 미생물을 짧은 시간에 죽이는 작용을 하는 식품첨가물. 주로 해로운 미생물을 파괴하는 데 쓴다. 과산화수소, 과산화 아세트산, 오존 수, 이산화염소(수), 하이포아염소산소듐, 하이포아염소산수, 하이포아염소산칼슘 따위가 있다. 이들 소독제는 과일, 남새 따위의 소독에 쓴다. 그 밖에 식품 관련 시설이나 기구 소독에 쓰는 식품첨가물은 에탄올 제제, 하이포염소산나트륨 제제, 과산화수소 제제, 아이오딘 제제, 염화알킬벤질다이메틸암모늄 제제 따위가 있다.

살균 제품(殺菌製品) sterilized product 제품의 미생물을 죽여 무균 상태로 만든 제품.

살균 화합물(殺菌化合物) microbicidal compound 미생물을 죽이는 작용이 있는 화합물.

살균 효과(殺菌效果) germicidal effect 미생물을 죽이는 효과.

살리노마이신 salinomycin 스트렙토미세스 알부스(*Streptomyces albus*)가 생산하는 세균 억제와 콕시디아증 예방에 쓰는 항생물질. 메티실린 저항성이 있는 그람양성 세균인 누런 포도알 세균, 표피 포도알 세균과 결핵세균에 활성을 보인다. 그람음성 세균이나 칸디다속(*Candida*) 효모에는 활성이 없다.

살리니박터 루베르 *Salinibacter ruber* 세균역(Bacteria) 로도테르무스문(Rhodothermota) 로도테르무스강(Rhodothermia) 로도테르무스목(Rhodothermales) 살리니세균과(Salinibacteraceae) 살리니박터속(*Salinibacter*)의 극호염 세균. 2002년 스페인에서 처음 발견되었다. 생육 최적 소금 농도는 20~30퍼센트이며 15퍼센트 이하에서는 자라지 못하며 형질(trait)은 호염 고균과 비슷하다.

살리니콜라 살라리우스 *Salinicola salarius* 세균역(Bacteria) 슈도모나스문(Pseudomonadota) 감마가변세균강(Gammaproteobacteria) 대양나선세균목(Oceanospirillales) 할로모나스과(Halomonadaceae) 살리니콜라속(*Salinicola*)의 그람음성 막대 산소 세균. 중간 정도의 호염성이며 생장에 일정 정도 이상의 수압(102 메가파스칼)을 요구한다. 한국 안면도에서 2007년 처음 분리되어 할로모나스 살라리아(*Halomonas salaria*)로 명명하였으나 2010년 지금의 속명으로 바뀌었다.

살모넬라 본고리 *Salmonella bongori* 세균역(Bacteria) 슈도모나스문(Pseudomonadota) 감마가변세균강(Gammaproteobacteria) 엔테로박터목(Enterobacterales) 창자세균과(Enterobacteriaceae) 살모넬라속(*Salmonella*)의 그람음성 막대 모양 병원성 세균. 다른 종과는 달리 변온동물(예, 도마뱀)에 산다. 아프리카 봉고르시 도마뱀에서 처음 발견되었다.

살모넬라속 *Salmonella* 세균역(Bacteria) 슈도모나스문(Pseudomonadota) 감마가변세균강(Gammaproteobacteria) 창자세균목(Enterobacterales) 창자세균과(Enterobacteriaceae) 살모넬라속(*Salmonella*)의 그람음성 짧은 막대 모양의 조건 무산소 세균 속. 흙, 물, 식품(날고기, 날생선 식품, 달걀, 우유 제품 따위)과 사람과 동물의 창자관에서 발견된다. 젖당을 발효하지 않고 거의 모든 균종이 구연산을 탄소 원으로 이용하며 시스테인에서 황화수소를 생성하고 라이신의 카복실기 떼기 반응을 한다. 대부분이 병원체이며 살모넬라 본고리(*Salmonella bongori*), 기준 종인 창자염 살모넬라세균(*S. enterica*), 장티푸스 세균, 쥐 티푸스 세균 따위가 있다.

살모넬라 시겔라 우무배지 *Salmonella Shigella* agar 대장균이나 다른 잡균의 발육을 억제하고 살모넬라속(*Salmonella*)과 이질세균속(*Shigella*) 세균의 생장을 높는 선택배지. 형성되는 콜로니는 젖당 동화성 세균은 핑크색, 비동화성 세균, 프로테우스속(*Proteus*), 이질세균속 균종은 무색, 황화수소생성 세균은 검은색으로 된다. 살모넬라속 세균의 감별은 배지 위에 형성된 콜로니의 황화수소 생성능력이 지표가 되나 똥 시료에서는 살모넬라속 세균 밖에 황화수소생성 세균이 많아 분리와 동정이 어렵다.

살모넬라 엔테리디티스 *Salmonella* Enteritidis '살모

넬라 엔테리카 혈청형 엔테리티디스'를 줄여 이르는 말.

살모넬라 엔테리카 *Salmonella enterica* 세균역(Bacteria) 슈도모나스문(Pseudomonadota) 감마가변세균강(Gammaproteobacteria) 엔테로박터목(Enterobacterales) 창자세균과(Enterobacteriaceae) 살모넬라속(*Salmonella*)의 그람음성 막대 모양 조건 무산소 세균. 장티푸스 세균이나 파라티푸스 세균, 음식중독 살모넬라세균은 거의 살모넬라 엔테리카 아종 엔테리카(*S. enterica* subsp. *enterica*)에 속한다.

살모넬라 엔테리카 아종 엔테리카 *Salmonella enterica* subsp. *enterica* 세균역(Bacteria) 슈도모나스문(Pseudomonadota) 감마가변세균강(Gammaproteobacteria) 엔테로박터목(Enterobacterales) 창자세균과(Enterobacteriaceae) 살모넬라속(*Salmonella*)의 그람음성 막대 모양 산소 세균. 살모넬라 엔테리카 종 가운데 많은 병원성 혈청형은 이 아종에 속한다. 장티푸스의 병원체의 혈청형에 따른 학명은 살모넬라 엔테리카 아종 엔테리카 혈청형 티피(*S. enterica* subsp. *enterica* serovar Typhi)이며 살모넬라 엔테리카 혈청형 티피(*S. enterica* serovar Typhi)로 줄여서 표기하기도 한다. 흔히 쓰는 살모넬라 티피(*S.* Typhi)는 분류에 따른 학명은 아니다. 병원성 살모넬라속 세균은 티푸스성 질환을 일으키는 장티푸스 세균(*S. enterica* serovar Typhi)과 파라티푸스 세균(*S. enterica* serovar Paratyphi A), 음식 유래 감염인 살모넬라 음식중독을 일으키는 쥐티푸스 세균(*S. enterica* serovar Typhimurium)과 창자염 세균(S. *enterica* serovar Enteritidis) 따위가 있다.

살모넬라 엔테리카 혈청형 엔테리티디스 *Salmonella enterica* serovar Enteritidis 세균역(Bacteria) 슈도모나스문(Pseudomonadota) 감마가변세균강(Gammaproteobacteria) 엔테로박터목(Enterobacterales) 창자세균과(Enterobacteriaceae) 살모넬라속(*Salmonella*)의 세균. 사람과 젖먹이동물에게 감염형 살모넬라 음식중독을 일으킨다. 공식 명칭은 *Salmonella enterica* subsp. *enterica* serovar Enteritidis이며 이를 줄여서 *Salmonella enterica* serovar Enteritidis 또는 살모넬라 엔테리티디스(*Salmonella* Enteritidis)라고도 한다.

살모넬라 엔테리카 혈청형 티피무륨 *Salmonella enterica* serovar Typhimurium 쥐티푸스세균(*Salmonella enterica* subsp. *enterica* serovar Typhimurium)을 줄여 이르는 말.

살모넬라 위창자염 salmonella gastroenteritis 살모넬라 감염에 따른 위창자염. 주로 적절하게 열처리하지 않은 고기붙이와 달걀 따위의 음식을 먹어 일어난다.

살모넬라 음식매개병 Salmonella foodborne illness 살모넬라세균에 오염된 음식을 먹어 일어나는 병. 살모넬라증의 가장 흔한 병이다.

살모넬라증 salmonellosis 살모넬라속(*Samonella*) 종의 감염으로 일어나는 병. 병을 일으키는 세균은 그람음성 막대 모양 조건 무산소 세균인 살모델라 엔테리카(*Salmonella enteerica*)이다. 여섯 개의 아종이 있으며 그 혈청형은 사람에게 병원체이다. 그 가운데 대부분은 살모넬라 엔테리카 아종 엔테리카(*Salmonella enteerica* subsp. *enterica*)의 혈청형이다. 살모넬라증은 가장 흔한 음식 매개 병의 하나로 동물이나 새의 창자관에 사는 살모넬라를 가진 똥에 오염된 음식(고기, 우유, 물, 달걀 따위)을 먹어 일어난다. 사람에게는 특히 닭이 살모넬라세균의 주 감염원이다. 증상을 가진 환자와 접촉으로도 감염된다. 세균이 작은창자에서 증식하면 창자염을 일으키고 감염 12시간부터 36시간 사이에 설사, 위 경련, 열, 욕지기, 구토, 오한, 피똥 따위의 증상이 나타나고 4~7일 동안 계속된다. 설사가 심하면 탈수 현상이 나타날 수 있다. 이런 감염증은 어린아이나 면역력이 떨어진 사람에게 심각하며 건강한 사람에게는 증상은 가볍다. 살모넬라속의 특정 형은 내독소 작용으로 장티푸스와 파라티푸스를 일으키는 데 이를 창자 열(enteric fever)이라고 한다. 살모넬라세균은 60도에서 20분 가열로 죽으며 10도 이하에서는 거의 자라지 않는다.

살모넬라 티피무륨 *Salmonella* Typhimurium 쥐티푸스 세균(*Salmonella enterica* subsp. *enterica* serovar Typhimurium)을 줄여 이르는 말.

살미생물 작용(殺微生物作用) microbicidal action 미생물을 죽이는 작용.

살바이러스제 virucide 바이러스를 죽이는 물질. 알코올, 표백물질, 손 세척제, 과산화수소, 구강 세척제, 포비돈-아이오딘, 비누 따위의 표면활성제 따위가 있다.

살비브리오제 vibriocide 비브리오속 세균을 죽이는 물질.

살생 독소(殺生毒素) killer toxin 피키아속(*Pichia*), 사카로미세스속(*Saccharomyces*) 종 따위의 살생 효모가 단백질 또는 당단백질 형태로 분비하는 외독소. 발효 음료 제조에서 야생 효모의 오염을 방지하는 데 효과가 있어 특히 포도주나 맥주 제조에 이용한다.

살생 효모(殺生酵母) killer yeast 단백질, 폴리펩타이드 또는 당단백질 독소를 분비하여 같은 종 또는 관련 있는 효모 종을 죽이는 효모. 때로는 목적 세포막에 작은 구멍을 내기도 한다. 살생 효모는 발효에서 바람직한 균주를 죽일 수 있으므로 발효 산업에서 문제가 될 수도 있다. 가장 잘 알려진 살생독소는 효모(*Saccharomyces cerevisiae*)가 생산하는 독소이다. 이 독소는 두 가닥 아르엔에이 바이러스로 부호화되어 있으며 세포 밖으로 분비되어 맥주 발효에 관여하는 효모에 영향을 주어 맥주 발효를 그르치게 한다. 그 밖에 살생독소를 생산하는 효모로는 클루이베로미세스 락티스(*Kluyveromyces lactis*), 피키아속(*Pichia*), 지고사카로미세스 바일리이(*Zygosaccharomyces bailii*), 데바리오미세스 한세니이(*Debaryomyces hansenii*), 우수틸라고 마이디스(*Ustilago mayds*) 따위가 있다.

살세균 작용(殺細菌作用) bactericidal action 세균을 죽이는 작용.

살세균제(殺細菌劑) bactericide 세균을 죽이는 물질. 그러나 내생 홀씨를 죽일 수는 없다. 폼알데하이드, 과산화수소, 활성탄소 따위가 있다.

살진균 작용(殺眞菌作用) fungicidal action 진균을 죽이는 작용.

살진균제(殺眞菌劑) fungicide 곰팡이와 그 홀씨를 죽이는 데 쓰는 물질. 농업과 동물의 곰팡이감염을 막는 데 쓴다. 황과 구리염, 다이싸이오카바메이트(dithiocarbamate) 기반 농약(지람, 지네브, 마네브, 만코제브 따위) 따위가 있다.

삼군법(三群法) 3 class attributes plan 국제식품미생물규격위원회(International Commission on Microbiological Specification for Foods, ICMSF)가 확률에 따라 정한 식품의 미생물 규격. 미생물 허용 기준값(m)을 정하고 결과가 모두 기준값 이하로 나오면 적합으로 판정한다. 허용 기준값을 초과하고 최대 허용 한곗값(M) 이하인 시료 수(c)가 기준값을 초과하고 최대 허용 한곗값 이하인 시료 수가 c 이하일 때는 적합으로 판정한다. 최대 허용 한곗값이 넘는 시료가 한 개라도 있으면 부적합으로 판정한다. 허용 기준값과 최대 허용 한곗값은 1그램당 또는 1밀리리터당 콜로니 형성 단위이다. 거피(액체)의 경우 세균수는 n = 5, c = 1, m = 100, M = 1,000이고 대장균수는 n = 5, c = 1, m = 0, M = 10이다.

삼양주(三釀酒) samyangju 밑술에 덧술을 두 번 더하여 빚은 술. 잡균 번식을 막기 위하여 주로 겨울철에 낮은 온도에서 긴 발효로 얻는 술이다.

삼오주(三午酒) samoju 정월 첫 오일에 시작하여 12일마다 돌아오는 오일 마다 세 번에 걸쳐 덧술을 넣어 빚는 술. 음식디미방에 기록되어 있다. 오일(午日)은 육십 간지를 나날에 배열한 것 가운데 오(午)로 된 날이다.

삼해주(三亥酒) samhaeju 정월의 상해일, 중해일과 하해일의 세 해일(돼지날)에 담가 익힌 술. 상해일(음력 정월의 첫 해일)에 찹쌀가루로 쑨 죽에 누룩 가루와 밀가루를 섞어서 독에 넣고, 중해일에 찹쌀가루와 멥쌀가루를 쪄서 식혀 독에 넣고, 하해일에 흰쌀을 쪄서 식혀 독에 넣고 익힌다.

상그리아 Sangria 적포도주에 레모네이드, 과일(오렌지, 레몬, 라임, 사과, 복숭아, 멜론, 물열매류, 파인애플, 포도, 망고 따위)과 향신료를 섞은 스페인 음료.

상면 발효(上面醱酵) top fermentation 상면발효 효모로 진행하는 맥주 발효.

상면 발효 맥주(上面醱酵麥酒) top fermented beer 엿기름 즙을 15~22도에서 상면발효 효모로 발효한 맥주, 발효 말기에 효모 균체가 발효액 윗부분으로 떠오른다. 발효 온도는 하면발효 맥주보다 높고 발효는 사오일로 끝난다. 효모는 회수하여 다음 발효에 쓴다. 주 발효한 맥주는 13~16도에서 일주일 정도 이차 발효한다. 영국 맥주인 에일, 스타우트 따위이다.

상면 발효 효모(上面醱酵酵母) top fermenting yeast 맥주를 발효하는 동안 이산화탄소 공기 방울과 함께 발효액 윗부분으로 떠오르는 성질을 가진 효모. 학명은 사카로미세스 세레비지아에(*Saccharomyces cerevisiae*)이다. 상면발효 맥주 생산에 쓴다.

상면 효모(上面酵母) top yeast 상면발효 효모.

상업 무균 상태(商業無菌狀態) commercial sterility 식품의 유해 미생물을 완전히 죽여 유통 소비가 가능한 상태. 세균학에서 말하는 절대 살균 개념이 아니라 가열 살균한 식품의 품질과 안전성이 일반 유통환경에서 저장했을 때 소비기한 동안 부패를 일으키는 미생물이 자랄 수 없음을 보장한다는 뜻으로 쓰는 용어이다.

상업 살균(商業殺菌) commercial sterilization 식품의 품질 유지를 위하여 음식중독 세균이나 부패 미생물만을 지표 미생물로 생각하여 죽임. 또는 그 과정. 가열에 따른 미생물의 사멸 곡선은 로그 함수에 따르므로 무한히 가열해도 이론적으로는 잔존미생물이 영(0)이 되는 점이 없어 나온 독특한 통조림 가열살균 개념이다. 실제로 통조림 살균시간 계산식에서는 12디(D) 개념을 적용하여 열처리한다. 살균 목표 미생물로 하는 대표 세균은 보툴리눔 세균(*Clostridium botulinum*)이다. 호열 세균의 홀씨는 일부 살아남을 수 있으나 통조림의 피에이치, 무산소, 영양성분, 삼투압, 온도, 첨가물 따위의 영향으로 생장은 불가능한 상태이므로 '상업살균'이라는 용어는 식품을 시장에 상업적으로 유통 소비하는데 필요한 열처리 기준을 충족하여 안전하다는 의미가 있다. 통조림, 병조림, 레토르트식품 따위에서 쓰는 살균 방법이다.

상재미생물군(常在微生物群) resident microflora 토박이 미생물무리.

상황버섯 sanghwang beoseot, *Sanghuangporus sanghuang* 진핵생물역(Eukaryota) 진균계(Fungi) 담자균문(Basidiomycota) 주름버섯강(Agaricomycetes) 소나무비늘버섯목(Hymenochaetales) 소나무비늘버섯과(Hymenochaetaceae) 상황버섯속(*Sanghuangporus*)의 약용 버섯. 갓은 너비 6~12센티미터로 반원형, 둥근 산 모양 또는 말굽형으로 흑갈색이다. 뚜렷한 줄무늬 홈이 있으며 세로, 가로로 갈라진다. 주로 뽕나무속 나무에서만 발생하는 흰색 부후 곰팡이이다. 인공 재배한다. 한국, 일본, 필리핀, 북아메리카, 호주 등지에 분포한다.

새송이 king oyster mushroom 큰느타리.

색소생성 세균(色素生成細菌) pigment-producing bacterium 균체 안에 또는 균체 밖으로 색소를 생성하는 세균. 크로모세균속(자색), 코리네세균속(인디고), 스트렙토미세스속(인디고), 막대세균속(짙은 갈색), 클렙시엘라속(짙은 갈색), 스트렙토미세스(짙은 갈색, 짙은 붉은색), 에르위니아속(인디고, 붉은색/오렌지색), 플라보세균속(붉은색/오렌지색), 브레비세균속(붉은색/오렌지색), 일부 고균속(옅은 핑크색), 슈도모나스속(초록빛 파랑, 누런빛 초록) 따위이다.

색소 세균(色素細菌) chromogenic bacterium 색소생성 세균.

색찌끼버섯과 Rhytismataceae 진핵생물역(Eukaryota) 진균계(Fungi) 자낭균문(Ascomycota) 두건버섯강(Leotiomycetes) 투구버섯목(Rhytismatales)의 과.

생강주(生薑酒) saenggang-ju 생강을 넣어 우린 술.

생균 백신 live vaccine 병을 일으키는 살아 있는 미생물(세균과 바이러스) 활성을 약하게 하여 만든 백신. 숙주에 들어가면 복제 능력이 있다. 홍역, 풍진, 황열병, 일부 인플루엔자 백신 따위가 있다.

생균수(生菌數) viable cell count 시료를 적절한 배지에 접종하여 배양했을 때 콜로니를 형성하는 미생물의 수.

생균수 측정(生菌數測定) determination of viable cell count 시료를 배지에 접종하여 살아 있는 총 미생물 수를 셈. 표준 우무배지를 써서 일정한 배양온도에서 일정한 시간 안에 콜로니를 형성하는 미생물의 수를 세는 방법이 있다. 시료를 열 배로 묽히고 묽힌 시료를 다시 열 배로 묽히는 방법으로 단계적으로 묽게 한 뒤 적절하다고 판단되는 묽힌 시료와 그 양편의 시료(열 배 덜 묽힌 것과 열 배 묽힌 시료) 각 한 개씩 모두 세 개를 배지에 배양하고 콜로니를 형성하는 미생물 수를 측정한 뒤 묽힘 배수를 곱하여 시료에 있는 미생물 수를 구한다.

생리 식염수(生理食鹽水) saline solution 염화소듐 8.5그람을 증류수에 녹여 1리터로 만든 용액.

생맥주(生麥酒) unpasteurized beer 파스퇴르 살균하지 않은 발효한 상태 그대로의 맥주.

생물 농약(生物農藥) biopesticide 화학 농약 대신에 생물 자체 또는 생물이 생산한 물질 따위를 이용하여 농작물의 병충해를 미리 막거나 없애는 일. 천적, 바이러스나 세균을 사용하거나 성 페르몬으로 수컷을 끌어들이는 함정 따위가 있다.

생물 독소(生物毒素) biotoxin 동식물, 미생물이 분비하는 독소.

생물막(生物膜) biofilm 미생물막.

생물 반응기(生物反應器) bioreactor 생체 안에서 일어나는 화학 반응(효소 반응, 발효 따위)을 응용하여 생산물을 만드는 데 쓰는 반응 장치. 발효기, 효소 생물반응기 따위가 있다. 주로 효소, 단백질, 유전자 재조합 미생물, 식물 세포 따위의 생산에 쓴다. 산업 폐수의 생물정화에도 쓴다.

생물 변질(生物變質) biodeterioration 식품의 품질이 주로 세균과 진균의 작용으로 점점 나빠지는 일. 맛을 떨어뜨리고, 때로는 독성이 생길 수도 있으며, 향미, 방향, 겉모양, 텍스처에 영향을 준다.

생물 보존(生物保存) biopreservation 일부 미생물이 식품의 부패 미생물과 병원 미생물의 생장을 억제하는 기능을 이용하여 식품을 갈무리하고 제품 유통 기한을 연장하는 일. 바람직한 세균 또는 이들 세균이 생산하는 발효 산물로 식품이 상하는 것을 조절하고 식품 병원체를 불활성화한다. 생물보존은 부패나 병을 일으키는 세균에 대한 젖산 세균의 대항 활성(antagonistic activity)에 기반을 두고 있다. 젖산 세균은 세균, 효모와 곰팡이의 생장을 억제할 수 있으며 유기산(젖산, 아세트산), 과산화수소, 효소, 미생물 억제 펩타이드, 박테리오신 따위를 생산하여 바람직하지 않은 미생물(리스테리아속, 클로스트리듐속, 막대세균, 포도알세균속의 종)에 대하여 대항 효과를 나타낸다. 생물보존에 널리 쓰는 박테리오신의 하나는 젖산알세균 락티스(*Lactococcus lactis*)가 생산하는 니신(nisin)이다.

생물 살충제(生物殺蟲劑) biotic insecticide 해충 방제

에 쓰는 천적 미생물제제.

생물재해(生物災害) biohazard 실험실이나 병원에서 세균, 바이러스 따위의 미생물이 외부로 유출됨으로써 일어나는 피해.

생물전환(生物轉換) bioconversion ① 생명체(주로 미생물)의 촉매 활성을 이용하여 특정 기질을 특정 생산물로 바꿈. 비 생물학적 방법으로는 비싼 과정 또는 불가능한 화학 반응에 미생물을 쓰는 방법으로 장점은 순한 조건에서 반응이 일어나며, 특정한 거울상체 물질 생산과 일반 화학 합성에서 이룰 수 없는 반응이 가능하다는 것이다. 발효로 생산된 생산물은 미생물에게 공급한 화합물과 구조 유사성이 없는 경우가 많으므로 이 점에서 발효는 생물전환과 크게 다르다. ② 바이오매스에서 유용한 에너지를 생산하는 일.

생물정보학(生物情報學) bioinformatics 생물학(bio)과 정보학(informatics)이 융합된 학문. 방대한 유전체 데이터베이스, 단백질 순서 따위의 정보를 수집, 체계화와 분석을 통하여 생명 현상의 정보 문제를 해결하는데 목표를 둔다.

생물정화(生物淨化) bioremediation 오염된 환경을 생물(주로 미생물) 작용을 이용하여 환경 상태를 되돌림. 유해 무기물 또는 유기 화합물을 분해하거나 구조를 단순화하여 해가 없는 물질로 변환시켜 오염된 환경을 깨끗이 하여 되돌리는 기술이다.

생물테러리즘 bioterrorism 바이러스, 세균, 곰팡이 또는 생물체 독소를 써서 사람, 동물, 식물을 죽이기 위하여 위협하거나 공포에 빠뜨리게 하는 행위.

생물형(生物型) biotype 똑같은 유전 조성을 가진 생물 무리.

생분해(生分解) biodegradation 미생물의 분해작용으로 고분자 물질이 간단한 저분자 물질로 변함. 최종으로 유기 물질을 가스로 분해하여 지구환경을 청결하게 보전하는 데 기여한다. 동식물체를 이루는 녹말, 섬유질, 단백질, 핵산과 같은 고분자 물질은 미생물 작용으로 쉽게 분해되나, 화학적으로 합성한 플라스틱은 미생물이 잘 분해하지 못한다.

생분해성(生分解性) biodegradability 미생물의 분해작용으로 고분자 물질이 간단한 저분자 물질로 변할 수 있는 성질 또는 능력.

생분해 중합체(生分解重合體) biodegradable polymer 미생물의 분해작용으로 간단한 물질로 분해되는 고분자 물질. 생분해 플라스틱, 생분해 필름 따위가 있다.

생분해 플라스틱 biodegradable plastic 미생물의 분해작용으로 간단한 물질로 분해되는 플라스틱.

생분해 필름 biodegradable film 미생물의 분해작용으로 간단한 물질로 분해되는 필름.

생균수 계수(生菌數計數) viable cell counting 시료에서 활발히 자라는 또는 분열하는 미생물 수를 세는 일. 평판 계수법은 미생물이 영양 배지에 콜로니로 자라는 것을 바탕으로 한다. 콜로니는 맨눈으로 볼 수 있으므로 평판에 있는 콜로니 수를 세어 미생물 수를 알 수 있다.

생식(生殖) reproduction 생물이 유성 또는 무성 과정으로 자기와 닮은 개체를 만듦. 암컷과 수컷 배우자가 결합하여 새로운 개체를 만드는 유성생식과 배우자의 결합 없이 새로운 개체를 만드는 무성생식이 있다.

생식 계열(生殖系列) germ line 동물에서 배우자가 만들어지고 이를 통해 대대로 유전형질이 전달되는 계통.

생육 곡선(生育曲線) growth curve 생장곡선.

생장(生長) growth ① 미생물의 수가 늘거나 퍼져 나가는 일. ② 생물체의 크기나 무게가 커지는 일.

생장 곡선(生長曲線) growth curve 생물집단의 로그 수를 시간에 따라 나타낸 그림. 한정된 영양소로 미생물을 배양하면 생장곡선은 보통 종 모양으로 나타나며 네 단계로 나눌 수 있다. 세포 수는 변화 없이 생장에 필요한 효소를 합성하는 유도기(lag phase), 빠른 속도로 왕성하게 생장하고 세포 수의 증가속도도 일정한 로그기(logarithmic phase), 영양성분의 고갈이나 대사산물 따위로 생장 세포 복제가 멈추어 세포 수가 거의 일정하게 유지되는 정지기(stationary phase)와 세포 생장이 멈추고 죽어가는 사멸기(death phase)로 되어있다.

생장기(生長期) growth period, growth phase 세균이나 세포의 크기가 빠르게 증가하는 시기.

생장 단계(生長段階) growth stage 세균의 생장곡선에서의 네 단계(유도기, 로그기, 정지기와 사멸기)를 이르는 말.

생장률(生長率) growth rate 단위 시간당 생물집단의 크기 증가율. 세균 따위에서는 생장 속도를 이른다.

생장 배지(生長培地) growth medium, culture medium 세균, 원생동물, 말무리, 진균 따위 미생물의 생장에 필요한 영양소를 가지고 있는 배지. 트립틱 콩 우무배지(Tryptic soy agar), 만니톨-소금 우무배지, 에오신-메틸렌 파랑 우무배지 따위가 있다.

생장 인자(生長因子) growth factor ① 탄소 원과 에너지원으로 요구하는 물질 밖에 생물의 적절한 생장과 발달에 필요한 미량의 유기 화합물. ② 세포 생장을 촉진하는 생체 분자. 주로 단백질이다.

생장 최적 온도(生長最適溫度) optimum growth

temperature 생물 생장에 가장 알맞은 온도. 중온성 세균은 20~45도, 호열 세균은 55~65도, 고균은 22.5~114도 범위이다.

생존 곡선(生存曲線) survival curve 시간에 따른 생물 개체 수의 감소를 나타낸 그림표.

생존력(生存力) viability ① 씨나 홀씨가 발아할 수 있는 능력. ② 식물, 동물 또는 세포가 어느 특정 환경 아래에서 살아남거나 성공적으로 살아갈 수 있는 능력.

생존 시간(生存時間) survival time 살균처리에서 미생물이 완전히 죽을 때까지의 시간.

생존율(生存率) survival rate 생물 개체군 총수에 대한 살아남은 수의 비율.

생체 밖 *in vitro* '시험관 안 유리 용기 속에서'라는 뜻의 라틴어.

생체 안 *in vivo* '생체 안에서 일어나는(반응의)'라는 뜻의 라틴어.

생화학적 변이주 biochemical mutant 특정 생화학 대사 경로를 수행할 수 없는 변이 세포.

생화학적산소요구량(生化學的酸素要求量) biochemical oxygen demand, BOD 물에 있는 유기 물질을 산화 분해하는 데 산소 세균이 필요로 하는 산소량을 나타내는 분석 지표. 산업 폐수 특히 식품 공업 폐수나 하천수의 오염도를 나타내는 대표적인 지표로서 20도에서 5일 배양하는 동안 시료 리터당 소비된 산소의 밀리그램으로 나타낸다. 이 값이 클수록 오염이 심하다.

생화학 특성시험(生化學特性試驗) test for biochemical characteristics 미생물 분류 또는 동정에 필요한 생화학 시험을 통틀어 이르는 말. 반응. 산화효소시험, 카탈레이스시험, 포도당의 산화 분해와 발효를 조사하는 산화-발효 배지(oxidative-fermentative medium)를 이용한 생장 시험, 탄수화물 이용 실험, 아미노산 분해 시험, 인돌, 황화수소 생산 시험, 유기산 이용 능력 시험 따위가 있다.

샤르도네 Chardonnay ① 샴페인을 만드는 데 쓰는 흰 포도 품종. ② 이 포도로 만든 포도주.

샤르트뢰즈 chartreuse ① 브랜디와 방향 허브를 섞어 만든 옅은 초록 또는 누런 리큐르. ② 젤리에 고기, 남새 또는 과일 조각을 넣어 틀에 굳힌 음식.

샤토 포도주 château wine 프랑스 보르도 지역의 포도밭에서 생산하는 포도주를 통틀어 이르는 말.

샴페인 Champagne 프랑스 샹파뉴 지역에서 생산되는 발포 백포도주. 특별히 지정한 포도밭 지역에서 재배한 포도를 특수한 압착 방법으로 즙을 얻고 일차 발효한 뒤에 당과 효모를 병에 담아 이차 발효하여 이산화탄소를 발생시킨다. 샴페인 생산에 쓰는 주요 포도는 샤르도네, 피노 누아(Pinot noir), 피노 뫼니에르(Pinot meunier)이다. 샴페인의 프랑스어는 뱅 드 샹파뉴(vin de Champagne)이다.

샴피뇬 champignon 주름버섯.

섄디 shandy 맥주에 레모네이드를 섞은 음료.

석시노글루칸 succinoglucan 뿌리혹세균속(*Rhizobium*). 아그로세균속(*Agrobacterium*) 그밖에 다른 흙 세균이 생산하는 음이온성 세포 밖 다당류. 수용액은 비 뉴턴 유체이며 층밀리기 묽어짐 유체(shear thinning fluid)의 성질을 보인다.

석신산 발효 succinic acid fermentation 악티노막대세균 석시노게네스(*Actinobacillus succinogenes*) 세균을 이용하여 포도당에서 구연산회로의 대사산물인 석신산을 생산하는 일.

석유 효모(石油酵母) petroleum yeast 파라핀을 탄소원으로 하여 배양한 효모 균체. 동물 사료로 쓰거나 균체로부터 단백질을 추출하려는 연구가 있었다.

석이(石耳) seogi, *Umbilicaria esculenta* 진핵생물역(Eukaryota) 진균계(Fungi) 자낭균문(Ascomycota) 접시지의강(Lecanoromycetes) 석이목(Umbilicariales) 석이과(Umbilicariaceae) 석이속(*Umbilicaria*)의 먹는 지의류의 하나. 지름 3~10센티미터로 원반형이며 겉은 잿빛으로 번들번들하고 안은 검고 거칠거칠하다. 부드러우나 말리면 가죽처럼 된다. 향기와 맛이 좋아 음식에 검정 고명으로 쓴다. 깊은 산에서 바위에 붙어산다. 한국, 중국, 일본 등지에 분포한다.

석이과(石耳科) Umbilicariaceae 진핵생물역(Eukaryota) 진균계(Fungi) 자낭균문(Ascomycota) 접시지의강(Lecanoromycetes) 석이목(Umbilicariales) 과.

석이목(石耳目) Umbilicariales 진핵생물역(Eukaryota) 진균계(Fungi) 자낭균문(Ascomycota) 접시지의강(Lecanoromycetes)의 목.

석이버섯 seogibeoseot 석이.

선모(腺毛) pilus 주로 그람 음성 세균과 고균의 세포 표면에 있는 털 같은 부속물. 다른 세포나 기질에 부착하는 기능과 독성 인자로도 작용한다.

선택 강화배지(選擇强化培地) selective enrichment medium 여러 가지 미생물이 존재하는 시료로부터 특정 미생물이 선택적으로 더 우세하게 자라게 하는 배지.

선택 배양(選擇培養) selective cultivation 특정한 미생물을 선택적으로 배양하는 일. 어떤 미생물에는 적합하고 어떤 미생물에는 적합하지 않은 선택배지를 만들어서 특정 형질을 가지고 있는 미생물만을 분리해 낸다.

선택 배지(選擇培地) selective medium 여러 세균이 함께 존재하는 재료로부터 목적하는 세균을 검출 또는 배양하기 위한 배지. 목적 세균을 증식시키고 그 밖의 세균은 증식이 억제되도록 한 강화 배지 또는 분리 배지가 있다. 목적하는 세균 밖의 세균을 선택적으로 억제하기 위하여 쓸개즙산염(bile salt), 항생물질 따위의 선택제를 첨가한다.

선택 색소(選擇色素) selective pigment 선택제로 배지에 첨가하는 색소. 크리스털바이올렛(crystal violet), 말라카이트그린(malachite green), 브릴리언트 그린(brilliant green), 메틸렌블루(methylene blue) 따위가 있다. 그람양성균에 대해서 강한 억제력이 있으므로 창자 세균의 선택 분리 배지에 쓸개즙산과 함께 쓴다. 대장균군 세균 검사용 브릴리언트 그린 젖당 쓸개즙 액체배지(BGLB broth)에는 브릴리언트 그린과 소 쓸개즙 가루를 써서 그람양성 세균의 발육을 억제한다.

선택제(選擇劑) selective agent 분리 배지나 강화 배지로 쓰는 선택배지에 목적으로 하는 미생물만을 발육시키고 그 밖 미생물의 발육을 억제하기 위해서 첨가하는 물질. 쓸개즙산염(bile salts), 테트라싸이온산염(tetrathionate), 티폴(teepol), 페닐에틸알코올, 에테르, 아질산소듐, 아텔루르산염(tellurite), 선택 색소(selective pigment), 항생물질 따위가 있다.

설사(泄瀉) diarrhea 묽은 똥을 자주 눔. 또는 그런 증상. 궤양, 알레르기, 독소의 자극, 창자관의 감염 따위로 큰창자에서 수분의 흡수 장애로 일어난다. 원인 세균으로는 콜레라세균, 장티푸스 세균, 이질세균 따위가 있고 음식매개병 세균으로는 창자염비브리오, 살모넬라, 설사원성 대장균, 캄필로박터속의 세균 따위가 있다.

설사성 음식매개병(泄瀉性飮食媒介病) diarrhetic food-borne illness 설사를 주 증상으로 하는 음식매개병. 주요 원인 세균으로 병원 대장균, 클로스트리듐 퍼프린젠스, 막대세균 세레우스 따위가 있다.

설파닐산 sulfanilic acid 4-아미노벤젠설폰산염(4-aminobenzenesulfonate)의 짝산. 흰색 결정 고체 화합물로서 아래 대사산물, 외래 물질, 환경 오염물질과 항원으로 작용한다.

설파닐아마이드 sulfanilamide 아닐린의 4 위치에 설파모일(sulfamoyl) 기능기가 결합한 설폰아마이드(sulfonamide). 탄산무수화효소(carbonic anhydrase, EC 4.2.1.1.) 억제제, 세균억제제, 약물 알레르기 원 따위로 작용한다. 사람과 동물의 세균 감염 치료에 쓰는 설폰아마이드 약이다.

설파다이아진 sulfadiazine 폐렴 구균, 포도알 세균 따위의 세균 질환 치료에 효과가 있는 설폰아마이드 항생물질. 흰색이나 옅은 누런색의 결정 가루로 폐렴, 임질 따위의 치료에 쓴다.

설파다이어졸 sulfathiazole 동물 콕시디아증을 치료하는 데 쓰는 설폰아마이드 약.

설파메타진 sulfamethazine 소나 돼지의 위축성 비염 따위를 치료하는 데 쓰는 설폰아마이드 약.

설파살라진 sulfasalazine 설폰아마이드(sulfonamide) 유도체로서 염증을 유발하는 프로스타글란딘(prostaglandin)을 억제하는 약. 류마티스 관절염, 궤양 잘록창자염, 크론병 따위의 치료에 쓴다.

설파이드 변질 sulfide spoilage 단백질의 설프하이드릴기가 환원되어 생기는 황화수소가 용기 또는 내용물의 금속과 결합하여 검은색의 황화철을 형성하는 일. 내열 세균인 데술포토마쿨룸 니그리피칸스(*Desulfotomaculum nigrificans*)가 주된 원인이다.

설파이드 인돌 운동성 배지 sulfide indole motility medium 세균 감별에 쓰는 특수 배지. 설파이드가 생성되면 배지 색깔은 검정으로 바뀌고 인돌은 배지 윗부분에 붉은 띠를 만든다. 접종 부위에 나타나는 세균의 증식패턴으로 운동성도 알 수 있다.

설폰아마이드 sulfonamide 설파제(sulfa drug)의 기반이 되는 기능기. 세균의 폴산합성에 있어서 전구물질인 파라-아미노벤조산과 구조가 비슷하여 관여하는 효소와 경쟁 억제제로 작용하여 다이하이드로폴산(dihydrofolic acid)의 합성을 억제한다.

섬누룩 seom nuruk 막걸리나 소주 따위를 만드는 데에 쓰는 낮은 품질의 누룩. 밀을 갈거나 찧어서 크고 둥글넓적하게 만든다.

섬모(纖毛) cilium 많은 진핵 세포 표면에 털 같이 뻗어나온 운동성 기구. 채찍을 휘두르듯이 운동한다. 원생동물에서는 섬모가 움직이면서 앞으로 나가게 한다. 다세포 생물에서 섬모는 내부 관의 상피세포에서 나타난다. 코의 상피에서는 세포 겉면으로 물질의 흐름을 일으킨다.

세균(細菌) bacterium 생물체 가운데 가장 작고 가장 하등 한 단세포 미생물. 구조는 세포막과 원형질만으로 간단하게 이루어져 있으며 세포벽의 특성에 따라 그람음성 세균과 그람양성 세균으로 구분한다. 무성생식을 하고 세포 중앙에 사이막이 생겨 두 개의 세포로 분열하는 이분법으로 증식한다. 모든 환경 속에 존재하며 형태는 공 모양, 막대 모양, 나선 모양 따위가 있다. 생장에 산소 필요성에 따라 산소성, 무산소성, 조건 무산소성 세균으로 나눈다. 일부 세균은 사람이나 동물에 대한 기생 세균 또는 병원체로서 많은 질병의 원인이 되기도 하며 또 일부는 식물 병원체로 존재한다. 발효 산업에서 발효식품, 아미노산과 핵산, 항생물질 따위의 생산에 널리 이용한다.

세균 감염(細菌感染) bacterial infection 병원 세균이 동물이나 식물의 몸 안에 들어가 자라는 일. 또는 이에 따른 병.

세균 거르개 bacteriological filter 세균을 통과시키지 않고 걸러 무균 액을 얻는 데 쓰는 장치. 세균보다 작은 구멍이나 틈을 갖는 막이나 그 밖의 소재에 시료를 통과시켜 세균을 걸러내는 장치로 혈청 따위의 열에 약한 물질이 들어있는 용액에서 세균을 거르는 데 쓴다.

세균 검사(細菌檢査) bacteriological examination 식품이나 물에 오염된 세균 수, 종류 분류와 확인, 성질 따위를 알아보는 일.

세균 껍질 bacterial envelope 세균 세포를 보호하는 여러 층으로 된 복잡한 구조. 원형질막, 바깥막(존재하는 경우), 세포벽을 포함한다.

세균내독소(細菌內毒素) bacterial endotoxin 내독소.

세균 내생홀씨 bacterial endospore 막대세균문(Bicillota)의 일부 세균이 만드는 휴면 형태. 환경이 적절하지 않을 때 세균 스스로 외부 환경으로부터 자신을 보호하기 위한 것으로 대사와 호흡을 최소로 유지하고 효소 생산도 줄어든다. 주로 그람양성 세균에서 볼 수 있다.

세균 독소(細菌毒素) bacterial toxin 세균이 만드는 독소. 외독소와 내독소가 있다.

세균로돕신 bacteriorhodopsin 일부 호염 고균의 자줏빛 막에서 발견되는 단백질. 빛으로 추진되는 막 안팎의 양성자 펌프로 작용한다.

세균 바이러스 bacterial virus 세균을 숙주로 하는 바이러스.

세균병(細菌病) bacterial disease 세균 감염으로 일어나는 병을 통틀어 이르는 말. 세균 증식이나 독소를 생산하여 병을 일으킨다. 폐렴, 결핵, 콜레라, 디프테리아, 파상풍, 임질, 매독, 세균 수막염 따위가 있다.

세균 살충제(細菌殺蟲劑) bacterial insecticide 해충을 죽일 수 있는 특정 세균 균주. 해충의 소화계통을 방해하여 생장을 억제한다. 미생물농약인 비티(BT, *Bacillus thuringiensis*) 따위가 있다.

세균 생장(細菌生長) bacterial growth 세균 수나 무게가 늘어나는 일.

세균 생장 곡선(細菌生長曲線) bacterial growth curve 배양 시간에 따른 세균수를 점으로 나타내고 이를 이은 곡선.

세균 생체량(細菌生體量) bacterial biomass 일정한 장소에 있는 세균 전체의 무게, 부피 또는 에너지 당량.

세균성 검은점무늬병 bacterial spot 세균 감염으로 묘목과 성숙한 식물의 열매와 잎에 검은 반점이 생기는 병. 원인 세균은 잔토모나스 아르보리콜라 병원형 프루니(*Xanthomonas arboricola* pv. *pruni*)이다. 감염된 묘목은 심한 낙엽 현상을 보이며 나무는 늙은 잎부터 영향을 받아 옅은 초록에서 검정 또는 짙은 갈색으로 변한다. 과일에 생기는 짙은 갈색 점은 주로 초록 과일에서 볼 수 있다. 토마토, 자두, 핵과, 고추 따위에서 볼 수 있다.

세균성 검은점병 bacterial black leaf spot 잎에 작은 반점이 나타나고 심하면 검은 갈색 반점으로 변하는 병. 화이트 클로버, 옥수수, 수수 따위에 일어나며 원인 세균은 슈도모나스 안드로포고니스(*Peudomonas andropogonis*)이다.

세균성 무름병 bacterial soft rot 세균감염으로 과일, 남새 따위가 흐물흐물해 지면서 썩는 병. 주로 에르위니아속, 펙토세균속(*Pectobacterium*), 슈도모나스속 따위의 그람음성 세균 종으로 일어난다. 뿌리줄기, 덩이줄기, 땅 위의 줄기, 잎자루 따위가 먼저 피해를 보고 점차 잎도 피해를 보게 된다.

세균성 상함 bacterial spoilage 세균 작용으로 식품이 먹기에 적절하지 않은 상태로 되는 과정.

세균성 시듦병 bacterial wilt 세균이 식물 뿌리의 상처로 침입하여 지상부를 시들게 하는 병. 주로 박과(Cucurbitaceae)와 가짓과(Solanaceae) 식물에서 일어나며 원인 세균은 그람음성 세균인 에르위니아 트라케이필라(*Erwinia tracheiphila*) 또는 그람양성 세균인 쿠르토세균 플락쿰파시엔스 병원형 플락쿰파시엔스(*Curtobacterium flaccumfaciens* pv. *flaccumfaciens*)이다. 토마토, 고추, 가지, 콩 따위는 부르크홀데리아과(Burkholderiaceae)의 랄스토니아 솔라나세아룸(*Ralstonia solanacearum*)이 원인 세균이다. 잔토모나스속은 바나나의 시듦병을 일으킨다.

세균성 알레르기 bacterial allergy 세균 성분이 항원으로 작용하여 나타나는 특이적 과민 반응.

세균성 이질(細菌性痢疾) shigellosis 쉬겔라속(*Shigella*)의 세균 감염으로 창자에 일어나는 급성 병. 법정 제2군 감염병이다. 환자 또는 보균자가 배출한 똥, 오염된 손과 접촉 또는 오염된 음식이나 음료를 먹어 감염된다. 파리가 매개자 역할을 하며 수인성은 드물다. 주 증상은 38도 이상의 발열, 복통, 설사, 피똥 따위이며 똥에 곱이 섞여 나오며 뒤가 잦은 증상을 보인다. 증상은 보통 4~7일 동안 계속된다.

세균성 잎줄무늬 마름병 bacterial leaf streak ① 논벼 흰잎마름병. ② 잔토모나스 트란스루센스 병원형 운둘로사(*Xanthomonas translucens* pv. *undulosa*)가 밀, 보리, 호밀과 트리티케일 따위에 일으키는 병. 잎에 감염된 세균은 크림색에서 누런빛의 액을 생산하며 잎이 마르면 연한 색의 껍질 모양 같은 줄기가 된다.

세균성 줄기썩음병 bacterial stalk rot 식물(특히 옥수수) 잎집과 마디 줄기가 탈색하면서 잎과 껍질에 병터가 나타나면서 빠르게 줄기와 잎 속으로 퍼져 나가는 병. 썩음이 진행하면서 악취가 나고 식물의 윗부분은 쉽게 떨어져 나간다. 기공, 식물의 상처 부위 따위를 통하여 감염되며 이 병을 일으키는 가장 흔한 세균은 그람음성 막대 모양 세균인 펙토세균 크리산테미 병원성 제아에(*Pectobacterium chrysanthemi* pr. *zeae*)이다.

세균성 줄무늬병 bacterial stripe 주로 볏과 식물의 잎, 잎집 따위에 줄 모양의 병터가 생기는 병. 벼의 원인 세균은 잔토모나스 오리자에 병원형 오리지콜라(*Xanthomonas oryzae* pv. *oryzicola*)이다.

세균 세포질막(細菌細胞質膜) bacterial cytoplasmic membrane 세균 세포의 원형질을 둘러싸고 있는 반투막. 기본적으로 인지방질 이중 층으로 많은 막단백질 분자가 소수 상호 작용으로 존재한다.

세균세포학(細菌細胞學) bacterial cytology 세균의 세포 안 기관과 각 기관의 생리 특성을 연구하는 학문.

세균수 측정(細菌數測定) bacterial counting 세균을 배지 또는 기구를 통하여 총 세균수 또는 생균수를 계수함.

세균 억제단백질(細菌抑制蛋白質) antibacterial protein 세균 생장을 멈추게 하는 활성이 있는 펩타이드 또는 단백질. 사람의 중성구(neutrophil)에서 생산하는 펩타이드인 알파-디펜신(α-defensin), 라이소자임, 아타신(attacin), 세크로핀(cecropin) 따위가 있다.

세균 억제 물질(細菌抑制物質) antibacterial agent 세균 생장을 멈추게 하는 활성을 가진 물질. 일부 항생물질, 소독제, 보존료 따위이다.

세균 억제 작용(細菌抑制作用) antibacterial action 세균 생장을 멈추게 하는 일.

세균 억제 활성(細菌抑制活性) antibacterial activity 세균 생장을 멈추게 하는 화합물의 능력.

세균역(細菌域) Bacteria 생물의 세 역 가운데 하나. 원핵생물은 세균역과 고균역(Archaea)의 두 영역으로 분류하고 진핵생물은 동물과 식물 그리고 진균 따위를 포함하는 진핵생물역(Eukarya)을 이룬다.

세균엽록소(細菌葉綠素) bacteriochlorophyll 광 영양 세균에 있는 광합성 색소. 세균엽록소 에이(*a*)와 비(*b*)가 있다.

세균 오염(細菌汚染) bacterial contamination 식품이나 물 또는 동물과 식물 몸에 외부로부터 바람직하지 않은 세균이 들어옴. 식품이나 물의 세균 오염은 음식매개병의 주요 원인이며 몸의 세균 오염은 질병을 일으킬 수 있다.

세균용해소(細菌溶解素) bacteriolysin 동물 혈청에 들어있는 세균을 녹이는 효소. 세균 세포벽을 풀리게 하여 세균을 죽인다. 그람양성 세균의 경우 리포테이코산(lipoteichoic acid)을, 그람음성 세균의 경우 인지방질을 제거하는 기능을 하는 것으로 알려져 있다.

세균 유전학(細菌遺傳學) bacterial genetics 세균의 유전을 연구하는 학문. 세균학의 한 분야이다.

세균 음식매개병(細菌飮食媒介病) bacterial foodborne illness 특정 세균이 자란 음식을 먹어 일어나는 급성 중독 증상. 세균에 오염된 음식을 먹어 일어나는 감염형과 음식중독의 원인 세균이 생성한 독소를 먹어 일어나는 독소형이 있다. 증상은 복통, 설사, 발열, 구토, 오한 따위이고 원인 세균으로는 장자염 비브리오세균, 누런 포도알 세균, 살모넬라세균, 병원성 대장균, 클로스트리듐 보툴리눔 따위가 있다.

세균 응집(細菌凝集) bacterial agglutination 세균과 같은 항원이 그의 특이 항체와 결합하여 눈에 보이는 복합체인 덩어리를 생성함.

세균 이질(細菌痢疾) bacillary dysentery 쉬겔라증.

세균적 선도측정법(細菌的鮮度測定法) bacteriological method for assessing freshness 식품 특히 어류에 있는 세균의 수를 세어 선도를 측정하는 방법.

세균적 품질(細菌的品質) bacteriological quality 식품과 물 따위에서 오염 지표 세균의 존재 여부. 식품과 물의 품질과 안전성을 판단하는 데 중요하다. 물에서는 오염 지표 세균의 총수와 대장균이 중요하다.

세균증식 억제물질(細菌增殖抑制物質) bacteriostat, bacteriostatic agent 세균 생장을 멈추게 하는 생물 또는 화학 물질.

세균증식 억제작용(細菌增殖抑制作用) bacteriostatic action 어떤 약제로 세균의 증식이 억제되는 일. 약제를 제거하면 다시 증식한다.

세균증식 억제 항생물질(細菌增殖抑制抗生物質) bacteriostatic antibiotic 세균 생장을 멈추게 하는 항생물질. 단백질 합성, 디엔에이 복제 또는 세포 대사를 막는다. 클로람페니콜, 마크롤라이드, 노보바이신,

설폰아마이드, 테트라사이클린 따위이다.

세균 콜로니 bacterial colony 한 개의 세균 세포가 고체 배지 속이나 겉에서 자라 눈에 보이는 크기로 이룬 세포 집단 덩어리.

세균파지 bacteriophage 세균과 고균을 숙주로 하는 바이러스. 디엔에이 유전체를 캡시드라로 싸고 있는 구조로 되어있으며 특정 세균 종에 감염한다. 람다(λ)파지, 티투(T2)파지, 티포(T4)파지, 티식스(T6)파지 따위가 있다. 치즈나 우유 가공품 제조에서 스타터가 세균 파지에 감염되면 발효효율이 크게 떨어진다. 디엔에이 클로닝 벡터로 쓰기도 한다.

세균파지 저항력 bacteriophage resistance 세균이 세균 파지와 결합하는 세포 표면의 수용체를 변화시켜 세균 파지의 흡착을 줄임. 일부 세균은 세포 안 단백질을 생산하여 세균 파지의 증식을 방해하여 세균파지 감염을 억제하기도 한다. 누런 포도알 세균의 단백질 에이(A) 따위이다.

세균파지 티포 bacteriophage T4 창자세균 파지 티 투.

세균플라스미드 bacterial plasmid 세균의 세포 안에 존재하는 작은 고리 모양의 디엔에이 분자. 염색체 디엔에이와는 물리적으로 분리되어 있으며 독립적으로 복제한다.

세균플랑크톤 bacterioplankton 수계에서 주로 물의 흐름에 따라 이동하거나 물속의 작은 부유물에 붙어사는 원핵생물. 많은 세균플랑크톤 종은 독립 영양 생물이다.

세균학(細菌學) bacteriology 세균을 다루는 생물학의 한 분야. 형태, 생태학, 유전학, 생화학, 그 밖의 관련 분야를 다룬다.

세균학자(細菌學者) bacteriologist 세균을 연구하는 학자.

세균혈증(細菌血症) bacteremia 세균이 핏속에 존재하는 상태. 격렬한 칫솔질, 치과 치료, 의학 치료 또는 다른 감염 따위로 일어난다.

세균 혹 bacterial gall 식물 병원 세균감염으로 줄기에 발생하는 모양이나 크기가 일정하지 않은 혹. 가장 흔한 것은 흙 세균인 아그로세균 투메파시엔스(*Agrobacterium tumefaciens*)가 일으키는 밑동혹이다.

세다 기름 ceder oil 여러 바늘잎 나무에서 얻는 정유. 살충 효과가 있다.

세 단계 담금 three-stage mashing 술밑에 지에밥과 쌀 고지를 세 번 첨가하는 발효방법. 일본 사케 발효에서 볼 수 있다.

세 당 철 우무배지 triple sugar iron agar 티에스아이(TSI) 우무배지.

세대 시간(世代時間) generation time 단세포 미생물이 분열하여 그 수가 배로 증가하는 데 걸리는 시간. 일반적으로는 로그기에서 걸리는 시간으로 나타낸다. 로그 생장기에서 a 시간의 세균수를 A, b 시간의 세균수를 B로 한다면 세대시간은 (b-a) × 0.301(log B − log A)로 구할 수 있다. 세대시간은 세균 종류, 배양온도, 피에이치, 수분 활성도, 영양성분 따위에 따라서 달라진다. 세대시간은 창자염 비브리오(*Vibrio parahaemolyticus*)가 7∼8분이며 대장균은 20분 정도이다.

세도레오바이러스과 Sedoreoviridae 리보바이러스역(Riboviria) 오르토나바이러스계(Orthornavirae) 두플로르나바이러스문(Duplornaviricota) 레센토바이러스강(Resentoviricetes) 레오바이러스목(Reovirales)의 과. 지방질 겉껍질이 없는 두 가닥 아르엔에이 바이러스이다. 숙주는 등뼈동물, 민등뼈동물, 식물, 원생동물과 진균이다.

세라토바시듐과 Ceratobasidiaceae 진핵생물역(Eukaryota) 진균계(Fungi) 담자균문(Basidiomycota) 주름버섯강(Agaricomycetes) 꾀꼬리버섯목(Cantharellales)의 과.

세라토시스티스속 *Ceratocystis* 진핵생물역(Eukaryota) 진균계(Fungi) 자낭균문(Ascomycota) 구멍공버섯강(Sordariomycetes) 작은아스쿠스목(Microascales) 세라토시스티스과(Ceratocystidaceae)의 곰팡이 속. 여러 종은 중요한 식물 병원체이다.

세라토시스티스 파라도사 *Ceratocystis paradoxa* 진핵생물역(Eukaryota) 진균계(Fungi) 자낭균문(Ascomycota) 구멍공버섯강(Sordariomycetes) 작은아스쿠스목(Microascales) 세라토시스티스과(Ceratocystidaceae) 세라토시스티스속(*Ceratocystis*)의 곰팡이. 파인애플의 검은썩음병(black rot)을 일으킨다. 그 밖에 바나나, 코코넛, 사탕수수 따위에도 감염한다.

세라토시스티스 핌브리아타 *Ceratocystis fimbriata* 진핵생물역(Eukaryota) 진균계(Fungi) 자낭균문(Ascomycota) 구멍공버섯강(Sordariomycetes) 작은아스쿠스목(Microascales) 세라토시스티스과(Ceratocystidaceae) 세라토시스티스속(*Ceratocystis*)의 곰팡이. 식물 병원체로 고구마의 검은무늬병(black rot) 따위를 일으킨다.

세라티아 리퀘파시엔스 *Serratia liquefaciens* 세균역(Bacteria) 슈도모나스문(Pseudomonadota) 감마가변세균강(Gammaproteobacteria) 엔테로박터목(Enterobacterales) 창자세균과(Enterobacteriaceae) 세라티아속(*Serratia*)의 그람음성 곧은 막대 조건 무

산소 세균. 고기, 우유 제품, 조개, 남새와 달걀의 변질을 일으킨다.

세라티아 마르세스센스 *Serratia marcescens* 세균역(Bacteria) 슈도모나스문(Pseudomonadota) 감마가변세균강(Gammaproteobacteria) 엔테로박터목(Enterobacterales) 예르시니아과(Yersiniaceae) 세라티아속(*Serratia*)의 그람음성 막대 모양 조건 무산소 세균. 세균이 생산하는 단백질 가수분해효소는 소염제로 쓰이고 있다. 일반적으로 붉은색~짙은 붉은색의 콜로니를 형성하며 그 색소는 프로디기오신(prodigiosin)이다. 색소를 만들지 않는 균주도 있다. 사람에게 기회 병원체로 저항력이 떨어진 환자는 호흡기 감염, 요로감염 따위를 거쳐 수막염이 되고 때로는 죽음에 이르게 된다. 병원 내 감염균의 하나이다. 고기, 우유 제품, 조개, 남새와 달걀의 변질을 일으킨다.

세라티아속 *Serratia* 세균역(Bacteria) 슈도모나스문(Pseudomonadota) 감마가변세균강(Gammaproteobacteria) 엔테로박터목(Enterobacterales) 창자세균과(Enterobacteriaceae)의 그람음성, 조건 무산소 세균 속. 물, 흙과 식물에 산다. 냉장하지 않은 식품의 변질을 일으킨다. 2,3-뷰테인다이올발효를 하므로 포게스-프로스카우어 시험(Voges-Proskauer test) 양성이다. 오니틴 카복실기 떼기 효소(ornithine decarboxylase, EC 4.1.1.17)가 있고 소비톨을 대사하나 젖당은 이용하지 못한다.

세룰레닌 cerulenin 지방산과 스테롤 생합성을 억제하여 진균 생장을 막는 항생물질. 세팔로스포륨 카에룰렌스(*Cephalosporium caerulens*)에서 얻으며 효모(*Saccharomyces cerevisiae*)의 지방산 생합성을 억제한다.

세리포리아 라세라타 *Ceriporia lacerata* 진핵생물역(Eukaryota) 진균계(Fungi) 담자균문(Basidiomycota) 주름버섯강(Agaricomycetes) 구멍장이버섯목(Polyporales) 이르펙스과(Irpicaceae) 세리포리아속(*Ceriporia*)의 식물 부생 곰팡이.

세파피린 cefapirin 1세대 세팔로스포린 항생물질. 주로 그람양성과 그람음성 세균에 쓰는 살세균제이나. 미국에서는 사람에게 사용을 금지하고 있다.

세팔로스포륨속 *Cephalosporium* '아크레모늄속'(*Acremonium*)의 옛 이름.

세팔로스포린 cephalosporin 그람양성과 그람음성 세균 감염에 쓰는 베타-락탐 항생물질. 곰팡이 아크레모늄속(*Acremonium*)에서 얻는다. 세팔로스포린은 메타실린-저항 누런 포도알 세균, 리스테리아 모노시토게네스(*Listeria monocytogenes*)와 창자알세균 파에칼리스(*Enterococcus faecalis*)에 작용한다.

세펨 cephem 세팔로스포린과 세파마이신(cephamycin)을 포함하는 베타-락탐 항생물질의 소집단(subgroup). 가장 흔한 네 원자 고리(4-membered ring) 헤테로사이클(heterocycle)의 하나이다. 바퀴살세균(actinomycetes)이 생산하는 세파마이신은 페니실린과 세팔로스포린에 저항성이 있는 세균을 포함하여 넓은 범위의 세균에 대하여 억제 활성을 보인다.

세포막(細胞膜) cell membrane, cytomembrane 세포의 세포질을 둘러싸고 있는 반투과 막.

세포 밖 다당류 exopolysaccharide 미생물이 합성하여 세포 밖으로 분비하거나 세포 겉면에 붙어 남아 있는 다당류. 주로 포도당, 갈락토스와 람노스가 서로 다른 비율로 결합한 단위가 되풀이하는 긴 사슬 다당류이다. 세균이 분비하는 세포 밖 다당류는 점성이 매우 크며 세포가 마르는 것을 막으며 영양소 농축, 독소 물질에 노출 감소, 겉면 부착성 향상, 생물 막 형성 따위의 역할을 한다. 슈도모나스 시린가에(*Pseudomonas syringae*)는 알긴산염과 레반(levan)을, 잔토모나스 캄페스트리티스(*Xanthomonas campestris*)는 잔탄(xanthan)을 생산한다. 발효 우유나 저지방 치즈 생산에서 젖산 세균이 생산하는 세포 밖 다당류는 점성 증가, 젤 붕괴 방지, 유청 분리 방지, 치즈 텍스처 향상 따위의 중요한 역할을 한다. 무글루텐 빵 제조에서 친수콜로이드로 사용이 가능하다.

세포 배양 슬라이드 cell culture slide 세포를 이용한 여러 실험과 현미경 관찰을 하나의 용기 안에서 함께 할 수 있게 만든 슬라이드. 용기 밑에 거름종이를 깔고 슬라이드와 덮게 유리를 넣고 살균한 뒤 우무배지를 슬라이드 위에 놓고 접종하여 배양하면서 현미경으로 관찰할 수 있게 만든 것이다.

세포벽(細胞壁) cell wall 식물, 진균과 세균 세포의 세포질 막을 둘러싸고 있는 단단한 다당류 층. 세포벽의 주성분은 셀룰로스(식물, 말무리와 일부 곰팡이), 키틴(곰팡이) 또는 펩티도글리칸(세균, 남조류)이다. 세포벽은 세포막보다 두껍고 견고하여 물리적 손상, 삼투압에 따른 분해 억제, 항생물질로부터 세포 보호 따위의 역할을 한다.

세포질(細胞質) cytoplasm 세포에서 핵을 뺀 나머지 부분. 세포 내부를 채우고 있는 투명한 점액 형태의 물질로 수분, 염분, 세포소기관 그리고 각종 효소로 구성된다.

세포질세포(細胞質細胞) cytoplast 핵을 제거한 세포질만 있는 세포.

세픽심 cefixime 세팔로스포린(cephalosporin)의 삼 세대 항생물질. 가운데귀염, 폐렴, 요로감염, 임질과 라임병(Lyme disease) 치료에 쓴다. 장티푸스 치료에도 쓴다. 부작용으로는 설사, 복부 통증과 욕지기이다. 페니실린알레르기가 있는 사람에게는 쓰지 않는다. 창자세균 특히 프로테우스속(*Proteus*) 세균의 발육억제를 위한 목적으로 소비톨 맥콘키 우무배지(sorbitol MacConkey agar)에 첨가한다.

세픽심 아텔루르산포타슘 첨가 람노스 맥콘키 우무배지 rhamnose MacConkey agar with cefixime and potassium tellurite, CT-RMAC agar 람노스 맥콘키 우무배지에 세픽심과 아텔루르산 포타슘을 첨가하여 창자 출혈 대장균(enterohemorrhagic *E. coli*) O157에 대한 선택성을 높인 분리 배지.

세픽심 아텔루르산포타슘 첨가 소비톨 맥콘키 우무배지 solbitol MacConkey agar with cefixime and potassium tellurite, CT-SMAC agar 소비톨 맥콘키 우무배지에 세픽심과 아텔루르산포타슘을 첨가한 배지. 프로테우스속(*Proteus*) 세균을 비롯한 많은 그람음성 세균의 발육이 억제되므로 소비톨 맥콘키 우무배지보다 선택성이 강하고 대장균 따위의 창자세균이 있는 시료에서 창자 출혈 대장균(enterohemorrhagic *E. coli*) O157만 잘 생장한다.

셀레노모나스목 Selenomonadales 세균역(Bacteria) 막대세균문(Bacillota) 네가티비알세균강(Negativicutes)의 세균 목.

셀레스모나스과 Selenomonadaceae 세균역(Bacteria) 막대세균문(Bacillota) 네가티비알세균강(Negativicutes) 셀레노모나스목(Selenomonadales)의 세균 과.

셀룰로모나스속 *Cellulomonas* 세균역(Bacteria) 바퀴살세균문(Actinomycetota) 바퀴살세균강(Actinomycetia) 작은알세균목(Micrococcales) 코리네세균과(Corynebacteriaceae)의 그람양성 또는 음성 산소 또는 조건 무산소 세균 속. 흙에 살며 셀룰로스를 가수분해하는 효소를 생산한다. 형태가 일정하지 않은 막대 세균이다. 베타-글루칸 내부 가수분해효소(endo-β-1,4-glucanase, EC 3.2.1.4)와 베타-글루칸 말단 가수분해효소(exo-β-D-1,4-glucanase, EC 3.2.1.91)의 작용으로 셀룰로스를 분해한다.

셀룰로스 분해 곰팡이 cellulose decomposing fungus 셀룰로스를 분해하는 곰팡이. 사이막이 있는 팡이실과 담자기에 홀씨를 만드는 담자균문(Basidiomycota)의 곰팡이이다. 흙에 사는 푸른곰팡이속(*Penicillium*), 두엄에서 발견되는 푸사륨속(*Fusarium*), 아스페르길루스속(*Aspergillus*), 털곰팡이속(*Mucor*) 따위가 있다. 버섯에는 목재를 썩히는 기계충버섯(*Irpex lacteus*), 구멍장이버섯과(Polyporaceae) 따위의 여러 종류가 있다.

셀룰로스 분해 미생물 cellulose decomposing microorganism 셀룰로스를 분해하여 생육하는 미생물. 셀룰로스는 곰팡이, 세균 따위의 작용으로 분해되어 흙으로 환원된다. 초식동물의 창자관에서는 셀룰로스 분해 미생물의 작용으로 셀룰로스의 소화, 흡수를 가능하게 한다.

셀룰로스 분해 세균 cellulolytic bacterium 셀룰로스를 분해하는 세균. 동물 소화관, 썩는 유기 물질, 초식동물 똥, 퇴비, 흙 따위에서 발견된다. 동물 혹위에 있는 주 세균으로는 루미노알세균 플라베파시엔스(*Ruminococcus flavefaciens*), 루미노알세균 알부스(*R. albus*)와 피브로박터 숙시노게네스(*Fibrobacter succinogenes*)가 있다. 흙에 있는 산소 세균은 바퀴살세균문(Actinobacteria), 후벽균문(Firmicutes), 슈도모나스문 따위가 있으며 잘 알려진 속으로는 막대세균, 세룰로모나스속(*Cellulomonas*), 스트렙토모나스속, 시토파가속(*Cytophaga*), 셀비브리오속(*Cellvibrio*), 슈도모나스속 따위가 있다.

셀비브리오과 Cellvibrionaceae 세균역(Bacteria) 슈도모나스문(Pseudomonadota) 감마가변세균강(Gammaproteobacteria) 셀비브리오목(Cellvibrionales)의 과.

셀비브리오목 Cellvibrionales 세균역(Bacteria) 슈도모나스문(Pseudomonadota) 감마가변세균강(Gammaproteobacteria)의 목.

셀비브리오 믹스투스 *Cellvibrio mixtus* 세균역(Bacteria) 슈도모나스문(Pseudomonadota) 감마가변세균강(Gammaproteobacteria) 셀비브리오목(Cellvibrionales) 셀비브리오과(Cellvibrionaceae) 셀비브리오속(*Cellvibrio*) 의 그람음성 굽은 막대 세균. 우무가수분해효소를 생산한다.

셀비브리오속 *Cellvibrio* 세균역(Bacteria) 슈도모나스문(Pseudomonadota) 감마가변세균강(Gammaproteobacteria) 셀비브리오목(Cellvibrionales) 셀비브리오과(Cellvibrionaceae)의 그람음성 굽은 막대 모양 산소 세균 속. 흙에 산다. 셀룰로스와 자일란 가수분해효소를 생산하는 종도 있다.

셉토리아속 *Septoria* 진핵생물역(Eukaryota) 진균계(Fungi) 자낭균문(Ascomycota) 입술버섯강(Dothideomycetes) 카프노디아목(Capnodiales) 미코스파에렐라과(Mycosphaerellaceae)의 곰팡이 속. 많은 남새(셀러리, 토마토 따위), 곡류(밀, 호밀, 보리 따위)의 잎 반점병을 일으킨다.

셉토리아 아피이콜라 *Septoria apiicola* 진핵생물역(Eukaryota) 진균계(Fungi) 자낭균문(Ascomycota) 입술버섯강(Dothideomycetes) 카프노듐목(Capnodiales) 미코스파에렐라과(Mycosphaerellaceae) 셉토리아속(*Septoria*)의 곰팡이. 셀러리의 마름병을 일으킨다.

셰리 sherry 스페인의 강화 백포도주. 특징 견과 향미가 있으며 식사 전에 식욕을 돋우기 위해서 마시는 술 가운데 최고로 꼽힌다. 숙성할 때 골마지 효모가 자라는 피노(fino)와 그렇지 않은 올로로소(oloroso)가 있다. 셰리는 팔로미노(Palomino) 포도로 만들며 발효가 끝난 드라이 포도주(알코올 함량 11～12퍼센트)에 브랜디를 첨가하여 알코올 함량을 피노는 15퍼센트까지, 올로로소는 17퍼센트까지 높이고 오크 통에서 오래된 셰리와 새 셰리의 일부를 차례로 섞는 특유의 솔레라 시스템(solera system)으로 삼 년 이상 숙성한다. 피노는 숙성하는 동안 산소에 노출되어 겉면 전체에 효모 꽃이 피어 플로르(flor)를 형성하며 특정 견과 향미를 준다. 올로로소는 효모 꽃 생성을 막기 위하여 알코올을 강화하고 산화 숙성한다.

셰리 식초 sherry vinegar 백포도주인 셰리를 산화하여 만드는 식초. 스페인 카디스주(Cádiz)에서 셰리 숙성에 쓰는 솔레라 시스템을 이용하여 2～25년 숙성한다.

소 결핵세균 *Mycobaterium bovis* 세균역(Bacteria) 바퀴살세균문(Actinomycetota) 바퀴살세균강(Actinomycetia) 미코세균목(Mycobacteriales) 미코세균과(Mycobacteriaceae) 미코세균속(*Mycobaterium*)의 그람양성 굽은 또는 곧은 막대 산소 세균. 세포벽은 최대 60퍼센트의 지방질을 가지고 있어 소성 성질이 있으며 생장이 느리고 건조, 산, 소독제, 항체 따위에 저항성이 있다. 소 결핵세균은 사람, 양, 염소, 말, 돼지, 개, 고양이 따위에도 감염된다. 사람 결핵세균(*Mycobaterium tuberculosis*)과는 구별되며 사람에게는 주로 우유나 우유 제품을 통하여 감염된다.

소국주(小麴酒) sogukju 누룩을 조금 써서 찹쌀로 담근 맑은 술. 맑은 수정 빛깔이 난다. 1979년 충청남도 무형문화재 제3호로 지정되었다.

소나무비늘버섯과 Hymenochaetaceae 진핵생물역(Eukaryota) 진균계(Fungi) 담자균문(Basidiomycota) 주름버섯강(Agaricomycetes) 소나무비늘버섯목(Hymenochaetales)의 과.

소나무비늘버섯목 Hymenochaetales 진핵생물역(Eukaryota) 진균계(Fungi) 담자균문(Basidiomycota) 주름버섯강(Agaricomycetes)의 목. 아래에는 소나무비늘버섯과와 이끼버섯과가 있다.

소독(消毒) disinfection 상처나 물체 따위에 묻어 있는 해로운 미생물을 약품이나 열, 햇빛 따위로 죽이거나 활성을 억제하는 처리.

소독등(消毒燈) germicidal lamp 자외선 시(100～280 나노미터)로 해로운 미생물을 죽이는 저압 또는 고압 수은등. 디엔에이 염기 접합을 파괴하여 피리미딘 이합체(dimer) 형성을 일으켜 세균, 바이러스와 원생동물을 불활성화한다. 물 소독에서 오존 생성에도 쓴다. 투과율이 낮아 공간, 용기, 포장지, 도구 따위의 표면 소독에 쓴다.

소독력(消毒力) germicidal capacity 해로운 미생물을 죽이거나 활성을 억제하는 효율. 또는 용량.

소독 부산물(消毒副産物) disinfection byproduct 먹는 물의 소독으로 생기는 물질. 염소 처리에 따른 트라이할로메테인, 이산화염소 처리에 따른 염소산염과 아염소산염 따위가 있다. 오존 처리는 브로민산염을 생성할 수 있다.

소독 작용(消毒作用) germicidal action 유해 미생물 특히 병원성 미생물을 죽이거나 활성을 억제하는 작용.

소독제(消毒劑) disinfectant 세균을 죽이거나 활성을 억제하는 데 쓰는 화합물 액. 공기 소독제, 알코올, 크레솔, 포르말린 따위가 있다.

소똥버섯과 Bolbitiaceae 진핵생물역(Eukaryota) 진균계(Fungi) 담자균문(Basidiomycota) 주름버섯강(Agaricomycetes) 주름버섯목(Agaricaloes)의 과.

소똥버섯속 *Bolbitius* 진핵생물역(Eukaryota) 진균계(Fungi) 담자균문(Basidiomycota) 주름버섯강(Agaricomycetes) 주름버섯목(Agaricaloes) 소똥버섯과(Bolbitiaceae)의 속.

소르다리아강 Sordariomycetes 구멍공버섯강.

소르다리아과 Sordariaceae 구멍공버섯과.

소르다리아목 Sordariales 구멍공버섯목.

소 면역 결핍 바이러스 bovine immunodeficiency virus 리보바이러스역(Riboviria) 파라르나바이러스계(Pararnavirae) 아르트베르바이러스문(Artverviricota) 오르테르바이러스목(Ortervirales) 레트로바이러스과(Retroviridae)의 바이러스. 소를 감염시킨다. 사람에게 감염하는 사람 면역 결핍 바이러스(HIV)와 닮았다.

소방자낭균강(小房子囊菌綱) Loculoascomycetes '입술버섯강(Dothideomycetes)'의 옛 이름.

소방자낭균아강(小房子囊菌亞綱) Loculoascomycetidae '입술버섯아강(Dothideomycetidae)'의 옛 이름.

소보스 sorbose 탄소 수 여섯 개인 케토스. 포도당을 아세토박터속(*Acetobacter*), 글루코노박터속(*Gluco-*

nobacter) 따위의 아세트산 세균 또는 소비톨을 아세토박터 수복시딘스(*A. suboxydans*)로 발효하여 얻는 당알코올이다. 단맛은 포도당과 비슷하다. 바이타민 시(아스코브산)의 제조 원료이다.

소비톨 맥콘키 우무배지 sorbitol MacConkey agar 당성분으로 맥콘키 우무배지의 젖당 대신에 소비톨을 첨가한 배지. 창자 출혈 대장균(*enterohemorrhagic E. coli*) O157은 소비톨을 분해하지 않거나 분해가 늦으며 다른 대장균은 소비톨을 분해하므로 이들을 감별하는데 쓰는 선택 분리 배지이다.

소수성 격자 막 거르개법 hydrophobic grid membrane filter method 소수 수지를 입힌 거르개 표면이 1,600개의 구획으로 나누어져 있는 막 거르개로 시료를 거르는 방법. 시료를 이 막 거르개로 거르면 세균은 구획 안에 멋대로 분포하게 된다. 이 거르개를 적당한 우무 평판 배지 위에 붙여서 배양하면 세균은 소수성 격자 내부에 갇혀 있는 상태에서 콜로니를 형성하게 된다. 세균 수가 많은 시료에서는 한 개의 격자 구획에 한 개 이상의 세균이 자라 측정값이 부정확할 수 있으므로 최확수법으로 보정한다.

소 유산 세균 *Brucella abortus* 세균역(Bacteria) 슈도모나스문(Pseudomonadota) 알파가변세균강(Alphaproteobacteria) 히포마이크로븀목(Hyphomicrobiales) 브루셀라과(Brucellaceae) 브루셀라속(*Brucella*)의 막대 모양 산소 세균. 소의 전염성 유산을 일으킨다.

소주(燒酒) soju ① 녹말질 재료(곡식, 고구마, 카사바 따위), 누룩 또는 고지와 물을 원료로 하여 발효하고 소줏고리로 증류한 술. ② 위 ①의 제조과정에서 당분, 구연산, 아미노산, 소비톨, 무기염류, 스테비올글리코사이드, 효소 처리 스테비아, 사카린소듐, 아스파탐, 수크랄로스, 토마틴, 아세설팜포타슘, 에리트리톨, 자일리톨, 다류, 알룰로스, 오크칩 따위의 재료를 넣어 만든 술. ③ 위 ①과 ②에 주정 또는 곡물 주정을 첨가한 것. ④ 위 ①, ②와 ③의 술을 나무통에 넣어 저장한 것. ⑤ 주정 또는 곡물 주정을 물로 묽힌 술. 또는 이를 나무통에 넣어 저장한 술. ⑥ 주정과 곡물 주정을 섞고 물로 묽힌 술. 또는 이를 나무통에 넣어 저장한 술. '⑤'와 '⑥'에는 ②의 여러 재료를 첨가할 수 있다.

소 해면상 뇌증 bovine spongiform encephalopathy 소에서 발생하는 프라이온 병. 소의 뇌와 척수가 스펀지 모양으로 변질되어 소가 난폭한 행동을 하거나, 잘 걷거나 서지 못하는 따위의 증상을 보이다가 죽는다.

소줏고리 sojugori 소주를 내릴 때 쓰는 증류기.

소테른 Sauternes 프랑스 보르도지방 소테른 지역에서 귀부 포도로 만든 단맛 백포도주.

소혀버섯 beefsteak fungus, *Fistulina hepatica* 진핵생물역(Eukaryota) 진균계(Fungi) 담자균문(Basidiomycota) 주름버섯강(Agaricomycetes) 주름버섯목(Agaricales) 소혀버섯과(Fistulinaceae) 소혀버섯속(*Fistulina*)의 먹는 버섯. 갓은 너비 10~20센티미터로 소 혀 모양이며 적갈색이다. 살은 통통하며 새콤한 맛이 나는 불그스름한 즙이 나온다. 여름과 가을에 너도밤나무, 참나무, 밤나무 따위의 넓은잎나무의 밑동이나 썩은 구멍에 홀로 난다. 갈색 부후 곰팡이이다. 한국, 일본, 중국, 유럽, 북아메리카, 호주 등지에 분포한다.

소혀버섯과 Fistulinaceae 진핵생물역(Eukaryota) 진균계(Fungi) 담자균문(Basidiomycota) 주름버섯강(Agaricomycetes) 주름버섯목(Agaricales)의 과.

소혀버섯속 *Fistulina* 진핵생물역(Eukaryota) 진균계(Fungi) 담자균문(Basidiomycota) 주름버섯강(Agaricomycetes) 주름버섯목(Agaricales) 소혀버섯과(Fistulinaceae)의 속. 먹는 것으로는 소혀버섯 따위가 있다.

소흥주(紹興酒) Shaoxing chiew 사오싱주.

속 빈 섬유 막 hollow fiber membrane 속이 빈 섬유 모양 안에 반 투과 장벽을 가진 인공 막. 물 처리, 염분 제거, 세포 배양, 의학 조직 공학 따위에 널리 쓴다.

속 빈 섬유 배양 hollow fiber culture 섬유의 길이 방향으로 섬유 단면 안쪽에 구멍이 난 섬유 모듈을 사용하여 미생물이나 동식물 세포 따위를 기름. 고밀도 배양이 가능하고 파이프 모양처럼 구멍이 뚫려 속이 빈 섬유를 쓰기 때문에 겉면적이 큰 특징이 있다.

속성 숙성법(速成熟成法) quick ripening process 술, 식초 따위의 제조에서 특정 발효 균주를 쓰거나 발효 온도를 조절하여 숙성 기간을 줄이는 방법.

속성 식초발효기 quick vinegar fermenter 바람을 불어 넣으면서 휘저어 알코올 산화가 빠르게 일어나도록 만든 식초 제조 장치. 아세테이터(Acetator)나 캐비테이터(Cavitator) 따위이다.

속성 식초법(速成食醋法) quick vinegar process 발효조의 산화 반응 겉면적을 넓히고 알코올에 공기를 불어 넣어 빠르게 식초를 만드는 법. 프린그스 적하 발효탑(Frings trickling generator)이 있다. 이는 발효탑 안에 너도밤나무의 대팻밥, 등나무 줄기, 옥수수대 따위를 채워 충전물의 높은 층을 만들어 증기 살균하고 여기에 미리 씨 초(mother of vinegar)를 뿌려

아세트산 세균을 번식시킨 다음 위로부터 10퍼센트 에탄올 용액을 흘려보내면서 바닥으로부터 불어 넣는 공기와 충분히 접촉하도록 하여 아세트산발효가 빠르게 진행하도록 만든 장치이다. 주정 식초 밖에도 과일 식초나 엿기름 식초 제조에도 쓴다.

속성주(速成酒) sokseongju 비교적 빠르게 빚어내는 술. 삼일주, 계명주 따위가 있다.

속양주모(速釀酒母) yeast starter for quick ripening process 막걸리나 약주 또는 일본 술 발효에 쓰는 밑술의 하나. 술밑을 만들 때 처음부터 젖산을 넣어 잡균의 증식을 억제하고 효모만이 순수하게 자라도록 하여 짧은 시간에 만든다.

손네이 이질세균 *Shigella sonnei* 세균역(Bacteria) 슈도모나스문(Pseudomonadota) 감마가변세균강(Gammaproteobacteria) 창자세균목(Enterobacterales) 창자세균과(Enterobacteriaceae) 이질세균속(*Shigella*)의 그람음성 막대 모양 세균. 전 세계에 분포한다. 이질 설사를 일으킨다.

솔레라 시스템 solera system 스페인 셰리(sherry)의 독특한 숙성방법. 발효가 끝난 백포도주에 브랜디를 첨가하여 통에서 숙성하는 방법이다. 숙성 연도와 생산 연도가 다른 포도주를 담은 통을 3~9단 쌓아 올리고 숙성시키면서 맨 아래 통으로부터 숙성이 끝난 술을 일부 주기적으로 빼내고 그 바로 위의 통으로부터 같은 양의 술을 차례로 옮기면서 부분 혼합하여 계속 숙성한다.

솔밭버섯과 Omphalotaceae 진핵생물역(Eukaryota) 진균계(Fungi) 담자균문(Basidiomycota) 주름버섯강(Agaricomycetes) 주름버섯목(Agaricales)의 과.

송로버섯 black truffle, *Tuber melanosporum* 진핵생물역(Eukaryota) 진균계(Fungi) 자낭균문(Ascomycota) 주발버섯아문(Pezizomycotina) 주발버섯강(Pezizomycetes) 주발버섯목(Pezizales) 덩이버섯과(Tuberaceae) 송로속(*Tuber*)의 먹는 버섯. 넓은잎나무 숲의 땅속에서 자라는 강한 내가 있고 불규칙한 감자 모양의 검정 덩이로 크기는 10센티미터 정도이고 큰 것은 1킬로그램 이상이다. 유기 황 화합물이 있어 독특한 맛을 낸다. 흰 송로버섯 다음으로 비싼 버섯으로 훈련된 개나 돼지를 이용하여 캐낸다. 수확철은 11월부터 2월까지로 갓 수확한 신선한 것을 최고로 친다. 흰 송로버섯과는 달리 조리해도 향은 오히려 더 강렬해진다. 주요 생산국은 프랑스, 스페인과 이탈리아이다.

송이(松栮) matsutake, *Tricholoma matsutake* 진핵생물역(Eukaryota) 진균계(Fungi) 담자균문(Basidiomycota) 주름버섯강(Agaricomycetes) 주름버섯목(Agaricales) 송이과(Tricholomataceae) 송이속(*Tricholoma*)의 먹는 버섯. 갓은 지름 8~25센티미터로 편평하고 가장자리가 위로 말리며 엷은 다갈색이다. 오래되면 흑갈색이 된다. 주로 가을에 붉은 소나무 숲에 모여 나며 한국, 일본 대만, 중국 등지에 분포한다. 독특한 향기와 맛이 있다.

송이과(松栮科) Tricholomataceae 진핵생물역(Eukaryota) 진균계(Fungi) 담자균문(Basidiomycota) 주름버섯강(Agaricomycetes) 주름버섯목(Agaricales)의 과.

송이버섯 songibeoseot 송이.

송이속(松栮屬) *Tricholoma* 진핵생물역(Eukaryota) 진균계(Fungi) 담자균문(Basidiomycota) 주름버섯강(Agaricomycetes) 주름버섯목(Agaricales) 송이과(Tricholomataceae)의 속. 먹는 것으로는 송이 따위가 있다.

송이알코올 matsutake alcohol 버섯알코올.

송편버섯속 *Trametes* 진핵생물역(Eukaryota) 진균계(Fungi) 담자균문(Basidiomycota) 주름버섯강(Agaricomycetes) 구멍장이버섯목(Polyporales) 구멍장이버섯과(Polyporaceae)의 속. 구름송편버섯 따위가 있다.

쇼토쿠바이러스계 Shotokuvirae 모노드나바이러스역(Monodnaviria)의 계.

수두 대상포진 바이러스 Vanicella-zoster virus 사람 알파 헤그페스 바이러스 3.

수르팍틴 surfactin 막대세균 수브틸리스(*Bacillus subtilis*)가 생산하는 고리 리포펩타이드(lipopeptide). 일곱 개의 아미노산(엘-글루탐산, 엘-류신, 디-류신, 엘-발린, 엘-아스파트산, 디-류신과 엘-류신)으로 된 펩타이드가 탄소 수 13~15개인 베타-하이드록시 지방산과 결합한 고리 화합물이다. 강력한 생물 계면활성제로 세균, 바이러스와 진균에 대하여 억제 효과를 보인다.

수막염세균(髓膜炎細菌) *Neisseria meningitidis* 세균역(Bacteria) 슈도모나스문(Pseudomonadota) 베타가변세균강(Betaproteobacteria) 네이세리아목(Neisseriales) 네이세리아과(Neisseriaceae) 네이세리아속(*Neisseria*)의 그람음성 쌍알 세균. 사람 코인두(nasopharynx)에 사는 비 병원체이다. 사람에게만 감염하며 다른 동물에서는 발견되지 않는다. 수막염, 수막알세균혈증(meningococcemia) 따위를 일으킨다.

수브틸린 subtilin 막대세균 수브틸리스(*Bacillus subtilis*)가 생산하는 박테리오신.

수생 세균(水生細菌) aquatic bacterium 물속에 사는

세균. 수생 생태계에서 영양소 순환과 유기물 전환에 중요한 역할을 한다.

수수 맥주 sorghum beer 수수 또는 기장으로 만드는 남아프리카 맥주.

수원그물버섯 butter-foot bolete, *Boletus auripes* 진핵생물역(Eukaryota) 진균계(Fungi) 담자균문(Basidiomycota) 주름버섯강(Agaricomycetes) 그물버섯목(Boletales) 그물버섯과(Boletaceae) 그물버섯속(*Boletus*)의 먹는 버섯. 갓은 지름 6~15센티미터로 편평하고 오렌지색을 띤 갈색이다. 여름과 가을에 넓은잎나무 숲 땅 위에 홀로 또는 모여 난다. 한국, 일본, 북아메리카, 유럽 등지에 분포한다.

수원무당버섯 purple-bloom Russula, *Russula mariae* 진핵생물역(Eukaryota) 진균계(Fungi) 담자균문(Basidiomycota) 주름버섯강(Agaricomycetes) 무당버섯목(Russulales) 무당버섯과(Russulaceae) 무당버섯속(*Russula*)의 먹는 버섯. 갓은 지름 2~5센티미터로 편평하고 가운데가 오목한 깔때기 모양이며 선홍색이다. 여름과 가을 사이에 넓은잎나무 숲이나 소나무 숲의 땅에 홀로 또는 모여 난다. 한국, 일본에 분포한다.

숙주(宿主) host 기생생물 또는 편리공생 생물이 표면 또는 속에 사는 식물 또는 동물.

순간 파스퇴르살균 flash pasteurization 주스, 맥주, 우유, 포도주 따위의 액체 제품의 살균 방법. 해로운 미생물을 파괴할 수 있는 높은 온도에서 짧은 시간 열처리하는 방법이다. 일반적으로 액체는 용기에 담기 전에 71.5~74도에서 15~30초 열처리하고 4~5.5도로 급랭한다. 미국에서의 우유의 순간 파스퇴르살균 표준기준은 71.7도에서 15초 가열이다. 그 목적은 우유 미생물 가운데 열 저항성이 가장 큰 콕시엘라 브루네티이(*Coxiella burnetii*)를 죽이는 것이다.

순수 배양(純粹培養) pure culture 한 가지의 생물, 세포 또는 미생물을 오염되지 않게 기르는 일.

순수 배양 균주(純粹培養菌株) pure culture 미생물의 순수한 하나의 종.

술 alcoholic beverage 알코올 분이 있는 음료. 맥주, 포도주, 증류주, 막걸리, 리큐르 따위가 있다. 〈주세법〉에서는 주정과 알코올 1도 이상의 음료 그리고 녹여서 마실 수 있는 가루 상태인 것을 이른다. 다만, 알코올 6도 미만인 의약품과 조리에 쓰는 식품으로 불휘발물 30도 이상인 것은 제외한다. '알코올 분'이란 전체용량에 포함된 에틸알코올(섭씨 15도에서 0.7947의 비중)을 말한다. 제조법에 따라 발효주, 증류주와 그 밖의 주류로 나눈다.

술감주 sulgamju 찬밥을 누룩과 버무려 물을 붓고 푹 끓여 달게 먹는 음료. 제주도의 향토 음식이다.

술덧 suldeot 녹말질 원료에 누룩 또는 고지를 넣은 때부터 발효가 끝나 술을 만들거나 증류하기 직전 상태에 있는 물질.

술밑 sulmit 누룩을 섞어 버무린 지에밥. 술의 원료로서 물을 부어 효모로 발효하면 술이 된다.

술지게미 sul-jigemi 재강에 물을 타서 모주를 짜내고 남은 찌꺼기.

술찌끼 sul-jjikki 재강

술통 cask 맥주 같은 알코올음료를 운반하거나 저장하는 데 쓰는 가운데가 불룩한 큰 통. 전통적으로 나무로 만드나 플라스틱이나 금속으로 만들기도 한다.

술폴로부스과 Sulfolobaceae 고균역(Archaea) 열프로테아문(Thermoproteota) 열프로테아강(Thermoprotei) 술폴로부스목(Sulfolobales)의 과.

술폴로부스목 Sulfolobales 고균역(Archaea) 열프로테아문(Thermoproteota) 열프로테아강(Thermoprotei)의 목.

술폴로부스속 *Sulfolobus* 고균역(Archaea) 열프로테아문(Thermoproteota) 열프로테아강(Thermoprotei) 술폴로부스목(Sulfolobales) 술폴로부스과(Sulfolobaceae)의 그람음성 공 또는 불규칙한 모양의 산소 또는 조건 무산소 고균 속. 화산 지대 온천에서 자라며 최적 피에이치는 2~3, 최적 온도는 75~80도이다.

술폴로부스 솔파타리쿠스 *Sulfolobus solfataricus* 고균역(Archaea) 열프로테오문(Thermoproteota) 열프로테이강(Thermoprotei) 술폴로부스목(Sulfolobales) 슬풀로부스과(Sulfolobaceae) 술풀로부스속(*Sulfolobus*)의 호열 산소 고균. 최적 생장 온도는 80도이며 피에이치는 2~4이다. 전 세계의 온천에서 발견되며 황에서 에너지를 얻는다.

쉬가독소 Shiga toxin 람다 풋파지(lambdoid prophage) 유전체의 일부 유전자발현으로 생산되는 단백질 독소. 독소 아름은 이질 이질세균(*Shigella dysenteriae*)이 이질의 원인 세균임을 밝힌 키요쉬 쉬가(Kiyoshi Shiga)를 기리기 위한 것이다. 쉬가 독소를 생산하는 가장 일반적인 세균은 이질 이질세균이며 그 밖에 대장균의 일부 혈청형(O157:H7과 O104:H4)이 있다. 창자, 신경과 세포에 독성을 나타낸다.

쉬가독소 대장균 Shigatocigenic *E. coli* 쉬가 독소(Shiga toxin)를 생성하는 대장균. 이질 이질세균과 대장균 혈청형. O157:H7과 O104:H4가 있다.

쉬겔라속 *Shigella* 이질세균속.

쉬겔라증 shigellosis 세균성이질.

쉬와넬라과 Shewanellaceae 세균역(Bacteria) 슈도모나스문(Pseudomonadota) 감마가변세균강(Gammaproteobacteria) 알테로모나스목(Alteromonadales)의 과.

쉬와넬라속 *Shewanella* 세균역(Bacteria) 슈도모나스문(Pseudomonadota) 감마가변세균강(Gammaproteobacteria) 알테로모나스목(Alteromonadales) 시와넬라과(Shewanellaceae)의 그람음성 굽은 또는 곧은 막대 모양 조건 무산소 세균 속. 바닷물에 산다.

쉬와넬라 푸트레파시엔스 *Shewanella putrefaciens* 세균역(Bacteria) 슈도모나스문(Pseudomonadota) 베타프로테오박테리아강(Betaproteobacteria) 알테로모나스목(Alteromonadales) 쉬와넬라과(Shewanellaceae) 쉬와넬라속(*Shewanella*)의 그람음성 조건 무산소 세균. 바다에서 발견되며 물고기에서 트라이메틸아민을 생성하여 썩은 내를 내게 한다. 전자 전달 사슬의 마지막 전자 받개로서 철과 마그네슘을 이용하는 무산소호흡을 할 수 있다.

쉬와니오미세스속 *Schwanniomyces* 지금은 없어진 효모 속. 일부 종은 데바리오미세스속(*Debaryomyces*)으로 재분류되었다.

쉬조사카로미세스속 *Schizosaccharomyces* 분열효모속.

슈도노카르디아과 Pseudonocardiaceae 세균역(Bacteria) 바퀴살세균문(Actinomycetota) 바퀴살세균강(Actinomycetia) 슈도노카르디아목(Pseudonocardiales)의 과.

슈도노카르디아목 Pseudonocardiales 세균역(Bacteria) 바퀴살세균문(Actinomycetota) 바퀴살세균강(Actinomycetia)의 목.

슈도니츠쉬아속 *Pseudo-nitzschia* 유사윷돌말속.

슈도두가넬라속 *Pseudoduganella* 세균역(Bacteria) 슈도모나스문(Pseudomonadota) 베타가변세균강(Betaproteobacteria) 부크홀데리아목(Burkholderiales) 옥살로박터과(Oxalobacteraceae)의 세균 속. 잉엇과의 민물고기인 제브라피시(*Danio rerio*)에서 분리한 그람음성 막대 모양 세균인 슈도두가넬라 다니오니스(*P. danionis*), 중국 윈난성 숲 흙에서 분리한 슈도두가넬라 비오라세이니그라(*P. violaceinigra*) 따위가 있다.

슈도모나스과 Pseudomonadaceae 세균역(Bacteria) 슈도모나스문(Pseudomonadota) 감마가변세균강(Gammaproteobacteria) 슈도모나스목(Pseudomonadales)의 과. 민물, 바닷물과 흙에 산다. 많은 식물과 일부 동물의 병원체를 포함한다.

슈도모나스 린드네리 *Pseudomonas lindneri* '지모모나스 모빌리스'(*Zymomonas mobilis*)의 옛 이름.

슈도모나스목 Pseudomonadales 세균역(Bacteria) 슈도모나스문(Pseudomonadota) 감마가변세균강(Gammaproteobacteria)의 목.

슈도모나스문 Pseudomonadota 세균역(Bacteria)의 한 문. 형태적으로 그리고 생리적으로 다양한 세균으로 세균의 주된 계통 가운데 가장 큰 문이다. 일반적으로 그람음성이나 일부는 그람양성이다. 외막은 주로 지방질다당류로 되어 있고 운동성이 있는 것이 있으나 없는 것도 있고 활주운동을 하는 것도 있다. 대부분 조건 무산소 또는 절대 무산소 세균이고 화학무기영양성, 종속 영양성이다. 여러 속이 광합성을 한다. 사람에게 병을 일으키는 많은 세균 속(레지오넬라, 리케차, 브루셀라, 비브리오, 살모넬라, 에셰리키아, 예르시니아, 헬리코박터 따위)과 질소고정 세균도 포함한다. 산성싸이오바실루스강(Acidithiobacillia), 알파가변세균강(브루셀라속, 뿌리혹세균속, 리케차속, 아그로세균속, 아세토박터속 따위), 베타가변세균강(네이세리아속, 나선세균속, 알칼리게네스속 따위), 감마가변세균강(레지오넬라속, 비브리오속, 살모넬라속, 슈도모나스속, 이질세균속, 아조토박터속, 에셰리키아속, 산소모나스속, 예르시니아속, 잔토모나스속, 클레브시엘라속 따위), 하이드로제노필랄리아강(Hydrogenophilalia)과 심해에 분포하는 제타가변세균강(zetaproteobacteria)의 여섯 강이 있다.

슈도모나스속 *Pseudomonas* 세균역(Bacteria) 슈도모나스문(Pseudomonadota) 감마가변세균강(Gammaproteobacteria) 슈도모나스목(Pseudomonadales) 슈도모나스과(Pseudomonadaceae)의 그람음성 굽거나 곧은 짧은 막대 모양의 운동성 산소 세균 속. 포도당을 비롯하여 다양한 저분자 유기 화합물을 산화 분해하는 종속 영양세균으로 자연계의 물질순환에 큰 역할을 한다. 주로 흙에 사는 큰 세균 군이다. 고기붙이, 물고기, 우유 따위의 대표 부패 세균이며 단백질과 유지를 분해하는 활성도 강하다. 특히 영(0)도에서도 생장하는 저온성 균종이 많아 저온 저장한 식품의 가장 중요한 부패 세균이다. 이 속의 기준 종은 녹농 세균(*P. aeruginosa*)이다. 종에 따라 청록색인 피오사이아닌(pyocyanin), 형광성인 황록색의 파이오베르딘(pyoverdin), 붉은색의 피오루빈(pyorubin), 흑갈색의 피오멜라닌(pyomelanin) 따위의 색소를 생성한다. 이 속에는 식물 병원체가 많으며 식품에서 유래하는 이 속의 병원체는 알려진 것이 없다.

슈도모나스 스투트제리 *Pseudomonas stutzeri* 세균

역(Bacteria) 슈도모나스문(Pseudomonadota) 감마가변세균강(Gammaproteobacteria) 슈도모나스목(Pseudomonadales) 슈도모나스과(Pseudomonadaceae) 슈도모나스속(*Pseudomonas*)의 그람음성 막대 모양 세균. 흙에 살며 다른 슈도모나스 속 종과는 달리 형광 색소를 생산하지 않는다. 사람의 기회감염균이고 사람 등뼈 액에서 분리되었다.

슈도모나스 시린가에 *Pseudomonas syringae* 세균역(Bacteria) 슈도모나스문(Pseudomonadota) 감마가변세균강(Gammaproteobacteria) 슈도모나스목(Pseudomonadales) 슈도모나스과(Pseudomonadaceae) 슈도모나스속(*Pseudomonas*)의 그람음성 막대 모양 세균. 식물 병원체이다.

슈도모나스 신시아네아 *Pseudomonas syncyanea* 세균역(Bacteria) 슈도모나스문(Pseudomonadota) 감마가변세균강(Gammaproteobacteria) 슈도모나스목(Pseudomonadales) 슈도모나스과(Pseudomonadaceae) 슈도모나스속(*Pseudomonas*)의 세균. 우윳빛을 푸르게 변화시킨다.

슈도모나스 아미그달리 *Pseudomonas amygdali* 세균역(Bacteria) 슈도모나스문(Pseudomonadota) 감마가변세균강(Gammaproteobacteria) 슈도모나스목(Pseudomonadales) 슈도모나스과(Pseudomonadaceae) 슈도모나스속(*Pseudomonas*)의 그람음성 세균. 식물 병원체이다.

슈도모나스 아밀로데라모사 *Pseudomonas amyloderamosa* 세균역(Bacteria) 슈도모나스문(Pseudomonadota) 감마가변세균강(Gammaproteobacteria) 슈도모나스목(Pseudomonadales) 슈도모나스과(Pseudomonadaceae) 슈도모나스속(*Pseudomonas*)의 그람음성 세균. 흙에 살며 아이소아밀 레이스를 생산한다. 이 균주는 특허로 보호받으므로 공식적인 슈도모나스 종으로는 인정하지는 않는다.

슈도모나스 아시도보란스 *Pseudomonas acidovorans* '델프티아 아시도보란스'(*Delftia acidoborans*)의 옛 이름.

슈도모나스 아에루기노사 *Pseudomonas aeruginosa* 녹농세균.

슈도모나스 안드로포고니스 *Pseudomonas andropogonis* '로브시아 안드로포고니스'(Robbsia andropogonis)의 옛 이름.

슈도모나스 푸티다 *Pseudomonas putida* 세균역(Bacteria) 슈도모나스문(Pseudomonadota) 감마가변세균강(Gammaproteobacteria) 슈도모나스목(Pseudomonadales) 슈도모나스과(Pseudomonadaceae) 슈도모나스속(*Pseudomonas*)의 그람음성 막대 모양 세균. 흙에 사는 부생 세균이다. 기름 오염에 대한 생물정화(bioremediation)에 효과가 있다. 여러 가지 수용성의 형광 색소를 생성하므로 형광 세균으로 부르기도 한다.

슈도모나스 프라기 *Pseudomonas fragi* 세균역(Bacteria) 슈도모나스문(Pseudomonadota) 감마가변세균강(Gammaproteobacteria) 슈도모나스목(Pseudomonadales) 슈도모나스과(Pseudomonadaceae) 슈도모나스속(*Pseudomonas*)의 그람음성 저온 세균. 최적 생장 온도는 30도이나 0~35도에서 자랄 수 있다. 우유 제품의 상함을 일으킨다.

슈도모나스 플루오레센스 *Pseudomonas fluorescens* 세균역(Bacteria) 슈도모나스문(Pseudomonadota) 감마가변세균강(Gammaproteobacteria), 슈도모나스목(Pseudomonadales), 슈도모나스과(Pseudomonadaceae) 슈도모나스속(*Pseudomonas*)의 그람음성 막대 모양 절대 산소 세균. 흙과 물에 산다. 산화효소 양성이며 우유를 상하게 하는 라이페이스(lipase)와 단백질 가수분해 효소를 생산한다. 피부 염증 치료에 쓰는 항생물질 무피로신(mupirocin)을 생산한다.

슈퍼버그 superbug ① 특수 목적에 유용성을 갖도록 유전 공학 기술로 만든 세균. ② 살충제에 면역을 가진 곤충. ③ 항생물질에 저항성을 가진 세균 종. 주로 페니실린 이후 개발된 이 세대 항생 물질인 메티실린, 삼 세대 항생 물질인 반코마이신, 카바페넴 따위에 저항성을 가진 세균을 이른다. 1961년 영국에서 메티실린 저항 누런 포도알 세균(MRSA, methicillin-resistant *Staphylococcus aureus*), 1996년 일본에서 반코마이신 저항 누런 포도알 세균(VRSA, vancomycin-resistant *S. aureus*)이 처음으로 보고되었다. 최근에는 반코마이신 저항 창자알세균(VRE, vancomycin-resistant enterococci), 카바페넴 저항 엔테로박터(CRE, carbanepem-resistant enterobacter), 다제 저항 아시네토박터(MRAB, multi-drug resistant *Acinetobacter*) 따위가 보고되었다.

슈퍼세균 superbacterium 슈퍼버그.

슐레이페리젖산막대세균속 *Schleiferilactobacillus* 세균역(Bacteria) 막대세균문(Bacillota) 막대세균강(Bacilli) 젖산막대세균목(Lactobacillales) 젖산막대세균과(Lactobacillaceae)의 젖산 세균 속.

슐레이페리젖산막대세균 페롤렌스 *Schleiferilactobacillus perolens* 세균역(Bacteria 막대세균문(Bacillota) 막대세균강(Bacilli) 젖산막대세균목(Lactobacillales) 젖산막대세균과(Lactobacillaceae) 슐레이페리젖산

막대세균속(*Schleiferilactobacillus*)의 내산성 젖산 세균. 슐레이페리젖산막대세균속의 기준 종이다. 청량음료의 변질을 일으킨다. 일부 종은 다이아세틸을 많이 생산한다. 식품 가공 원료로 사용할 수 있다.

슐레이페리젖산막대세균 하르비넨시스 *Schleiferilactobacillus harbinensis* 세균역(Bacteria) 막대세균문(Bacillota) 막대세균강(Bacilli) 젖산막대세균목(Lactobacillales) 젖산막대세균과(Lactobacillaceae) 슐레이페리젖산막대세균속(*Schleiferilactobacillus*)의 그람양성 젖산 세균.

스카치 위스키 Scotch whisky 영국 북부 스코틀랜드에서 만드는 위스키. 보리 엿기름만 원료로 하는 몰트위스키와 보리, 밀, 호밀 따위의 곡물과 보리 엿기름을 5:1의 비율로 하는 곡물 위스키에 몰트위스키 30-40퍼센트 정도를 섞어 만든 혼합 위스키(blended whisky)가 있다. 사용하는 엿기름은 건조할 때 이탄을 태우기 때문에 스카치위스키는 이탄 스모크향이 있다. 일반적으로 몰트위스키는 단식증류기로, 곡물 위스키는 연속증류기로 증류한다. 증류는 알코올 함량 94.8퍼센트 이하로 하고 최종 제품의 알코올 함량은 40퍼센트 이상으로 한다. 캐러멜색소 I을 첨가할 수 있으며 700리터를 넘지 않는 오크 통에서 최저 3년 이상 숙성한다.

스코풀라리옵시스 브레비카울리스 *Scopulariopsis brevicaulis* 진핵생물역(Eukaryota) 진균계(Fungi) 자낭균문(Ascomycota) 구멍공버섯강(Sordariomycetes) 작은아스쿠스목(Microascales) 작은아스쿠스과(Microascaceae) 스코풀라리옵시스속(*Scopulariopsis*)의 곰팡이. 곡류, 고기, 살라미, 치즈와 달걀의 변질을 일으킨다.

스코풀라리옵시스속 *Scopulariopsis* 진핵생물역(Eukaryota) 진균계(Fungi) 자낭균문(Ascomycota) 구멍공버섯강(Sordariomycetes) 작은아스타목(Microascales) 작은아스카과(Microascaceae)의 곰팡이 속. 부생 곰팡이로 흙, 썩는 나무와 여러 식물과 동물 제품에서 발견되며 동물의 병원체이다.

스콤브로이드 음식매개병 scombroid foodborne illness 히스타민으로 오염된 물고기 또는 그 가공품을 먹어 일어나는 음식매개 병. 자유 히스티딘이 많은 고등어, 다랑어 따위는 죽은 뒤 온도가 16도 이상일 때 물고기 창자에 존재하는 그람음성 세균인 모르가넬라 모그가니이(*Morganella morganii*) 따위의 히스티딘 카복실기떼기효소(histidine decarbocylase) 작용으로 히스티딘은 생물 생산 아민 히스타민으로 전환된다. 적절하지 않은 저장 또는 가공 따위의 원인으로 과량의 히스타민이 함유된 고등어나 다랑어 따위를 먹어서 일어난다. 먹고 난 뒤 한 시간 안에 입과 귓불 홍조, 두통, 두드러기, 구토와 설사가 일어난다.

스키로우 우무배지 Skirrow agar 캄필로박터속(*Campylobacter*) 세균의 선택 분리 배지. 피 우무배지에 말의 용혈액과 선택제로 반코마이신(vancomycin), 트라이메토프림(trimethoprim), 폴리믹신 비(polymyxin B)를 첨가한 배지이다. 42도, 2일간의 저산소 배양으로 캄필로박터 제주니(*C. jejuni*)는 지름 1~3밀리미터의 주변이 옅은 갈색을 띠고 내부는 회백색인 콜로니를 형성한다. 또 건조가 불충분한 배지에서는 세균의 유영(swarming)으로 크고 두께가 얇은 콜로니를 만든다.

스킨 스폿 skin spot 감자에 폴리스시탈룸 푸스투란스(*Polyscytalum pustulans*) 곰팡이가 감염되어 생기는 장애. 감자를 저장한 뒤에 덩이줄기에 생기며 처음 증상은 겉면에 여드름 같은 검은 점이 퍼져 있으며 점차 커진다.

스타우트 stout 볶은 엿기름 또는 보리를 발효하여 만드는 강한 흑맥주. 강한 것은 알코올 함량이 7~8퍼센트에 이른다. 영국과 아일랜드에서 생산한다.

스타키보트리스과 Stachybotryaceae 진핵생물역(Eukaryota) 진균계(Fungi) 자낭균문(Ascomycota) 구멍공버섯강(Sordariomycetes) 동충하초목(Hypocreales)의 과.

스타키보트리스속 *Stachybotrys* 진핵생물역(Eukaryota) 진균계(Fungi) 자낭균문(Ascomycota) 동충하초목(Hypocreales) 스타키보트리스과(Stachybotryaceae)의 곰팡이 속. 주로 흙에 살며 곡류, 두류, 견과류 따위에도 분포한다. 피알리드형 분생 홀씨를 형성하며, 셀룰로스 분해능이 강하고 짚, 사료, 주택의 벽지 따위에도 분포한다. 기준 종은 스타키보트리스 카르타룸(*S. chartarum*)이다.

스타키보트리스 아트라 *Stachybotrys atra* '스타키보트리스 카르타룸'(*Stachybotrys chartarum*)의 옛 이름.

스타키보트리스 카르타룸 *Stachybotrys chartarum* 검은곰팡이.

스타터 starter ① 발효를 일으키기 위하여 쓰는 미생물 제제. 치즈 스타터, 요구르트 스타터 따위가 있다. ② 주류공업에서 술밑. ③ 제빵에서 사워 반죽. ④ 식사 코스에서 앙뜨레.

스타터 배양물 start culture 스타터.

스타필로코쿠스속 *Staphylococcus* 포도알 세균속.

스테노트로포모나스 니트리티레두센스 *Stenotrophomonas nitritireducens* 세균역(Bacteria) 슈도모나스

문(Pseudomonadota) 감마가변세균강(Gammaproteobacteria) 잔토모나스목(Xanthomonadales) 잔토모나스과(Xanthomonadaceae) 스테노트로포모나스속(*Stenotrophomonas*)의 세균. 아질산을 환원할 수 있고 노란색 색소를 생산한다. 불포화 지방산을 하이드록시 지방산으로 전환한다.

스테노트로포모나스 말토필리아 *Stenotrophomonas maltophilia* 세균역(Bacteria) 슈도모나스문(Pseudomonadota) 감마가변세균강(Gammaproteobacteria) 잔토모나스목(Xanthomonadales) 잔토모나스과(Xanthomonadaceae) 스테노트로포모나스속(*Stenotrophomonas*)의 그람음성 산소 세균. 카탈레이스 양성, 산화효소 음성이며 맥콘키 우무배지에 잘 자라 색을 띤 콜로니를 생성한다. 흙, 식물, 수생 환경 따위에서 발견된다. 면역이 약한 사람에게 감염을 일으키는 기회 병원체이다.

스테노트로포모나스속 *Stenotrophomonas* 세균역(Bacteria) 슈도모나스문(Pseudomonadota) 감마가변세균강(Gammaproteobacteria) 잔토모나스목(Xanthomonadales) 잔토모나스과(Xanthomonadaceae)의 그람음성 산소 세균 속. 흙에 흔한 미생물이다.

스테롤 sterol 식물, 동물과 곰팡이에서 세포막 성분으로 널리 분포하는 불포화 스테로이드 알코올을 통틀어 이르는 말. 곰팡이의 에고스테롤, 동물 세포의 콜레스테롤, 식물체의 식물 스테롤 따위이다.

스테리그마토시스틴 sterigmatocystin 곡류, 과일, 커피콩, 치즈 따위에 자라는 아스페르길루스 니둘란스(*Aspergillus nidulans*), 아스페르길루스 베르시콜로르(*A. versicolor*)가 생산하는 발암성과 간 독성이 있는 곰팡이독소. 아플라톡신 비원(aflatoxin B_1)의 전구물질이다. 독성은 오크라톡신(ochratoxin)보다 약하고 간 폐에 대해서 독성을 나타낸다. 일부 치즈에서도 발견된다.

스텔라바이러스목 Stellavirales 리보바이러스역(Riboviria) 오르토나바이러스계(Orthornavirae) 피수바이러스문(Pisuviricota) 스텔파바이러스강(Stelpaviricetes)의 목.

스텔파바이러스강 Stelpaviricetes 리보바이러스역(Riboviria) 오르토나바이러스계(Orthornavirae) 피수바이러스문(Pisuviricota)의 강.

스토르크 과정 stork process 초고온으로 우유를 살균한 뒤 다시 병에 담긴 우유를 살균하는 과정. 몇 개의 연속 탑으로 이루어져 있고 탑 안에 유(U)자형 통로에 바스켓 컨베이어가 있어 병조림한 우유는 탑 안을 이동하면서 예열, 살균, 냉각된다.

스트렙토마이신 streptomycin 스트렙토미세스속(*Streptomuces*)의 세균이 생산하는 아미노글리코사이드 항생물질. 그람음성 세균에 활성을 나타낸다. 단백질 합성에 관여하는 리보솜(ribosome) 작용을 억제하여 세균을 죽인다. 스트렙토미세스 그리세우스(*S. griseus*)에서 처음 분리되었다.

스토마커 stomacher 시료를 빠르고 효과적으로 균질화할 수 있는 무균 혼합기.

스트레이트 straight 묽히지 않은 술.

스트레이트 위스키 straight whisky 미국에서 미국연방 증류주 규격기준(Federal Standards of Identity for Distillled Spirits)에 따라 만든 위스키. 발효 담금 액을 증류한 액의 알코올 함량은 80퍼센트를 넘지 않아야 하며 새로 그을린 오크 통에서 알코올 농도를 62.5퍼센트가 넘지 않게 하여 최소한 이 년을 숙성하여야 한다. 숙성한 위스키는 물을 넣어 최소한 40퍼센트 농도가 되도록 하여 병에 담는다. 위스키 생산에 쓰는 곡물로는 옥수수, 호밀, 보리와 밀이 있으며 사용량은 51퍼센트 이상이다. 곡물에 따라 옥수수 위스키(버번), 몰트위스키, 호밀 위스키, 호밀 엿기름 위스키 또는 밀 위스키라고 한다. 옥수수 위스키는 다른 것과 달리 그을리지 않은 오크통 또는 이미 사용했던 오크통에 숙성한다. 스트레이트 위스키는 한 가지 곡물만으로 만든 것으로 혼합 위스키보다 고급 제품으로 취급한다. 미국에서 혼합 위스키는 스트레이트 위스키를 20퍼센트 이상 섞어 만든다.

스트렙토미세스과 Streptomycetaceae 세균역(Bacteria) 바퀴살세균문(Actinomycetota) 바퀴살세균목(Actinomycetia) 스트렙토미세스목(Streptomycetales)의 과.

스트렙토미세스 그리세우스 *Streptomyces griseus* 세균역(Bacteria) 바퀴살세균문(Actinomycetota) 바퀴살세균강(Actinomycetia) 스트렙토미세스목(Streptomycetales) 스트렙토미세스과(Streptomycetaceae) 스트렙토미세스속(*Streptomyces*)의 그람양성 세균. 흙에 살며 일부 좋은 심해 바닥에서 발견된다. 알칼리 조건에서 잘 자라며 생장 최적 피에이치는 9이다. 항생 물질 스트렙토마이신과 단백질 가수분해효소를 생산한다.

스트렙토미세스 글로비스포루스 *Streptomyces globisporus* 세균역(Bacteria) 바퀴살세균문(Actinomycetota) 바퀴살세균강(Actinomycetia) 스트렙토미세스목(Streptomycetales) 스트렙토미세스과(Streptomycetaceae) 스트렙토미세스속(*Streptomyces*)의 그람양성 세균. 종양 억제 물질 시(C)-1027을 생산한다.

스트렙토미세스 나탈렌시스 *Streptomyces natalensis*

세균역(Bacteria) 바퀴살세균문(Actinomycetota) 바퀴살세균강(Actinomycetia) 스트렙토미세스목(Streptomycetales) 스트렙토미세스과(Streptomycetaceae) 스트렙토미세스속(*Streptomyces*)의 세균. 나타마이신(Natamycin)을 생산한다.

스트렙토미세스 네트롭시스 *Streptomyces netropsis* 세균역(Bacteria) 바퀴살세균문(Actinomycetota) 바퀴살세균강(Actinomycetia) 스트렙토미세스목(Streptomycetales) 스트렙토미세스과(Streptomycetaceae) 스트렙토미세스속(*Streptomyces*)의 세균. 네트롭신(netropsin), 디스타마이신 에이(distamycin A)와 폴리인(polyene) 항생물질인 미코헵틴(mycoheptin)을 생산한다.

스트렙토미세스 노우르세이 *Streptomyces noursei* 세균역(Bacteria) 바퀴살세균문(Actinomycetota) 바퀴살세균강(Actinomycetia) 스트렙토미세스목(Streptomycetales) 스트렙토미세스과(Streptomycetaceae) 스트렙토미세스속(*Streptomyces*)의 세균. 살진균 치료제인 니스타틴(nystatin)을 얻는다.

스트렙토미세스 루비기노수스 *Streptomyces rubiginosus* 세균역(Bacteria) 바퀴살세균문(Actinomycetota) 바퀴살세균강(Actinomycetia) 스트렙토미세스목(Streptomycetales) 스트렙토미세스과(Streptomycetaceae) 스트렙토미세스속(*Streptomyces*)의 세균. 홀씨를 생성한다. 흙에 산다. 자일로스 이성질화 효소(xylose isomerase, EC 5.3.1.5) 생산한다.

스트렙토미세스 린콜넨시스 *Streptomyces lincolnensis* 세균역(Bacteria) 바퀴살세균문(Actinomycetota) 바퀴살세균강(Actinomycetia) 스트렙토미세스목(Streptomycetales) 스트렙토미세스과(Streptomycetaceae) 스트렙토미세스속(*Streptomyces*)의 세균. 항생물질 린코마이신의 생산 세균이다.

스트렙토미세스 메디테라네이 *Streptomyces mediterranei* '아미콜라톱시스 리파미시니카'(*Amycolatopsis rifamycinica*)의 옛 이름.

스트렙토미세스 모바라엔시스 *Streptomyces mobaraensis* 세균역(Bacteria) 바퀴살세균문(Actinomycetota) 바퀴살세균강(Actinomycetia) 스트렙토미세스목(Streptomycetales) 스트렙토미세스과(Streptomycetaceae) 스트렙토미세스속(*Streptomyces*)의 세균. 항생물질 블레오마이신(bleomycin)과 고기 제품과 수산제품의 텍스처 개선에 쓰는 트랜스글루타미네이스(transglutaminase, EC 2.3.2.13)를 생산한다.

스트렙토미세스 무리누스 *Streptomyces murinus* 세균역(Bacteria) 바퀴살세균문(Actinomycetota) 바퀴살세균강(Actinomycetia) 스트렙토미세스목(Streptomycetales) 스트렙토미세스과(Streptomycetaceae) 스트렙토미세스속(*Streptomyces*)의 세균. 흙에 산다. 란카마이신(lankamycin), 란카시딘(lankacidin)과 같은 항생물질과 자일로스 이성질화 효소(xylose isomerase, EC 5.3.1.5)를 생산한다.

스트렙토미세스 베네주엘라 *Streptomyces venezuelae* 세균역(Bacteria) 바퀴살세균문(Actinomycetota) 바퀴살세균강(Actinomycetia) 스트렙토미세스목(Streptomycetales) 스트렙토미세스과(Streptomycetaceae) 스트렙토미세스속(*Streptomyces*)의 그람양성 세균. 흙에 산다. 클로람페니콜 생산 세균이다.

스트렙토미세스 비르기니아에 *Streptomyces virgineae* 세균역(Bacteria) 바퀴살세균문(Actinomycetota) 바퀴살세균강(Actinomycetia) 스트렙토미세스목(Streptomycetales) 스트렙토미세스과(Streptomycetaceae) 스트렙토미세스속(*Streptomyces*)의 세균. 흙에 산다. 버지니아마이신(virginiamycins), 결핵 치료에 쓰는 고리세린(cycloserine), 돼새김동물 사료에 쓰는 모넨신 에이(monensin A)를 생산한다.

스트렙토미세스 비올라세로푸베르 *Streptomyces violaceoruber* 세균역(Bacteria) 바퀴살세균문(Actinomycetota) 바퀴살세균강(Actinomycetia) 스트렙토미세스목(Streptomycetales) 스트렙토미세스과(Streptomycetaceae) 스트렙토미세스속(*Streptomyces*)의 세균. 켄도마이신(kendomycin), 포스포라이페이스 에이투(phospholipase A_2), 그라나티신(granaticin)과 메틸로마이신 에이(methylenomycin A)를 생산한다.

스트렙토미세스속 *Streptomyces* 세균역(Bacteria) 바퀴살세균문(Actinomycetota) 바퀴살세균강(Actinomycetia) 스트렙토미세스목(Streptomycetales) 스트렙토미세스과(Streptomycetaceae)의 그람양성 실 모양의 산소 세균 속. 흙, 썩는 식물, 물에 살며 일부는 사람, 동물과 식물의 기생생물이다. 여러 항생물질(네오마이신, 클로람페니콜, 스트렙토마이신 따위), 산업적으로 중요한 효소와 리보플래빈을 생산한다.

스트렙토미세스 스펙타빌리스 *Streptomyces spectabilis* 세균역(Bacteria) 바퀴살세균문(Actinomycetota) 바퀴살세균강(Actinomycetia) 스트렙토미세스목(Streptomycetales) 스트렙토미세스과(Streptomycetaceae) 스트렙토미세스속(*Streptomyces*)의 세균. 겐타마이신(gentamicin), 가나마이신(kanamycin), 네오마이신 비(neomycin B) 따위의 항생물질을 생산한다.

스트렙토미세스 아우레오파시엔스 *Streptomyces aur-*

eofaciens '키타사토스포라 아우레오파시엔스'(*Kitasatospora aureofaciens*)의 옛 이름.

스트렙토미세스 아우레우스 *Streptomyces aureus* 세균역(Bacteria) 바퀴살세균문(Actinomycetota) 바퀴살세균강(Actinomycetia) 스트렙토미세스목(Streptomycetales) 스트렙토미세스과(Streptomycetaceae) 스트렙토미세스속(*Streptomyces*)의 세균. 영국 흙에서 분리되었고 아지리보마이신(aziribomycin)과 싸이오스트렙톤(thiostrepton)을 생산한다.

스트렙토미세스 안티비오티쿠스 *Streptomyces antibioticus* 세균역(Bacteria) 바퀴살세균문(Actinomycetota) 바퀴살세균강(Actinomycetia) 스트렙토미세스목(Streptomycetales) 스트렙토미세스과(Streptomycetaceae) 스트렙토미세스속(*Streptomyces*)의 그람양성 산소 세균. 흙에 살며 키틴, 케라틴 따위를 분해할 수 있다. 항생물질 악티노마이신, 보로마이신(boromycin) 따위를 생산한다.

스트렙토미세스 알불루스 *Streptomyces albulus* 세균역(Bacteria) 바퀴살세균문(Actinomycetota) 바퀴살세균강(Actinomycetia) 스트렙토미세스목(Streptomycetales) 스트렙토미세스과(Streptomycetaceae) 스트렙토미세스속(*Streptomyces*)의 세균. 살진균제인 고리헥시미드(cycloheximide)를 생산한다.

스트렙토미세스 암보파시엔스 *Streptomyces ambofaciens* 세균역(Bacteria) 바퀴살세균문(Actinomycetota) 바퀴살세균강(Actinomycetia) 스트렙토미세스목(Streptomycetales) 스트렙토미세스과(Streptomycetaceae) 스트렙토미세스속(*Streptomyces*)의 세균. 프랑스 흙에서 분리되었다. 항생물질 암보박틴(ambobactin)과 콩고시딘(congocidine)을 생산한다.

스트렙토미세스 에리트라에우스 *Streptomyces erythraeus* '사카로폴리스포라 에리트라에아'(*Saccharopolyspor erythrea*)의 옛 이름.

스트렙토미세스 오르키다세우스 *Streptomyces orchidaceus* 세균역(Bacteria) 바퀴살세균문(Actinomycetota) 바퀴살세균강(Actinomycetia) 스트렙토미세스목(Streptomycetales) 스트렙토미세스과(Streptomycetaceae) 스트렙토미세스속(*Streptomyces*)의 세균. 광범위 항생 물질로 결핵세균에 유효한 고리세린(cycloserine)을 생산한다.

스트렙토미세스 올리바세우스 *Streptomyces olivaceus* 세균역(Bacteria) 바퀴살세균문(Actinomycetota) 바퀴살세균강(Actinomycetia) 스트렙토미세스목(Streptomycetales) 스트렙토미세스과(Streptomycetaceae) 스트렙토미세스속(*Streptomyces*)의 그람양성 세균. 리보플래빈(vitamin B_2)을 생산한다.

스트렙토미세스 카나미세티쿠스 *Streptomyces kanamyceticus* 세균역(Bacteria) 바퀴살세균문(Actinomycetota) 바퀴살세균강(Actinomycetia) 스트렙토미세스목(Streptomycetales) 스트렙토미세스과(Streptomycetaceae) 스트렙토미세스속(*Streptomyces*)의 세균. 항생물질 카나마이신을 생산한다.

스트렙토미세스 프라디아에 *Streptomyces fradiae* 세균역(Bacteria) 바퀴살세균문(Actinomycetota) 바퀴살세균강(Actinomycetia) 스트렙토미세스목(Streptomycetales) 스트렙토미세스과(Streptomycetaceae) 스트렙토미세스속(*Streptomyces*)의 세균. 항생물질 네오마이신을 생산한다.

스트렙토베르티실륨 모바라엔세 *Streptoverticillium mobaraense* '스트렙토미세스 모바라엔시스'(*Streptomyces mobaraensis*)의 옛 이름.

스트렙토스포란굼목 Streptosporangiales 세균역(Bacteria) 바퀴살세균문(Actinomycetota) 바퀴살세균강(Actinomycetes)의 목.

스트렙토코쿠스속 *Streptococcus* 사슬알세균속.

스트로빌루린 strobilurin 농업에서 쓰는 살진균제. 뽕나무버섯과(Physalarcriaceae)의 점질맛솔방울버섯(*Strobilurus tenacellus*)에서 얻는다. 미토콘드리아에서 전자 전달 억제, 생장 억제 따위의 작용을 한다.

스틸 와인 still wine 거품이 일지 않는 포도주. 발포 포도주에 상대하여 쓰는 말이다.

스페로플라스트 spheroplast 세포벽을 없애어 원형질체만 남은 세균 또는 효모 세포. 세포융합이나 유전물질 주입 따위를 쉽게 하려고 인위적으로 조작한 세포이다.

스펙티노마이신 spectinomycin 스트렙토미세스 스펙타빌리스(*Streptomyces spectabilis*)가 생산하는 항생물질. 단백질 합성에 관여하는 리보솜 작용을 억제하여 세균을 죽인다. 임질 치료에 쓴다. 특히 페니실린에 알레르기가 있는 환자에 쓴다.

스포로볼로미세스 로세우스 *Sporobolomyces roseus* 진핵생물역(Eukaryota) 진균계(Fungi) 담자균문(Basidiomycota) 작은보트리오미세스강(Microbotryomycetes), 스포리디오볼루스목(Sporidiobolales) 스포리디오볼루스과(Sporidiobolaceae) 스파로볼로미세스속(*Sporobolomyces*)의 효모. 스포로볼로미세스속의 기준 종이다.

스포로볼로미세스속 *Sporobolomyces* 진핵생물역(Eukaryota) 진균계(Fungi) 담자균문(Basidiomycota) 작은보트리오미세스강(Microbotryomycetes) 스포

리디오볼라목(Sporidiobolales) 스포리디오볼라과(Sporidiobolaceae)의 효모 속. 공기, 나뭇잎, 오렌지 껍질 따위에서 흔히 분리된다. 세포는 타원형~방추형이며 사출 홀씨는 비대칭 신장형 또는 낫 모양인 것이 특징이다. 대부분 단극 출아를 하고 유사팡이실을 형성하기도 한다. 당을 발효하지 않으며 다이아조늄 파랑 비 반응(diazonium blue B reaction)과 요소 가수분해효소 반응은 양성이다. 콜로니는 카로테노이드 색소 때문에 연어 핑크빛부터 붉은빛을 띤다. 식물 부패에 관여하고 일부 균주는 식품이나 식품 가공공장의 주변에서 분리된다.

스포로사르시나속 *Sporosarcina* 세균역(Bacteria) 막대세균문(Bacillota) 막대세균강(Bacilli) 카리파나목(Caryphanales) 카리오파나과(Caryophanaceae)의 세균 속. 세포는 막대 또는 알 모양이며 대부분이 운동성이고 내생 홀씨를 형성한다. 최적 생장 온도는 25도이다. 종속영양 세균이며 일부는 절대 산소 나머지는 조건 산소 세균이다. 일반적으로 강한 요소 가수분해효소 활성을 나타내고 요소를 가수분해하여 생성된 암모니아를 질소원으로 이용한다. 탄수화물은 거의 이용하지 못하며 아미노산이나 유기산을 호흡 대사의 주된 기질로 이용한다.

스포로사르시나 우레아에 *Sporosarcina ureae* 세균역(Bacteria) 막대세균문(Bacillota) 막대세균강(Bacilli) 막대세균목(Baciillales) 플라노알세균과(Planococcaceae) 스포로사르시나속(*Sporosarcina*)의 그람양성 산소 알 세균. 홀씨를 형성한다. 흙에 사는데 특히 소를 사육하는 목장에 많으며 오줌 분해에 중요한 역할을 하므로 퇴비에서 볼 수 있다. 고농도 요소에서도 살 수 있다.

스포로젖산막대세균과 Sporolactobacillaceae 세균역(Bacteria) 막대세균문(Bacillota) 막대세균강(Bacilli) 막대세균목(Bacillales)의 과.

스포로젖산막대세균속 *Sporolactobacillus* 세균역(Bacteria) 막대세균문(Bacillota) 막대세균강(Bacilli) 막대세균목(Bacillales) 스포로젖산막대세균과(Sporolactobacillaceae)의 그람양성, 타원형의 세균 홀씨를 형성하는 운동성 막대 모양 무산소 세균 속. 카탈레이스 음성이고 질산염을 아질산염으로 환원하지 않으며 인돌을 생성하지 않는다. 포도당, 과당, 마노스, 설탕, 엿당, 트레할로스, 라피노스, 만니톨, 소비톨 따위에서 가스생성 없이 젖산을 생산하는 호모 젖산발효를 한다. 닭의 사료나 흙에서 분리된다.

스포로트리쿰 열필레 *Sporotrichum thermophile* '미셀리오프토라 열필라'(*Myceliophthora thermophila*)의 옛 이름.

스포로트릭스속 *Sporothrix* 진핵생물역(Eukaryota) 진균계(Fungi) 자낭균문(Ascomycota) 구멍공버섯강(Sordariomycetes) 오피오스토마목(Ophiostomatales) 오피오스토마과(Ophiostomataceae)의 곰팡이 속.

스포리디오볼루스과 Sporidiobolaceae 진핵생물역(Eukaryota) 진균계(Fungi) 담자균문(Basidiomycota) 마이크로보트리오미세스강(Microbotryomycetes) 스포리디오볼루스목(Sporidiobolales)의 효모 모양의 진균 과.

스포리디오볼루스목 Sporidiobolales 진핵생물역(Eukaryota) 진균계(Fungi) 담자균문(Basidiomycota) 마이크로보트리오미세스강(Microbotryomycetes)의 목.

스포리디오볼루스속 *Sporidiobolus* '스포로볼로미세스속'(*Sporobolomyces*)의 옛 이름.

스피라마이신 spiramycin 스트렙토미세스과(Streptomycetaceae)의 세균 스트렙토미세스 암보파시엔스(*Streptomyces ambofaciens*)가 생산하는 마크로라이드(macrolide) 항생물질. 구충제로도 쓴다. 주로 톡소포자충증(toxoplasmosis) 치료나 치과에서 입 감염치료에 쓴다.

스피로헤타강 Spirochaetia 세균역(Bacteria) 스피로헤타문(Spirochaetota)의 강.

스피로헤타과 Spirochaetaceae 세균역(Bacteria) 스피로헤타문(Spirochaetota) 스피로헤타강(Spirochaetia) 스피로헤타목(Spirochaetales)의 과. 이 과의 일부 종은 매독, 재귀열(relapsing fever), 라임병(Lyme disease) 따위를 일으킨다.

스피로헤타류 spirochaetes 스피로헤타문(Spirochaetes)의 세균을 일상으로 이르는 말.

스피로헤타목 Spirochaetales 세균역(Bacteria) 스피로헤타문(Spirochaetota) 스피로헤타강(Spirochaetia)의 목.

스피로헤타문 Spirochetota 세균역(Bacteria)의 한 문. 뚜렷한 이중 막을 가진 그람 음성 세균으로 긴 나선 모양으로 꼬인 세포를 가지고 있다. 세포는 탄력이 있으며 세포벽은 없다. 자유 생활을 하는 세균과 기생 생활을 하는 세균을 포함한다. 사람만을 숙주로 하는 절대 기생 매독 세균(*Treponema pallidum*), 곤충과 동물과 공생, 편리공생, 기생하는 보렐리아속(*Borrelia*) 종 따위가 있다.

스피로헤타속 *Spirochaeta* 세균역(Bacteria) 스피로헤타문(Spirochaetota) 스피로헤타강(Spirochaetia) 스피로헤타목(Spirochaetales) 스피로헤타과(Spirochaetaceae)의 그람음성 굽은 나선 세균. 진흙과 물에

시는데 주로 무산소 환경에서 산다. 일부 종은 매독, 회귀열, 라임병 따위를 일으킨다. 또 나무를 먹는 흰개미(termite)나 바퀴벌레의 소화관에 공생하면서 분해가 어려운 물질의 소화에 관여하는 세균도 알려져 있다.

스피로헤타증 spirochetosis 잘록창자 점막 겉면에 스피로헤타문(Spirochaetes) 세균의 감염.

스피룰리나 Spirulina 남세균을 말린 바이오매스. 식사 또는 사료 보충제로 이용한다. 성분은 탄수화물 23.9퍼센트, 지방 7.7퍼센트, 단백질 57.5퍼센트, 수분 4.7퍼센트이다. 바이타민 비 그룹과 철 함량이 높다.

스피룰리나과 Spirulinaceae 세균역(Bacteria) 남세균문(Cyanobacteria) 남세균강(Cyanophyceae) 스피룰리나목(Spirulinales)의 과.

스피룰리나목 Spirulinales 세균역(Bacteria) 남세균문(Cyanobacteria) 남세균강(Cyanophyceae)의 목.

스피룰리나속 *Spirulina* 세균역(Bacteria) 남세균문(Cyanobacteria) 남세균강(Cyanophyceae) 스피룰리나목(Spirulinales) 스피룰리나과(Spirulinaceae)의 남세균 속. 스피룰리나 플라텐시스(*Spirulina platensis*)는 단세포단백질 생산에 쓴다.

스피룰리나 플라텐시스 *Spirulina platensis* '아르트로스피라 플라텐시스'(*Arthrospira platensis*)의 옛 이름.

스피릴룸속 *Spirillum* 나선세균속.

스핑고모나스과 Sphingomonadaceae 세균역(Bacteria) 슈도모나스문(Pseudomonadota) 알파가변세균강(Alphaproteobacteria) 스핑고모나스목(Sphingomonadales)의 과.

스핑고모나스속 *Sphingomonas* 세균역(Bacteria) 슈도모나스문(Pseudomonadota) 알파가변세균강(Alphaproteobacteria) 스핑고모나스목(Sphingomonadales) 스핑고모나스과(Sphingomonadaceae)의 그람음성 막대 모양 산소 세균 속.

스핑고모나스 파우시모빌리스 *Sphingomonas paucimobilis* 세균역(Bacteria) 슈도모나스문(Pseudomonadota) 알파가변세균강(Alphaproteobacteria) 스핑고모나스목(Sphingomonadales) 스핑고모나스과(Sphingomonadaceae) 스핑고모나스속(*Sphingomonas*)의 그람음성 막대 모양 산소 세균. 젤란 검을 생산한다.

스핑고세균과 Sphingobacteriaceae 세균역(Bacteria) 스핑고세균목(Sphingobacteriales)의 과.

슬라이드 slide 현미경의 대물렌즈 아래에 관찰할 대상물을 올려놓는 투명한 직사각형 유리판.

슬라이드 배양법 slide culture method 세포 배양 슬라이드를 이용하여 곰팡이나 효모를 기르는 방법. 균체를 콜로니에서 따서 슬라이드 위에 놓고 관찰하면 홀씨나 분생홀씨자루가 흩어져 관찰이 어려우므로 균체의 온전한 형태를 관찰하기 위한 것이다. 곰팡이 구조를 보려면 우무배지를 쓰며 효모의 출아 따위를 오래 관찰하려면 깔유리(slide glass) 위에 액체배지를 쓴다.

슬라이드 솜털 침전검사 slide flocculation test 현미경 슬라이드에 항원을 고정하고 시료의 항체 존재로 솜털침전 여부를 검사함. 매독 판정 시험에 널리 쓴다.

슬라이드 응집검사 slide agglutination test 슬라이드 위에서 항원항체반응으로 응집한 덩어리의 생성 여부를 판정하는 검사. 슬라이드 위에 미지의 항원 서스펜션을 놓고 표준 항혈청(antiserum)을 넣으면 양성일 때는 눈으로 볼 수 있는 덩어리가 생긴다. 결핵 항원에 대한 항체의 존재 여부 따위의 검출에 이용한다.

슬로진 sloe gin 진에 슬로를 담근 리큐르.

슬링 sling 증류주(진, 위스키, 럼 또는 브랜디)에 설탕, 육두구와 뜨거운 물 또는 찬물을 섞은 칵테일 음료.

습열 살균(濕熱殺菌) moist heat sterilization 고열 수증기를 이용하여 미생물을 죽임. 습열은 미생물의 효소와 구조단백질의 변성과 응고를 일으켜 미생물을 죽게 한다. 고압증기살균, 파스퇴르살균, 끓임 따위의 방법이 있다.

시구아독소 ciguatoxin 시구아테라 중독증을 일으키는 물고기에서 발견되는 독성 여러 고리 폴리에테르. 신경 독소로서 와편모조류인 감비에르디스쿠스 톡시쿠스(*Gambierdiscus toxicus*)가 생산한다. 독소는 주로 그루퍼(grouper), 쥣방어 따위 큰 물고기의 피부, 머리, 내장과 알에 축적된다. 시구아 독소는 물고기에는 아무런 영향을 주지 않으나 사람에게는 독성을 보인다. 독소는 냄새와 맛이 없고 조리에도 파괴되지 않는다. 이런 물고기를 먹으면 시구아독소 중독증인 시구아테라(ciguatera)를 일으킨다.

시구아테라 ciguatera 와편모조류인 감비에르디스쿠스 톡시쿠스(*Gambierdiscus toxicus*)가 생산하는 시구아독소가 쌓인 바닷물고기를 먹어 일어나는 중독. 주요 증상은 구토, 설사, 호흡 곤란, 마비 따위이고 치사율은 비교적 낮다. 카리브해, 하와이와 중앙아메리카 연안에서 주로 일어난다.

시그마 인자 sigma factor 세균에서 전사 개시에 필요한 단백질. 아르엔에이중합효소(RNA polymerase)의 소단위체로 아르엔에이중합효소가 유전자 프로모터에 결합하도록 하여 전사 시작을 촉진하는 인자이다. 아르엔에이중합효소의 완전 효소(holoenzyme)는 전사 활성을 가지는 핵심효소(core enzyme)와 시그마 인자가 약하게 결합한 형태이다.

시네초시스티스속 *Synechocystis* 세균역(Bacteria) 남세균문(Cyanobacteria) 녹조강(Cyanophyceae) 시네초알세균목(Synechococcales) 메리스모페디아과(Merismopediaceae)의 민물 남세균 속.

시네초알세균과 Synechococcaceae 세균역(Bacteria) 남세균문(Cyanobacteria) 녹조강(Cyanophyceae) 시네초알세균목(Synechococcales)의 과.

시네초알세균목 Synechococcales 세균역(Bacteria) 남세균문(Cyanobacteria) 녹조강(Cyanophyceae)의 목.

시네초알세균속 *Synechococcus* 세균역(Bacteria) 남세균문(Cyanobacteria) 녹조강(Cyanophyceae) 시네초알세균목(Synechococcales) 시네초알세균과(Synechococcaceae)의 단세포 남세균 속. 주로 바다에서 발견되나 고농도 소금 환경과 온천에서도 발견된다. 피코사이아닌과 다른 색소를 생산하는 데 쓴다.

시네초콕쿠스속 *Synechococcus* 시네초알세균속.

시노뿌리혹세균속 *Sinorhizobium* '엔시페르속'(*Ensifer*)의 옛 이름.

시더블유 우무배지 CW agar, *Clostridium welchii* agar 클로스트리듐 퍼프린젠스(*Clostridium perfringens*)의 분리배지. 배지에는 카세인펩톤(casein peptone)과 프로테이스 펩톤(protease peptone)에 심장근육 추출물을 첨가하나 달걀노른자를 첨가하는 때도 있다. 심장근육 추출물은 세균의 생장과 달걀노른자 반응(egg-yolk reaction)을 촉진하기 위한 것이다. 선택제인 카나마이신(kanamycin)은 클로스트리듐속(*Clostridium*) 밖의 거의 모든 세균의 생장을 억제한다. 클로스트리듐 퍼프린젠스의 콜로니는 황백색으로 불룩한 둥근 모양이며 그 주위에 레시틴 가수분해효소 반응(lecithinase reaction)으로 젖빛의 할로(halo)가 생긴다. 클로스트리듐 보툴리눔(*Clostridium botulinum*)도 자랄 수 있다.

시디시 CDC Center for Disease Control and Prevention (미국질병통제예방센터)의 약자.

시몬스 구연산염 우무배지 Simmons citrate agar, SC agar 구연산의 이용성을 이용한 그람음성 세균의 감별배지. 비탈 배지에서 배양하면 구연산을 이용하는 세균은 배지를 중성에서 알카리성으로 변화시켜 배지의 색이 브롬티몰 블루(bromthymol blue)에 의해서 초록색으로부터 푸른색으로 변한다. 구연산을 이용하지 못하는 세균은 발육하지 않거나 배지의 색이 옅은 초록색을 띠는 정도에 그친다.

시베리아 진드기 열병 Sieberian tick typhus 리케차과(Rickettsiaceae)의 기생 세균인 리케차 시베리카(*Rickettsia sibirica*)가 진드기를 통하여 전달되어 일으키는 발진.

시브이티 우무배지 CVT agar, crystal violet triphenyltetrazolium chloride agar 우유나 우유 제품 따위에 있는 저온 세균 수를 신속하게 측정하는데 쓰는 배지. 이들 식품의 부패에 관여하는 저온 세균은 주로 슈도모나스속(*Pseudomonas*)이나 플라보세균속(*Flavobacterium*)의 그람음성 세균이므로 이들 세균이 선택적으로 발육한다. 크리스털바이올렛(crystal violet)이 들어있으므로 그람양성 세균의 발육이 억제된다. 25도에서 48~72시간 배양하고 티티시 환원시험(2,3,5-triphenyltetorazolium chloride reduction test, TTC reduction test)을 통하여 염화트라이페닐테트라졸륨(2,3,5-triphenyltetrazolium chloride, TTC)의 환원으로 붉은색을 나타내는 콜로니 수를 센다.

시스토피블로바시듐과 Cystofilobasidiaceae 진핵생물역(Eukaryota) 진균계(Fungi) 자낭균문(Basidiomycota) 흰목이강(Tremellomycetes) 시스토필로바시듐목(Cystofilobasidiales)의 진균 과.

시스토필로바시듐목 Cystofilobasidiales 진핵생물역(Eukaryota) 진균계(Fungi) 자낭균문(Basidiomycota) 흰목이강(Tremellomycetes)의 진균 목.

시시아이 우무배지 CCI agar, chromogenic *Cronobacter* isolation agar 식품과 환경에서 크로노박터 사카자키이(*Cronobacter sakazakii*)의 분리와 계수에 쓰는 발색 배지. 데속시콜산이 들어있어 대부분의 그람양성 세균에 대하여 선택성이 있다. 크로노박터 선별 액체배지(*Cronobacter* screening broth)와 함께 사용할 수 있다.

시아이엔 우무배지 CIN agar, cefsulodin irgasan novobiocin agar 예르시니아속(*Yersinia*) 세균의 선택 분리배지. 기초배지에는 펩톤과 선택제로 데옥시콜산소듐(sodium deoxycholate), 크리스털바이올렛(crystal violet)을 첨가하고 그 밖에 세프설로딘(cefsulodin), 아이르가산(irgasan), 노보비오신(novobiocin)을 보조선택제로 첨가한다. 예르시니아속 세균의 콜로니는 30도에서 24시간 배양하면 생성된 산으로 쓸개즙산염(bile salt)이 석출되고 뉴트럴레드(neutral red)와 반응하여 중심부가 혼탁한 붉은 색으로 된다. 예르시니아 슈도투베르콜로시스(*Y. pseudotuberculosis*)는 다른 예르시니아속 세균보다 발육이 늦고 48시간 이상 배양하여야 한다.

시에이엠피 시험 CAMP test 세균의 용혈성 증가를 알아보기 의한 실험법. 리스테리아 모노시토게네스(*Listeria monocytogenes*)는 약한 베타-용혈을 보이며 이 시험으로 증가하므로 주로 리스테리아속 세균의 동정에 쓴다. 양의 혈액을 첨가한 중층 우무 평판 위에 베타-용혈이 약한 누런 포도알 세균을 엷게 직선으로 바르고 직각으로 2~3밀리미터 띄워서 시험 세균을 엷게 직선으로 발라 배양한다. 시험 세균에 의한 누런 포도알 세균의 용혈 증강 여부로 종을 감별한다.

시에프유 CFU 콜로니 형성 단위(colony forming unit)의 약자.

시엘아이지 우무배지 CLIG agar, cellobiose lactose indole β-D-glucuronidase agar 창자 출혈 대장균(enterohemorrhagic *E. coli*, EHEC) O157:H7의 감별에 쓰는 배지. 반 비탈 배지로 쓴다. 대장균은 셀로바이오스를 분해하지 않으며 젖당을 분해하므로 페놀레드(phenol red)의 변색으로 배지의 비탈 부위는 붉은색(알칼리성), 고층부위는 누런색(산성)을 나타낸다. 그 밖의 대장균은 4-메틸륨-벤리페릴-베타-디글루쿠로나이드(4-methylum-benlliferylȼ-D-glucuronide, MUG)를 가수분해하고 365나노미터의 자외선 조사로 청색 형광을 발생하나 대장균 O157:H7에 의해서는 가수분해되지 않아서 형광을 발생하지 않는 특징이 있으므로 대장균 O157:H7 감별에 이용한다.

시이비 CEB *Campylobacter* enrichment broth(캄필로박터 강화 액체배지)의 약자.

시이에스 우무배지 CES agar, chromogenic *Enterobacter sakazakii* agar 발색 배지로서 유아용 조제분유와 그 밖의 식품 시료에서 엔테로박터 사카자키이의 구별과 계수에 쓰는 배지.

시토카인 cytokine 면역계통의 어느 세포에서 분비되어 다른 세포에 영향을 주는 물질을 통틀어 이르는 말, 인터페론, 생장 인자 인터류킨 따위이다.

시토파가 cytophagas 세균역(Bacteria) 박테로이데스문(Bacteroidota) 시토파가강(Cytophagia) 시토파가목(Cytophagales) 시토파가과(Cytophagaceae) 시토파가속(*Cytophaga*) 세균을 통틀어 이르는 말.

시토파가강 Cytophagia 세균역(Bacteria) 박테로이데스문(Bacteroidota)의 강.

시토파가과 Cytophagaceae 세균역(Bacteria) 박테로이데스문(Bacteroidota) 시토파가강(Cytophagia) 시토파가목(Cytophagales)의 과.

시토파가목 Cytophagales 세균역(Bacteria) 박테로이데스문(Bacteroidota) 시토파가강(Cytophagia)의 그람음성 홀씨를 만들지 않는 막대 모양 세균 목.

시토파가속 *Cytophaga* 세균역(Bacteria) 박테로이데스문(Bacteroidota) 시토파가강(Cytophagia) 시토파가목(Cytophagales) 시토파가과(Cytophagaceae)의 그람음성 막대 모양 산소 세균 속. 흔히 흙에서 발견되며 셀룰로스를 빠르게 분해한다.

시토파가 후친손니이 *Cytophaga hutchinsonii* 세균역(Bacteria) 박테로이데스문(Bacteroidota) 시토파가강(Cytophagia) 시토파가목(Cytophagales) 시토파가과(Cytophagaceae) 시토파가속(*Cytophaga*)의 그람음성 산소 세균. 일반적으로 흙에서 볼 수 있으며 셀룰로스를 분해한다. 수분이 있는 고체배지 겉면에서 활주운동으로 이동한다.

시트로박터 디베르수스 *Citrobacter diversus* '시트로박터 코세리'(*Citrobacter koseri*)의 옛 이름.

시트로박터속 *Citrobacter* 세균역(Bacteria) 슈도모나스문(Pseudomonadota) 감마가변세균강(Gammaproteobacteria) 엔테로박터목(Enterobacterales) 창자세균과(Enterobacteriaceae)의 그람음성 막대 모양 조건 무산소 세균 속. 사람이나 동물의 창자에 살며 똥의 오염으로 흙, 하수 또는 식품 따위에서도 검출된다. 편모를 가지며 운동성이 있다. 속명은 탄소 원으로 구연산염을 이용하는 데서 유래한다. 포도당을 이용하여 이산화탄소와 산을 생성한다. 대장균군 세균에 포함되며 기회 병원체로 요로감염이나 소아의 뇌수막염을 일으킨다.

시트로박터 코세리 *Citrobacter koseri* 세균역(Bacteria) 슈도모나스문(Pseudomonadota) 감마가변세균강(Gammaproteobacteria) 엔테로박터목(Enterobacterales) 창자세균과(Enterobacteriaceae) 시트로박터속(*Citrobacter*)의 그람음성 막대 모양 조건 무산소 세균. 사람과 동물의 소화관에 산다, 면역력이 떨어진 사람에게 기회 병원체로서 설사를 일으킬 수 있다

시트로박터 프레운디이 *Citrobacter freundii* 세균역(Bacteria) 슈도모나스문(Pseudomonadota) 감마가변세균강(Gammaproteobacteria) 엔테로박터목(Enterobacterales) 창자세균과(Enterobacteriaceae) 시트로박터속(*Citrobacter*)의 그람음성 막대 모양 조건 무산소 세균. 흙에 살며 물, 하수, 식품, 사람과 동물의 소화관에서도 발견된다. 글리세롤을 유일한 탄소와 에너지원으로 하여 자라며 녹말, 지방질 또는 젤라틴은 가수분해하지 못한다.

시트리닌 citrinin 푸른곰팡이 시트리눔(*Penicillium citrinum*)에서 처음 분리한 곰팡이독소. 그 밖에 아스페르길루스속(*Aspergillus*)과 모나스쿠스속(*Monascus*)

의 일부 종도 생산한다. 오래 갈무리한 곡물에 오염된 곰팡이가 생산하는 이차 대사산물이다. 독성이 강하며 그람양성 세균에 유효하다. 세포 독성으로는 미토콘드리아에 축적되어 전자전달계통 억제, 아르엔에이)와 디엔에이 합성 억제 따위가 나타난다.

시피시 변형 우무배지 mCPC agar, modified cellobiose-polymyxin B colistin agar 비브리오속(*Vibrio*) 종 동정에 쓰는 선택배지.

시험관 응고효소시험(試驗管凝固酵素試驗) test tube coagulase test 응고효소 시험.

식물병리학(植物病理學) phytopathology 식물 병을 연구하는 학문.

식사 무백혈구증(食事無白血球症) alimentary toxic aleukia 곰팡이독소로 일어나는 증상. 메스꺼움, 구토, 설사, 백혈구 감소증(알루키아), 출혈, 피부 염증과 때로는 사망을 특징으로 한다. 티투(T2) 독소와 관련이 있다.

식염 폴리믹신 액체배지 salt polymyxin broth, SPB 어패류와 식품의 창자염 비브리오 세균(*Vibrio parahaemolyticus*)의 증균에 쓰는 배지. 선택제인 폴리믹신 비(polymyxin B)는 그 밖의 비브리오속(*Vibrio*) 세균의 생장을 억제한다. 같은 목적으로 쓰는 알칼리 펩톤 수보다 선택 효과가 크다. 이 배지는 최확수법에 따른 어패류나 식품의 창자염 비브리오세균 수 측정용 배지로도 쓴다.

식중독(食中毒) food poisoning 음식중독.

식초(食醋) vinegar 아세트산 함량이 4퍼센트 이상인 신맛이 있는 액체. 사과, 사이다, 포도즙, 엿기름, 현미 따위를 주원료로 하여 효모로 알코올 발효하고 알코올을 다시 아세토박터 아세티(*Acetobacter aceti*), 아세토박터 파스테우리아누스(*A. pasteurianus*) 따위의 세균으로 발효하여 알코올을 아세트산으로 산화한다. 이들은 아세트산 밖에 젖산, 석신산, 말산, 글루콘산 따위의 유기산, 당, 에스터, 알코올, 아미노산 따위의 향미 성분을 생성한다. 빙초산을 묽힌 합성 식초도 있다. 식초발효는 겉면배양과 액침배양이 있다. 겉면배양은 나무통에 포도주를 넣고 수주 일에서 수개월 동안 포도주를 자연 산화시키는 방법인 프랑스의 올레안 법(Orleans process), 높은 발효 탑에 너도밤나무의 대팻밥과 같은 충전물로 채우고 아세트산 세균을 번식한 뒤에 위로부터 원료 액을 뿌려 충전물 사이로 흐르게 함으로써 공기와 접촉하는 면적을 크게 넓혀 빠르게 산화가 일어나게 한 프링그스 적하식 발효탑(Frings trickling generator)을 쓰는 속성 식초 제조법이 있다. 액침배양은 프링그스 아세테이터(Frings acetator)나 캐비테이터(cavitator)와 같은 큰 발효조를 이용하여 공기를 발효액과 섞어줌으로써 산화가 빠르게 일어난다.

식초 발효기(食醋醱酵機) vinegar generator 공기를 공급하면서 짧은 시간에 식초를 만드는 데 쓰는 작은 용량의 발효 장치.

식초발효탑(食醋醱酵塔) generator 미생물 붙박이 법을 이용한 식초발효 장치. 세균을 너도밤나무의 대팻밥에 붙박이 하여 탱크 안의 충전 탑에 넣고 에탄올-물-아세트산 혼합물을 위에서부터 흘러내리게 하여 에탄올을 아세트산으로 산화하는 장치이다. 포도주나 사과주에서 식초를 만드는 데도 쓴다.

식초 스타터 vinegar starter 씨 식초.

식품미생물생태학(食品微生物生態學) food microbial ecology 미생물과 식품 사이의 생태학적 상호작용을 연구하는 학문. 식품에 사는 미생물 종류, 생활 상태, 환경과 미생물의 관계 따위를 연구한다.

식품 및 축산물 안전관리인증기준 Hazard Analysis and Critical Control Point, HACCP 〈식품위생법〉과 〈건강기능식품에 관한 법률〉에 따른 〈식품안전관리인증기준〉과 〈축산물 위생관리법〉에 따른 〈축산물안전관리인증기준〉을 통합한 기준. 식품과 건강기능식품을 포함한다..축산물의 원료 관리, 제조, 가공, 조리, 선별, 처리, 포장, 소분, 보관, 유통, 판매의 모든 과정에서 위해 물질이 식품 또는 축산물에 섞이거나 식품 또는 축산물이 오염되는 것을 방지하기 위하여 각 과정의 위해요소를 확인. 평가하여 중점적으로 관리하는 기준이다. 줄여서 안전관리인증기준(HACCP)이라고 한다.

식품위생(食品衛生) food sanitation 식품, 식품첨가물, 기구 또는 용기, 포장을 대상으로 하는 위생. 병을 일으키는 미생물을 인체에 안전한 수준으로 낮추고 식품 오염을 막는 조건을 설정하고 유지하는 것이다.

신경 독소(神經毒笑) neurotoxin 신경 조직에 독성을 나타내거나 파괴하는 물질. 말초신경의 수초, 뇌와 척수의 백질, 그 밖에 심장근육과 같은 다른 조직에도 지방변성을 일으킨다. 보툴리눔 독소, 삭시톡신 따위가 있다.

신령주름버섯 almond mushroom, *Agaricus blazei* 붉은갓주름버섯.

신바이오틱 synbiotic 프로바이오틱(probiotic)과 프리바이오틱(prebiotic)이 서로 시너지 효과를 내도록 조합한 식품 재료 또는 식사 보충제. 유엔의 식량농업기구(FAO)는 두 조합이 실제로 알짜 건강 효과가 있을 때만 신바이오틱이란 용어를 쓰도록 권장한다.

신종 바이러스 new virus 여러 가지 원인으로 변이가 일어나 생리적 특성이 다르게 나타나는 바이러스. 주로 어떤 동물을 전염하는 바이러스가 다른 숙주로 뛰어넘어 새 숙주에게 새로운 병을 일으킨다. 법정 제1급 감염병인 중증급성호흡기증후군 코로나바이러스(SARS-CoV-2, COVID-19)와 중동호흡기증후군 코로나바이러스(MERS-CoV) 드리고 돼지와 사람의 공통감염병인 인도의 나파(Napha) 바이러스, 주로 조류에서 오는 인플루엔자 에이(A) 바이러스 따위가 있다.

심부 배양(深部培養) submerged culture 액침배양.

심부병(心腐病) heart rot 나무줄기나 가지 가운데 안쪽이 썩는 곰팡이병. 나무껍질 상처 부위로 침투한 곰팡이가 나무줄기 중심부를 썩게 하여 나무는 조직이 약하게 되고 쓰러지기 쉽게 된다. 심부병에 걸린 나무줄기에 버섯이 자라는 경우가 많다. 목재산업에서 중요하다.

심장즙 heart infusion 소의 심장 추출물.

심장즙 액체배지 heart infusion broth 심장 즙으로 만든 액체배지. 주로 소의 뇌와 함께 섞어 사용하며 음식중독 또는 병원성 미생물 배양에 쓴다.

심장즙 우무배지 heart infusion agar, HI agar 심장 즙으로 만든 고체배지. 주로 소의 뇌와 함께 섞어 사용하며 음식중독 또는 병원성 미생물 배양에 쓴다.

십분의 일 감소시간 decimal reduction time 디 값.

십이 디 개념 12D concept 특정 살균온도에서 일정한 부피에 들어있는 미생물 세포나 홀씨를 10^{-12}만큼 감소시킨다는 확률 개념. 살균 이전의 미생물 수가 1밀리리터당 10^{6}인 식품을 10^{-12}만큼 줄인다면 살균 뒤 미생물 수는 1밀리리터당 10^{-6}이 된다. 이는 실제 미생물 수가 아니라 미생물이 생존할 수 있는 확률이 $1/10^{6}$이라는 뜻으로 사실상 완전한 살균을 얻는다는 뜻이다.

싱가포르 슬링 Singapore sling 진과 버찌 브랜디로 만드는 칵테일.

싱글몰트 single malt 싱글 몰트위스키.

싱글몰트 위스키 single malt whisky 엿기름을 발효한 알코올을 한 증류소에서 증류하여 오크 통에서 숙성한 위스키.

싸리버섯 clustered coral, *Ramaria botrytis* 진핵생물역(Eukaryota) 진균계(Fungi) 담자균문(Basidiomycota) 주름버섯강(Agaricomycetes) 나팔버섯목(Gomphales) 나팔버섯과(Gomphaceae) 싸리버섯속(*Ramaria*)의 먹는 버섯. 높이와 너비가 15센티미터를 넘으며 자루는 흰 나무토막과 비슷하며 가지는 짧은 싸리비 같고 전체는 산호 모양이다. 여름에서 가을에 넓은잎나무 숲 땅에 모여 난다. 한국, 북반구 온대 이북에 분포한다.

싸리버섯과 Ramariaceae '나팔버섯과'로 한데 모여 이제는 쓰지 않는 과.

싸리버섯속 *Ramaria* 진핵생물역(Eukaryota) 진균계(Fungi) 담자균문(Basidiomycota) 주름버섯강(Agaricomycetes) 나팔버섯목(Gomphales) 나팔버섯과(Gomphaceae)의 속. 먹는 것으로는 싸리버섯 따위가 있다.

싸이암페니콜 thiamphenicol 클로람페니콜의 메틸-설포닐(methyl-sulfonyl) 유도체인 항생물질. 활성 범위는 클로람페니콜과 비슷하나 효력은 더 좋다. 소와 가금류의 호흡기와 내장 질환을 치료하는 데 쓴다. 중국, 모로코와 이탈리아, 브라질에서는 사람에게도 쓴다.

싸이오글리콜산염 배지 thioglycolate medium 주로 미생물의 산소 요구량을 결정하는 데 쓰는 증진 배지 그리고 구별 배지. 싸이오글리콜산 소듐은 산소를 소비하고 절대 무산소성 세균이 생장하게 한다. 주어진 수준의 산소 농도는 산소가 있을 때 분홍색으로 변하는 레사주린과 같은 산화 환원에 민감한 발색제로 표시된다.

싸이오막대세균 데니트리피칸스 *Thiobacillus denitrificans* 세균역(Bacteria) 슈도모나스문(Pseudomonadota) 베타가변세균강(Betaproteobacteria) 히드로게노필라목(Hydrogenophilales) 히드로게노필라과(Hydrogenophilaceae)의 그람 음성 절대 화학 독립영양 세균. 질산을 이용하여 황과 우라늄을 산화할 수 있다.

싸이오막대세균 싸이오옥시안스 *Thiobacillus thiooxidans* '산성싸이오막대세균 싸이오옥시단스'(*Acidithiobacillus thiooxidans*)의 옛 이름.

싸이오파네이트메틸 thiophanate-methyl 과일, 남새, 곡류에서 발생하는 광범위한 곰팡이병에 쓰는 유기화합물.

싸이오황산염 구연산염 쓸개즙산염 설탕 우무배지 thiosulfate citrate bile salt sucrose agar 콜레라세균(*Vibrio cholerae*)과 창자염 비브리오세균(*Vibrio parahaemolyticus*)의 선택 분리 배지. 배지에 들어있는 소의 쓸개즙(ox bile)과 콜산소듐(sodium cholate)으로 그람양성 세균의 발육이 억제된다. 강한 선택성이 있으며 비브리오속(*Vibrio*) 밖의 세균 발육이 억제된다. 한편 35~37도, 16~18시간의 배양으로 병원성 비브리오세균의 생장은 크게 촉진된다.

쌀 고지 rice koji 누런 고지곰팡이(*Aspergillus oryzae*)를 접종한 찐 쌀. 사케 제조에 쓴다.

쌀 술 rice wine 쌀을 발효하여 만드는 알코올음료.

쌀 식초 rice vinegar 쌀 술을 발효하여 만든 식초. 과일 식초나 포도주 식초보다 부드럽고 순한 향미를 갖는다. 중국 쌀 식초는 흰색, 붉은색과 검은색이 있다. 한국과 일본은 주로 무색이다.

쌍구균(雙球菌) diplococcus 쌍알 세균.

쌍막대세균 diplobacillus 분열 뒤 세포가 나누어지지 않고 붙어 있는 막대 모양 세균 쌍. 콕시엘라 부르네티이(*Coxiella burnetii*), 모락셀라 보비스(*Moraxella bovis*) 따위이다.

쌍알 세균 diplococcus 두 개의 알 세균이 짝을 이루어 고치 모양을 한 세균. 폐렴세균, 임질세균 따위가 있다.

쌍핵균아계(雙核菌亞綱) Dikarya 쌍 핵의 팡이실을 갖는 자낭균문과 담자균문의 진균을 때때로 이르는 말.

썩음 rotting 유기물이 미생물 작용으로 분해됨으로써 원래의 성질을 잃어 나쁜 냄새가 나고 형체가 뭉개지는 상태가 됨.

씨 고지 seed koji 찐쌀에 고지 곰팡이를 접종, 배양하여 홀씨를 최대한 많이 생성하여 말린 제품. 고지제조에서 고지 곰팡이를 공급하기 위한 것으로 보통 홀씨만을 모은 가루 형태로 쓰나 사케 생산에는 쌀을 포함한 알갱이 형태를 쓴다.

씨 식초 vinegar starter 새롭게 식초 덧을 담글 때 쓰는 씨가 되는 초. 식초발효가 끝난 식초의 일부 또는 정상 발효가 진행되고 있는 초 덧을 쓸 때도 있다.

ㅇ

아가리쿠스 agaricus 붉은갓주름버섯.

아가리틴 agaritine 주름버섯속(*Agaricus*) 버섯에 들어 있는 곰팡이독소. 하이드라진의 유도체로서 저장하는 동안 쉽게 산화되며 익히거나 냉동하면 대부분이 파괴된다. 사람에 대한 독성은 알 수 없다.

아그로세균 라디오박터 *Agrobacterium radiobacter* 아그로세균 투메파시엔스.

아그로세균 루비 *Agrobacterium rubi* 세균역(Bacteria) 슈도모나스문(Pseudomonadota) 알파가변세균강(Alphaproteobacteria) 히포마이크로뭅목(Hyphomicrobiales) 뿌리혹세균과(Rhizobiaceae) 아그로세균속(*Agrobacterium*)의 그람음성 세균. 산딸기속(*Rubus*) 줄기에 혹이 많이 생기는 검은 딸기병(cane gall)을 일으킨다.

아그로세균 리조게네스 *Agrobacterium rhizogenes* 세균역(Bacteria) 슈도모나스문(Pseudomonadota) 알파가변세균강(Alphaproteobacteria) 히포마이크로뭅목(Hyphomicrobiales) 뿌리혹세균과(Rhizobiaceae) 아그로세균속(*Agrobacterium*)의 그람음성 세균. 쌍떡잎식물에 수염 모양의 털뿌리병(hairy root)을 일으킨다.

아그로세균속 *Agrobacterium* 세균역(Bacteria) 슈도모나스문(Pseudomonadota) 알파가변세균강(Alphaproteobacteria) 히포마이크로뭅목(Hyphomicrobiales) 뿌리혹세균과(Rhizobiaceae)의 그람음성 막대 모양 산소 세균 속. 자신과 식물 사이에 디엔에이를 전달하는 능력이 있어 유전공학에 중요한 수단으로 쓴다. 식물에 종양을 유발하는 플라스미드를 가지고 있어 식물의 뿌리나 줄기에 감염하여 비정상 생장을 유도함으로써 커다란 혹을 형성하게 한다.

아그로세균 투메파시엔스 *Agrobacterium tumefaciens* 세균역(Bacteria) 슈도모나스문(Pseudomonadota) 알파가변세균강(Alphaproteobacteria) 히포마이크로뭅목(Hyphomicrobiales) 뿌리혹세균과(Rhizobiaceae) 아그로세균속(*Agrobacterium*)의 그람음성 막대 모양 세균. 흙에 산다. 호두, 포도, 핵과, 견과나무, 사탕무, 겨자무 따위의 병원체이며 여러해살이 작물에 밑동혹병(crown gall)을 일으킨다.

아급성시험(亞急性試驗) subacute test 동물 수명의 십분의 일 정도 기간에 걸친 독성 시험. 만성 독성 시험의 예비 시험이다.

아까시흰구멍버섯 *Vanderbylia fraxinea* 진핵생물역(Eukaryota) 진균계(Fungi) 담자균문(Basidiomycota) 주름버섯강(Agaricomycetes) 구멍장이버섯목(Polyporales) 구멍장이버섯과(Polyporaceae) 반데르빌리아(*Vanderbylia*)의 약용 버섯. 갓은 지름 5~20센티미터로 반원형 또는 편평하며 잿빛 갈색, 붉은 갈색 또는 검은 갈색이다. 주로 아까시나무 밑동에 나는 한해살이 버섯이다. 백색 부후 곰팡이이다. 한국, 일본, 북반구 온대 이북에 분포한다.

아나바에나속 *Anabaena* 세균역(Bacteria) 남세균문(Cyanobacteria) 남세균강(Cyanophyceae) 구슬말목(Nostocales) 구슬말과(Nostocaceae)의 섬유 모양 남세균 속. 민물 플랑크톤의 주된 미생물로 질소를 고정한다.

아나바에나 시르시날리스 *Anabaena circinalis* 세균역(Bacteria) 남세균문(Cyanobacteria) 남세균강(Cyanophyceae) 구슬말목(Nostocales) 구슬말과(Nostocaceae) 아나바에나속(*Anabaena*)의 섬유 모양 남세균. 신경독소 아나톡신을 생산한다.

아나바에나 플로스아쿠아에 *Anabaena flos-aquae* 세균역(Bacteria) 남세균문(Cyanobacteria) 남세균강(Cyanophyceae) 구슬말목(Nostocales) 구슬말과(Nostocaceae) 아나바에나속(*Anabaena*)의 섬유 모양 남세균. 신경 독소 아나톡신을 생산한다.

아나시스티스속 *Anacystis* '시네초알세균속'(*Synechococcus*)의 옛 이름.

아나톡신 anatoxin ① 아나톡신 에이(a). ② 변성독소(toxoid).

아나톡신 에이 anatoxin-a 남세균 아나바에나 플로스아쿠아에(*Anabaena flos-aquae*)와 그 밖의 민물 남세균 종이 물속에 생산하는 급성 신경 독소. 독성이 매우 강하여 오염된 물을 마신 동물은 수 분 안에 죽는다. 근육과 신경에서 신경전달물질인 아세틸콜린을 아세트산과 콜린으로 가수분해하는 아세틸콜린에스터가수분해효소(acetylcholinesterase, EC 3.1.1.7)의 작용을 억제한다.

아니셋 anisette 아니스 씨로 향을 낸 프랑스 리큐르. 지중해 지역 국가에서 먹는다.

아데노바이러스 adenovirus 바리드나바이러스역(Varidnaviria) 프레플라스미바이러스계(Preplasmiviricota) 밤포드바이러스문(Bamfordvirae) 테크틸리바이러스강(Tectiliviricetes) 로와바이러스목(Rowavirales) 아데노바이러스과(Adenoviridae)의 바이러스를 통틀어 이르는 말. 겉껍질이 없으며 선 모양의 두 가닥 디엔에이 유전체를 가지고 있다. 사람의 코 깊숙한 안쪽에 있는 인두편도가 지나치게 커진 질환인 아데노이드(adenoid)에서 처음 분리되어 붙은 이름이다.

주로 호흡 계통에 감염되어 가벼운 감기 또는 인플루엔자 비슷한 병을 일으킨다. 그 밖에 각결막염(keratoconjunctivitis), 위창자염, 방광염, 일차 폐렴 따위를 일으킨다.

아데노바이러스과 Adenoviridae 바리드나바이러스역(Varidnaviria) 프레플라스미바이러스계(Preplasmiviricota) 밤포드바이러스문(Bamfordvirae) 테크틸리바이러스강(Tectiliviricetes) 로와바이러스목(Rowavirales)의 겉껍질이 없는 선 모양의 두 가닥 디엔에이 바이러스 과. 사람에게 감기를 일으키는 바이러스이다.

아락 arack 코코넛 야자 수액, 사탕수수즙, 쌀 따위를 라기(ragi)로 당화, 발효, 증류한 술. 동남아지역에서 생산하며 알코올 함량은 약 60퍼센트이다.

아레나바이러스 arenavirus 리보바이러스역(Riboviria) 오르토르바이러스계(Orthornavirae) 네가르나바이러스문(Negarnaviricota) 엘리오바이러스강(Ellioviricetes) 부니아바이러스목(Bunyavirales) 아레나바이러스과(Arenaviridae)의 음성 가닥 아르엔에이 유전체를 가진 겉껍질 바이러스. 전자현미경으로 보면 바이리온(virion) 안에 오돌토돌한 리보솜 알갱이(라틴어로 arena)가 보이므로 붙은 이름이다. 전염된 쥐의 오줌, 침, 배설물 따위를 흔들어 바이러스를 들이마시면 사람에게 감염된다. 사람에게 병을 일으키는 것은 서부 아프리카의 라싸(Lassa) 바이러스, 아르헨티나의 주닌(Junin) 바이러스, 볼리비아의 마추포(Machupo) 바이러스, 베네수엘라의 구아나리토(Guanarito) 바이러스와 전 세계의 집쥐가 옮기는 림프구 맥락수막염(lymphocytic choriomeningitis) 바이러스이다. 일반 증상은 고열, 기침, 두통, 근육통, 백혈구 세포 감소 따위이다.

아레나바이러스과 Arenaviridae 리보바이러스역(Riboviria) 오르토르바이러스계(Orthornavirae) 네가르나바이러스문(Negarnaviricota) 엘리오바이러스강(Ellioviricetes) 부니아바이러스목(Bunyavirales)의 바이러스 과.

아르보바이러스 arbovirus 마디발동물을 매개체로 하여 옮기는 바이러스를 통들어 이르는 비공식 용어. 마디발동물 매개 바이러스(*ar*thropod-*bo*rne *virus*)라는 뜻이다. 사람의 경우 아르보바이러스 감염의 가장 흔한 임상 특징은 발열, 두통, 정서 불안이지만 뇌염과 바이러스성 출혈열이 발생할 수도 있다.

아르브이 배지 RV broth 라파포트-바시리아디스 액체배지.

아르브이에스 액체배지 RVS broth 라파포트-바시리아디스 콩 펩톤 액체배지.

아르엔에이 RNA ribonucleic acid(리보핵산)의 약자.

아르엔에이 이어맞추기 RNA splicing 진핵세포 유전자에서 전사로 새로 생긴 전령아르엔에이 전구물질을 성숙한 전령아르엔에이로 전환하는 분자생물학 과정. 비발현 부위인 인트론을 잘라내고 남아 있는 아르엔에이 발현 부위를 다시 잇는 과정으로 단백질 합성 동안 일어난다.

아르코박터 부트즐레리 *Arcobacter butzleri* 세균역(Bacteria) 캄필로박터문(Campylobacterota) 캄필로박터강(Campylobacteria) 캄필로박터목(Campylobacterales) 아르코박터과(Arcobacteraceae) 아크로박터속(*Arcobacter*)의 그람음성 막대 모양 세균. 카탈레이스 음성, 산화효소 양성이며 맥콘키 배지와 피 우무배지에 잘 자란다. 사람 감염증과 관련이 있으며 음식매개병 환자(창자염 환자), 균혈증 신생아 환자, 패혈증 환자, 소와 돼지의 유산된 새끼에서 분리된다. 증상은 캄필로박터 제주니가 일으키는 음식매개병 증상과 비슷하며 지속적 물 설사를 일으킨다.

아르코박터속 *Arcobacter* 세균역(Bacteria) 캄필로박터문(Campylobacterota) 캄필로박터강(Campylobacteria) 캄필로박터목(Campylobacterales) 아르코박터과(Arcobacteraceae)의 그람음성 굽은 막대 모양 산소 세균 속. 동물과 인간의 생식기관과 창자관에서 발견된다. 단모성 편모를 한쪽 또는 양쪽 끝에 가지며 나선 회전으로 운동한다. 탄수화물을 발효 또는 산화하지 않는다. 캄필로박터속과 유사하다. 아르코박터 부트즐러리(*A. butzleri*), 아르코박터 크리에어로필루스(*A. cryaerophilus*), 아르코박터 스키로위이(*A. skirrowii*)의 세 균종은 사람의 감염증과 관련이 있다.

아르코박터 스키로위이 *Arcobacter skirrowii* 세균역(Bacteria) 캄필로박터문(Campylobacterota) 캄필로박터강(Campylobacteria) 캄필로박터목(Campylobacterales) 아르코박터과(Arcobacteraceae) 아크로박터속(*Arcobacter*)의 그람음성 굽은 막대 모양 산소 세균. 사람과 동물에 병을 일으킬 수 있다.

아르코박터 크리에어로필루스 *Arcobacter cryaerophilus* 세균역(Bacteria) 캄필로박터문(Campylobacterota) 캄필로박터강(Campylobacteria) 캄필로박터목(Campylobacterales) 아르코박터과(Arcobacteraceae) 아크로박터속(*Arcobacter*)의 세균. 사람과 동물에 병을 일으킬 수 있다.

아르토니아목 Arthoniales 진핵생물역(Eukaryota) 진균계(Fungi) 자낭균문(Ascomycota) 아르토니아미세스강(Arthoniomycetes)의 목.

아르토니아미세스강 Arthoniomycetes 진핵생물역(Eukaryota) 진균계(Fungi) 자낭균문(Ascomycota)의 강.

아르트로박터 글로비포르미스 *Arthrobacter globiformis* 세균역(Bacteria) 바퀴살세균문(Actinomycetota) 바퀴살세균강(Actinomycetia) 마이크로알세균목(Micrococcales) 마이크로알세균과(Micrococcaceae) 아크로박터속(*Arcobacter*)의 그람양성 산소 세균. 흙에서 흔히 발견되며, 치즈 제조에 제한적으로 쓸 수 있다.

아르트로박터 글로비포르미스 *Arthrobacter globiformis* 세균역(Bacteria) 바퀴살세균문(Actinomycetota) 바퀴살세균강(Actinomycetia) 작은알세균목(Micrococcales) 작은알세균과(Micrococcaceae) 아르트로박터속(*Arthrobacter*)의 그람양성 세균. 흙 속에 있는 농업용 화학 물질을 분해하는 역할을 한다. 글리신 베테인 생산에 이용하기도 한다. 식품 가공에서 치즈 제조에만 쓸 수 있다.

아르트로박터 니코티아나에 *Arthrobacter nicotianae* 세균역(Bacteria) 바퀴살세균문(Actinomycetota) 바퀴살세균강(Actinomycetia) 작은알세균목(Micrococcales) 작은알세균과(Micrococcaceae) 아르트로박터속(*Arthrobacter*)의 세균. 반 숙성 치즈 제조에 쓴다.

아르트로박터 라모수스 *Arthrobacter ramosus* 세균역(Bacteria) 바퀴살세균문(Actinomycetota) 바퀴살세균강(Actinomycetia) 작은알세균목(Micrococcales) 작은알세균과(Micrococcaceae) 아르트로박터속(*Arthrobacter*)의 세균. 너도밤나무(beech) 숲 흙에서 분리되었다.

아르트로박터 루테우스 *Arthrobacter luteus* 세균역(Bacteria) 바퀴살세균문(Actinomycetota) 바퀴살세균강(Actinomycetia) 작은알세균목(Micrococcales) 작은알세균과(Micrococcaceae) 아르트로박터속(*Arthrobacter*)의 그람양성 조건 무산소 세균. 효모 세포벽을 분해하는 효소(zymolyase)를 생산한다. 일본 술도가 하수에서 처음 분리되었다.

아르트로박터속 *Arthrobacter* 세균역(Bacteria) 바퀴살세균문(Actinomycetota) 바퀴살세균강(Actinomycetia) 작은알세균목(Micrococcales) 작은알세균과(Micrococcaceae)의 그람양성 절대 산소 세균 속. 흙에 산다. 세포 형태는 로그기에는 막대 모양이었다가 정상기에는 알 모양으로 변한다. 분열 세포는 특이한 스냅핑 분열(snapping division)로 브이(V)자형이 된다. 단일 탄소 원으로 피리돈(pyridone)을 이용하며 홀씨를 형성하지 않으나 기아와 건조에 대한 내성이 강하다. 흙에서 유기물의 무기화에 크게 기여한다.

아르트로스피라 플라텐시스 *Arthrospira platensis* 세균역(Bacteria) 남세균문(Cyanobacteria) 남세균강(Cyanophyceae) 스피룰리나목(Spirulinales) 스피룰리나과(Spirulinaceae) 아르트로스피라속(*Arthrospira*)의 남세균. 식품 보조제로 사용할 수 있다.

아르트리늄속 *Arthrinium* 진핵생물역(Eukaryota) 진균계(Fungi) 자낭균문(Ascomycota) 콩꼬투리버섯목(Xylariales) 아피오스포라과(Apiosporeceae)의 곰팡이. 작은 병원체 곰팡이로 꽃식물에 기생한다. 무성 생활사를 가지며 홀씨를 생성한다. 아르트리늄 파에오스페르뭄(*A. phaeospermum*)은 독성이 강한 3-니트로프로피온산(3-nitropropionic acid)를 생산한다.

아르트베르바이러스문 Artverviricota 리보바이러스역(Riboviria) 파라나바이러스계(Pararnavirae)의 문.

아마눌린 amanullin 아마톡신의 하나. 고리 펩타이드로 생쥐의 경우 경구 반수 치사량은 킬로그램당 20밀리그램 정도이나 사람에게는 독성이 없다. 다른 아마니틴과 같이 전령아르엔에이 합성에 필요한 아르엔에이중합효소 II 억제제이다.

아마눌린산 amanullic acid 아마톡신의 하나. 고리 펩타이드로 생쥐의 경우 경구 반수 치사량은 킬로그램당 20밀리그램 이상인 비독성 화합물이다.

아마니틴 amanitin 여덟 개 아미노산으로 된 두 개의 고리 모양 펩타이드 독소. 아마톡신의 하나로 아마톡신 가운데 독성이 가장 세다. 전령아르엔에이 합성에 필요한 아르엔에이중합효소 II의 잠재적 억제제이다. 간에 독성을 나타내며 많은 독버섯 특히 알광대버섯 중독의 원인 독소이다. 알파-, 베타-, 감마-와 입실론-아마니틴이 있다.

아마닌 amanin 아마톡신의 하나. 고리 펩타이드로 전령아르엔에이 합성에 필요한 아르엔에이중합효소 II 억제제이다. 먹으면 전령아르엔에이의 합성이 멈추며 이에 따라 간과 콩팥 세포의 용해가 일어난다.

아마닌아마이드 amaninamide 아마톡신의 하나. 고리 펩타이드로 구조는 알파-아마니틴과 비슷하나 트립토판에 수산기가 없는 점이 다르다. 전령아르엔에이 합성에 필요한 아르엔에이중합효소 II 억제제이다. 먹으면 전령아르엔에이의 합성이 멈추며 이에 따라 간과 콩팥 세포의 용해가 일어난다.

아마룰라 amarula 설탕, 크림과 마룰라 나무(*Sclerocarya birrea*) 열매로 만드는 남아프리카의 크림 리큐르. 알코올 함량은 17퍼센트이다.

아마톡신 amatoxin 광대버섯속(알광대버섯 따위), 갈레리나속(*Galerina*, 독황토버섯 따위), 갓버섯속(밤색갓버섯 따위)의 독버섯에 들어있는 독성 화합물을 통틀어 이르는 말. 가장 잘 알려진 것은 알광대버섯이다. 치사량은 매우 적어 버섯 반 조각만 먹어도 죽을 수 있다. 독버섯을 먹으면 간이 가장 큰 영향을 받으며 배앓이로 계속 토하고 물 같은 설사를 일으키며 심하면 죽는다. 아마톡신은 여덟 개의 아미노산이 트립토판과 시스테인 사이에 설폭사이드(S=O)를 통하여 다리 결합한 다섯 개의 고리 구조로 되어있다. 지금까지 독소 화합물로 알려진 것은 아마니틴, 아마눌린, 아마눌린산, 아마닌아마이드, 아마닌과 프로아마눌린 따위이다.

아모시실린 amoxicillin 베타-락탐계 항생물질의 하나. 페니실린과 비슷한 아미노페니실린으로 가운데귀 감염, 폐렴, 피부 감염, 요로감염 따위의 세균 감염치료에 쓴다. 페니실린알레르기가 있는 사람에게는 쓸 수 없다.

아미노글리코사이드 항생물질 aminoglycoside antibiotic 아미노당을 가지는 글리코사이드 항생물질을 통틀어 이르는 말. 그람음성 산소 세균과 조건 무산소 막대 세균의 감염치료에 쓴다. 전령아르엔에이의 번역을 억제하여 단백질 합성 과정을 억제한다. 스트렙토마이신, 네오마이신, 카나마이신, 겐타마이신 따위가 있다.

아미노산 발효 amino acid fermentation 미생물 변이주를 이용하여 아미노산을 생산하는 발효. 현재 조미료로 쓰는 글루탐산과 그 밖에 라이신, 알라닌, 발린, 트레오닌, 글루타민, 아르지닌, 트립토판, 히스티딘 따위가 생산되고 있다.

아미노산 카복실기 떼기효소 시험 amino acid decarboxylase test 아미노산에서 카복실기를 떼어 내는 능력에 따라 세균을 구별하는 시험. 아미노산 카복실기 떼기 효소는 아미노산에서 카복실기를 떼어 내어 아민과 이산화탄소로 분해되는 반응을 촉매하는 효소이다. 이 반응에 관여하는 카복실기 떼기 효소는 각 아미노산에 특이적이며 세균도 종류에 따라 카복실기 떼기 효소의 특이성이 다르다. 세균은 엘-형의 아미노산만 분해하므로 엘-오니틴(L-ornithine)이나 엘-라이신을 사용하여 그 분해능력으로부터 창자세균과(Enterobacteriaceae) 세균 감별에 이용한다.

아미콜라톱시스 리파미시니카 *Amycolatopsis rifamycinica* 세균역(Bacteria) 바퀴살세균문(Actinomycetota) 바퀴살세균강(Actinomycetia) 슈도노카르디아목(Pseudonocardiales) 슈도노카르디아과(Pseudonocardiaceae) 아미콜라톱시스속(*Amycolatopsis*)의 그람양성 산소 세균. 항생물질 리파마이신을 생산한다.

아미콜라톱시스속 *Amycolatopsis* 세균역(Bacteria) 바퀴살세균문(Actinomycetota) 바퀴살세균강(Actinomycetia) 슈도노카르디아목(Pseudonocardiales) 슈도노카르디아과(Pseudonocardiaceae)의 그람양성 산소 세균 속.

아미콜라톱시스 오리앤탈리스 *Amycolatopsis orientalis* 세균역(Bacteria) 바퀴살세균문(Actinomycetota) 바퀴살세균강(Actinomycetia) 슈도노카르디아목(Pseudonocardiales) 슈도노카르디아과(Pseudonocardiaceae) 아미콜라톱시스속(*Amycolatopsis*)의 그람양성 산소 세균. 반코마이신 따위의 항생물질과 생물학적으로 중요한 효소를 생산한다. 보르네오섬 숲 흙에서 처음 발견되었다.

아밀로고지법 amylo-koji process 녹말질에서 알코올을 생산하는 방법의 하나. 아밀로법을 개선하여 당화 속도와 알코올 발효 비율을 높인 방법이다. 아밀로법으로 만든 술밑에 고지로 액화한 녹말질 원료를 첨가하면서 발효한다. 아밀로법 보다 술덧의 담금 농도를 높일 수 있고 발효시간도 짧아진다.

아밀로미세스속 *Amylomyces* '털곰팡이속'(*Mucor*)의 옛 이름.

아밀로법 amylo process 녹말 당화 능력과 알코올 발효력이 있는 거미줄곰팡이 아르히주스(*Rhizopus arrhizus*)를 써서 녹말질 원료에서 알코올을 생산하는 방법. 뒤에는 효모(*Saccharomyces cerevisiae*)와 함께 이용하는 아밀로 고지법으로 바뀌었다.

아밀로보린 amylovorin 그람음성 짧은 막대 세균인 에르위니아 아밀로보라(*Erwinia amylovora*)가 생산하는 다당류. 세균성 식물 독소로 장미과 식물을 시들게 한다.

아밀알코올 amyl alcohol 당 발효에서 에틸알코올과 함께 아미노산의 분해로 발생하는 무색 기름 모양의 알코올. 탄소 수 다섯 개인 알코올로 식품과 관련 있는 것은 알코올음료의 퓨젤유에 들어있는 아이소아밀알코올이다.

아베이타-훈트 피 우무배지 Abeyta-hunt blood agar 임상 시료에서 캄필로박터속의 종 분리와 배양에 쓰는 선택배지.

아보파신 avoparcin 그람양성 세균에 쓰는 당펩타이드(glycopeptide) 항생물질. 닭, 돼지와 송아지의 생장 촉진을 위하여 사료에 첨가제로 쓴다.

아세탄 acetan 아세토박터과(Acetobacteraceae)의 코마가타에이박터 자일리누스(*Komagataeibacter xylinus*)가 생산하는 음이온의 잔탄 같은 세포 밖 다당류.

람노스, 포도당, 포도당 아세테이트, 마노스로 이루어져 있다. 물에 녹으며 점증제 또는 젤화제로 쓴다.

아세테이터 Acetator 속성 발효 식초 제조 장치의 하나.

아세토모나스속 *Acetomonas* '글루코노박터속'(*Gluconobacter*)의 옛 이름.

아세토박터과 Acetobacteraceae 세균역(Bacteria) 슈도모나스문(Pseudomonadota) 알파가변세균강(Alphaproteobacteria) 로도스피릴룸목(Rhodospirillales)의 과.

아세토박터속 *Acetobacter* 세균역(Bacteria) 슈도모나스문(Pseudomonadota) 알파가변세균강(Alphaproteobacteria) 로도스피릴룸목(Rhodospirillales) 아세토박터과(Acetobacteraceae)의 그람음성 막대 모양의 절대 산소 아세트산 세균. 과일과 꽃에서 발견되며 당이나 에탄올을 아세트산으로 산화한다. 맥주나 포도주의 변질 원인이 되기도 한다. 주변 편모를 가지며 운동성이 있는 것과 없는 것이 있다. 비교적 산에 강하고 피에이치 5.0 이하에서도 생장할 수 있다. 지시(GC)함량은 50~60퍼센트이다. 이 속의 일부는 글루코나세토박터속(*Gluconacetobacter*)이나 글루코노박터속(*Gluconobacter*)으로 변경되었다. 아세토박터속은 알코올을 산화하여 카복실산을 생성하며 특히 에탄올을 산화하여 아세트산을 생성한다. 또 다른 대사 특성으로 트라이카복실산 회로를 가지고 있어서 아세트산이나 젖산을 이산화탄소까지 과산화할 수 있다.

아세토박터 수브옥시단스 *Acetobacter suboxydans* 세균역(Bacteria) 슈도모나스문(Pseudomonadota) 알파가변세균강(Alphaproteobacteria) 로도나선세균목(Rhodospirillales) 아세토박터과(Acetobacteraceae) 아세토박터속(*Acetobacter*)의 아세트산 세균. 아세트산을 이산화탄소까지 산화할 수 있으며 바이타민 시(C) 생산에 쓰는 케토글루콘산(ketogluconic acid)을 생산한다.

아세토박터 아세티 *Acetobacter aceti* 세균역(Bacteria) 슈도모나스문(Pseudomonadota) 알파가변세균강(alphaproteobacteria) 로도나선세균목(Rhodospirillales) 아세토박터과(Acetobacteraceae) 아세토박터속(*Acetobacter*)의 세균. 식품 가공에서 식초(아세트산 발효 포함) 제조에만 쓸 수 있다

아세토박터 유로파에우스 *Acetobacter europaeus* '글루코노아세토박터 유로파에우스'(*Gluconoacetobacter europaeus*)를 달리 이르는 말.

아세토박터 자일리눔 *Acetobacter xylinum* '코마가타에이박터 자일리누스'(*Komagataeibacter xylinus*)의 옛 이름.

아세토박터 파스테우리아누스 *Acetobacter pasteurianus* 세균역(Bacteria) 슈도모나스문(Pseudomonadota) 알파가변세균강(alphaproteobacteria) 로도스피릴룸목(Rhodospirillales) 아세토 박터과(Acetobacteraceae) 아세토박터속(*Acetobacter*)의 세균. 공업적으로 식초를 생산하는 데 쓴다. 식품 가공에서 식초(아세트산 발효 포함) 제조에만 쓸 수 있다.

아세톤 뷰탄올 에탄올 발효 acetone-butanol-ethanol fermentation 포도당이나 녹말에서 아세톤, 노말-뷰탄올과 에탄올을 3 : 6 : 1로 생산하는 무산소 발효. 공업생산에 쓰는 세균은 절대 무산소 세균인 클로스트리듐 아세토뷰티리쿰(*Cloatridium acetobutyricum*)이다. 발효는 산 발효와 용매 발효의 두 단계로 일어난다. 세균의 로그 생장기에는 산 발효로 뷰티르산과 아세트산이 축적되고 정지기에 이르러 피에이치가 4.5~5.0로 떨어지면 뷰티르산과 아세트산은 용매(아세톤, 뷰탄올과 에탄올)로 전화되는 용매 발효가 일어난다. 이 발효법은 영국의 화학자 바이츠만(Chaim Weizmann 이스라엘 초대 대통령)이 발견하였으며 제1차 세계 대전 때 영국에서는 연료나 화약의 원재료로 쓰는 아세톤 생산에 이용하였다. 이 발효법은 화학 합성법이 발달한 1950년대까지 아세톤과 뷰탄올의 공업적인 생산방법이었다.

아세트산 발효 acetic fermentation 아세트산 세균이 당이나 에탄올을 산화하여 아세트산을 생성하는 반응. 산소발효로 한 분자의 알코올에서 한 분자의 아세트산이 생성된다. 과일, 남새, 곡류 따위를 발효하여 얻는 알코올을 식초 제조에 쓴다.

아세트산 생성 세균 acetogen 아세트산 세균.

아세트산 세균 acetic acid bacterium 당이나 에탄올을 산화하여 아세트산을 만드는 그람음성 막대 모양의 산소 세균. 대표적으로 아세토박터속과 글루코노박터속의 종들이 있으며 식초 생산에 쓴다. 맥주와 포도주의 변질 원인이 되기도 하다. 과일, 남새, 꽃 겉면에 분포한다.

아세트아마이드 우무배지 acetamide agar 아세트아마이드를 탄소 원으로 하여 녹농세균(*Pseudomonas aeruginosa*)의 분리와 동정에 쓰는 배지. 아세트아마이드를 탄소 원으로 하는 시몬스 구연산염 우무배지(Simmons citrate agar)의 변형 배지이다. 여러 비발효성의 그람음성 세균을 아세트아마이드로부터 아미노기를 떼어내는 능력에 따라 구별하는 데 쓴다. 피에이치 지시약으로 브롬티몰블루(bromthymol blue)를 첨가한다. 녹농세균, 슈도모나스 아시도보란

스(*P. acidovorans*), 아크로무박터 자일로소시단스(*Achromobacter xylosoxidans*)와 알칼리게네스 오도란스(*Alcaligenes odorans*)는 아세트아마이드의 아미노기 떼기 활성이 강하다. 아미노기 떼기로 생성된 암모니아로 배지는 알칼리성으로 되어 초록색으로부터 빠르게 선명한 푸른색을 나타낸다.

아세트알데하이드 acetaldehyde CH_3CHO. 에틸알코올의 증기를 금속 촉매로 산화하여 얻는 무색 휘발 액체 또는 가스. 식물과 남새에서는 숙성하는 동안에 생산된다. 식품의 발효로도 생성되므로 발효 우유 제품, 알코올음료, 커피, 빵, 익은 과일 따위에서도 발견된다. 식품의 향기 화합물의 하나로서 향미료로, 아세트산 제조에 쓴다. 술을 먹고 나면 간에서 알코올 수소 떼기 효소의 작용으로 알코올의 부분 산화로 생성되어 숙취 원인이 된다.

아세티비브리오 열셀루스 *Acetivibrio thermocellus* 세균역(Bacteria) 막대세균문(Bacillota) 클로스트리듐강(Clostridia) 진정세균목(Eubacteriales) 오실로스피라과(Oscillospirqaceae) 아세티비브리오속(*Acetivibrio*)의 무산소 호열 세균. 흙에서 발견되며 무산소 상태에서 셀룰로스를 분해하여 에탄올을 생산하는 능력이 있다.

아셀레늄산염 브릴리언트그린 액체배지 selenite brilliant green broth 살모넬라속(*Salmonella*) 세균의 선택 강화 배지. 아셀레늄산소듐(sodium selenite) 밖에 타우로콜산소듐(sodium taurocholate)과 브릴리언트그린(brilliant green)을 첨가하여 선택성을 높인 배지이다. 아셀레늄산염 액체배지에서는 생장하는 프로테우스속(*Proteus*)이나 일부 대장균을 비롯하여 알칼리게네스속(*Alcaligenes*), 슈도모나스속(*Pseudomonas*) 따위의 발육이 억제되고 살모넬라속 세균은 쉽게 생장한다. 이 배지를 포함한 아셀레늄산염 배지에서는 다른 살모넬라 강화 배지보다 일반적으로 장티푸스를 일으키는 살모넬라속 세균(typhoidal *Salmonella*)의 발육이 좋다.

아셀레늄산염 시스틴 액체배지 selenite cystine broth, SC broth 살모넬라속(*Salmonella*) 세균의 선택 강화 배지. 시스틴을 환원제로 첨가한 아셀레늄산염 액체배지를 개선한 배지이다. 식육 제품의 살모넬라속 세균의 시험에 쓴다. 달걀이나 달걀 제품의 시험에는 적합하지 않다. 아셀레늄산소듐은 독성이 있으므로 주의하여 취급하여야 한다.

아셀레늄산염 액체배지 selenite broth 똥 따위의 시료로부터 살모넬라속(*Salmonella*) 세균을 분리하는 데 쓰는 강화 배지. 아셀레늄산소듐(sodium selenite)을 첨가하여 다른 일반 창자세균은 증식이 억제된다. 용존산소가 선택성을 약하게 하므로 배지 높이는 6센티미터 이상으로 한다. 고압증기살균 해서는 안 되며 100도에서 30분 살균한다. 배양은 12~18시간을 넘지 않도록 한다. 아셀레늄산소듐은 독성이 있으므로 주의하여 취급하여야 한다.

아셀레늄산염 에프 액체배지 selenite F broth 살모넬라속(*Salmonella*) 세균을 분리하는 데 쓰는 선택배지. 첨가한 아셀레늄산소듐은 그람양성 세균의 생장을 억제하고 살모넬라속 종과 이질세균속 종이 선택적으로 자라게 한다. 대장균은 생육이 부분적으로 억제되고 핑크빛을 조금 띠며 살모넬라속은 핑크빛 침전물이 있는 것을 확인할 수 있다.

아스코바이러스과 Ascoviridae 바리드나바이러스역(Varidnaviria) 밤포드바이러스계(Bamfordvirae) 뉴클레오시토바이러스문(Nucleocytoviricota) 메가바이러스강(Megaviricetes) 피마스코목(Pimascovirales)의 두 가닥 디엔에이 바이러스 과. 민등뼈동물을 감염시킨다.

아스코치타속 *Ascochyta* 진핵생물역(Eukaryota) 진균계(Fungi) 자낭균문(Ascomycota) 입술버섯강(Dothideomycetes) 플레오포라목(Pleosporales) 디디멜라과(Didymellaceae)의 곰팡이 속. 밀, 보리, 호밀, 귀리, 트리티케일 따위의 병원체이다.

아스코치타 피시 *Ascochyta pisi* 진핵생물역(Eukaryota) 진균계(Fungi) 자낭균문(Ascomycota) 입술버섯강(Dothideomycetes) 플레오포라목(Pleosporales) 디디멜라과(Didymellaceae) 아스코치타속(*Ascochyta*)의 곰팡이. 완두콩 식물의 잎 반점병을 일으킨다.

아스트로바이러스 astrovirus 리보바이러스역(Riboviria) 오르토나바이러스계(Orthornavirae) 피수바이러스문(Pisuviricota) 스텔파바이러스강(Stelpaviricetes) 스텔라바이러스목(Stellavirales) 아스트로바이러스과(Astroviridae) 마마스트로바이러스속(*Mamastrovirus*)의 겉껍질이 없는 외가닥 아르엔에이바이러스. 작고 둥글며 겉면에는 특징적인 5~6개의 정점이 있는 별 모양의 구조이다. 바이러스 감염에 따른 위장염 증상은 수로 설사이며 그 밖에 구토, 구역, 발열, 복통이 일어난다. 주로 면역력이 약한 젖먹이가 감염되기 쉽고 거의 모든 어린이는 아스트로바이러스 항체를 가지고 있다. 감염경로는 똥의 오염을 통한 경구감염이다.

아스트로바이러스과 Astroviridae 리보바이러스역(Riboviria) 오르토나바이러스계(Orthornavirae) 피수바이러스문(Pisuviricota) 스텔파바이러스강(Stelpaviricetes) 스텔라바이러스목(Stellavirales)의 바이러스 과.

아스파라진 액체배지 asparagine broth 물에 있는 녹농세균(*Pseudomonas aeruginosa*)을 검출하는데 쓰는 배지. 아세트아마이드 우무배지와 같이 수돗물 검사에 주로 쓴다. 이 배지에 녹농 세균을 배양하면 긴 파장(365나노미터)의 자외선에 의해서 형광 황녹색을 나타낸다. 식품위생 분야에서는 소프트드링크 제조에서 살균이나 제균하지 않은 미네랄워터와 원료물의 녹농 세균 추정시험에 쓴다.

아스파르바이러스과 Asfarviridae 바리드나바이러스역(Varidnaviria) 밤포르드바이러스계(Bamfordvirae) 뉴클레오시토바이러스문(Nucleocytoviricota) 포케스바이러스강(Pokkesviricetes) 아스프바이러스목(Asfuvirales)의 두 가닥 디엔에이 바이러스 과. 아프리카돼지열병 바이러스이다.

아스페르길루스 가와치이 *Aspergillus kawachii* 흰고지곰팡이.

아스페르길루스과 Aspergillaceae 진핵생물역(Eukaryota) 진균계(Fungi) 자낭균문(Ascomycota) 분가지버섯강(Eurotiomycetes) 분가지버섯목(Eurotiales)의 곰팡이 과.

아스페르길루스 니게르 *Aspergillus niger* 진핵생물역(Eukaryota) 진균계(Fungi) 자낭균문(Ascomycota) 분가지버섯강(Eurotiomycetes) 분가지버섯목(Eurotiales) 아스페르길루스과(Aspergillaceae) 아스페루길루스속(*Aspergillus*)의 곰팡이. 분생 홀씨는 검고 둥글며 크고 이단 피알라이드로 되어있다. 과일이나 빵 따위에서 흔히 볼 수 있다. 당으로부터 구연산, 글루콘산, 옥살산 따위의 생산과 펙틴 가수분해효소, 셀룰로스 가수분해효소, 아밀레이스, 포도당 산화효소 따위 효소의 생산에도 이용된다. 식품 가공에서 원료로 쓸 수 있다.

아스페르길루스 루추엔시스 *Aspergillus luchuensis* 검정고지곰팡이.

아스페르길루스 비리디누탄스 *Aspergillus viridinutans* 진핵생물역(Eukaryota) 진균계(Fungi) 자낭균문(Ascomycota) 분가지버섯강(Eurotiomycetes) 분가지버섯목(Eurotiales) 꽃동충하초과(Trichocomaceae) 아스페르길루스속(*Aspergillus*)의 곰팡이. 곰팡이독소 비리디톡신(viriditoxin)을 생산한다.

아스페르길루스 소자에 *Aspergillus sojae* 진핵생물역(Eukaryota) 진균계(Fungi) 자낭균문(Ascomycota) 분가지버섯강(Eurotiomycetes) 분가지버섯목(Eurotiales) 아스페르길루스과(Aspergillaceae) 아스페르길루스속(*Aspergillus*)의 곰팡이. 누런고지곰팡이(*Aspergillus oryzae*)와 모양이나 생리적 특성이 거의 같고 계통적으로 대단히 가깝다. 콜로니는 짙은 초록색이며 노란색이 짙은 것도 있다. 단백질 분해력이 특히 강하여 장유 발효에 쓴다.

아스페르길루스속 *Aspergillus* 진핵생물역(Eukaryota) 진균계(Fungi) 자낭균문(Ascomycota) 분가지버섯강(Eurotiomycetes) 분가지버섯목(Eurotiales) 아스페르길루스과(Aspergillaceae)의 속. 식품을 변질시키기도 하며 아스페르길루스 플라부스(*Aspergillus flavus*), 아스페르길루스 파라시티쿠스(*A. parasiticus*), 그 밖의 다른 종은 아플라톡신, 사이클로피아존산, 오크라톡신, 파툴린 따위의 진균 독소를 생산한다. 일부 종은 아밀레이스, 카탈레이스, 단백질 가수분해효소 따위의 생산에 쓴다. 이 속은 일반적으로 무성 홀씨를 형성하여 전통적으로 불완전균류(Deuteromycetes)로 분류되었으나 현재 이 속의 약 1/3은 유성세대가 알려져 있다. 팡이실이 팽창한 병족세포로부터 위쪽으로 뻗은 분생자자루의 끝이 부풀어 정낭이 형성되고 다시 그 표면에 많은 한 층 또는 두 층의 피알라이드가 형성된다. 피알라이드 끝에 분생 홀씨가 형성되고 성숙하면 그 분생 홀씨를 밀어내는 것과 같이 새 분생 홀씨가 피알라이드로부터 만들어진다. 콜로니는 배양초기에 흰색이었다가 분생 홀씨가 형성되면 초록, 흑색, 황색, 청록색 따위로 균종 특유의 색으로 변한다. 푸른곰팡이속(*Penicillium*)과 함께 자연에 널리 분포한다.

아스페르길루스 아시두스 *Aspergillus acidus* 진균계(Fungi) 자낭균문(Ascomycota) 분가지버섯강(Eurotiomycetes) 분가지버섯목(Eurotiales) 아스페르길루스과(Aspergillaceae) 아스페르길루스속(*Aspergillus*)의 곰팡이. 차 발효에 쓴다.

아스페르길루스 아와모리 *Aspergillus awamori* '아스페르길루스 루추엔시스'(*Aspergillus luchuensis*)의 옛 이름.

아스페르길루스 오리자에 *Aspergillus oryzae* 누런 고지곰팡이.

아스페르길루스 오크라세우스 *Aspergillus ochraceus* 진핵생물역(Eukaryota) 진균계(Fungi) 자낭균문(Ascomycota) 분가지버섯강(Eurotiomycetes) 분가지버섯목(Eurotiales) 아스페르길루스과(Aspergillaceae) 아스페르길루스속(*Aspergillus*)의 곰팡이. 곰팡이독소 오크라톡신 에이를 생산한다.

아스페르길루스 우스투스 *Aspergillus ustus* 진핵생물역(Eukaryota) 진균계(Fungi) 자낭균문(Ascomycota)

분가지버섯강(Eurotiomycetes) 분가지버섯목(Eurotiales) 아스페르길루스과(Aspergillaceae) 아스페르길루스속(*Aspergillus*)의 곰팡이. 흙과 실내에서 발견되며 손톱감염 곰팡이이다.

아스페르길루스 크리스타투스 *Aspergillus cristatus* 진핵생물역(Eukaryota) 진균계(Fungi) 자낭균문(Ascomycota) 분가지버섯강(Eurotiomycetes) 분가지버섯목(Eurotiales) 꽃동충하초과(Trichocomaceae) 아스페르길루스속(*Aspergillus*)의 곰팡이. 중국 후주안(Fuzhuan) 벽돌 모양 차 발효와 관련이 있다.

아스페르길루스 테레우스 *Aspergillus terreus* 진핵생물역(Eukaryota) 진균계(Fungi) 자낭균문(Ascomycota) 분가지버섯강(Eurotiomycetes) 분가지버섯목(Eurotiales) 아스페르길루스과(Aspergillaceae) 아스페르길루스속(*Aspergillus*)의 곰팡이. 흙에 살며 전 세계 열대와 아열대 지역에 분포한다. 이타콘산과 시스-이타콘산, 아스페르푸란(asperfuran), 피리피로펜스(pyripyropens)와 글리로톡신(gliotoxin)을 생산한다. 자일란 가수분해효소를 생산한다. 식품 가공에서 알코올 발효를 포함하는 주류 제조에만 쓸 수 있다.

아스페르길루스 파라시티쿠스 *Aspergillus parasiticus* 진핵생물역(Eukaryota) 진균계(Fungi) 자낭균문(Ascomycota) 분가지버섯강(Eurotiomycetes) 분가지버섯목(Eurotiales) 아스페르길루스과(Aspergillaceae) 아스페르길루스속(*Aspergillus*)의 곰팡이. 썩는 식물이 풍부한 흙, 건조 곡물 저장 시설 따위에서 발견된다. 곰팡이독소인 아플라톡신을 생산하는 세 곰팡이 가운데 하나이다.

아스페르길루스 푸미가투스 *Aspergillus fumigatus* 진핵생물역(Eukaryota) 진균계(Fungi) 자낭균문(Ascomycota) 분가지버섯강(Eurotiomycetes) 분가지버섯목(Eurotiales) 아스페르길루스과(Aspergillaceae) 아스페르길루스속(*Aspergillus*)의 부생 곰팡이. 흙, 공기, 유기 물질 따위에서 발견되며 탄소와 질소 순환에 중요한 역할을 한다. 면역력이 약해진 사람에게 기회감염 병원체이다.

아스페르길루스 플라부스 *Aspergillus flavus* 진핵생물역(Eukaryota) 진균계(Fungi) 자낭균문(Ascomycota) 분가지버섯강(Eurotiomycetes) 분가지버섯목(Eurotiales) 아스페르길루스과(Aspergillaceae) 아스페르길루스속(*Aspergillus*)의 곰팡이. 전 세계에 분포하며 흙에서 부생 곰팡이로 많은 농업 작물에 병을 일으킨다. 아플라톡신을 생산하며 면역력이 약해진 사람에게 기회감염 병원체이다.

아스페르길루스 피지엔시스 *Aspergillus fijiensis* 진핵생물역(Eukaryota) 진균계(Fungi) 자낭균문(Ascomycota) 분가지버섯강(Eurotiomycetes) 분가지버섯목(Eurotiales) 아스페르길루스과(Aspergillaceae) 아스페르길루스속(*Aspergillus*)의 곰팡이. 아스페르파랄린(asperparaline)과 오카라민(okaramin)을 생산한다. 인도네시아 피지 흙에서 분리 되었다.

아스프바이러스목 Asfuvirales 바리드나바이러스역(Varidnaviria) 밤포르드바이러스계(Bamfordvirae) 뉴클레오시토바이러스문(Nucleocytoviricota) 폭케스바이러스강(Pokkesviricetes)의 목.

아시네토박터 라디오레시스텐스 *Acinetobacter radioresistens* 세균역(Bacteria) 슈도모나스문(Pseudomonadota) 감마가변세균강(Gammaproteobacteria) 슈도모나스목(Pseudomonadales) 모락셀라과(Moraxellaceae) 아시네토박터속(*Acinetobacter*)의 그람음성 산소 세균. 둥근 짧은 막대 모양이며 산화효소 음성 홀씨를 형성하지 않으며 발효성은 없다. 흙, 물, 하수, 붉은 고기, 우유 제품 따위에서 발견된다. 사람의 습한 부분에서도 발견된다.

아시네토박터 바우만니이 *Acinetobacter baumannii* 세균역(Bacteria) 슈도모나스문(Pseudomonadota) 감마가변세균강(Gammaproteobacteria) 슈도모나스목(Pseudomonadales) 모락셀라과(Moraxellaceae) 아시네토박터속(*Acinetobacter*)의 그람음성 둥근 짧은 막대 모양 세균. 주로 병원 환경에서 발견되는 기회감염 세균으로 피, 요로와 허파에 병을 일으킬 수 있다.

아시네토박터속 *Acinetobacter* 세균역(Bacteria) 슈도모나스문(Pseudomonadota) 감마가변세균강(Gammaproteobacteria) 슈도모나스목(Pseudomonadales) 모락셀라과(Moraxellaceae)의 그람음성 막대 모양 산소 세균 속. 저온 세균으로 최적 생장 온도는 33~35도이며 일부는 37도 이상에서 증식할 수 없다. 물, 흙 따위 자연계에 널리 분포하며 남새, 물고기 따위의 날 것과 냉동한 것, 부패한 육류, 우유, 치즈 따위에서도 분리된다. 식품에서 생장은 늦고 부패 활성은 약하다. 건강한 사람의 피부나 동물의 배설물에서도 분리되기도 하며 아시네토박터 바우만니이(*A. baumannii*) 따위는 기회감염 병원체이나 음식매개병 보고는 없다.

아시네토박터 칼코아세티쿠스 *Acinetobacter calcoaceticus* 세균역(Bacteria) 슈도모나스문(Pseudomonadota) 감마가변세균강(Gammaproteobacteria) 슈도모나스목(Pseudomonadales) 모락셀라과(Moraxellaceae) 아시네토박터속(*Acinetobacter*)의 그람음성 둥근 짧은 막대 모양 산소 세균. 흙에 산다.

아시도신 acidocin 젖산막대세균 아시도필루스(*Lactobacillus acidophilus*)가 생산하는 박테리오신을 통틀어 이르는 말.

아우레오바시듐속 *Aureobasidium* 진핵생물역(Eukaryota) 진균계(Fungi) 자낭균문(Ascomycota) 입술버섯강(Dothideomycetes) 입술버섯목(Dothideales) 입술버섯과(Dothideaceae)의 효모 같은 곰팡이 속.

아우레오바시듐 풀룰란스 *Aureobasidium pullulans* 진핵생물역(Eukaryota) 진균계(Fungi) 자낭균문(Ascomycota) 입술버섯강(Dothideomycetes) 입술버섯목(Dothideales) 입술버섯과(Dothideaceae) 아우레오바시듐속(*Aureobasidium*)의 효모 같은 검은 곰팡이. 흙, 물, 공기와 석회석에서 발견된다. 사과, 포도, 오이, 푸른 콩, 양배추 따위에 병을 일으키지 않으면서 식물 겉면에 사는 착생생물(epiphyte) 또는 식물 세포 안에 사는 내생생물(endophyte)이다.

아위 느타리 ferulae mushroom, *Pleurotus. ferulae* 진핵생물역(Eukaryota) 진균계(Fungi) 담자균문(Basidiomycota) 주름버섯강(Agaricomycetes) 주름버섯목(Agaricales) 느타릿과(Pleurotaceae) 느타리속(*Pleurotus*)의 먹는 버섯. 갓은 지름 5~15센티미터로 편평하나 밑부분이 오목하거나 부채꼴이고 탁한 흰색이다. 마른 풀밭에서 아위에 기생 또는 부생한다. 인공 재배한다.

아이노토다이올 inotodiol 자작나무시루뻔버섯에서 분리한 염증 억제 스테롤.

아이리시 위스키 Irish whiskey 아일랜드산 위스키. 엿기름과 물로 만들며 효모로 발효하여 알코올 함량 94.8퍼센트 이하로 증류하고 나무통에서 최소 삼 년 동안 숙성하며 최종 제품의 알코올 함량은 40퍼센트 이상이다. 캐러멜을 첨가하기도 하며 색깔은 옅은 황금색에서 짙은 호박색까지 있다. 스코틀랜드산보다 앞선 12세기에 만들었고 위스키의 원형으로 알려져 있다.

아이보텐산 ibotenic acid 광대버섯에 들어있는 독 성분의 하나. 정신 작용제로 먹으면 무시몰로 분해된다. 파리에 대한 살충 작용이 있다.

아이소류신 발효 isoleucine fermentation 코리네박테륨 글루타미쿰(*Corynebacterium glutamicum*) 변종을 이용하여 당에서 아이소류신을 생산함.

아이소시트르산 isocitric acid 트라이카복실산 회로와 글리옥살산 회로에서 중간 산물로 생기는 유기산. 많은 과일에서 발견된다. 미생물 발효로 이성질체인 구연산을 생산하는 과정에서 부산물로 얻는다.

아이소아밀 알코올 isoamyl alcohol $(CH_3)_2CHCH_2CH_2OH$. 아밀알코올 이성질체의 하나. 독특한 냄새를 가진 무색 액체로 아이소아밀 에스터의 생산에 에스터화 기질로 쓴다. 알코올 발효에서 주된 부산물로 생산되는 퓨젤 알코올이다. 포도주, 사이다, 맥주 따위에 효모 발효로 생기는 과일과 같은 방향 화합물이기도 하다.

아이스바인 Eiswein '아이스와인'을 이르는 독일어.

아이스와인 ice wine 포도나무 줄기에서 얼린 채로 수확한 포도로 만든 디저트 포도주. 포도가 어는 동안 당이 농축되어 매우 달다. 포도는 손으로 따서 언 상태 그대로 짜내어 고농도 포도즙을 얻는다. 주로 독일, 캐나다와 호주에서 생산한다.

아이엔 우무배지 IN agar, irgasan novobiocin agar 예르시니아속(*Yersinia*) 세균의 선택 분리 배지의 하나. 예르시니아속 세균 가운데 예르시니아 슈도투베르콜로시스(*Y. pseudotuberculosis*)의 일부 균주는 시아이엔 우무배지(CIN agar)에 보조선택제로 첨가하는 세프설로딘(cefsulodin)에 의해서 생장이 억제되므로 시아이엔 기초배지에 보조선택제로 이르가산(irgasan)과 노보바이오신(novobiocin)만을 첨가한다. 30도에서 24시간 배양하며 예르시니아 슈도투베르콜로시스는 다른 세균보다 발육이 늦으므로 48시간 배양한다.

아이오딘팅크처 iodinetincture 알코올에 아이오딘을 녹여 만든 살균제의 하나.

아이치바이러스 에이 *Aichivirus A* 오르토나바이러스계(Orthonavirae) 피수바이러스문(Pisuviricota) 피소니바이러스강(Pisoniviricetes) 피코르나바이러스목(Picornavirales) 피코르나바이러스과(Picornarvirus) 코부바이러스속(*Kobuvirus*)의 작고 둥근 외가닥 바이러스. 1989년에 일본 아이치현에서 굴을 먹에 일어난 음식중독 환자의 똥에서 분리되었다. 주된 발병 증상은 구역, 복통, 구토이며 설사와 발열도 나타난다.

아이티시 액체배지 ITC broth, irgasan, ticarcillin and potassium chloride broth 예르시니아증을 일으키는 예르시니아 엔테로콜리티카(*Yersinia enterocolitica*)의 분리에 쓰는 선택배지.

아자이드구연산 액체배지 azidecitrate broth 물, 하수와 식품의 창자알세균(enterococcus)의 생균 수 측정에 쓰는 배지. 추정시험에서는 37도에서 48시간 배양하고 확정 시험에서는 배양한 세균을 다시 새 배지에 이식하여 45도에서 48시간 배양한다. 선택제인 아자이드화소듐(sodium azide)은 그람음성 세균과 창자알세균 밖의 그람양성 세균의 생장을 억제한다. 생장에 따라 배지에 혼탁이 생기면 창자알세균 확정 시험 양성으로 추정한다. 생균 수는 최확수법으로 구한다.

아조시스트로빈 azoxystrobin 스트로빌루린의 하나인 살진균제. 침투성으로 여러 진균에 폭넓게 작용하며 전자 전달계통을 막아 미토콘드리아 호흡을 억제하여 홀씨 발아를 억제한다. 곡물, 포도, 무, 바나나, 토마토, 복숭아, 땅콩 따위의 작물에 쓴다.

아조토박터과 Azotobacteraceae '슈도모나스과'(Pseudomonadaceae)의 옛 이름.

아조토박터속 *Azotobacter* 세균역(Bacteria) 슈도모나스문(Pseudomonadota), 감마가변세균강(Gammaproteobacteria) 슈도모나스목(Pseudomonadales) 슈도모나스과(Pseudomonadaceae)의 그람음성 막대 모양 산소 세균 속. 흙이나 물에 널리 분포하고 질소를 고정한다. 저장물질로 폴리하이드록시뷰티레이트(polyhydroxybutyrate)를 생성한다. 대량의 다당류를 균체밖에 생성하므로 고체배지 위에서 표면이 매끄럽고 광택이 있는 콜로니를 만든다. 세균 홀씨를 형성하지 않으나 건조할 때는 내성이 있는 포낭(cyst)이라는 휴면 세포를 형성한다.

아종(亞種) subspecies 약호 ssp. 생물 분류에서 종의 바로 아래 단위. 종을 다시 세분한 단위로 종으로 독립할 만큼 다르지는 않으나 변종으로 하기에는 서로 다른 점이 많고 사는 곳이 차이나는 한 무리의 생물에 쓴다.

아질산 산화세균(亞窒酸酸化細菌) nitrite-oxidizing bacterium 아질산염을 질산염으로 산화하는 질산화 세균.

아질산 세균(亞窒酸細菌) nitrite bacterium 암모니아를 아질산으로 산화하는 산소 세균.

아질산화(亞窒酸化) nitrozation 암모니아가 산화하여 아질산염이 됨.

아코노이다강 Aconoidasida 진핵생물역(Eukaryota) 정단복합체충문(Apicomplexa)의 강. 기생 생활을 하는 원생생물 강이다.

아콰비트 aquavit 감자나 곡물을 엿기름으로 당화하고 발효하여 증류한 스칸디나비아의 술. 알코올 함량은 40퍼센트이다. 무색투명한 술로서 라틴어의 생명수(aqua vitae)에서 온 이름이다. 때로는 방향 허브나 향신료로 향을 더한다.

아퀴펙스속 *Aquifex* 세균역(Bacteria) 아퀴펙스문(Aquificota) 아퀴펙스목(Aquificales) 아퀴펙스과(Aquificaceae)의 초고온 무산소 세균. 강은 정해진 것이 없다. 최적 생장 온도 범위는 85~95도이다.

아크레모늄 레시페이 *Acremonium recifei* 진핵생물역(Eukaryota) 진균계(Fungi) 자낭균문(Ascomycota) 구멍공버섯강(Sordariomycetes) 동충하초목(Hypocreales) 동충하초과(Hypocreaceae) 아크레모늄속(*Acremonium*)의 곰팡이.

아크레모늄 셀룰롤리티쿠스 *Acremonium cellulolyticus* 진핵생물역(Eukaryota) 진균계(Fungi) 자낭균문(Ascomycota) 구멍공버섯강(Sordariomycetes) 동충하초목(Hypocreales) 동충하초과(*Hypocreaceae*)의 곰팡이. 셀룰로스 가수분해효소를 생산한다.

아크레모늄속 *Acremonium* 진핵생물역(Eukaryota) 진균계(Fungi) 자낭균문(Ascomycota) 구멍공버섯강(Sordariomycetes) 동충하초목(Hypocreales) 동충하초과(Hypocreaceae)의 곰팡이 속. 거의 모두가 부생이며 죽은 식물이나 흙에서 볼 수 있다. 생장은 느리고 콜로니는 처음에는 작으며 점차 양털과 같은 모양으로 된다. 팡이실은 가늘고 투명하며 분기하지 않고 단순한 피알리드를 형성한다. 분생 홀씨는 일반적으로 한 개의 세포로 되어있으며 피알리드의 끝에 생기는 점액 속에 덩어리를 이룬다. 아크레모늄 레시페이(*A. recifei*), 아크레모늄 알라바멘세(*A. alabamense*) 따위는 진균종, 진균 각막염, 손발톱 진균증을 일으키는 기회감염 곰팡이이다.

아크레모늄 알라바멘세 *Acremonium alabamense* 진핵생물역(Eukaryota) 진균계(Fungi) 자낭균문(Ascomycota) 구멍공버섯강(Sordariomycetes) 동충하초목(Hypocreales) 동충하초과(Hypocreaceae) 아크레모늄속(*Acremonium*)의 곰팡이.

아크레모늄 크리소제눔 *Acremonium chrysogenum* 진핵생물역(Eukaryota) 진균계(Fungi) 자낭균문(Ascomycota) 구멍공버섯강(Sordariomycetes) 동충하초목(Hypocreales) 동충하초과(Hypocreaceae) 아크레모늄속(*Acremonium*)의 곰팡이. 장티푸스 세균에도 약효가 있는 베타-락탐 항생물질인 세팔로스포린 시(cephalosporin C)를 생산한다.

아크로모박터속 *Achromobacter* 세균역(Bacteria) 슈도모나스문(Pseudomonadota) 베타가변세균강(Betaproteobacteria) 부르크홀데리아목(Burkholderiales) 알칼리게네스과(Alcaligenaceae)의 그람음성 짧은 막대 모양 산소 세균 속. 민물, 바닷물과 흙에 산다. 저온에서 잘 자라며 신선한 어패류나 고기붙이의 부패에 관여한다. 낭포성섬유증, 암, 콩팥 기능상실 환자와 같이 면역력이 떨어진 사람에 대한 기회감염 세균이다. 일부 종은 산업적으로 중요한 색소와 효소를 생산한다.

아크로모박터 아나에로븀 *Achromobacter anaerobium* '지모모나스 모빌리스'(*Zymomonas mobilis*)의 옛

이름.

아크로모박터 자일로소시단스 *Achromobacter xylosoxidans* 세균역(Bacteria) 슈도모나스문(Pseudomonadota) 베타가변세균강(Betaproteobacteria) 부르크홀데리아목(Burkholderiales) 알칼리게네스과(Alcaligenaceae)의 그람음성 산소 세균. 습한 환경에서 발견된다. 세균 혈증(bacteremia)과 낭포성 섬유증(custic fibrosis) 환자에서 분리되었다.

아플라톡신 aflatoxin 아스페르길루스 플라부스(*Aspergillus flavus*)와 아스페르길루스 파라스티쿠스(*A. parasiticus*)가 생산하는 곰팡이독소. 이들 곰팡이는 흙에 살며 거의 모든 농작물을 감염할 수 있다. 주로 열대와 아열대 지역에서 작물의 수확 때 주로 오래 습한 조건에 노출되거나 가뭄에 손상을 입었을 때 감염되기 쉽다. 이에 감염된 사료를 먹은 동물은 그 젖과 고기에 아플라톡신을 옮긴다. 아플라톡신을 생성하는 곰팡이는 50~60도에서 10분 정도의 가열로 죽으나 독소 아플라톡신은 조리 따위의 가열로 분해되지 않는다. 아플라톡신은 여러 종의 이성질체가 알려져 있고 그 가운데 아플라톡신 비 원(B_1)은 강력한 발암물질이다. 아플라톡신을 먹게 되면 간에서 대사되어 활성을 가진 중간 산물인 아플라톡신 엠 원(M_1)이 된다. 사람과 동물에서 간 손상과 암을 일으킬 수 있으며 아플라톡신 중독증을 일으킨다. 그 밖에 아플라톡신 디 원(D_1), 비 스리(B_3), 비 투(B_2), 엠 투(M_2), 지원(G_1), 지 투(G_2), 큐 원(Q1), 피 원(P_1) 따위가 있다.

아플라톡신 디 원 aflatoxin D_1 아플라톡신 비 원(B_1)에 카복실기가 붙은 것. 아플라톡신 비 원(B_1)과 가열한 수산화암모늄과의 반응으로 생성된다. 독성은 비 원(B_1)보다 약하다.

아플라톡신 비 스리 aflatoxin B_3 아플라톡신 비 원(B_1)과 비슷한 독성을 가진 발암성 물질. 아스페르길루스 파라티쿠스(*Aspergillus paraticus*)가 생산한다. 파라시티콜이라고도 한다.

아플라톡신 비 원 aflatoxin B_1 간암을 일으키는 곰팡이독소. 사람, 새, 쥐에 독소로 작용한다. 아플라톡신 엠 원(M_1)과 큐 원(Q_1)으로 대사된다.

아플라톡신 비 투 aflatoxin B_2 아플라톡신 비 원(B_1)보다 조금 약한 발암성 물질. 아플라톡신 비 원에 두 개의 수산기를 가진 유도체이다. 아플라톡신 엠투(M_2)로 대사되어 젖으로 내보낸다.

아플라톡신 생성 곰팡이 aflatoxin-producing fungus 아플라톡신을 생성하는 곰팡이. 현재까지 알려진 곰팡이로는 아스페르길루스 플라부스(*Aspergillus flavus*)와 아스페르길루스 파라시티쿠스(*A. parasiticus*)가 있다.

아플라톡신 엠 원 aflatoxin M_1 아플라톡신 비 원(B_1)의 4-수산 유도체. 주로 아플라톡신 비 원(B_1)으로 오염된 식품 또는 먹이를 먹은 젖먹이동물의 간, 콩팥, 피, 똥, 오줌과 젖에서 발견된다. 따라서 우유 제품 특히 치즈와 사람의 젖에서 발견된다. 아스페르길루스 플라부스(*Aspergillus flavus*)와 아스페르길루스 파라티쿠스(*A. parasiticus*)가 소량 생산하며 옥수수, 견과와 콩에서 생산된다. 독성은 아플라톡신 비 원(B_1)보다 약하며 간 손상과 암을 일으킨다. 자외선을 처리하면 분해된다.

아플라톡신 엠 투 aflatoxin M_2 아플라톡신 비 투(B_2)의 4-수산 유도체. 주로 아플라톡신 비 투(B_2)로 오염된 식품 또는 먹이를 먹은 젖먹이동물의 간, 콩팥, 피, 똥, 오줌과 젖에서 발견된다. 독성은 아플라톡신 엠 원(M_1)보다 약하다. 아스페르길루스 플라부스(*Aspergillus flavus*)와 아스페르길루스 파라티쿠스(*A. parasiticus*)가 조금 생산한다.

아플라톡신 중독증 aflatoxicosis 아플라톡신으로 오염된 식품 또는 먹이를 먹어서 생기는 곰팡이독소 급성 간 중독증. 증상은 구토, 발열, 설사, 경련, 혼수, 황달, 급성 복수, 고혈압 따위이며 심하면 죽는다.

아플라톡신 지 원 aflatoxin G_1 아스페르길루스 파라티쿠스(*Aspergillus parasiticus*)가 생산하는 독성을 가진 발암성 곰팡이독소. 독성과 구조는 아플라톡신 비 원(B_1)과 비슷하다. 옥수수, 땅콩, 목화씨와 콩에 이 곰팡이가 자라 생성된다.

아플라톡신 지 투 aflatoxin G_2 아스페르길루스 파라티쿠스(*Aspergillus parasiticus*)가 생산하는 독성이 약한 발암성 곰팡이독소. 아플라톡신 지원(G_1)에 두 개의 수산기를 가진 유도체로서 독성은 아플라톡신 지원(G_1)보다 약하다.

아플라톡신 큐 원 aflatoxin Q1 아플라톡신 비 원(B_1)의 3-수산 유도체. 사람과 영장류에서 발견되는 아플라톡신 비 원(B_1)의 주 대사산물로 비 원(B_1)보다 아주 약하다.

아플라톡신 피 원 aflatoxin P_1 아플라톡신 비 원(B_1)에서 메틸기가 수산기로 바뀐 것. 동물에서 발견되는 오줌 대사산물의 주된 화합물이다. 독성은 아플라톡신 비 원(B_1)보다 아주 약하다.

아피오스포라과 Apiosporeceae 진핵생물역(Eukaryota) 진균계(Fungi) 자낭균문(Ascomycota) 구멍버섯강(Sordariomycetes) 암피스페리아목(Amphisphaeriales)의 곰팡이 과.

아피오스포라속 *Apiospora* 진핵생물역(Eukaryota) 진균계(Fungi) 자낭균문(Ascomycota) 구멍공버섯강(Sordariomycetes) 암피스페리아목(Amphisphaeriales) 아피오스포라과(Apiosporeceae)의 곰팡이 속.

아피콤플렉사문 Apicomplexa 진핵생물역(Eukaryota)의 한 원생생물 문. 홀씨를 만드는 단세포 원생생물 집단으로 기생성 유포생물이다. 대부분 광합성을 하지 않는 아피코플라스트(apicoplast)라는 플라스미드와 꼭대기에 복잡한 구조로 된 독특한 세포 소기관을 가지고 있다. 대부분 동물의 내부 기생성이다. 분열 생식으로 만든 작은 감염체인 홀씨 형태로 숙주에서 숙주로 전달된다.

아황산 비스무트 우무 bismuth sulfite agar 살모넬라세균 종 분리에 쓰는 우무배지. 탄소의 주요 공급원은 포도당이다. 그람양성 세균의 생장을 억제하고 황산철(II)을 써서 황화수소로 전환하는 능력을 확인한다.

악티노마이신 디 actinomycin D 닥티노마이신.

악티노미세스속 *Actinomyces* 바퀴살세균속.

악티노박테리아 Actinobacteria 바퀴살세균문.

악티노털곰팡이속 *Actinomucor* 진핵생물역(Eukaryota) 진균계(Fungi) 털곰팡이문(Mucoromycota) 털곰팡이목(Mucorales) 털곰팡이과(Mucoraceae)의 곰팡이 속. 썩는 식물, 흙, 똥 따위에서 발견되며 때로는 식물 또는 동물의 기생 생물로서 또는 병원체로 발견된다.

악티노털곰팡이 엘레간스 *Actinomucor elegans* 진핵생물역(Eukaryota) 진균계(Fungi) 털곰팡이문(Mucoromycota) 털곰팡이강(Mucoromycota) 털곰팡이목(Mucorales) 털곰팡이과(Mucoraceae) 악티노털곰팡이속(*Actinomucor*)의 곰팡이. 흙에서 흔히 발견된다. 숙주 조직에서 발견되었을 때 홀씨주머니 자루에 가시 같은 모양과 리본 같은 팡이실 구조가 특징이다. 동아시아의 수푸(sufu)와 메이타우자(meitauza)를 만드는 데 쓴다.

악티노털곰팡이 타이와넨시스 *Actinomucor taiwanensis* '악티노털곰팡이 엘레간스'(*Actinomucor elegans*)의 옛 이름.

아티노플리네스 미소우리엔시스 *Actinoplanes missouriensis* 세균역(Bacteria) 바퀴살세균문(Actinomycetota) 바퀴살세균강(Actinomycetia) 작은모노스포라목(Micromonosporales) 작은모노스 포라과(Micromonosporaceae)의 그람양성 산소 세균. 포도당 이성질체화 효소와 자일로스 이성질화 효소를 생산한다.

악티노플라네스속 *Actinoplanes* 세균역(Bacteria) 바퀴살세균문(Actinomycetota) 바퀴살세균강(Actinomycetia) 작은모노스포라목(Micromonosporales) 작은모노스포라과(Micromonosporaceae)의 그람양성 산소 세균 속. 흙, 식물 낙엽, 물속에 산다. 당뇨약 아카보스(acarbose)와 항생제 발리다마이신(validamycin)의 전구물질인 발리에나민(valienamine)을 생산한다.

안동소주(安東燒酒) Andong-soju 경상북도 안동 지역의 명문가에서 대대로 내려온 증류소주. 멥쌀을 시루에 쪄 지에밥을 만들고 밀 누룩과 물을 섞어 20일가량 발효한 뒤 소줏고리로 증류한다. 알코올 함량은 45도이다. 1987년 5월 13일 경상북도 무형문화재로 지정되었다.

안장버섯 white saddle, *Helvella crispa* 진핵생물역(Eukaryota) 진균계(Fungi) 자낭균문(Ascomycota) 주발버섯강(Pezizomycetes) 주발버섯목(Pezizales) 안장버섯과(Helvellaceae) 안장버섯속(*Helvella*)의 버섯. 갓은 지름 2~5센티미터로 꼬깃꼬깃하게 구겨진 종이 모양이며 잿빛이다. 여름에서 가을까지 숲속 땅 또는 숲 가장자리의 모래 섞인 땅에 모여 난다. 때로는 나무가 썩은 자리나 풀밭에도 난다. 한국, 일본, 중국, 유럽, 북아메리카, 중앙아메리카 등지에 분포한다.

안장버섯과 Helvellaceae 진진핵생물역(Eukaryota) 진균계(Fungi) 자낭균문(Ascomycota) 주발버섯강(Pezizomycetes) 주발버섯목(Pezizales)의 과.

안장버섯속 *Helvella* 진핵생물역(Eukaryota) 진균계(Fungi) 자낭균문(Ascomycota) 주발버섯강(Pezizomycetes) 주발버섯목(Pezizales) 안장버섯과(Helvellaceae)의 속. 안장버섯 따위가 있다.

안전관리인증기준(安全管理認證基準) Hazard Analysis and Critical Control Point, HACCP. 식품, 축산물의 생산, 원료 관리, 제조, 가공, 조리, 소분, 유통, 소비의 모든 과정에서 위해 물질이 식품에 섞이거나 식품이 오염되는 것을 방지하기 위하여 각 과정의 위해요소를 확인, 평가하여 중점적으로 관리하는 기준.

안전 캐비닛 biological safety cabinet 설비 안팎으로 드나드는 공기를 걸러서 작업하는 물질의 품질 관리를 유지함과 함께 생물 위험 물질 또는 감염 물질로부터 취급자를 보호할 수 있는 상자 모양의 설비. 안전성이 높으며 치료수단이 확립되지 않은 위험한 병원 미생물 따위를 취급하는 데 이용한다.

안타마나이드 antamanide 알광대버섯에서 분리한 열 개의 아미노산으로 된 고리 펩타이드. 한 개의 발린 잔기(발), 네 개의 프롤린 잔기(프), 한 개의 알라닌 잔기(알)와 네 개의 페닐알라닌 잔기(페)로 되어 있다. 구조는 발-프-프-알-페-페-프-프-페-페이다. 팔로이딘의 영향에 대한 항독소 그리고 부종 치료 잠재력 가능성이 연구되고 있다.

알광대버섯 death cap, *Amanita phalloides* 진핵생물역(Eukaryota) 진균계(Fungi) 담자균문(Basidiomycota) 주름버섯강(Agaricomycetes) 주름버섯목(Agaricales) 광대버섯과(Amanitaceae) 광대버섯속(*Amanita*)의 독버섯. 갓은 지름 7~10센티미터로 편평하며 올리브색을 띤 초록이다. 여름에서 가을에 걸쳐서 넓은잎나무 또는 바늘잎나무 숲 땅에 홀로 난다. 세계적으로 유명한 독버섯으로 독성분은 크게 두 그룹이 알려져 있다. 하나는 버섯 조직 전체에 퍼져 있는 여러 고리 펩타이드로서 아마톡신과 팔로톡신이 있다. 다른 하나는 팔로리신으로 적혈구를 파괴한다. 독소는 아니나 중요한 화합물의 하나는 열 개의 아미노산이 고리를 이루는 펩타이드인 안타마나이드가 있다. 독소는 주로 간과 콩팥에 영향을 준다. 중독 증상은 먹은 뒤 6~12시간 정도 지나면 욕지기, 구토 따위가 일어나고 황달, 발작, 혼수가 뒤따르며 죽음에 이른다. 한국, 일본, 중국, 러시아의 극동, 호주, 북아메리카, 유럽, 아프리카 등지에 분포한다.

알데하이드 소독제 aldehyde disinfectant 미생물을 죽이는 데 쓰는 알데하이드 화합물. 가장 널리 쓰는 것은 폼알데하이드와 글루타르알데하이드이다. 대상물을 소독제 액에 담그면 단백질 변성과 핵산 파괴가 일어나 미생물을 죽인다.

알렉신 alexin 혈청에 있는 미생물을 죽이는 보호 물질.

알로뿌리혹세균 비티스 *Allorhizobium vitis* 세균역(Bacteria) 슈도모나스문(Pseudomonadota) 알파가변세균강(Alphaproteobacteria) 히포마이크로븀목(Hyphomicrobiales) 뿌리혹세균과(Rhizobiaceae) 알로뿌리혹세균속(*Allorhizobium*)의 세균. 포도 넝쿨에 뿌리혹병을 일으킨다.

알로아 우무배지 ALOA agar, agar *Listeria* according to Ottaviani and Agosti 리스테리아 구별과 선택성 배지. 발색제인 5-브로모-4-클로로-3-인돌일-베타-디-글루코피라노사이드(5-bromo-4-chloro-3-indolyl-β-D-glucopyranoside)를 리스테리아가 가수분해하여 청록색의 콜로니를 형성한다.

알리시클로막대세균과 Alicyclobacillaceae 세균역(Bacteria) 막대세균문(Bacillota) 막대세균강(Bacilli) 막대세균목(Bacillales)의 과. 그람양성 산소 세균으로 내생 홀씨를 형성한다.

알리시클로막대세균 사카리 *Alicyclobacillus sacchari* 세균역(Bacteria) 막대세균문(Bacillota) 막대세균강(Bacilli) 막대세균목(Bacillales) 알리시클로막대세균과(Alicyclobacillaceae) 알리시클로막대세균속(*Alicyclobacillus*)의 세균. 액체 당에서 처음 발견되었다. 최적 생장 온도는 45~50도, 최적 피에이치는 4.0~4.5이며 피에이치 2 또는 6에서는 자라지 않는다.

알리시클로막대세균속 *Alicyclobacillus* 세균역(Bacteria) 막대세균문(Bacillota) 막대세균강(Bacilli) 막대세균목(Bacillales) 알리시클로막대세균과(Alicyclobacillaceae)의 그람양성 막대 모양 산소 세균의 속. 세포막에 오메가-고리 지방산(ω-alicyclic fatty acid)이 많다. 홀씨를 만들며 자연계에 흙을 중심으로 널리 분포한다. 병원성은 알려지지 않았다. 중성에서는 자라지 않으므로 배양할 때는 피에이치 4 부근으로 조정한 배지 와이에스지 우무 배지(YSG medium) 따위를 쓴다.

알리시클로막대세균 아시도칼다리우스 *Alicyclobacillus acidocaldarius* 세균역(Bacteria) 막대세균문(Bacillota) 막대세균강(Bacilli) 막대세균목(Bacillales) 알리시클로막대세균과(Alicyclobacillaceae) 알리시클로막대세균속(*Alicyclobacillus*)의 그람양성 절대 산소 세균. 호산성, 내열성이며 내생홀씨를 형성한다. 최적 생장 온도는 60~65도, 최적 피에이치는 3.0~4.0이다. 미국 옐로스톤 국립 공원의 간헐 온천과 하와이 화산 국립 공원의 화산 분기공 흙에서 분리되었다. 홀씨는 내열성이 커서 과일 주스 파스퇴르살균에 살아남아 과일 주스를 오랫동안 따듯한 환경에 두었을 때 주스를 변질시켜 불쾌한 내를 낸다.

알리시클로막대세균 아시도테레스트리스 *Alicyclobacillus acidoterrestris* 세균역(Bacteria) 막대세균문(Bacillota) 막대세균강(Bacilli) 막대세균목(Bacillales) 알리시클로막대세균과(Alicyclobacillaceae) 알리시클로막대세균속(*Alicyclobacillus*)의 그람양성 절대 산소 흙에서 분리되었다. 최적 생장 온도는 42~53도, 최적 피에이치는 2.2~5.8이다. 세균. 과일 주스의 변질을 일으킬 수 있다

알리시클로바실루스속 *Alicyclobacillus* 알리시클로막대세균속.

알리이비브리오속 *Aliivibrio* 세균역(Bacteria) 슈도모나스문(Pseudomonadota) 감마가변세균강(Gammaproteobacteria) 비브리오목(Vibrionales) 비브리오과(Vibrionaceae)의 그람음성 조건 산소 세균 속. 기준 종은 알리이비브리오 피셔리(*A. fischeri*)이다. 바다 환경에서 발견된다.

알막대세균 coccobacillus 알 세균과 막대 세균의 중간 모양인 아주 짧은 막대 세균. 헤모필루스 인플루엔자

(*Haemophilus influenzae*), 백일해세균, 페스트세균, 콕시엘라 부르네티이(*Coxiella burnetii*), 브루셀라속 따위가 있다.

알버섯과 Rhizopogonaceae 진핵생물역(Eukaryota) 진균계(Fungi) 담자균문(Basidiomycota) 주름버섯강(Agaricomycetes) 그물버섯목(Boletales)의 과.

알버섯속 *Rhizopogon* 진핵생물역(Eukaryota) 진균계(Fungi) 담자균문(Basidiomycota) 주름버섯강(Agaricomycetes) 그물버섯목(Boletales) 알버섯과(Rhizopogonaceae)의 속. 땅속에서 홀씨를 만드는 종은 '가짜 송로버섯(false truffle)'이라 한다. 팡이실은 주로 소나뭇과 나무뿌리 겉면을 덮고 있다.

알세균 coccus 둥근 모양, 타원 모양 또는 완두콩 모양으로 생긴 세균을 통틀어 이르는 말. 분열 방향이나 분열 뒤 분리 여부에 따라 특징적인 배열을 하게 된다. 한 개의 세포가 독립한 외알세균, 두 개가 짝을 이룬 쌍알세균, 두 방향으로 분열되어 붙은 네알세균, 세 방향으로 분열되어 붙은 여덟알세균(*Sarcina*), 포도송이와 같은 배열을 한 포도알 세균, 한 방향으로만 분열되어 사슬 모양으로 배열한 사슬알 세균 따위로 나눈다.

알칼리게네스과 Alcaligenaceae 세균역(Bacteria) 슈도모나스문(Pseudomonadota) 베타가변세균강(Betaproteobacteria) 부르크홀데리리아목(Burkholderiales)의 한 과.

알칼리게네스 비스코락티스 *Alcaligenes viscolactis* 세균역(Bacteria) 슈도모나스문(Pseudomonadota) 베타가변세균강(Betaproteobacteria) 부르크홀데리리아목(Burkholderiales) 알칼리게네스과(Alcaligenaceae) 알칼리게네스속(*Alcaligenes*)의 세균. 우유에 점질 변질(ropiness)을 일으킨다.

알칼리게네스속 *Alcaligenes* 세균역(Bacteria) 슈도모나스문(Pseudomonadota) 베타가변세균강(Betaproteobacteria) 부르크홀데리리아목(Burkholderiales) 알칼리게네스과(Alcaligenaceae)의 그람음성 막대 모양 절대 산소 세균 속. 편모가 있어 운동성이 있고 등뼈동물의 창자나 흙, 물, 우유에 널리 분포한다. 우유나 치즈의 점질 변질을 일으킨다. 식물이나 동물에 대한 병원성은 없다. 생장 최적 온도는 20~37도이다.

알칼리게네스 오도란스 *Alcaligenes odorans* 알칼리게네스 파에칼리스 아종 파에칼리스(*Alcaligenes faecalis* subsp. *faecalis*).

알칼리게네스 파에칼리스 *Alcaligenes faecalis* 세균역(Bacteria) 슈도모나스문(Pseudomonadota) 베타가변세균강(Betaproteobacteria) 부르크홀데리리아목(Burkholderiales) 알칼리게네스과(Alcaligenaceae) 알칼리게네스속(*Alcaligenes*)의 그람음성 막대 모양 산소 세균. 처음에는 똥에서 분리되어 종명이 붙여졌으나 그 뒤 흙, 물과 주위 환경에서 흔한 세균으로 밝혀졌다. 아미노산 생산에 쓴다.

알칼리 배지 alkaline medium 피에이치가 알칼리성인 배지. 특수 세균용 배지이다.

알칼리 펩톤수 alkaline peptone water 비브리오속(*Vibrio*) 세균이 알칼리성에서도 발육하는 성질을 이용한 강화 배지. 펩톤(peptone) 1퍼센트에 염화소듐을 첨가한 피에이치 8.6~9.0의 배지이다. 염화소듐은 콜레라세균의 강화 배양에는 0.5퍼센트, 창자염비브리오 세균의 강화 배양에는 2퍼센트를 첨가한다. 어패류검사법에서는 최확수법을 이용한 생균수 측정용 배지로 쓴다.

알코올 감소 맥주 alcohol reduced beer 일반 맥주보다 알코올 함량을 적게 만든 맥주. 두 가지 방법으로 만든다. 한 방법은 붙박이 효모를 써서 발효를 멈추게 하거나 낮은 온도로 하여 발효를 제한하는 방법이고, 다른 한 방법은 감압 증발 또는 투석을 통하여 일반 맥주에서 알코올을 빼내는 것이다. 엿기름즙 같은 맛이 있으며, 발효과정에서 생성되는 맥주 특유의 방향은 없다.

알코올 감소 포도주 alcohol reduced wine 일반 포도주보다 알코올 함량을 적게 만든 포도주. 두 가지 방법으로 만든다. 한 방법은 포도즙에 포도당 산화효소를 처리한 포도즙을 사용하거나, 발효를 일찍 끝내거나, 특수 효모를 써서 알코올을 적게 생산하도록 하는 방법이다. 다른 한 방법은 정상 발효한 포도주에서 증발, 막, 흡착 또는 추출 따위의 방법을 써서 알코올을 없애는 것이다.

알코올 강화 포도주 fortified wine 발효과정이나 발효 뒤 브랜디 따위의 증류주를 넣어 알코올 농도를 높인 포도주. 스페인의 셰리와 포르투갈의 포트와 마데이라 따위가 있다.

알코올 발효 alcohol fermentation 산소가 없는 상태에서 미생물(주로 효모)이 당을 대사하여 알코올과 부산물로 이산화탄소를 생산하는 과정. 해당에서 당은 피루브산으로 전환되고 피루브산은 이산화탄소가 제거되어 아세트알데하이드를 거쳐 알코올로 환원된다. 알코올 발효는 맥주, 포도주, 청주, 막걸리, 소주, 위스키 따위의 알코올음료, 주정, 바이오에탄올, 공업용 알코올 따위의 생산이나 제빵에 이용한다.

알코올 살균제 alcohol-based antimicrobial agent 알코

올을 주성분으로 한 살균제. 알코올은 에틸알코올과 아이소프로필알코올을 쓴다. 알코올은 단백질을 응고 또는 변성시키고 지방질을 녹게 하는 작용을 한다. 물이 없으면 응고는 일어날 수 없으므로 보통 70퍼센트 용액을 쓴다. 아이소알코올은 제약 회사에서 미생물의 교차 감염 방지에 쓴다. 알코올은 세균뿐만 아니라 바이러스와 진균 억제에도 효율성이 크다. 알코올은 쉽게 증발하므로 미생물의 습득 저항에 대한 위험이 적고, 값이 싸며, 피부에 적용해도 독성이 거의 없는 장점이 있다.

알코올 식초 alcohol vinegar 알코올을 원료로 하여 아세트산으로 산화한 액.

알코올 효모 alcohol yeast 알코올발효에 쓰는 효모(사카로미세스속의 종). 맥주효모, 포도주효모, 사케 효모 따위이다.

알테로모나스과 Alteromonadaceae 세균역(Bacteria) 슈도모나스문(Pseudomonadota) 감마가변세균강(Gammaproteobacteria) 알테로모나스목(Alteromonadales)의 과.

알테로모나스 마클레오디이 *Alteromonas macleodii* 세균역(Bacteria) 슈도모나스문(Pseudomonadota) 감마가변세균강(Gammaproteobacteria) 알테로모나스목(Alteromonadales) 알테로모나스과(Alteromonadaceae) 알테로모나스속(*Alteromonas*)의 그람음성 산소 세균. 온대와 열대의 수심 0~50미터의 표면수에서 발견된다. 포도당 고체배지에서만 자란다. 알테로모나스속의 기준 종이다.

알테로모나스목 Alteromonadales 세균역(Bacteria) 슈도모나스문(Pseudomonadota) 감마가변세균 강(Gammaproteobacteria)의 목

알테로모나스속 *Alteromonas* 세균역(Bacteria) 슈도모나스문(Pseudomonadota) 감마가변세균강(Gammaproteobacteria) 알테로모나스목(Alteromonadales) 알테로모나스과(Alteromonadaceae)의 그람음성 굽은 막대 모양 산소 세균 속. 일부 종은 물고기나 해산물의 변질을 일으킨다. 극편모 운동을 한다. 기준 종은 알테로모나스 마클레오디이(*Alteromonas macleodii*)이다. 바닷물에 사는 호염 세균이다. 당, 유기산, 알코올 그 밖에 방향족화합물이나 알긴산, 키틴 따위의 다른 미생물이 잘 이용하지 않는 유기 화합물을 이용하는 종이 있다. 종에 따라서는 바이올라세인(violacein), 프로디지오신(prodigiosin) 따위의 색소를 생산한다.

알테로모나스 푸트레파시엔스 *Alteromonas putrefaciens* '쉬와넬라 푸트레파시엔스'(*Shewanella putrefaciens*)의 옛 이름.

알테르나리아 가이센 *Alternaria gaisen* 진핵생물역(Eukaryota) 진균계(Fungi) 자낭균문(Ascomycota) 입술버섯강(Dothideomycetes) 플레오스포라목(Pleosporales) 플레오스포라과(Pleosporaceae) 알테르나리아속(*Alternaria*)의 곰팡이. 배나무의 검은무늬병을 일으킨다.

알테르나리아 라디시나 *Alternaria radicina* 진핵생물역(Eukaryota) 진균계(Fungi) 자낭균문(Ascomycota) 입술버섯강(Dothideomycetes) 플레오스포라목(Pleosporales) 플레오스포라과(Pleosporaceae) 알테르나리아속(*Alternaria*)의 곰팡이. 당근에 검은 반점병을 일으킨다.

알테르나리아 말리 *Alternaria mali* 사과점무늬낙엽병 곰팡이.

알테르나리아속 *Alternaria* 진핵생물역(Eukaryota) 진균계(Fungi) 자낭균문(Ascomycota) 입술버섯강(Dothideomycetes) 플레오스포라목(Pleosporales) 플레오스포라과(Pleosporaceae)의 곰팡이 속. 흙과 남새에서 발견된다. 대부분은 식물의 병원체이다. 분생 홀씨 자루의 끝에 생긴 구멍을 통해서 분생홀씨가 생기고 그 분생홀씨로부터 다시 다음 분생홀씨가 연쇄적으로 생기면서 곤봉 모양의 분생 홀씨가 형성된다. 분생홀씨는 갈색이며 크고 끝이 가늘고 가로나 세로 또는 대각선으로 격벽 있는 다세포이다. 콜로니는 흰색이거나 옅은 갈색 또는 흑색을 띤다. 흙이나 공기로부터 흔히 분리되며 목제나 섬유제품 또는 식품에도 잘 번식하고 흑갈색을 나타낸다. 기준 종은 알테르나리아 테누이스(*A. tenuis*)이다.

알테르나리아 솔라니 *Alternaria solani* 진핵생물역(Eukaryota) 진균계(Fungi) 자낭균문(Ascomycota) 입술버섯강(Dothideomycetes) 플레오스포라목(Pleosporales) 플레오스포라과(Pleosporaceae) 알테르나리아속(*Alternaria*)의 곰팡이. 토마토의 초기 마름병(early blight)과 겹둥근마름병을 일으킨다. 감자의 초기 마름병도 일으킨다.

알테르나리아 시트리 *Alternaria citri* 진핵생물역(Eukaryota) 진균계(Fungi) 자낭균문(Ascomycota) 입술버섯강(Dothideomycetes) 플레오스포라목(Pleosporales) 플레오스포라과(Pleosporaceae) 알테르나리아속(*Alternaria*)의 곰팡이. 쌀, 과일과 남새에 곰팡이독소인 알터나리올, 알터나리올 모노메틸 에테르 따위를 생산한다. 레몬, 라임, 오렌지, 만다린, 자몽 따위에 검은점무늬병(melanose)을 일으킨다.

알테르나리아 알테르나타 *Alternaria alternata* 진핵생

물역(Eukaryota) 진균계(Fungi) 자낭균문(Ascomycota) 입술버섯강(Dothideomycetes) 플레오스포라목(Pleosporales) 플레오스포라과(Pleosporaceae) 알테르나리아속(*Alternaria*)의 곰팡이. 기회 식물 병원체로 잎 반점병, 썩음병, 마름병 따위를 일으킨다. 사람에게는 상기도에 감염하여 천식을 일으킬 수 있다.

알테르나리아 키쿠키아나 *Alternaria kikuchiana* '알테르나리아 가이센'(*Alternaria gaisen*)의 옛 이름.

알테르나리아 테누이스 *Alternaria tenuis* '알테르나리아 알테르나타'(*Alternaria alternata*)의 옛 이름.

알파가변세균강 Alphaproteobacteria 세균역(Bacteria) 슈도모나스문(Pseudomonadota)의 강. 대부분 그람음성이다. 아래에는 히포마이크로븀목(Hyphomicrobiales), 로도박터목(Rhodobacterales), 로도나선세균목(Rhodospirillales), 리케차목(Rickettsiales), 스핑고모나스목(Sphingomonadales) 따위가 있다.

알파-고리글루탐산 α-cycloglutamate 트라이콜롬산.

알파-케토글루타르산 α-ketoglutaric acid $HOOCCOCH_2CH_2COOH$. 알파-케토산의 하나. 생체에서 탄수화물, 아미노산 대사의 중간 대사 산물이다. 구연산회로에서 아이소시트르산 수소 떼기 효소의 작용으로 아이소시트르산으로부터 생성되며, 미생물에서는 슈도모나스속(*Pseudomonas*)의 발효로 포도당에서 케토글루콘산을 거쳐 생성된다. 암모니아와 반응하여 글루탐산을 생성한다. 치즈나 발효 소시지와 같은 발효 식품의 경우 존재하는 미생물 작용으로 향기 화합물의 생성이 증가하므로 숙성 촉진에 쓴다.

알파-케토글루타르산 발효 α-ketoglutaric acid fermentation 세균 또는 효모로 당에서 알파-케토글루타르산을 생산하는 발효.

알파-케토글루타르산염 α-ketoglutarate 알파-케토산의 짝염기. 글루탐산의 아미노기 떼기 반응으로 생성되며, 구연산 회의 중간 대사 산물이다.

암시야 현미경(暗視野顯微鏡) dark-field microscope 조명 빛이 직접 대물렌즈에 들어가지 않도록 하고 시료에 부닥쳐 반사 또는 굴절한 빛만으로 관찰하는 현미경. 일반 광학현미경으로 관찰이 어려운 작은 물체의 확인이 가능하므로 염색하지 않고 살아있는 세균의 편모운동 따위를 관찰할 수 있다.

암포테리신 비 amphotericin B 스트렙토미세스 노도수스(*Streptomyces nodosus*)에서 분리한 항생물질. 침습성 진균 감염증 치료제이다. 진균 세포막에 있는 에고스테롤과 결합하여 막에 작은 구멍을 만들어 세포 안의 포타슘 이온, 소듐 이온, 수소 이온 염소 이온 따위의 일가 이온이 빠져나가게 하여 진균을 죽인다. 아스페르길루스속(*Aspergillus*), 칸디다속(*Candida*), 크립토콕쿠스속(*Cryptococcus*), 푸사륨속(*Fusarium*)을 포함하는 광범위한 진균에 대해서 효과를 나타낸다.

암피스페리아목 Amphisphaeriales 진핵생물역(Eukaryota) 진균계(Fungi) 자낭균문(Ascomycota) 구멍버섯강(Sordariomycetes)의 목.

암피실린 ampicillin 그람양성 세균과 일부 그람음성 세균에 효과가 있는 반합성 아미노페닐아세틸 페니실린. 페니실린 지(penicillin G)에 아미노기를 붙여 만든다. 페니실린 저항을 극복하고 페니실린의 미생물 억제 작용을 더 넓히기 위해 개발된 것으로 그람양성 세균과 일부 그람음성 세균에 대해서도 유효하다. 숨길 감염, 세균 수막염, 폐혈증, 심장내막염, 비뇨생식기 감염, 위창자 감염 따위에 쓴다. 암피실린은 세균의 세포벽 합성에 필요한 펩타이드기 전달효소(peptidyl transferase, EC 2.3.2.12)에 대한 경쟁 억제로 세포벽 합성을 억제한다.

압생트 absinthe 아니스 씨, 쓴 쑥과 회향으로 향을 낸 증류주. 알코올 함량은 45~74퍼센트이며 대부분 초록빛을 띤다. 프랑스, 스위스, 오스트리아, 독일, 네덜란드, 스페인, 체코공화국 등지에서 생산한다.

압시디아속 *Absidia* 활털곰팡이속.

압정버섯과 Helotiaceae 진핵생물역(Eukaryota) 진균계(Fungi) 자낭균문(Ascomycota) 두건버섯강(Leotiomycetes) 살갗버섯목(Helotiales)의 과.

압착 효모(壓搾酵母) compressed yeast 배양한 효모(*Saccharomyces cerevisiae*)를 눌러 짜서 네모지게 만든 것. 제과, 제빵에 많이 쓴다. 효모 활성이 있으므로 냉장하여야 하며 그 활성의 유지 기간은 일주일 이내이다.

앙칵 angkak 쌀에 모나스쿠스 푸르푸레우스(*Monascus purpureus*) 곰팡이를 배양하여 얻는 밝은 붉은 자줏빛 발효 쌀. 쌀을 물에 감가 충분히 불린 뒤 그대로 또는 찐 뒤 곰팡이 홀씨 또는 앙칵 가루를 섞고 실온에서 3~6일 배양한다. 말린 알갱이 또는 익히거나 저온 살균한 페이스트 또는 가루로 판매한다. 주로 중국에서 생산하며 음식, 식초, 포도주 따위에 붉은빛을 내는 데 쓴다.

앙칵 곰팡이 angkak rice mold, *Monascus purpureus* 진핵생물역(Eukaryota) 진균계(Fungi) 자낭균문(Ascomycota) 분가지버섯강(Eurotiomycetes) 분가지버섯목(Eurotiales) 모나스쿠스과(Monascaceae) 모나스쿠스속(*Monascus*)의 곰팡이. 녹말을 분해하

여 이차 대사산물로 붉은색, 노란색과 자주색 색소를 생산한다. 중국의 남부지방, 말레이시아반도 등지에서 쌀을 쪄서 이 곰팡이를 번식시킨 앙칵으로 홍주(anchu)를 담는다. 모나스코루빈(monascorubine), 안카플래빈(ankaflavin) 따위의 식용색소 제조에 이용한다. 주류(알코올발효 포함) 제조, 홍국 쌀 따위의 곡류 가공품 제조, 콩에 접종하여 발효하는 데 제한적으로 쓸 수 있다.

애기꾀꼬리버섯 *Cantharellus minor* 진핵생물역(Eukaryota) 진균계(Fungi) 담자균문(Basidiomycota) 주름버섯강(Agaricomycetes) 꾀꼬리버섯목(Cantharellales) 꾀꼬리버섯과(Cantharellaceae) 꾀꼬리버섯속(*Cantharellus*)의 먹는 버섯. 갓은 지름 1.5~2센티미터로 편평하나 때로는 깔때기 모양 또는 중심이 무너지며 오렌지색을 띤 누런색이다. 여름과 가을 사이에 숲속 땅에 모여 난다. 한국, 일본, 중국, 북아메리카 등지에 분포한다.

애기버섯속 *Collybia* 진핵생물역(Eukaryota) 진균계(Fungi) 담자균문(Basidiomycota) 주름버섯강(Agaricomycetes) 주름버섯목(*Agaricales*) 송이버섯과(Tricholomataceae)의 속. 먹는 것으로 애기버섯 따위가 있다.

애주름버섯과 Mycenaceae 진핵생물역(Eukaryota) 진균계(Fungi) 담자균문(Basidiomycota) 주름버섯강(Agaricomycetes) 주름버섯목(*Agaricales*)의 과.

애주름버섯속 *Mycena* 진핵생물역(Eukaryota) 진균계(Fungi) 담자균문(Basidiomycota) 주름버섯강(Agaricomycetes) 주름버섯목(Agaricales) 애주름버섯과(Mycenaceae)의 속.

애플잭 applejack 사이다를 증류한 알코올음료. 전통적으로 사과술을 얼려 얼음을 없애어 만들었으나 현재는 사과 브랜디에 곡물 증류주를 섞어 만든다. 알코올 함량은 20~40퍼센트이며 여러 칵테일에 쓴다.

액체 건조 보존법(液體乾燥保管法) liquid drying method for culture preservation 미생물 균주를 분산 용매와 섞고 감압 탈수하여 생리활성을 정지시킨 휴면 세포로 만들어 간직함. 균체 냉동에 따른 장해를 받기 쉬운 미생물의 보존을 위한 감압 건조방법이다. 분산 용매로는 메소이노시톨(mesoinositol, 5퍼센트), 글루탐산소듐(5퍼센트), 라피노스(5퍼센트), 벌꿀(10퍼센트), 아도니톨(adonitol, 1.5퍼센트) 따위를 쓴다.

액체 배지(液體培地) liquid medium 액체상태의 배양액. 또는 미생물이나 세포 생장 용액. 미생물이나 동식물 세포 배양에 쓴다.

액체 배지 묽힘법 broth dilution method 세균의 약제 감수성 시험(drug susceptibility test)을 위한 방법의 하나. 보통 두 배로 여러 단계로 묽힌 약제를 포함하는 액체배지에 세균을 접종하여 일정 시간 배양한 뒤에 발육을 관찰한다. 발육을 볼 수 없는 배지의 최소농도를 최소 발육억제 농도라고 하며 이에 따라 그 약제에 대한 감수성을 판별한다. 뮬러-힌톤 액체배지(Mueller-Hinton broth)를 사용한다. 식품에서는 항균 성분의 효력을 측정하는 방법에 이용한다.

액침 고지배양 submerged culture of koji 액침배양으로 고지 곰팡이를 생산하는 방법. 주로 녹말질을 원료로 한 주정공업에서 당화 효소를 대량 생산하는 목적으로 하는 배양이다.

액침 발효(液浸醱酵) submerged fermentation 미생물을 발효액 속에 배양하면서 발효하는 형태.

액침 배양(液浸培養) submerged culture 액체배지에 미생물이나 동식물 세포를 기름.

액침 배양 탱크 submerged culturing tank 액침배양에 쓰는 탱크.

액토싸이오로도스피라과 *Ectothiorhodospiraceae* 세균역(Bacteria) 슈도모나스문(Pseudomonadota) 감마가변세균강(Gammaproteobacteria) 크로마튬목(Chromatiales)의 세균 과. 자주황(purple sulfur) 세균으로 세포 밖에 황의 작은 방울을 만든다. 세포는 막대 모양이거나 나선 모양이다. 바다에 살며 무산소 조건을 선호하며 광합성을 할 수 있다.

야로위아 리폴리티카 *Yarrowia lipolytica* 진핵생물역(Eukaryota) 진균계(Fungi) 자낭균문(Ascomycota) 사카로미세스강(Saccharomycetes) 사카로미세스목(Saccharomycetales) 디포다스쿠스과(Dipodascaceae) 야로위아속(*Yarrowia*)의 유일한 효모. 탄화수소 같은 탄소 원을 이용할 수 있다. 지방질을 축적하며, 식용 효모로 승인된 효모 종이다.

야로위아속 *Yarrowia* 진균계(Fungi) 자낭균문(Ascomycota) 사카로미세스강(Saccharomycetes) 사카로미세스목(Saccharomycetales) 디포다스쿠스과(Dipodascaceae)의 효모 속.

야생 효모(野生酵母) wild yeast 자연에 있는 효모 균주. 배양 효모에 상대하여 쓰는 말이다.

야쿨트 Yakult 탈지우유를 락토바실루스 카세이(*Lactobacillus casei*)로 발효한 프로바이오틱 우유 음료의 상품명. 주재료는 물, 탈지우유, 포도당-과당 시럽, 설탕과 살아있는 세균이다.

야토병(野兎病) tularemia 야토 세균(*Francisella tularensis*) 감염으로 일어나는 인수공통감염병. 매개체나 동물 병원소와의 접촉으로 일어난다. 특히, 토끼류와 설치류가 야토세균에 감수성이 높아 대유행이 발생할 때 집단 폐사가 발생하며 사람은 다양한 경로로 감염된다. 잠복기는 2~5일이며 갑자기 열이 나고 두통, 요통, 구토 따위의 증상이 나타난다. 가장 흔한 증상은 겨드랑이의 림프절이 달걀 크기만 하게 붓는 것이다. 법정 제1급 감염병이다.

야토 세균(野兎細菌) *Francisella tularensis* 세균역(Bacteria) 슈도모나스문(Pseudomonadota) 감마가변세균강(Gammaproteobacteria) 티오트리카목(Thiotrichales) 프랜시셀라과(Francisellaceae) 프랜시셀라속(*Francisella*)의 세균. 시스테인을 요구라며, 법정 제1급 감염병인 야토병을 일으킨다.

약 감수성 시험(藥感受性試驗) drug susceptibility test 세균, 진균과 바이러스의 표준 농도를 미생물 억제 약의 특정 농도에 노출했을 때 미생물 억제 약에 대한 미생물의 약점을 결정하는 시험. 치료에 효과가 있는 항생물질을 선발하기 위한 목적으로 많이 이용한다. 약 감수시험은 퍼짐법(diffusion method)과 묽힘법으로 크게 나눈다. 퍼짐법은 일정량의 미생물을 우무 배지에서 배양하여 배지 중심부에 첨가한 일정량의 시료 약의 퍼짐에 따라 주변에 둥글게 나타나는 미생물의 생육 억제대(inhibition zone)의 지름으로 약에 대한 감수성을 판정하는 정성 방법이다. 묽힘법은 두 배 묽힌 시료 약이 들어간 배지에 일정량의 미생물을 접종하여 미생물의 생장을 볼 수 없는 최소 발육 억제농도로 미생물의 시료 약에 대한 감수성 또는 저항성을 판단한다.

약 감수성 세균(藥感受性細菌) drug susceptible bacterium 항생물질과 같은 약물이 있으면 자랄 수 없는 세균.

약 내성(藥耐性細菌) drug tolerance 항생물질과 같은 약의 계속 사용에 따라 병원체에 대하여 약효가 약해지는 일.

약 내성 세균(藥耐性細菌) drug tolerant bacterium 항생물질과 같은 약물의 계속 사용에 대하여 견딤성을 가진 세균.

약물 소독(藥物消毒) chemical disinfection 약물로 물제 겉면이나 기구 따위의 관리와 감염 방지 목적으로 미생물을 죽임.

약 저항성(藥抵抗性) drug resistance 병원체가 항생물질 따위의 약으로부터 자신을 지키려는 성질. 병원체나 암이 약에 대하여 저항성을 가지는 현상이다. 한 개 이상의 약에 대하여 저항성을 보이는 경우는 여러 약 저항(multidrug-resistant)이라고 한다.

약 저항 세균(藥抵抗細菌) drug-resistant bacterium 미생물 억제 물질로부터 자신을 지키는 성질을 가진 세균. 해당 약물에 대한 저항성을 주는 유전자를 가지고 있다. 여러 종류의 항생물질에 대하여 저항성을 나타내는 세균은 여러 약물 저항 세균이라고 한다.

약주(藥酒) yakju ① 녹말이 포함된 재료(엿기름은 제외), 누룩 또는 고지와 물을 원료로 하여 발효한 술덧을 거른 맑은 술. ② 녹말이 포함된 재료(엿기름은 제외), 누룩 또는 고지, 당분이나 과일류와 남새류와 물을 원료로 하여 발효한 술덧을 거른 술. 약주에는 아스파탐, 스테비올 글리코사이드, 효소 처리 스테비아, 젖산, 타타르산, 구연산, 아미노산, 식품, 수크랄로스, 토마틴, 아세설팜포타슘, 에리트리톨, 자일리톨과 당분을 넣을 수 있다.

양 브루셀라세균 *Brucella melitensis* 세균역(Bacteria) 슈도모나스문(Pseudomonadota) 알파가변세균강(Alphaproteobacteria) 히포마이크로븀목(Hyphomicrobiales) 브루셀라과(Brucellaceae) 브루셀라속(*Brucella*)의 그람음성 둥근 짧은 막대 세균. 양과 염소의 브루셀라증을 일으킨다. 그 밖에 소, 야크, 물소, 낙타, 개, 말, 돼지도 감염된다. 인수공통감염병 세균으로 동물은 오염된 동물과의 교미, 태반, 질 분비물 따위로 전염되며, 이 세균은 피, 오줌, 우유, 정액 따위에서 발견되며 국소 살모넬라증을 일으킬 수 있다.

양송이(洋松栮) button mushroom, *Agaricus bisporus* 진핵생물역(Eukaryota) 진균계(Fungi) 담자균문(Basidiomycota) 주름버섯강(Agaricomycetes) 주름버섯목(Agaricales) 주름버섯과(Agaricaceae) 주름버섯속(*Agaricus*)의 먹는 버섯. 갓은 지름 5~12센티미터로 편평하며 흰색인데 상처를 내면 적갈색의 얼룩이 생긴다. 여름과 가을에 잔디밭이나 퇴비 더미 주위에서 모여 난다. 전 세계에 분포한다. 여러 나라에서 널리 인공 재배하며 세계에서 가장 널리 먹는 버섯의 하나이다.

양조(釀造) brewing 술, 장유와 식초를 담가 만드는 일을 이르는 일본 말. 영어 "brewing"의 본디 뜻은 맥주 제조이다.

양조간장 brewed soy sauce 한국에서 '장유'를 이르는 말.

양조장(釀造場) brewery ① 술이나 간장, 식초 따위를 만드는 공장을 이르는 일본 말. 영어 "brewery"의 본디 뜻은 상업적으로 맥주를 생산하는 공장이다. ② '술도가'의 옛 이름.

양조주(釀造酒) fermented alcoholic beverage '발효주'의 잘못.

엉김 효모 flocculent yeast 서로 엉겨 붙어 다세포 덩어리를 만드는 성질을 가진 효모.

에고스테롤 ergosterol 진균과 원생동물의 세포막에 있는 불포화 스테로이드 알코올(스테롤). 동물 세포의 콜레스테롤과 비슷한 작용을 한다. 에고스테롤은 자외선에 노출되면 바이타민 디 투(D_2)로 전환된다.

에고타민 ergotamine 맥각 곰팡이(*Claviceps purpurea*)가 곡류 특히 호밀에 자라 생산하는 알칼로이드의 하나. 일부 페니실륨속, 아스페르길루스속과 거미줄곰팡이속의 이차 대사산물이기도 하다. 이에 오염된 곡물을 가공한 식품을 먹으면 맥각 중독을 일으킬 수 있다. 현대 제분 과정에 서는 대부분의 맥각은 제거되므로 가루에 남는 에고타민의 함량은 매우 적으며, 굽기와 조리 과정에서 에고타민은 파괴된다. 카페인과 섞어 편두통 치료에 쓴다.

에니아틴 enniatin 일부 푸사륨속(*Fusarium*) 종이 생산하는 여섯 개의 뎁시펩타이드로 된 고리 모양의 곰팡이독소.

에닐코나졸 enilconazole 에고스테롤 생합성을 억제하는 침투성 살진균제. 보리 씨 처리, 감귤, 저장 덩이줄기의 진균병을 막는 데 쓴다. 덩이줄기에 기생하는 진균은 주로 푸사륨속, 포마속, 헬민토스포륨 솔라니(*Helminthosporium solani*) 따위이다.

에드와드시엘라속 *Edwadsiella* 세균역(Bacteria) 슈도모나스문(Pseudomonadota) 감마가변세균강(Gammaproteobacteria) 엔테로박터목(Enterobacterales) 하프니아과(Hafniaceae)의 그람음성 막대 모양 조건 무산소 세균 속. 사람, 물고기와 파충류의 창자에서 발견된다.

에드와드시엘라 타르다 *Edwadsiella tarda* 세균역(Bacteria) 슈도모나스문(Pseudomonadota) 감마가변세균강(Gammaproteobacteria) 엔테로박터목(Enterobacterales) 하프니아과(Hafniaceae) 에드와드시엘라속(*Edwadsiella*)의 그람음성 곧은 막대 조건 무산소 세균. 사람에게 기회감염 병원체이며, 주로 동물의 똥으로 오염된 식품이나 물을 먹어 감염되며 설사를 일으킨다.

에레모테슘속 *Eremothecium* 진핵생물역(Eukaryota) 진균계(Fungi) 자낭균문(Ascomycota) 사카로미세스목(Saccharomycetales) 사카로미세스과(Saccharomycetaceae)의 곰팡이 속. 효모에 아주 가까운 곰팡이이다.

에레모테슘 아쉬비이이 *Eremothecium ashbyii* 진핵생물역(Eukaryota) 진균계(Fungi) 자낭균문(Ascomycota) 사카로미세스목(Saccharomycetales) 사카로미세스과(Saccharomycetaceae) 에레모테슘속(*Eremothecium*)의 실 모양 곰팡이. 면실, 커피, 두류 따위에 기생하며 자낭 안에 펜 또는 바른네모꼴 모양의 가늘고 긴 자낭홀씨를 형성한다. 리보플래빈을 생산한다. 효모에 아주 가까운 드문 곰팡이이다.

에르위니아속 *Erwinia* 세균역(Bacteria) 슈도모나스문(Pseudomonadota) 감마가변세균강(Gammaproteobacteria) 엔테로박터목(Enterobacterales) 창자세균과(Enterobacteriaceae)의 그람음성 막대 모양 조건 무산소 세균 속.

에르위니아 아밀로보라 *Erwinia amylovora* 세균역(Bacteria) 슈도모나스문(Pseudomonadota) 감마 가변세균강(Gammaproteobacteria) 엔테로박터목(Enterobacterales) 창자세균과(Enterobacteriaceae) 에르위니아속(*Erwinia*) 의 그람음성 짧은 막대 모양 조건 무산소 세균. 식물병(연부병, 건조 괴사 따위)과 감자나 당근의 저장 부패를 일으킨다. 사과나 배를 재배하는 유럽과 북아메리카에서 화상 병(fire blight)을 일으켜 수확 손실을 주는 주원인 병원체이다.

에르위니아 카로토보라 *Erwinia carotovora* '펙토세균 카로토보룸'(*Pectobacterium carotovorum*)의 옛 이름.

에르위니아 크리산테미 병원형 제아에 *Erwinia chrysanthemi* pv. *zeae* '딕케야 다단티이'(*Dickeya dadantii*)의 옛 이름.

에르위니아 트라케이필라 *Erwinia tracheiphila* 세균역(Bacteria) 슈도모나스문(Pseudomonadota) 감마가변세균강(Gammaproteobacteria) 엔테로박터목(Enterobacterales) 에르위니아과(Erwiniaceae) 에르위니아속(*Erwinia*)의 그람음성 세균. 박과(Cucurbitaceae)와 가짓과(Solanaceae) 식물의 세균성 시듦병(bacterial wilt)을 일으킨다.

에리시펠로트릭스속 *Erysipelothrix* 단독세균속.

에리타데닌 eritadenine 표고에서 분리한 저콜레스테롤혈증 활성이 있는 화합물.

에리트로마이신 erythromycin 스트렙토미세스 에리트레우스(*Streptomyces erythreus*)에서 분리한 항생물질. 감염 세균의 단백질 합성을 억제한다. 기관지와 피부 감염, 클라미디아 감염증, 골반염, 매독 따위 치료에 쓴다. 페니실린에 알레르기가 있는 사람에게 안전하게 쓸 수 있다.

에메리셀라속 *Emericella* 진핵생물역(Eukaryota) 진균계(Fungi) 자낭균문(Ascomycota) 분가지버섯강(Eurotiomycetes) 분가지버섯목(Eurotiales) 꽃동충하초과(Trichocomaceae)의 속. 주로 흙에 분포하며

여러 농산물에서도 분리된다. 자낭과는 둥근 모양의 폐자낭각이며 자낭 홀씨가 여덟 개 들어있는 자낭을 많이 형성한다. 자낭은 두꺼운 힐레 세포(Hülle cell)로 싸여 있다. 자낭 홀씨는 렌즈형으로 붉은색 또는 자주색이며 가운데에 띠 모양의 융기가 특징이다. 에메리셀라 니둘란스(*E. nidulans*)는 사람에 대한 병원체이다.

에볼라바이러스 ebolavirus 에볼라바이러스속(*Ebolavirus*)의 바이러스를 통틀어 이르는 말. 현재 여섯 종이 알려져 있으며 처음 발견된 지역 이름을 붙여 부른다. 분디부교(*Bundibugyo*) 에볼라바이러스, 레스톤(*Reston*) 에볼라바이러스, 수단(*Sudan*) 에볼라바이러스, 타이 포레스트(*Tai Forest*) 에볼라바이러스, 자이레(*Zire*) 에볼라바이러스와 봄발리(*Bombali*) 에볼라바이러스가 있다. 이 가운데 네 종은 사람의 출혈열인 에볼라 병을 일으키며 렉스톤 에볼라바이러스는 다른 영장류의 에볼라 병을 일으킨다. 가장 치사율이 높은 것은 자이레 에볼라바이러스이다.

에볼라바이러스속 *Ebolavirus* 리보바이러스역(Riboviria) 오르토르나바이러스계(Orthornavirae) 네가르나바이러스문(Negarnaviricota) 몬지바이러스강(Monjiviricetes) 모노네가바이러스목(Mononegavirales) 필로바이러스과(Filoviridae)의 한 가닥 아르엔에이 바이러스 속. 실 모양의 바이러스이며 이 속의 바이러스를 에볼라바이러스라고 한다. 1967년에 처음으로 자이르(지금은 콩고민주공화국)와 수단에서 발병하였고 같은 해 독일의 미생물학자 마르부르크가 콩고민주공화국의 에볼라 강에서 바이러스를 발견하여 속 이름이 되었다. 에볼라바이러스는 발병 지역의 이름을 붙이는 데 부디부교, 레스톤, 수단, 타이 포레스트, 자이레와 봄발리의 여섯 곳에서 발견된 종이 알려져 있다. 고혈과 내출혈을 일으키는 열대 전염성 바이러스로 잠복기는 4~16일이며 반솟음 발진(maculopapular rash)이 나타나고 빠르게 팔다리와 머리로 퍼진 뒤 위창자관, 피부, 내부 장기에서 계속 출혈을 일으켜 감염 7~17일 사이에 출혈, 쇼크 또는 콩팥 기능상실로 죽는다. 자연계 숙주는 알려지지 않았다.

에셰리키아속 *Escherichia* 세균역(Bacteria) 슈도모나스문(Pseudomonadota) 감마가변세균강(Gammaproteobacteria) 엔테로박터목(Enterobacterales) 창자세균과(Enterobacteriaceae)의 그람음성 짧은 막대 모양 조건 무산소 세균 속. 대부분은 편모를 가진다. 사람과 동물의 창자에서 군집을 이루며 똥의 오염으로 흙과 물에서 발견된다. 대부분은 해가 없는 미생물로 바이타민을 합성하는 이점도 있으며 일부는 병원성을 나타낸다. 독성이 있는 대장균은 위창자염을 일으킬 수 있으며 오염된 식품이나 물을 통하여 사람에게 감염된다. 때로는 똥-입을 통하여 감염되기도 한다. 대장균 O157:H7은 심한 음식중독을 일으킨다. 일반적으로 병원성 대장균은 크게 창자 독소 생성 대장균, 창자 침입 대장균, 창자 병원성 대장균과 창자 출혈 대장균의 네 그룹이 알려져 있다. 대장균의 발생과 관련된 식품으로는 생쇠고기 민스, 콩나물, 시금치, 생우유, 살균하지 않은 과일 주스 따위이다. 대장균은 몸 밖에서도 살 수 있으므로 물을 포함한 환경의 이상적인 똥 오염 지표 미생물이다. 대장균(*E. coli*)이 기준 종이다. 포도당 따위의 탄수화물을 발효하여 젖산, 아세트산, 에탄올, 폼산 따위를 생성하며 폼산은 다시 이산화탄소와 수소로 분해되기도 한다. 갈락토스, 인돌, 뮤콘산, 타타르산을 대사하고 혼합산 발효를 한다. 이질세균속과는 디엔에이-디엔에이 혼성화(DNA-DNA hybridization)에 의해서도 판별이 어려운 정도로 가까운 관계이다.

에스비지 액체배지 SBG broth 아셀레늄산염 브릴리언트 그린 액체배지.

에스아이엠 배지 SIM medium 황화물 인돌 운동성 배지.

에스에스오피에스 SSOPs sanitation standard operating procedures(위생표준작업절차)의 약자.

에스에스우무배지 SS agar 살모넬라 쉬겔라 우무배지.

에스쿨린 첨가 아이엔 우무배지 irgasan novobiocin (IN) agar with esculin 병원성 예르시니아속(*Yersinia*) 세균의 선택 분리 배지. 특히 시아이엔 우무배지(CIN agar)과 아이엔 우무배지(IN agar)에서 비병원성 균주와 감별이 어려운 예르시니아 엔테로콜리티카(*Y. enterocolitica*)의 생물형과 혈청형 균주를 포함한 병원 세균의 검출률을 높이는 목적으로 쓴다. 병원성과 비병원성을 감별하기 위하여 아이엔 우무배지에 에스쿨린과 구연산철을 첨가한다. 30도에서 24시간 배양하며 예르시니아 엔테로콜리티카는 다른 예르시니아속 세균보다 발육이 늦어 48시간 배양하여야 할 때도 있다.

에어로라이신 aerolysin 산소모나스 히드로필라(*Aeromonas hydrophila*)가 생산하는 독소. 설사와 깊은 상처 감염과 관계가 있다. 진핵세포에 결합하여 작은 구멍을 형성하여 막 투과성 장벽을 파괴한다.

에어로모나스속 *Aeromonas* 산소모나스속.

에어로박터속 *Aerobacter* 지금은 쓰지 않는 속. 이 속의 균종은 엔테로박터속(*Enterobacter*)과 클레브시엘라속(*Klebsiella*)으로 재분류되었다.

에어로콕쿠스과 Aerococcaceae 산소알세균과.

에어로콕쿠스속 *Aerococcus* 산소알세균속.

에오신 메틸렌블루 우무배지 eosin methylene blue agar 펩톤(peptone), 젖당, 설탕, 인산염, 에오신 와이(eosin Y)와 메틸렌 파랑을 포함하는 고체배지. 그람양성 세균 군을 젖당 발효성과 비 발효성으로 구별할 수 있다. 처음에는 창자 병원성 세균의 분리 배지로 만들었으나 현재는 대장균군 세균의 확정 시험이나 똥 대장균군(fecal coliform) 따위의 선택 분리 배지로 쓴다. 메틸렌블루는 그람양성 세균의 증식을 어느 정도 억제하며 대장균군은 젖당을 분해하여 산을 생성하므로 콜로니와 그 주변이 산성으로 된다. 산성에서는 에오신 와이에 의해서 콜로니는 검은색으로 변하면서 형광을 띠게 되고 염기성 색소인 메틸렌블루의 색과 겹쳐서 흑갈색의 금속광택을 띤 특유의 콜로니를 형성한다.

에우리고균계 Euryarchaeota 고균역(Archaea)의 계. 창자에서 발견되는 메테인생성 고균, 초호염 고균과 일부 초호열 산소, 무산소, 고균(생장온도 41~122도)을 포함한다.

에이즈 AIDS 후천면역결핍증후군.

에이치에이시시피 HACCP Hazard Analysis and Critical Control Point(안전관리인증기준)의 약자.

에이치에이시시피 관리계획 HACCP plan 식품 원료 구입에서 최종 판매에 이르는 전 과정에서 위해가 발생할 우려가 있는 요소를 사전에 확인하여 허용 수준 이하로 감소시키거나 제거 또는 예방할 목적으로 에이치에이시시피(HACCP) 원칙에 따라 작성한 제조, 가공, 조리, 소분, 유통 공정 관리문서나 도표 또는 계획.

에이치이 우무배지 HE agar, Hektoen enteric agar 주로 환자 표본에서 살모넬라세균과 이질세균을 회수하는 데 쓰는 선택 구별 배지. 배지에는 그람양성 세균의 생장을 막는 억제제뿐만 아니라, 젖당 발효와 황화수소 생산의 지표가 들어있다. 이 배지를 개발한 시카고의 헥토엔 연구소(Hektoen Institute)의 이름을 따서 붙인 이름이다.

에이치 항원 H antigen ① 세균의 편모 항원. ② 조직적합성 항원(histocompatibility antigen). ③ 에이비오(ABO) 혈액형 항원의 전구물질. 모든 사람에게 존재한다.

에이티시시 ATCC American Type Culture Collection (미국 기준 배양주 은행)의 약자.

에이티피 ATP adenosine triphosphate(아데노신삼인산)의 약자.

에이티피 생물발광법 ATP bioluminescence method 미생물 세포에 들어있는 에이티피(ATP) 양으로부터 미생물 수를 헤아리는 방법. 루시페린(luciferin)은 산소와 에이티피와 반응하여 산화루시페린(oxyluciferin)으로 산화되고 생물발광이 일어난다. 이 반응은 산화효소인 루시페레이스(luciferase, EC 1.13.12.7)가 촉매한다. 생물발광 정도는 기기를 사용하여 간편하게 빠르게 검사할 수 있어 식품, 기구, 제조환경 따위의 미생물 오염 정도나 청정 정도를 파악하는 데 이용한다. 이 방법은 미생물 세포뿐만 아니라 식품의 동식물 세포의 에이티피 값도 포함되므로 미생물 수만 알아보기 위해서는 미생물과 동식물의 세포를 구별하는 처리를 하여야 한다.

에이형 간염 hepatitis A 에이형 간염바이러스(*Hepatovirus A*) 감염으로 일어나는 염증성 간 질환. 에이형 간염바이러스는 오염된 음식이나 물을 먹거나 감염된 사람과의 접촉으로 옮긴다. 주로 급성간염 형태로 나타난다. 법정 제2급 감염병이다.

에이형 간염바이러스 hepatitis A virus, *Hepatovirus A* 리보바이러스역(Riboviria) 오르토나바이러스계(Orthornavirae) 피수바이러스문(Pisuviricota) 피소니바이러스강(Pisoniviricetes) 피코르나바이러스목(Picornavirales) 피코르나바이러스과(Picornaviridae) 헤파토바이러스속(Hepatovirus)의 아르엔에이 바이러스. 사람에게 에이형 간염을 일으키며 특히 노인의 급성 간 기능상실을 일으킨다. 감염은 똥에 감염된 바이러스가 오염된 음식을 먹어 일어난다. 잠복기는 2~6주이며 증상이 나타나면 보통 8주 동안 설사, 발열, 권태감, 구역 따위이다. 심하면 급성 간 기능상실이 일어난다. 85도에서 1분 가열하면 감염성은 사라진다.

에일 ale ① 상면효모로 발효한 영국 맥주. 쓴맛이 강하고 알코올 함량이 높은 맥주이다. ② 영국에서 '맥주'를 이르는 말.

에임스 시험 Ames test 세균을 이용하여 특정 화합물이 시험 대상 세균의 디엔에이에 돌연변이를 일으키는지를 보는 방법. 화합물의 돌연변이 유발성을 보는 시험이다. 세균은 생장에 히스티딘을 요구하는 살모넬라 티피무륨(*Salmonella* Typhimurium)을 쓴다. 미국 버클리 캘리포니아 대학교의 에임스(B. N. Ames)와 동료 연구자가 개발한 방법으로 발암물질을 빠르고 값싸게 검출하는 방법이다.

에탄알 ethanal 아세트알데하이드.

에탄올 ethanol 에틸알코올.

에탄올 발효 ethanol fermentation 알코올 발효.

에틸알코올 ethyl alcohol C_2H_5OH. 휘발성, 가연성의 무색 액체 유기화합물. 알코올음료의 활성 성분이며 정신 작용제이다. 주로 당을 사카로미세스속(*Saccharomyces*) 효모를 이용한 알코올발효(alcohol fermentation)로 얻으며 살균제, 소독제, 메탄올과 에틸렌글리콜 중독 해독제 따위로 쓴다. 유기화합물 합성에서 화학 용매, 연료 따위로도 쓴다.

에프-2 곰팡이독소 F-2 mycotoxin 제아랄레논.

에프 값 *F* value 어떤 한 온도에서 세균 또는 세균 홀씨를 죽이기 위하여 가열한 시간(분). 가열 치사 시간 곡선에서 얻을 수 있다. 가열 치사 시간은 가열온도에 따라 다르므로 에프(*F*) 기호에 가열온도와 대상 미생물의 제트(z) 값을 함께 표시한다. 예를 들면 제트값이 10도인 미생물을 115도에서 살균한다면 $F_{115}10$로 표시한다. 살균온도가 121도이고 미생물의 제트값이 10도인 경우의 에프 값을 특히 표준 에프 값(F_0)이라 하며, 세균끼리의 내열성 비교나 살균 과정의 산출에 이용한다.

에피더민 epidermin 폴리펩타이드 항생물질의 하나. 표피 포도알세균(*Staphylococcus epidermidis*)이 합성하며 많은 그람양성 세균에 대하여 활성을 보인다.

에피데믹 epidemic 감염병이 많은 사람에게 빠른 속도로 퍼져 나가 여러 나라에서 유행하는 단계. 감염병이 전 세계에 대유행하는 단계인 팬데믹(pandemic)의 전 단계이다.

에피솜 episome ① 세포에서 디엔에이의 주부분과 별도로 떨어져 독립으로 복제할 수 있는 유전물질의 조각. ② 플라스미드의 특수 형태.

엑소담자균강 Exobasidiomycetes 진핵생물역(Eukaryota) 진균계(Fungi) 담자균문(Basidiomycota)의 강. 식물 조직이 비정상으로 자라 생기는 혹(gall)의 원인 곰팡이이다.

엑손 exon 단백질 합성 정보를 가지고 있는 디엔에이 분자의 부분. 진핵생물의 유전정보는 디엔에이의 인트론(비발현 부위)으로 앞뒤의 엑손과 분리되어 있으며 이 경우에 정보를 가지고 있는 디엔에이 부분을 이른다.

엑손 뒤섞기 exon shuffling 기능이 다른 단백질을 암호화하는 새로운 유전자를 만드는 분자 메커니즘. 다른 유전자의 엑손 두 개 이상이 연결되어 새로운 엑손-인트론 구조를 만든다.

엑스-갈 X-Gal 베타-갈락토사이드 가수분해효소(β-galactosidase, EC 3.2.1.23)가 엑스-갈을 가수분해하면 아글리콘은 푸른 초록빛을 띤다. 따라서 베타-갈락토사이드 가수분해효소를 생성하는 세균을 엑스-갈을 첨가한 우무배지에 배양하면 가수분해되어 분리된 아글리콘에 의해 푸른 초록색의 콜로니를 형성하므로 쉽게 검출할 수 있다.

엑스-갈 우무배지 X-Gal agar 창자세균과(Enterobacteriaceae) 세균을 신속하게 검출하기 위한 배지에 대장균군 세균이 가지는 베타-갈락토사이드 가수분해효소를 검출하기 위한 엑스-갈을 첨가한 배지. 음식의 대장균군 검사에 쓴다. 35～37도에서 18～22시간 배양하면 대장균군 세균은 푸른색～푸른 초록색 콜로니를 형성하며 베타-갈락토사이드 가수분해효소를 가지지 않는 그람음성 세균은 흰색 콜로니를 형성한다.

엑스엘디 우무배지 XLD agar, xylose lysine desoxycholate agar 이질세균속(*Shigella*)과 살모넬라속(*Salmonella*) 세균의 선택 분리 배지. 이 배지에서는 자일로스 발효, 라이신 카복실기 떼기(lysine decarboxylation)와 황화수소생성을 볼 수 있다. 선택제인 데옥시콜산소듐은 그람양성 세균의 생장을 억제한다. 이질세균속 세균 밖의 거의 모든 창자세균이 자일로스를 발효하며 발효를 하지 않는 이질세균속 세균은 붉은색 콜로니를 형성한다. 황화수소를 생성하는 살모넬라속 세균은 자일로스를 발효하고 라이신의 카복실기를 떼어내어 중심부가 검은 붉은색 콜로니를 형성한다.

엑스엘티 4 우무배지 XLT 4 agar, xylose lysine tergitol-4 식품과 환경 시료에서 살모넬라속 세균의 선택적 구별 배지. 표면활성제인 테르기톨-4는 프로테우스속(*Proteus*) 종과 그 밖의 살모넬라속의 세균이 아닌 다른 세균의 생장을 억제한다. 살모넬라속 세균은 가운데가 검은 붉은 콜로니를 형성한다.

엑토싸이오르호도스피라과 Ectothiorhodospiraceae 세균역(Bacteria) 슈도모나스문(Pseudomonadota) 감마가변세균강(Gammaproteobacteria) 크로마튬목(Chromatiales)의 자주황 세균 과. 세포 밖에 황의 작은 방울을 형성한다. 모양은 막대, 굽은 막대 또는 나선 모양이며 편모로 움직인다. 주로 바다 환경에 살며 무산소 조건을 선호한다. 광합성을 할 수 있으며 오탄당 인산 경로에서 탄소 고정에 황 화합물을 전자 받개로 이용한다.

엔도미세스속 *Endomyces* 진핵생물역(Eukaryota) 진균계(Fungi) 자낭균문(Ascomycota) 사카로미세스강(Saccharomycetes) 사카로미세스목(Saccharomycetales) 디포다스쿠스과(Dipodascaceae)의 효모 또

는 효모 같은 속.

엔도미세스 피불리게르 *Endomyces fibuliger* '사카로미콥시스 피불리게라'(*Saccharomycopsis fibuligera*)의 옛 이름.

엔도미콥시스 부르토니이 *Endomycopsis burtonii* '히포피키아 부르토니아'(Hyphopichia burtonii)의 옛 이름.

엔도미콥시스속 *Endomycopsis* 지금은 쓰지 않는 효모의 속. 사카로미콥시스(*Saccharomycopsis*), 엔도미세스(*Endomyces*), 야로위아(*Yarrowia*), 피키아(*Pichia*) 따위의 속으로 재분류되었다.

엔도 우무배지 endo agar 희미한 분홍색을 띠는 미생물 선택배지. 주로 대장균 배지로 쓴다. 대부분의 그람음성 세균은 배지에서 잘 자라나 그람양성 세균은 억제된다.

엔로플록사신 enrofloxacin 동물의 세균 감염치료에 쓰는 반 합성 플루오로퀴놀론(fluoroquinolone) 항생물질. 주로 그람음성 세균에 폭넓은 활성을 보이나 일부 그람양성 세균에도 활성을 보인다. 개, 고양이, 새, 파충류 따위에 쓴다.

엔시페르속 *Ensifer* 세균역(Bacteria) 슈도모나스문(Pseudomonadota) 알파가변세균강(Alphaproteobacteria) 히포마이크로븀목(Hyphomicrobiales) 뿌리혹세균과(Rhizobiaceae)의 질소고정 세균 속. 콩과 식물과 공리 공생하여 공중 질소를 고정한다.

엔-아세틸무라미데이스 *N*-acetylmuramidase 뮤타노라이신.

엔에이시 우무배지 NAC agar 날리딕스산 세트리마이드 우무배지

엔지케이지 우무배지 NGKG agar 염화소듐글리신 김-고에펙트 우무배지

엔테로바이러스속 *Enterovirus* 창자바이러스속.

엔테로박터목 Enterobacteriales 세균역(Bacteria) 슈도모나스문(Pseudomonadota) 감마가변세균강(Gmmaproteobacteria)의 목.

엔테로박터 사카자키이 *Enterobacter sakazakii* '크로노박터 사카자키이'(*Cronobacter sakazakii*) 의 옛 이름.

엔테로박터 사카자키이 우무배지 *Enterobacter sakazakii* agar 엔테로박터 사카자키이(*Enterobacter sakazakii*)를 위한 선택배지.

엔테로박터속 *Enterobacter* 세균역(Bacteria) 슈도모나스문(Pseudomonadota) 감마가변세균강(Gammaproteobacteria) 엔테로박터목(Enterobacterales) 창자세균과(Enterobacteriaceae)의 그람음성 막대 모양 조건 무산소 세균 속. 흙, 물, 하수과 사람과 동물의 위창자관, 그리고 식품(우유 제품, 조개, 남새 따위)에서 발견된다. 일부 종(*Enterobacter cloacae* 따위)은 사람에게 기회감염을 일으킬 수 있다. 대부분 뷰테인다이올발효를 하며 포게스-프로스카우어 시험(Voges-Proskauer test) 양성, 메틸레드 시험(MR test) 음성이다. 기준 종은 엔테로박터 클로아카에(*E. cloacae*)이며 호흡기나 요로의 감염 세균이다. 엔테로박터 사카자키이(*E. sakazakii*)는 크로노박터 사카자키이(*Cronobacter sakazakii*)로 재분류되었다.

엔테로박터 에어로게네스 *Enterobacter aerogenes* '클렙시엘라 에어로게네스'(*Klebsiella aerogenes*)의 옛 이름.

엔테로박터 클로아카에 *Enterobacter cloacae* 세균역(Bacteria) 슈도모나스문(Pseudomonadota) 감마가변세균강(Gammaproteobacteria) 엔테로박터목(Enterobacterales) 창자세균과(Enterobacteriaceae) 엔테로박터속(*Enterobacter*)의 그람음성 막대 모양 조건 무산소 세균. 편모를 가지고 있으며 폭약의 생분해와 식물 병의 생물방제용으로 이용한다.

엔테로박터 클로아카에 아종 디솔벤스 *Enterobacter cloacae* subsp. *dissovens* 세균역(Bacteria) 슈도모나스문(Pseudomonadota) 감마가변세균강(Gmmaproteobacteria) 엔테로박터목(Enterobacterales) 창자세균과(Enterobacteriaceae) 엔테로박터속(*Enterobacter*)의 세균.

엔테로신 enterocin 약 저항 그람양성 세균인 창자알세균 파에슘(*Enterococcus faecium*)이 생산하는 박테리오신. 여러 세균의 생장을 억제하는 작은 펩타이드 항생물질이다

엔테로콕쿠스속 *Enterococcus* 창자알세균속.

엔테로톡신 enterotoxin 창자독소.

엔트너-도우도로프 경로 Entner-Doudoroff pathway 대부분 그람음성 세균(슈도모나스속, 아조토박터속, 뿌리혹세균속, 아그로세균속, 대장균 따위), 일부 그람양성 세균(창자알세균 퍼에칼리스 따위)과 고균이 포도당을 피루브산으로 분해하는 대사. 포도당 한 분자가 대사되어 에이티피 한 분자가 생산된다. 이 점이 포도당 한 분자에서 두 분자의 에이티피가 생산되는 해당과의 차이점이다. 이 경로는 보리(barley)도 이용함이 확인되었다.

엘리자베트킹기아 메닝고셉티카 *Elizabethkingia meningoseptica* 세균역(Bacteria) 박테로이데테스문(Bacteroidota) 플라보세균강(Flavobacteriia) 플라보세균목(Flavobacteriales) 플라보세균과(Flavobacteriaceae) 엘리자베트킹기아속(*Elizabethkingia*)의 그람음성 막대 모양 세균. 흙과 민물과 짠물에 널리 분포한다. 신생아에 감염하여 화농성 수막염의 원인이 되고 성인의 경우에는 심내막염을 일으킨다. 그람음성 세균 감염치료에 쓰는 여러 항생 물질에 대하여 내성이 있으며 클로르헥시딘 글루콘산염액(chlorhexidine gluconate solution)과 같은 소독제에도 저항성이 있다.

엘비9 젖산막대세균 LB9 lactobacillus 김치에서 분리한 젖산 세균.

엘비 배지 LB medium 루리아-베르타니 배지.

엘아이에이 배지 LIA medium 라이신 철 우무배지.

엘아이엠 배지 LIM medium 라이신 인돌 운동성 배지.

엘에이엠피법 LAMP assay 고리 매개 등온 증폭법(loop mediated isothermal amplication assay)의 약자.

엘 토르 El Tor, *Vibrio cholerae* str. El Tor 콜레라세균(*Vibrio cholerae*)의 한 균주. 일곱 번째 콜레라 팬데믹을 일으킨 병원체이다.

엘피엠 우무배지 LPM agar 선택성 첨가제를 넣어 리스테리아 모노시토게네스(*Listeria monocytogenes*)의 분리와 배양에 쓰는 고체배지.

엠덴-마이어호프 경로 Embden-Meyerhof pathway 해당.

엠덴-마이어호프-파르나스 경로 Embden-Meyerhof-Parnas pathway 해당.

엠아르-브이피 액체배지 MR-VP broth 메틸레드 포게스-프로스카우어 배지.

엠아르에스 우무배지 MRS agar, de Man, Rogosa and Sharpe agar 젖산막대세균속(*Lactobacillus*) 종의 분리와 생장에 쓰는 선택배지. 선택성은 비교적 약하고 류코노스톡속(*Leuconostoc*), 페디오알세균속(*Pediococcus*) 따위의 모든 젖산 세균의 생장이 가능하다. 주로 30도에서 배양하여 중온 젖산 세균의 수를 측정하는 데 쓴다.

엠아이시 MIC 최소억제농도(minimum inhibitory concentration)의 약자.

엠엘시비 우무배지 MLCB agar 살모넬라속(*Salmonella*) 세균의 선택 분리 배지. 만니톨발효, 라이신 카복실기 떼기 반응, 황화수소생성을 관찰할 수 있다. 살모넬라속 세균은 검은색 콜로니를 형성한다. 장티푸스 세균 같은 살모넬라속 세균 검사에는 적합하지 않다.

엠와이피 우무배지 MYP agar 만니톨 노른자 폴리믹신 우무배지.

엠피앤법 MPN method most probable number method(최확수법)의 약자.

여덟알세균 sarcina 알세균이 여덟 개씩 붙어 한 집단을 이루는 세균.

여덟알세균 루테아 *Sarcina lutea* '적은알세균 루테우스'(*Micrococcus lutea*)의 옛 이름.

여덟알세균 벤트리쿨리 *Sarcina ventriculi* 세균역(Bacteria) 막대세균문(Bacillota) 클로스트리듐강(Clostridia) 클로스트리듐목(Clostridiales) 클로스트리듐과(Clostridiaceae) 여덟알세균속(*Sarcina*)의 그람양성 무산소 알 세균. 여덟알세균속의 대표 종으로 곡물 씨, 흙, 진흙, 사람과 쥐의 위에서 발견된다. 우유 또는 냉장 식품을 변질시킬 수 있다.

여덟알세균속 *Sarcina* 세균역(Bacteria) 막대세균문(Bacillota) 클로스트리듐강(Clostridia) 클로스트리듐목(Clostridiales) 클로스트리듐과(Clostridiaceae)의 그람양성 무산소 알 세균 속. 여덟 개의 세포가 정육면체 모양으로 배열한 알 세균이다. 흙, 공기, 우유, 곡물, 동물과 사람의 피부와 큰창자에서 발견된다. 탄수화물을 발효하여 아세트산을 생성한다. 내산성으로 피에이치 2에서도 생존하므로 위액에서도 자란다. 대표 균종은 여덟알세균 벤트리쿨리(*Sarcina ventriculi*)이다.

여러 고리 방향족 탄화수소 polycyclic aromatic hydrocarbon 여러 개의 방향족 고리로 연결된 유기화합물. 두 개의 방향족 고리가 있는 나프탈렌과 바이페닐, 세 개의 방향족 고리가 있는 안트라센과 페난트렌, 네 개의 방향족 고리가 있는 테트라센과 피렌(pyrene), 다섯 개의 방향족 고리가 있는 벤조피렌 따위가 있다. 무색의 극성 또는 무극성 화합물로 유기물질의 불완전 연소로 생성되며 검댕, 콜타르, 담배연기, 바비큐 고기 따위에서 발견된다. 일부는 발암물질로 알려져 있다.

여러 항생물질 저항성 multiple antibiotic resistance 하나의 미생물이 여러 종류의 항생물질 작용에 대하여 버티는 성질.

여름양송이 banded agaric, *Agaricus bitorquis* 진핵생물역(Eukaryota) 진균계(Fungi) 담자균문(Basidiomycota) 주름버섯강(Agaricomycetes) 주름버섯목(Agaricales) 주름버섯과(Agaricaceae) 주름버섯속(*Agaricus*)의 먹는 버섯. 갓은 지름 4~15센티미터로 봉긋하거나 편평하고 희거나 누르스름하다. 정원과 아스팔트 길가에서 아스팔트 콘크리트를 뚫고 난다. 북아메리카, 아시아와 호주에 분포한다. 일반 양송이보다 높은 온도에서도 잘 자란다. 인공 재배한다.

역(域) domain 생물 분류 체계(역, 계, 문, 강, 과 속)에서 가장 높은 단계의 계급. 계(kingdom) 바로 위에 있다. 생물은 진핵생물역(Eukarya), 세균역(Bacteria) 과 고균역(Archaea)의 세 역으로 나뉜다.

역모균강(逆毛菌綱) Hyphochytridiomycetes 진핵생물역(Eukaryota) 역모균문(Hyphochytriomycota)의 강.

역모균과(逆毛菌科) Hyphochytriaceae 진핵생물역(Eukaryota) 역모균문(Hyphochytriomycota) 역모균강(Hyphochytridiomycetes) 역모균목(Hyphochytriales)의 과.

역모균목(逆毛菌目) Hyphochytriales 진핵생물역(Eukaryota) 역모균문(Hyphochytriomycota) 역모균강(Hyphochytridiomycetes)의 목.

역모균문(逆毛菌門) Hyphochytridiomycota 진핵생물역(Eukaryota)의 문.

역병곰팡이 late blight, *Phytophthora infestans* 진핵생물역(Eukaryota) 유색조식물계(Chromista) 난균강(Oomycetes) 난균문(Oomycota) 페로노스포라목(Peronospolales) 페르노스포라과(Peronosporaceae)의 곰팡이. 감자와 토마토에 저온, 습한 조건에서 발생한다.

역전사 효소(逆轉寫酵素) reverse transcriptase 아르엔에이를 틀로 상보 디엔에이합성을 촉매하는 효소. 레트르바이러스 안에 있다.

역학(疫學) epidemiology 어느 지역이나 집단에서 일어나는 질병의 원인이나 감염 또는 전염 과정을 연구하는 학문. 감염병 또는 전염병 발생, 유행, 종식에 미치는 조건을 밝혀 감염병 또는 전염병의 예방과 치료를 연구한다. 최근에는 재해나 공해 따위의 문제도 다룬다.

연부병(軟腐病) soft rot 무름병.

연속 발효(連續醱酵) continuous fermentation 연속배양으로 이루어지는 발효.

연속 배양(連續培養) continuous culture 미생물 배양 때 최고 생장 속도 안에서 배양액을 일정한 부피로 첨가하고 같은 양을 배출하여 항상 평형 상태를 유지하는 방식의 배양. 배치 배양보다 미생물의 증식속도나 탄소 기질의 이용속도가 빠르며 생산성이 향상되는 이점이 있으나 장기간의 연속조작으로 잡균오염이나 미생물의 변이 따위에 따른 장해가 있을 수 있으며 생산물의 낮은 농도 같은 단점도 있어 효모 균체 생산, 알코올 발효, 활성오니에 의한 하수처리 따위의 배양에 이용한다. 이 방법으로 이루어지는 발효를 연속발효라고 한다.

연속 살균(連續殺菌) continuous sterilization 식품을 판형 열교환기 또는 살균장치를 이용하여 가열하여 미생물을 죽이고 이어서 냉각하는 과정이 연속으로 이루어지는 방식. 우유나 음료 따위는 용기에 담기 전에 열교환기로 가열살균과 냉각 하는 방식을 쓴다. 식품을 용기에 담아서 밀봉한 뒤 살균장치 안으로 이동하면서 연속으로 가열살균하는 방식도 있다. 판형 파스퇴르살균, 스토르크 초고온살균, 연속수압살균 따위가 있다.

연속 살균기(連續殺菌器) continuous sterilizer 통조림을 연속 살균하는 장치.

연속 수압 살균기(連續水壓殺菌器) continuous hydrostatic sterilizer 일정한 온도의 정수압을 이용하여 통조림 따위의 살균에 쓰는 장치. 살균기 안으로 이동하는 통조림이나 병조림은 일정 시간 동안 정수압으로 정한 온도(120~140도)에서 살균처리를 받게 되며 컨베이어를 통해 나오면서 서서히 찬물로 식힌다.

연속 증류기(連續蒸溜器) continuous still 술덧을 연속으로 공급하면서 스팀으로 알코올을 분획 증류하여 응축하는 장치. 두 개의 관으로 되어있다. 첫 관은 스팀은 밑에서 위로 올라오고 술덧은 위에서 밑으로 흐르도록 만든 것이고 두 번째 관은 술덧에서 나온 알코올을 되풀이하여 순환시키면서 얻고자 하는 농도까지 농축하는 장치이다. 얻을 수 있는 최대 알코올 함량은 95퍼센트이다.

연쇄구균(連鎖球菌) streptococcus 사슬알세균.

열내성 대장균군(熱耐性大腸菌群) thermotolerant coliform '똥대장균군'을 달리 이르는 말.

열데술포세균문 Thermodesulfobacteriota 세균역(Bacteria)의 문.

열모노스포라과 Thermomonosporaceae 세균역(Bacteria) 바퀴살세균문(Actinomycetota) 바퀴살세균강(Actinomycetia) 스트렙토스포란기아목(Streptosporangiales)의 과. 그람음성 산소 세균이다.

열모노스포라속 *Thermomonospora* 세균역(Bacteria) 바퀴살세균문(Actinomycetota) 바퀴살세균강(Actinomycetia) 스트렙토스포랜지아목(Streptosporangiales) 열모노스포라과(Thermomonosporaceae)의 그람양성 호열성 실 모양의 산소 세균 속. 흙에 살며 일부 종에서 내열성 단백질 가수분해효소를 얻는다.

열무산소박터속 *Thermoanaerobacter* 세균역(Bacteria) 막대세균문(Bacillota) 클로스트리듐강(Clostridia) 열무산소박터목(Thermoanaerobacterales) 열무산소세균과(Thermoanaerobacteriaceae)의 그람양성 호열성 막대 모양 무산소 세균의 속. 일부 종에서 내열성 단백질 가수분해효소를 얻는다.

열무산소세균과(熱無酸素細菌科) Thermoanaerobacteriaceae 세균역(Bacteria) 막대세균문(Bacillota) 클

로스트리듐강(Clostridia) 열무산소박터목(Thermoanaerobacterales)의 과.

열무산소세균속 *Thermoanaerobacterium* 세균역(Bacteria) 막대세균강(Bacillota) 클로스트리듐강(Clostridia) 열무산소박터목(Thermoanaerobacterales) 열무산소세균과(Thermoanaerobacteraceae)의 그람양성 호열성 막대 모양 무산소 세균 속.

열무산소세균 열사카롤리티쿰 *Thermoanaerobacterium thermosaccharolyticum* 세균역(Bacteria) 막대세균강(Bacillota) 클로스트리듐강(Clostridia) 열무산소세균목(Thermoanaerobacterales) 열무산소세균과(Thermoanaerobacteriaceae) 열무산소세균속(*Thermoanaerobacterium*)의 그람양성 호열성 막대 모양 무산소 세균. 내열성 단백질 가수분해효소를 생산한다.

열미세스 라누기노수스 *Thermomyces lanuginosus* 진핵생물역(Eukaryota) 진균계(Fungi) 자낭균문(Ascomycota) 분가지버섯강(Eurotiomycetes) 분가지버섯목(Eurotiales) 열미세스속(*Thermomyces*)의 곰팡이. 과는 정해진 것이 없다. 생장 온도는 50도 이상이며 생장에 산소를 요구하고 헤미셀룰로스를 분해한다. 라이페이스, 아밀레이스, 자일란 가수분해효소, 피트산 가수분해효소, 키틴 가수분해효소, 내열 단백질 가수분해효소 따위를 얻는다.

열미세스속 *Thermomyces* 진핵생물역(Eukaryota) 진균계(Fungi) 자낭균문(Ascomycota) 분가지버섯강(Eurotiomycetes) 분가지버섯목(Eurotiales)의 호열 곰팡이 속.

열 민감 창자독소 heat-labile enterotoxin 높은 열에 민감하여 열에 노출되면 활성을 잃는 독소. 대장균의 열 민감 창자 독소와 콜레라세균의 콜레라독소가 있다.

열 배 묽힘 decimal dilution 시료 액을 한 번에 열 배씩 잇대어 묽게 함. 우무배지로 세균 수를 측정할 때 측정에 적합한 농도가 될 때까지 시료 액을 한 번에 열 배씩 묽게 하는 것이다.

열수구(熱水□) hydrothermal vent ① 따뜻한 물 또는 뜨거운 물(270~380도)이 수 킬로미터의 바나 밑의 지각으로부터 스며 나오는 곳. 이곳에서 나온 열수는 황화물을 많이 함유하고 있어 화학 독립영양세균이 번성하여 이를 바탕으로 여러 동물이 사는 특수한 생태계를 이룬다. ② 화산 물질이 뿜어져 나오는 땅 표면의 출구. 지구의 내부 열로 뜨거운 물을 뿜어낸다.

열수 세균(熱水細菌) hydrothermal bacterium 온천, 열수구 따위와 같은 고온 열수에서 자라는 세균.

열아스쿠스과 Thermoascaceae 진핵생물역(Eukaryota) 진균계(Fungi) 자낭균문(Ascomycota) 분가지버섯강(Eurotiomycetes) 분가지버섯목(Eurotiales)의 과.

열아스쿠스속 *Thermoascus* 진핵생물역(Eukaryota) 진균계(Fungi) 자낭균문(Ascomycota) 분가지버섯강(Eurotiomycetes) 분가지버섯목(Eurotiales) 열아스쿠스과(Thermoascaceae)의 호열성 실 모양의 곰팡이. 흙에 살며 내열성 자낭 홀씨를 만든다. 내열성 가수분해 효소, 바이오 연료 따위를 생산한다. 이 속의 기준 종은 열아스쿠스 아우란티아쿠스(*T. aurantiacus*)이다.

열아스쿠스 아우란티아쿠스 *Thermoascus aurantiacus* 진핵생물역(Eukaryota) 진균계(Fungi) 자낭균문(Ascomycota) 분가지버섯강(Eurotiomycetes) 분가지버섯목(Eurotiales) 열아스쿠스과(Thermoascaceae) 열아스쿠스속(*Thermoascus*)의 곰팡이. 강한 셀룰로스 분해 활성이 있으며 여러 글리코사이드 가수분해효소 생산에 쓴다.

열알고균강 Thermococci 고균역(Archaea) 에우리고균계(Euryarchaeota) 에우리고균문(Euryarchaeota)의 강.

열알고균과 Thermococcaceae 고균역(Archaea) 에우리고균계(Euryarchaeota) 에우리고균문(Euryarchaeota) 열알고균강(Thermococci) 열알고균목(Thermococcales)의 과. 열수구에서 발견되는 절대 무산소 고균이다.

열알고균목 Thermococcales 고균역(Archaea) 에우리고균계(Euryarchaeota) 에우리고균문(Euryarchaeota) 열알고균강(Thermococci)의 목.

열저항 세균(熱抵抗細菌) heat-resistant bacterium 열에 대한 예민도가 낮은 세균. 열에 저항성이 가장 큰 세균은 호열 세균이고 다음이 중온 세균이다. 저온 세균은 열 저항성이 가장 낮다. 홀씨 형성 세균은 홀씨를 형성하지 않는 세균보다 열에 저항성이 크다. 그람양성 세균은 그람음성 세균보다 열 저항성이 크다. 알세균은 막대세균보다 열 저항성이 크다.

열저항 진균(熱抵抗眞菌) heat-resistant fungus 자낭 홀씨(ascospore)를 형성하여 70도에서 30분 가열에도 죽지 않고 견디는 진균. 이들은 낮은 피에이치나 낮은 수분 활성도에서도 자랄 수 있으므로 통조림, 병조림 따위의 파스퇴르 살균한 산성식품의 변질 원인이 된다. 비소클라미스속(*Byssochlamys*), 네오사르토리아속(*Neosarthrya*), 탈라로미세스 플라부스(*Talaromyces flavus*) 따위가 있다.

열 충격(熱衝激) heat shock 미생물이나 생물 세포를 정상 생장 온도 범위 이상의 높은 온도에 잠깐 노출하는 일. 세포는 고온 스트레스 효과에 맞서 세포를 보호하는 단백질을 합성한다.

열 충격 단백질(熱衝激蛋白質) heat shock protein 생물이 갑자기 온도가 올라가는 스트레스에 반응하여 이의 합성이 조절되는 단백질. 높은 온도에서 생물의 생존과 관계가 있다. 열 충격 단백질은 분자량에 따라 이름을 붙인다. 크기가 60, 70과 90킬로돌턴인 경우 Hsp60, Hsp70과 Hsp90이라고 한다. 여기에서 Hsp는 heat shock protein의 첫 글자를 나타낸다. 일부 열 충격 단백질은 샤페론(chaperone)이다.

열 충격 반응(熱衝激反應) heat shock response 열충격으로 유도되는 생물의 전이와 번역의 활성 변화. 세포, 조직, 생물을 직접 죽이지 않을 정도의 고온에 노출하면 고온에서 세포를 보호하려는 여러 반응이 일어난다. 열충격 반응에서는 열 충격 단백질의 합성 유도가 대표적인 반응이다.

열탕 소독(熱湯消毒) hot water disinfection 끓는 물로 해로운 미생물을 죽이거나 활성을 억제함.

열토가강 Thermotogae 세균역(Bacteria) 열토가문(Thermotogota)의 유일한 강.

열토가과 Thermotogaceae 세균역(Bacteria) 열토가문(Thermotogota) 열토가강(Thermotogae) 열토가목(Thermotogales)의 한 과.

열토가 네아폴리타나 *Thermotoga neapolitana* 세균역(Bacteria) 열토가문(Thermotogota) 열토가강(Thermotogae) 열토가목(Thermotogales) 열토가과(Thermotogaceae) 열토가속(*Thermotoga*)의 그람음성 초호열 막대 모양 세균. 주변 세포질 세포벽이 두꺼운 것이 특징이며 생장 온도 범위는 50~95도이며 최적 온도는 77도이다, 이탈리아 온천수에서 처음 발견되었다. 단순 탄수화물과 복합 탄수화물을 대사할 수 있으며 글리코사이드 가수분해효소를 포함하는 여러 효소를 생산한다.

열토가 마리티마 *Thermotoga maritima* 세균역(Bacteria) 열토가문(Thermotogota) 열토가강(Thermotogae) 열토가목(Thermotogales) 열토가과(Thermotogaceae) 열토가속(*Thermotoga*)의 호열세균. 철철 수소화 효소([FeFe]-hydrogenases)를 가지고 있어 여러 가지 탄수화물에서 수소가스를 생산한다. 단순 탄수화물과 복합 탄수화물을 대사할 수 있으며 글리코사이드 가수분해효소를 포함하는 여러 효소를 생산한다.

열토가목 Thermotogales 세균역(Bacteria) 열토가문(Thermotogota) 열토가강(Thermotogae)의 목.

열토가문 Thermotogota 세균역(Bacteria)의 문. 그람음성 무산소이며 대부분 호열성과 초호열세균이다.

열토가속 *Thermotoga* 세균역(Bacteria) 열토가문(Thermotogota) 열토가강(Thermotogae) 열토가목(Thermotogales) 열토가과(Thermotogaceae)의 초호열 무산소 세균. 세포 밖에 토가(toga)라고 하는 주머니 모양의 외막이 있다.

열풍 살균기(熱風殺菌器) hot air sterilizer 열 저항 물질에 있는 세균, 곰팡이와 바이러스를 뜨거운 공기로 죽이는 장치. 고온 열풍을 강제순환하는 방식을 쓴다.

열프로테우스강 Thermoprotei 고균역(Archaea) 가변고균계(Proteoarchaeota) 열프로테오문(Thermoproteota)의 강.

열프로테우스과 Thermoproteaceae 고균역(Archaea) 가변고균계(Proteoarchaeota) 열프로테오문(Thermoproteota) 열프로테우스강(Thermoprote) 열프로테우스목(Thermoproteales)의 과.

열프로테우스목 Thermoproteales 고균역(Archaea) 가변고균계(Proteoarchaeota) 열프로테오문(Thermoproteota) 열프로테우스강(Thermoprote)의 목.

열프로테우스문 Thermoproteota 고균역(Archaea) 가변고균계(Proteoarchaeota)의 문. 바다 환경에 가장 풍부한 고균이다. 그람음성이고 모양은 막대, 알, 실 또는 특이한 모양 따위로 다양하다. 호열성 또는 초호열성으로 113도에서도 자랄 수 있다. 이 문의 특성을 잘 나타내는 고균은 이탈리아 황산 온천(온도 80도, 피에이치 2~4)에서 발견된 술폴로부스 솔파타리쿠스(*Sulfolobus solfataricus*)이다.

열플라스마목 Thermoplasmatales 고균역(Archaea) 메테인생성호염고균계(Euryarchaeota) 메테인생성 호염고균문(Euryarchaeota) 테르모플라스마강(Thermoplasmata)의 목. 호산성으로 최적 피에이 치는 2 이하이다. 많은 종은 세포벽이 없다.

염색분체(染色分體) chromatid 세포가 분열할 때 염색체가 세로로 갈라진 두 개의 실 같은 가닥의 각각. 각각은 디엔에이의 이중 나선 구조를 가진다. 두 자매 염색분체는 염색체의 동원체에서 서로 결합한다.

염색질(染色質) chromatin 세균을 제외한 진핵세포에 있는 염색체를 구성하는 물질. 단백질(히스톤), 디엔에이와 아르엔에이의 복합체이다. 염색질을 이루는 기본 구조 단위는 뉴클레오솜이다.

염색체(染色體) chromosome 대부분 세포의 핵에서 발견되는 핵산과 단백질로 된 실 같은 구조. 유전자 형태로 유전정보를 운반한다.

염생세균(鹽生細菌) halobacterium 높은 염 농도를 요구하고 염호(salt lake)와 같은 곳에서 사는 고균. 산소 대사를 하는 막대 또는 알 모양이고 콜로니는 붉은빛 또는 핑크빛이다.

염소계살균제(鹽素係殺菌劑) chlorine releasing antimicrobial agent 유효성분으로 하이포아염소산(hypochlorous acid)을 함유하는 살균제. 하이포염소산은 수용액으로만 존재하며 분해하면 산소를 내면서 염소와 염소산으로 변한다. 하이포염소산의 소듐염 또는 칼슘염, 염산 또는 식염수를 전기분해하여 얻는 하이포아염소산수 따위가 있다. 모두 식품첨가물로 하이포염소산염은 과일과 남새 따위의 살균 소독제로 쓰며, 하이포아염소산수는 식품 조리와 판매용 기구, 우유 가공용 기구, 식품 제조 가공용 기구, 식품 소분용 기구 따위의 살균소독에 쓴다.

염소 소독(鹽素消毒) chlorine disinfection 염소를 써서 세균이나 바이러스를 죽임. 상하수도, 풀, 목욕시설, 식품 제조설비, 기기, 환경 따위의 소독에 쓴다. 가장 널리 쓰는 염소 소독제는 하이포염소산염(hypochlorite)이다.

염화리튬 페닐에탄올 목사락탐 우무배지 lithium chloride phenylethanol moxalactam agar 엘피엠(LPM) 우무배지.

염화소듐 글리신 김-고에펙트 우무배지 NaCl glycine Kim and Goepfect agar 식품의 막대세균 세레우스(*Bacillus cereus*)를 주로 검출하기 위한 선택 분리 배지. 선택제인 폴리믹신 비(polymyxin B)는 그람음성 세균의 발육을 억제한다. 막대세균 세레우스는 주변이 불규칙하며 광택이 없는 흰색 콜로니를 형성하고 주위는 달걀노른자 반응(egg-yolk reaction)으로 고리 모양의 혼탁한 핑크빛 또는 붉은색을 띤다.

엿기름 우무배지 malt agar, malt extract agar 엿기름 추출물, 포도당, 펩톤을 물에 녹이고 우무로 굳힌 우무배지. 주로 진균 배양에 쓴다. 산성 배지로 부분의 세균은 억제되고 효모와 곰팡이의 생장을 돕는다. 병의 진단으로는 쓰지 않는다.

엿기름즙 wort 엿기름 담금 과정에서 뽑아낸 액체. 주성분은 발효 당(엿당, 말토트라이오스)이며 그 밖에 아미노산, 단백질 따위를 가지고 있다. 발효 당은 알코올 생산에, 아미노산은 효모 생장에 질소원으로 그리고 단백질은 맥주 거품 생성과 향미에 영향을 준다.

엿기름 추출물 malt extract 담금 과정에서 얻는 엿기름즙의 농축액 또는 가루.

영양배지(營養培地) nutrient medium 고기 또는 어육의 추출물을 사용하는 세균 배지의 하나. 주로 부생유기 영양 세균의 배양에 쓴다. 보통 시판하는 세균용 영양배지로는 고기 추출액 0.3퍼센트에 펩톤 0.5퍼센트, 때에 따라서는 효모 추출물 0.5퍼센트, 소금 0.8퍼센트를 더하여 피에이치 7 정도로 조정한 것을 쓴다. 여기에 우무를 첨가하여 고체배지로 쓰기도 한다.

영양 우무배지 nutrient agar 여러 가지 영양분이 들어있어 일반 세균을 배양하는 데 쓰는 비 선택 고체배지. 일반 세포 수 측정에 쓴다.

영양 세포(營養細胞) vegetative cell 말무리, 곰팡이, 효모, 세균 따위에서 활발히 대사를 행하는 체세포 또는 증식하는 세포를 홀씨와 같은 휴면 세포에 상대하여 이르는 말.

영양 요구(營養要求) nutritional requirement 생장에 필요한 특정 영양소를 합성하는 능력이 없어 그 영양소를 밖에서 공급받아야 자랄 수 있는 성질.

영양요구성(營養要求性) auxotrophy 생물이 생장에 필요한 특정 영양소를 합성할 수 있는 능력이 없음.

영지(靈芝) lingzhi 불로초.

예르시니아속 *Yersinia* 세균역(Bacteria) 슈도모나스문(Pseudomonadota) 감마가변세균강(Gammaproteobacteria) 엔테로박터목(Enterobacterales) 예르시니아과(Yersiniaceae)의 그람음성 둥근 짧은 막대 조건 무산소 세균 속. 흙, 물과 동물의 창자관에 산다. 저온(1도에서 4도)에서 생육은 느리나 증식은 가능하다. 37도에서는 운동성이 없고 30도 이하에서는 주변 편모로 운동성을 보인다. 일부 종은 사람에게 병원체이며 페스트(흑사병)을 일으키는 페스트세균(*Yersinia pestis*)은 특이하게 항상 비운동성이다. 갈락토스를 대사하며 혼합 산 발효를 한다. 산화효소 음성, 카탈레이스 양성이며 대부분 질산염을 아질산염으로 환원한다. 포도당을 비롯한 탄수화물을 발효하여 산을 생성하며 가스는 생성하지 않거나 소량 생성한다. 예르시니아속는 주로 쥐를 통하여 감염된다.

예르시니아 슈도투베르콜로시스 *Yersinia pseudotuberculosis* 유사 결핵세균.

예르시니아 엔테로콜리티카 *Yersinia enterocolitica* 세균역(Bacteria) 슈도모나스문(Pseudomonadota) 감마가변세균강(Gammaproteobacteria) 엔테로박터목(Enterobacterales) 창자세균과(Enterobacteriaceae) 예르시니아속(*Yersinia*)의 세균. 주로 돼지, 소, 양, 말, 개, 고양이 따위의 젖먹이동물, 개구리, 물고기 따위에서 발견된다. 저온에서 자랄 수 있으며 보균

동물의 배설물로 오염된 식품이나 물을 먹어 감염되면 예르시니아증을 일으킨다.

예르시니아증 yersiniosis 창자세균과(Enterobacteriaceae)의 예르시니아 엔테로콜리티카(*Yersinia enterocolitica*) 또는 유사 결핵 세균(*Y. pseudotuberculosis*)이 사람과 동물에 일으키는 음식매개병. 보균동물의 똥으로 오염된 식품이나 이차로 오염된 식품을 먹어 감염된다. 중독. 설사, 구토, 발열, 복통을 동반하는 위장 장애를 일으킨다. 열에 대한 저항성은 약하고 55도에서 10~15분 가열로 죽는 반면 4도 이하에서도 발육이 가능한 저온 세균이므로 냉장보존에는 주의하여야 한다.

예측미생물학(豫測微生物學) predictive microbiology 미생물 생장과 생존에 영향을 주는 여러 화학적, 물리적 그리고 생물학적 인자를 수식 모델을 써서 결정하는 일을 연구하는 학문.

오가와 3퍼센트 배지 Ogawa 3% medium 미코세균속(*Mycobacterium*)의 동정과 배양에 쓰는 배지.

오갈피술 ogaslpi-sul 오갈피를 삶은 물에 쌀밥과 누룩을 섞어 빚은 술.

오-나이트로페닐-베타-디-갈라토피라노사이드 엑체배지 *O*-nitophenyl-β-D-galactopyranoside broth 오엔피지(ONPG) 액체배지.

오니게나과 Onygenaceae 진핵생물역(Eukaryota) 진균계(Fungi) 자낭균문(Ascomycota) 분가지버섯강(Eurotiomycetes) 오니게나목(Onygenales)의 진균 과.

오니게나목 Onygenales 진핵생물역(Eukaryota) 진균계(Fungi) 자낭균문(Ascomycota) 분가지버섯강(Eurotiomycetes)의 진균 목. 주로 동물에서 발견되며 케라틴을 분해할 수 있다. 많은 종은 이형(dimorphic)으로 환경조건에 따라 곰팡이에서 효모로 바뀐다.

오드비 eau de vie '브랜디'를 이르는 프랑스 말.

오레오마이신 Aureomycin '클로르테트라사이클린'의 상품명.

오렌지 껄걸이 그물버섯 orange birch bolete, *Leccinum versipelle* 진핵생물역(Eukaryota) 진균계(Fungi) 담자균문(Basidiomycota) 주름균강(Agaricomycetes) 그물버섯목(Boletales) 그물버섯과(Boletaceae) 껄껄이그물버섯속(*Leccinum*)의 먹는 버섯. 갓은 지름 4~21센티미터로 둥근 산 모양이며 황갈색이다. 여름에서 가을 사이에 숲속 땅에 홀로 또는 모여 난다. 한국, 일본, 중국, 시베리아, 유럽, 북아메리카에 분포한다.

오로볼 orobol 3',4',5,7-테트라하이드록시아이소플라본. 아이소플라본의 5,7,3'과 4' 위치의 수소가 수산기로 바뀐 화합물이다. 염증 억제제, 라디칼 제거제, 식물과 곰팡이의 대사 물질 따위의 역할이 있다.

오르테르바이러스목 Ortervirales 리보바이러스역(Riboviria) 파라르나바이러스계(Pararnavirae) 아르트베르바이러스문(Artverviricota)의 목.

오르토나바이러스계 Orthornavirae 리보바이러스역(Riboviria)의 계.

오르토믹소바이러스과 Orthomyxoviridae 리보바이러스역(Riboviria) 오르토르나바이러스계(Orthornavirae) 인스토바이러스강(Insthoviricetes) 아르티쿨라바이러스목(Articulavirales)의 바이러스 과.

오르토폭스바이러스속 *Orthopoxvirus* 밤포드바이러스계(Bamfordvirae) 뉴클레오시토바이러스문(Neucloсytoviricota) 폭케스바이러스강(Pokkesviricetes) 키토바이러스목(Chitovirales) 폭스바이러스 과(Poxviridae)의 속. 자연 숙주는 젖먹이동물과 사람을 포함한 등뼈동물과 마디발동물이다. 이 속과 관련한 병으로는 마마, 우두 따위가 있다. 백신 개발로 마마는 1977년 전 세계에서 사라졌다.

오리엔티아 츠츠가무시 *Orientia tsutsugamushi* 세균역(Bacteria) 슈도모나스문(Pseudomonadota) 알파가변세균강(Alphaproteobacteria) 리케차목(Rickettsiales) 리케차과(Rickettsiaceae) 오리엔티아속(*Orientia*)의 그람 음성 세균. 진드기의 기생 세균이다. 사람이 이 세균에 감염된 진드기에 물리면 법정 3급 감염병인 츠츠가무시증이 일어난다.

오발주(烏髮酒) obalju 쌀에 하수오, 인삼, 우슬, 구기자, 당귀, 지황, 천문동, 맥문동 가루와 누룩을 넣어 빚은 술. 흰머리 칼을 검게 하는 술이라는 뜻이다.

오베숨세균속 *Obesumbacterium* 세균역(Bacteria) 슈도모나스문(Pseudomonadota) 감마가변세균강(Gammaproteobacteria) 엔테로박터목(Enterobacterales) 하프니아과(Hafniaceae)의 그람음성 막대 모양 무산소 세균 속.

오베숨세균 프로테우스 *Obesumbacterium proteus* 세균역(Bacteria) 슈도모나스문(Pseudomonadota) 감마가변세균강(Gammaproteobacteria) 창자세균목(Enterobacterales) 하프니아과(Hafniaceae) 오베숨세균속(*Obesumbacterium*)의 그람음성 세균. 맥주를 제조할 때 맥아즙이 이 세균으로 오염되면 이취와 나이트로사민을 생산한다.

5-브로모-4-염화-3-인돌일-베타-디-갈락토피라노사이드 5-bromo-4-chloro-3-indolyl-β-D-galactopyranoside 엑스-갈.

오에노알세균속 *Oenococcus* 세균역(Bacteria) 막대세균문(Bacillota) 막대세균강(Bacilli) 젖산막대세균목(Lactobacillales) 젖산막대세균과(Lactobacillaceae)의 그람양성 알 모양의 무산소 젖산 세균 속. 디(D)형 젖산을 생성한다. 과거에 류코노스톡 오에노스(*Leuconostoc oenos*)로 분류되었던 종을 기준 종으로 하여 이 속이 새로 만들어지고 오에노알세균 오에니로 바뀌었다. 기준 종은 오에노알세균 오에니(*Oenococcus oeni*)이다.

오에노알세균 오에니 *Oenococcus oeni* 세균역(Bacteria 막대세균문(Bacillota) 막대세균강(Bacilli) 젖산막대세균목(Lactobacillales) 젖산막대세균과(Lactobacillaceae)의 오에노알세균속(*Oenococcus*)의 그람양성 세균. 오에노알세균속의 유일한 세균이다. 포도주 제조에서 말산-락트산 발효 끝에 작용한다.

오에노콕쿠스속 *Oenococcus* 오에노알세균속.

오에프 배지 OF medium oxidative-fermentative medium(산화발효 배지)의 약자.

오엔피지 액체배지 ONPG broth 비브리오속(*Vibrio*) 세균의 분리에 쓰는 액체배지. 오엔피지(ONPG)는 베타-갈락토사이드 가수분해효소 활성을 검출하기 위한 기질이다. 오엔피지는 무색이나 베타-갈락토사이드 가수분해효소의 작용으로 갈락토스와 오쏘-나이트로페놀로 가수분해되어 노란색을 띤다.

오오스포라속 *Oospora* '스트렙토미세스속'(*Streptomyces*)의 옛 이름.

오존 살균 ozone sterilization 오존 수(ozone water) 또는 오존 가스로 식품 처리, 저장과 가공에서 세균과 바이러스를 죽임. 오존과 수분과 반응하여 생성된 수산기가 세포벽을 산화하여 미생물을 죽인다. 오존 살균은 그람음성 세균 특히 대장균군 세균과 식품공장의 주된 오염 세균인 젖산 세균에 효과가 크다. 오존 처리 뒤에는 모두 산소로 되어 잔류하는 일이 없으므로 식품공장 따위의 살균에 적합하다.

오카라민 okaramin 아스페르길루스 피지엔시스(*Aspergillus fijiensis*)가 생산하는 일종의 이차 대사산물.

오크리톡신 ochratoxin 아스페르길루스 오크라세우스(*Aspergillus ochraceus*), 아스페르길루스 카르보나리우스(*A. carbonarius*)와 푸른곰팡이 비리디카툼(*Penicillium viridicatum*)이 생산하는 곰팡이독소. 오크라톡신 에이(A), 비(B), 시(C)가 알려져 있고 이 가운데 에이(A)의 독성은 다른 것의 1,000배 이상으로 콩팥 장애를 일으키는 발암성 물질이다. 오크라톡신 에이는 곡류, 커피, 마른 과일, 적포도주 따위에서 발견된다.

오토클레이브 autoclave 살균에 쓰는 내열, 내압 밀폐용기. 포화수증기 압력(게이지 압으로 제곱센티미터당 2.1킬로그램 이상)으로 얻는 높은 온도에서 살균할 수 있는 장치로서 두꺼운 강철이나 스테인리스강 따위로 만든다. 내부에 물을 넣고 가열하여 스팀을 발생하거나 직접 내부에 포화 스팀을 보내어 일정한 압력(제곱센티미터당 1.1킬로그램, 약 121도)에 도달하게 하여 살균한다.

오토클레이브 살균 autoclave sterilization 고압증기 살균.

오페론 operon 세균에서 대사 경로의 효소를 암호화하는 유전자가 디엔에이 위에서 그룹을 형성하고 이들이 단일한 전령아르엔에이로 전사되는 유전자 구성의 하나. 하나의 프로모터(promoter)가 조절하여 하나의 전령아르엔에이에 전사된 뒤 다시 개개의 단백질로 번역된다. 작동 유전자, 조절 유전자, 구조 유전자 따위가 일률적으로 조절하는 유전자 집단으로 대표적인 것으로는 젖당 오페론이 있다.

오항원 O antigen 대장균이나 살모넬라속(*Salmonella*) 따위의 그람음성 세균의 겉면 지방질다당류. 세포벽 항원이며 지방질다당류를 구성하는 오-특이곁사슬의 당 종류, 배열 따위에 따라 항원 특이성이 결정된다. 오항원은 내열성이며 에탄올이나 1노말 염산 용액 처리로 활성을 잃지 않는다.

옥사실린 oxacillin 그람양성 세균 감염 치료에 쓰는 페니실린 베타-락탐 항생물질. 페니실린 저항 누런 포도알 세균 처리에 쓴다.

옥살로박터과 Oxalobacteraceae 세균역(Bacteria) 슈도모나스문(Pseudomonadota) 베타가변세균강(Betaproteobacteria) 부르크홀데리아목(Burkholderiales)의 그람음성 세균 과. 세균 모양은 굽은 또는 곧은 막대 모양이며 절대 산소, 절대 무산소 그리고 질소고정 세균을 포함한다.

옥살산 발효 oxalic acid fermentation 곰팡이를 이용하여 당에서 옥살산을 생산하는 발효. 생산 균주는 아스페르길루스속, 푸른곰팡이속, 거미줄곰팡이속, 목재 부후 곰팡이 따위가 있다.

옥솔린산 oxolinic acid 일본에서 개발한 퀴놀론 항생물질. 디엔에이 기레이스(DNA gyrase, EC 5.99.1.3)의 작용을 억제한다. 소, 돼지와 가금의 세균 감염치료에 쓴다.

옥수수 깜부기 곰팡이 corn smut fungus, *Ustilago maydis* 진핵생물역(Eukaryota) 진균계(Fungi) 담자균문(Basidiomycota) 깜부기균강(Usitilaginomycetes)

깜부기균목(Usitilaginales) 깜부기균과(Ustilaginaceae) 깜부기균속(*Ustilago*)의 곰팡이. 옥수수 씨방에 감염하면 옥수수 알갱이는 부풀어 종양 같은 혹이 되는 옥수수 깜부깃병(corn smut)을 일으킨다.

옥수수 깜부깃병 corn smut 옥수수에 깜부기균과(Ustilaginaceae)의 옥수수깜부기곰팡이(*Ustilago maydis*)가 씨방에 감염하여 일으키는 병. 주로 이삭, 잎과 줄기에 발생하며 감염 부위는 비정상으로 커져 큰 혹으로 변하고 나중에 혹이 터져 검은 가루의 홀씨가 나온다. 깜부깃병에 걸린 옥수수는 수율이 떨어지며, 이 병에 걸린 옥수수는 식용이나 사료용으로 쓸 수 없다.

옥수수 침지액 corn steep liquor 약호 CSL 옥수수 습식 도정에서 옥수수를 아황산 용액에 담근 액을 진하게 졸인 액. 고형물은 50~60퍼센트로 젖산과 피트산이 많고 그 밖에 아미노산, 단백질, 펩타이드, 탄수화물, 바이타민, 무기질 따위가 들어있다. 미생물을 이용한 효소, 다당류, 항생 물질 따위의 생산에 발효 기질로 쓴다.

옥스퍼드 우무배지 Oxford agar 똥이나 임상 시료로부터 리스테리아 모노시토게네스(*Listeria monocytogenes*)의 선택 분리 배지. 우유나 우유 제품을 포함하는 식품 검사에 쓴다. 에스쿨린과 시트르산철(III)암모늄이 포함되어 있으므로 리스테리아속 세균의 콜로니는 잿빛~짙은 올리브색을 나타내고 콜로니 주변에는 흑갈색의 할로(halo)가 형성된다. 배지의 염화리튬, 콜리스틴(colistin), 사이클로헥시미드(cycloheximide), 아크리플래빈(acriflavine)과 포스포마이신(fosfomycine)은 대부분의 그람음성과 그람양성 세균의 증식을 억제한다.

옥시테트라사이클린 oxytetracyclin 스트렙토미세스 리모수스(*Streptomyces rimosus*)에서 분리한 테트라사이클린 계열의 항생 물질. 그람양성과 그람음성 세균 감염치료에 쓴다. 폐렴, 요로, 피부 감염 따위에 쓴다.

옥탄온 octanone 옥테인의 탄소 원자 한 개에 수소 대신 산소가 붙은 사슬 화합물. 케톤기의 자리에 따라 2-, 3- 또는 4-옥탄온의 위치 이성질체가 있다. 3-옥탄온은 라벤더 따위의 식물, 로즈메리 따위의 허브, 천도복숭아 따위의 과일, 일부 그물버섯에 들어있는 케톤 화합물이다.

옥테인 octane 탄소수 여덟 개인 포화 사슬 탄화수소. 상온에서 색이 없는 액체이다.

온도 오용(溫度誤用) temperature abuse 조리한 식품을 세균 생장이 빠르게 일어날 수 있는 온도(5~57도)에 오래 내버려 두는 일. 온도오용은 식품을 안전 온도(냉장 온도)에 저장하지 않거나, 병원체를 없앨 수 있는 온도로 조리하지 않거나 재가열하지 않은 경우와 뜨거운 음식을 냉장하기 전에 적절하게 식히지 않은 때 일어난다.

올레안도마이신 oleandomycin 스트렙토미세스 안티비오티쿠스(*Streptomyces antibioticus*)가 생산하는 마크롤라이드 항생물질. 상기도(upper respiratory tract) 감염을 일으키는 세균을 억제한다. 일부에서는 돼지나 가금의 생장 촉진 목적으로 쓴다.

올레안법 Orleans process 프랑스의 전통 포도 식초 제조방법. 겉면배양에 따른 식초제조법의 하나이다. 오크 통(200리터)에 포도주와 씨 초(mother of vinegar)를 넣고 액체 높이 위에 작은 구멍을 뚫어 공기가 통하도록 하여 21~29도에서 1~3개월 발효한다. 액 겉면에 아세트산 세균막이 형성되어 아세트산이 5퍼센트 이상 되면 통의 밑부분에서 식초를 1/4에서 1/3 정도 꺼내고 같은 양의 포도주를 보충하는 방법으로 연속하여 식초를 만든다. 전통적으로 큰 나무통을 이용하여 12개월 이상 숙성한다.

올리고마이신 oligomycin 스트렙토미세스속(*Streptomyces*) 세균이 생산하는 마크롤라이드 항생물질. 강력한 세균억제제이다. 사람에게는 에이티피 합성 효소 억제제로 작용하므로 사람에게는 쓰지 않는다.

와이에스지 우무배지 YSG medium 효모 녹말 포도당 배지.

와이엠 배지 YM medium 효모 엿기름 배지.

와인 쿨러 wine cooler 포도주에 과일 주스, 설탕, 향미료와 얼음을 넣은 음료. 칵테일의 하나이다.

완전국균강(完全麴菌綱) Eurotiomycetes '분가지버섯강'의 옛 이름.

완전국균목(完全麴菌目) Eurotiales '분가지버섯목'의 옛 이름.

완전 배지(完全培地) complete medium 미생물 생장에 필요한 모든 영양소를 갖춘 배양 배지. 탄소 원, 질소원, 무기질, 바이타민, 생육인자 따위가 모두 들어있다.

완전세대형(完全世代型) teleomorph 자낭균문(Ascomycota)과 담자균문(Basidiomycota) 진균 가운데 유성생식 하는 형태.

왈레미아강 Wallemiomycetes 진핵생물역(Eukaryota) 진균계(Fungi) 담자균문(Basidiomycota)의 강.

왈레미아과 Wallemiaceae 진핵생물역(Eukaryota) 진균계(Fungi) 담자균문(Basidiomycota) 왈레미아강(Wallemiomycetes) 왈레미아목(Wallemiales)의 과.

왈레미아목 Wallemiales 진핵생물역(Eukaryota) 진균

계(Fungi) 담자균문(Basidiomycota) 왈레미아강(Wallemiomycetes)의 목.

왈레미아 세비 *Wallemia sebi* 진핵생물역(Eukaryota) 진균계(Fungi) 담자균문(Basidiomycota) 왈레미아강(Wallemiomycetes) 왈레미아목(Wallemiales) 왈레미아과(Wallemiaceae) 왈레미아속(*Wallemia*)의 내건성 곰팡이. 시럽, 벌꿀, 잼 따위의 당도가 높은 식품, 과일, 곡물 식품 따위의 변질을 일으킨다.

왈레미아속 *Wallemia* 진핵생물역(Eukaryota) 진균계(Fungi) 담자균문(Basidiomycota) 왈레미아강(Wallemiomycetes) 왈레미아목(Wallemiales) 왈레미아과(Wallemiaceae)의 곰팡이 속. 강한 내건성, 내염성 곰팡이로 발육을 위한 최저 수분 활성도는 0.69이다. 팡이실에는 사이막이 있으며 무색이다. 분생홀씨자루 끝에 원통형의 분생자 형성 세포가 생기고 사이막이 셋 만들어진 다음 분생홀씨 네 개가 하나로 뭉쳐서 형성된다. 곡류, 저장농산물, 잼, 마멀레이드, 말린 과일로부터 흔히 분리되고 실내환경에서도 자주 검출된다. 설탕이나 소금에 절인 식품의 오염 곰팡이이며 곰팡이독소는 생성하지 않는다. 대표 균종은 왈레미아 세비(*Wallemia sebi*)이다.

왕송이(王松茸) wangsongi, *Tricholoma giganteum* 진핵생물역(Eukaryota) 진균계(Fungi) 담자균문(Basidiomycota) 주름버섯강(Agaricomycetes) 주름버섯목(Agaricales) 송이과(Tricholomataceae) 송이속(*Tricholoma*)의 먹는 버섯. 갓은 지름 4~32센티미터로 호빵 모양에서 윗면은 편평해지고 가운데는 오목하며 베이지 상아색이다. 여름에서 가을에 밭이나 길가에서 무리 지어 난다. 한국, 일본, 아시아, 아프리카 등지에 분포한다.

왕잎새버섯 giant polypore, *Meripilus giganteus* 진핵생물역(Eukaryota) 진균계(Fungi) 담자균문(Basidiomycota) 주름버섯강(Agaricomycetes) 구멍장이버섯목(Polyporales) 왕잎새버섯과(Meripilaceae) 왕잎새버섯속(*Meripilus*)의 독버섯. 부생 곰파이로 식물 기생성이며 흰색 부후를 일으킨다.

왕잎새버섯과 Meripilaceae 진핵생물역(Eukaryota) 진균계(Fungi) 담자균문(Basidiomycota) 주름버섯강(Agaricomycetes) 구멍장이버섯목(Polyporales)의 과.

왕잎새버섯속 *Meripilus* 진핵생물역(Eukaryota) 진균계(Fungi) 담자균문(Basidiomycota) 주름버섯강(Agaricomycetes) 구멍장이버섯목(Polyporales) 왕잎새버섯과(Meripilaceae)의 속.

외독소(外毒素) exotoxin 세균이 세포막을 통하여 밖으로 내보내는 단백질 독소. 세포를 파괴하거나 정상 세포 대사를 방해하여 숙주에게 해를 준다. 많은 그람양성 세균과 몇 안 되는 그람음성 세균이 생산한다. 클로스트리듐 퍼프린젠스(*Clostridium perfringens*)의 알파독소(α-toxin), 클로스트리듐 테타니(*C. tetani*)의 테타노스파스민(tetanospasmin), 코리네세균 디프테리아에(*Corynebacterium diphtheriae*)의 디프테리아 독소, 보툴리눔 세균(*C. botulinum*)의 보툴리눔 독소 따위가 있다. 외독소는 가열 또는 변성독소를 생산하는 화합물 처리로 활성을 잃는다.

외막(外膜) outer membrane 바깥막.

외생홀씨 exospore 세포 밖에 형성되는 무성 홀씨. 진균, 말무리, 남세균, 바퀴살세균 따위의 진핵세포에서 볼 수 있다.

외알세균 monococcus 한 개로 존재하는 알 모양의 세균.

외자낭균아문 Taphrinomycotina 진핵생물역(Eukaryota) 진균계(Fungi) 자낭균문(Ascomycota)의 한 아문. 자낭균문을 이루는 세 개의 아문 가운데 하나이다.

요강주발버섯 common dung cup, *Peziza vesiculosa* 진핵생물역(Eukaryota) 진균계(Fungi) 자낭균문(Ascomycota) 주발버섯강(Pezizomycetes) 주발버섯목(Pezizales) 주발버섯과(Pezizaceae) 주발버섯속(*Peziza*)의 독버섯. 갓은 지름 3~10센티미터로 주발 모양이며 연한 황토색이다. 여름부터 가을까지 썩은 영양이 좋은 흙, 볏짚, 숲속 또는 말의 배설물 따위에 모여 난다. 독 성분은 자이로미트린이다. 한국, 일본, 중국, 유럽, 북아메리카 등지에 분포한다.

요소가수분해효소시험(尿素加水分解酵素試驗) urease test 요소를 암모니아와 이산화탄소로 가수분해할 수 있는 세균을 확인하는 실험. 요소 가수분해로 생성된 암모니아로 배지의 피에이치가 올라가므로 이를 페놀레드(phenol red) 따위의 피에이치 지시약으로 확인한다. 주로 암모니아 양성인 창자세균과(Enterobacteriaceae)의 프로테우스균(Proteeae) 세균과 다른 창자세균과(Enterobacteriaceae) 세균의 구분에 이용한다. 프로테우스균에는 프로테우스속(*Proteus*), 모르가넬라속(*Morganella*)과 프로비덴시아속(*Providencia*)이 있다.

용균(溶菌) bacteriolysis ① 항체가 세균과 반응하여 그 세균을 죽이거나 녹이는 일. ② 세균 세포 속에서 세균 파지가 세포벽을 녹이는 효소를 생산하여 세포를 녹이는 일.

용균반(溶菌斑) plaque 플라크.

용균소(溶菌素) bacteriolysin 세균용해소.

용원성(溶原性) lysogeny 파지에 감염된 세균이 세균 염색체에 삽입된 파지 디엔에이를 가지고 있는 상태.

파지는 대부분 기능이 억제된 프로파지가 된다.

용원 세균(溶原細菌) lysogen 용원성을 가진 세균. 디엔에이에 파지의 유전물질이 있어 여건이 되면 세포가 용해되어 새로운 바이러스가 방출된다.

용원화(溶原化) lysogenicity 파지에 의하여 숙주 세균에 용원성이 생김.

용해(溶解) lysis 바이러스, 효소 또는 삼투 따위로 세포의 막이 파괴되는 현상. 침, 달걀흰자에 있는 라이소자임은 많은 세균을 용해한다. 파지 용해 효소(lysin))는 세균 세포를 용해한다. 페니실린과 베타-락탐 항생 물질은 효소 매개 용해 작용으로 세포벽을 용해하여 세포를 죽인다.

용해 반응(溶解反應) lytic reaction 혈청학에서 세포의 용해(lysis) 또는 파괴를 일으키는 반응을 이르는 말.

용해 파지 lytic phage 숙주에 침입하는 즉시 파지의 증식이 일어나면서 세포를 용해하는 파지. 이에 따라 숙주 세포는 파괴되고 새로운 바이러스 알갱이를 내놓는다.

용혈(溶血) hemolysis 적혈구가 분해되어 세포질을 혈장 따위의 주변 유체로 방출하는 현상. 용혈소나 병원성 세균이나 진균이 생산하는 독소 따위로 일어난다.

용혈 사슬알세균 hemolytic streptococcus 용혈을 일으키는 사슬알세균속 세균. 조직 괴사와 쇼크를 일으키는 사슬알세균 독성 쇼크 증후군(streptococcal toxic shock syndrome), 고름딱지증, 패혈증 인두염(strep throat), 성홍열 따위를 일으킨다. 용혈이 생기면 빈혈, 황달 따위가 나타난다.

용혈 세균(溶血細菌) hemolytic bacterium 용혈을 일으키는 세균. 패혈증 인두염을 일으키는 사슬알세균 피오게네스(*Streptococcus pyogenes*)와 사슬알세균 아갈락티아에(*S. agalactiae*)가 있다.

용혈소(溶血素) hemolysin 세포막을 파괴하여 적혈구를 분해하는 지방질과 단백질. 세균독소나 뱀, 벌 따위의 독소가 있다. 세균은 용혈소를 숙주 세포에서 영양소를 얻기 위한 수단으로 쓰기도 한다. 예를 들면 철은 여러 세균 생장의 제한 인자이다. 세균이 철을 함유한 헴이 풍부한 적혈구를 분해하면 헴을 주변으로 내보내고 세균은 쉽게 자유 철을 얻을 수 있게 된다.

용혈 시험(溶血試驗) hemolysis test 세균이 적혈구를 파괴 또는 용해하는 용혈소의 생산 능력을 보는 시험. 혈액 우무배지에 나타나는 용혈의 정도에 따라 판단한다. 콜로니 주위가 적혈구 막의 파괴로 투명하게 되는 베타-용혈(β-hemolysis)과 적혈구의 헤모글로빈을 메트헤모글로빈(methemoglobin)으로 변화시켜 발육한 주위에 초록 띠를 만드는 알파-용혈(α-hemolysis)이 있으며 또 어느 쪽 현상도 나타나지 않은 감마-용혈(γ-hemolysis)이 있다. 베타-용혈은 완전한 용혈이다.

용혈 요독 증후군(溶血尿毒症候群) hemolytic uremic syndrome 대장균 O157:H7 또는 쉬가 독소 생성 대장균에 감염된 사람에게 콩팥과 피 응고 기능에 영향을 주는 병. 적혈구를 파괴하여 콩팥 기능상실을 일으킨다. 주로 5살 미만의 어린아이, 면역력이 떨어진 사람이나 이 병에 가족력이 있는 사람에게 일어난다. 증상으로는 구토, 피 설사, 열, 오한, 두통과 위통(stomach pain)이다.

우로바이러스문 Uroviricota 두플로드나바이러스역(Duplodnaviria) 흥공바이러스계(Heunggongvirae)의 문.

우무 agar 우뭇가사리 따위의 붉은말에서 얻는 점성이 큰 다당류. 붉은말의 세포벽 구성성분으로 기본 구조는 디-갈락토스 잔기와 3,6-안하이드로-4-갈락토스 잔기가 베타-1,4와 알파-1,3 글리코사이드 결합이 되풀이하는 사슬 다당류이다. 아가로스와 아가로펙틴으로 되어있다. 80도 이상에서 녹고 35도에서 굳어 젤이 된다. 식품 공업에서 점증제, 안정제 따위로 쓴다. 미생물 배양 배지의 고형제로도 쓴다.

우무 묽힘법 agar dilution 항생물질의 세균에 대한 효율성 시험에 쓰는 방법. 보통 두 배씩 세 단계 정도 묽게 한 각 시험 약물을 넣어 만든 우무배지 겉면에 일정량의 세균 액을 접종하고 배양하여 세균 생장을 볼 수 없는 평판 가운데 약물 농도가 최소인 것을 최소 발육억제 농도(minimum inhibitory concentration)로 표시한다.

우무배양 agar culture 우무배지에 미생물을 키움.

우무배지 agar medium 우무를 이용하여 젤과 같은 고체로 만든 배지. 용액에 1.5퍼센트의 우무 가루를 넣고 가열하여 녹이고 피에이치를 7.2~7.4로 조절한 뒤 젤 상태로 굳힌다. 일반 세균의 분리, 생장, 보존에 쓰며 특수 배지의 기초배지로도 쓴다.

우수위생기준(優秀衛生基準) good hygiene practice, GHP. 식품의 일차 생산부터 최종 제품 취급까지의 식품 사슬의 모든 단계에서 안전성과 건전성을 보증하는 조건과 수단에 대한 모든 기준.

우수제조기준(優秀製造基準) good manufacturing practice, GMP. 식품, 의약품, 화장품 따위의 제조에 있어 품질 표준에 따라 제품이 지속으로 생산, 관리됨을 보증하는 체제.

우역(牛疫) rinderpest 소나 물소, 가우르(gaur), 사슴,

누(wildbeest) 따위의 짝수 발굽을 가진 되새김동물에 생기는 바이러스 병. 급속 접촉 전염성 병으로 발열과 창자 점막의 염증, 괴사와 심한 설사가 특징이다.

우역 바이러스 rinderpest virus 되새김동물의 우역을 일으키는 바이러스. 2001년에 마지막 감염 사례가 발견되었고 2011년 5월 25일에 국제농업기구는 지구상에서 우역 바이러스가 멸종하였다고 선언하고 6월에 다시 확인하였다. 이로써 천연두와 더불어 인간이 두 번째로 박멸한 전염병이 되었다.

운동성 시험(運動性試驗) motility test 편모를 가진 막대세균과 알세균의 운동성을 조사하는 시험. 현미경을 이용하여 운동 능력을 직접 관찰하는 방법과 반유동 우무배지에 찔러 심기 배양하는 방법이 있다. 배지 전체에 세균이 퍼진 것은 양성, 접종한 선에 따라서 자란 것은 음성으로 한다.

운동홀씨 zoospore 원생동물, 말무리와 곰팡이의 회초리 모양의 편모가 있는 운동성 무성 생식세포.

운동홀씨주머니 zoosporangium 운동홀씨를 만드는 주머니.

원목 버섯재배 mushroom culture on log 떡갈나무, 상수리나무 따위를 적당한 길이로 자른 뒤 자른 면에 씨균을 접종하여 바람이 잘 통하는 곳에서 버섯을 키움. 재배법이 단순하여 자연조건에서 재배하는 좋은 점이 있으나 원목값이 비싸고 재배 기간이 긴 단점이 있다.

원반 퍼짐법 disk diffusion test 세균의 여러 항생 물질에 대한 감수성을 보는 시험. 주로 우무배지에서 세균 억제 지역의 퍼짐으로부터 항생물질의 효율성을 본다. 세균을 접종한 우무배지 위에 항생물질 액을 적신 작은 거름종이를 얹고 배양하여 거름종이 주변에 둥글게 나타나는 세균 억제 지역의 크기를 비교하여 그 세균에 대한 효율성이 있는 항생물질의 농도를 추정한다. 세균에 대한 효과가 클수록 억제 지역은 커지며 효과가 없는 항생물질은 억제 지역이 나타나지 않는다.

원생자낭균강(原生子嚢菌綱) Protoascomycetes '사카로미세스강'(Saccharomycetes)의 옛 이름.

원생자낭균아강(原生子嚢菌亞綱) Protoascomycetidae 사카로미세스아강(Saccharomycetidae)의 옛 이름.

원심제균(遠心除菌) bactofugation 고속 원심분리기를 써서 우유에 들어있는 영양세균, 홀씨, 효모, 진균을 없앰. 우유 안전성과 저장성 향상을 위한 방법이다. 보기로서 경질 치즈의 경우 숙성에서 클로스트리듐 티로뷰티리쿰(*Clostridium tyrobutyricum*)의 뷰티르산 발효로 가스가 생성되고 바람직하지 않은 내가 생성되는 데 원심제균으로 이를 막을 수 있다.

원심제균기(遠心除菌機) bactofuge 우유에 들어있는 세균, 홀씨, 효모, 진균을 없애는데 쓰는 고속 원심분리기.

원적외선(遠赤外線) far infrared 파장이 15마이크로미터~1밀리미터인 전자기파.

원적외선 살균(遠赤外線殺菌) farinfrared sterilization 파장이 15마이크로미터~1밀리미터인 원적외선으로 가열하여 미생물을 죽임. 식품 살균, 건조 그 밖에 난방, 조리 따위에 이용한다. 원적외선을 이용한 가열은 에너지효율이 높고 온도조절이 쉬운 장점이 있다. 두께가 얇은 포장 식품의 이차 가열살균에 적합하다.

원핵생물(原核生物) prokaryote 막을 가진 뚜렷한 핵과 세포 소기관이 없는 아주 작은 단세포생물. 세균역(Bacteria)과 고균역(Archea)의 미생물이 이에 속한다.

원형질분리(原形質分離) plasmolysis 세포에서 원형질막이 세포벽 안쪽으로부터 떨어져 나가는 현상. 세포가 염이나 당이 높은 농도의 용액에 두면 삼투로 세포에서 물이 빠져나가고 이에 따라 세포질이 수축하여 세포벽으로부터 떨어지게 된다.

웨이셀라속 *Weissella* 세균역(Bacteria 막대세균문(Bacillota) 막대세균강(Bacilli) 젖산막대세균목(Lactobacillales) 젖산막대세균과(Lactobacillaceae)의 그람양성 둥근 또는 불규칙한 막대 모양의 젖산세균 속.

웨이셀라 시바리아 *Weissella cibaria* 세균역(Bacteria 막대세균문(Bacillota) 막대세균강(Bacilli) 젖산막대세균목(Lactobacillales) 젖산막대세균과(Lactobacillaceae) 웨이셀라속(*Weissella*)의 세균. 덱스트란을 생산한다. 식품 가공에서 원료로 쓸 수 있다.

웨이셀라 코레엔시스 *Weissella koreensis* 세균역(Bacteria 막대세균문(Bacillota) 막대세균강(Bacilli) 젖산막대세균목(Lactobacillales) 젖산막대세균과(Lactobacillaceae) 웨이셀라속(*Weissella*)의 그람양성 세균. 세포는 불규칙하며 산에 저항성이 있고 홀씨를 만들지 않는다. 김치에서 발견되었다. 식품 가공에서 원료로 쓸 수 있다.

웨이셀라 콘푸사 *Weissella confusa* 세균역(Bacteria 막대세균문(Bacillota) 막대세균강(Bacilli) 젖산막대세균목(Lactobacillales) 젖산막대세균과(Lactobacillaceae) 웨이셀라속(*Weissella*)의 그람양성 세균. 밀반죽에서 덱스트란을 생산하여 고섬유 빵의 품질을 개선한다. 음료에서는 부패 원인 세균의 하나이다. 김치, 발효 식품 따위에서 발견되며 프로바이오틱 잠재력이 있다. 체코공화국에서 혈액배양에서 처음 분리되었다. 식품 가공에서 원료로 쓸 수 있다.

웨이셀라 파라메센테로이데스 *Weissella paramesenteroides* 세균역(Bacteria) 막대세균문(Bacillota) 막대세균강(Bacilli) 젖산막대세균목(Lactobacillales) 젖산막대세균과(Lactobacillaceae) 웨이셀라속(*Weissella*)의 그람양성 알 모양의 젖산 세균. 발효 식품을 포함한 여러 식품에서 발견된다. 식품 가공에서 원료로 쓸 수 있다.

웰치 세균 Welchii 클로스트리듐 퍼프린젠스(*Clostridium perfringens*)를 이르는 말. 발견자인 웰치(W. H. Welch)의 이름을 따서 붙인 이름이나 요즈음은 잘 쓰지 않는다.

위 독감(胃毒感) stomach flu 바이러스 창자염.

위생(衛生) hygiene 개인 청결을 통하여 질병을 미리 막고 건강을 유지하기 위한 조건. 또는 실천.

위생(衛生) sanitation 폐기물의 위해 요소(질병을 일으키는 물리적, 화학적, 미생물학적, 생물학적 물질)로부터 접촉을 막아 건강을 유지하기 위한 수단. 세계보건기구는 위생이란 '① 사람의 오줌과 똥을 안전하게 처리하는 시설과 서비스에 대한 체계. ② 쓰레기 수집, 폐수 처리 따위의 서비스를 통한 위생 상태의 유지.'라고 정의한다. 따라서 위생은 장소, 개념, 특수한 상태 따위에 따라 가정에서의 기본 위생, 현장 위생, 식품위생, 환경 위생(공해 포함) 따위를 포함한다.

위생 배관(衛生配管) sanitary pipe 우유 가공공장에서 위생적인 밸브나 부품을 써서 만든 배관. 스테인리스강, 파이렉스 유리, 플라스틱 따위로 만들며 제자리 세척이 가능하다.

위생 시설(衛生施設) sanitary facility 인간의 생활환경이나 식품의 저장, 가공, 조리 환경을 위생적으로 만들기 위하여 설치하는 시설. 세면대, 화장실, 하수도, 쓰레기 폐기 시설, 환기 장치 따위가 포함된다.

위생 캔 sanitary can 캔 몸통 이음매의 금속판을 구부려 이중 밀봉(double seam)으로 몸통에 대어 붙여 공기가 통하지 않도록 만든 캔. 공업용의 단일 밀봉(single seam) 캔에 상대하여 쓰는 용어이다.

위생표준작업절차(衛生標準作業節次) sanitation standard operating procedures, SSOPs. 제품의 직접 오염을 막기 위하여 식품제조 회사가 개발하고 시행하는 위생 절차. 제품이 접촉하는 부분과 비 제품 겉면의 적절한 청소에 대한 절차를 문서로 작성한다. 무엇을 어떻게 얼마나 자주 청소할 것인가의 세부 과정을 문서로 작성하고 기록하며 기록은 모니터링에 이용한다. 미국에서 쓰는 제도이다.

위생 품질(衛生品質) hygienic quality 미생물 오염 정도, 청결도 따위의 위생 관점에서 보는 품질기준. 우유의 경우 착유기와 착유 환경에서 세균의 일부 오염을 피할 수 없으므로 최적 위생 조건에서 생산한 냉각 우유의 세균 수는 1밀리리터당 10,000 이하이어야 한다.

위생학(衛生學) hygiene 건강과 그 유지를 위한 수단이나 방법을 연구하는 학문. 의학의 한 분야이다.

위생 해충(衛生害蟲) hygienic pest 병원체를 운반하거나 전달하는 곤충. 이, 파리, 바퀴벌레 따위이다. 이들 배설물로 오염된 음식을 먹으면 알레르기항원이 발생할 수 있다.

위스키 whiskey, whisky 보리 또는 호밀로 만든 엿기름을 원료로 하여 발효하여 증류하고 오크통에 저장하여 숙성한 술. 영어 'whiskey'는 아일랜드와 미국에서, 'whisky'는 스카치위스키와 캐나다 위스키에 쓴다. 엿기름만으로 만든 술덧을 단식증류기로 증류한 몰트위스키와 옥수수, 호밀을 엿기름으로 당화, 발효한 술덧을 연속증류기로 증류한 곡물 위스키로 나눈다. 대표적인 것으로는 엿기름, 이탄, 물로 만드는 스카치위스키와 옥수수를 주원료로 하여 만드는 미국의 버번이 있다. 알코올도수는 43퍼센트 정도이다.

위염세균(胃炎細菌) *Helicobacter pylori* 세균역(Bacteria) 캄필로박터문(Campylobacterota) 캄필로박터강(Campylobacteria) 헬리코박터과(Helicobacteraceae) 헬리코박터속(*Helicobacter*)의 그람 음성 나선 세균. 위점막에서 처음 분리되었으며 분리 당시에는 미 산소성이며 형태가 유사하여 캄필로박터 필로리(*Campylobacter pylori*)로 명명되었으나 두서너 개의 극편모가 있으며 요소 가수분해효소를 생성하고 유전자 순서도 캄필로박터속(*Campylobacter*) 세균과는 차이가 있어서 헬리코박터속이 신설되고 학명이 헬리코박터 필로리로 바뀌었다. 발육속도가 느려서 37도에서 2일 이상 배양해야 맨눈으로 볼 수 있는 정도의 콜로니를 만든다. 요소 가수분해효소로 위장액의 요소를 암모니아와 이산화탄소로 분해하고 생성된 암모니아가 위산을 중화함으로써 위점막에 정착한다. 이 때문에 위궤양이나 십이지장궤양의 원인이 되고 위암의 원인이 되는 것으로 밝혀지고 있다. 감염경로로는 보균자와 접촉이나 음료수로 추정되고 있다.

위창자염 gastroenteritis 위와 창자 점막에 생기는 염증.

위염과 창자염은 제각기 따로 일어나기도 하지만, 대개는 동시에 발생하여 하나의 병적 증상을 보이므로 한데 묶어 부른다. 주로 살모넬라속, 쉬겔라속, 캄필로박터속, 비브리오속, 대장균, 로타바이러스 따위에 오염된 식품 또는 물을 먹어 생긴다.

위해(危害) risk ① 〈식품위생법〉 제2조 제6호에서 정하는 식품, 식품첨가물, 기구 또는 용기, 포장 따위에 존재하는 위험 요소로서 인체의 건강을 해치거나 해칠 우려가 있는 것. ② 국제식품규격위원회 정의에 따라 위해요소를 섭취하여 발생할 수 있는 부정적 건강 효과의 가능성과 심각성 함수.

위해결정(危害決定) risk characterization 사람이 위해 요소로부터 입게 될 위해를 정성 또는 정량적으로 확인하는 일. 위해 평가의 위해요소확인(hazard identification), 위해요소결정(hazard characterization)과 노출평가(exposure assessment)에 기초하여 확인한다.

위해관리(危害管理) risk management 소비자의 건강 보호와 공정한 무역 행위의 증진을 위하여 위해 평가와 그 밖의 요소를 고려하여, 때에 따라 예방 관리 방안을 선택하면서 위해 평가와는 별도로 모든 이해 당사자와 협의하여 정책 대안을 검토, 채택, 수행하는 과정.

위해분석(危害分析) risk analysis 위해 평가(risk assessment), 위해 관리(risk management)와 위해 정보 전달 교류(risk communication)의 세 가지 요건으로 구성된 과정.

위해순위(危害順位) risk priority 사람이 위해 요소로부터 피해를 받을 확률에 따라 늘어놓은 순위. 위해 관리에서는 위해 요소로부터 피해를 받을 확률에 대한 우선순위를 설정한 뒤 자원의 이용 가능성에 따라 착수하도록 권고한다.

위해식품(危害食品) hazardous food 오염이나 부적절한 취급 따위로 사람 건강을 해칠 우려가 있는 식품. 〈식품위생법〉 제4조에서 규정하는 위해 식품은 다음과 같다. ① 썩거나 상하거나 설익어서 인체의 건강을 해칠 우려가 있는 것, ② 유독, 유해물질이 있거나 묻어 있는 것 또는 그런 염려가 있는 것, ③ 병을 일으키는 미생물에 오염되었거나 그런 염려가 있는 것, ④ 불결하거나 다른 물질이 섞이거나 첨가된 것 또는 그 밖의 사유로 인체의 건강을 해칠 우려가 있는 것, ⑤ 유전자변형 식품 가운데 안전성 심사를 받지 아니하였거나 안전성 심사에서 식용으로 부적합하다고 인정된 것, ⑥ 수입이 금지된 것 또는 수입신고를 하지 아니하고 수입한 것, ⑦ 영업자가 아닌 자가 제조, 가공, 소분한 것이 있다.

위해요소(危害要素) hazard 〈식품위생법〉 제4조에서 정하고 있는 인체의 건강을 해할 우려가 있는 생물학적, 화학적 또는 물리적 인자나 조건.

위해요소결정(危害要素決定) hazard characterization 식품에 존재할 수 있는 생물학적, 화학적 그리고 물리적 인자가 건강에 미치는 부정적 효과에 대한 정량 및/또는 정성 평가.

위해요소분석(危害要素分析) hazard analysis 식품 안전에 영향을 줄 수 있는 위해요소와 이를 유발할 수 있는 조건의 존재 여부 판단에 필요한 정보를 수집하고 평가하는 일련의 과정.

위해요소확인(危害要素確認) hazard identification 특정 식품 또는 식품군에 존재하는 건강에 해로운 생물학적, 화학적 그리고 물리적 인자의 확인.

위해인자(危害因子) risk factor 병 또는 감염 증가 위험과 관련한 요인.

위해정보전달(危害情報傳達) risk communication 위해 평가자, 위해 관리자, 소비자, 업체, 학계 그리고 그 밖의 이해 당사자가 위해 평가 결과, 위해 관리 결정 따위를 포함한 전반적인 위해 분석 과정의 관련 정보와 여러 방안을 서로 교환하는 일.

위해지수(危害指數) risk index 사람이 유해 인자로부터 피해를 받을 확률을 나타내는 지수. 위해 요소에 대한 위해 순위를 매기기 위해서는 여러 가지 위해 요소를 수량화하고 지수화한다.

위해추정값 risk estimate 위해결정에 따른 위해의 정량 추정값.

위해평가(危害評價) risk assessment 위해 요소 확인, 위해 요소 결정, 노출평가와 위해 결정의 네 단계로 구성된 과학을 근거로 하는 과정.

위해평가정책(危害評價政策) risk assessment policy 위해 평가 때 적절한 결정 시점에서 적용할 정책과 판단에 대한 선택을 문서로 작성한 지침. 모든 과정은 과학 진실성이 유지되도록 작성하여야 한다.

윅케르미엘라 베르사틸리스 *Wickerhamiella versatilis* 진핵생물역(Eukaryota) 진균계(Fungi) 자낭균문(Ascomycota) 사카로미세스강(Saccharomycetes) 사카로미세스목(Saccharomycetales) 트리코모나스쿠스과(Trichomonascaceae) 윅케르미엘라속(*Wickerhamiella*)의 효모.

윅케르하모미세스 아노말루스 *Wickerhamomyces anomalus* 진핵생물역(Eukaryota) 진균계(Fungi) 자낭균문(Ascomycota) 사카로미세스강(Saccharomycetes) 사카로미세스목(Saccharomycetales) 팝포미세스과(Phaffomycetaceae) 윅케르하모미세스속

(*Wickerhamomyces*)의 진균. 식품을 부패하기도 하지만 포도주 제조, 밀봉 저장한 곡물, 사과, 포도 따위에서 발생하는 바람직하지 않은 진균 또는 곰팡이의 생물 방제제로도 쓴다. 설탕을 발효하며 라피노스를 동화한다. 무산소 생활에서는 에탄올을, 호흡과 호흡 발효 생장에서는 아세트산을, 제한된 산소에서는 아세트산 에틸을, 삼투압과 제한된 산소에서는 글리세롤, 트레할로스, 아라비톨(arabitol)을 생산한다.

윌리아속 *Willia* '한세눌라속'(Hansenula)의 옛 이름.

유가 배양(流加培養) fed-batch culture 발효 탱크에 영양 배지를 단계적으로 서서히 넣으면서 미생물을 기름. 특정 물질의 농도를 미생물이 소비한 양에 따라 조절함으로써 배양액에서 그 성분의 농도를 활성 억제농도 이하로 일정하게 유지하는 방법이다.

유기산 발효(有機酸醱酵) organic acid fermentation 미생물을 이용하여 탄소 원에서 유기산을 생산함. 젖산, 구연산, 이타콘산, 말산, 타타르산, 글루콘산, 메발론산, 살리실산, 지베렐산, 프로피온산 따위를 얻는다.

유도기(誘導菌株) lag phase 새로운 배지에 접종한 미생물의 증식이 시작되기까지의 적응 기간. 새로운 환경 적응에 필요한 여러 가지 효소가 형성되어 세포는 커지며 아르엔에이의 양이 뚜렷하게 증가한다.

유동세포 분석기(流動細胞分析器) flow cytometer 유동 세포 분석법에 쓰는 기기.

유동세포 분석법(流動細胞分析法) flow cytometry 유체에 들어있는 세포 또는 알갱이의 물리적, 화학적 성질을 광학적으로 빠르게 분석하는 기술. 세포에 레이저를 쏘여 나오는 산란광과 형광을 광 다이오드 따위의 검출기로 판독한다. 많은 세포를 빠르게 검사할 수 있어 기초 연구, 임상 실험 따위에 널리 쓴다. 세포 계수, 세포 분류, 미생물 검출, 바이오마커 검출, 유전체 크기 측정, 혈액암 따위의 진단 따위에 이용한다.

유두종바이러스 papillomavirus 유두종바이러스과(Papillomaviridae)의 바이러스를 통틀어 이르는 말.

유두종바이러스강 Papovaviricetes 모노드나바이러스역(Monodnaviria) 쇼토쿠바이러스계(Shotokuvirae) 코사바이러스문(Cossaviricota)의 강.

유두종바이러스과 Papillomaviridae 모노드나바이러스역(Monodnaviria) 쇼토쿠바이러스계(Shotokuvirae) 코사바이러스문(Cossaviricota) 유두종바이러스강(Papovaviricetes) 주르하우센바이러스목(Zurhausenvirales)의 겉껍질이 없는 디엔에이 바이러스의 과. 감염되면 사마귀와 같은 유두종이 생긴다.

유로튬속 *Eurotium* 진핵생물역(Eukaryota) 진균계(Fungi) 자낭균문(Ascomycota) 분가지버섯강(Eurotiomycetes) 분가지버섯목(Eurotiales) 아스페르길루스과(Aspergillaceae)의 내건성 곰팡이 속. 보통 흙과 농축 또는 건조식품에서 발견된다. 현재 이 속의 종은 네 개뿐이고 대부분은 아스페르길루스속(*Aspergillus*)으로 재편되었다.

유병률(有病率) prevalence rate 어느 한 시점에 일정한 지역에서 나타나는 그 지역 인구에 대한 환자 수의 비율.

유브이엠 변형 리스테리아 강화 액체배지 UVM modified Listeria enrichment broth 미국 버몬트 대학교(University of Vermont)에서 개발한 리스테리아속(*Listeria*) 세균의 강화 배지. 선택제인 아크리플래빈(acriflavine)은 그람양성 세균과 효모의 발육을 억제하고 날리딕스산(nalidixic acid)은 그람음성 세균의 발육을 억제한다.

유비저(類鼻疽) melioidosis 그람음성 막대 세균인 유비저 세균(*Pseudomonas pseudomallei*)이 일으키는 감염병. 주로 동남아시아 열대지방, 호주 등지의 풍토병이다. 세균에 오염된 흙이나 물에 직접 노출하여 상처를 통한 감염 또는 오염된 물을 마셔 감염된다. 국소 감염, 허파 감염, 혈행성 감염과 파행성 감염이 일어날 수 있다. 인수공통감염병으로 법정 제3급 감염병이다.

유사결핵세균(類似結核細菌) *Yersinia pseudotuberculosis* 세균역(Bacteria) 슈도모나스문(Pseudomonadota) 감마가변세균강(Gammaproteobacteria) 엔테로박터목(Enterobacterales) 예르시니아속(*Yersinia*)의 그람음성 세균. 인수공통 세균으로 동물에 결핵 비슷한 증상을 일으키며 사람에게는 극동 성홍열(Far East scarlet-like fever)을 일으킨다.

유사단독(類似丹毒) erysipeloid 그람양성 막대 모양 조건 무산소 단독세균(*Erysipelothrix rhusiopathiae*)이 사람과 동물에 일으키는 급성 감염. 단독 세균은 물고기, 새, 젖먹이동물, 조개류 따위에서 발견되며 이를 취급하는 사람의 상처를 입은 피부로 세균이 감염되어 일어난다. 또한 돼지 단독(swine erysipelas)을 일으키며 돼지를 다루는 사람에게 병을 옮긴다.

유사욱돌말속 *Pseudo-nitzschia* 진핵생물역(Eukaryota) 기리스타문(Gyrista) 돌말강(Bacillariophyceae) 돌말목(Bacillariales) 욱돌말과(Bacillariaceae)의 돌말류 속. 전 세계의 깃돌마류(pennate diatom)의 4.4 퍼센트를 차지한다. 일부 종은 신경독소인 돔산을 생산한다.

유사팡이실 pseudohypha 출아로 생성되는 무성 진균 홀씨(blastospore)의 사슬. 취균문(Glomeromycota) 진균이 생성한다. 유사팡이실을 만드는 진균의 한 보기는 칸디다 알비칸스(*Candida albicans*)이다.

유산균(乳酸菌) lactic acid bacterium 젖산 세균.

유성 생식(有性生殖) sexual reproduction 암수 두 생식 세포가 접합하여 새로운 개체를 만드는 일. 유전정보는 배우자의 생식 세포핵에 있는 염색체와 융합하여 이배체 접합자를 만든다.

유성 홀씨 sexual spore 배우자 또는 암수의 핵이 접합한 뒤 감수분열하여 이루는 홀씨. 유성홀씨는 홀씨 형성양식에 따라 자낭홀씨, 접합홀씨, 담자홀씨 따위로 나눈다. 자낭 홀씨를 형성하는 자낭균류에는 유성 생식을 하는 많은 사상 곰팡이(filamentous fungus)가 포함되고 대부분의 효모도 여기에 따른다. 또 털곰팡이속(*Mucor*)으로 대표되는 털곰팡이문(Mucoraceae)과 포충균문(Zoopagomycota) 곰팡이는 접합 홀씨를 형성하고 담자균문(Basidiomycota) 곰팡이는 담자 홀씨를 형성하며 대부분의 버섯을 포함한다.

유에이치티 UHT ultra-high temperature processing(초고온가공)의 약자.

유용 미생물(有用微生物) effective microorganism 탄수화물이 풍부한 액체 운반체 기질(당밀 영양 용액)과 여러 무산소 미생물의 혼합물. 일본 오키나와에 있는 류큐스대학(琉球大學)의 테우로 히가(Teuro Higa) 교수가 개발한 것이다. 첫 제품은 젖산세균으로 젖산막대세균 카세이(*Lactobacillus casei*), 광합성 세균으로 로도슈도모나스 팔루스트리스(*Rhodopseudomonas palustris*), 효모와 그 밖에 혼합물에서 살아남을 수 있는 환경에 존재하는 여러 미생물의 혼합이다. 물 처리, 유기 비료 개발, 흙 미생물 개선, 가정 음식물 쓰레기 처리 따위의 이용 가능성이 연구되고 있다.

유전공학(遺傳工學) genetic engineering 인위적인 방법으로 생물이나 세포의 유전 구조를 바꾸는 일을 연구하는 학문. 유전자를 조작하여 인간에게 이로운 산물을 얻는 것을 목적으로 한다.

유전자(遺傳子) gene ① 어버이에서 자식에게 유전형질이 전달되는 유전 기본 단위. ② 염색체의 한 부분을 이루는 뉴클레오타이드 순서. 전사하여 상보 아르엔에이를 거쳐 세포에서 합성하는 폴리펩타이드 또는 핵산의 단량체(monomer) 순서를 결정한다.

유전자 발현(遺傳子發現) gene expression 유전자가 활성화하여 유전자가 암호화하는 단백질이나 아르엔에이가 만들어지는 과정.

유전자변형미생물(遺傳子變形微生物) genetically modified microorganism 유전자재조합기술로 새로운 성질을 갖도록 한 미생물.

유전자 재조합(遺傳子再組合) genetic recombination 어떤 생물의 디엔에이 단편을 다른 생물의 디엔에이 분자에 옮겨 심는 일.

유전자재조합기술(遺傳子再組合技術) recombinant DNA technology 어떤 생물의 디엔에이 단편을 다른 생물의 디엔에이 분자에 옮겨 심어 유전자를 변형시킨 생명체를 만드는 기술.

유전자재조합미생물(遺傳子再組合微生物) genetically modified microorganism 유전자변형미생물.

유전자조작미생물(遺傳子操作微生物) genetically engineered microorganism 유전자변형미생물.

유전체(遺傳體) genome ① 배우자 또는 미생물, 또는 다세포 생물의 각 세포에 들어있는 염색체의 반수체 세트. ② 세포나 생물에 들어있는 유전자 또는 유전 물질의 완전한 세트.

유전체 편집(遺傳體編輯) genome editing 세포 또는 생물의 디엔에이를 바꾸는 방법. 유전체의 디엔에이를 특정 자리에 끼워 넣거나 빼내거나 변화시키는 데 쓴다. 이 기술은 유전하지 않는 체세포, 생식 목적이 아닌 생식계열 세포와 생식을 위한 생식계열 세포에 이용할 수 있다.

유전체학(遺傳體學) genomics 디엔에이 분석을 통하여 생물의 유전체를 연구하여 이 정보가 어떻게 적용될 수 있는가를 연구하는 학문. 유전체의 구조, 기능, 진화, 지도 만들기, 편집 따위를 중심으로 하는 분자생물학 분야이다. 교정 크게 유전체를 정밀하게 해독하여 그것을 자료화하고 처리하는 생명 정보학과 유전체를 전사체, 대사체, 단백질체 따위와 유기적인 분석을 통해 유전자 마커를 발굴하고, 새로운 생물학적 메커니즘을 밝히는 부분으로 나눈다.

유주운동성(遊走運動性) swarming motility 떼운동성.

유주자(遊走子) zoospore 운동 홀씨.

유포생물(有胞生物) alveolate 세포막 아래에 막 체계가 있는 섬모충류. 정단복합체충류(apicomplexans)와 와편모조류로 구성되는 홀씨를 만드는 단세포 원생생물 집단이다.

육수 배지(肉水培地) broth medium 세균배양용 배지의 하나. 쇠고기 추출물 10그램, 펩톤 10그램, 염화소듐 5그램, 그 밖의 필요한 영양소를 증류수 1리터에 녹여 만든다.

육좌균과(肉座菌科) Hypocreaceae '동충하초과'의 옛 이름.

육좌균목(肉座菌目) Hypocreales '동충하초목'의 옛

이름.

은빛쓴맛그물버섯 lilac-brown bolete, *Sutorius eximius* 진핵생물역(Eukaryota) 진균계(Fungi) 담자균문(Basidiomycota) 주름버섯강(Agaricomycetes) 그물버섯목(Boletales) 그물버섯과(Boletaceae) 수토리우스속(*Sutorius*)의 먹는 버섯. 갓은 지름 5~12센티미터로 넓은 원뿔꼴이며 초콜릿 갈색이다. 독성분은 분명하지 않으나 먹으면 복통, 설사, 위통, 구토 따위의 위장 중독을 일으킬 수 있다. 여름과 가을에 바늘잎나무 숲 특히 전나무 숲속의 땅에 모여 난다. 한국, 일본, 중국, 북아메리카 등지에 분포한다.

은이(銀耳) euni '흰목이'를 이르는 중국 말.

음식독성백혈구감소증(飮食毒性白血球減少症) alimentary toxic aleukia 푸사륨 스포로트리키오이데스(*Fusarium sporotrichioides*) 따위가 생산하는 곰팡이독소로 일어나는 급성 중독 상태. 구토, 설사, 백혈구감소, 장기 출혈 따위를 일으킨다. 동부 시베리아에서 1941~1947년에 걸쳐 푸사륨 스포로트리키오이데스에 오염된 겨울 저장 곡물을 먹어 발생하였다.

음식매개 독소중독(飮食媒介毒素中毒) foodborne intoxication 음식매개병.

음식매개병(飮食媒介病) foodborne illness 병원체에 오염된 음식을 먹어 일어나는 병. 음식 감염과 음식중독의 두 형이 있다. 음식 감염은 세균 감염, 바이러스 감염, 곰팡이감염, 기생충 감염 따위로 나눈다. 음식중독은 음식을 통하여 자연독소, 세균독소, 곰팡이독소 또는 유독 화합물 따위를 먹어 일어난다. 음식중독을 일으키는 감염원으로는 세균(캄필로박터 제주니, 보툴리눔 세균, 클로스트리듐 퍼프린젠스, 대장균 O157:H7, 리스테리아 모노시토게네스, 살모넬라속, 쉬겔라속, 누런포도알세균, 콜레라세균 따위), 바이러스(간염 에이형 바이러스, 노로바이러스 따위), 곰팡이(아플라톡신을 생산하는 아스페르길루스 플라부스 따위), 프라이온, 독성 물질을 생산하는 바닷말 따위가 있다. 감염원 가운데 미생물은 대부분이 음식 속에서 증식하면서 독소를 생산한다. 그러나 노로바이러스는 창자에 들어간 뒤에 독소를 생성하며, 창자 독소는 작은창자에서 물의 흡수를 방해하여 설사를 일으킨다. 일부 대장균도 창자 독소를 생산하여 설사를 일으킨다. 일부 병원체는 창자 세포를 침입하여 창자 점막 세포에 손상을 주고, 심각한 복부 불쾌감, 설사, 발열 따위를 일으킨다. 이러한 병원체로는 살모넬라, 대장균 O157:H7 따위가 있다.

음식매개병원체(飮食媒介病原體) foodborne pathogen 음식에 오염되어 사람이 먹으면 병을 일으키는 미생물 또는 기생충.

음식중독(飮食中毒) food poisoning 음식매개병.

음 파스퇴르효과 negative Pasteur effect 당의 알코올발효가 무산소 상태에서 억제되고 분자 산소가 있을 때 빨라지는 현상. 브레타노미세스속(*Brettanomyces*) 효모에서 볼 수 있다.

응고효소시험(凝固酵素試驗) coagulase test 피를 굳게 하는 응고효소 양성인 누런 포도알 세균과 음성인 사슬알 세균과의 구분 시험. 슬라이드 또는 시험관을 이용하여 미생물이 토끼 혈장을 굳게 하는지를 검사한다. 이 반응을 이용하여 응고효소 양성인 누런 포도알 세균과 응고효소 음성인 표피 사슬알 세균이나 사슬알 세균 사프로피티쿠스(*Staphylococcus saprophyticus*)와 구분할 수 있다. 누런 포도알 세균이 모두 응고효소 양성은 아니며 일부 사슬알세균속(*Staphylococcus*)은 응고효소 양성이다. 응고효소 양성인 사슬알세균속은 보통 병원체이며 응고효소 음성 사슬알 세균은 주로 기회감염과 관계가 있다.

응집(凝集) agglutination 세균, 적혈구, 꽃가루 따위가 그에 대응하는 항체가 있을 때 뭉치는 일. 항원을 적절한 온도와 피에이치에서 항체와 섞으면 항원-항체 반응으로 알갱이가 덩어리진다. 이런 항체를 응집소라고 한다.

응집 검사(凝集檢査) agglutination test 세균이 그에 대응하는 항체와의 반응으로 특정 병원체를 확인하는 시험.

응집소(凝集素) agglutinin 응집을 일으키는 항체. 적혈구, 세균 따위의 응집원과 반응하여 뭉치게 한다.

응집원(凝集原) agglutinogen 항체(응집소)와 상호 작용하는 세포 겉면 항원. 적혈구의 에이비오(ABO) 항원 따위이다.

응집 효모(凝集酵母) flocculating yeast 발효 중간 과정 이후에 서로 엉겨 붙어 덩어리로 되는 성질을 가진 효모. 특히 맥주 발효에서 효모 응집은 발효 끝부분에서 일어나는 현상이다. 라거 맥주 효모 종은 큰 덩어리로 응집하여 빠르게 발효 탱크 밑으로 가라앉는다. 에일 맥주 효모 종은 겉면으로 떠올라 두터운 층을 이룬다.

의간균문(擬桿菌目) Bacteroidota 박테로이데스문(Bacteroidota).

의학미생물학(醫學微生物學) medical microbiology 사람의 질병과 관련한 미생물을 연구하는 학문.

이강주(梨薑酒) igangju 소주에 배즙, 생강즙, 꿀 따위를 넣고 따듯하게 데운 술.

이끼버섯과 Repetobasidiaceae 진핵생물역(Eukaryota)

진균계(Fungi) 담자균문(Basidiomycota) 주름버섯강(Agaricomycetes) 소나무비늘버섯목(Hymenochaetales)의 과.

이노신산발효 inosinic acid fermentation 그람양성 세균인 브레비세균 암모니아게네스(*Brevibacterium ammoniagenes*)의 변이주 따위를 이용하여 당으로부터 이노신산을 얻는 발효.

이르가산 노보바이오신 우무배지 irgasan novobiocin agar 아이엔 우무배지.

이르펙스과 Irpicaceae 진핵생물역(Eukaryota) 진균계(Fungi) 담자균문(Basidiomycota) 주름버섯강(Agaricomycetes) 구멍장이버섯목(Polyporales)의 과.

이르펙스 락테우스 *Irpex lacteus* 진핵생물역(Eukaryota) 진균계(Fungi) 담자균문(Basidiomycota) 주름버섯강(Agaricomycetes) 구멍장이버섯목(Polyporales) 이르펙스과(Irpicaceae) 이르펙스속(Irpex)의 곰팡이. 식물 병원체이다.

이르펙스속 *Irpex* 진핵생물역(Eukaryota) 진균계(Fungi) 담자균문(Basidiomycota) 주름버섯강(Agaricomycetes) 구멍장이버섯목(Polyporales) 이르펙스과(Irpicaceae)의 곰팡이 속. 죽은 나무껍질 위에 자실체를 만들어 자란다. 이르펙스 락테우스(*Irpex lacteus*)가 생산하는 단백질 가수분해효소는 치즈 제조에서 우유 응고에 쓴다.

이마잘릴 imazalil 에닐코나졸.

이분법(二分法) binary fission 세균이나 아메바 따위의 단세포생물이 똑같은 둘로 나뉘어 번식하는 무성생식 방법.

2,4-다이싸이아펜테인 2,4-dithiapentane 메틸머캅탄과 폼알데하이드가 산 촉매 축합반응 한 유기 황화합물. 두 개의 메틸기와 탄소 2번과 4번 자리에 두 개의 황을 갖는 폼알데하이드의 아세탈이다. 무색 액체로 강한 내가 있다. 일부 송로버섯에 들어있는 방향 화합물이다. 합성품은 상업적 송로버섯 제품에 향료로 쓴다.

이 사카자키이 우무배지 *E. sakazakii* agar 식품에서 창자세균 사카자키이 분리에 쓰는 선택 우무배지.

이슬린디톡신 islanditoxin 고리글로로틴.

이시 시험 EC test 대장균군 세균 가운데 똥에 오염된 대장균군 세균을 확인하는 시험. 대장균군 세균 가운데 똥 대장균군 세균만이 44.5도에서 생장이 가능한 특성을 이용한 방법이다. 사용하는 이시(EC) 액체배지는 선택제로서 똥 사슬알 세균의 생장을 억제하고 대장균의 발육을 촉진하는 담즙산염이 첨가되어 있다. 듀람 관(Durham tube)이 든 시험관에 배지를 넣고 열 배 단계로 묽힌 시료 액을 세 개 또는 다섯 개의 듀럼관에 접종하고 44.5 ± 0.2도의 항온수조에서 24 ± 2시간 배양하여 듀럼 관에서 가스가 발생한 시험관 수로부터 최확수법에 따라 대장균군 세균수를 얻는다.

이시 액체배지 EC broth 대장균 검사에 쓰는 액체배지.

이시-엠유지 액체배지 EC-MUG broth 이시(EC) 액체배지 1리터에 4-메틸룸벨리페릴-베타-디-글루쿠로나이드(4-merthylumbelliferyl-β-D-glucuronide,MUG) 50밀리그램을 첨가한 액체배지. 대장균 검정에 쓴다.

이 시험 E test 항생 물질의 최소 억제농도를 측정하기 위한 우무 묽힘법과 퍼짐법의 하나. 미생물 억제 물질에 담근 띠 모양의 조각을 우무배지 위에 놓고 미생물 억제 예민도를 측정하는 실험실 방법이다. 항생물질에 예민한 세균이나 진균은 농도 부근에서는 자라지 못한다. 이 결과는 그 미생물에 대한 최소 억제 농도 결정에 쓸 수 있으며 환자 감염을 치료하는 데 적절한 미생물 억제 물질의 농도를 결정하는 데도 쓴다.

이어맞추기 splicing ① 아르엔에이 이어맞추기. ② 유전공학에서 두 개의 다른 디엔에이 단편을 이어 재조합 디엔에이를 만듦.

이에프 우무배지 EF agar 똥, 물, 우유, 우유 제품과 고기 제품에서 창자알세균(*Enterococcus*)의 분리 배양에 쓰는 배지. 2,3,5-트라이페닐 테트라졸륨염산염(2,3,5-triphenyl tetrazolium chloride)을 첨가할 수도 있다. 37도에서 48시간 배양하면 창자알세균 파에칼리스(*Enterococcus faecalis*)는 핑크빛 또는 갈색을 띤 보라색의 콜로니를 형성하고 창자알세균 파에슘(*E. faecium*)은 노란색의 콜로니를 만든다.

이엠비 우무배지 EMB agar 에오신메틸렌파랑우무배지.

이염색소체(異染色素體) metachromatic body 볼루틴 알갱이.

이오지 살균 EOG sterilization 산화에틸렌 가스로 미생물을 죽임. 산화에틸렌 가스는 반응성이 크고 디엔에이에 대한 알킬화제로 작용하여 살균 효과를 나타낸다. 잔류성이 크고 식품 성분과 반응하여 유해 성분을 만들기 때문에 식품 살균에는 쓸 수 없다.

이온운반체 ionophore 이온과 가역적으로 결합하여 복합체를 이루는 화합물. 구조로는 친수성 중심과 막과 작용하는 소수성 부분으로 되어있다. 대부분 이온운반체는 지방질에 녹으며 세포막의 지방질 이중 층의 소수성 부분을 통하여 이온을 운반하는 역할을 한다. 이온운반체는 세균, 진균과 식물이 병원체로부터 방어하기 위하여 생산한다. 미생물이 합성하는 이온운반체로는 하나의 포타슘 이온을 운반하는 발리노마이신(valinomycin)이 있다. 발리노마이신은 스트렙토미세스 풀비시무스(*Streptomyces fulvissimus*)에서 얻으며 포타슘 운반체와 항생 물질로 쓰는 뎁시펩타이드 12개가 고리로 결합한 도데카뎁시펩타이드(dodecadepsipeptide)이다. 그 밖에 이온운반체로는 막의 소수성 내부와의 접촉 없이 친수성 구멍을 통하여 이온이 통과할 수 있게 하는 통로 생성자(channel former)이다. 브레비막대세균 브레비스(*Brevibacillus brevis*)가 생산하는 이온운반 항생 물질인 그라미시딘(gramicidin)과 스트렙토미세스 노우르세이(*Streptomyces noursei*)가 생산하는 니스타틴(nystatin)이 있다. 니스타틴은 주로 칸다다속(*Candida*) 피부 감염과 질 효모 감염치료에 쓰는 항생 물질이며 이온운반체이다. 진균 세포막의 주성분인 에고스테롤과 결합하여 막에 구멍을 만들어 포타슘 이온이 새어나가도록 한다.

이이엠 액체배지 EEM broth 창자세균 강화 만니톨 배지.

이중 인퓨전 담금 double infusion mash 맥주 제조에서 엿기름 밖에 부가물을 쓸 때의 담금 과정. 주로 북아메리카에서 널리 쓰는 방법으로 50~60도에서 1차 담금(20~30분)하여 주로 녹말 호화와 단백질분해를 일으키고, 60~70도에서 2차 담금(45~60분)하여 당화를 완성한다. 온도에 따라 효소 활성이 달라지기 때문에 1회 담금보다 풍부한 향미를 생성한다. 때에 따라서는 두 번 이상의 담금 과정을 할 수도 있다.

이질세균속 *Shigella* 세균역(Bacteria) 슈도모나스문(Pseudomonadota) 감마가변세균강(Gammaproteobacteria) 엔테로박터목(Enterobacterales) 창자세균과(Enterobacteriaceae)의 그람음성 짧은 막대 모양 조건 무산소 세균 속. 홀씨를 만들지 않으며 비운동성이다. 사람의 창자관, 흙, 과일, 남새와 민물에 산다. 손네이 이질세균(*Shigella sonnei*), 보이디 이질세균(*S. boydii*), 이질 이질세균(*S. dysenteriae*)은 세균성 이질 설사를 일으킨다.

이질소 환원효소(二窒素還元酵素) dinitrogen reductase 질소고정 효소의 철과 황을 포함하는 구성 부분(4Fe-4S 단백질). 페레독신에서 전자를 다이나이트로게네이스로 전달하는 역할을 한다.

이질아메바 *Entamoeba histolytica* 진핵생물역(Eukaryota) 아메바문(Amoebozoa) 기생아메바과(Entamoebidae) 엔트아메바속(*Entamoeba*)의 무산소 기생성 아메바. 사람에게 아메바증(amoebiasis)을 일으킨다.

이질 이질세균 *Shigella dysenteriae* 세균역(Bacteria) 슈도모나스문(Pseudomonadota) 감마가변세균강(Gammaproteobacteria) 엔테로박터목(Enterobacterales) 창자세균과(Enterobactriaceae) 이질세균속(*Shigella*)의 이질세균. 베로독소(verotoxin)를 생성하여 세균성 이질을 일으킨다.

이차 감염(二次感染) secondary infection 병원체에 감염된 뒤 다시 다른 병원체에 감염되는 일. 유행성 감기에 걸렸을 때 세균 감염에 따른 폐렴이 뒤따르는 경우 따위를 이른다.

이차 발효(二次醱酵) secondary fermentation 일차 발효 과정이 끝난 뒤 숙성이나 다른 목적을 위하여 다시 발효하는 일. 맥주의 후발효, 샴페인의 이산화탄소 발생을 위한 후발효 따위이다.

이차 살균(二次殺菌) secondary sterilization 이차 포장이 필요한 제품의 경우 일차 속포장과 이차 겉포장 사이에 오염된 미생물을 죽임. 미생물의 이차 오염을 막기 위한 것이다.

이차 오염(二次汚染) secondary contamination 한 번 살균한 식품에 다시 미생물에 자라는 일. 가열한 뒤 냉각할 때, 포장할 때 또는 유통 과정에서의 오염 따위가 있다.

이차 팡이실체 secondary mycelium 담자균류에서 원형질융합(plasmogamy) 뒤에 생성되는 팡이실의 그물 같은 구조.

이티이시 ETEC enterotoxigenic *Escherichia coli*(창자독소 대장균)의 약자.

이포메아마론 ipomeamarone 세라토시스티스 핌브리아타(Ceratocystis fimbriata)에 감염되어 검은무늬병(black rot)에 걸린 고구마에서 생성되는 쓴맛의 독소. 식물 알렉신의 하나이다.

이프로다이온 iprodione 헤테로고리 살진균제와 선충구제제. 접촉성으로 진균 팡이실체의 생장을 막는다.

이피이시 EPEC enteropathogenic *Escherichia coli* (창자 병원 대장균)의 약자.

이핵균아계 Dikarya 쌍핵균아계.

이형젖산발효 heterolactic acid fermentation 헤테로젖산발효.

이환율(罹患率) morbidity 병에 걸리는 비율. 일정 기간에 일정 지역이나 집단에 발생한 병 또는 환자의 발생 빈도이다. 보통 인구 십만 명에 대하여 1년간 발생 비율로 나타낸다.

익힌 고기 배지 cooked meat medium 클로스트리듐 퍼프린젠스(Clostridium perfringence)의 강화 배양에 쓰는 배지. 주성분은 소의 간이다.

인돌 시험 indol test 세균이 트립토판을 분해하여 인돌을 생성하는 능력을 조사하는 시험. 트립토판은 트립토판 가수분해효소(EC 4.1.99.1) 작용으로 트립토판의 아민기(-NH_2)가 떨어져 나가고 반응 최종 산물로 인돌, 피루브산과 암모늄이 생성된다. 트립토판 또는 펩톤 액체배지에 세균을 배양하고 아이소아밀알코올, 파라-다이메틸아미노벤즈알데하이드와 진한 염산 용액인 코박 시약(Kovac's reagent)을 액체배지에 넣으면 액체배지의 알코올 겉면에 붉은색 또는 붉은 자주색을 나타내면 양성이고 누런빛을 띠면 음성이다.

인돌 질산염 배지 indole nitrate medium 인돌생성과 질산염 환원을 확인하는 목적으로 쓰는 배지. 산소성, 미산소성, 조건 또는 절대 미산소성의 광범위한 세균에 이용할 수 있다. 카세인 펩톤, 인산수소소듐, 포도당과 질산포타슘을 포함한 반유동 배지이다. 질산을 환원함으로써 유리된 산소를 호흡 대사에 이용하는 세균은 아질산염이 생성되므로 아질산염이 검출되면 질산염의 환원성을 확인할 수 있다. 또 배양 뒤 설파닐산(sulfanilic acid)과 다이메틸나프틸아민(dimethylnaphtylamine)을 첨가하여 붉은색을 나타내면 인돌생성 양성이다.

인 브루어리 inn brewery 퍼브(pub), 술집, 식당 따위에서 직접 맥주를 만들어 제공하는 작은 규모의 술도가.

인산 완충용액(燐酸緩衝溶液) phosphate buffer 인산수소포타슘 34그램을 증류수 500밀리리터에 녹이고 1노말 수산화소듐 175밀리리터를 넣고 피에이치를 7.2로 한 뒤 증류수를 넣어 1리터로 만든 용액.

인수공통감염병(人獸共通感染病) zoonosis 등뼈동물과 사람 사이에 서로 전파되는 병원체로 발생하는 감염 또는 질병. 창자 출혈성 대장균 감염증, 일본뇌염, 브루셀라증, 탄저, 공수병, 동물 인플루엔자 인체 감염증, 중증급성호흡기증후군(SARS), 변종 크로이츠펠트-야콥병, 큐열, 결핵, 중증열성혈소판감소증후군, 창자관 감염증(살모넬라 세균 감염증, 캄필로박터 세균 감염증)이 있다.

인식순서(認識順序) recognition sequence 제한효소가 결합하는 디엔에이 순서.

인터페론 interferon 바이러스에 감염된 동물 세포에서 생성되는 바이러스 억제 당단백질. 면역 반응에서 사이토카인(cytokine)으로 작용하여 바이러스의 복제를 억제한다. 알파-인터페론은 백혈구 따위의 림프구가, 베타-와 감마-인터페론은 섬유아세포에서 생산된다. 비(B)형 간염이나 헤르페스 따위의 바이러스성 질병 치료에 쓴다.

인테그레이스 integrase 디엔에이 분자의 끊어진 부분을 연결하는 반응을 촉매하는 효소. 레트로바이러스 인테그레이스, 람다파지 인테그레이스 따위가 있다.

인티민 intimin 창자 병원성 대장균(*Escherichia coli* O127:H6 따위)과 창자 출혈 대장균(*E. coli* O157:H7 따위)이 생산하는 독성 인자. 세균이 창자 세포에 들러붙는 것을 돕는 역할을 하는 단백질이다. 창자 병원성 설사와 창자 출혈 설사의 원인 물질이다.

인퓨전 담금 infusion mash 맥주 제조에서 엿기름 즙을 만드는 과정의 하나. 아밀레이스 활성을 최대화하여 녹말을 당화 하는 단계이다. 담금 통(mash tun)에 엿기름과 물을 넣고 가열하여 온도가 최적 당화 온도(주로 64~70도)에 도달하게 하는 일 단계 과정이다. 그 밖에 처음에는 52도 정도로 하여 단백질을 분해하기 위한 기간(단백질 가수분해 효소 활성화)을 거치고 다시 온도를 높여 당화 하는 두 단계 인퓨전 담금도 있다. 충분히 잘 변형된 엿기름을 쓸 때는 단백질 가수분해 효소 활성화는 큰 장점은 없다. 끓이는 과정이 없어 효소 파괴가 적고 거르는 동안에도 당화가 진행되어 당도가 높고 색도가 옅으며 콜로이드 분산도가 높은 엿기름 즙을 얻을 수 있다.

인플루엔자 세균 *Haemophilus influenzae* 세균역(Bacteria) 슈도모나스문(Pseudomonadota) 감마가변세균강(Gammaproteobacteria) 파스퇴렐라목(Pasteurellales) 파스퇴렐라과(Pasteurellaceae) 헤모필루스속(*Haemophilus*)의 그람음성 둥근 짧은 막대 조건 무산소 세균. 대부분 기회감염 병원체이다. 비(B)형 인플루엔자 세균(Hib)은 영유아에게 균혈증, 폐렴, 후두개염, 급성 세균성 수막염을 유발한다.

일과성 미생물무리 transient microbiota 수 시간 또는 수 주 동안 사람에게 콜로니를 형성할 수 있으나 영원하는 형성할 수 없는 세균. 우리 몸에 계속 사는 토박이 미생물무리와는 달리 우리 몸에서 일시적으로 발견되는 미생물을 이른다. 병원체 미생물 따위이다.

일반 증류주(一般蒸溜酒) common spirits 증류주 가운데 소주, 위스키와 브랜디 밖의 증류주를 통틀어 이르는 말, 수수, 옥수수, 녹말질 원료, 사탕수수, 사탕무, 설탕, 당밀 따위를 발효, 증류한 술, 주정을 증류하여 자작나무 숯으로 걸러 만든 술 따위이다.

일차 감염(一次感染) primary infection ① 병원체가 생체에 침입하여 직접 병을 일으키는 일. ② 병원체가 처음으로 침입하여 일으킨 감염.

일차 발효(一次醱酵) primary fermentation 효모가 당을 알코올과 이산화탄소로 전환하는 초기 발효.

일차 배양(一次培養) primary culture 생물로부터 직접 떼어 낸 세포조직 또는 기관으로 하는 제일대 배양. 한 번도 세대를 바꾸지 않은 상태에서의 배양이다.

임빅 시험 IMViC test 대장균균 세균 확인에 쓰는 여러 시험의 집합. 인돌 시험(I), 메틸레드 시험(M), 포게스-프로스카우어 시험(V), 구연산 시험(C)의 첫 글자와 발음 편의(i)를 더한 약자이다. 이 네 가지 시험 결과를 종합하여 세균을 구별한다. 이 시험에서 대장균은 ＋＋－－, 엔테로박터 에어로게네스(Enterobacter aerogenes)는 －－＋＋로 나타난다. 창자세균과(Enterococcaceae)의 세균을 가려내는 데 널리 쓴다.

임질세균(淋疾細菌) *Neisseria gonorrhoeae* 세균역(Bacteria) 슈도모나스문(Pseudomonadota) 베타가변세균강(Betaproteobacteria) 네이세리아목(Neisseriales) 네이세리아과(Neisseriaceae) 네이세리아속(*Neisseria*)의 그람음성 쌍알 세균. 동물의 점막 겉면에 콜로니를 이루어 자란다. 사람에게 임질을 일으킨다.

임피던스법 impedance method 미생물의 생장에 따라서 발생하는 이온 대사산물 또는 이산화탄소에 따른 전기 변화를 검출하여 미생물 수를 추측하는 방법.

입굽병 foot and mouth disease 소, 돼지, 염소, 양 따위의 입 점막과 굽 위쪽에 바이러스성 물집이 생기는 병. 바이러스는 감염된 동물의 젖에서 발견되며 젖의 파스퇴르살균에도 살아남을 수 있다. 고기 제품의 경우에는 56도에서 30분, 76도에서 7초 동안 가열하면 활성이 파괴된다. 세계 동물 보건기구가 지정한 중요한 가축전염병이다. 법정 제1종 가축전염병의 하나로 사람에게 감염될 수도 있으나 매우 드물다.

입꼬리염 angular stomatitis 입아귀가 빨갛게 헐고 갈라져서 부스럼이 나는 병. 세균 감염이나 바이타민 비(B) 부족으로 일어나며 주로 어린아이에게 많이 생긴다.

입술버섯강 Dothideomycetes 진핵생물역(Eukaryota) 진균계(Fungi) 자낭균문(Ascomycota)의 강.

입술버섯과 Dothideaceae 진핵생물역(Eukaryota) 진균계(Fungi) 자낭균문(Ascomycota) 입술버섯강(Dothideomycetes) 입술버섯목(Dothideales)의 과.

입술버섯목 Dothideales 진균계(Fungi) 자낭균문(Ascomycota) 입술버섯강(Dothideomycetes)의 목.

입술버섯아강 Dothideomycetidae 진핵생물역(Eukaryota) 진균계(Fungi) 자낭균문(Ascomycota) 입술버섯강(Dothideomycetes)의 아강.

입실론가변세균강 Epsilonproteobacteria '캄필로세균강'(Campylobacteria)의 옛 이름.

입안위생 oral hygiene 입천장과 혀, 특히 이와 잇몸의 질병 예방과 치료.

잎 검은점무늬병 bacterial leaf spot 식물 잎에 검은점이 생기는 병. 검은점무늬병의 하나이다.

잎새버섯 hen of the woods, *Grifola frondosa* 진핵생물역(Eukaryota) 진균계(Fungi) 담자균문(Basidiomycota) 주름버섯강(Agaricomycetes) 구멍장이버섯목(Polyporales) 왕잎새버섯과(Meripilaceae) 잎새버섯속(*Grifola*)의 먹는 버섯. 갓은 지름 2～5센티미터로 부채꼴 또는 주걱 꼴이며 옅은 갈색, 잿빛 갈색 또는 검은 갈색을 띤다. 자루에서 짧은 가지가 갈래로 뻗고 갓이 겹쳐 쌓여 지름 20～30센티미터 크기의 꽃다발 형태로 발달한다. 늦여름에서 초가을에 오크나 단풍나무 넓은잎나무 밑동에서 난다. 흰색부후 곰팡이이다. 한국, 일본, 북반구 온대 이북에 분포한다.

잎새버섯속 *Grifola* 진핵생물역(Eukaryota) 진균계(Fungi) 담자균문(Basidiomycota) 주름버섯강(Agaricomycetes) 주름버섯강(Agaricomycetes) 구멍장이버섯목(Polyporales) 왕잎새버섯과(Meripilaceae)의 속. 먹는 버섯으로 잎새버섯 따위가 있다.

잎 오갈병 leaf curl 진핵생물역(Eukaryota) 진균계(Fungi) 자낭균문(Ascomycota) 타프리나강(Taphrinomycetes) 타프리나목(Taphrinales) 타프리나과(Taphrinaceae) 타프리나속(*Taphrina*)의 곰팡이 타프리나 데포르만스(*Taphrina deformans*)가 일으키는 복숭아 병. 저온 다습기에 곰팡이가 자라 잎은 붉은색 또는 누런색의 병터가 생긴 뒤 부풀어 올라 두꺼워지면서 검게 변하고 잎이 떨어진다. 새 가지에 발생하면 마디 사이가 짧아지고 부푼다.

ㅈ

자낭(子囊) ascus 자낭균류(ascomycetes)에서 자낭홀씨가 들어있는 곤봉 또는 원기둥 모양의 주머니. 곰팡이는 보통 여덟 개, 효모는 보통 네 개의 자낭홀씨를 가지고 있다.

자낭각(子囊殼) perithecium 자낭균류(ascomycetes)와 핵균류(flask fungi)의 일부 곰팡이에서 볼 수 있는 자낭이 들어있고 꼭대기에 구멍이 열리는 플라스크 모양의 구조.

자낭과(子囊果) ascocarp 자낭균류(ascomycetes)에서 자낭 무리가 들어있는 자낭반, 폐쇄 자낭과(cleistothecium) 또는 자낭각 따위의 자실체를 이른다.

자낭균류(子囊菌類) ascomycetes 진핵생물역(Eukaryota) 진균계(Fungi) 자낭균문(Ascomycota)의 곰팡이를 통틀어 이르는 말.

자낭균문(子囊菌門) Ascomycota 진핵생물역(Eukaryota) 진균계(Fungi)를 이루는 두 개의 문 가운데 하나. 흔히 자루곰팡이(sac fungi) 또는 자낭균류라고 한다. 담자균문(Basidiomycota)과 함께 쌍핵균아계(Dikarya)를 형성한다. 자낭이라는 구조를 만들고 그 안에 반수체 홀씨(자낭 홀씨)를 여덟 개 만드는 것이 특징이다. 그러나 일부 종은 무성으로 자낭이나 자낭 홀씨를 만들지 않는다. 자낭균문은 주발버섯아문(Pezizomycotina), 사카로미세스아문(Saccharomycotina), 외자낭균아문(Taphrinomycotina)의 세 아문으로 나뉜다. 대부분의 효모, 곰보버섯, 트뤼플, 주발버섯 따위를 포함하며 푸른곰팡이속 종은 항생 물질 생산에 쓴다. 많은 자낭균류는 사람, 동물과 식물의 병원체이다.

자낭균 효모(子囊菌酵母) ascomycetous yeast 자낭 홀씨를 형성하는 효모. 자낭과와 자낭 형성 팡이실(ascogenous hypha)이 없으며 영양증식은 출아 또는 분열로 이루어진다. 생활 고리는 대표 효모인 사카로미세스 세레비지아에(*Saccharomyces cerevisiae*)에 준하고 기아 상태가 되면 이배체의 영양세포는 감수분열하여 자낭으로 되고 보통 네 개의 자낭 홀씨를 형성한다.

자낭반(子囊盤) apothecium ① 주발버섯, 곰보버섯, 송로버섯 같은 자낭균문 반균강에서 그릇처럼 생긴 열린 구조의 위 안쪽 겉면에 자낭이 달리는 열린 컵 모양의 자실체. ② 일부 지의류의 자실체.

자낭 진균(子囊眞菌) sac fungus 자낭균류의 곰팡이를 일반적으로 이르는 말.

자낭홀씨 ascospore 자낭균류가 자낭 안에 만드는 유성 홀씨. 곰팡이는 하나의 자낭 속에 보통 여덟 개의 홀씨가 들어있고 효모는 보통 네 개의 홀씨가 들어있다. 홀씨는 핵융합(nuclear fusion) 뒤 감수분열로 형성된다.

자동 고지 제조 automatic koji making 온습도와 공기조절 그리고 고지 곰팡이를 기계로 뒤섞는 기능을 갖춘 장치로 고지를 만듦. 재래의 상자 고지제조 대신에 자동화한 것이다.

자동 살균(自動殺菌) autosterilization 세균이 생성하는 젖산 따위로 다른 오염 세균이 죽음.

자루 stipe 버섯을 지탱하고 있는 기둥 모양의 부분.

자루 곰팡이 sac fungus 진핵생물역(Eukaryota) 진균계(Fungi) 자낭균문(Ascomycota)의 곰팡이를 일상으로 이르는 말.

자 발효기 jar fermenter 작은 용량의 발효조.

자색 세균(紫色細菌) purple bacterium ① 가변세균문(Proteobacteria). ② 가변세균 가운데 광독립영양세균 무리. 세균 엽록소 에이(*a*)와 비(*b*) 그리고 자주색의 카로테노이드를 가지고 있으며 하나의 광계(photosystem)를 이용하여 산소 비생성 광합성(anoxygenic photosynthesis)을 한다.

자실체(子實體) fruiting body 곰팡이, 점균류와 말무리에서 홀씨나 배우자를 만드는 구조를 통틀어 이르는 말. 점균류는 흔히 버섯으로 부른다

자실층(子實層) hymenium 자낭균류와 담자균류에서 홀씨가 달리는 구조의 뚜렷한 층.

자연 감염(自然感染) natural infection 자연 상태에서 병원성 미생물이 몸에 들어옴.

자연 독성 물질(自然毒性物質) naturally occurring toxicant 인간에게 중독을 일으키는, 자연에 존재하는 독이 있는 물질.

자연 독소(自然毒素) natural toxin 동식물, 미생물 따위가 생산하는 독소. 이들 독소는 이를 생산하는 생물체에는 영향을 주지 않으며 독소를 먹은 다른 생물체에는 독성을 띤다. 식물은 해충이나 미생물 또는 환경 스트레스에 따른 곰팡이감염 따위로부터 자기방어 메커니즘으로 사이아노젠 글리코사이드(cyanogenic glycoside) 독소를 생산한다. 바닷말이 생산하는 바닷말 독소, 와편모조류가 생산하는 시구아독소는 물고기에는 해를 주지 않으나 이 독소를 가진 물고기나 조개류를 사람이 먹으면 병을 일으킬 수 있다. 파스닙, 셀러리 뿌리, 감귤류 따위에 들어있는 푸로쿠마린(furocoumarin), 붉은 강낭콩의 렉틴(lectin), 곰팡이 독소(아플라톡신, 오크라톡신, 파툴린, 트라이코테센 따위), 감자의 솔라닌, 독버섯의 쿠스카린 그리고 복어독 따위가 있다.

자연 독소 중독(自然毒中毒) natural intoxication 자연독소를 가진 또는 오염된 음식을 먹어 장애를 일으키는 일.

자연 발효(自然醱酵) natural fermentation 인위적인 스타터 접종 없이 식품 재료 또는 환경에 있는 미생물 작용으로 일어나는 발효. 김치, 사워크라우트, 청국장, 된장 따위의 발효이다.

자연 배지(自然培地) natural medium 자연물을 써서 만든 배지. 화학조성이 분명하지 않은 물질인 엿기름즙(wort), 펩톤(peptone), 육수(bouillon), 효모 추출물(yeast extract) 따위를 많이 쓴다. 합성배지에 대비하는 말이며 복합배지(complex medium)라고도 한다.

자연 버섯 wild mushroom 자연에서 나는 버섯. 인공재배 버섯에 맞대하는 말이다. 먹을 수 있는 버섯과 독버섯이 있다. 먹을 수 있는 버섯도 약한 독성이 있는 경우가 많아 주의가 필요하다.

자연 살생 세포(自然殺生細胞) natural killer cell 암세포나 바이러스에 감염된 세포를 융해하여 죽이는 림프구의 하나.

자연 우무 natural agar 주로 광영양생물인 그라실라리옵시스속(*Gracilariopsis*)과 그라실라리아속(*Gracilaria*) 바닷말에서 뽑아내는 젤라틴 같은 물질. 음료, 제과제빵, 우유 제품, 드레싱, 고기 제품, 소스 따위에 젤화제, 안정제, 텍스처화제와 점증제로 쓴다. 미생물 분야에서는 액체배지에 첨가하여 고체배지를 만드는 데 쓴다.

자연 탄산화(自然炭酸化) natural carbonation 맥주 따위의 액체 속에 발효 도중에 자연적으로 이산화탄소(CO_2)가 발생하여 녹아 들어가는 과정.

자외선 살균(紫外線殺菌) ultraviolet sterilization 살균작용이 있는 254나노미터의 자외선을 발생하는 저압수은등을 써서 미생물을 죽임. 자외선은 미생물의 유전물질에 손상을 주어 그 기능을 억제한다. 투과율이 낮아 식품, 공기, 용기, 도구, 물 따위의 겉면 살균에 쓴다.

자외선 살균등(紫外線殺菌燈) ultraviolet germicidal lamp 자외선살균에 쓰는 수은등.

자이로미트린 gyromitrin 마귀곰보버섯을 포함한 마귀곰보버섯속 버섯이 만드는 독소 그리고 발암물질. 물에 녹으며 휘발성인 하이드라진 화합물로 몸에서 쉽게 가수분해하여 독성 화합물인 메틸하이드라진이 된다. 중심 신경계통에 작용하며 바이타민 비 식스(B_6)의 이용과 기능을 방해한다. 먹은 뒤 빠르면 네 시간, 늦으면 스물네 시간 안에 중독 증상이 나타난다. 처음에는 구토, 심한 설사, 강한 복통이 나타나고, 그 뒤 간이나 콩팥의 장애 증상(황달, 오줌 결핍 따위)이 나타나고 심하면 순환기 이상, 호흡 곤란, 혼수상태를 거쳐 죽게 된다. 실험동물에는 발암성을 보인다. 자이로미트린은 끓이면 파괴된다.

자일로스 라이신 데속시콜산염 우무배지 xylose lysine desoxycholate agar 엑스엘디(XLD) 우무배지.

자일로스 라이신 테르기톨-4 우무배지 xylose lysine tergitol-4 agar 엑스엘티(XLT) 4 우무배지.

자작나무 시루뻔버섯 chaga, *Inonotus obliquus* 진핵생물역(Eukaryota) 진균계(Fungi) 담자균문(Basidiomycota) 주름버섯강(Agaricomycetes) 소나무비늘버섯목(Hymenochaetales) 소나무비늘버섯과(Hymenochaetaceae) 시루뻔버섯속(*Inonotus*)의 먹는 버섯. 주로 자작나무에 기생하며 자루는 없이 팡이실이 뭉친 덩어리를 이룬다. 멜라닌이 많아 덩이 색깔은 검정이다. 흰색 부후 곰팡이로 나무줄기 가운데를 썩힌다. 멜라닌 밖에도 옥살산이 많이 들어있다. 주로 물로 우려내어 차로 마신다. 주로 북반구에 분포한다.

자좌(子座) stroma 그 속이나 겉면에 홀씨가 달린 구조가 만들어지는 팡이실 조직 또는 곰팡이 세포와 숙주 조직으로 된 조직.

자주개자리 모자이크 바이러스 *Alfalfa mosaic virus* 리보바이러스역(Riboviria) 오르토나 바이러스계(Orthonavirae) 키트리노바이러스문(Kitrinoviricota) 알수바이러스강(Alsuviricetes) 마르텔리바이러스목(Martellivirales) 브로모바이러스과(Bromoviridae) 알파모바이러스속(*Alfamovirus*)의 바이러스. 많은 식물 작물에 괴사 따위를 일으키는 식물 병원체이다. 자주개자리에서 처음 발견되었으며 감염 매개체는 식물 이(plant lice)로 알려진 일종의 진딧물이 씨앗을 통하여 퍼트린다.

자주국수버섯 purple coral, *Alloclavaria purpurea* 진핵생물역(Eukaryota) 진균계(Fungi) 담자균문(Basidiomycota) 주름버섯강(Agaricomycetes) 주름버섯목(Agaricales) 이끼버섯과(Repetobaidiaceae) 자주국수버섯속(*Alloclavaria*)의 먹는 버섯. 두께 2～6밀리미터, 높이 12센티미터에 이르는 가는 국수 같은 것이 다발처럼 나며 보랏빛을 띤다. 가을에 소나무 숲의 땅에 무리 지어 난다. 동아시아와 유럽, 북아메리카 등지에 분포한다.

작동유전자(作動遺傳子) operator 많은 세균의 오페론에 있는 디엔에이의 조절 부위. 억제인자 또는 아포유도자(apoinducer)와 결합하는 뉴클레오타이드 순서를 포함하고 있어 오페론의 전사를 억제 또는 허용하는 역할을 한다.

작은 둥근구조 바이러스 small round structured virus '노로바이러스'를 이르는 말.

작은 둥근바이러스 small round virus '노로바이러스'를 이르는 말.

작은모노스포라과 Micromonosporaceae 세균역(Bacteria) 바퀴살세균문(Actinomycetota) 바퀴살세균강(Actinomycetia) 작은모노스포라목(Micromonosporales)의 과.

작은모노스포라목 Micromonosporales 세균역(Bacteria) 바퀴살세균문(Actinomycetota) 바퀴살세균강(Actinomycetia)의 목.

작은모노스포라속 *Micromonospora* 세균역(Bacteria) 바퀴살세균문(Actinomycetota) 바퀴살세균강(Actinomycetia) 작은모노스포라목(Micromonosporales) 작은모노스포라과(Micromonosporaceae)의 그람양성 실 모양의 산소 세균 속. 흙과 물에 산다.

작은모노스포라 찰세아 *Micromonospora chalcea* 세균역(Bacteria) 바퀴살세균문(Actinomycetota) 바퀴살세균강(Actinomycetia) 작은모노스포라목(Micromonosporales) 작은모노스포라과(Micromonosporaceae) 작은모노스포라속(*Micromonospora*)의 그람양성 실 모양의 산소 세균. 셀룰로스 가수분해효소를 얻는다.

작은보트리오미세스강 Microbotryomycetes 진핵생물역(Eukaryota) 진균계(Fungi) 담자균문(Basidiomycota)의 강.

작은세균과 Microbacteriaceae 세균역(Bacteria) 바퀴살세균문(Actinomycetota) 바퀴살세균강(Actinomycetia) 작은알세균목(Micrococcaales)의 과.

작은세균 락티쿰 *Microbacterium lacticum* 세균역(Bacteria) 바퀴살세균문(Actinomycetota) 바퀴살세균강(Actinomycetia) 작은알세균목(Micrococcaales) 작은세균과(Microbacteriaceae) 바퀴살세균속(*Microbacterium*)의 그람양성 긴 막대 산소 세균. 내열성이 강해서 저온 살균한 우유와 분유에서 많이 검출되며, 하수, 곤충 따위에서도 볼 수 있다. 글루탐산과 이노신산을 생산한다.

작은세균 열파툼 *Microbacterium thermosphactum* 세균역(Bacteria) 바퀴살세균문(Actinomycetota) 바퀴살세균강(Actinomycetia) 작은알세균목(Micrococcaales) 작은세균과(Microbacteriaceae)의 그람양성 긴 막대 산소 세균. 감압 포장한 고기 제품에서 발견된다.

작은세균속 *Microbacterium* 세균역(Bacteria) 바퀴살세균문(Actinobateria) 바퀴살세균강(Actinomycetia) 작은알세균목(Micrococcaales) 작은세균과(Microbacteriaceae)의 그람양성 긴 막대 산소 세균 속. 로그 생장기에서 그 형태가 일정하지 않은 막대 세균이었다가 정지기에는 짧은 막대~알세균으로 되고 분열 세포는 브이(V)자형을 나타내기도 한다. 일반적으로 비운동성이며 때로는 한 개에서 세 개의 편모를 갖는다.

작은세균 임페리알레 *Microbacterium imperiale* 세균역(Bacteria) 바퀴살세균문(Actinomycetota) 바퀴살세균강(Actinomycetia) 작은알세균목(Micrococcaales) 작은세균과(Microbacteriaceae) 작은세균속(*Microbacterium*)의 그람양성 절대 산소 세균. 나방의 소화관에서 분리되었다.

작은세균 폴리오룸 *Microbacterium foliorum* 세균역(Bacteria) 바퀴살세균문(Actinomycetota) 바퀴살세균강(Actinomycetia) 작은알세균목(Micrococcaales) 작은세균과(Microbacteriaceae) 작은세균속(*Microbacterium*)의 그람양성 세균. 잎 겉면, 유기물, 숙성치즈에서 발견된다. 식품 가공에서 알룰로스 생산에 쓴다.

작은세균 플라붐 *Microbacterium flavum* 세균역(Bacteria) 바퀴살세균문(Actinomycetota) 바퀴살세균강(Actinomycetia) 작은알세균목(Micrococcaales) 작은세균과(Microbacteriaceae) 작은세균속(*Microbacterium*)의 그람양성 젖산 세균. 우유 제품에서 발견된다.

작은스티스과 Microcystaceae 세균역(Bacteria) 남세균문(Cyanobacteria) 남조강(Cyanophyceae) 남구슬말목(Chroococcales)의 과.

작은시스티스속 *Microcystis* 세균역(Bacteria) 남세균문(Cyanobacteria) 남조강(Cyanophyceae) 남구슬말목(Chroococcales) 작은시스티스과(Microcystaceae)의 그람음성 광합성을 하는 민물 남세균 속. 많은 종은 간 독소인 마이크로시스틴(microcystin)과 신경 독소를 생산한다.

작은시스티스 아에루기노사 *Microcystis aeruginosa* 세균역(Bacteria) 남세균문(Cyanobacteria) 남조강(Cyanophyceae) 남구슬말목(Chroococcales) 작은시스티스과(Microcystaceae) 작은시스티속(*Mivrocystis*)의 민물 남세균. 녹조를 일으키며 간 독소인 마이크로시스틴(microcystin)을 생산한다.

작은아스쿠스 브레비카울리스 *Microascus brevicaulis* 진핵생물역(Eukaryota) 진균계(Fungi) 자낭균문(Ascomycota) 구멍공버섯강(Sordariomycetes) 작은

아스타목(Microascales) 작은아스카과(Microascaceae) 작은아스쿠스속(*Microascus*)의 부생 곰팡이. 흙에 살며 때로는 사람 손톱감염을 일으킨다.

작은알세균 micrococcus 흙과 물에 사는 작은알세균과(Micrococcaceae)의 그람양성 산소 또는 조건 무산소 세균.

작은알세균과 Micrococcaceae 세균역(Bacteria) 바퀴살세균문(Actinobateria) 바퀴살세균강(Actinomycetia) 작은알세균목(Micrococcales)의 세균 과.

작은알세균 데니트리피칸스 *Micrococcus denitrificans* '파라알세균 데니트리피칸스'(*Paracoccus denitrificans*)의 옛 이름.

작은알세균 루테우스 *Micrococcus luteus* 세균역(Bacteria) 바퀴살세균문(Actinomycetota) 바퀴살 세균강(Actinomycetia) 작은알세균목(Micrococcales) 작은알세균과(Micrococcaceae) 작은알세균속(*Micrococcus*)의 그람양성 세균. 젖먹이동물의 피부나 흙에 주로 존재하며 일반적으로 공기, 민물, 바닷물, 우유, 우유 제품 따위에서 분리된다. 병원성은 없다. 식품 가공에서 치즈 제조에만 쓸 수 있다.

작은알세균 리소데이크티쿠스 *Micrococcus lysodeikticus* '작은알세균 루테우스'(*Micrococcus luteus*)의 옛 이름.

작은알세균목 Micrococcales 세균역(Bacteria) 바퀴살세균문(Actinomycetota) 바퀴살세균강(Actinomycetia)의 목.

작은알세균 바리안스 *Micrococcus varians* 세균역(Bacteria) 바퀴살세균문(Actinomycetota) 바퀴살세균강(Actinomycetia) 작은알세균목(Micrococcales) 작은알세균과(Micrococcaceae) 작은알세균속(*Micrococcus*)의 그람양성 세균. 건조 발효 소시지의 스타터로 쓴다. 우유 제품을 상하게 하는 세균이다.

작은알세균속 *Micrococcus* 세균역(Bacteria) 바퀴살세균문(Actinomycetota) 바퀴살세균강(Actinomycetia) 작은알세균목(Micrococcales) 작은알세균과(Micrococcaceae)의 그람양성 알 모양의 절대 산소 세균 속. 카탈레이스 양성, 산화효소 양성, 인돌 음성, 구연산 음성이다. 세포벽은 세포 질량의 최대 50퍼센트를 이룬다. 흙, 물과 생우유에서 발견된다. 높은 소금 농도와 저온에 대한 저항성이 있어서 저온 저장고기의 변질 세균이다.

작은알세균 플라부스 *Micrococcus flavus* 세균역(Bacteria) 바퀴살세균문(Actinomycetota) 바퀴살세균강(Actinomycetia) 작은알세균목(Micrococcales) 작은알세균과(Micrococcaceae) 작은알세균속(*Micrococcus*)의 그람양성 알 모양 산소 세균. 카탈레이스 양성, 당에서 산을 생성한다. 글리세롤, 트레할로스와 덱스트린을 이용할 수 있다.

작은홀씨주머니 sporangiolum 한 개 또는 몇 개의 홀씨가 들어있는 홀씨주머니.

잔나비버섯과 Fomitopsidaceae 진핵생물역(Eukaryota) 진균계(Fungi) 담자균문(Basidiomycota) 주름버섯강(Agaricomycetes) 구멍장이버섯목(Polyporales)의 과.

잔토메그닌 xanthomegnin 푸른곰팡이 시트레오-비리대(Penicillium citreo-viride)에서 분리한 돌연변이 유발 곰팡이독소. 이에 오염된 사료를 먹은 농장 동물은 콩팥병을 일으켜 죽게 된다. 세포 호흡 과정을 방해한다.

잔토모나스과 Xanthomonadaceae 세균역(Bacteria) 슈도모나스문(Pseudomonadota) 감마가변세균강(Gammaproteobacteria) 잔토모나스목(Xanthomonadales)의 과.

잔토모나스목 Xanthomonadales 세균역(Bacteria) 슈도모나스문(Pseudomonadota) 감마가변세균강(Gammaproteobacteria)의 목.

잔토모나스속 *Xanthomonas* 세균역(Bacteria) 슈도모나스문(Pseudomonadota) 감마가변세균강(Gammaproteobacteria) 잔토모나스목(Xanthomonadales) 잔토모나스과(Xanthomonadaceae)의 그람음성 막대 모양 산소 세균 속.

잔토모나스 아르보리콜라 병원형 프루니 *Xanthomonas arboricola* pv. *pruni* 잔토모나스 프루니(*X. pruni*).

잔토모나스 오리자에 *Xanthomonas oryzae* 세균역(Bacteria) 슈도모나스문(Pseudomonadota) 감마가변세균강(Gammaproteobacyeria) 잔토모나스목(Xanthomonadales) 잔토모나스과(Xanthomonadaceae) 잔토모나스속(*Xanthomonas*)의 세균. 주숙주는 벼로서 병원형 오리자에(pv. *oryzae*)와 병원형 오리지콜라(pv. *orizicola*)의 두 병원형 변종(pathovar)이 있다. 벼, 밀을 포함한 여러 풀에 흰잎마름병을 일으킨다.

잔토모나스 오리자에 병원형 오리자에 *Xanthomonas oryzae* pv. *oryzae* 잔토모나스 오리자에(*Xanthomonas oryzae*)의 병원형 변종의 하나. 벼의 마름병을 일으킨다.

잔토모나스 오리자에 병원형 오리지콜라 *Xanthomonas oryzae* pv. *oryzicola* 잔토모나스 오리자에(*Xanthomonas oryzae*)의 병원형 변종의 하나.

잔토모나스 캄페스트리스 *Xanthomonas campestris* 세

균역(Bacteria) 슈도모나스문(Pseudomonadota) 감마가변세균강(Gammaproteobacteria) 잔토모나스목(Xanthomonadales) 잔토모나스과(Xanthomonadaceae) 잔토모나스속(*Xanthomonas*)의 그람음성 절대 산소 세균. 양배추나 콜리플라워 따위에 흑부병, 토마토, 고추 따위에 세균성 반점병을 일으킨다. 점증제로 쓰는 잔탄검을 생산한다.

잔토모나스 트란스루센스 병원형 운둘로사 *Xanthomonas translucens* pv. *undulosa* 세균역(Bacteria) 슈도모나스문(Pseudomonadota) 감마가변세균강(Gammaproteobacteria) 잔토모나스목(Xanthomonadales) 잔토모나스과(Xanthomonadaceae) 잔토모나스속(*Xanthomonas*)의 그람음성 막대 모양 산소 세균. 논벼흰잎마름병을 일으킨다.

잔토모나스 프루니 *Xanthomonas pruni* 세균역(Bacteria) 슈도모나스문(Pseudomonadota) 감마가변세균강(Gammaproteobacteria) 잔토모나스목(Xanthomonadales) 잔토모나스과(Xanthomonadaceae) 잔토모나스속(*Xanthomonas*)의 세균. 거의 모든 벚나무속(Prunus)에 병을 일으킨다.

잔토필로미세스 덴드로르호우스 *Xanthophyllomyces dendrorhous* 진핵생물역(Eukaryota) 진균 계(Fungi) 자낭균문(Basidiomycota) 흰목이강(Tremellomycetes) 시스토필로바시듐목(Cystofilobasidiales) 시스토피블로바시듐과(Cystofilobasidiaceae)의 효모. 아스타잔틴을 생산하는 담자균 같은 효모이다.

잠복기(潛伏期) incubation period ① 병원체, 화학물질 또는 방사선에 노출된 시간부터 증상이 나타날 때까지 흘러간 시간. ② 감염병의 경우 병원체가 숙주에 감염된 때부터 증상을 일으키는 데 필요한 문턱값에 도달할 때까지의 증식 기간.

잠재 파지 temperate phage 세균에 감염하여 용원 생활사(lysogenic cycle)를 갖는 파지.

잣버섯속 *Lentinus* 진핵생물역(Eukaryota) 진균계(Fungi) 담자균문(Basidiomycota) 주름버섯강(Agaricomycetes) 구멍장이버섯목(Polyporales) 구멍장이버섯과(Polyporaceae)의 속.

장(醬) jang ① 간장. ② 간장, 된장, 고추장을 통틀어 이르는 말. 한국의 대표 발효제품으로 한국 음식의 기본양념으로 쓴다.

장구균(腸球菌) enterococcus 창자알세균.

장내세균(腸內細菌) intestinal bacterium 창자세균.

장내세균과(腸內細菌科) Enterobacteriaceae 창자세균과.

장수상황버섯 *Sanghuangporus baumii* 진핵생물역(Eukaryota) 진균계(Fungi) 담자균문(Basidiomycota) 주름버섯강(Agaricomycetes) 소나무비늘버섯목(Hymenochaetales) 소나무비늘버섯과(Hymenochaetaceae) 상황버섯속(*Sanghuangporus*)의 약용 버섯. 갓은 지름 4~10센티미터로 반원형으로 말굽꼴 또는 조개껍데기 꼴이며 잿빛 갈색에서 거의 검은색이다. 줄기가 없이 나무에 직접 붙는 여러해살이 버섯이다. 일 년 내내 넓은잎나무 줄기나 가지에 붙어 난다. 나무에 흰색 부후를 일으킨다. 원목 재배하는 상황버섯의 하나이다. 한국, 중국, 일본, 필리핀, 유럽 등지에 분포한다.

장티푸스 typhoid fever 장티푸스 세균(*Salmonella enterica* serotype Typhi 또는 *Salmonella* Typhi)이 창자에 들어가 일으키는 급성 감염병. 장티푸스 세균은 사람에게만 감염하여 복제한다. 감염자의 오줌에 오염된 음식이나 물을 먹으면 살모넬라 음식중독을 일으킨다. 잠복기는 1~2주이다. 증상은 발열, 두통, 기침, 식욕 부진, 변비 따위이다. 살갗에 특징적인 장밋빛 반점이 나타날 수도 있다. 법정 제2급 감염병이다.

장티푸스 세균 typhoid bacillus, *Salmonella enterica* serovar Typhi, *Salmonella* Typhi 세균역(Bacteria) 슈도모나스문(Pseudomonadota) 감마가변세균강(Gammaproteobacteria) 엔테로박터목(Enterobacterales) 창자세균과(Enterobacteriaceae) 살모넬라속(*Salminella*)의 그람음성 막대 모양 조건 무산소 세균. 편모로 운동하며 홀씨를 만들지 않는다. 입으로 침입하여 작은창자에 이르러 발병하면 법정 2급 감염병인 장티푸스를 일으킨다. 가열로 쉽게 죽는다.

재강 jaegang 술을 거르고 남은 찌꺼기.

재조합 미생물(再組合微生物) recombinant microorganism 유전자 변형 미생물.

잿빛곰팡이 grey mold, *Botrytis cinerea* 진핵생물역(Eukaryota) 진균계(Fungi) 자낭균문(Ascomycota) 두건버섯강(Leotiomycetes) 고무버섯목(Helotiales) 균핵버섯과(Sclerotiniaceae) 보트리티스속(*Botrytis*)의 곰팡이. 포도와 딸기 그리고 온실 토마토에 병을 일으킨다. 포도의 경우 지속으로 습한 조건에서 잿빛곰팡이에 감염된 포도는 못 쓸 정도로 썩게 되는 잿빛곰팡이병(grey mold rot)을 일으킨다. 그러나 습한 날씨 뒤에 건조 상태가 되면 잿빛곰팡이에 감염된 포도는 건포도와 같은 상태로 되는 데 이를 귀부병이라 한다. 귀부병에 걸린 포도는 단 디저트 포도주의 원료가 된다. 포도 재배 분야에서는 잿빛곰팡이를 '귀부 곰팡이'라고 한다. 잿빛 곰팡이에 감염된 딸기나 온실 토마토는 포도와는 달리 먹을 수 없다.

잿빛곰팡이병 gray mold rot 잿빛곰팡이(*Botrytis cinerea*)가 일으키는 식물 병. 일부 남새, 부드러운 과일, 나무, 떨기나무 따위에 서늘하고 습한 조건에서 많이 발생한다. 식물의 줄기, 잎, 꽃이 갈색으로 변하며 썩은 뒤에 잿빛 곰팡이로 덮이게 된다. 이 병에 걸린 포도는 귀부 포도주의 원료가 된다.

잿빛만가닥버섯 fried chicken mushroom, *Lyophyllum decastes* 진핵생물역(Eukaryota) 진균계(Fungi) 담자균문(Basidiomycota) 주름버섯강(Agaricomycetes) 주름버섯목(Agaricales) 만가닥버섯과(Lyophyllaceae) 만가닥버섯속(*Lyophyllum*)의 먹는 버섯. 갓은 지름 4~9센티미터로 편평한 데 가운데는 조금 둥그스름하며 연한 색이다. 여름에서 가을에 숲속, 정원, 밭, 길가 따위에서 모여 난다. 말뚝이나 톱밥을 이용하여 재배한다. 한국, 일본, 북반구 온대에 분포한다.

잿빛무늬병 brown rot 모놀리니아 프룩티콜라(*Monolinia fructicola*)와 모놀리니아 락사(*M. laxa*) 곰팡이가 벚나무속(*Prunus*) 나무와 떨기나무에 일으키는 병. 복숭아, 자두, 버찌, 넥타린 따위의 열매, 잔가지와 나뭇가지에 감염한다. 홀씨는 주로 나무에 달린 쪼글쪼글한 열매나 땅에 떨어진 열매에서 발견된다. 감염된 열매는 갈색으로 변하면서 썩는다.

잿빛무늬병곰팡이 brown rot fungus, *Monilinia fruticola* 진핵생물역(Eukaryota) 진균계(Fungi) 자낭균문(Ascomycota) 두건버섯강(Leotiomycetes) 고무버섯목(Helotiales) 균핵버섯과(Sclerotiniaceae) 모닐리니아속(*Monilinia*)의 곰팡이. 식물에 잿빛무늬병을 일으키는 식물 병원체의 하나이다.

저령(豬苓) Polyporus Sclerotium 진핵생물역(Eukaryota) 진균계(Fungi) 담자균문(Basidiomycota) 주름버섯강(Agaricomycetes) 구멍장이버섯목(Polyporales) 구멍장이버섯과(Polyporaceae) 버섯인 저령의 마른 균핵. 소변 문제 치료를 위한 이뇨제로 쓴다.

저령(豬苓) umbrella polypore, *Polyporus umbellatus* 진핵생물역(Eukaryota) 진균계(Fungi) 담자균문(Basidiomycota) 주름버섯강(Agaricomycetes) 주름버섯강(Agaricomycetes) 구멍장이버섯목(Polyporales) 구멍장이버섯과(Polyporaceae) 구멍장이버섯속(*Polyporus*)의 먹는 버섯. 갓은 지름 1~4센티미터로 둥글며 연한 갈색이다. 자루에서 많은 가지를 쳐 갓이 모여 지름 40센티미터에 이르는 큰 덩이를 이룬다. 가을에 너도밤나무 또는 오크 뿌리에서 난다. 뿌리에 대한 흰색 부후 곰팡이이다. 북반구에 분포한다. 말린 균핵은 '저령'이라 하여 한약재로 쓴다.

저산소 배양(底酸素培養) microaerobic culture 산소분압을 낮추어 미생물을 기름. 배양에 산소는 필요하나 공기의 산소압력보다 더 낮은 조건에서 기르는 일이다. 저산소 세균은 균종에 따라서는 증식에 이산화탄소나 수소가 필요하므로 이때는 이들을 5~10퍼센트 정도 섞어 줄 필요가 있다.

저산소 사슬알 세균 microaerophilic streptococcus 낮은 산소(2~10퍼센트 산소)에서만 자라는 알세균. 주로 허파 질환을 일으키는 병원체이다. 사슬알세균 콘스텔라투스(*Streptococcus constellatus*), 사슬알세균 인테르메디우스(*S. intermedius*) 따위가 있다.

저산소 세균(低酸素細菌) microaerophilic bacterium 낮은 산소(2-10퍼센트 산소)에서만 자라는 세균. 캄필로박터속(*Camphylobacter*), 젖산막대세균속(*Lactobacillus*), 위염세균(*Helicobacter pylori*) 따위가 있다.

저산 식품(低酸食品) low-acid food 피에이치가 4.6 이상인 식품.

저온발효(低溫醱酵) cold fermentation 낮은 온도에서 발효가 천천히 일어나게 하는 일. ① 라거 맥주 제조에서 1차 발효한 발효액을 영(0)도에서 2~3주 2차 발효하는 일. 이 과정에서 효모와 다른 단백질은 침전한다. ② 제빵에서 효모량을 조금 적게 쓰고 반죽 온도도 약간 차게 하여 반죽 발효속도를 늦추는 일. 피자 반죽의 경우 최적 온도는 15~18도이다. ③ 커피콩을 얼음물에 담가 발효가 천천히 일어나도록 하는 얼음 발효(ice fermentation).

저온생물(低溫生物) psychrophile 낮은 온도에서 사는 생물. 세균의 경우 15도 이하에서 가장 잘 자라고 생장 최적 온도가 20도 이하인 세균을 이른다.

저온생물학(低溫生物學) cryobiology 낮은 온도가 지구 빙권(cryosphere)에 사는 생물에 미치는 영향을 연구하는 생물학의 한 분야. 과학에서는 영도에 가까운 온도 또는 영도 이하 온도에서의 생명현상을 연구한다.

저온 장시간 파스퇴르살균 low temperature long time pasteurization, LTLT pasteurization 낮은 온도에서 오랜 시간 열처리하여 미생물을 죽이는 방법. 배치(batch) 살균법이다. 액체 식품, 특히 우유에 적용하며 63도에서 30분간 유지한다. 주목적은 병원성 세균을 죽이는 것이나 우유의 지방질 가수분해효소도 불활성 되고 단백질도 구조가 달라져 치즈 제조에 더 적합하게 된다.

저장 곰팡이 storage fungus 곡물이나 씨를 저장하는 동안에 침입하여 발육하는 곰팡이. 주로 아스페르길루스속(*Aspergillus*)과 푸른곰팡이속(*Penicillium*)의 종이다.

저항 균주(抵抗菌株) resistant strain ① 항생 물질이나 약물 따위에 저항성이 큰 세균이나 진균. 메티실린(methicillib) 저항 누런 포도알 세균, 반코마이신 저항 창자알 세균속, 여러 약 저항 결핵세균 따위가 있다. ② 물리적 영향이나 세균 파지에 대한 감수성이 낮은 미생물.

적리(赤痢) dysentery ① 급성 감염병인 이질의 하나. 여름철에 많이 발생하며 발열과 복통이 따르고 피와 곱이 섞인 똥을 눈다. 이질세균의 입안 감염에 따른 급작스러운 발열과 복통에 이어 점액, 피가 섞인 설사를 하는 세균 적리와 이질아메바의 감염에 따른 소화기관 감염병인 아메바 적리가 있다. 아메바 적리는 주로 열대와 아열대 지역에 많다. ② 한방에서 음식이 체하여 생기는 이질을 이르는 말.

적변(赤變) red coloration 염장품이 붉은빛을 띠는 현상. 천일염에 들어있는 호염 세균인 할로세균속(*Halobacterium*)과 할로알세균속(*Halococcus*) 세균이 자라 생성된 카로테노이드의 붉은 색소가 원인이다. 고기나 사워크라우트에서 볼 수 있는 적변은 로도토룰라속(*Rhodotorula*) 효모가 생성하는 카로테노이드 색소에 의한 것이다.

적포도주(赤葡萄酒) red wine 검은 포도를 껍질째 으깨어 껍질, 씨, 과일즙을 함께 포도주효모로 20~30도에서 발효, 숙성한 술. 원료 포도 품종은 까베르네 쏘비뇽(Cabernet Sauvignon), 메를로(Merlot), 피노누아(Pinot Noir), 쉬라(Syrah) 따위이며 붉은색은 안토사이아닌 때문이다. 백포도주보다 산도가 높고 당분이 적으며 타닌 따위의 폴리페놀함량이 많아 떫은 맛이 있다. 신맛을 줄이기 위하여 젖산 세균을 이용한 말산 젖산발효를 하기도 한다.

적포도주 식초(赤葡萄酒食醋) red wine vinegar 적포도주를 산화하여 만드는 식초. 전통 방법은 나무통에 담아 한두 해 숙성한다.

전나무버섯속 *Catathelasma* 진핵생물역(Eukaryota) 진균계(Fungi) 담자균문(Basidiomycota) 주름버섯강(Agaricomycetes) 주름버섯목(Agaricales) 송이과(Tricholomataceae)의 속.

전복 느타리 abalone mushroom, *Pleurotus cystidiosus* 진핵생물역(Eukaryota) 진균계(Fungi) 담자균문(Basidiomycota) 주름버섯강(Agaricomycetes) 주름버섯목(Agaricales) 느타릿과(Pleurotaceae) 느타리속(*Pleurotus*)의 먹는 버섯. 갓은 지름 6~11센티미터로 조개꼴이나 부채꼴이며 연한 누런색이다. 초여름에서 가을에 포플러, 살아있는 나무 따위의 상처 부위에 홀로 또는 여럿이 모여 난다. 인공 재배한다. 전 세계에 분포한다. 한국, 중국, 일본, 북아메리카 등지에 분포한다.

전생활형태(全生活形態) holomorph 자낭균문(Ascomycota)과 담자균문(Basidiomycota) 곰팡이의 유성세대와 무성세대를 포함하는 전체 생활사.

전이(轉移) metastasis 암세포가 처음 발생한 부위에서 몸의 다른 부위로 옮아감. 암세포는 피 또는 림프계통을 따라 흘러가 몸의 다른 기관 또는 조직에 새로운 종양을 형성한다.

전이 유전 인자(轉移遺傳因子) transposable genetic element 전이인자.

전이 인자(轉移因子) transposable element 유전체 안에서 한 자리에서 다른 자리로 옮길 수 있는 디엔에이의 염기순서. 이에 따라 돌연변이가 생기거나 세포의 유전 특성과 유전체 크기가 달라질 수 있다.

전자빔 살균 electron beam sterilization 베타 입자로 미생물을 불활성화하는 방사선살균. 감마선보다 높은 선량을 처리할 수 있으나 투과성이 낮아 두꺼운 물질의 살균에는 제한이 있다. 의료 장비 살균에는 저 에너지 전자빔의 이용 가능성이 연구되고 있다.

전자 전달 사슬 electron transport chain 산화환원반응을 통하여 전자 주개로부터 전자 받개로 전자를 전달하는 단백질 복합체와 다른 분자들의 사슬. 전자 전달은 막을 가로질러 양성자(수소 이온)의 전달과 연합한다. 전자 전달 사슬에 관여하는 많은 효소는 막에 박혀 있다. 전자 전달 반응은 발열 반응으로 이 반응에서 생성되는 에너지는 에이티피(ATP) 합성에 쓰인다. 산소호흡에서 전자의 마지막 받개는 분자 산소이며, 무산소호흡에서 전자 받개는 산소 대신에 황산염, 질산염, 철, 망가니즈, 수은, 일산화탄소 따위이다. 진핵생물에서 전자 전달 사슬은 미토콘드리아의 속막에서 일어나며, 광합성을 하는 진핵생물에서는 엽록체의 틸라코이드 막에서 일어난다. 세균에서는 종마다 전자 전달 사슬이 다를 수 있으나 기본으로 전자 전달 사슬은 전기화학적 기울기 발생과 에이티피 합성 효소를 통한 산화 인산화를 거친 에이티피 합성과 연결된 산화환원반응으로 되어있다.

절대 무산소 미생물(絶對無酸素微生物) obligatory anaerobe 산소가 있을 때 자랄 수 없는 미생물. 산소호흡으로 생성되는 활성산소는 디엔에이나 단백질에 손상을 입혀 세포를 죽게 하는 데 절대무산소미생물은 활성산소를 처리하는 카탈레이스(catalase)와 초과산화물 제거 효소가 없다. 산소가 없는 환경인 동물의 창자관, 되새김동물의 제일위, 심해, 흙의 깊은 침전물 등지에서 발견된다. 주로 세균이며 절대 무산소 진균으로는 초식동물의 제일위에 있는 네오칼리마스틱스속(*Neocallimastix*) 따위가 있다.

절대 무산소 세균(絶對無酸素細菌) obligate anaerobic bacterium 산소가 있을 때 자랄 수 없는 세균. 무산소 호흡 또는 발효로 영양소에서 에너지를 얻는다. 무산소호흡에 전자 받개로는 산소 대신에 황산염, 질산염, 철, 망가니즈 또는 일산화탄소를 이용한다. 악티노미세스속(*Actinomyces*), 박테로이데스속(*Bacteroides*), 클로스트리듐속(*Clostridium*), 프로피온산세균속(*Propionibacterium*) 따위가 있다. 흙에서 발견되는 절대무산소세균으로는 미코세균속(Mycobacterium), 스트렙토미세스속(Streptomyces), 로도알세균속(*Rhodococcus*) 따위가 있다. 싸이오글리콜산염 액체배지(thioglycollate broth)를 담은 시험관에 세균이 자라는 형태로부터 산소 세균과 무산소 세균을 확인할 수 있다. 무산소 세균은 산소 농도가 가장 적은 시험관 밑으로 모이며 산소세균은 반대로 산소 농도가 가장 큰 시험관 윗부분으로 모인다. 절대무산소미생물은 무산소호흡과 발효로 에너지를 얻는다. 무산소호흡은 산소를 전자 받개로 이용하는 산소호흡과는 달리 황산염, 질산염, 철, 망가니즈, 수은, 일산화탄소 따위를 전자 받개로 이용한다. 발효는 호흡과는 달리 해당으로 생산된 피루브산이 전자 전달 사슬을 거치지 않고 분해된다는 것이다. 젖산발효, 혼합 산 발효, 유기산과 알코올로 분해되는 2,3-뷰테인다이올발효 따위가 있다.

절대 산소 세균(絶對酸素細菌) obligate aerobic bacterium '산소세균'의 잘못.

절대 혐기성 세균(絶對嫌氣性細菌) obligate anaerobic bacterium 절대무산소세균.

절대 호기성 세균(絶對好氣性細菌) obligate aerobic bacterium '산소세균'의 잘못.

절제 수선(切除修繕) excision repair 손상 디엔에이를 고치는 세포 메커니즘. 디엔에이 손상 인식, 디엔에이 손상 부위 양쪽을 잘라 손상 부위 없애기, 손상 부위를 디엔에이합성으로 메꾸기 그리고 열린 디엔에이 끝 이음의 네 단계로 일어난다.

점균강(粘菌綱) Myxomycetes 끈적균강.

점균류(粘菌類) slime mold 끈적균.

점균목(粘菌目) Myxomycetales 끈적균목.

점균문(粘菌門) Myxomycota 끈적균문.

점균아강(粘菌亞綱) Myxomycetae 끈적균아강.

점무늬병 leaf spot 잎에 작은 둥근 갈색 병터가 생기는 식물 병. 곰팡이, 세균 또는 바이러스가 일으킨다. 때로는 곤충, 풀약 따위에 따른 상처로도 발생한다. 병원체는 주로 자낭균문(Ascomycota)과 불완전균문(Deuteromycota)에 속한다.

점액(粘液) slime ① 곰팡이와 식물이 분비하는 글리칸 또는 동물이 분비하는 당단백질이 풍부한 점성 물질. ② 소시지, 신선한 고기, 어묵 따위의 겉면에 생기는 끈끈한 액체. 주원인은 세균이나 때로는 효모도 관여한다. 점액은 세균 균체의 집합 또는 미생물의 분해물 또는 이들 양자의 복합물이다.

점액세균(粘液細菌) myxobacterium 세균역(Bacteria) 점액알세균문(Myxococcota) 점액알세균강(Myxococcia) 점액알세균목(Myxococcales)의 세균을 이르는 말. 유연한 세포벽을 가지고 활주운동(gliding mobility)으로 이동하는 그람음성 막대 모양의 절대 산소 흙 세균이다. 유기물이 많은 흙 또는 썩은 나무 겉면에 살면서 주변의 다른 생물(대장균 따위) 또는 죽은 식물체를 분해하여 영양을 얻는다. 단세포생물임에도 군집 생활을 하며 주위에 영양분이 부족하면 많은 세포가 모여 다세포 자실체를 형성한다. 영양분이 풍부해지면 자실체 안의 홀씨는 동시에 발아하여 바로 점액 세균으로 이루어진 세포 무리를 이룬다.

점액알세균강 Myxococcia 세균역(Bacteria) 점액알세균문(Myxococcota)의 강.

점액알세균과 Myxococcaceae 세균역(Bacteria) 점액알세균문(Myxococcota) 점액알세균강(Myxococcia) 점액알세균목(Myxococcales)의 과. 그람음성, 막대 모양 세균이다. 흙, 바다와 민물에서 발견된다.

점액알세균목 Myxococcales 세균역(Bacteria) 점액알세균문(Myxococcota) 점액알세균강(Myxococcia)의 목.

점액알세균문 Myxococcota 세균역(Bacteria)의 한 문. 자실체를 만드는 그람음성 산소 활주세균으로 조건이 불리해지면 점액 홀씨(myxospore)를 만든다.

점액알세균속 *Myxococcus* 세균역(Bacteria) 점액알세균문(Myxococcota) 점액알세균강(Myxococcia) 점액알세균과(Myxococcaceae)의 세균 속. 그람음성 홀씨를 만드는 산소 세균이다.

점액층(粘液層) slime layer 세균 세포를 둘러싸고 있는 세포 밖 층. 쉽게 제거할 수 있고 쉽게 퍼지는 다당류로 된 껍질이다. 매끄러운 표면에 세균 세포가 잘 부착될 수 있도록 하며 영양소 올가미, 세포 이동 도움 따위의 역할을 한다.

점질맛솔방울버섯 pinecone cap, *Strobilurus tenacellus* 진핵생물역(Eukaryota) 진균계(Fungi) 담자균문(Basidiomycota) 주름버섯강(Agaricomycetes) 주름

버섯목(Agaricales) 뽕나무버섯과(Physalarcriaceae) 맛솔방울버섯속(*Strobilurus*)의 버섯. 갓은 지름 1~1.5센티미터로 편평하고 중앙은 볼록하며 붉은 갈색이다. 봄에 긴 뿌리 형태로 땅에 묻힌 솔방울 열매에 붙어 난다. 먹을 수 있으나 너무 작아 크게 인기를 끌지 못한다. 아시아, 유럽에 분포한다.

점질 세균(粘質細菌) ropy bacterium 세포 밖 점조성 다당류를 생산하여 우유, 맥주, 빵 따위의 식품에 점질화를 일으키는 세균. 빵의 막대세균 수브틸리스(*Bacillus subtilis*), 맥주의 아세토박터속(*Acetobacter*), 포도주의 류코노스톡 메센트로이데스(*Leuconostoc mesenteroides*), 우유의 알칼리게네스 비스코락티스(*Alcaligenes viscolactis*) 따위가 있다. 일반적으로 점질 세균은 바람직하지 않으며 식품을 상하게 한다. 그러나 일부 발효 우유 제품에는 텍스처 형성을 위하여 점질 세균인 젖산막대세균 락티스(*Lactobacillu lactis*)의 아종을 쓰기도 한다. 이 세균이 생성하는 세포 밖 다당류는 제품의 점성을 높이고 물과 결합하여 수화하며 우유의 다른 성분과도 결합하여 카세인 구조의 강성(rigidity)을 강화하는 역할을 한다.

점질화(粘質化) ropiness 세균이 덱스트란(dextran)이나 레반(levan)과 같은 다당류와 밧줄 같은 가는 실 물질을 생산하여 우유, 맥주, 포도주, 빵 따위가 상하는 현상. 제품의 점성과 점조도에 나쁜 영향을 준다. 우유의 경우 우유의 점성이 높아지고 빵은 내부에 끈끈한 물질이 생성된다. 요구르트 제조에서는 제품의 바람직한 점조도를 얻기 위하여 점질 세균을 요구르트 스타터로 쓰기도 한다.

접시껄껄이그물버섯 *Rugiboletus extremiorientale* 진핵생물역(Eukaryota) 진균계(Fungi) 담자균문(Basidiomycota) 주름버섯강(Agaricomycetes) 그물버섯목(Boletales) 그물버섯과(Boletaceae) 루기볼레투스속(*Rugiboletus*)의 먹는 버섯. 갓은 지름 10~25센티미터로 가운데가 봉긋한 편평형이며 누런 갈색이고 갈라져 골이 있다. 여름과 가을에 넓은잎나무 또는 바늘잎나무 숲 땅에 난다. 한국, 중국, 일본, 러시아 극동 등지에 분포한다.

접시지의강 Lecanoromycetes 진핵생물역(Eukaryota) 진균계(Fungi) 자낭균문(Ascomycota)의 강.

접종(接種) inoculation ① 배지 또는 동물 따위에 미생물, 세포 따위를 무균 조작으로 넣어 주는 일. ② 병원체나 항독소, 항체 따위를 사람이나 동물의 몸에 주입함. 또는 그렇게 하는 일. 병의 예방, 치료, 진단, 실험 따위를 목적으로 한다.

접종 고리 inoculating loop 끝을 구부려 작은 고리로 만든 도구. 미생물 배양에서 접종물을 뜰 때 쓴다. 표준화 고리의 지름은 2밀리미터와 4밀리미터이다. 니크롬 또는 백금 선을 긴 막대 모양의 자루에 붙인 것을 살균하여 썼으나 현재는 일회용 플라스틱제를 쓴다.

접종물(接種物) inoculum ① 식품 생산에 쓰는 발효 스타터. ② 새로운 배양을 위하여 접종에 쓰는 세포, 조직 또는 바이러스 따위의 번식체(propagule). ③ 백신에서 접종 원이 되는 물질.

접종선(接種線) platinum wire 미생물 이식에 쓰는 길이 3~5센티미터의 백금이나 니크롬선. 주로 찔러심기 배양에 쓴다. 불꽃 위에서 빨갛게 달구어 살균하여 사용한다. 그 밖에 주로 곰팡이를 다루는 데 쓰는 끝이 직각으로 구부러진 것도 있다.

접촉 평판법(接觸平板法) contact plate method 세균오염도를 간편하게 검사할 수 있는 평판 배양법(plate culture method)의 하나. 세균 검사를 할 시료를 도장을 찍는 것처럼 우무배지 겉면에 접촉 배양하여 발육 세균 수로부터 그 시료의 대략적인 세균오염도를 판정하는 방법이다. 주로 위생 검사를 위한 생균 수 측정법(viable cell count)으로 이용한다.

접합균류(接合菌類) zygomycetes 접합균문(Zygomycota) 곰팡이를 이르는 말.

접합균문(接合菌門) Zygomycota 지금은 쓰지 않는 진핵생물역(Eukaryota) 진균계(Fungi)의 한 문. 이 문의 종은 털곰팡이문(Mucoromycota)과 포충균문(Zoopagomycota)으로 재배치되었다.

접합진균(接合眞菌) zygote fungus 접합균문(Zygomycota) 곰팡이를 이르는 말.

접합홀씨 zygospore 접합균류에서 배우자끼리의 접합으로 생긴 두꺼운 벽을 가진 유성홀씨. 일반적으로 두 가닥의 팡이실이 서로 마주 보고 신장한 접합자자루(zygophore)에 각각 배우자 주머니를 형성하고 두 배우자 주머니의 융합으로 접합자(zygote)를 형성한다. 이 접합자는 성숙하여 접합 홀씨주머니가 되며 여기에서 여러 핵 가운데 한 쌍의 핵이 융합하여 이배체인 한 개의 접합 홀씨가 된다.

접합효모 룩시이 *Zygosaccharomyces rouxii* 진핵생물역(Eukaryota) 진균계(Fungi) 자낭균문(Ascomycota) 사카로미세스강(Saccharomycetes) 사카로미세스목(Saccharomycetales) 사카로미세스과(Saccharomycetaceae) 접합효모속(*Zygosaccharomyces*)의 효모. 세포는 둥글고 사슬로 연결되어 있다. 고농도 소금 또는 설탕에 내성이 있다. 포도, 오줌, 발효 식품,

시럽, 꿀, 농축 포도즙, 설탕 절임 과일, 마멀레이드, 포도주, 미소 따위에서 발견된다. 포도당과 엿당을 발효하며 설탕과 젖당은 발효하지 못한다. 식품 가공에서 장류 제조(간장, 된장)에만 쓸 수 있다.

접합효모 바일리이 *Zygosaccharomyces bailii* 진핵생물역(Eukaryota) 진균계(Fungi) 자낭균문(Ascomycota) 사카로미세스강(Saccharomycetes) 사카로미세스목(Saccharomycetales) 사카로미세스과(Saccharomycetaceae) 접합효모속(*Zygosaccharomyces*)의 효모. 알코올 발효성이 강하고 고삼투압성이며 50퍼센트 포도당 농도에서도 잘 자라고 내산성이어서 1퍼센트 아세트산에 서도 자란다. 과일류나 과일즙 따위에서 흔히 볼 수 있으며 발효 식품에서 종종 분리된다. 마요네즈, 샐러드드레싱, 피클, 겨자, 케첩, 탄산음료, 시럽 따위의 변질을 일으킨다.

접합효모속(接合酵母屬) *Zygosaccharomyces* 진핵생물역(Eukaryota) 진균계(Fungi) 자낭균문(Ascomycota) 사카로미세스강(Saccharomycetes) 사카로미세스목(Saccharomycetales) 사카로미세스과(Saccharomycetaceae)의 효모 속. 다극출아로 증식한다. 영양세포는 사카로미세스속(*Saccharomyces*)과는 달리 일배체이다. 자낭 홀씨를 형성하기 전에 두 세포가 접합하여 이배체 접합자를 형성하고 바로 감수분열하여 자낭 안에 일반적으로 두 개에서 네 개의 홀씨를 형성한다.

접합효모 자포니쿠스 *Zygosaccharomyces japonicus* '접합효모 룩시이'(*Zygosaccharomyces rouxii*)의 옛 이름.

정수압(靜水壓) hydrostatic pressure 흐르지 않고 괴어 있는 물속에서 생기는 압력. 물속의 한 점에 작용하는 압력은 방향과 관계없이 같은 크기이며, 그 크기는 물의 단위 부피당 무게와 수면으로부터의 깊이의 곱(단위는 세제곱미터 당 킬로그램)과 같다.

정수압 레토르트 hydrostatic retort 정수압 살균기의 하나.

정수압 살균기(靜水壓殺菌器) hydrostatic sterilizer 필요한 수압을 유지할 수 있는 충분한 물의 깊이에서 미생물을 죽이는 장치. 높은 온도와 압력(126.7도, 제곱센티미터당 1.5킬로그램)에 견딜 수 있는 대규모 살균 장치로 통조림의 연속살균에 쓴다. 가압 스팀 압력을 물기둥이 받치는 동시에 밸브 역할을 함으로써 컨베이어를 통해 연속살균이 가능하다. 두유 따위의 살균에 쓴다.

정지기(靜止期) stationary phase 단세포 미생물의 생장 곡선에서 미생물 수의 증감이 알짜로 영(0)인 시기. 미생물의 생장 과정에서 영양성분의 고갈이나 대사산물 따위로 새로운 세균의 생성량만큼 미생물이 죽어 미생물 수가 거의 일정하게 유지되는 시기이다.

정치 배양(定置培養) static culture 배양 배지를 움직이지 않는 상태에서 배양하는 일. 액체배지의 경우에는 휘저음, 통기, 진탕 따위를 하지 않으므로 배양 용기 아랫부분은 무산소 상태가 된다. 따라서 알코올이나 젖산 따위의 무산소 발효는 배양액의 깊이를 깊게 하며 반대로 아세트산이나 구연산 따위의 산소발효는 겉면적을 넓게 하여 배양한다.

정치 살균(靜置殺菌) static sterilization 한 장소에 식품을 고정하고 미생물을 죽임. 대표적인 것은 레토르트를 이용한 살균이다.

젖당 발효 효모 lactose-fermenting yeast 젖당을 발효하여 알코올, 이산화탄소 따위를 생산하는 효모. 칸디다 케피르(*Candida kefir*), 칸디다 슈도트로피칼리스(*C. pseudotropicalis*), 사카로미세스 락티스(*Saccharomyces lactis*), 사카로미세스 프라길리스(*Saccharomyces fragilis*)가 있다.

젖당 액체배지 lactose broth 대장균 검사에 쓰는 젖당이 들어있는 액체배지. 상수도 물이나 영양소가 적은 얼음 또는 눈, 소프트드링크 따위의 대장균군 추정시험과 살모넬라속(*Salmonella*) 세균의 증균에 쓴다. 젖당, 쇠고기 추출물, 펩톤에 브로모티몰 블루(bromothymol blue, BTB)를 포함된 액체배지를 듀람 발효관(Durham fermentation tube)이 들어있는 시험관에 넣고 살균하여 사용한다.

젖버섯속 *Lactarius* 진핵생물역(Eukaryota) 진균계(Fungi) 자낭균문(Ascomycota) 주름버섯강(Agaricomycotina) 무당버섯목(Russulales) 무당버섯과(Russulaceae)의 버섯 속. 상처가 나면 유액이 분비되는 유액 팡이실이 있다. 먹는 것으로는 흰주름젖버섯 따위가 있다.

젖산막대세균 가세리 *Lactobacillus gasseri* 세균역(Bacteria) 막대세균문(Bacillota) 막대세균강(Bacilli) 젖산막대세균목(Lactobacillales) 젖산막대세균과(Lactobacillaceae) 젖산막대세균속(*Lactobacillus*)의 세균. 건강한 여성의 질에 사는 정상 젖산 세균 종의 하나이다. 항생물질의 일종인 락토실린(lactocillin)과 박테리오신인 가세리신 에이(gassericin A)를 생산한다. 식품 가공에서 원료로 쓸 수 있다.

젖산막대세균과 Lactobacillaceae 세균역(Bacteria) 막대세균문(Bacillota) 막대세균강(Bacilli) 젖산막대세균목(Lactobacillales)의 젖산 세균 과. 호모 발효 젖산 세균(젖산막대세균속, 봄비젖산막대세균속, 로이고젖산막대세균속, 락티카세이막대세균속 따위)과 헤테로 발효 젖산세균(리모시젖산막대균속, 아세티젖산막대세균속 따위)을 포함하는 젖산세균의 유일한 과이다. 이 과의 세균은 병원성 또는 기회 병원성은 없다. 젖산알세균 락티스(*Lactococcus lactis*), 젖산사슬세균 테르모필루스(*Streptococcus thermophilus*)와 테트라게노알세균 할로필루스(*Tetragenococcus halophilus*)를 제외한 대부분 발효 식품 젖산세균은 이 과에 속한다.

젖산막대세균 델브루엑키이 *Lactobacillus delbrueckii* 세균역(Bacteria) 막대세균문(Bacillota) 막대세균강(Bacilli) 젖산막대세균목(Lactobacillales) 젖산막대세균과(Lactobacillaceae) 젖산막대세균속(*Lactobacillus*)의 그람양성 막대 무산소 세균. 여성 질의 미생물무리의 한 종이다. 호모젖산 발효 세균이다. 요구르트 생산에 쓰는 주 젖산 세균으로 낮은 피에이치(4.6~5.4)에서 잘 자란다. 일부 치즈 숙성에도 관여한다. 식품 가공에서 원료로 쓸 수 있다.

젖산막대세균 델브루엑키이 아종 불가리쿠스 *Lactobacillus delbrueckii* subsp. *bulgaricus* 젖산막대세균 델브루엑키이의 아종. 불가리아 요구르트에서 분리되었다. 사슬알세균 테르모필루스(*Streptococcus thermophilus*)와 함께 요구르트 제조에 쓴다. 식품 가공에서 원료로 쓸 수 있다.

젖산막대세균 락티스 *Lactobacillus lactis* 젖산막대세균 델브루엑키이(*Lactobacillus delbrueckii*)의 옛 이름.

젖산막대세균 람노수스 *Lactobacillus rhamnosus* '락티카세이막대세균 람노수스'의 옛 이름.

젖산막대세균 레이크만니이 *Lactobacillus leichmannii* 세균역(Bacteria) 막대세균문(Bacillota) 막대세균강(Bacilli) 젖산막대세균목(Lactobacillales) 젖산막대세균과(Lactobacillaceae) 젖산막대세균속(*Lactobacillus*)의 그람양성 막대 모양 세균. 동물 소화관에서 발견되며 생장에 바이타민 비 트웰브(B_{12})를 요구한다. 식품 가공에서 원료로 쓸 수 있다.

젖산막대세균목 Lactobacillales 세균역(Bacteria) 막대세균문(Bacillota) 막대세균강(Bacilli)의 목. 아래에 산소알세균과(Aerococcaceae), 창자알세균과(Enterococcaceae), 젖산막대세균과(Lactobacillaceae), 사슬알세균과(Streptococcaceae) 따위가 있다.

젖산막대세균 불가리쿠스 *Lactobacillus bulgaricus* '젖산막대세균 델브루엑키이 아종 불가리쿠스'(*Lactobacillus delbrueckii* subsp. *bulgaricus*)의 옛 이름.

젖산막대세균 사케이 *Lactobacillus sakei* '라티젖산막대세균 사케이'(*Latilactobacillus sakei*)의 옛 이름.

젖산막대세균 샌프란시스센시스 *Lactobacillus sanfranciscensis* '푸룩티젖산막대세균 산프란시스센시스'(*Fructilactobacillus sanfranciscensis*)의 옛 이름.

젖산막대세균속 *Lactobacillus* 세균역(Bacteria) 막대세균문(Bacillota) 막대세균강(Bacilli) 젖산막대세균목(Lactobacillales) 젖산막대세균과(Lactobacillaceae)의 그람양성 막대 모양 무산소 또는 조건 무산소 젖산세균 속. 비운동성이고 홀씨를 형성하지 않으며 병원성은 없다. 이 속의 종은 사람과 동물의 미생물상에서 병원체 침입 방지 따위의 중요한 위치를 차지하고 있다. 해당 과정을 통하여 육탄당을 대사하여 주 최종 산물로 젖산을 생산하는 호모발효 젖산 세균이다. 대부분은 오탄당을 발효하지 않는다. 케피르, 요구르트, 사워크라우트, 치즈 제조에 스타터로 쓴다. 일부 종은 맥주, 고기, 포도주를 변질시킨다. 젖산막대세균은 다른 젖산 세균보다 산에 대한 내성이 강하고 김치 따위의 발효 식품에 있어서 발효 말기의 피에이치 4~5 부근에서도 계속 증식하며 젖산을 생성한다.

젖산막대세균 스포로게네스 *Lactobacillus sporogenes* '막대세균 코아굴란스'(*Bacillus coagulans*)의 옛 이름.

젖산막대세균 아리조넨시스 *Lactobacillus arizonensis* '락티플란티막대세균 플란타룸'(*Lactiplantibacillus plantarum*)의 옛 이름.

젖산막대세균 아밀로보루스 *Lactobacillus amylovorus* 세균역(Bacteria) 막대세균문(Bacillota) 막대세균강(Bacilli) 젖산막대세균목(Lactobacillales) 젖산막대세균과(Lactobacillaceae) 젖산막대세균속(*Lactobacillus*)의 그람양성 막대 모양 세균. 녹말을 액화하여 젖산을 생산하므로 수단, 에티오피아 등지에서 널리 먹는 수수 납작 빵 발효에 관여한다. 곰팡이나 세균의 번식 억제와 알파-갈락토사이드 가수분해효소, 베타-갈락토사이드 가수분해효소, 알파-글루코사이드 가수분해효소, 베타-글루코사이드 가수분해효소 따위의 효소 생산에 쓴다.

젖산막대세균 아시도필루스 *Lactobacillus acidophilus* 세균역(Bacteria) 막대세균문(Bacillota) 막대세균강(Bacilli) 젖산막대세균목(Lactobacillales) 젖산막대세균과(Lactobacillaceae) 젖산막대세균속(*Lactobacillus*)의 그람양성 막대 모양 무산소 세균. 어린아이 똥에서 처음 분리되었다. 사람의 위창자관과 입안, 질, 우유 발효제품 따위에서 흔히 발견된다. 요구르트 제조에 널리 쓰는 프로바이오틱이다. 식품 가공에서 원료로 쓸 수 있다.

젖산막대세균 존소니이 *Lactobacillus johnsonii* 세균역(Bacteria) 막대세균문(Bacillota) 막대세균강(Bacilli)

젖산막대세균목(Lactobacillales) 젖산막대세균과(Lactobacillaceae) 젖산막대세균속(*Lactobacillus*)의 세균. 건강한 여성의 질에서 발견되며 프로바이오틱 가능성이 있다. 미국 미생물학자인 존슨(John L. Johnson)과 동료 연구자가 발견하였다. 식품 가공에서 원료로 쓸 수 있다.

젖산막대세균 카세이 *Lactobacillus casei* '라티젖산막대세균 카세이'(*Latilactobacillus casei*)의 옛 이름.

젖산막대세균 카우카시우스 *Lactobacillus caucasicus* 세균역(Bacteria) 막대세균문(Bacillota) 막대세균강(Bacilli) 젖산막대세균목(Lactobacillales) 젖산막대세균과(Lactobacillaceae) 젖산막대세균속(*Lactobacillus*)의 세균. 식품 가공에서 원료로 쓸 수 있다.

젖산막대세균 케피라노파시엔스 *Lactobacillus kefiranofaciens* 세균역(Bacteria) 막대세균문(Bacillota) 막대세균강(Bacilli) 젖산막대세균목(Lactobacillales) 젖산막대세균과(Lactobacillaceae) 젖산막대세균속(*Lactobacillus*)의 그람양성 막대 모양 조건 무산소 세균. 호모발효 젖산 세균이다. 케피르 알갱이에서 발견되었으며 세포 밖 다당류인 케피란(kefiran)을 생산한다. 케피르 알갱이를 우유와 섞으면 케피르 음료가 된다. 아종 케피르그라눔(subsp. *kefirgranum*)과 아종 케피르아노파시엔스(subsp. *kefiranofaciens*)의 두 아종이 있다.

젖산막대세균 케피라노파시엔스 아종 케피라그라눔 *Lactobacillus kefiranofaciens* subsp. *kefiragranum* 세균역(Bacteria) 막대세균문(Bacillota) 막대세균강(Bacilli) 젖산막대세균목(Lactobacillales) 젖산막대세균과(Lactobacillaceae) 젖산막대세균속(*Lactobacillus*)의 세균. 젖산막대세균 케피라노파시엔스(*Lactobacillus kefiranofaciens*) 아종의 하나로 식품 가공에서 원료로 쓸 수 있다.

젖산막대세균 케피라노파시엔스 아종 케피라노파시엔스 *Lactobacillus kefiranofaciens* subsp. *kefiranofaciens* 세균역(Bacteria) 막대세균문(Bacillota) 막대세균강(Bacilli) 젖산막대세균목(Lactobacillales) 젖산막대세균과(Lactobacillaceae) 젖산막대세균속(*Lactobacillus*)의 세균. 젖산막대세균 케피라노파시엔스(*Lactobacillus kefiranofaciens*) 아종의 하나로 식품 가공에서 원료로 쓸 수 있다.

젖산막대세균 케피리 *Lactobacillus kefiri* '렌티젖산막대세균 케피리'(*Lentilactobaccillus kefiri*)의 옛 이름.

젖산막대세균 코리니포르미스 아종 코리니포르미스 *Lactobacillus coryniformis* subsp. *coryniformis* '로이고젖산막대세균 코리니포르미스 아종 코리니포르미스'(*Loigolactobacillus coryniformis* subsp. *coryniformis*)의 옛 이름.

젖산막대세균 코프로필루스 아종 콘푸수스 *Lactobacillus coprophilus* subsp. *confusus* 와이셀라 콘푸사(*Weissella confusa*)의 옛 이름.

젖산막대세균 크리스파투스 *Lactobacillus crispatus* 세균역(Bacteria) 막대세균문(Bacillota) 막대 세균강(Bacilli) 젖산막대세균목(Lactobacillales) 젖산막대세균과(Lactobacillaceae) 젖산막대세균속(*Lactobacillus*)의 세균. 과산화수소를 생산하며 여성의 질과 위창자관에 산다. 식품 가공에서 원료로 쓸 수 있다.

젖산막대세균 파라카세이 *Lactobacillus paracasei* '락티카세이막대세균 파라카세이'(*Lacticaseibacillus paracasei*)의 옛 이름.

젖산막대세균 파라카세이 아종 파라카세이 *Lactobacillus paracasei* subsp. *paracasei* '락티 카세이막대세균 파라카세이 아종 파라카세이'(*Lacticaseibacillus paracasei* subsp. *paracasei*)의 옛 이름.

젖산막대세균 파라플란타룸 *Lactobacillus paraplantarum* '락티플란티막대세균 파라플란타룸'(*Lactiplantibacillus paraplantarum*)의 옛 이름.

젖산막대세균 페르멘툼 *Lactobacillus fermentum* '리모시젖산막대세균 페르멘툼'(*Limosilactobacillus fermentum*)의 옛 이름.

젖산막대세균 하르비넨시스 *Lactobacillus harbinensis* '슐라이페리젖산막대세균 하르비넨시스'(*Schleiferilactobacillus harbinensis*)의 옛 이름.

젖산막대세균 헬베티쿠스 *Lactobacillus helveticus* 세균역(Bacteria) 막대세균문(Bacillota) 막대 세균강(Bacilli) 젖산막대세균목(Lactobacillales) 젖산막대세균과(Lactobacillaceae) 젖산막대세균속(*Lactobacillus*)의 막대 모양 젖산 세균. 미국산 스위스 치즈와 에멘탈 치즈 생산에 가장 널리 쓰고 체다, 파마산, 로마노, 프로볼로네, 모짜렐라 따위에도 스타터로 쓴다. 에멘탈 치즈 생산에서 프로피온산세균속과 함께 이산화탄소를 생산하여 치즈 눈(eye)을 만든다. 식품 가공에서 원료로 쓸 수 있다.

젖산발효 lactic acid fermentation 젖산 세균이 당을 젖산으로 전환하는 과정. 당에서 젖산만을 생산하는 호모젖산발효와 젖산과 함께 에탄올, 아세트산, 이산화탄소 따위를 생산하는 헤테로젖산발효로 나눈다. 대표적인 호모발효 젖산세균은 젖산알세균속, 페디오알세균속, 테트라게노알세균속(Tetragenococcus), 젖산막대세균속 따위이며 대표적인 헤테로발효 젖산세균은 류코노스톡속(*Leuconostoc*)과 젖산막대세균

속의 일부 종이다.

젖산 사슬알 세균 lactic streptococcus 젖산발효를 할 수 있는 사슬알세균속(*Streptococcus*)의 세균. 발효 식품의 스타터로 쓴다. 사슬알세균 살리바리우스 아종 테르모필루스(*Streptococcus salivarius* subsp. *thermophilus*)는 요구르트 생산에 스타터로 쓴다.

젖산세균 lactic acid bacterium 당을 발효하여 젖산을 생성하는 그람양성 세균. 산(피에이치 3~4)에 내성을 나타낸다. 젖산막대세균, 젖산알세균, 류코노스톡, 페디오알세균, 사슬알세균 따위의 속이 있다. 발효 우유 제품(요구르트나 치즈), 발효 고기 제품(살라미 따위), 발효 남새 제품(사워크라우트)과 사워 반죽의 초기 젖산발효의 스타터로 쓴다.

젖산스타터 lactic acid starter 젖산발효에 쓰는 스타터.

젖산알세균 락티스 *Lactococcus lactis* 세균역(Bacteria) 막대세균문(Bacillota), 막대세균강(Bacilli), 젖산막대세균목(Lactobacillales) 사슬알세균과(Streptococcaceae) 젖산알세균속(*Lactococcus*)의 그람양성 무산소 알 세균. 주로 엘(+)-젖산을 생산하며 이 산은 우유를 응고시키므로 브리, 카망베르, 체다, 그뤼에르, 파르메산, 로케포르 따위의 치즈 제조에 쓴다. 피클, 버터밀크 따위의 제조에도 쓴다.

젖산알세균 락티스 생물형 다이아세티락티스 *Lactococcus lactis* bv. *diacetylactis* 세균역(Bacteria) 막대세균문(Bacillota), 막대세균강(Bacilli), 젖산막대세균목(Lactobacillales) 사슬알세균과(Streptococcaceae) 젖산알세균속(*Lactococcus*)의 세균. 젖산알세균 락티스(*Lactococcus lactis*)의 한 생물형이다. 식품 가공에서 원료로 쓸 수 있으며 발효 우유 제품의 스타터로 쓴다.

젖산알세균 락티스 아종 락티스 *Lactococcus lactis* subsp. *lactis* 세균역(Bacteria) 막대세균문(Bacillota), 막대세균강(Bacilli), 젖산막대세균목(Lactobacillales) 사슬알세균과(Streptococcaceae) 젖산알세균속(*Lactococcus*)의 세균. 젖산알세균 락티스(*Lactococcus lactis*)의 한 아종이다. 피클, 맥주, 포도주, 빵, 두유, 케피르, 버터밀크, 여러 가지 치즈(브리, 카망베르, 체다, 콜비, 파마산, 로케포르) 생산에 쓴다. 식품 가공에서 원료로 쓸 수 있다.

젖산알세균 락티스 아종 크레모리스 *Lactococcus lactis* subsp. *cremoris* 세균역(Bacteria) 막대세균문(Bacillota), 막대세균강(Bacilli), 젖산막대세균목(Lactobacillales) 사슬알세균과(Streptococcaceae) 젖산알세균속(*Lactococcus*)의 세균. 젖산알세균 락티스(*Lactococcus lactis*)의 한 아종이다. 버터밀크와 치즈 생산에 널리 쓴다. 식품 가공에서 원료로 쓸 수 있다.

젖산알세균속 *Lactococcus* 세균역(Bacteria) 막대세균문(Bacillota) 막대세균강(Bacilli) 젖산막대세균목(Lactobacillales) 사슬알세균과(Streptococcaceae)의 그람양성 알 모양 무산소 젖산 세균 속. 우유와 우유 제품에서 발견된다. 발효 우유 제품과 발효 식품에서 흔히 분리된다. 기준 종은 젖산알세균 락티스(*Lactococcus lactis*)이다. 이의 아종 락티스(subsp. *lactis*), 아종 크레모리스(subsp. *cremoris*)와 혈청형 디아세틸락티스(bv *diacetylactis*)는 치즈와 요구르트의 제조에 스타터로 쓰며 구연산을 발효하여 향기 성분인 다이아세틸, 아세토인 따위를 생성한다. 0.5퍼센트의 소금 농도에서 자라지 못하므로 김치, 사워크라우트 따위의 소금에 절인 발효 식품에서는 볼 수 없다. 아종 락티스는 그람양성 세균에 대해서 강한 항균작용을 나타내는 니신(nisin)을 생산한다.

제국(製麴) koji making 고지제조.

제너레이터 generator 미생물 붙박이 법을 이용한 식초 발효 장치. 너도밤나무의 대팻밥을 세균을 붙박이화한 탱크에 넣고 에탄올-물-아세트산 혼합물을 위에서부터 흘러내리게 하여 에탄올을 아세트산으로 산화하는 장치이다. 포도주나 사과주로부터 식초를 만드는 데도 쓴다.

제빵 효모 baker's yeast 발효 빵을 만드는 데 쓰는 효모(*Saccharomyces cerevisiae*)를 이르는 말.

제성(製成) finishing 발효주 제조에서 발효 뒤 술덧 알코올 함량을 맞추기 위하여 용수를 추가하고 술 찌꺼기를 없애는 일.

제아랄레논 zearalenone 푸사륨속(*Fusarium*) 곰팡이가 생산하는 비스테로이드 에스트로젠성 미생물독소. 푸사륨 그라미네아룸(*Fusarium graminearum*), 푸사륨 쿨모룸(*F. culmorum*), 푸사륨 베르티실리오이데스(*F. vercillioides*), 푸사륨 세미텍툼(*F. semitectum*), 푸사륨 인카르나툼(*F. incarnatum*) 따위가 생산한다. 에스트로젠 수용체와 결합하여 특히 돼지의 불임, 유산 또는 다른 출혈 문제를 일으킨다. 열에 안정하며 옥수수, 보리, 귀리, 밀, 벼, 수수 따위의 곡류에서도 발견된다. 동물 간에서 대사되어 알파-제아라레놀(α-zearalenol), 베타-제아라네놀(β-zearalenol), 알파-제아라랄놀(α-zearalanol), 베타-제아라랄놀(β-zearalanol)과 제아랄라논(zearalanone)으로 전환된다. 돼지, 오리, 돼지에서는 주로 알파-제아라레놀이 생성되며 닭에서는 베타-제아라네놀이 생성된다. 사람은 오줌에서 알파-제아라레놀과 베타-제아라네놀이 발견되나 베타-제아라네놀이 주를 이룬다. 식물에서는 제랄레논-1,4-오(O)-베타-글루코사이드로 분해된다.

제이이엠아르에이 JEMRA Joint FAO/WHO Expert Meetings on Microbiological Risk Assessment의 약자. 미생물학적인 식품 안전 문제와 관련한 과학 자문을 해 주기 위한 유엔 식량농업기구(FAO)와 세계보건기구(WHO)의 국제 전문가 그룹. 식품 공급에서 미생물 위해요소를 평가하는 것을 목표로 하고 있다.

제자리에 *in situ* "본래의 위치에서", "그 위치에 있어서"라는 뜻의 라틴어. 생물계나 의학계의 실험과 연구에서 생체 안에서 원래 주어진 상태를 허물지 않고 조사하는 경우를 말한다. 세포나 조직의 형태를 유지한 채로 발현하는 유전자의 특정 디엔에이나 전령아르엔에이(mRNA)의 분포나 양을 검출하는 기법을 제자리 잡종화(*in situ* hybridization)라고 하며 바이러스 감염이나 종양 따위의 진단에 응용하며 분자생물학에서도 세포나 조직 가운데 유전자발현을 연구하는데 중요한 방법이 되고 있다.

제트 값 z-value 미생물의 가열 치사 시간을 열 배 변화시키는 데 필요한 가열온도의 차이. 미생물이나 효소의 내열성을 나타내고, 미생물의 치사율(치사 속도)을 결정하는 특성값이다.

제한(制限) restriction 디엔에이의 특정 자리를 잘라내는 일.

제한 자리 restriction site 제한효소가 잘라내는 디엔에이 순서 자리.

제한 조각 restriction fragment 제한효소가 디엔에이 가닥을 잘라 생기는 디엔에이 조각.

제한 효소(制限酵素) restriction enzyme 디엔에이의 특정 염기순서 자리를 식별하여 디엔에이를 자르는 핵산내부가수분해효소. 세균과 고균에서 발견되며 바이러스 침투에 대한 방어 메커니즘으로 작용한다. 실험실에서는 디엔에이 변형에 쓰며 분자 클로닝에 중요한 수단이다. 보통 제한효소는 다섯 가지 형으로 분류하며 이들은 서로 구조가 다르고 인식하는 자리와 자르는 자리가 서로 다른 때도 있다. 인식 자리에서 멀리 떨어진 곳을 자르는 type I 효소(EC 3.1.21.3), 인식 자리를 자르는 type II 효소(EC 3.121.4), 인식 자리에서 조금 떨어진 곳을 자르는 type III 효소(EC 3.1.21.5)와 변형 디에에이를 대상으로 하는 type IV 효소와 안내 아르엔에이를 이용하는 type V 효소가 있다.

젤라틴액화 시험 gelatin liquefaction test 세균이 젤라틴 가수분해효소(gelatinase, EC 3.4.24.24)를 생산하는 능력을 확인하는 시험. 젤라틴을 첨가한 시험관 또는 평판 우무배지를 이용한다. 시험관 배지에 세균을 찔러 심고 4도에서 배양한 뒤 14일 안에 액화되면 양성으로 판단한다. 평판배지에서는 콜로니 주변이 투명하게 되면 양성으로 판단한다. 세라티아속(*Serratia*), 슈도모나스속(*Pseudomonas*), 플라보세균속(*Flavobacterium*)과 클로스트리듐속(*Clostridium*)의 확인에 쓴다.

젤라틴 인산완충용액 gelatin phosphate buffer 젤라틴 2그램과 인산이소듐 4그램을 증류수 1리터에 녹이고 피에이치를 6.2로 조절한 용액.

젤리 곰팡이 jelly fungus 진핵생물역(Eukaryota) 진균계(Fungi) 담자균문(Basidiomycota) 목이목(Auriculariales) 흰목이목(Tremellales) 곤약버섯목(Sebacinales)과 붉은목이목(Dacrymycetales)의 헤테로담자균류(heterobasidiomycetes) 곰팡이를 이르는 말. 자실체는 불규칙한 가지를 가지며 텍스처는 젤리와 비슷하다. 마르면 단단하나 물에 넣으면 다시 본디 모양으로 돌아간다. 목이, 혀버섯, 흰목이 따위가 있다.

조건무산소 생물(條件無酸素生物) facultative anaerobe 산소가 있을 때 잘 자라나 산소가 없을 때도 자랄 수 있는 생물.

조건무산소 세균(條件無酸素細菌) facultative anaerobic bacterium 산소가 있을 때 잘 자라나 산소가 없을 때도 자랄 수 있는 세균. 산소가 있을 때는 산소호흡으로 에너지를 얻고 산소가 없을 때는 발효 또는 무산소호흡으로 에너지를 얻을 수 있다. 포도알세균속의 종, 대장균, 살모넬라, 리스테리아속의 종 따위가 있다.

조건혐기성 세균(條件嫌氣性細菌) facultative anaerobic bacterium 조건무산소세균.

조곡(粗麯) coarse-ground nuruk 밀을 거칠게 빻은 뒤 체에 내려 밀가루를 30퍼센트 정도 빼고 물로 반죽하여 만든 누룩. 물로 잘 섞은 반죽을 틀에 넣고 버선발로 단단하게 밟고 볏짚이나 쑥을 깔고 그 위를 덮어 발효한 뒤 말린다. 〈규곤시의방〉에 실려있다.

조균강(藻菌綱) Phycomycetes 지금은 쓰지 않는 분류명. 수생 환경, 습한 지역의 썩는 나무에서 발견되며 식물의 기생체이다. 접합균강(Zygomycetes), 병꼴균강(Chytrriomycetes) 따위로 재분류되었다.

조류인플루엔자 avian influenza, AI. 닭, 오리, 칠면조 따위의 가금류와 야생 조류 따위가 걸리는 전염성 호흡기 질병. 병원체는 조류 인플루엔자 에이 바이러스(avian influenza A virus)이다. 인수공통감염병의 하나이다.

조류콜레라 avian cholera 집에서 기르는 가금류와 야생 조류에게 생기는 급성 전염병. 파스퇴렐라 물토시다(*Pasteurella multocida*)의 감염으로 일어나는 파스퇴렐라 감염병(pasteurellosis)으로 이른 봄과 늦가을에 생기며 패혈 증상을 보이고 입과 코로 거품을 내뿜으며 심하면 죽는다.

졸각버섯 waxy laccaria, *Laccaria laccata* 진핵생물역(Eukaryota) 진균계(Fungi) 담자균문(Basidiomycota) 주름버섯강(Agaricomycetes) 주름버섯목(Agaricales) 졸각버섯과(Hydnagiaceae) 졸각버섯속(*Laccaria*)의 먹는 버섯. 갓은 지름 6~10센티미터로 편평하고 가장자리는 안쪽으로 말리며 갈색이다. 여름과 가을에 나무숲이나 대나무 숲의 땅, 풀밭 따위에 모여 난다. 북반구 온대 지역에 난다.

졸각버섯과 Hydnagiaceae 진핵생물역(Eukaryota) 진균계(Fungi) 담자균문(Basidiomycota) 주름버섯강(Agaricomycetes) 주름버섯목(Agaricales)의 과.

졸각버섯속 *Laccaria* 진핵생물역(Eukaryota) 진균계(Fungi) 담자균문(Basidiomycota) 주름버섯강(Agaricomycetes) 주름버섯목(Agaricales) 졸각버섯과(Hydnagiaceae)의 속. 먹는 것으로는 졸각버섯 따위가 있다.

종국(種麴) seed koji 씨고지.

종균 배지(種菌培地) seed culture medium 종균 배양에 쓰는 배지.

종속영양세균(從屬營養細菌) heterotrophic bacterium 이산화탄소를 유일한 탄소 원으로 이용할 수 없는 세균. 서식지, 먹이 자원과 다른 생명체와의 관계에 따라 살아있는 사람, 동물이나 식물에서 먹이를 얻는 기생 세균(병원체 세균 포함), 죽은 또는 썩어가는 유기 물질에서 먹이를 얻는 부생 세균 그리고 다른 생명체와 공생하는 공생 세균으로 나눈다. 부생 세균은 진균과 함께 먹이 사슬의 주된 분해자로서 영양소 순환을 도우며 동식물의 생물분해를 돕는다. 공생 세균은 주로 꼬투리콩(legume)의 뿌리혹에 있는 리조븀속(*Rhizobium*) 세균, 사람과 되새김동물의 창자에 있는 세균은 먹이의 소화를 도우며 바이타민 생산에도 도움을 준다.

종양바이러스 tumor virus 종양을 일으키는 바이러스.

종초(種醋) mother of vinegar 씨 식초.

주르하우센바이러스목 Zurhausenvirales 모노드나바이러스역(Monodnaviria) 쇼토쿠바이러스계(Shotokuvirae) 코사바이러스문(Cossaviricota) 유두종바이러스강(Papovaviricetes)의 목.

주름 gill 주름살.

주름버섯 meadow mushroom, *Agaricus campestris* 진핵생물역(Eukaryota) 진균계(Fungi) 담자균문(Basidiomycota) 주름버섯강(Agaricomycetes) 주름버섯목(Agaricales) 주름버섯과(Agaricaceae) 주름버섯속(*Agaricus*)의 먹는 버섯. 갓은 지름 5~10센티미터로 편평하며 누런 붉은색이다. 여름에서 가을 사이에 나무숲, 풀밭, 잔디밭, 밭 따위에 모여 난다. 전 세계에 분포한다.

주름버섯강 Agaricomycetes 진핵생물역(Eukaryota) 진균계(Fungi) 담자균문(Basidiomycota)의 강. 아래에는 주름버섯목, 부후고약버섯목, 그물버섯목, 꾀꼬리버섯목, 고약버섯목, 나팔버섯목, 소나무비늘버섯목, 말뚝버섯목, 구멍장이버섯목, 무당버섯목, 곤약버섯목, 사마귀버섯목, 목이목 따위가 있다.

주름버섯과 Agaricaceae 진핵생물역(Eukaryota) 진균계(Fungi) 담자균문(Basidiomycota) 주름버섯강(Agaricomycetes) 주름버섯목(Agaricales)의 과.

주름버섯목 Agaricales 진핵생물역(Eukaryota) 진균계(Fungi) 담자균문(Basidiomycota) 주름버섯강(Agaricomycetes)의 목. 모든 주름버섯류와 그물버섯류를 포함한다. 아래에는 주름버섯과, 광대버섯과, 소똥버섯과, 국수버섯과, 끈적버섯과, 소혀버섯과, 졸각버섯과, 벚꽃버섯과, 만가닥버섯과, 낙엽버섯과, 애주름버섯과, 뽕나무버서과, 느타리과, 난버섯과, 독청버섯과, 송이버섯과 따위가 있다.

주름버섯속 *Agaricus* 진핵생물역(Eukaryota) 진균계(Fungi) 담자균문(Basidiomycota) 주름버섯강(Agaricomycetes) 주름버섯목(Agaricales) 주름버섯과(Agaricaceae)의 속. 양송이, 주름버섯, 흰주름버섯 따위가 있다.

주름버섯아문 Agaricomycotina 진핵생물역(Eukaryota) 진균계(Fungi) 담자균문(Basidiomycota)의 아문.

주름살 gill 주름버섯류에서 갓 아래쪽 중심으로부터 사방으로 퍼져나간 얇은 판. 홀씨를 만드는 버섯의 한 부분으로 부채 주름 모습이다.

주머니곰팡이과 Botryosphaeriaceae 진균계(Fungi) 사낭균문(Ascomycota) 입술버섯강(Dothideomycetes) 주머니곰팡이목(Botryosphaeriales)의 과. 식물 병원체이다.

주머니곰팡이목 Botryosphaeriales 진균계(Fungi) 자낭균문(Ascomycota) 입술버섯강(Dothideomycetes)의 목.

주모(酒母) jumo, seed mash 밑술.

주발버섯강 Pezizomycetes 진핵생물역(Eukaryota) 진

균계(Fungi) 자낭균문(Ascomycota)의 강. 아래에는 주발버섯목이 있다.

주발버섯과 Pezizaceae 진핵생물역(Eukaryota) 진균계(Fungi) 자낭균문(Ascomycota) 주발버섯강(Pezizomycetes) 주발버섯목(Pezizales)의 과.

주발버섯목 Pezizales 진핵생물역(Eukaryota) 진균계(Fungi) 자낭균문(Ascomycota) 주발버섯강(Pezizomycetes)의 목. 아래에는 게딱지버섯과, 안장버섯과, 곰보버섯과, 주발버섯과, 덩이버섯과, 털고무버섯과 따위가 있다.

주발버섯속 *Peziza* 진핵생물역(Eukaryota) 진균계(Fungi) 자낭균문(Ascomycota) 주발버섯강(Pezizomycetes) 주발버섯목(Pezizales) 주발버섯과(Pezizaceae)의 속. 요강주발버섯 따위가 있다.

주발버섯아문 Pezizomycotina 진핵생물역(Eukaryota) 진균계(Fungi) 자낭균문(Ascomycota)의 아문. 자낭균문의 대부분 곰팡이를 포함한다.

주발효(主醱酵) main fermentation 미생물의 효소를 이용하여 유기 물질을 분해하는 주 과정.

주변세포질(周邊細胞質) periplasm 그람음성 세균에서 내부 세포질 막과 세포 밖 막(outer membrane) 사이의 공간. 그람양성 세균에도 원형질막과 세포벽 사이에도 아주 작은 주변세포질이 존재한다. 그람음성 세균의 주변 세포질은 세포 부피의 40퍼센트 정도이며 그람양성 세균은 그보다 아주 적다.

주억압인자(主抑壓因子) aporepressor 보조 억압 인자(corepressor)와 결합하면 다른자리입체성 형질 전환하여 작동 유전자 자리와 결합하여 오페론의 유전자 전사를 억제하는 조절단백질. 이를테면 대장균의 히스티딘 계통에서 과잉 히스티딘은 주억압인자와 결합하는 보조 억압 인자로 작용하여 기능성의 억압인자가 되고 이는 히스티딘 작동 유전자와 결합하여 이 오페론의 유전자 전사를 억제한다.

줄 가열살균 joule heating sterilization 식품에 직접 교류전류를 통하여 그 전기저항으로 발생하는 줄열(joule heat)로 가열하여 미생물을 죽이는 방법. 겉면이나 내부 온도가 균일하고 빠르게 상승하므로 살균 시간이 줄어들고 과열에 따른 변색이나 향미 저하 따위가 없는 장점이 있다. 식품 내부에서 전기에너지가 모두 열에너지로 변하므로 에너지 손실이 없으며 장치로부터 열 발산이 적고 깨끗하고 위생적인 가열을 할 수 있다.

줄기녹병 stem rust 줄기녹병곰팡이(*Puccinia graminis*)가 밀, 듀럼 밀, 트리티케일(triticale)에 일으키는 병. 주로 줄기와 잎집에 녹이 슨 듯한 반점이 생기고 심해지면 줄무늬가 나타난다. 이 병에 걸린 곡물의 수확은 크게 줄어든다. 곰팡이에 감염된 잎 겉면의 홀씨는 처음에는 짙은 붉은빛을 띠므로 붉은 녹병(red rust)이라고도 한다. 그러나 그 뒤 홀씨는 검게 변하므로 검은 녹병(black rust)이라고도 한다.

줄기녹병 곰팡이 *Puccinia graminis* 진핵생물역(Eukaryota) 진균계(Fungi) 담자균문(Basidiomycota) 푸시니아강(Pucciniomycetes) 푸시니아목(Pucciniales) 푸시니아과(Pucciniaceae) 푸시니아속(*Puccinia*)의 곰팡이. 밀, 듀럼 밀, 트리티케일(triticale)에 줄기녹병을 일으킨다.

중간 재우기 intermediate proof, overhead proof 제빵 과정의 완성 과정에서 반죽을 짧은 시간 동안 회복하게 하는 단계. 보통 반죽을 나눈 뒤 둥글리기와 성형 사이에 한다.

중독(中毒) addiction 해로운 것을 피하거나 멈출 수 있는 능력이 없는 상태. 건강에 해가 되고 다른 부정적인 결과가 있음에도 지속으로 약, 알코올, 섹스, 마약, 비디오 게임, 쇼핑 따위를 강하게 요구하는 것을 특징으로 하는 신경심리학 장애이다.

중독(中毒) intoxication 알코올이나 약의 효과로 물리적 또는 정신적 조절 능력이 크게 떨어진 상태. 코카인 중독, 약물 중독, 마약 중독 따위이다.

중독(中毒) poisoning 여러 약, 화학 물질, 독(venom) 또는 가스 따위의 독성 물질이 몸에 들어와 일으키는 손상 또는 죽음. 독성물질을 먹거나 흡입하거나 주사하거나 피부를 통하여 흡수되거나 하여 중독이 일으킨다. 일산화탄소 중독, 중금속 중독, 납 중독, 스콤브로이드 중독, 조개 중독 따위이다.

중온 세균(中溫細菌) mesophilic bacterium 온화한 온도(20～45도)에서 잘 자라는 세균. 리스테리아 모노시토게네스(*Listeria monocytogenes*), 누런 포도알세균, 대장균, 폐렴사슬알세균(*Streptococcus pneumoniae*), 고름사슬알세균(*Streptococcus oyogenes*) 따위가 있다.

중요관리점(重要管理點) critical control point, CCP 안정관리인증기준(HACCP)을 적용하여 식품의 위해요소를 미리 막거나 없애거나 허용 수준 이하로 하여 식품의 안전성을 확보할 수 있는 중요한 단계, 과정 또는 공정.

중합효소연쇄반응(重合酵素連鎖反應) polymerase chain reaction 특정 디엔에이 사슬 일부분을 디엔에이 중합효소를 이용하여 시험관에서 아주 빠르게 많이 복제하는 기술. 증폭 틀이 되는 두 가닥 디엔에이, 디엔에이 중합 효소, 디엔에이합성 기질인 데옥시뉴클레오사이드 삼인산 그리고 프라이머를 섞고 가열하여 수소결합을 풀어서 한 가닥으로 한 뒤 중합반응이 일어나게 한다. 이 과정을 한 번 되풀이하면 두 배의 유전자가 만들어진다. 효소로는 호열 세균인 테르무스 아쿠아티쿠스(*Thermus aquaticus*)가 만드는 티에이큐(*Taq*) 중합 효소를 쓴다. 분자생물학 분야에서 중요한 수단으로 디엔에이 분석의 기본 방법이다.

쥐 티푸스세균 *Salmonella enterica* serovar Typhimurium 세균역(Bacteria) 슈도모나스문(Pseudomonadota) 감마가변세균강(Gammaproteobacteria) 엔테로박터목(Enterobacteriales) 창자세균과(Enterobacteriaceae) 살모넬라속(*Salmonella*)의 그람음성 막대 모양 조건 무산소 세균. 사람에게만 감염하여 장티푸스를 일으킨다. 공식 명칭은 *Salmonella enterica* subsp. *enterica* serovar Typhimurium이며 줄여서 *Salmonella enterica* serovar Typhimurium 또는 *Salmonella* Typhimurium이라고 한다.

쥬글로에아 라미게라 *Zoogloea ramigera* 세균역(Bacteria) 슈도모나스문(Pseudomonadota) 베타가변세균강(Betaproteobacteria) 로도시클루스목(Rhodocyclales) 로도시클루스과(Rhodocyclaceae) 주글로에아속(*Zoogloea*)의 그람음성 산소 세균. 쥬글레아속의 기준 종이다. 증식 말기가 되면 포도당이나 갈락토스 따위로 된 점성이 높은 다당류 층을 형성하여 세포끼리 붙어서 나뭇가지나 손가락 모양의 응집체인 세포 집단(zooglea)을 형성한다. 이 성질을 이용하여 폐수 처리를 위한 활성오니법에 쓴다.

쥬글로에아속 *Zoogloea* 세균역(Bacteria) 슈도모나스문(Pseudomonadota) 베타가변세균강(Betaproteobacteria) 로도시클루스목(Rhodocyclales) 로도시클루스과(Rhodocyclaceae)의 그람음성 막대 모양 산소 세균 속. 기준 종은 쥬글로에아 라미게라(*Zoogloea ramigera*)이다.

증균 배양(增菌培養) enrichment culture 강화배양.

증균 배지(增菌培養) enrichment medium 강화배지.

증류(蒸溜) distillation ① 액체를 끓여 생긴 증기를 식혀 다시 액체로 만듦. ② 이와 같은 방법으로 에탄올을 함유하는 발효액에서 증류주를 얻는 일. 또는 식물 추출액에서 정유를 얻는 일.

증류 곡물 찌꺼기 distillers (spent) grain 곡물을 원료로 했을 때 증류소에서 나오는 폐기물. 담금에서 녹는 물질을 뽑아내고 남은 고형물이다.

증류기(蒸溜器) still 알코올발효액을 증류하는 장치. 재료와 물을 담는 증발 용기, 생산되는 증기를 냉각, 응축하는 응축기와 이를 받아 모으는 용기로 되어있다.

증류소(蒸溜所) distillery 증류주를 만드는 공장.

증류소 폐수(蒸溜所廢水) distillery effluent 증류소에서 가공 중에 나오는 폐수.

증류수(蒸溜水) distilled water 자연수를 끓여 나오는 증기를 식혀 정제한 물. 증류수를 다시 증류한 것도 있으며 때로는 삼차 증류수도 쓴다. 화학 실험, 의약품 따위에 쓴다.

증류 식초(蒸溜食醋) distilled vinegar 알코올 발효한 액을 증류하여 얻는 순수한 알코올을 산화하여 얻는 식초. 아세트산 함량은 5~8퍼센트이다. 미국에서 쓰는 용어로 영국에서는 증류주 식초(spirtit vinegar)라고 한다.

증류액(蒸溜液) distillate 어떤 용액을 증류하여 얻는 액. 석유 증류액 따위이다.

증류 장치(蒸溜裝置) distillation apparatus 증류기.

증류주(蒸溜酒) spirits 발효 술덧 또는 이것을 거른 액을 증류하여 알코올 함량을 높인 독한 술. 브랜디, 위스키, 진, 럼, 보드카, 테킬라, 중국 백주 따위이다. 〈주세법〉은 소주(증류소주와 희석 소주), 위스키, 브랜디, 일반증류주와 리큐르를 증류주로 분류한다.

증식(增殖) proliferation 생물이나 조직 세포 따위가 세포 분열로 그 수를 늘여감. 또는 그런 현상.

증식 속도(增殖速度) proliferation rate 생물 개체나 세포 수가 증가하는 속도.

지고사카로미세스 룩시이 *Zygosaccharomyces rouxii* 접합효모 룩시이.

지고사카로미세스속 *Zygosaccharomyces* 접합효모속.

지고피키아 미소 *Zygopichia miso* '밀레로지마 파리노사'(*Millerozyma farinosa*)의 옛 이름.

지고피키아 사케 *Zygopichia sake* '밀레로지마 파리노사'(*Millerozyma farinosa*)의 옛 이름.

지누아리과 Halymeniaceae 진핵생물역(Eukaryota) 식물계(Plantae) 홍조식물문(Rhodophyta) 진정홍조강(Florideophyceae) 지누아리목(Halymeniales)의 과.

지누아리목 Halymeniales 진핵생물역(Eukaryota) 식물계(Plantae) 홍조식물문(Rhodophyta) 진정홍조강(Florideophyceae)의 붉은말 목. 엽록소를 포함한 광합성 색소를 가지고 있어 몸 빛깔은 짙은 붉은색, 갈색, 초록빛 따위가 있다.

지누아리속 *Grateloupia* 진핵생물역(Eukaryota) 식물계(Plantae) 홍조식물문(Rhodophyta) 진정홍조강(Florideophyceae) 지누아리목(Halymeniales) 지누아리과(Halymeniaceae)의 붉은말 속. 참도박

(*Grateloupia elliptica*), 미끌지누아리(*G. turuturu*), 붉은까막살(*G. cornea*), 가지까막살(*G. chiagughi*) 따위를 포함한다. 한국, 일본, 호주, 브라질, 인도양, 필리핀, 베트남 등지에 분포한다.

지람 ziram 여러 과일과 남새에 번식하는 진균을 죽이는 데 쓰는 진균 약.

지모모나스 모빌리스 *Zymomonas mobilis* 세균역(Bacteria) 슈도모나스문(Pseudomonadota) 베타가변세균강(Betaproteobacteria) 스핑고모나스목(*Sphingomonadales*) 스핑고모나스과(Sphingomonadaceae) 지모모나스속(*Zymomonas*)의 그람음성 막대 모양 조건 산소 세균. 지모모나스속의 유일한 종이다. 아프리카의 야자술, 멕시코의 용설란으로 만든 풀케(pulque) 따위의 알코올음료에서 처음 분리되었고 유럽의 사과술이나 맥주에서도 발견되었다. 엔트너-도우도로프(Entner-Doudoroff) 경로에 따라 당을 피루브산으로 분해한 뒤 피루브산에서 에탄올과 이산화탄소로 발효한다. 리그노셀룰로스를 발효하여 에탄올을 생산하므로 산업적으로 활용 가치가 높은 세균이다. 식품 가공에서 주류(알코올발효 포함)와 레반 제조에만 쓸 수 있다.

지모모나스속 *Zymomonas* 세균역(Bacteria) 슈도모나스문(Pseudomonadota) 베타가변세균강(Betaproteobacteria) 스핑고모나스목(Sphingomonadales) 스핑고모나스과(Sphingomonadaceae)의 그람음성 막대 모양 조건 무산소 세균 속. 발효 음료와 식물에서 발견된다. 기준 종은 지모모나스 모빌리스(*Zymomonas mobilis*)이다.

지모모나스 아나에로비아 *Zymomonas anaerobia* '지모모나스 모빌리스'(*Zymomonas mobilis*)의 옛 이름.

지방질분해세균(脂肪質分解細菌) lipolytic bacterium 라이페이스를 생성하여 중성지방을 분해하는 세균. 지방 분해력이 강한 저온성의 슈도모나스속의 세균 따위가 있다. 우유 지방이 분해되면 주로 뷰티르산 따위의 저급 지방산이 많이 생겨 버터 따위의 산패 내의 원인이 된다.

지베렐라속 *Gibberella* 진핵생물역(Eukaryota) 진균계(Fungi) 자낭균문(Ascomycota) 구멍공버섯강(Sordariomycetes) 동충하초목(Hypocreales) 보리수버섯과(Nectriaceae)의 곰팡이 속. 벼의 키다리병을 일으키는 지베렐라 후지쿠로이(*Gibberera fujikuroi*)나 밀의 붉은곰팡이병(*Fusarium* head blight, scab)을 일으키는 지베렐라 제아에(*G. zeae*) 따위가 있다.

지베렐라 제아에 *Gibberella zeae* 진핵생물역(Eukaryota) 진균계(Fungi) 자낭균문(Ascomycota) 구멍공버섯강(Sordariomycetes) 동충하초목(Hypocreales) 넥트리아과(Nectriaceae) 지베렐라속(*Gibberella*)의 곰팡이. 밀과 보리의 붉은곰팡이병(fusarium head blight)을 일으킨다.

지베렐라 푸지쿠로이 *Gibberella fujikuroi* 진핵생물역(Eukaryota) 진균계(Fungi) 자낭균문(Ascomycota) 구멍공버섯강(Sordariomycetes) 동충하초목(Hypocreales) 넥트리아과(Nectriaceae) 지베렐라속(*Gibberella*)의 곰팡이. 식물 호르몬 지베렐린(gibberellin)을 생산하여 숙주식물의 생장을 빠르게 한다. 주로 볍씨의 키다리병을 일으키는 곰팡이이다. 보리, 기장, 사탕수수, 옥수수 따위도 감염한다.

지수기(指數期) exponential phase 로그기.

지수 생장기(指數生長期) exponential growth phase 로그기.

지시 함량 guanosine cytosine content, GC content 디엔에이를 구성하는 염기 가운데 구아닌과 사이토신의 비율. (아데닌 + 티민)과 (구아닌 + 사이토신)의 비는 생물마다 특이하므로 디엔에이 성질을 나타내는 하나의 지표가 된다. 두 가닥 디엔에이는 지시함량이 높을수록 디엔에이 가닥의 변성 온도가 높아진다.

지에이엠 배지 GAM 임상검사에서 무산소 세균의 배양과 분리를 위한 일반 배지나 설파제(sulpha drug) 밖의 항생제에 대한 약제 감수성 시험에 쓰는 배지. 광범위한 무산소 세균의 발육에 적합하고 산소 세균도 잘 자란다. 피 또는 달걀노른자를 첨가하여 사용하는 경우가 많다. 선택성이 없으므로 오염된 시료에 대해서는 여러 선택제를 첨가하여 쓴다.

지에이치피 GHP good hygiene practice(우수위생기준)의 약자.

지엠피 GMP good manufacturing practice(우수제조기준)의 약자

지연 발효(遲延醱酵) retarded fermentation 제빵에서 반죽을 굽기 전에 온도 1.7~4.4도, 습도 85퍼센트에서 하룻밤 또는 그 이상으로 냉장하는 방법. 제빵에서 개선제를 쓰지 않을 때 효모가 녹말을 당으로 전환하는 효소를 충분히 생산하도록 발효를 천천히 진행하게 하는 것이다.

지오스민 geosmin 두 개의 고리를 가진 알코올. 스트렙토미세스속(*Streptomyces*) 세균과 수생 남세균이 만드는 세스퀴터페노이드이다. 흙에서 나는 '흙내'의 원인 물질로 먹는물이나 일부 물고기의 바람직하지 않은 냄새의 원인이 된다.

지의류(地衣類) lichens 진균과 말무리의 공생체. 담자균류나 자낭균류가 광합성을 하는 녹조 또는 남세균과 공생하는 복합 생물이다. 진균은 말무리를 싸서 보호하고 수분을 공급하며 말무리는 양분을 공급한다. 바위나 나무껍질에 붙어서 엽상체를 형성하여 자란다. 열대, 온대, 남북극으로부터 고산 지대까지 널리 분포한다.

지중해 열(地中海熱) Mediterranean fever 브루셀라증.

지체기(遲滯期) lag phase 유도기.

지표 세균(指標細菌) indicator bacterium 병원체 세균의 존재 가능성을 나타내는 미생물의 집단. 대장균군은 식품이나 물의 똥 오염 여부를 재는 위생 지표 세균이다.

직접 스팀법 direct steam method 스팀으로 식품에 직접 열을 주는 방법. 식품에 직접 스팀을 넣는 스팀 분사식과 노즐을 통하여 스팀을 식품에 내뿜는 스팀 주입식이 있다. 초고온살균에서 쓰는 가열 방법이다.

진 gin 엿기름 또는 곡식(호밀, 옥수수 따위)으로 만든 술을 증류한 알코올에 노간주나무 열매로 향기를 낸 무색투명한 증류주. 향미료(고수, 캐러웨이, 계피 따위)를 넣기도 한다. 알코올 함량은 37~47.55퍼센트이다. 토닉워터와 섞은 진토닉, 슬로, 향미료와 설탕을 섞은 슬로 진(sloe gin)에 쓴다.

진간장 jin-ganjang ① 오래 묵어서 진하게 된 간장. ② 메주를 검은콩으로 쑤어 띄워서 소금 농도를 보통 간장보다 싱겁게 담근 장.

진균(眞菌) fungus 진핵생물역(Eukarya) 진균계(Fungi)의 생물을 통틀어 이르는 말. 엽록소가 없어 광합성을 하지 않는 종속영양생물로 곰팡이, 효모, 버섯 따위를 포함한다. 핵막이 있으며 미토콘드리아, 세포질그물 따위의 세포 소기관이 있고, 키틴, 글루칸 따위로 구성된 세포벽이 있다. 대부분은 팡이실을 형성하여 신장, 발육한다. 팡이실이 모여 큰 자실체를 이룬 것이 버섯이다. 대부분 팡이실 세포의 무성 영양생식으로 번식하나 효모는 출아로 증식한다. 부생자(saprotroph)로 세균과 함께 자연계의 유기물 분해에 관여하며 일부는 동식물에 기생 또는 공생한다. 일부 종은 사람, 동물과 식물의 병원체이나 다른 일부는 상업적으로 효소 생산과 식품 발효에 쓰며 또 다른 일부는 식품의 변질을 일으키기도 한다. 푸른곰팡이 카멤베르티(*Penicillium camemberti*)와 푸른곰팡이 로퀘포르티(*P. roqueforti*)는 일부 치즈 숙성에 관여한다.

진균 감염(眞菌感染) mycotic infection 진균이 일으키는 병. 주로 피부 상처로 흙이나 먼지에 있는 곰팡이 감염으로 일어난다. 작은스포룸속(*Microsporum*), 트리코피톤속(*Trichophyton*) 또는 에피데르모피톤속(*Epidermoophyton*)이 일으키는 피부 백선증(dermatophytosis), 트리코피톤속 또는 에피데르모피톤속이 일으키는 무좀(athlete's foot), 스포로트릭스 스켄크키이(*Sporothrix schenckii*)이 피부, 허파, 뼈와 관절에 감염하여 일으키는 스포로트릭스증(sporotrichosis), 크립토콕쿠스 네오포르만스(*Cryptococcus neoformans*)가 허파와 뇌에 감염하여 일으키는 크립토콕쿠스증(cryptococcuosis), 히스토플라스마 캅술라툼(*Histoplasma capsulatum*)이 허파에 감염하여 일으키는 히스토플라스마증(histoplasmosis) 따위가 있다.

진균계(眞菌界) Fungi 효모, 곰팡이와 버섯 따위의 종속영양생물을 포함하는 계. 운동하지 않으며 엽록소가 없어 광합성을 하지 않고 주로 다세포로 된 생물이다. 육상 진균은 접합균문, 자낭균문, 담자균문 그리고 불완전균류로 이루어져 있다. 점균류와 물곰팡이는 원생생물로 분류한다. 팡이실의 무성 영양생식으로 번식하며 팡이실이 모여 엉긴 균사체를 이루고 균사체에 특징 있는 자실체가 생긴다. 곰팡이의 끝에 머리처럼 달리는 홀씨주머니와 버섯류의 갓은 자실체이다. 광합성을 하지 않으므로 다른 생물체나 유기물에 붙어서 기생 생활 또는 부생 생활을 한다. 많은 곰팡이는 식물과 사람에게 병원체이다.

진균류(眞菌類) true fungi 진핵생물역(Eukaryota) 진균계(Fungi)의 자낭균문(Ascomycota) 담자균문(Basidiomycota), 접합균문(Zygomycota)과 불완전균문(Deuteromycota)의 진균을 통틀어 이르는 말.

진균바이러스 mycovirus 진균을 숙주로 하는 바이러스. 대부분은 두 가닥 아르엔에이 유전체를 가지고 있으며 일부(약 30퍼센트)는 양성외가닥 아르엔에이 유전체를 가지고 있다. 두 가닥 아르엔에이인 파르티티바이러스과(Partitiviridae)와 토티바이러스과(Totoviridae) 그리고 양성 가닥 아르엔에이인 나르나바이러스과(Narnaviridae) 나르나바이러스속(*Narnavirus*) 따위가 있다.

진균상(眞菌相) mycoflora 특정 지역이나 면적 또는 어떤 생물체 안에서 자라는 진균을 통틀어 이르는 말.

진균약(眞菌藥) antimycotic 진균 감염증을 예방 또는 치료하는 약.

진균 억제 단백질(眞菌抑制蛋白質) antifungal protein 병원성 진균의 생장을 멈추게 하는 식물, 곰팡이, 등뼈동물과 민등뼈동물이 생산하는 단백질. 키틴 가수분해효소, 키틴-결합 단백질, 글리신/히스티딘이 풍부한 단백질, 리보솜-불활성 단백질, 지방질-전달 단백질, 살생 단백질, 단백질 가수분해효소 억제제 따위가 있다.

진균 억제 물질(眞菌抑制物質) antifungal agent 숙주에게는 최소의 독성을 보이면서 숙주로부터 진균 병원체를 선택적으로 없애는 약. 폴리엔(polyene), 아졸(azole), 알릴아민(allylamine), 에키노칸딘(echinocandin) 따위로 무좀, 백선, 칸디다증, 수막염 따위에 쓴다.

진균억제작용(眞菌抑制作用) mycostasis 진균 생장을 멈추게 하는 작용.

진균 억제 화합물(眞菌抑制化合物) antifungal compound 진균억제물질.

진균 억제 활성(眞菌抑制活性) antifungal activity 진균 생장을 멈추게 하는 효과.

진균중독증(眞菌中毒症) mycotoxicosis 진균 독소로 일어나는 급성 또는 만성 독소 병. 진균 독소에 오염된 식품을 먹거나 곰팡이가 오염된 물질과 피부 접촉 따위로 일어난다. 이를 일으키는 진균 독소는 아플라톡신, 오크라톡신 에이(A), 포모니신, 제아랄레논, 니발레놀 따위가 있다.

진균증(眞菌症) mycosis 진균감염으로 일어나는 병. 백선(ringworm), 아구창(thrush), 샅진균증(jock itch), 진균혈증(fungemia), 수막염, 아스페르길루스증(aspergillosis) 따위가 있다.

진균학(眞菌學) mycology 곰팡이, 효모를 포함한 진균의 분류, 구조, 유전 성질, 생화학 특성 따위를 연구하는 학문. 생물학의 한 분야이다.

진균학자(眞菌學者) mycologist 진균학을 연구하는 과학자.

진균 홀씨 fungal spore 진균이 생산하는 홀씨. 주머니(또는 홀씨주머니) 홀씨, 분생홀씨. 자낭홀씨, 담자홀씨, 후막홀씨, 접합홀씨 따위가 있다.

진도 홍주(珍島紅酒) jindo-hongju 찐 보리쌀에 누룩과 물을 넣어 발효한 뒤 소줏고리로 증류하면서 증류액이 지초를 통과하도록 한 술. 홍옥과 같이 붉은빛이 난다. 알코올 함량은 45~48도이다. 1994년 12월 5일 전라남도 무형문화재로 지정되었다.

진슬링 gin sling 진에 설탕, 향료, 얼음을 섞은 음료.

진저비어 ginger beer 생강과 시럽 혼합물로 만드는 탁하고 거품이 이는 음료.

진저에일 ginger ale 생강 추출물로 향을 낸 거품이 이는 비알코올음료.

진정세균(眞正細菌) eubacterium 원핵생물 가운데 세균을 고균과 구분하기 위해 쓰던 말. 현재는 세균역(Bacteria)의 세균을 이룬다.

진정세균과(眞正細菌科) Eubacteriaceae 세균역(Bacteria) 막대세균문(Bacillota) 클로스트리듐강(Clostridia) 클로스트리듐목(Clostridiales)의 과.

진정세균목(眞正細菌目) Eubacteriales 세균역(Bacteria) 막대세균문(Bacillota) 클로스트리듐강(Clostridia)의 목.

진정세균속(眞正細菌屬) *Eubacterium* 세균역(Bacteria) 막대세균문(Bacillota) 클로스트리듐강(Clostridia) 클로스트리듐목(Clostridiales) 진정세균과(Eubacteriaceae)의 그람양성 막대 세균 속.

진정세균 크리스파툼 *Eubacterium crispatum* '젖산막대세균 크리스파투스'(*Lactobacillus crispatus*)의 옛 이름.

진정자낭균강(眞正子囊菌綱) Euascomycetes 지금은 쓰지 않는 강. 흰꽃동충하초강(Eurotiomycetes)과 입술버섯강(Dothideomycetes) 따위로 개편되었다.

진정자낭균아문(眞正子囊菌亞門) Pezizomycotina '주발버섯아문'의 옛 이름.

진정푸른곰팡이속 *Eupenicillium* 푸른곰팡이속(*Penicillium*)을 달리 이르는 말.

진정홍조강 Florideophyceae 진핵생물역(Eukaryota) 홍조식물문(Rhodophyta)의 강.

진탕 발효(振湯醱酵) shaking fermentation 발효액을 섞기 위하여 흔들면서 하는 발효.

진탕 배양(振湯培養) shaking culture 미생물을 접종한 배양액이 들은 플라스크를 돌리거나 흔들면서 미생물을 기름. 배양액과 미생물이 잘 섞이도록 하면서 공기 중의 산소가 배양액으로 쉽게 스며들어 산소 세균을 능률적으로 배양할 수 있다.

진탕 배양기(振湯培養器) shaking incubator 미생물이나 동식물 세포를 접종한 액체배지를 흔들면서 배양하는 장치. 플라스크나 시험관을 사용하는 산소 세균이나 세포 배양에 쓰며 주로 왕복식 진탕 배양기를 쓴다.

진탕 항온수조(振湯恒溫水槽) shaking constant temperature water bath 미생물이나 동식물 세포를 접종한 액체배지를 일정한 온도에서 흔들면서 배양하는 수조.

진토닉 gin and tonic 진과 토닉워터로 만든 칵테일.

진핵 미생물(眞核微生物) eukaryotic microorganism 막으로 둘러싸인 핵과 소기관을 가지고 있는 진핵세포로 이루어진 미생물. 진균, 미세 말무리, 원생동물 따위이다.

진핵생물(眞核生物) eukaryote 진핵생물역(Eukarya)

을 구성하는 생물. 세포에 막으로 둘러싸인 핵을 가지고 있으며 원생동물, 말무리, 미생물, 식물, 동물을 포함한다.

진핵생물역(眞核生物域) Eukaryota 생물을 분류하는 세 역(domain) 가운데 하나. 다른 두 역은 세균역(Bacteeria)와 고균역(Archae)이다. 막으로 둘러싸인 핵과 그 안에 히스톤과 복합체를 구성하고 염색체로 편성되는 디엔에이가 들어있는 세포로 되어있다. 진핵세포는 핵막을 가지고 있어, 핵물질과 세포질이 핵막으로 구분된다. 세포질 안에는 미토콘드리아, 골지체, 소포체, 리소좀 따위의 세포 소기관이 있다. 진핵생물역 아래에는 진균계(Fungi), 식물계(Plants) 그리고 동물계(Animals)가 있다.

진흙버섯 willow bracket, *Phellinus igniarius* 진핵생물역(Eukaryota) 진균계(Fungi) 담자균문(Basidiomycota) 주름버섯강(Agaricomycetes) 소나무비늘버섯목(Hymenochaetales) 소나무비늘버섯과(Hymenochaetaceae) 진흙버섯속(*Phellinus*)의 먹는 버섯. 갓은 지름 10~25센티미터로 말굽 꼴 또는 둥근 산 모양이며 회갈색 또는 회흑색이다. 다른 버섯과는 달리 단단한 나무 같은 텍스처를 보이며 해마다 겉에 새로운 층을 만든다. 일 년 내내 자작나무, 오리나무 따위의 넓은잎나무의 고목 줄기에서 난다. 흰색 부후 곰팡이이다. 약용으로 쓰기도 한다. 전 세계에 분포한다.

진흙버섯속 *Phellinus* 진핵생물역(Eukaryota) 진균계(Fungi) 담자균문(Basidiomycota) 주름버섯강(Agaricomycetes) 소나무비늘버섯목(Hymenochaetales) 소나무비늘버섯과(Hymenochaetaceae)의 속. 먹는 것으로는 진흙버섯 따위가 있다.

질산 세균(窒酸細菌) nitrate bacterium 질소 순환에서 아질산염을 질산염으로 산화하는 세균.

질산화 세균(窒酸化細菌) nitrifying bacterium 무기 질소화합물을 산화하여 에너지를 얻는 니트로박터과(Nitrobacteraceae)의 산소 세균. 암모니아 산화 세균과 아질산염 산화 세균이 있다. 이들 세균은 암모니아를 아질산염으로 산화하고 또 아질산염을 질산염으로 산화하는 질산화 작용(nitrification)으로 에너지를 얻는다. 흙의 암모니아를 식물이 이용할 수 있는 질산염으로 전환하여 질소 순환계에서 중요한 역할을 한다. 암모니아를 아질산염으로 산화하는 세균으로는 베타가변세균강(니트로모나스속 따위)과 감마가변세균강(니트로소알세균속 따위)의 세균과 고균이 있다. 아질산염을 질산염으로 산화하는 세균으로는 니트로소피노타문(Nitrospinota), 니트로소피노타문(Nitrosopinota), 슈도모나스문(Pseudomanadota) 따위가 있다.

질소 고정(窒素固定) nitrogen fixation 분자 질소(N_2)가 암모니아 또는 질소화합물로 바뀌는 일. 흙, 수중계(aquatic system)에서 일어난다. 산업계에서는 암모니아 비료 제조에 쓴다.

질소 고정 미생물(窒素固定微生物) nitrogen fixing microorganism 공기 질소를 암모니아나 아미노산 따위의 질소화합물로 합성하는 미생물 특히 세균.

질소 고정 세균(窒素固定細菌) nitrogen fixing bacterium 공기 질소를 암모니아나 아미노산 따위의 질소화합물로 합성하는 세균. 식물과 공생하는 세균과 공생하지 않는 세균이 있다. 대표적인 공생 세균으로는 뿌리혹세균(rhizobia)인 리조븀속(*Rhizobium*), 브라디리조븀속(*Bradyrhizobium*) 따위가 있고 비 공생 세균으로는 아조토박터속(*Azotobacter*), 클로스트리듐속(*Clostridium*) 따위가 있다.

질소고정효소(窒素固定酵素) nitrogenase EC 1.18.6.1과 EC 1.19.6.1 질소를 고정하는 일부 세균(남세균, 뿌리혹세균 따위)에서 분자 질소(N_2)를 암모니아(NH_4)로 환원하는 반응을 촉매하는 효소 복합체. 다이나이트로젠 환원 효소(dinitrogen reductase)와 다이나이트로제네이스(dinitrogrnase)의 복합체이다. 다이나이트로젠 환원 효소는 4철(Fe)-4황(S) 단백질로 두 분자의 에이티피가 있을 때 페레독신으로부터 전자를 다이나이트로제네이스에 전달한다. 다이나이트로제네이스는 몰리브데넘-철단백질로 공급받은 전자를 이용하여 질소를 암모니아로 환원한다.

질소 동화(窒素同化) nitrogen assimilation ① 식물이 흙에서 암모니아, 아질산염과 질산염 형태로 질소를 흡수하는 작용. ② 환경에 있는 무기 질소화합물을 유기 질소화합물로 만듦. 식물, 진균과 일부 세균(대장균 따위)에서 일어난다.

질소 떼기 세균 denitrifying bacterium 흙의 질산염을 자유 공기 질소로 전환하는 세균. 싸이오막대세균 데니트리피칸스(*Thiobacillus denitrificana*), 작은알세균 데니트리피칸스(*Micrococddus denitrificans*)와 세라티아(*Serratia*), 슈도모나스, 아카로모박터 따위 속의 일부 종이 있다.

질소 떼기 작용 denitrification 미생물 작용으로 질산염(NO3-)이 환원되어 분자 질소를 생산하는 과정. 주로 조건 무산소 세균에서 일어나는 호흡 형태이다.

질소영양생물(窒素營養生物) diazotroph 공기의 질소 원소를 암모니아로 전환할 수 있는 세균과 고균. 외부에서 질소 공급 없이도 자랄 수 있으며 뿌리혹세균 따위가 있다.

짐노디늄 브레베 *Gymnodinium breve* '카레니아 브레비스'(*Karenia brevis*)의 옛 이름.

집락(集落) colony 콜로니.

찔러심기 배양 stab culture 백금선 끝에 균체를 묻혀서 찔러심기 배지가 들은 시험관의 주둥이가 아래로 향하도록 하고 배지 중앙으로부터 위로 깊숙이 찔러 심고 배양하는 방법. 운동성 시험, 젤라틴 액화 시험, 균체 보존 따위에 이용한다.

찔러심기 배지 stab culture medium 우무나 젤라틴을 녹여 시험관에 반 정도의 양을 담아 살균하여 바로 세운 상태에서 굳힌 배지. 찔러심기 배양에 쓴다.

ㅊ

차가버섯 chaga 자작나무 시루뻔버섯.

차펙-독스 배지 Czapek-Dox medium 무기 질소를 이용하는 진균과 토양세균의 배양에 쓰는 배지. 특히 아스페르길루스속(*Aspergillus*), 푸른곰팡이속(*Penicillum*)과 관련한 곰팡이 분리에 적합한 것으로 알려져 있다.

차펙 배지 Czapek's medium 차펙-독스 배지.

찹쌀떡버섯 paltry puffball, *Bovista plumbea* 진핵생물역(Eukaryota) 진균계(Fungi) 담자균문(Basidiomycota) 주름버섯강(Agaricomycetes) 주름버섯목(Agaricales) 주름버섯과(Agaricaceae) 찹쌀떡버섯속(*Bovista*)의 먹는 버섯. 갓은 주름 2~4센티미터로 줄기는 없으며 팡이실 덩어리는 조그만 감자 모양으로 올리브 갈색이다. 여름과 가을에 걸쳐 잔디밭, 목장, 골프장, 풀밭 따위의 땅에 흩어져 난다. 한국, 중국, 일본, 서부 유럽과 캘리포니아 등지에 분포한다.

찹쌀떡버섯속 *Bovista* 진핵생물역(Eukaryota) 진균계(Fungi) 담자균문(Basidiomycota) 주름버섯강(Agaricomycetes) 주름버섯목(Agaricales) 말불버섯과(Lycoperdeceae)의 속. 먹는 것으로는 찹쌀떡버섯(*B. plumea*), 애기찹쌀떡버섯(*B. pusilla*), 여름찹쌀떡버섯(*B. aestivales*) 따위가 있다.

창자 독성 enterotoxicity 창자 독소가 위창자관에 독성을 보이는 정도.

창자 독소 enterodoxin 위창자관 속에 있는 세균이 생산하는 단백질 독소. 열에 약하며 물에 녹는 저분자량 단백질이다. 세균의 생장이나 홀씨 형성 때 균체 밖으로 나와 창자 점막에 작용한다. 세포 독성이 있어 창자 벽 상피세포의 막 투과성을 변화시켜 세포를 죽게 한다. 또 창자 독소는 대부분 세포막에 구멍을 형성하여 세포를 죽게 한다. 클로스트리듐 창자독소, 콜래라 독소, 누런 포도알 세균 창자독소, 쉬겔라 독소 따위가 있다. 대표적인 것은 이온과 수분 전달계통을 어지럽혀 설사를 일으키는 콜레라 독소이다.

창자독소 대장균 enterotoxigenic *Escherichia coli* 창자 독소를 생성하여 설사병을 일으키는 대장균. 이 대장균이 생산하는 독소는 고온에서 불활성화하는 열에 약한 독소와 100도에서도 활성을 유지하는 열에 안정한 독소가 있다. 설사를 일으키는 대장균의 하나이다.

창자 마이크로바이옴 gut microbiome 동물 소화관에 사는 세균, 고균, 진균과 바이러스. 창자 마이크로바이옴은 소화관 위치에 따라 다르다. 잘록창자는 지구상에서 가장 미생물 밀도가 높으며 300~1,000종의 미생물이 존재한다. 창자 세균의 99퍼센트는 30~40종으로 이루어져 있다. 똥의 건조 질량 60퍼센트는 세균이다. 창자 세균의 99퍼센트 이상은 무산소성이나 막창자에는 산소 세균의 밀도가 높다.

창자 막대세균 enteric bacillus 사람과 동물의 창자에 존재하는 막대 세균.

창자 미생물 intestinal microorganism 창자 안에서 사는 미생물.

창자 바이러스 enteric virus 똥-입을 통하여 감염되어 작은창자의 융털(villus) 상피세포의 세포질에서 복제하는 아르엔에이바이러스. 염증과 융털 위축을 일으킨다. 폴리오바이러스(poliovirus), 콕사키바이러스(coxsakievirus), 간염 에이 바이러스 따위, 아데노바이러스, 칼리시바이러스(calicivirus), 아스트로바이러스(astrovirus), 노로바이러스, 레오바이러스와 로타바이러스(rotavirus) 따위가 있다.

창자바이러스 enterovirus 피코르나바이러스과(Picornaviridae) 창자바이러스속(*Enterovirus*)의 양성외가닥 아르엔에이바이러스를 이르는 말. 콕사키바이러스 에이(A)와 비(B), 폴리오바이러스, 에코바이러스(echovirus) 따위를 이른다. 똥에 오염된 식품이나 물을 먹어 감염된다.

창자바이러스속 *Enterovirus* 리보바이러스역(Riboviria) 오르토나바이러스계(Orthornavirae) 피수바이러스문(Pisuviricota) 피소니바이러스강(Pisoniviricetes) 피코르나바이러스목(Picornavirales) 피코르나바이러스과(Picornaviridae)의 껍질이 없는 양성 외가닥 아르엔에이바이러스. 창자에서 자라는 바이러스를 통틀어 이르는 말이다. 사람과 젖먹이동물의 여러 질병을 일으킨다. 처음에는 폴리오바이러스(poliovirus), 콕사키 에이 바이러스(Coxsackie A virus), 콕사키 비 바이러스(Coxsackie B virus)와 에코바이러스(echovirus)의 네 그룹으로 분류하였으나 그룹 사이에 생물 성질이 중복되어 지금은 창자바이러스 디68(EV-D68), 창자바이러스 디70(EV-D70) 따위와 같이 일련번호를 붙여 구분한다. 창자비이러스가 일으키는 가장 심각한 병은 폴리오 바이러스가 일으키는 회색질척수염(poliomyelitis)이다. 그 밖에 감기, 수족구병, 급성 출혈 결막염, 무균 수막염, 심근염, 급성 이완 마비 따위가 있다. 창자바이러스 디70이나 콕사키바이러스를 제외한 거의 모든 바이러스는 위액의 강산이나 이자액의 알칼리에도 죽지 않으며 똥과 함께 배설된다. 똥-입을 통한 경구감염이 많으나 비말이나 접촉으로도 감염된다.

창자 병원 대장균 enteropathogenic *Escherichia coli*

사람 창자에 감염하여 병을 일으키는 대장균 균주를 통틀어 이르는 말. 창자염 따위의 증세를 나타내는 창자 안 병원성 대장균과 창자관 밖에서 병을 일으키는 창자 밖 병원성 대장균으로 크게 나눈다. 창자 안 병원성 대장균은 설사성 대장균(diarrheagenic *E. coli*)이라고도 하며 특징적인 증세가 발현되는 메커니즘에 따라 분류한다. 작은창자에 감염하여 구토, 설사, 복통, 발열 따위의 전형적인 증세를 나타내는 창자 병원 대장균(enteropathogenic *E. coli*, EPEC), 큰창자에 감염하여 피똥 증세를 나타내는 창자 친입 대장균(enteroinvasive *E. coli*, EIEC), 작은창자에 감염하여 창자 독소(enterotoxin)를 생성하며 물 같은 설사를 하게 되는 창자 독소생산 대장균(enterortoxigenic *E. coli*, ETEC), 창자 안에서 쉬가 독소를 생성하여 출혈이 되는 창자 출혈 대장균(enterohemorrhagic *E. coli*, EHEC), 균체가 응집, 부착하는 성질이 있으며 물 같은 설사, 복통, 구토, 발열이 나타나는 창자 응집 대장균(enteroaggregative *E. coli*, EAEC) 따위가 있다. 오항원(O antigen)과 에이치 항원(H antigen)으로 결정되는 대장균의 혈청형(serotype)도 있다. 창자 밖 병원성 대장균에는 혈액이나 요로에 침입하여 패혈증, 콩팥염, 요로감염증 따위를 일으키는 것도 있다.

창자 세균 enteric bacterium ① 창자관에 사는 세균. ② 위창자염을 일으키는 병원체 세균, 살모넬라속, 이질세균속, 캄필로박터 제주니(*Campylobacter jejuni*), 대장균 따위가 있다. ③ 창자세균과(Enterobacteriaceae)의 세균.

창자세균과 Enterobacteriaceae 세균역(Bacteria) 슈도모나스문(Pseudomonadota) 감마가변세균강(Gammaproteobacteria) 창자박터목(Enterobacterales)의 그람음성 막대 모양 조건 무산소 세균 과. 물, 식물과 사람과 동물의 위창자관에서 발견된다. 대부분은 소화 보조, 바이타민 합성 따위의 역할을 한다. 에셰리키아, 클레브시엘라, 살모넬라, 이질세균, 예르시니아 따위 속의 병원체 세균이 있고, 에드와드시엘라, 시트로박터, 프로비덴시아, 엔테로박터, 하프니아, 세라티아, 프로테우스, 예르시니아 따위 속의 식품 변질 세균이 있다. 카탈레이스 양성, 산화효소 음성이며 대부분이 질산염을 아질산염으로 환원한다.

창자세균과 강화 액체배지 Enterobacteriaceae enrichment broth, EE broth 식품의 세균학적 시험에서 창자세균을 위한 강화 액체배지.

창자세균과 강화 만니톨 액체배지 Enterobacteriaceae enrichment mannitol broth 식품에 대한 살모넬라속(*Salmonella*) 세균의 시험에 쓰는 일차 강화 배지. 이 배지로 강화 배양한 뒤 라피포트-바시리아디스 액체배지(Rappaport-Vassiliadis broth), 테트라싸이온산염 액체배지(tetrathionate broth) 따위의 살모넬라속(*Salmonella*) 세균용 선택 강화 배지에 접종하여 이차 강화 배양한다.

창자알세균 enterococcus ① 창자알세균속(*Enterococcus*)의 세균을 통틀어 이르는 말. ② 사람의 창자관에서 발견되는 창자알세균속과 사슬알세균속의 종을 포함하는 알 모양 세균을 이르는 일반적인 말.

창자알세균과 Enterococcaceae 세균역(Bacteria) 막대세균문(Bacillota) 막대세균강(Bacilli) 젖산막대세균목(Lactobacillales)의 과.

창자알세균속 *Enterococcus* 세균역(Bacteria 막대세균문(Bacillota) 막대세균강(Bacilli) 젖산막대세균목(Lactobacillales) 창자알세균과(Enterococcaceae)의 그람양성 알 모양 조건 무산소 세균 속. 때로는 쌍알 또는 짧은 사슬 모양이다. 사람과 동물의 창자관에 자란다. 창자알세균 파에칼리스(*Enterococcus faecalis*)는 이 속의 기준 종이며 창자알세균 파에슘(*E. faecium*)과 함께 창자에서 흔한 공생 세균이다. 온도 10~45도, 피에이치 4.6~9.9, 소금 농도 6.5퍼센트 따위의 환경에 대한 내성이 있다. 사람에 병원체이다.

창자알세균 파에슘 *Enterococcus faecium* 세균역(Bacteria) 슈도모나스문(Pseudomonadota) 감마가변세균강(Gammaproteobacteria) 엔테로박터목(Enterobacterales) 창자세균과(Enterobacteriaceae) 창자알세균속(*Enterococcus*)의 그람양성 세균. 사람과 동물의 창자에 사는 공생 세균이며 병원체이기도 하다. 반코마이신 저항 세균이다.

창자알세균 파에칼리스 *Enterococcus faecalis* 세균역(Bacteria) 슈도모나스문(Pseudomonadota) 감마가변세균강(Gammaproteobacteria) 엔테로박터목(Enterobacterales) 창자세균과(Enterobacteriaceae) 창자알세균속(*Enterococcus*)의 그람음성 세균. 창자알세균속의 기준 종으로 사람의 창자에 사는 공생 세균이다. 항생 물질 저항성이 높아 병원 환경에서 환자에게 치명적인 감염을 일으킬 수 있다. 알칼리 피에이치(9.6), 높은 소금 농도와 60도에서 30분 열처리에도 생장할 수 있다. 식품 가공에서 죽은 균체만 쓸 수 있다.

창자 열 enteric fever 장티푸스와 파라티푸스를 아울러 이르는 의학 용어. 사람에게 일어나는 살모넬라증의 두 형태이다. 장티푸스는 살모넬라 엔테리타 혈청형

티피(*Salmonella enteerica* serovar Typhi)가 파라티푸스는 살모넬라 엔테리타 혈청형 파라티피(*Salmonella enteerica* serovar Parayphi)가 일으킨다.

창자염 enteritis 작은창자에 생기는 염증. 위(위창자염)와 잘록창자(작은창자 큰창자염)도 포함한다. 세균, 바이러스 또는 기생충 따위의 병원체로 오염된 음식을 먹어 일어난다. 증상으로는 복통, 경련, 탈수, 열 따위가 있다.

창자염 비브리오 *Vibrio parahaemolyticus* 세균역(Bacteria) 슈도모나스문(Pseudomonadota) 감마가변세균강(Gammaproteobacteria) 비브리오목(Vibrionales) 비브리오과(Vibrionaceae) 비브리오속(*Vibrio*)의 그람음성 굽은 막대 모양 조건 무산소 세균. 산화효소 양성이고 홀씨를 만들지 않는다. 바다와 바다어귀에서 발견된다. 최적 생장 피에이치는 약 7.5~8이며 생육에 3~5퍼센트의 염화소듐을 요구한다. 바다에서는 여름철에 수온이 상승하는 20도 이상일 때 활발하게 자라고 15도 이하에서는 증식이 억제된다. 똥-입으로 감염되며 오염된 해산물, 특히 굴을 날로 먹으면 급성 위창자염을 일으킬 수 있다. 잠복기는 스물네 시간 정도이며 곧이어 심한 물 또는 피 설사와 함께 욕지기, 구토, 복통 따위가 일어난다. 증상은 대개 삼일 이내에 끝난다.

창자염 비브리오 음식매개병 *Vibrio parahaemolyticus* foodborne illness 창자염 비브리오 세균에 오염된 생조개(굴, 담치류 따위), 덜 익힌 조개 또는 물을 마셔 일어나는 병. 한국, 일본 등지 아시아에서 여름에 발생하는 음식매개병의 많은 부분을 차지한다. 잠복기는 열 시간 이내이고 위창자염, 상처 감염, 심하면 패혈증을 일으킨다.

창자 응집 대장균 enteroaggregative *Escherichia coli*, EAEC 급성과 만성 설사병을 일으키는 병원성 대장균의 하나. 배양한 사람 상피세포에 응집성 접착 형태를 보이는 창자 병원체이다. 물 설사, 점액성 설사, 미열, 욕지기, 뒤무직(tenesmus), 창자가스소리(borborygmi) 따위를 일으킨다.

창자 출혈 대장균 enterohemorrhagic *Escherichia coli*, EHEC 사람에게 심한 창자 감염을 일으키는 병원 대장균 종. 쉬가 독소(Shiga toxin)를 생성하여 창자벽에 상처를 주어 피 설사를 일으킨다. 대장균은 균체 표면에 존재하는 내열성 균체 항원인 오항원(O antigen)과 편모 항원인 에이치항원(H antigen)이 있으며 그 가운데 O157:H7이 가장 중요한 창자 출혈 대장균이다. 세균에 오염된 덜 익힌 햄버거, 시금치, 상추, 싹, 생우유, 파스퇴르 살균하지 않은 사과 주스, 사이다, 살라미 따위를 먹어서 또는 사람과 사람 사이에 퍼져 감염된다. 감염 2~5일 뒤에 복부 경련, 심한 피 설사, 설사. 피곤, 욕지기, 출혈 잘록창자염(hemorrhagic colitis), 용혈요독증후군(hemolytic uremic syndrome) 따위의 증상이 나타난다.

창자 출혈 대장균 O157 enterohemorrhagic *E. coli* O157 오(O)항원 157을 가지고 있는 창자 출혈 대장균. 157전째로 발견된 오항원 대장균이다.

창자 출혈 대장균 O26 enterohemorrhagic *E. coli* O26 오(O)항원 26을 가지고 있는 창자 출혈 대장균. 26번째로 발견된 오항원 대장균이다.

창자 침입 대장균 enteroinvasive *Escherichia coli*, EIEC 쉬겔라증(shigellosis)과 똑같은 설사와 고열 증상을 일으키는 병원체 대장균. 흡착 단백질인 부착소(adhesin)를 이용하여 창자관 점막 상피세포에 침입하여 자라고 인접 세포를 감염시키면서 상피세포 괴사와 이에 따른 궤양 형성으로 심한 염증을 일으킨다.

채토뭄과 Chetomiaceae 진핵생물역(Eukaryota) 진균계(Fungi) 자낭균문(Ascomycota) 구멍공버섯강(Sordariomycetes) 구멍공버섯목(Sordariales)의 과. 부생 또는 기생 곰팡이이다. 생물공학이나 산업에 쓰는 많은 효소를 생산한다.

채토뭄 글로보숨 *Chaetomium globosum* 진핵생물역(Eukaryota) 진균계(Fungi) 자낭균문(Ascomycota) 구멍공버섯강(Sordariomycetes) 구멍공버섯목(Sordariales) 채토뭄과(Chaetomiaceae) 채토뭄속(*Chaetomium*)의 곰팡이. 채토뭄속의 기준 종이다. 부생 곰팡이로 식물, 흙, 볏짚, 똥 따위에서 발견된다. 셀룰로스 가수분해효소, 자일란 가수분해효소, 덱스트란 가수분해효소 생산에 쓴다. 셀룰로스 분해력이 강하므로 오염된 종이나 면 제품은 얼룩이 생기고 깊은 손상을 입기도 한다.

채토뭄속 *Chaetomium* 진핵생물역(Eukaryota) 진균계(Fungi) 자낭균문(Ascomycota) 구멍공버섯강(Sordariomycetes) 구멍공버섯목(Sordariales) 채토뭄과(Chaetomiaceae)의 곰팡이 속. 흙, 종이, 직물에서 발견된다. 대부분 종은 강한 셀룰로스 분해력이 있어 종이나 면제품이 오염되면 얼룩이 생기고 깊은 손상을 입기도 한다. 기준 종은 채토뭄 글로보숨(*Chaetomium globosum*)이며 건조나 자외선에 내성이 있다.

채토티리아목 Chaetothyriales 진핵생물역(Eukaryota) 진균계(Fungi) 자낭균문(Ascomycota) 분가지버섯강(Eurotiomycetes)의 한 목.

천연두(天然痘) smallpox 마마.

천자배양(穿刺培養) stab culture 찔러심기 배양

철 고리 iron still 소주를 내리는 데 썼던 철로 만든 증류기. 녹이 스는 단점 때문에 지금은 쓰지 않는다.

철산화 세균(鐵酸化細菌) iron-oxidizing bacterium 철을 산화하여 에너지를 얻는 화학 영양세균. 철이 녹아 있는 물에 산다.

철세균(鐵細菌) iron bacterium 철 산화 세균.

철쭉버섯 spotted toughshank, *Rhodocollybia maculata* 진핵생물역(Eukaryota) 진균계(Fungi) 담자균문(Basidiomycota) 주름버섯강(Agaricomycetes) 주름버섯목(Agaricales) 솔밭버섯과(Omphalotaceae) 철쭉버섯속(*Rhodocollybia*)의 먹는 버섯. 갓은 지름 7~12센티미터로 편평하며 크림색으로 붉은 갈색 점이 있다. 여름에서 가을 사이에 바늘잎나무나 넓은잎나무 숲 땅에 홀로 또는 모여 난다. 살이 질기고 쓴맛이 있다. 한국, 중국, 일본, 유럽, 북아메리카, 북반구 일대에 분포한다.

철쭉버섯속 *Rhodocollybia* 진핵생물역(Eukaryota) 진균계(Fungi) 담자균문(Basidiomycota) 주름버섯강(Agaricomycetes) 주름버섯목(Agaricales) 솔밭버섯과(Omphalotaceae)의 속.

청결 상자(清潔箱子) clean box 미생물을 배양하기 위한 무균 조작을 할 수 있도록 만든 상자. 앞면에 조작하는 손을 넣을 수 있는 작은 창이 있다. 작업하기 전에 미리 내부를 자외선 등이나 적당한 살균제(0.1퍼센트 승홍수, 5퍼센트 페놀액 따위)로 살균한다. 무균 공기를 불어 넣어 외부로부터의 잡균침입을 적극적으로 막는 장치가 있는 무균 조작대(clean bench)가 보급됨에 따라 지금은 잘 쓰지 않는다.

청국장(清麴醬) cheonggukjang 콩을 푹 삶아 볏짚 위에 놓고 더운 곳(40도 정도)에서 사흘 정도 띄운 한국 고유의 콩 발효식품. 주 발효 미생물은 막대세균 수브틸리스(*Bacillus subtilis*)이다. 점성 물질이 생길 때까지 발효하여 그대로 또는 소금, 파, 마늘, 고춧가루를 섞고 찧어 주로 찌개를 끓여 먹는다.

청장(清醬) cheongjang 진하지 않은 간장.

청정실(清淨室) clean room 공기에 떠도는 알갱이 농도를 조절할 수 있으며 먼지 발생, 유입 따위를 최소화하고 온도, 습도와 압력을 필요에 따라 조절할 수 있게 만든 방.

청주(清酒) cheongju ① 쌀, 누룩 또는 고지와 물을 원료로 하여 발효한 술덧을 거른 술. ② 위 ①에 아스파탐, 스테비올 글리코사이드, 효소 처리 스테비아, 젖산, 타타르산, 구연산, 아미노산, 식물, 수크랄로스, 토마틴, 아세설팜포타슘, 에리트리톨, 자일리톨을 넣은 술.

청태장(青太醬) cheongtae-jang 푸르대콩으로 메주를 쑤어 담근 장. 햇 콩을 시루에 삶고 쪄서 소금으로 간하여 떡 모양으로 덩어리를 만들어 콩잎으로 덮어서 띄운다. 가을에 먹는 장이다.

초고압 살균(超高壓殺菌) ultra-high pressure sterilization 단열 압축으로 얻는 높은 압력(400~600 메가파스칼)으로 영양 세포와 홀씨를 불활성화하여 미생물을 죽임. 용기에 포장한 식품을 초고압 처리장치 안에 넣고 고압 펌프로 물을 주입하여 압력을 높이면 압력은 용기 전체에 균일하게 가해진다. 가열살균은 가열과 냉각 속도가 늦어 원료 품질에 나쁜 영향을 줄 수 있으나 초고압살균은 원료의 텍스처, 향미, 영양성분 따위의 변화가 없는 장점이 있다. 과일 주스, 햄, 굴 따위의 파스퇴르살균에 이용한다.

초고온 가공(超高溫加工) ultra-high temperature processing 세균의 내열 홀씨를 죽일 수 있는 140도 이상에서 2~5초 동안 가열하여 액체 식품을 살균하는 식품 가공 기술. 우유의 경우 70~80도로 예열한 뒤 초고온 온도까지 스팀으로 직접 또는 간접 방법으로 빠르게 가열하고, 유지 관(holding tube)과 감압 상자를 통과시켜 빠르게 온도를 떨어뜨리고 증발시킨 뒤 이를 균질화하고 무균적으로 포장한다. 그 밖에 과일 주스, 크림, 두유, 요구르트, 포도주, 수프, 꿀, 스튜 따위에도 쓴다.

초고온 살균(超高溫殺菌) ultra-high temperature sterilization 초고온가공.

초고온세균(超高溫細菌) hyperthermophile 생장 최적 온도가 80도인 세균. 또는 90도에서 증식할 수 있는 세균. 많은 초고온세균은 고균역에 속하며 무산소 세균인 피로딕튬속(*Pyrodictium*)이나 피로알세균속(*Pyrococcus*), 메테인 생성 세균인 메타노테르모무스속(*Methanothermus*) 따위가 있다. 세균역의 초고온세균으로는 무산소 세균인 열토가속(*Thermogoga*), 아퀴펙스속(*Aquifex*) 따위가 있다. 바다 열수공이나 온천 등지에서 발견된다.

초고온 파스퇴르살균 ultra pasteurization 초고온가공.

초기 균수(初期菌數) initial cell number ① 미생물 배양 시험에서 배양 영(0) 시간일 때 미생물 수. ② 미생물 생장곡선에서 생장 영(0) 시간일 때 미생물 수.

초기 부패(初期腐敗) initial stage of spoilage 식품이 상하기 시작하는 때. 일반적으로 살아있는 세균수가 1그램당 10^6 정도이거나 휘발 염기 질소량이 100그램당 30밀리그램인 경우이다.

초록 곰팡이병 green mold rot 푸른곰팡이 디기타툼

(*Penicillium digitatum*)이 감귤 따위 과일에 일으키는 병. 특히 수확 뒤 부패를 일으키는 주 병원체이다.

초록 비황 세균(草綠非黃細菌) green non-sulfur bacterium 산소를 생성하지 않는 광합성을 하는 활주세균의 하나. 세균엽록소 시(*c*)와 디(*d*)를 가지고 있으며 전자 받개는 퀴논이다. 황화합물을 산화하여 에너지를 얻는 광 종속영양 호열성 세균이다. 온천에서 발견된 클로로플렉수스 아우란티쿠스(*Chloroflexus auranticus*) 따위가 있다.

초록 세균(草綠細菌) green bacterium 산소를 생성하지 않는 광합성을 하는 세균을 통틀어 이르는 말. 세균엽록소 시(*c*), 디(*d*), 이(*e*)와 소량의 에이(*a*)가 있다. 황화합물을 산화하는 광 독립 영양 무산소 초록황세균과 광 종속영양 호열성 초록비황세균이 있다.

초록 플렉시세균 green flexibacterium 초록비황세균.

초록 황 세균(草綠黃細菌) green sulfur bacterium 세균역(Bacteria) 초록황세균문(Chlorobiota)의 세균을 이르는 말. 절대 무산소 광 독립영양 세균으로 세균엽록소를 이용하여 광합성을 하나 산소를 발생시키지 않는다. 이산화탄소를 탄소 원으로, 황화수소(H_2S)를 전자 주개로 하여 탄소를 고정한다.

초록황세균과(草綠黃細菌科) Chlorobiaceae 세균역(Bacteria) 초록황세균문(Chlorobiota) 초록황세균강(Chlorobia) 초록황세균목(Chlorobiales)의 과.

초록황세균문(草綠黃細菌門) Chlorobiota 세균역(Bacteria)의 문. 흔히 초록황세균이라고 한다.

초록황세균속(草綠黃細菌屬) *Chlorobium* 세균역(Bacteria) 초록황세균문(Chlorobiota) 초록황세균강(Chlorobia) 초록황세균목(Chlorobiales) 초록황세균과(Chlorobiaceae)의 세균 속. 광 독립 영양생물로 황을 산화하고 세균 엽록소 에이(*a*)를 이용하여 광합성 한다.

초호열생물(超好熱生物) hyperthermophile 극히 뜨거운 환경(60도 이상)에서 살아가는 생물. 주로 고균역(Archaea)에 속하며 최적 생장 온도는 80도 이상이다. 온천, 간헐천과 심해의 열수구에서 발견된다. 고온에서도 세포를 유지할 수 있도록 포화지방산이 많은 세포막, 지시(GC) 함량이 높은 디엔에이와 고열에서도 기능을 유지할 수 있는 특이한 단백질을 가지고 있다.

초호염 세균(超好鹽細菌) extreme halophile 생존에 높은 염분 농도가 필요한 세균. 최소한 염화소듐 농도 1.5몰(9퍼센트)이 필요하고 대부분 종은 2～4몰(12～23퍼센트)이 필요하다. 고균역에 속한다.

총균수(總菌數) total cell count 현미경과 계수판(counting chamber)을 이용하여 시료에 있는 모든 미생물 수를 센 수. 생균 수 계수와는 달리 총균수는 살아있는 미생물과 죽은 미생물을 포함한다. 시료 1그램 또는 1밀리리터당 콜로니 형성단위로 나타낸다.

총세균수(總細菌數) total bacterial count 시료에 있는 세균 수를 현미경으로 구한 수. 살아 있는 세균과 죽은 세균을 포함한다.

최소 배지(最小培地) minimal medium 정상 야생 생명체는 자랄 수 있으나 대사 돌연변이체는 자랄 수 없도록 기본 영양소로만 만든 배양 배지. 일반적으로 탄소원(포도당)과 무기물이 들어있다. 영양 요구 돌연변이체의 분리, 검출에 쓴다.

최소 억제농도(最小抑制濃度) minimum inhibitory concentration, MIC. 어떤 항생물질에 대한 미생물 균주의 저항성 또는 감수성 정도. 하룻밤 배양에서 미생물 생장을 억제하는 항생물질의 최소농도이다.

최소 필수영양 배지(最小必修營養培地) minimum essential medium 미생물이 생장할 수 있는 최소한의 영양소를 갖춘 배지.

최확수법(最確數法) most probable number method, MPN method 단위 부피에 존재하는 세균 수를 확률적으로 추정하는 방법. 시료에 들어있는 세균 수가 적어서 평판 배양법으로는 수를 측정하기가 불가능할 때 쓰는 생균 수 측정법의 하나이다. 시료를 차례로 세 단계 이상 열 배씩 묽히고 다섯 개(때로는 세 개)의 액체배지에 접종, 배양하여 가스 발생, 혼탁, 색의 변화 따위로 세균의 증식을 확인하고 통계학적 계산으로 만든 최확수 표를 이용하여 시료 100밀리리터당 최확수(생균수)를 추정한다. 대장균군 따위의 생균 수 추정에 이용한다.

추출 발효(抽出醱酵) extractive fermentation 발효하는 동안 발효 산물을 뽑아내어 발효 수율을 높이는 발효. 휘발 물질은 감압으로, 투석막을 이용한 투석 따위의 방법으로 뽑아낸다. 연속 생산이 가능하며 연속 생산의 한 단계에서 발효 산물을 회수하여 최종 산물에 따른 되먹임 억제를 줄임으로써 반응 생산성이 크게 좋아진다.

출아(出芽) budding 세포에서 새로운 세포가 뻗어 나오는 세포 분열. 효모에서 볼 수 있다. 효모 세포의 겉면 일부가 부풀어서 작은 눈 세포(bud cell)가 나타나고 점차 생장하여 사이막을 형성하여 독립 세포가 된다. 독립 세포를 딸세포(daughter cell)라고 한다.

출아 세포(出芽細胞) budding cell 효모 세포 겉면에서 자란 작은 눈 세포(bud cell).

출아 효모(出芽酵母) budding yeast 출아로 무성생식하는 효모.

출혈 잘록창자염 hemorrhagic colitis 대장균 O157:H7이 일으키는 급성 잘록창자 병. 심한 복통과 설사를 특징으로 한다. 처음에는 물 같은 설사를 하나 그 뒤에는 피 설사를 하며 때로는 구토를 일으킨다.

충치 세균(蟲齒細菌) cariogenic bacterium 충치를 일으키는 세균. 주된 세균은 사슬알세균과의 그람 양성 조건 무산소 세균인 사슬알세균 무탄스(*Streptococcus mutans*)이다.

취균강(聚菌綱) Glomeromycetes 진핵생물역(Eukaryota) 진균계(Fungi) 취균문(Glomeromycota)의 강.

취균문(聚菌門) Glomeromycota 진핵생물역(Eukaryota) 진균계(Fungi) 한 문.

츠츠가무시증 scrub typhus 세균역(Bacteria) 슈도모나스문(Pseudomonadota) 알파가변세균강(Alphaproteobacteria) 리케차목(Rickettsiales) 리케차과(Rickettsiaceae)의 그람음성 세균인 오리엔티아 츠츠가무시(*Orientia tsutsugamushi*)가 일으키는 발진티푸스의 한 형태. 증상은 두통, 발열, 근육 통증, 기침 따위이나 심한 경우 출혈과 핏줄 속의 응고를 일으킨다. 법정 제3군 감염병이다.

치사율(致死率) lethality rate 어떤 한 가열온도에서 죽은 미생물의 비율. 통조림 살균시간 계산에서는 기준온도(121.1도)에서 1분간 열처리하여 미생물을 완전히 죽였을 때 치사율 1.0(100%)으로 정하고 다른 온도에서 1분간의 치사 효과를 이른다. 치사율은 가열치사 시간 곡선에서 구하며 어떤 가열온도에서의 치사율은 $10^{(T-Tr)/z}$로 나타낸다. 여기에서 T는 온도, Tr은 기준온도, z는 제트 값이다.

칠면조 엑스병 Turkey X disease 1960년 영국에서 많은 칠면조를 죽인 병인을 알 수 없는 병. 그 뒤 브라질에서 수입한 땅콩 가루에 아스페르길루스 플라부스(*Aspergillus flavus*) 곰팡이가 오염되어 생성된 아플라톡신이 병의 원인임이 밝혀졌다.

ㅋ

카나가와 현상 Kanagawa phenomenon 열에 안정한 용혈소(hemolysin)를 생산하는 창자염비브리오세균(*Vibrio prarhaemolyticus*)이 고염 만니톨 배지(high-salt mannitol medium)에서 베타-용혈(beta-hemolysis)을 보이는 일.

카나마이신 kanamycin 스트렙토미세스 카나미세티쿠스(*Streptomyces kanamyceticus*)가 생산하는 아미노글리코사이드계의 항생 물질. 세균의 단백질 합성을 막는다. 심한 세균 감염이나 결핵 치료에 쓴다.

카나마이신 에이 kanamycin A 카나마이신.

카레니아 브레비스 *Karenia brevis* 진핵생물역(Eukaryota) 점액홀씨동물문(Myxozoa) 와편모조식물강(Dinophyceae) 김노디니늄목(Gymnodiniales) 카레니아과(Kareniaceae) 카레니아속(*Karenia*)의 단세포 광합성 생물. 멕시코만에서 발견되는 흔한 바다 와편모조류로 미국 플로리다와 텍사스 그리고 멕시코 연안의 적조(red tide)를 일으키는 원인 생물이다.

카르노세균과 Carnobacteriaceae 세균역(Bacteria) 막대세균문(Bacillota) 막대세균강(Bacilli) 젖산막대세균목(Lactobacillales)의 그람양성 젖산 세균 과.

카르노세균 디베르겐스 *Carnobacterium divergens* 세균역(Bacteria) 막대세균문(Bacillota) 막대세균강(Bacilli) 젖산막대세균목(Lactobacillales) 카르노세균과(Carnobacteriaceae) 카르노세균속(*Carnobacterium*)의 그람양성 막대 모양 무산소 젖산 세균. 이 속의 기준 종으로 헤테로젖산발효로 생성한 젖산을 더 대사하여 아세트산이나 폼산을 생성한다. 생장 온도 범위는 0~40도이며 저온 내성이 있다. 적정 피에이치 범위는 5.5~9이다. 우유 제품, 식육, 물고기, 새우, 물고기 창자에서 흔히 분리된다.

카르노세균 말타로마티쿰 *Carnobacterium maltaromaticum* 세균역(Bacteria) 막대세균문(Bacillota) 막대세균강(Bacilli) 젖산막대세균목(Lactobacillales) 카르노세균과(Carnobacteriaceae) 카르노세균속(*Carnobacterium*)의 그람양성 막대 모양 무산소 젖산 세균. 우유 제품, 식육, 새우, 물고기에서 분리된다. 식육이나 식육 제품을 녹변시키며 점성 물질을 생성하고 쉰내의 원인이기도 하다. 박테리오신을 생산한다. 미국 오리건주에서 컷트로트 송어(cutthroat trout, *Oncorhynchus clarkii*) 콩팥에서 분리하였다. 식품 가공에서 소시지 발효(발효 육 제조)에만 쓸 수 있다.

카르노세균 모빌레 *Carnobacterium mobile* 세균역(Bacteria) 막대세균문(Bacillota) 막대세균강(Bacilli) 젖산막대세균목(Lactobacillales) 카르노세균과(Carnobacteriaceae) 카르노세균속*Carnobacterium*)의 그람양성 세균. 방사선 처리한 닭고기에서 분리되었다.

카르노세균속 *Carnobacterium* 세균역(Bacteria) 막대세균문(Bacillota) 막대세균강(Bacilli) 젖산막대세균목(Lactobacillales) 카르노세균과(Carnobacteriaceae)의 그람양성 막대 모양 무산소 세균 속. 식품에서는 카르노세균 디베르겐스(*Carnobacterium divergens*)와 카르노세균 말타로마티쿰(*C. maltaromaticum*)의 두 종만이 분리된다.

카르노세균 피스시콜라 *Carnobacterium piscicola* '카르노세균 말타로마티쿰'(*Carnobacterium maltaromaticum*)을 달리 이르는 말.

카리오파논과 Caryophanaceae 세균역(Bacteria) 막대세균문(Bacillota) 막대세균강(Bacilli) 카리오파논목(Caryophanales)의 과.

카리오파논목 Caryophanales 세균역(Bacteria) 막대세균문(Bacillota) 막대세균강(Bacilli)의 목.

카바독스 carbadox 주로 돼지 이질 치료에 쓰는 약, 동물에게 발암성이 있어 캐나다, 유럽연합, 호주 등지에서는 사용을 금지하고 있다.

카벤다졸 carbendazole 카벤다짐.

카벤다짐 carbendazim 곡류와 귤, 바나나, 딸기, 파인애플, 배 따위 과일의 병 치료에 쓰는 침투성 살진균제. 식물에서 분해 속도는 늦으며 독성은 약하다.

카복시솜 carboxysome 광합성에서 암반응에 관여하는 리불로스-1,5-이인산카복실화효소/산소화효소(ribulose-1,5-bisphosphate caboxylase/oxygenase, EC 4,1,1,39)와 탄산무수화효소(EC 4.2.1.1)가 들어 있는 다면체 단백질 껍질로 된 세균의 작은 구획. 탄소를 농축, 고정하는 가변세균문 세균(황 산화 세균, 질산화 세균, 자색 세균 따위)과 남세균에서 발견된다.

카사미노산 casamino acid 카세인을 산 가수분해하여 얻는 펩타이드와 아미노산 혼합물. 미생물의 단백질 합성을 돕기 위하여 생장 배지 성분으로 쓴다. 자유 아미노산과 분자량이 극히 작은 펩타이드의 혼합물로 아미노산 공급원이다. 산 분해로 트립토판은 분해된다.

카오 chao '발효 두부'를 이르는 베트남어.

카우도바이러스강 Caudoviricetes 두플로드나바이러스역(Duplodnaviria) 흥공바이러스계(Heunggongvirae) 우로바이러스문(Uroviricota)의 강.

카우도바이러스목 Caudovirales 두플로드나바이러스역(Duplodnaviria) 흥공바이러스계(Heunggongvirae) 우로바이러스문(Uroviricota) 카우도바이러스강(Caudoviricetes)의 목.

카탈레이스시험 catalase test 세균의 카탈레이스 생성 여부를 보는 시험. 세균 확인에 중요한 기초 시험이다. 슬라이드에 3퍼센트 과산화수소 용액을 한 방울 떨어드리고 콜로니를 묻인 막대기 끝을 과산화수소 방울에 문질렀을 때 공기 방울이 발생하면 카탈레이스 양성이다.

카페테리아 균 cafeteria germ '클로스트리듐 퍼프린젠스'를 이르는 말.

카프노듐목 Capnodiales 진핵생물역(Eukaryota) 진균계(Fungi) 자낭균문(Ascomycota) 입술버섯강(Dothideomycetes)의 목.

카프레오마이신 capreomycin 약 저항성 결핵 치료에 쓰는 항생물질. 다른 항생물질과 조합하여 쓰는 이차 약이다. 스트렙토미세스 카프레올루스(*Streptomyces capreolus*)가 생산한다.

카피르 맥주 kaffir beer '수수 맥주'의 옛 이름. 영어 '카피르'는 검은 피부의 아프리카인을 이르는 말로 지금은 하나의 금기어이다.

칸디다 길리어몬디이 변종 니트라토필라 *Candida guilliermondii* var. *nitratophila* 토룰라.

칸디다 루고사 *Candida rugosa* 진핵생물역(Eukaryota) 진균계(Fungi) 자낭균문(Ascomycota) 사카로미세스강(Saccharomycetes) 사카로미세스목(Saccharomycetales) 사카로미세스과(Saccharomycetaceae) 칸디다속(*Candida*)의 효모. 산업용 라이페이스(lipase) 생산에 쓴다.

칸디다 리폴리티카 *Candida lipolytica* 진핵생물역(Eukaryota) 진균계(Fungi) 자낭균문(Ascomycota) 사카로미세스강(Saccharomycetes) 사카로미세스목(Saccharomycetales) 사카로미세스과(Saccharomycetaceae) 칸디다속(*Candida*)의 효모. 단세포 단백질 생산에 쓴다. 고기 변질을 일으킨다.

칸디다 발리다 *Candida valida* 진핵생물역(Eukaryota) 진균계(Fungi) 자낭균문(Ascomycota) 사카로미세스강(Saccharomycetes) 사카로미세스목(Saccharomycetales) 사카로미세스과(Saccharomycetaceae) 칸디다속(*Candida*)의 효모. 포도주를 변질시킨다.

칸디다속 *Candida* 진핵생물역(Eukaryota) 진균계(Fungi) 자낭균문(Ascomycota) 사카로미세스강(Saccharomycetes) 사카로미세스목(Saccharomycetales) 사카로미세스과(Saccharomycetaceae)의 효모속. 흙과 식물에서 발견된다. 일부는 발효식품 생산에 쓴다. 유사팡이실과 사이막이 있는 팡이실을 형성하기도 하며 종에 따라 특유의 형태를 하고 있다. 당류 발효성이 있으며 50퍼센트 포도당 첨가 배지에서 생육이 가능한 호삼투 종이나 액체배양에서 피막을 형성하는 골마지 효모도 있다. 일본 장유(shoyu) 숙성에서 주된 역할을 하는 칸디다 에첼시이(*C. etchellsii*)와 칸디다 베르사틸리스(*C. versatilis*), 포도주 발효에 관여하는 칸디다 스텔라타(*C. stellata*) 따위가 있다.

칸디다 스텔라타 *Candida stellata* 진핵생물역(Eukaryota) 진균계(Fungi) 자낭균문(Ascomycota) 사카로미세스강(Saccharomycetes) 사카로미세스목(Saccharomycetales) 사카로미세스과(Saccharomycetaceae) 칸디다속(*Candida*)의 효모. 전통 이탈리아 발삼식초 발효 때 발견되었다.

칸디다 알비칸스 *Candida albicans* 진핵생물역(Eukaryota) 진균계(Fungi) 자낭균문(Ascomycota) 사카로미세스강(Saccharomycetes) 사카로미세스목(Saccharomycetales) 사카로미세스과(Saccharomycetaceae) 칸디다속(*Candida*)의 효모. 생활환경이나 사람의 위창자관과 입에 항상 존재한다. 보통은 상생 생물이나 면역력이 떨어진 사람에게는 기회감염 효모이며 칸디다증(candidiasis)을 일으킨다.

칸디다 에첼시이 *Candida etchellsii* 진핵생물역(Eukaryota) 진균계(Fungi), 자낭균문(Ascomycota) 사카로미세스강(Saccharomycetes) 사카로미세스목(Saccharomycetales) 사카로미세스과(Saccharomycetaceae) 칸디다속(*Candida*)의 효모. 콩 소스의 방향 물질을 생산한다.

칸디다 우틸리스 *Candida utilis* '토룰라'(*Cyberlindnera jadinii*)의 옛 이름.

칸디다 제일라노이데스 *Candida zeylanoides* 진핵생물역(Eukaryota) 진균계(Fungi), 자낭균문(Ascomycota) 사카로미세스강(Saccharomycetes) 사카로미세스목(Saccharomycetales) 사카로미세스과(Saccharomycetaceae) 칸디다속(*Candida*)의 효모. 고기 변질을 일으킨다.

칸디다증 candidiasis 칸디다 알비칸스(*Candida albicans*) 감염으로 생기는 병. 칸디다속은 피부, 입, 목, 창자, 질에 정상으로 사는 효모이다. 어린아이 입안에 감염하면 염증이 생겨 혀에 흰 반점이 곳곳이 생기는 병을 흔히 아구창(thrush)이라고 한다.

칸디다 케피르 *Candida kefir* 진핵생물역(Eukaryota) 진균계(Fungi) 자낭균문(Ascomycota) 사카로미세스강(Saccharomycetes) 사카로미세스목(Saccharomycetales) 사카로미세스과(Saccharomycetaceae) 칸디다속(*Candida*)의 효모. 케피르 생산에 쓴다.

칸디다 트로피칼리스 *Candida tropicalis* 진핵생물역(Eukaryota) 진균계(Fungi) 자낭균문(Ascomycota) 사카로미세스강(Saccharomycetes) 사카로미세스목(Saccharomycetales) 사카로미세스과(Saccharomycetaceae) 칸디다속(*Candida*)의 효모. 단세포단백질 생산에 쓴다. 세포 지방질 함량이 높아 바이오디젤 생산에 쓰인다. 호중구감소증 숙주에서 흔한 병원체이다.

칸디다 파마타 *Candida famata* '데바리오미세스 한세니이'(*Debaryomyces hansenii*)의 옛 이름.

칼리시바이러스과 Caliciviridae 리보바이러스역(Riboviria) 오르토르나바이러스계(Orthornavirae) 피수바이러스문(Pisuviricota) 피소니바이러스강(Pisoniviricetes) 피코르나바이러스목(Picornavirales)의 과.

칼리시바이러스속 *Calicivirus* 리보바이러스역(Riboviria) 오르토르나바이러스계(Orthornavirae) 피수바이러스문(Pisuviricota) 피소니바이러스강(Pisoniviricetes) 피코르나바이러스목(Picornavirales) 칼리시바이러스과(Caliciviridae)의 한 가닥 아르엔에이바이러스 속. 급성 위창자염을 일으키는 노로바이러스 따위가 있다. 주로 똥-입 또는 호흡을 통하여 감염된다. 오염된 물과 조개류, 샐러드 따위를 통하여 감염된다. 사람에게는 위창자염을 일으키며 구토와 설사를 일으킨다. 증상은 감염 2일 뒤에 나타나며 증상은 3일 정도 계속되며 특별한 치료는 하지 않아도 되나, 면역 손상이 있는 사람은 수분 공급 치료를 받아야 한다.

캄 kahm 사워크라우트 따위의 발효식품 위에 생기는 흰 실 같은 자연 효모 층. 해는 없으나 피클에 나쁜 향미를 주므로 발효 때 수시로 없애야 한다. 캄을 일으키는 효모 속으로는 데바리오미세스(*Debaryomyces*), 미코데르마(*Mycoderma*)와 피키아(*Pichia*)가 있다.

캄피 세펙스 우무배지 Campy Cefex agar 캄필로박터속의 분리와 배양에 쓰는 선택배지.

캄필로박터 강화 액체배지 *Campylobacter* enrichment broth 식품에서 캄필로박터속의 분리와 선택을 위한 강화 배지. 보통배지에 말의 피를 첨가하고 선택제로 반코마이신, 폴리믹신 비(polymyxin B), 트라이메토프림(trimethoprim), 암포테리신 비(amphotericin B)를 첨가한다. 캄필로박터 제주니(*C. jejuni*)와 캄필로박터 콜리(*C. coli*)를 대상으로 할 때는 42도에서 1~2일간 저산소 배양한다.

캄필로박터과 Campylobacteraceae 세균역(Bacteria) 캄필로박터문(Campylobacterota) 캄필로박터강(Campylobacteria) 캄필로박터목(Campylobacterales)의 과.

캄필로박터목 Campylobacterales 세균역(Bacteria) 캄필로박터문(Campylobacterota) 캄필로박터강(Campylobacteria)의 목.

캄필로박터속 *Campylobacter* 세균역(Bacteria) 캄필로박터문(Campylobacterota) 캄필로박터강(Campylobacteria) 캄필로박터목(Campylobacterales) 캄필로박터과(Campylobacteraceae)의 그람음성 굽은 막대 모양의 세균 속. 낮은 산소 조건에서 자라며 사람과 동물의 생식기관과 소화기관에서 발견된다. 대부분 피에이치 5.0 이하와 피에이치 9.0 이상에서는 자라지 않으며 건조에 약하다. 기준 종인 캄필로박터 페투스(*C. fetus*)는 사람에 패혈증, 심내막염, 관절염, 수막염 따위를 일으킨다. 주요 음식매개병을 일으키는 병원체는 가열이 충분하지 않은 닭고기에서 흔히 나타나는 캄필로박터 제주니(*C. jejuni*)이다.

캄필로박터 음식매개병 *Campylobacter* foodborne illness 캄필로박터 제주니(*Campylobacter jejuni*)에 오염된 생 닭고기, 가열이 덜 된 닭고기 또는 조리 과정에서 이차 오염된 닭고기 따위를 먹어 일어나는 설사병. 그 밖에 해산물, 고기, 동물과의 접촉 또는 처리하지 않은 먹는 물 따위로도 감염된다. 주 증상은 물설사, 복통, 발열 그 밖에 두통, 오한, 권태감, 근육통 따위가 나타날 때도 있다. 이 세균은 저온 조건에서 비교적 장시간 생존하므로 냉장고에서 보존할 때는 주의하여야 한다. 조리 때 식품 중심부 온도 75도 이상에서 1분 이상 가열되면 죽는다.

캄필로박터 제주니 *Campylobacter jejuni* 세균역(Bacteria) 캄필로박터문(Campylobacterota) 캄필로박터강(Campylobacteria) 캄필로박터목(Campylobacterales) 캄필로박터과(Campylobacteraceae) 캄필로박터속(*Campylobacter*)의 그람음성 굽은 막대 미산소 세균. 가금에서 주로 발견되며 동물 똥에서도 발견된다. 세계적으로 사람에게 위창자염을 일으키는 가장 주된 세균이다. 이 균종은 포도당 인산화효소가 없으므로 당을 탄소 원으로 이용할 수 없으며 주로 세린, 아스파트산, 아스파라진과 글루탐산을 이용한다. 아미노산 탄소 원이 고갈되면 아세트산과 젖산을 탄소 원으로 이용한다.

캄필로박터증 campylobacteriosis 캄필로박터속(*Campylobacter*) 종의 감염으로 나타나는 병. 주로 캄필로박터 제주니(*Camohylobacter jejuni*)가 원인이며 음식매개병의 형태로 나타난다. 도살 때 동물 똥에 오염된 고기를 먹어 일어나며 설사, 복부 통증, 두통, 근육 통증, 구역질 따위가 동반된다. 인수공통감염병이나 캄필로박터 세균이 동물 병을 일으키는 경우는 매우 드물다.

캄필로박터 콜리 *Campylobacter coli* 세균역(Bacteria) 캄필로박터문(Campylobacterota) 캄필로박터강(Campylobacteria) 캄필로박터목(Campylobacterales) 캄필로박터과(Campylobacteraceae) 캄필로박터속(*Campylobacter*)의 그람음성 에스(S)모양 미산소 세균. 유럽연합에서 가장 흔한 음식매개병인 캄필로박터증을 일으킨다.

캄필로박터 페투스 *Campylobacter fetus* 세균역(Bacteria) 캄필로박터문(Campylobacterota) 캄필로박터강(Campylobacteria 캄필로박터목(Campylobacterales) 캄필로박터과(Campylobacteraceae) 캄필로박터속(*Campylobacter*)의 그람음성 막대 모양 세균. 주로 오염된 식품이나 물을 먹어 사람과 동물에 감염되며 사람에게 위창자염을 일으키고 되새김동물에게는 생식 이상을 일으킨다. 캄필로박터속의 기준 종이다.

캄 효모 kahm yeast 캄.

캐나다 위스키 Canadian whisky 캐나다에서 생산하는 위스키. 대부분 옥수수 증류주에 다른 곡류 증류주를 섞어 만들며 순하며 부드러운 향미를 가지고 있다. 호밀을 첨가하여 만든 위스키는 '호밀 위스키'라 하며 '캐나다 위스키'와 같은 뜻으로 쓴다. 알코올 함량은 40퍼센트 이상이고 캐러멜과 향료를 넣을 수도 있으며 숙성기간은 작은 오크 통(700리터 이하)에 넣어 삼 년 이상이다.

캐비테이터 Cavitator 속성 식초 발효 장치의 하나. 캐비테이터 장치로 발효액에 고주파를 발생하여 많은 물방울을 생성하여 공기와의 접촉을 크게 하여 아세트산을 빠르게 생성한다. 발효 초기에는 배치 배양으로 하고 발효가 안정 상태로 되면 원료 액을 일정량씩 추가하면서 연속발효한다.

캡 cap 적포도주의 주 발효에서 술덧 겉면에 뜨는 부유물. 알코올 발효가 왕성해지면 이산화탄소 발생량이 많아지면서 껍질과 그 밖의 고체 물질이 발효액 위로 떠 올라 마치 모자처럼 보이는 층이다. 그냥 두면 색소나 타닌의 추출이 불충분하게 되고 겉면에 산소 효모나 세균이 자라 포도주 질이 떨어지므로 정기적으로 층 아래에 있는 포도즙과 섞어주어야 한다.

캡소미어 capsomere 바이러스 캡시드를 이루는 단백질 소단위.

캡시드 capsid 핵산 또는 핵단백질 중심부를 둘러싸고 있는 바이러스 알갱이 바깥쪽의 단백질 껍질. 캡소미어로 이루어져 있다.

컨트리와인 country wine ① 프랑스의 포도주 국가 품질 수준이 식탁 포도주보다는 높고 고급 포도주보다는 낮은 포도주, ② 포도가 아닌 과일, 꽃 또는 허브로 만든 과일 술.

케모스타트 chemostat 새로운 배양액을 연속으로 첨가하고 반응이 끝난 배양액을 똑같은 속도로 제거하여 배양액 양을 일정하게 유지하는 연속배양 생물반응기. 미생물이 정상상태(steady state)에서 생장할 수 있는 조건을 갖춘 반응기이다.

케캅 kecap 검은콩을 발효하여 만드는 인도네시아의 콩 소스. 콩에 미생물을 자연 접종 또는 고지 곰팡이를 접종하여 곰팡이를 발육하고 소금물에 담아 숙성한다. 팜 설탕과 향신료를 넣어 만들어 맛이 달고 걸쭉하고 시럽처럼 끈적한 케캅 마니스(kecap manis)와 이보다 더 묽고 짠 케캅 아신(kecap asin)이 있다. 일본의 장유와 비슷한 제품이다.

케캅 이칸 kecap ikan 물고기를 발효한 인도네시아의 피시 소스.

코돈 codon 디엔에이에서 전사된 전령아르엔에이(mRNA)의 세 염기 조합, 세포에서 합성되는 아미노산의 종류를 결정하는 유전암호 단위이다.

코로나바이러스 coronavirus 리보바이러스역(Riboviria) 오르토르나바이러스계(Orthornavirae) 피수바이러스문(Pisuviricota) 니도바이러스목(Nidovirales) 코로나바이러스과(Coronaviridae)의 아르엔에이바이러스를 통틀어 이르는 말. 속으로는 알파코로나바이러스속, 베타코로나바이러스속, 감마코로나바이러스속과 델타코로나바이러스속이 있다. 양성외가닥 아르엔에이 유전체를 갖는 겉껍질 보유 바이러스로 젖먹이 동물과 새의 호흡기 감염을 일으킨다. 사람에게는 감기부터 치명적인 법정 제1급 감염병인 중증급성호흡기증후군(SARS)과 중동호흡기증후군(MERS) 그리고 코비드-19(COVID-19)의 병원체이다. 소와 돼지에는 설사를 일으키며 생쥐에는 간염과 뇌척수염을 일으킨다.

코로나바이러스과 Coronaviridae 리보바이러스역(Riboviria) 오르토나바이러스계(Orthornavirae) 피수바이러스문(Pisuviricota) 피소니바이러스강(Pisoniviricetes) 니도바이러스목(Nidovirales)의 한 과.

코로나바이러스속 *Coronavirus* 리보바이러스역(Riboviria) 오르토나바이러스계(Orthornavirae) 피수바이러스문(Pisuviricota) 피소니바이러스강(Pisoniviricetes) 니도바이러스목(Nidovirales) 코로나바이러스과(Coronaviridae)의 바이러스 속. 젖먹이동물과 조류에 감염하여 호흡기 질환을 일으킨다. 사람에게 감염되면 증상이 가벼울 때는 일반 감기 증상이지만, 심할 때는 사스, 메르스, 코비드-19 같은 중증 대유행병을 일으킨다.

코리네박테륨과 Corynebacteriaceae 코리네세균과.

코리네세균과 Corynebacteriaceae 세균역(Bacteria) 바퀴살세균문(Actinomycetota) 바퀴살세균강(Actinomycetia) 미코세균목(Mycobacteriales)의 한 과.

코리네세균 글로비포르메 *Corynebacterium globiforme* '아르트로박터 글로비포르미스'(*Arthrobacter globiformis*)의 옛 이름.

코리네세균 글루타미쿰 *Corynebacterium glutamicum* 세균역(Bacteria) 바퀴살세균문(Actinomycetota) 바퀴살세균강(Actinomycetia) 미코세균목(Mycobateiales) 코리네세균과(Corynebacteriaceae) 코리네세균속(*Corynebacterium*)의 그람양성 막대 모양 세균. 글루탐산과 라이신의 공업적 생산에 쓴다. 식품 가공에서 아미노산, 핵산과 당류 제조에만 쓸 수 있다.

코리네세균 레날레 *Corynebacterium renale* 세균역(Bacteria) 바퀴살세균문(Actinomycetota) 바퀴살세균강(Actinomycetia) 미코세균목(Mycobateiales) 코리네세균과(Corynebacteriaceae) 코리네세균속(*Corynebacterium*)의 그람양성 굽은 또는 곧은 막대 조건 무산소 세균. 소의 방광염과 깔때기콩팥염(pyelonephritis)을 일으킨다.

코리네세균속 *Corynebacterium* 세균역(Bacteria) 바퀴살세균문(Actinomycetota) 바퀴살세균강(Actinomycetia) 미코세균목(Mycobacteriales) 코리네세균과(Corynebacteriaceae)의 그람양성 막대 모양 산소 또는 조건 무산소 세균 속. 운동성이 없고 홀씨를 만들지 않는다. 흙과 남새 물질에 산다. 카탈레이스 양성이며 산화효소 음성이다. 사람에는 피부, 점막, 창자 안에 항상 존재한다. 이 속의 기준 종은 디프테리아세균이다. 글루탐산 생산에 쓰는 코리네세균 글루타미쿰(*C. glutamicum*), 코리네세균 암모니아게네스(*C. ammoniagenes*), 사람이나 가축에 대해서 병원성이 있는 디프테리아세균, 코리네세균 슈도투베쿨로시스(*C. pseudotuberculosis*), 코리네세균 레날레(*C. renale*), 코리네세균 시스티디스(*C. cystidis*) 따위가 있다.

코리네세균 슈도투베쿨로시스 *Corynebacterium pseudotuberculosis* 세균역(Bacteria) 바퀴살세균문(Actinomycetota) 바퀴살세균강(Actinomycetia) 미코세균목(Mycobacteriales) 코리네세균과(Corynebacteriaceae) 코리네세균속(*Corynebacterium*)의 그람양성 조건 무산소 세균. 되새김동물과 말의 병원체이다.

코리네세균 암모니아게네스 *Corynebacterium ammoniagenes* 세균역(Bacteria) 바퀴살세균문(Actinomycetota) 바퀴살세균강(Actinomycetia) 미코세균목(Mycobateiales) 코리네세균과(Corynebacteriaceae)의 그람양성 세균. 흙에 산다. 뉴클레오타이드, 뉴클레오사이드, 보조 효소 에이(A)의 생산에 쓴다. 식품 가공에서 아미노산, 핵산, 우유 가공품 제조에만 쓸 수 있다.

코리네형 coryneform 클럽(club) 모양.

코리네형 막대세균 coryneform rod 클럽(club) 모양의 막대 세균.

코마가타에이박터속 *Komagataeibacter* 세균역(Bacteria) 슈도모나스문(Pseudomonadota) 알파가변세균강(alphaproteobacteria) 로도스피릴룸목(Rhodospirillales) 아세토박터과(Acetobacteraceae)의 세균 속. 기준 종은 코마가타에이박터 자일리누스(*Komagataeibacter xylinus*)이다.

코마가타에이박터 자일리누스 *Komagataeibacter xylinus* 세균역(Bacteria) 슈도모나스문(Pseudomonadota) 알파가변세균강(Alphaproteobacteria) 로도스피릴룸목(Rhodospirillales) 아세토박터과(Acetobacteraceae) 코마가타에이박터속(*Komagataeibacter*)의 그람음성 산소 아세트산 세균. 생물 막을 만드는 세균 셀룰로스를 생산한다. 식품 가공에서 바이오셀룰로스 제조에만 쓸 수 있다.

코마가타에이박터 한세니이 *Komagataeibacter hansenii* 세균역(Bacteria) 슈도모나스문(Pseudomonadota) 알파가변세균강(alphaproteobacteria) 로도스피릴룸목(Rhodospirillales) 아세토박터과(Acetobacteraceae) 코마가타에이박터속(*Komagataeibacter*)의 그람음성 세균. 아세트산 세균의 한 종으로 세균 셀룰로스 생합성의 모델 세균이다. 식품 가공에서 식초제조에만 쓴다.

코마가타엘라 파피이 *Komagataella phaffii* 진핵생물역(Eukaryota) 진균계(Fungi) 자낭균문(Ascomycota) 사카로미세스강(Saccharomycetes) 사카로미세스목(Saccharomycetales) 파포미세타과(Phaffomycetaceae) 코마가타엘라속(*Komagataella*)의 효모. 메탄올을 유일한 탄소 원으로 하여 자라는 메틸 영양 효모이다. 산업에서 단백질 생산에 중요한 역할을 한다.

코마가테이박터 유로파에우스 *Komagataeibacter europaeus* 세균역(Bacteria) 슈도모나스문(Pseudomonadota) 알파가변세균강(alphaproteobacteria)

로도스피릴룸목(Rhodospirillales) 아세토 박터과(Acetobacteraceae) 코마가타에이박터속(*Komagataeibacter*)의 세균. 아세트산 세균의 한 종이다.

코마모나스과 Comamonadaceae 세균역(Bacteria) 슈도모나스문(Pseudomonadota) 베타가변세균강(Betaproteobacteria) 부르크홀데리아목(Burkholderiales)의 과.

코마모나스속 *Comamonas* 세균역(Bacteria) 슈도모나스문(Pseudomonadota) 베타가변세균강(Betaproteobacteria) 부르크홀데리아목(Burkholderiales) 코마모나스과(Comamonadaceae)의 그람음성 막대 모양 세균 속. 기준 종은 코마모나스 테리가나(*Comamonas terrigana*)이다.

코마모나스 아시도보란스 *Comamonas acidovorans* '델프티아 아시도보란스'(*Delftia acidovorans*)의 옛 이름.

코마모나스 테리가나 *Comamonas terrigana* 세균역(Bacteria) 슈도모나스문(Pseudomonadota) 베타가변세균강(Betaproteobacteria) 부르크홀데리아목(Burkholderiales) 코마모나스과(Comamonadaceae) 코마모나스속(*Comamonas*)의 그람음성 막대 모양 세균. 페놀을 분해하는 능력이 있다. 슬로바키아 흙에서 분리되었다.

코마모나스 테스토스테로니 *Comamonas testosteroni* 세균역(Bacteria) 슈도모나스문(Pseudomonadota) 베타가변세균강(Betaproteobacteria) 부르크홀데리아목(Burkholderiales) 코마모나스과(Comamonadaceae) 코마모나스속(*Comamonas*)의 그람음성 세균. 테스토스테론을 탄소 원으로 이용하며 에고스테롤과 에스트로젠도 분해한다.

코비드-19 COVID-19 제2형 중증급성호흡기증후군 코로나바이러스인 사스-코로나바이러스-2(SARS-CoV-2)가 일으키는 전염성 호흡기 감염병.

코사바이러스문 Cossaviricota 모노드나바이러스역(Monodnaviria) 쇼토쿠바이러스계(Shotokuvirae)의 문.

코쿠리아속 *Kocuria* 세균역(Bacteria) 바퀴살세균문(Actinomycetota) 바퀴살세균강(Actinomycetia) 작은알세균목(Micrococcales) 작은알세균과(Micrococcaceae)의 그람양성 산소 또는 조건 무산소 세균 속. 고라니와 순록의 젖에서 발견되었다. 세포는 알 모양으로 포도알세균속과 작은알세균속과 닮았으며 쌍, 사슬, 네 알, 여덟 알로 된 입방형으로 또는 불규칙한 덩어리로 존재한다. 매우 강한 세포벽을 가지고 있다. 사람 피부와 입안에서도 산다.

코페이 증류기 Coffey still 연속증류기.

콕사키바이러스 Coxsackie virus 리보바이러스역(Riboviria) 오르토나바이러스계(Orthornavirae) 피수바이러스문(Pisuviricota) 피소니바이러스강(Pisoniviricetes) 피코르나바이러스목(Picornavirales) 피코르나바이러스과(Picornaviridae) 창자바이러스속(*Enterovirus*)의 양성외가닥 아르엔에이바이러스. 미국 뉴욕주 콕사키 지역에서 소아마비와 같은 마비 환자의 똥에서 분리되었다. 병리학 성질에 따라 콕사키 에이(A)와 콕사키 비(B)의 두 군으로 나눈다. 주로 오염된 물을 통하여 감염되며 여름철에 주로 10살 아래 어린아이에게 흔하며 손, 발과 입에 물집과 같은 발진을 일으킨다.

콕시엘라 부르네티이 *Coxiella burnetii* 세균역(Bacteria) 슈도모나스문(Pseudomonadota) 감마가변세균강(Gammaproteobacteria) 레지오넬라목(Legionellales) 콕시엘라과(Coxiellaceae) 콕시엘라속(*Coxiella*)의 세균. 절대 세포 안 병원체로 감염된 양, 염소, 소 따위의 젖을 통하여 사람에게 감염되면 큐열(Q fever)을 일으킨다.

콕시엘라속 *Coxiella* 세균역(Bacteria) 슈도모나스문(Pseudomonadota) 감마가변세균강(Gammaproteobacteria) 레지오넬라목(Legionellales) 콕시엘라과(Coxiellaceae)의 그람음성 막대 모양 무산소 세균 속.

콜레라 cholera 콜레라세균(*Vibrio cholerae* O1과 O139)에 오염된 물이나 식품을 먹어 일어나는 급성 감염병. 창자 점막에서 수분이 대량 흘러나와 물 설사로 심한 탈수 현상이 나타나고 전해질을 잃게 된다. 법정 제2급 감염병이다.

콜레라 독소 cholera toxin 콜레라세균이 생성하는 열에 불안정한 창자 독소. 에이(A) 소단위 한 개와 비(B) 소단위 다섯 개로 된 육량체(hexamer) 단백질 복합체이다.

콜레라 비브리오 cholera vibrio 콜레라세균.

콜레라 빨강 반응 cholera red reaction 트립토판을 함유하는 펩톤 수에 콜레라세균을 배양하고 진한 황산을 가하면 붉은색을 띠는 반응. 콜레라세균은 배지의 질산염을 환원하여 아질산염을 생성하고 트립토판에서 생긴 인돌과 결합하여 나이트로소인돌이 되고 진한 황산과 반응하여 붉은색을 띤다.

콜레라세균 *Vibrio cholerae* 세균역(Bacteria) 슈도모나스문(Pseudomonadota) 감마가변세균강(Gammaproteobacteria) 비브리오목(Vibrionales) 비브리오과(Vibrionaceae) 비브리오속(Vibrio)의 그람 음성 쉼표 모양 조건 무산소 세균. 주로 하천과 하구에

분포한다. 콜레라세균 가운데 콜레라독소를 생성하는 균주는 혈청군 O1과 일부 O139이며 사람에게 콜레라를 일으킨다. 감염은 주로 오염된 물을 먹거나 감염된 사람의 똥으로 오염된 음식을 먹어 일어난다.

콜레토트리쿰글 로에스포리오이데스 *Colletotrichum gloesporioides* 진균계(Fungi) 자낭균문(Ascomycota) 구멍공버섯강(Sordariomycetes) 취균목(Glomerellales) 취균과(Glomerellaceae) 콜레토트리쿰속(*Colletotrichum*)의 곰팡이. 망고나 파파야 따위의 열대 과일에 탄저병을 일으킨다.

콜레토트리쿰 무사에 *Colletotrichum musae* 진핵생물역(Eukaryota) 진균계(Fungi) 자낭균문(Ascomycota) 구멍공버섯강(Sordariomycetes) 취균목(Glomerellales) 취균과(Glomerellaceae) 콜레토트리쿰속(*Colletotrichum*)의 곰팡이. 바나나에 탄저병과 썩음병(crown rot)을 일으킨다.

콜레토트리쿰속 *Colletotrichum* 진핵생물역(Eukaryota) 진균계(Fungi) 자낭균문(Ascomycota) 구멍공버섯강(Sordariomycetes) 취균목(Glomerellales) 취균과(Glomerellaceae)의 곰팡이. 일부 종은 식물 병원체이다.

콜로니 colony 배지에서 한 개의 진균이나 세균의 홀씨 또는 세포가 자란 집단.

콜로니 계수 colony counting 배지에 나타난 미생물 콜로니 수를 세는 일.

콜로니 계수기 colony counter 배지에 나타난 콜로니 수를 세는 데 쓰는 도구. 페트리접시 전체를 볼 수 있는 확대경과 계수기가 붙어 있다. 컴퓨터와 연동된 자동 콜로니 계수기도 있다.

콜로니 잡종화 colony hybridization 플라스미드를 벡터로 하여 특정 유전자를 클로닝 할 때 목적하는 유전자를 가지고 있는 플라스미드가 성공적으로 세포 안으로 들어간 세균 개체(콜로니)를 찾아내는 방법.

콜로니 형성 colonization 미생물이 영양 배지, 겉면, 세포에 착생하여 콜로니를 만듦.

콜로니 형성 단위 colony-forming unit, CFU 배지에 미생물이 자라 형성한 콜로니 개체. 평판 생균 수 측정법으로 생균 수를 측정할 때 평판 위에 형성된 콜로니 수를 나타내는 단위이다. 이 방법에서는 일반적으로 하나의 세포가 증식하여 하나의 콜로니를 형성한다고 가정한다.

콜로니 형성 인자 colonization factor 병원체의 콜로니 생성을 돕는 발병력 인자. 부착소, 필리 따위를 포함한다.

콜리신 colicin 대장균이 생산하는 박테리오신. 다른 세균을 죽이거나 생장을 억제한다.

콜리파지 coliphage 대장균군을 숙주로 하는 파지.

콩꼬투리버섯목 Xylariales 진핵생물역(Eukaryota) 진균계(Fungi) 자낭균문(Ascomycota)의 목.

쿠닝하멜라속 *Cunninghamella* 진핵생물역(Eukaryota) 진균계(Fungi) 털곰팡이문(Mucoromycota) 털곰팡이강(Mucoromycetes) 털곰팡이목(Mucorales) 쿠닝하멜라과(Cunninghamellaceae)의 곰팡이 속. 썩어 가는 식물, 흙과 똥의 부생자 또는 식물 또는 동물의 기생 생물 또는 병원체이다.

쿠닝하멜라 에키눌라타 *Cunninghamella echinulata* 진핵생물역(Eukaryota) 진균계(Fungi) 털곰팡이문(Mucoromycota) 털곰팡이강(Mucoromycetes) 털곰팡이목(Mucorales) 쿠닝하멜라과(*Cunninghamellaceae*) 쿠닝하멜라속(*Cunninghamella*)의 곰팡이. 감마-리놀렌산의 생산에 쓴다.

쿠르불라리아 루나타 *Curvularia lunata* 진핵생물역(Eukaryota) 진균계(Fungi) 자낭균문(Ascomycota) 입술버섯강(Dothideomycetes) 플레오스포라목(*Pleosporales*) 플레오스포라과(Pleosporaceae) 쿠르불라리속(*Curvularia*)의 곰팡이. 저장 곡물(수수, 옥수수, 쌀, 밀 따위)의 변질을 일으킨다.

쿠르불라리아속 *Curvularia* 진핵생물역(Eukaryota) 진균계(Fungi) 자낭균문(Ascomycota) 입술버섯강(Dothideomycetes) 플레오스포라목(Pleosporales) 플레오스포라과(Pleosporaceae)의 진균 속. 주로 열대 지역 흙과 식물 겉면에서 발견된다. 기준 종은 쿠르불라리아 루나타(*Curvularia lunata*)이다.

쿠르토세균 플락쿰파시엔스 병원형 플락쿰파시엔스 *Curtobacterium flaccumfaciens* pv. *flaccumfaciens* 세균역(Bacteria) 바퀴살세균문(Actinomycetoda) 바퀴살세균강(Actinomycetia) 작은알세균목(Micrococcales) 작은세균과(Microbacteriaceae)의 그람음성 세균. 불규칙한 막대 모양으로 옆에 편모가 있고 산소 환경에서 살 수 있으며 카탈레이스를 가지고 있다. 박과(Cucurbitaceae)와 가짓과(Solanaceae) 식물의 시듦병을 일으킨다.

쿠르티아속 *Kurthia* 세균역(Bacteria) 막대세균문(Bacillota) 막대세균강(Bacilli) 막대세균목(Bacillales) 플라노알세균과(Planococcaceae)의 그람양성 막대 모양 절대 산소 세균 속. 설사 시료에서 분리되었으나 병원성은 알려지지 않았다. 고기, 우유와 흙에서 발견된다.

쿠르티아 좁피이 *Kurthia zopfii* 세균역(Bacteria) 막대세균문(Bacillota) 막대세균강(Bacilli) 막대세균목

(Bacillales) 플라노알세균과(Planococcaceae) 쿠르티아속(*Kurthia*)의 세균. 고기와 고기 제품의 변질을 일으킨다.

쿠메르마이신 항생물질 coumermycine antibiotic 세균의 세포 분열에 관여하는 디엔에이 기레이스(DNA gyrase, EC 5.99.1.3)를 억제하는 아미노쿠마린 항생물질. 쿠메르마이신 에이원(A1), 스트렙토미세스 니베우스(*Streptomyces niveus*)가 생산하는 노보바이오신(novobiocin) 따위가 있다.

쿠미스 kumiss 말젖을 젖산 세균으로 발효하고 다시 효모로 알코올 발효하여 만든 술. 케피르와 비슷한 젖 제품이나 쿠미스는 액체 스터터 배양액을 쓰는 반면 케피르는 고체 케피르 알갱이를 쓰는 점이 다르다. 말젖은 우유나 염소젖보다 당이 많으므로 알코올 함량은 케피르보다 높다. 저온 살균하지 않은 생 젖을 저어 주면서 27도 정도에서 2~5시간 발효한다. 발효하는 동안 젖산 막대 세균은 젖산을 생성하며 효모는 당을 이산화탄소와 알코올로 전환한다. 성분은 알코올 0.7~2.5퍼센트, 젖산 0.7~1.8퍼센트, 이산화탄소 0.5~0.88퍼센트이다. 몽골, 시베리아, 중앙아시아, 남부 러시아 등지에서 음료로 먹는다.

쿠스터스 효과 Custers effect 음 파스퇴르효과,

퀀 Quorn 푸사륨 베베나툼(*Fusarium venenatum*)에서 얻는 조직 곰팡이 단백질의 상품명. 고기 대용으로 쓴다. 단백질과 섬유소 함량이 많고 열량과 포화지방산 함량이 적다.

퀴놀론 항생물질 quinolone antibiotic 4-퀴놀론과 관련한 두 고리 구조를 가진 살세균제. 사람과 동물의 세균감염 치료에 쓴다. 널리 쓰는 것은 구조에 플루오린을 가지고 있는 플루오로퀴놀론(fluoroquinolone)으로 그람양성과 그람음성 세균에 작용한다. 플루오로퀴놀론 항생물질의 대표적인 것은 시프로플록사신(ciprofloxacin)으로 뼈와 관절 감염, 호흡기 감염, 피부 감염, 요로감염 따위에 쓴다.

크래브트리 효과 Crabtree effect 효모가 포도당 농도가 높을 때 산소 조건에서 구연산회로를 통한 에너지 생산보다 에탄올을 생산하는 현상. 포도당 농도가 높으면 해당이 촉진되어 기질 수준의 인산화로 적절한 양의 에이피피(ATP)를 생산하므로 이에 따라 구연산회로를 통한 전자전달계통의 산화 인산화는 줄어들게 된다. 포도당 농도가 높을 때 산소 소비량이 주는 현상은 사카로미세스, 쉬조사카로미세스(*Schizosaccharomyces*), 데바리오미세스(*Debariomyces*), 브레타노미세스(*Bretanomyces*), 토룰룹시스(*Toluopsis*), 네마토스포라(*Nematospora*) 따위의 효모 속에서도 볼 수 있다.

크렌고균목 Crenarchaeota 열프로테오문(Thermoproteota).

크로노박터 사카자키이 *Cronobacter sakazakii* 세균역(Bacteria) 슈도모나스문(Pseudomonadota) 감마가변세균강(Gammaproteobacteria) 엔테로박터목(Enterobacterales) 창자세균과(Enterobacteriaceae) 크로노박터속(*Cronobacter*)의 그람음성 막대 모양 세균. 매우 건조한 장소에서 자란다. 신생아나 젖먹이에게 균혈증, 세균성 수막염, 괴사성 장염 따위를 일으키며 성인은 무증상감염이 많으며 기회감염 세균이다.

크로노박터속 *Cronobacter* 세균역(Bacteria) 슈도모나스문(Pseudomonadota) 감마가변세균강(Gammaproteobacteria) 엔테로박터목(Enterobacterales) 창자세균과(Enterobacteriaceae)의 그람음성 막대 모양 조건 무산소 세균 속. 당에서 산을 생성하며 질산염을 환원한다. 우무배지에서 노란 콜로니를 형성한다. 매우 건조된 환경에서 생장할 수 있으며 유아용 조제분유, 녹차, 녹말 따위의 건조식품에서 분리된다. 자연에 널리 분포한다. 기준 종은 크로노박터 사카자키이(*Cronobacter sakazakii*)이다.

크로마튬과 Chromatiaceae 세균역(Bacteria) 슈도모나스문(Pseudomonadota) 감마가변세균강(Gammaproteobacteria) 크로마튬목(Chromatiales)의 과. 자색 세균의 두 과 가운데 하나이다. 다른 하나는 엑토싸이오로도스피라과(Ectothiorhodospiraceae)이다. 세포 안에 작은 황 덩어리를 생산하고 이를 황산염으로 전환하여 저장한다.

크로마튬목 Chromatiales 세균역(Bacteria) 슈도모나스문(Pseudomonadota) 감마가변세균강(Gammaproteobacteria)의 목.

크로마튬속 *Chromatium* 세균역(Bacteria) 슈도모나스문(Pseudomonadota) 감마가변세균강(Gammaproteobacteria) 크로마튬목(Chromatiales) 크로마튬과(Chromatiaceae)의 그람음성 굽은 또는 곧은 막대 모양 조건 무산소 세균 속. 광 독립영양 세균으로 설파이드(sulfide)를 황으로 산화하여 세포 안에 작은 덩어리로 저장한다. 흙과 물에서 발견된다.

크로모박테륨속 *Chromobacterium* 크로모세균속.

크로모세균 비올라세움 *Chromobacterium violaceum* 세균역(Bacteria) 슈도모나스문(Pseudomonadota) 베타가변세균강(Betaproteobacteria) 네이세리아목(Neisseriales) 네이세리아과(Neisseriaceae) 크로모세균속(Chromobacterium)의 그람음성 둥근 짧은 막

대 조건 무산소 세균. 열대와 아열대 지역의 흙과 물에 산다. 바이올라세인(violacein)을 생산하여 고체배지에서 어두운 보라색의 금속성 광택을 내는 콜로니를 만든다. 포도당, 트레할로스, 글루콘산과 엔-아세틸글루코사민을 발효한다.

크로모세균속 *Chromobacterium* 세균역(Bacteria) 슈도모나스문(Pseudomonadota) 베타가변세균강(Betaproteobacteria) 네이세리아목(Neisseriales) 네이세리아과(Neisseriaceae)의 그람음성 막대 모양 조건 무산소 세균 속.

크로미스타계 Chromista 진핵생물역(Eukaryota)의 새로운 계. 다계성(polyphyletic) 생물계로서 단세포와 다세포로 된 생물 종으로 광합성 기관(플라스티드)을 가지고 있는 생물이다. 플라스티드에 엽록소 시(*c*)가 있고 플라스티드는 네 개의 막으로 둘러싸인 모든 진핵생물을 포함한다. 바닷말, 감자 역병곰팡이, 물곰팡이, 와편모조류 따위가 있다.

크리세오세균 발루스티눔 *Chryseobacterium balustinum* 세균역(Bacteria) 박테로이데테스문(Bacteroidota) 플라보세균강(Flavobacteriia) 플라보세균목(Flavobacteriales) 위크셀라과(Weeksellaceae) 크리세오세균속(*Chryseobacterium*)의 그람음성 막대 모양 세균. 스위스 로잔의 물고기 피에서 분리한 세균이다.

크리소스포륨속 *Chrysosporium* 진핵생물역(Eukaryota) 진균계(Fungi) 자낭균문(Ascomycota) 분가지버섯강(Eurotiomycetes) 오니게나목(Onygenales) 오니게나과(Onygenaceae)의 곰팡이 속.

크리소스포륨 판노룸 *Chrysosporium pannorum* 게오미세스 판노룸(*Geomyces pannorum*)의 옛 이름.

크립토콕쿠스 가티이 *Cryptococcus gattii* 진핵생물역(Eukaryota) 진균계(Fungi) 담자균문(Basidiomycota) 흰목이강(Tremellomycetes) 흰목이목(Tremellales) 크립토콕쿠스과(Cryptococcaceae) 크립토콕쿠스속(*Cryptococcus*)의 효모. 열대와 아열대 지역에서 발견되는 피막으로 둘러싸인 효모이다. 사람의 허파 크립토콕쿠스증(cryptococcosis), 수막염 따위를 일으킨다. 공공 피부, 림프절, 물렁조직, 뼈와 관절 감염과도 관련이 있다. 개, 돌고래 따위의 동물도 감염된다. 감염은 효모 또는 홀씨를 들이마셔서 일어난다. 사람에서 사람으로 또는 동물에서 사람으로는 전달되지 않는다.

크립토콕쿠스과 Cryptococcaceae 진핵생물역(Eukaryota) 진균계(Fungi) 담자균문(Basidiomycota) 흰목이강(Tremellomycetes) 흰목이목(Tremellales)의 과.

크립토콕쿠스 네오포르만스 *Cryptococcus neoformans* 진핵생물역(Eukaryota) 진균계(Fungi) 담자균문(Basidiomycota) 흰목이강(Tremellomycetes) 흰목이목(Tremellales) 크립토콕쿠스과(Cryptococcaceae) 크립토콕쿠스속(*Cryptococcus*)의 절대 산소 효모. 고기와 고기 제품의 변질을 일으킬 수 있으며, 면역력이 떨어진 사람에게 병원체이다.

크립토콕쿠스속 *Cryptococcus* 진핵생물역(Eukaryota) 진균계(Fungi) 담자균문(Basidiomycota) 흰목이강(Tremellomycetes) 흰목이목(Tremellales) 크립토콕쿠스과(Cryptococcaceae)의 효모 속. 세포는 주로 둥근형 또는 달걀형이며 출아로 증식하고 유사팡이실과 진짜 팡이실을 형성하기도 한다. 콜로니는 균종에 따라서 흰색, 크림색, 붉은색, 노란색, 또는 갈색을 띤다. 디-글루쿠론산염을 이용하고 대부분은 세포 안에 녹말을 합성하며 녹말을 합성하지 않는 균종은 이노시톨을 이용하는 것이 로도토룰라속(*Rhodotorula*)의 균종과 구별되는 점이다. 크립토콕쿠스 네오포르만스(*C. neoformans*)와 크립토콕쿠스 가티이(*C. gattii*)는 크립토콕쿠스증(cryptococcosis)을 일으킨다. 공기나 흙 따위에 존재하고 어묵 따위의 겉면에 점성 콜로니를 형성한다.

크립토콕쿠스 우틸리스 *Cryptococcus utilis* 토룰라.

크립토콕쿠스증 cryptococcosis 크립토콕쿠스 네오포르만스(*Cryptococcus neoformans*)와 크립토콕쿠스 가티이(*C. gattii*) 효모가 뇌 또는 허파에 감염하여 일으키는 병. 이들 효모는 흙, 썩은 나무, 비둘기 똥 따위에서 발견되며 효모 홀씨를 공기를 통하여 흡입하여 감염된다. 허파에 감염되면 폐렴을, 뇌에 감염되면 수막염을 일으킨다.

크바스 kvass 호밀빵 또는 호밀가루를 호밀 엿기름으로 당화하고 효모로 발효한 음료. 상업적으로는 혼합곡류의 농축 담금 액을 발효하여 만든다. 알코올 함량은 0.5~1.0퍼센트로 낮으며 달고 신 맛이 있다. 물열매, 과일, 허브 또는 꿀로 향미를 주기도 한다. 러시아, 우크라이나, 폴란드, 발칸 국가, 핀란드 등지에서 즐겨 먹는다.

큰갓버섯 parasol mushroom, *Macrolepiota procera* 진핵생물역(Eukaryota) 진균계(Fungi) 담자균문(Basidiomycota) 주름버섯강(Agaricomycetes) 주름버섯목(Agaricales) 주름버섯과(Agaricaceae) 큰갓버섯속(*Macrolepiota*)의 먹는 버섯. 갓은 지름 8~20센티미터로 편평하며 가운데가 조금 봉긋한데 연한 갈색으로 크고 자루가 긴 우산 모양이다. 여름부터 가을까지 숲속, 대나무밭, 풀밭의 땅에서 한 개씩 자란다. 전 세계에 분포한다.

큰느타리 king oyster mushroom, *Pleurotus eryngii* 진핵생물역(Eukaryota) 진균계(Fungi) 담자균문(Basidiomycota) 주름버섯강(Agaricomycetes) 주름버섯목(Agaricales) 느타릿과(Pleurotaceae) 느타리속(*Pleurotus*)의 먹는 버섯. 갓은 지름 5~10센티미터로 편평하고 가장자리가 톱니 모양이며 어두운 흰색이다. 늦여름에서 가을 사이에 숲속 땅 또는 마른 풀밭에 홀로 또는 모여 난다. 시판하는 것은 큰느타리를 품종 개량한 것으로 새송이라고 한다. 한국, 일본, 중국, 유럽 등지에 분포한다.

큰전나무버섯 swollen-stalked cat, *Catathelasma ventricosum* 진핵생물역(Eukaryota) 진균계(Fungi) 담자균문(Basidiomycota) 주름버섯강(Agaricomycetes) 주름버섯목(Agaricales) 송이과(Tricholomataceae) 전나무버섯속(*Catathelasma*)의 버섯. 갓은 지름 8~25센티미터로 편평하며 옅은 잿빛 갈색이다. 여름에서 가을에 전나무 숲 땅 위에서 난다. 한국, 일본, 중국, 북아메리카에 분포한다.

큰 포식 세포 macrophage 체내 방어 메커니즘에 관여하여 면역 담당 세포의 하나. 동물 조직 안에 퍼져 있는 아메바 모양의 핵을 지닌 세포로 생체에 침입한 세균, 바이러스, 손상 세포, 이물질 따위를 잡아서 소화하는 포식작용을 한다. 비특이 방어 메커니즘(선천 면역)뿐만 아니라 림프구와 같은 다른 면역세포와 상호작용을 통하여 특이 방어 메커니즘(적응 면역)을 시작하는 데도 중요한 역할을 한다. 간의 쿠퍼 세포(Kuffer cell), 허파의 허파꽈리 큰포식세포(alveolar macrophage), 콩팥의 혈관사이세포(mesangial cell), 중심신경계통의 미세아교세포(microglial cell), 뼈의 파골세포 따위이다.

클라도스포륨속 *Cladosporium* 진핵생물역(Eukaryota) 진균계(Fungi) 자낭균문(Ascomycota) 입술버섯강(Dothideomycetes) 카프노듐목(Capnodiales) 다비디엘라과(Davidiellaceae)의 곰팡이 속. 흙, 과일과 남새에서 발견된다. 사이막이 있는 팡이실과 분생홀씨를 형성한다. 아스페르길루스속(*Aspergillus*)이나 푸른곰팡이속(*Penicillium*)과는 달리 팡이실은 짙은 초록색을 띤다. 공기에 있는 곰팡이 홀씨 가운데 가장 많고 미생물을 배양할 때 오염을 일으키는 대표적인 곰팡이이다. 클라도스포륨 쿠쿠메리눔(*Cladosporium cucumerinum*)은 오이의 병원체이며 클라도스포륨 알리이-세파에(*C. allii-cepae*)는 파의 병원체이다.

클라도스포륨 알리이세파에 *Cladosporium allii-cepae* 진핵생물역(Eukaryota) 진균계(Fungi) 자낭균문(Ascomycota) 입술버섯강(Dothideomycetes) 카프노듐목(Capnodiales) 다비디엘라과(Davidiellaceae) 클라도스포륨속(*Cladosporium*)의 곰팡이. 식물 병원체로 파의 누른무늬병(leaf blotch)을 일으킨다.

클라도스포륨 쿠쿠메리눔 *Cladosporium cucumerinum* 진핵생물역(Eukaryota) 진균계(Fungi) 자낭균문(Ascomycota) 입술버섯강(Dothideomycetes) 카프노듐목(Capnodiales) 다비디엘라과(Davidiellaceae) 클라도스포륨속(*Cladosporium*)의 곰팡이. 식물 병원체로 오이의 반점병(scab)을 일으킨다.

클라도스포륨 헤르바룸 *Cladosporium herbarum* 진핵생물역(Eukaryota) 진균계(Fungi) 자낭균문(Ascomycota) 입술버섯강(Dothideomycetes) 카프노듐목(Capnodiales) 다비디엘라과(Davidiellaceae) 클라도스포륨속(*Cladosporium*)의 곰팡이. 냉장고기, 버터, 마가린, 달걀, 포도, 핵과 따위의 변질에 관여한다.

클라비셉스속 *Claviceps* 맥각곰팡이속.

클라크-럽 배지 Clark-Lub medium 미생물의 메틸레드(methyl red) 시험에 쓰는 배지.

클럽 곰팡이 club fungus 담자균문(Basidomycota)의 곰팡이. 땅, 썩는 식물(낙엽 따위) 또는 죽은 나무 위에 곧게 솟은 또는 가지가 있는 담자과(basidiocarp)가 특징이다. 말불버섯, 선반 버섯(shelf fungus), 식물 녹병균(rust fungus), 깜부기 병균 따위가 있다.

클레브시엘라 뉴모니아에 *Klebsiella pneumoniae* 폐렴 세균.

클레브시엘라속 *Klebsiella* 세균역(Bacteria) 슈도모나스문(Pseudomonadota) 감마가변세균강(Gammaproteobacteria) 창자세균목(Enterobacterales) 창자세균과(Enterobacteriaceae)의 그람음성 막대 모양 조건 무산소 세균 속. 사람과 동물의 창자관, 숨길, 흙, 우유 제품, 날 조개, 신선한 남새, 곤충 따위에서 발견된다. 구연산과 포도당을 탄소 원으로, 암모니아를 질소원으로 하여 자란다. 세포 겉면이 지방질다당류(lipopolysaccharide)로 된 오(O)항원과 다당류 캡슐로 된 케이(K) 항원의 두 형이 있다. 폐렴, 요로감염, 폐혈증, 구막염, 설사 따위를 일으킨다.

클레브시엘라 옥시토카 *Klebsiella oxytoca* 세균역(Bacteria) 슈도모나스문(Pseudomonadota) 감마가변세균강(Gammaproteobacteria) 엔테로박터목(Enterobacterales) 창자세균과(Enterobacteriaceae)의 그람음성 막대 모양 세균. 신 우유에서 처음 분리되었다. 질소 영양생물로 공기 질소를 고정하여 숙주에게 제공한다. 항생물질 저항성이 있으며 주로 면역력이 떨어진 사람에게 폐렴, 창자염 따위의 감염증을 일으킨다.

클로라민 chloramine ClH_2N. 암모니아의 수소 원자가 염소 원자로 바뀐 화합물. 천천히 분해하여 염소를 내놓는 미생물 억제 화합물로 물 처리에 쓴다.

클로라민 티 chloramine T 살균제 또는 소독제로 쓰는 유기 클로라민. 식품 산업에서는 가공 전에 기기를 소독하는 데 널리 쓴다.

클로람페니콜 chloramphenicol 여러 세균 감염치료에 쓰는 합성 광범위 항생물질. 그람양성, 그람음성과 무산소 세균에 작용하여 단백질 합성을 억제한다. 세균성 눈 결막염, 바깥귀길염, 수막염, 페스트(흑사병), 콜레라, 장티푸스 따위의 치료에 쓴다. 유전 독성이 있으며 유럽연합과 미국에서는 식품을 생산하는 동물에는 사용이 금지되어 있다. 처음에는 스트렙토미세스 베네주엘라에(*Streptomyces venezuelae*) 세균에서 분리되었으나 골수 독성 따위의 부작용이 있다.

클로렐라 chlorella 민물 말무리의 단세포 생물. 엽록소로 광합성을 하며 공기 질소를 흡수하여 단백질을 합성하므로 식품, 사료로 쓴다.

클로로탈로닐 chlorothalonil 비침투성 광범위 살진균제. 목재 보호, 살충제, 진드기살충제로도 쓰며 곰팡이, 세균과 말무리 방제에도 쓴다. 주로 땅콩, 감자, 토마토 따위에 많이 쓴다.

클로르테트라사이클린 chlortetracycline 테트라사이클린 광범위 항생물질. 사람의 알레르기 피부염, 고양이, 개와 말의 결막염, 소, 양과 돼지의 감염 상처 치료, 돼지와 닭의 호흡기 감염 치료에 쓴다.

클로르헥시딘 글루콘산염액 chlorhexidine gluconate solution 피부나 입안의 미생물을 줄이는 데 쓰는 소독 살균제.

클로삭실린 cloxacillin 반 합성 페니실린 항생물질. 포도알 세균으로 생기는 소의 유방염을 치료하는 데 쓴다. 약의 처리 후 5일이 지나면 우유에서는 검출되지 않는다.

클로스트리듐강 Clostridia 세균역(Bacteria) 막대세균문(Bacillota)의 강.

클로스트리듐과 Clostridiaceae 세균역(Bacteria) 막대세균문(Bacillota) 클로스트리듐강(Clostridia) 진정세균목(Eubacteriales)의 한 과.

클로스트리듐목 Clostridiales 세균역(Bacteria) 막대세균문(Bacillota) 클로스트리듐강(Clostridia)의 목.

클로스트리듐무리 *Clostridium* cluster 사람 창자 세균무리에서 주된 역할을 하는 클로스트리듐 XIVa와 IV 그룹을 이르는 말. 전체 세균의 10~40퍼센트를 차지한다. 클로스트리듐 XIVa는 세균역(Bacteria) 후벽균문(Fumicutes) 클로스트리듐강(Clostridia) 클로스트리듐목(Clostridiales) 라크노스피라과(*Lachnospiraceae*)의 클로스트리듐속(*Clostridium*), 무산소콜룸나속(*Anaerocolumna*), 코프로알세균속(*Ccprococcus*), 파에칼리카테나속(*Faecalicatena*), 훈가텔라속(Hungatella) 따위로 재분류되었다. 클로스트리듐 IV는 세균역(Bacteria) 후벽균문(Fumicutes) 클로스트리듐강(Clostridia) 클로스트리듐목(Clostridiales) 루미노알세균과(Ruminococcaceae)의 진정세균속(*Eubacterium*), 루미노알세균속(*Ruminococcus*), 파에칼리세균속(*Faecalibacterium*), 오실리박터속(*Oscillibacter*) 따위로 재분류되었다.

클로스트리듐 보툴리눔 *Clostridium botulinum* 보툴리눔 세균.

클로스트리듐 뷰티리쿰 미야이리 *Clostridium butyricum* Miyairi 세균역(Bacteria) 막대세균문(Bacillota) 클로스트리듐강(Clostridia) 진정세균목(Eubacteriales) 라크노스피라과(Lachnospiraceae) 클로스트리듐속(*Clostridium*)의 그람양성 막대 모양 절대 무산소 세균. 1933년 일본 미야이리(Chikaji Miyairi) 박사가 똥에서 분리한 균종이다. 클로스트리듐속의 기준 종이며 흙에서 발견된다. 뷰티르산 발효를 하고 프로바이오틱으로 이용한다. 식품 가공에서 원료로 쓸 수 있다.

클로스트리듐 셀로비오파름 *Clostridium cellobioparm* '루미니클로스트리듐 셀로비오파름'(*Ruminiclostridium cellobioparum*)의 옛 이름.

클로스트리듐속 *Clostridium* 세균역(Bacteria) 막대세균문(Bacillota) 클로스트리듐강(Clostridia) 진정세균목(Eubacteriales) 라크노스피라과(Lachnospiraceae)의 그람양성, 내생 홀씨를 만드는 막대 모양 무산소 세균 속. 흙, 사람과 동물의 창자에서 발견된다. 클로스트리듐 보툴리눔(*Clostridium botulinum*)은 보툴리눔 중독, 클로스트리듐 테티니(*C. tetani*)는 과 파상풍, 클로스트리듐 퍼프린센스(*C. perfringence*)는 음식중독, 연조직염(cellulitus), 근막염 따위를 일으킨다. 병원성 세균인 클로스트리듐 보툴리눔, 클로스트리듐 퍼프린젠스 따위는 통조림 살균의 지표 세균으로 이용한다.

클로스트리듐 스포로게네스 *Clostridium sporogenes* 세균역(Bacteria) 막대세균문(Bacillota) 클로스트리듐강(Clostridia) 진정세균목(Eubacteriales) 라크노

스피라과(Lachnospiraceae) 클로스트리듐속(*Clostridium*)의 그람양성 막대 모양 무산소 세균. 흙에서 발견되며 보툴리눔 독소를 생산하지 않는다. 사람 창자관에서 트립토판을 이용하여 인돌을 거쳐 3-인돌프로피온산을 합성한다.

클로스트리듐 아세토뷰티리쿰 *Clostridium acetobutyricum* 세균역(Bacteria) 막대세균문(Bacillota) 클로스트리듐강(Clostridia) 진정세균목(Eubacteriales) 라크노스피라과(Lachnospiraceae) 클로스트리듐속(*Clostridium*)의 그람양성 무산소 세균. 녹말에서 아세톤, 에탄올과 노말-뷰탄올을 3:1:6 비율로 생산한다. 제1차 세계 대전 때 영국을 이 발효로 얻는 아세톤을 화약 제조에 쓰고 아세톤은 차량 연료와 합성 고무에 썼다. 이 발효법은 러시아 태생 유대인 바이츠만(Chaim Weizmann)이 개발하였으며 나중에 이스라엘 초대 대통령이 된다.

클로스트리듐 열사카롤리티쿰 *Clostridium thermosaccharolyticum* '열무산소세균 열사카롤리티쿰'(*Thermoanaerobacterium thermosaccharolyticum*)의 옛 이름.

클로스트리듐 열셀룸 *Clostridium thermocellum* 아세티비브리오 열셀루스(*Acetivibrio thermocellus*).

클로스트리듐 코코이데스그룹 *Clostridium* coccoides group 클로스트리듐무리 가운데 XIVa를 이르는 말.

클로스트리듐 테타니 *Clostridium tetani* 파상풍세균.

클로스트리듐 티로뷰티리쿰 *Clostridium tyrobutyricum* 세균역(Bacteria) 막대세균문(Bacillota) 클로스트리듐강(Clostridia) 진정세균목(Eubacteriales) 라크노스피라과(Lachnospiraceae) 클로스트리듐속(*Clostridium*)의 그람양성 막대 모양 무산소 세균. 포도당과 자일로스를 발효해서 뷰티르산, 아세트산과 수소가스를 생산한다. 에멘탈, 고다, 에담 치즈에서 후기 가스 발생으로 눈, 깨짐 따위의 치즈 결함(blowing)을 일으키기도 한다.

클로스트리듐 파스튜리아눔 *Clostridium pasteurianum* 세균역(Bacteria) 막대세균문(Bacillota) 클로스트리듐강(Clostridia) 진정세균목(Eubacteriales) 라크노스피라과(Lachnospiraceae) 클로스트리듐속(*Clostridium*)의 그람양성 막대 모양 절대 산소 세균. 공기 질소를 고정한다. 카복실산을 생성한다. 당을 발효하여 뷰티르산, 아세트산, 이산화탄소와 수소를 생산한다.

클로스트리듐 퍼프린젠스 *Clostridium perfringens* 세균역(Bacteria) 막대세균문(Bacillota) 클로스트리듐강(Clostridia) 진정세균목(Eubacteriales) 라크노스피라과(Lachnospiraceae) 클로스트리듐속(Clostridium)의 그람양성 막대 모양 무산소 세균. 자연계에 광범위하게 분포되며 썩는 식물질, 해양 퇴적물, 사람과 동물의 창자, 곤충과 흙에서도 발견된다. 싸이오글리콜산염 배지(thioglycolate medium)에 배양했을 때 세대시간이 6.3분으로서 지금까지 보고된 어느 미생물보다 짧다. 노로바이러스(norovirus), 살모넬라속, 캄필로박터속 그리고 누런 포도알 세균과 함께 음식 중독을 일으키는 대표 병원체이다. 그 밖에 혈류를 타고 세균혈증을 일으킬 수 있으며 상처를 통하여 근육에 침범하여 감염된 병터의 파괴와 함께 가스가 차는 가스괴저(gas gangrene)를 일으킨다.

클로스트리듐 퍼프린젠스 우무배지 *Clostridium perfringens* agar 클로스트리듐 퍼프린젠스를 선택적으로 배양하는 배지. 달걀노른자와 카나마이신이 들어 있다.

클로스트리듐 퍼프린젠스 음식매개병 *Clostridium perfigens* foodborne illness 클로스트리듐 퍼프린젠스(*Clostridium perfringens*)로 오염된 식품을 먹어 일어나는 병. 세균은 홀씨를 만들며 음식을 4.4~60도에서 저장하면 홀씨는 활성을 띠게 된다. 이를 먹으면 설사와 복통이 일어나며 구토는 일어나지 않는다. 이 음식 매개 병과 관련이 있는 음식으로는 가금(칠면조, 닭), 쇠고기, 돼지고기 따위이며 주로 병원, 학교, 교정시설, 다량 급식 시설 따위의 많은 급식 대상자를 다루는 곳에서 대규모로 일어나기 쉽다. 이를 막기 위해서는 미생물을 죽일 수 있는 식품 내부 온도까지 조리하여야 하며 조리한 음식은 바로 먹지 않으면 4.4도 이하로 차게 또는 60도 이상으로 뜨겁게 보관하여야 한다.

클로스트리듐 히스톨리티쿰 *Clostridium histolyticum* '하테와야 히스톨리티카'(*Hathewaya histolytica*)의 옛 이름.

클로스트리듐 힐레모네아 *Clostridium hylemonea* 세균역(Bacteria) 막대세균문(Bacillota) 클로스트리듐강(Clostridia) 진정세균목(Eubacteriales) 라크노스피라과(Lachnospiraceae) 클로스트리듐속(*Clostridium*)의 그람양성 무산소 세균. 사람 똥에서 분리되었다.

클로스트리디오이데스 디피실레 *Clostridioides difficile* 세균역(Bacteria) 막대세균문(Bacillota) 클로스트리듐강(Clostridia) 진정세균목(Eubacteriales) 펩토사슬알세균과(Peptostreptococcaceae) 클로스트리디오이데스(*Clostridioides*)의 그람양성 막대 모양 무산소 세균. 엔테로톡신 에이(enterotoxin A)와 시

토톡신 비(cytotoxin B)를 생산하며 사람에게 심한 설사를 일으키고 잘록창자암을 일으키기도 한다.

클로엑케라속 *Kloeckera* 진핵생물역(Eukaryota) 진균계(Fungi) 자낭균문(Ascomycota) 사카로미세스강(Saccharomycetes) 사카로미세스목(Saccharomycetales) 사카로미코데스과(Saccharomycodaceae)의 효모 속.

클루이베로미세스 락티스 *Kluyveromyces lactis* 진핵생물역(Eukaryota) 진균계(Fungi) 자낭균문(Ascomycota) 사카로미세스강(Saccharomycetes) 사카로미세스목(Saccharomycetales) 사카로미세스과(Saccharomycetaceae) 클루이베로미세스속(*Kluyveromyces*)의 효모. 젖당을 발효하여 젖산을 생산한다. 버터밀크, 이탈리아 치즈 따위의 생산에 쓴다. 식품 가공에서 원료로 쓸 수 있다.

클루이베로미세스 마르시아누스 *Kluyveromyces marxianus* 진핵생물역(Eukaryota) 진균계(Fungi) 자낭균문(Ascomycota) 사카로미세스강(Saccharomycetes) 사카로미세스목(Saccharomycetales) 사카로미세스과(Saccharomycetaceae) 클루이베로미세스속(*Kluyveromyces*)의 효모. 효소(베타-갈락토사이드 가수분해효소, 베타-글루코사이드 가수분해효소, 이눌린 가수분해효소 따위), 단세포단백질, 방향 화합물, 에탄올 생산에 쓴다. 젖당을 발효하여 알코올을 생성하며 젖당 가수분해효소의 생산에도 이용된다. 식품 가공에서 원료로 쓸 수 있다.

클루이베로미세스 마르시아누스 변종 마르시아누스 *Kluyveromyces marxianus* var. *marxianus* 진핵생물역(Eukaryota) 진균계(Fungi) 자낭균문(Ascomycota) 사카로미세스강(Saccharomycetes) 사카로미세스목(Saccharomycetales) 사카로미세스과(Saccharomycetaceae)의 효모. 쿠미스나 케피르 따위의 발효유 생산에 쓴다.

클루이베로미세스 마르시아누스 변종 불가리쿠스 *Kluyveromyces marxianus* var. *bulgaricus* 진핵생물역(Eukaryota) 진균계(Fungi) 자낭균문(Ascomycota) 사카로미세스강(Saccharomycetes) 사카로미세스목(Saccharomycetales) 사카로미세스과(Saccharomycetaceae)의 효모. 요구르트 생산에 쓴다.

클루이베로미세스속 *Kluyveromyces* 진핵생물역(Eukaryota) 진균계(Fungi) 자낭균문(Ascomycota) 사카로미세스강(Saccharomycetes) 사카로미세스목(Saccharomycetales) 사카로미세스과(Saccharomycetaceae)의 효모 속. 식품, 음료, 식물, 흙, 벌레, 바닷물에 산다. 발효력이 강하고 요구르트 따위의 낙농 제품이나 쿠미스에서 분리되는 클루이베로미세스 마르시아누스(*Kluyveromyces marxianus*)와 클루이베로미세스 락티스 변종 락티스(*K. lactis* var. *lactis*)는 젖당 발효 효모이며 젖당 가수분해효소도 생산한다.

클루이베로미세스 막시아누스 *Kluyveromyces maxianus* 진핵생물역(Eukaryota) 진균계(Fungi) 자낭균문(Ascomycota) 사카로미세스강(Saccharomycetes) 사카로미세스목(Saccharomycetales) 사카로미세스과(Saccharomycetaceae) 클루이베로미세스속(*Kluyveromyces*)의 효모. 우유 제품에서 발견된다. 젖당을 이용하여 구연산회로를 통한 호흡과 알코올발효로 에너지를 얻는다. 산업에서는 젖당을 알코올로 전환하는 생물 연료(biofuel) 생산에 이용한다. 식품 가공 원료로 쓸 수 있다.

클린벤치 clean bench 무균조작대.

키안티 Chianti 이탈리아 토스카나(Tuscany) 원산의 단맛이 없는 적포도주.

키타사토스포라 아우레오파시엔스 *Kitasatospora aureofaciens* 세균역(Bacteria) 바퀴살세균문(Actinomycetota) 바퀴살세균강(Actinomycetia) 스트렙토미세스목(Streptomycetales) 스트렙토미세스과(Streptomycetaceae) 키타사토스포라속(*Kitasatospora*)의 세균. 항생 물질 테트라사이클린을 생산한다.

키토바이러스목 Chitovirales 바리드나바이러스역(Varidnaviria) 밤포르드바이러스계(Bamfordvirae) 뉴클레오시토바이러스문(Nucleocytoviricota) 포케스바이러스강(Pokkesviricetes)의 목.

키트리노바이러스문 Kitrinoviricota 리보바이러스역(Riboviria) 오르토르르나바이러스계(Orthornavirae)의 문.

ㅌ

타파이 tapai 타페.

타페 tape 찐 찹쌀 또는 으깬 카사바에 곰팡이, 효모와 세균 스타터를 접종하여 밀폐 용기에서 발효하여 만드는 인도네시아의 발효 식품. 스펀지 같은 텍스처와 단맛이나 신맛이 있고 포도주 같은 향과 맛이 있다. 스낵으로 먹는다.

타페 케탄 tape ketan 인도네시아에서 찐 찹쌀을 발효하여 만드는 타페.

타페 케텔라 tape ketela 인도네시아에서 으깬 카사바를 발효하여 만드는 타페.

타프리나강 Taphrinomycetes 진핵생물역(Eukaryota) 진균계(Fungi) 자낭균문(Ascomycota)의 강.

타프리나과 Taphrinaceae 진핵생물역(Eukaryota) 진균계(Fungi) 자낭균문(Ascomycota) 타프리나강(Taphrinomycetes) 타프리나목(Taphrinales)의 과.

타프리나 데포르만스 *Taphrina deformans* 진핵생물역(Eukaryota) 진균계(Fungi) 자낭균문(Ascomycota) 타프리나강(Taphrinomycetes) 타프리나목(Taphrinales) 타프리나과(Taphrinaceae) 타프리나속(*Taphrina*)의 곰팡이. 식물 병원체로 복숭아의 잎오갈병을 일으킨다.

타프리나목 Taphrinales 진핵생물역(Eukaryota) 진균계(Fungi) 자낭균문(Ascomycota)의 목. 아래에 프로토미세스과(Protomycetaceae)와 타프리나과(Taphrinaceae)의 두 과가 있다.

타프리나속 *Taphrina* 진핵생물역(Eukaryota) 진균계(Fungi) 자낭균문(Ascomycota) 타프리나강(Taphrinomycetes) 타프리나목(Taphrinales) 타프리나과(Taphrinaceae)의 속. 일부 꽃식물의 잎에 감염되면 잎은 탈색되고 결국 떨어진다. 식물 잔가지 위에는 두꺼운 줄기가 생긴다. 타프리나 데포르만스(*Taphrina deformans*)는 복숭아의 잎오갈병을 일으킨다.

탁주(濁酒) takju 〈주세법〉에서 '막걸리'를 이르는 말.

탄산염화(炭酸鹽化) carbonation 이산화탄소가 탄산염, 탄산수소염과 탄산(carbonic acid)으로 되는 화학 반응.

탄산화(炭酸化) carbonation 액체에 이산화탄소를 녹여 포화시킴.

탄저(炭疽) anthrax 탄저병.

탄저병(炭疽病) anthracnose 자낭균문(Ascomycota)의 콜레토트리쿰속(*Colletotrichum*) 또는 글로에오스포륨속(*Gloeosporium*) 곰팡이가 일으키는 식물 병. 과일, 줄기, 잎에 검은 점이 생기고 붉은색의 분생홀씨 덩어리가 생긴다. 사과, 복숭아, 포도, 감, 블루베리, 딸기, 수박 따위에 발생한다.

탄저병(炭疽病) anthrax 되새김동물이 흙에 사는 그람양성 막대 모양의 탄저 세균(*Bacillus anthracis*)의 홀씨를 먹어 일어나는 법정 인수공통감염병. 사람과 사람 사이에 전염되지 않는다. 소, 말, 양 따위 초식 가축에 주로 발생한다. 사람에게 탄저 세균이 들어오는 경로에 따라 호흡기 탄저병, 피부탄저병과 위창자관 탄저병으로 구분한다. 호흡기 탄저병은 감염된 동물을 다루는 과정에서 호흡기로 감염되어 폐렴을 일으킨다. 피부탄저병은 감염된 동물주검이나 흙과 접촉하여 감염되어 가려움증, 부스럼, 물집, 고름 형성 따위의 증상을 보인다. 위창자관 탄저병은 감염된 동물의 날 간 따위를 먹어 일어나며 발열과 복통을 일으킨다. 한국에서 발생하는 탄저병의 가장 흔한 형태는 위창자관 탄저병이다.

탄저세균(炭疽細菌) *Bacillus anthracis* 세균역(Bacteria) 막대세균문(Bacillota) 막대세균강(Bacilli) 막대세균목(Bacillales) 막대세균과(Bacillaceae) 막대세균속(*Bacillus*)의 그람양성 막대 모양 조건 무산소 세균. 흙에 살며 사람과 동물의 탄저병을 일으킨다. 탄저세균의 병원성에 관여하는 인자는 두 가닥 디엔에이 플라스미드인 협막 플라스미드(capsular plasmid, pWO2)와 독소 플라스미드(toxin plasmid, pWO1)이다.

탄화수소분해 세균(炭化水素分解細菌) hydrocarbon-degrading bacterium 탄화수소를 분해하는 세균. 슈도모나스, 아시네토박터, 에어로모나스, 엔테로박터, 플라보세균(*Flavobacterium*) 따위의 속이 있다.

탈랄로미세스 마크로스포루스 *Talaromyces macrosporus* 진핵생물역(Eukaryota) 진균계(Fungi) 자낭균문(Ascomycota) 분가지버섯강(Eurotiomycetes) 분가지버섯목(Eurotiales) 꽃동충하초과(Trichocomaceae)의 곰팡이. 과일주스를 변질시킨다.

탈랄로미세스속 *Talaromyces* 진핵생물역(Eukaryota) 진균계(Fungi) 자낭균문(Ascomycota) 분가지버섯강(Eurotiomycetes) 분가지버섯목(Eurotiales) 꽃동충하초과(Trichocomaceae)의 곰팡이 속. 흙에 산다.

탈랄로미세스 플라부스 *Talaromyces flavus* 진핵생물역(Eukaryota) 진균계(Fungi) 자낭균문(Ascomycota) 분가지버섯강(Eurotiomycetes) 분가지버섯목(Eurotiales) 꽃동충하초과(Trichocomaceae)의 곰팡이. 과일주스를 변질시킨다. 일부 식물의 병원체의 생물학적 방제에 쓴다.

턱받이 annulus 갓 바로 아래에서 줄기를 둘러싸고 있는 막. 성숙하지 않은 버섯의 주름살을 감싸고 있다가 갓이 생장하면서 찢어진 막의 흔적이다. 원반 또는 거미집 모양이다.

턱수염버섯 wood hedgehog, *Hydnum repandum* 진핵생물역(Eukaryota) 진균계(Fungi) 담자균문(Basidiomycota) 주름버섯강(Agaricomycetes) 꾀꼬리버섯목(Cantharellales) 턱수염버섯과(Hydnaceae) 턱수염버섯속(*Hydnum*)의 먹는 버섯. 갓은 지름 2~10센티미터로 둥근 산 모양으로 가운데는 오목하거나 끝이 분명하지 않으며 연한 누런색이다. 여름부터 가을까지 숲속 땅에 모여 난다. 약한 독성이 있다. 한국, 일본, 중국, 유럽, 북아메리카 등지에 분포한다.

턱수염버섯과 Hydnaceae 진핵생물역(Eukaryota) 진균계(Fungi) 담자균문(Basidiomycota) 주름버섯강(Agaricomycetes) 꾀꼬리버섯목(Cantharellales)의 과.

턱수염버섯속 *Hydnum* 진핵생물역(Eukaryota) 진균계(Fungi) 담자균문(Basidiomycota) 주름버섯강(Agaricomycetes) 꾀꼬리버섯목(Cantharellales) 턱수염버섯과(Hydnaceae)의 속. 먹는 것으로는 턱수염버섯 따위가 있다.

털고무버섯과 Sarcosomataceae 진핵생물역(Eukaryota) 진균계(Fungi) 자낭균문(Ascomycota) 주발버섯강(Pezizomycetes) 주발버섯목(Pezizalrs)의 과.

털곰팡아아문 Mucoromycotina 진핵생물역(Eukaryota) 진균계(Fungi) 털곰팡이문(Mucoromycota)의 아문.

털곰팡이강 Mucoromycetes 진핵생물역(Eukaryota) 진균계(Fungi) 털곰팡이문(Mucoromycota)의 강.

털곰팡이과 Mucoraceae 진핵생물역(Eukaryota) 진균계(Fungi) 털곰팡이문(Mucoromycota) 털곰팡이강(Mucoromycetes) 털곰팡이목(Mucorales)의 과. 엽상체(thallus)를 가지고 있는 것이 특징이다.

털곰팡이 라세모수스 *Mucor racemosus* 진핵생물역(Eukaryota) 진균계(Fungi) 털곰팡이문(Mucoromycota) 털곰팡이강(Mucoromycetes) 털곰팡이목(Mucorales) 털곰팡이과(Mucoraceae) 털곰팡이속(*Mucor*)의 곰팡이. 남새, 과일, 빵과 고기를 변질시킨다.

털곰팡이 룩시이 *Mucor rouxii* 진핵생물역(Eukaryota) 진균계(Fungi) 털곰팡이문(Mucoromycota) 털곰팡이강(Mucoromycetes) 털곰팡이목(Mucorales) 털곰팡이과(Mucoraceae) 털곰팡이속(*Mucor*)의 곰팡이. 녹말 당화력이 높고 알코올 발효력이 있어 아밀로법에 따른 알코올 생산에 쓴다. 식품 가공에서 원료로 쓸 수 있다.

털곰팡이목 Mucorales 진핵생물역(Eukaryota) 진균계(Fungi) 털곰팡이문(Mucoromycota) 털곰팡이강(Mucoromycetes)의 목. 대부분이 똥 또는 썩는 식품과 동물에서 부생 생활을 한다.

털곰팡이 무세도 *Mucor mucedo* 진핵생물역(Eukaryota) 진균계(Fungi) 털곰팡이문(Mucoromycota) 털곰팡이강(Mucoromycetes) 털곰팡이목(Mucorales) 털곰팡이과(Mucoraceae) 털곰팡이속(*Mucor*)의 곰팡이. 남새, 과일, 말똥 따위에서 흔히 발생한다. 빵과 고기의 변질을 일으킨다. 낙농과 피혁 산업에 유해 곰팡이다.

털곰팡이문 Mucoromycota 진핵생물역(Eukaryota) 진균계(Fungi)의 문.

털곰팡이 미에헤이 *Mucor miehei* 진핵생물역(Eukaryota) 진균계(Fungi) 털곰팡이문(Mucoromycota) 털곰팡이강(Mucoromycetes) 털곰팡이목(Mucorales) 털곰팡이과(Mucoraceae) 털곰팡이속(*Mucor*)의 곰팡이. 우유 단백질을 엉겨 굳게 하는 미생물 레닌을 생산한다.

털곰팡이속 *Mucor* 진핵생물역(Eukaryota) 진균계(Fungi) 털곰팡이문(Mucoromycota) 털곰팡이강(Mucoromycetes) 털곰팡이목(Mucorales) 털곰팡이과(Mucoraceae)의 곰팡이 속. 흙, 썩은 남새, 식물 겉면, 일부 치즈 따위에서 발견된다. 홀씨주머니 자루 끝에 홀씨주머니를 만든다. 식품 표면에서도 홀씨주머니의 형성으로 잿빛에서 옅은 갈색의 솜과 같은 콜로니를 형성한다.

털곰팡이 시르시넬로이데스 *Mucor circinelloides* 진핵생물역(Eukaryota) 진균계(Fungi) 털곰팡이문(Mucoromycota) 털곰팡이강(Mucoromycetes) 털곰팡이목(Mucorales) 털곰팡이과(Mucoraceae) 털곰팡이속(*Mucor*)의 곰팡이. 전 세계에 널리 분포하며 주로 흙, 배설물과 뿌리 남새에서 발견된다. 곰팡이 독소를 생산하지는 않으나 소, 돼지, 가금과 케토산증 환자에게 감염을 일으킨다. 식품 가공에서 주류(알코올발효 포함) 제조에만 쓸 수 있다.

털곰팡이 자바니쿠스 *Mucor javanicus* 털곰팡이 시르시넬로이데스(*Mucor circinelloides*).

털곰팡이증 mucormycosis 전격 곰팡이 코곁굴염(fulminant fungal sinusitis)를 일으키는 병. 털곰팡이목(Mucorales) 곰팡이 홀씨를 들이마셔서 일어나며 주로 면역력이 떨어진 사람에게 일어난다.

털곰팡이 푸실루스 *Mucor pusillus* 진핵생물역(Eukaryota) 진균계(Fungi) 털곰팡이문(Mucoromycota) 털곰팡이강(Mucoromycetes) 털곰팡이목(Mucorales) 털곰팡이과(Mucoraceae) 털곰팡이속(*Mucor*)의 내열 곰팡이. 두엄더미에서 흔히 발견된다. 최적 생장 온도는 50~70도이며 사람과 동물에 감염한다. 아밀레이스를 생산한다.

털곰팡이 히에말리스 *Mucor hiemalis* 진핵생물역(Eukaryota) 진균계(Fungi) 털곰팡이문(Mucoromycota) 털곰팡이강(Mucoromycetes) 털곰팡이목(Mucorales) 털곰팡이과(Mucoraceae) 털곰팡이속(*Mucor*)의 곰팡이. 질산염 양성이고 생장에 싸이아민을 요구한다.

털구멍장이버섯 dryad's saddle, *Cerioporus squamosus* 진핵생물역(Eukaryota) 진균계(Fungi) 담자균문(Basidiomycota) 주름버섯강(Agaricomycetes) 구멍장이버섯목(Polyporales) 구멍장이버섯과(Polyporaceae) 구멍장이버섯속(*Polyporus*)의 먹는 버섯. 갓은 지름 5~15센티미터로 콩팥 모양, 부채 모양 또는 알 모양이며 연한 황갈색 또는 다갈색이다. 넓은잎나무의 마른 나무에서 나며 흰색 부후 곰팡이이다. 전 세계에 분포한다.

털목이 cloud ear, *Auricularia nigricans* 진핵생물역(Eukaryota) 진균계(Fungi) 담자균문(Basidiomycota) 주름버섯강(Agaricomycetes) 목이목(Auriculariales) 목이과(Auriculariaceae) 목이속(*Auricularia*)의 먹는 버섯. 갓은 지름 3~6센티미터로 귀 모양이며 잿빛 갈색의 작은 털로 덮여 있다. 봄부터 가을까지 넓은잎나무의 죽은 가지에 무리 지어 난다. 나무 부후 곰팡이이다. 한국, 일본 아시아 남북아메리카 등지에 분포한다.

털젖버섯속 *Lactifluus* 진핵생물역(Eukaryota) 진균계(Fungi) 담자균문(Basidiomycota) 주름버섯강(Agaricomycetes) 무당버섯목(Russulales) 무당버섯과(Russulaceae)의 속. 먹는 것으로 배털젖버섯이 있다.

테누아존산 tenuazonic acid 알테르나리아속(*Alternaria*) 곰팡이가 생산하는 곰팡이독소. 강력한 단백질 합성 억제제이다.

테라마이신 Terramycin '옥시테트라사이클린'의 상품명.

테르모박테륨 모빌레 *Thermobacterium mobile* 지모모나스 모빌리스.

테르모아나에로박테륨과 Thermoanaerobacteriaceae 열무산소세균과.

테르무수과 Thermaceae 세균역(Bacteria) 데이노알세균문(Deinococcota) 데이노알세균강(Deinococci) 테르무스목(Thermales)의 유일한 과. 열 저항성이 크며 멕시코 걸프만의 바닥 지역에 산다.

테르무스목 Thermales 세균역(Bacteria) 데이노알세균문(Deinococcota) 데이노알세균강(Deinococci)의 목. 이 목에는 유일하게 테르무스과(Thermaceae)가 있다.

테르무스속 *Thermus* 세균역(Bacteria) 데이노알세균문(Deinococcota) 데이노알세균강(Deinococci) 테르무스목(Thermales) 테르무스과(Thermaceae)의 그람음성 막대 또는 실 모양의 호열성 산소 세균 속. 온천과 열수 탱크 따위에서 발견된다.

테르무스 아쿠아티쿠스 *Thermus aquaticus* 세균역(Bacteria) 데이노알세균문(Deinococcota) 데이노알세균강(Deinococci) 테르무스목(Thermales) 테르무스과(Thermaceae) 테르무스속(*Thermus*)의 짧은 막대 모양 세균. 50~80도에서 살 수 있다. 중합 효소 사슬반응으로 디엔에이 증폭에 쓰는 테르무스 아쿠아티쿠스 디엔에이 중합 효소(*Taq* DNA polymerase)를 얻는다. 알돌레이스(aldolase, EC 4.1.2.13)도 얻는다. 처음에는 미국 온천에서 발견되었으나 그 뒤 이와 비슷한 열 서식지가 전 세계에서 발견되었다.

테르무스 열필루스 *Thermus thermophilus* 세균역(Bacteria) 데이노알세균문(Deinococcota) 데이노알세균강(Deinococci) 테르무스목(Thermales) 테르무스과(Thermaceae) 테르무스속(*Thermus*)의 호열 세균. 최적 생장 온도는 65도이며 열에 안정한 단백질 가수분해효소를 생산한다.

테이코산 teichoic acid 글리세롤 인산 또는 리비톨 인산과 탄수화물이 인산이에스터 결합한 세균의 공중합체. 포도알세균속(*Staohylococcus*), 사슬알세균속(*Streptococcus*), 막대세균속(*Bacillus*), 클로스트리듐속(*Clostridium*), 코리네세균속(*Corynebacterium*), 리스테리아속(*Listeria*) 따위의 그람양성 세균의 세포벽과 펩티도글리칸 겉면에서 발견된다. 세포벽의 펩티도글리칸에 공유결합한 세포벽 테이코산(wall teichoic acid)과 지방질 막에 결합한 지방질테이코산(lipoteichoic acid)의 두 가지로 분류한다.

테크틸리바이러스강 Tectiliviricetes 바리드나바이러스역(Varidnaviria) 프레플라스미바이러스계(Preplasmiviricota) 밤포드바이러스문(Bamfordvirae)의 강.

테킬라 tequila 용설란즙을 발효하여 증류한 멕시코 술. 용설란 뿌리 쪽의 큰 줄기를 쪄서 녹말을 당화하고 짜서 얻은 즙을 발효, 증류, 숙성한 술이다. 알코올 농도는 29~45퍼센트이다. 알코올 발효에는 그람 음성, 조건 무산소성, 막대 모양의 세균인 지모모나스 모빌리스(*Zymomonas mobilis*)가 관여한다.

테트라게노알세균속 *Tetragenococcus* 세균역(Bacteria) 막대세균문(Bacillota) 막대세균강(Bacilli) 젖산막대세균목(Lactobacillales) 창자알세균과(Enterococcaceae)의 그람양성 조건 산소 세균. 네알세균(tetracoccus)으로 호모젖산발효를 한다. 페디오알세균속(*Pediococcus*)과 일반적인 성상이 비슷하나 엘(L)-형의 젖산을 생성하고 최적 생장 피에이치는 약한 알칼리성이다. 기준 종인 테트라게노알세균 할로필루스(*Tetragenococcus halophilus*)는 20퍼센트 이상의 소금 농도에서도 자라는 호염성으로 장유 발효에 관여하는 중요한 젖산 세균이다.

테트라게노알세균 할로필루스 *Tetragenococcus halophilus* 세균역(Bacteria) 막대세균문(Bacillota) 막대세균강(Bacilli) 창자알세균과(Enterococcaceae) 테트라게노알세균속(*Tetragenococcus*)의 호염 젖산 세균. 장유, 미소, 피시 소스와 멸치젓 발효에 관여한다.

테트라게노코쿠스속 *Tetragenococcus* 테트라게노알세균속.

테트라사이클린 tetracycline 스트렙토미세스속(*Streptomyces*) 세균이 생산하는 광범위 항생 물질. 세균 리보솜의 30에스(S) 소단위에 결합하여 아미노아실 운반아르엔에이(aminoacyl-tRNA)가 리보솜의 에이(A) 자리에 결합하는 것을 막아 단백질 합성을 억제한다. 여드름, 콜레라, 부르셀라증, 페스트, 말라리아, 매독 따위에 쓴다. 동물의 질병 예방과 치료에도 널리 쓰며 생장 촉진을 위하여 먹이에 첨가제로 쓰기도 한다. 네 개의 고리 구조 뼈대에 곁사슬이 다른 여러 항생물질이 알려져 있다. 흔히 쓰는 것으로는 클로르테트라사이클린, 독시사이클린, 옥시테트라사이클린 따위가 있다.

테트라싸이온산염 액체배지 tetrathionate broth 살모넬라속(*Salmonella*) 세균의 선택 강화 배지. 테트라싸이온산염과 배지 성분인 싸이오황산소듐은 대장균군 세균의 생장을 억제하고 싸이오황산소듐과 브릴리언트 그린은 그람양성 세균의 생장을 억제한다. 이 배지는 장티푸스 세균의 생장에는 적합하지 않다.

테트라콕쿠스속 *Tetracoccus* 네알세균속.

테트로도톡신 tetrodotoxin 복어목(Tetradontiformes) 물고기에서 발견되는 신경독소. 신경 막의 소듐 통로에 결합하여 신경세포 속으로 소듐 이온의 통과를 막는 소듐 통로 차단기이다. 이에 따라 신경 계통이 메시지를 운반할 수 없게 되고 신경 자극에 반응하여 근육 수축이 일어나지 않게 된다. 테트로도톡신은 비브리오속(*Vibrio*)이나 슈도모나스속(*Pseudomonas*) 세균에서 생성되어 플랑크톤으로 옮겨가고 먹이 사슬을 거쳐 물고기 내장에 쌓인다.

텐토자일리신 tentoxilysin 파상풍 독소.

텔루라이트 세피심-소비톨 맥콘키 우무배지 tellurite cefixime-sorbitol MacConkey agar 대장균 O157의 검출을 위한 선택 분별 배지.

템페 tempeh 콩으로 만든 인도네시아의 전통 발효 음식. 삶은 콩을 거미줄곰팡이 올리고스포루스(*Rhizopus oligosporus*)로 30도 정도에서 24~36시간 발효한다. 발효과정에서 생성된 흰 팡이실로 발효 콩은 서로 단단하게 엉켜 마치 벽돌 모양으로 굳는데 바나나 잎으로 싸서 판매한다. 채식주의자 음식에 쓰며 일부에서는 고기 대용으로 쓴다. 주로 기름에 튀겨 먹는다.

토룰라 torula, *Cyberlindnera jadinii* 진핵생물역(Eukaryota) 진균계(Fungi) 자낭균문(Ascomycota) 사카로미세스강(Saccharomycetes) 사카로미세스목(Saccharomycetales) 사카로미세스과(Saccharomycetaceae)의 효모. 알코올이나 아황산염 폐액 따위에서 자랄 수 있으며 단백질과 바이타민 비 복합체가 풍부하여 가공식품과 반려동물 먹이에 향미료로 쓴다. 글루탐산 함량이 높아 모노글루탐산소듐 대신에 쓰기도 한다. 식품 가공에서 원료로 쓸 수 있다.

토룰라스포라 델부루에키이 *Torulaspora delbrueckii* 진핵생물역(Eukaryota) 진균계(Fungi) 자낭균문(Ascomycota) 사카로미세스강(Saccharomycetes) 사카로미세스목(Saccharomycetales) 사카로미세스과(Saccharomycetaceae) 토룰라스포라속(*Torulaspora*)의 효모. 냉동 반죽, 포도주 제조, 발효(코코아, 올리브 또는 오이), 알코올음료 생산(테킬라, 사이다), 발효음료(사탕수수 주스, 케피르), 치즈 발효 우유 따위에 이용한다. 우유 제품과 소프트드링크를 상하게 하는 기회 효모이다.

토룰라스포라속 *Torulaspora* 진핵생물역(Eukaryota) 진균계(Fungi) 자낭균문(Ascomycota) 사카로미세스강(Saccharomycetes) 사카로미세스목(Saccharomycetales) 사카로미세스과(Saccharomycetaceae)의 효모 속. 흙, 똥, 포도주, 과일주스 따위에서 발견된다.

토룰라 우틸리스 *Torula utilis* '토룰라'(*Cyberlindnera jadinii*)의 옛 이름.

토룰롭시스속 *Torulopsis* '칸디다속'(*Candida*)의 옛 이름.

토룰롭시스 우틸리스 *Torulopsis utilis* '토룰라'(*Cyberlindnera jadinii*)의 옛 이름.

토박이 마이크로바이옴 indigenous microbiome 특정 서식지에 늘 존재하는 미생물무리와 그들의 유전자를 통틀어 이르는 말.

토박이 미생물무리 resident nicroflora 특정 서식지에 늘 존재하는 미생물을 통틀어 이르는 말. 사람의 경우에는 피부, 코, 입, 목구멍, 큰창자, 질 따위에 사는 미생물을 이른다. 숙주와 공존하여 외래 미생물의 침입과 감염을 막는 역할을 하기도 한다.

토박이 세균 indigenous bacterium 특정 서식지에 늘 존재하는 세균.

토토바이러스과 Totoviridae 리보바이러스역(Riboviria) 오르토르나바이러스계(Orthornavirae) 두플로르나바이러스문(Duplornaviricota) 크리모티바이러스강(Chrymotiviricetes) 가브리바이러스목(Ghabrivirales)의 바이러스 과.

톡소플래빈 toxoflavin 부르크홀데리아 글라디올리(*Burkholderia gladioli*) 따위의 세균이 생산하는 독소. 항생 성질이 있다. 밝은 노란색 고체로서 피에이치 10.5에서 노란색이 무색으로 변하므로 피에이치 지시약으로도 쓸 수 있다.

통기(通氣) aeration 어떤 물질(물, 흙 따위)에 공기나 산소를 불어 넣음.

통기 교반(通氣攪拌) aeration agitation 압축 공기를 미생물이나 세포를 배양하는 액체배지에 불어넣어 배양액에 산소를 공급하고 공기 방울의 상승 운동을 이용하여 배양액을 휘저어 섞음.

통기 교반기(通氣攪拌機) aeration agitator 액체에 공기나 산소를 원활하게 공급하기 위하여 액체를 휘저어 주는 장치

통기 교반배양(通氣攪拌培養) aeration-agitation culture 배양 통 안의 배양액에 공기를 불어 넣으면서 젓개로 휘저어 미생물이나 세포를 기름. 산소배양을 위한 전형적인 액침배양이다.

투구버섯과 Cudoniaceae 진핵생물역(Eukaryota) 진균계(Fungi) 자낭균문(Ascomycota) 두건버섯강(Leotiomycetes) 투구버섯목(Rhytismatales)의 과.

투구버섯목 Rhytismatales 진핵생물역(Eukaryota) 진균계(Fungi) 자낭균문(Ascomycota) 두건버섯강(Leotiomycetes)의 목. 투구버섯과(Cudoniaceae), 크립토미세스과(Cryptomycetaceae), 색찌끼버섯과(Rhytismataceae) 따위가 있다.

투구버섯속 *Cudonia* 진핵생물역(Eukaryota) 진균계(Fungi) 자낭균문(Ascomycota) 두건버섯강(Leotiomycetes) 투구버섯목(Rhytismatales) 투구버섯과(*Cudoniaceae*)의 속.

트라메테스 베르시콜로르 *Trametes versicolor* 구름송편버섯.

트라메테스속 *Trametes* 진핵생물역(Eukaryota) 진균계(Fungi) 담자균문(Basidiomycota) 주름버섯강(Agaricomycetes) 구멍장이버섯목(Polyporales) 구멍장이버섯과(Polyporaceae)의 곰팡이 속. 나무에 살며 리그닌 분해 효소 락케이스(laccase, EC 1.10.3.2)를 생산한다. 구름송편버섯(*Trametes versicolor*) 따위가 있다.

트라이메토프림 trimethoprim 그람양성과 그람음성 세균에 널리 작용하는 합성 항생 물질, 다이하이드로폴산환원효소(dihydrofolate reductase, EC 1.5.1.3)를 억제하여 푸린과 피리미딘 합성에 필요한 테트라하이드로폴산(tetrahydrofolic acid)의 생성을 막아 세포증식과 세포 생장을 막는다. 주로 요로감염 치료에 쓴다.

트라이아디메폰 triadimefon 농업에서 여러 곰팡이병을 없애는 데 쓰는 침투 살진균제. 밀, 보리, 옥수수, 귀리, 수수 따위의 씨 처리에 쓴다. 흔히 바나나와 파인애플 따위의 진균 제거에도 쓴다.

트라이코데민 trichodermin 트라이코테센.

트라이코테센 trichothecene 곰팡이독소와 화학적으로 관련 있는 화합물을 통틀어 이르는 말. 푸사륨속(*Fusarium*), 미로테슘속(*Myrothecium*), 트리코데르마속(*Trichoderma*) 트리코테슘속(*Trichothecium*) 따위의 곰팡이가 생산한다. 티투(T-2) 독소, 니발렌올(nivalenol), 크로토신(crotocin), 로리딘 에이(roridin A), 사트로톡신 에이치(satrotoxin H) 따위가 있다. 주로 밀, 귀리, 옥수수 따위를 오염시키는 단백질 합성 억제제이다.

트라이콜롬산 tricholomic acid 단백질을 만들지 않는 알파-아미노산의 하나. 독송이 같은 버섯에 들어있다. 구조는 글루탐산과 비슷하여 알파-고리글루탐산이라고도 한다. 파리에 대한 독성이 강하여 옛날부터 파리 잡는 데 이용해 왔다.

트랜스포존 transposon 전이 인자.

트러플 truffle ① 송로버섯. ② 초콜릿 안에 럼으로 향을 내고 코코아 가루를 뿌린 부드러운 캔디. 속에 들어가는 재료는 럼 밖에도 초콜릿, 가나슈 따위로 다양하다.

트러플 기름 truffle oil 음식에 송로버섯의 향미와 방향을 주기 위하여 쓰는 기름. 기름 베이스로 주로 올리브 기름을 쓰며 여기에 송로버섯의 방향 성분의 하나인 2,4-다이싸이아펜테인을 넣어 만든다. 송로버섯을 찾는 돼지나 개의 훈련에도 쓴다.

트레모젠 tremorgen 푸른곰팡이속(*Penicillium*), 아스페르길루스속(*Aspergillus*) 따위의 곰팡이가 생산하는 신경 독소.

트레할로스 trehalose 두 분자의 포도당이 알파, 알파-1,1-글루코사이드 결합한 비 환원성 이당류. 일부 세균, 곰팡이, 효모, 식물과 민등뼈동물에서 에너지

원으로 쓴다.

트리코데르마 레에세이 *Trichoderma reesei* 진핵생물역(Eukaryota) 진균계(Fungi) 자낭균문(Ascomycota) 구멍공버섯강(Sordariomycetes) 동충하초목(Hypocreales) 동충하초과(Hypocreaceae) 트리코데르마속(*Trichoderma*)의 곰팡이. 셀룰로스와 헤미셀룰로스 가수분해효소를 분비하여 셀룰로스를 포도당으로 전환한다. 제2차 세계 대전 때 솔로몬 섬에서 분리되었다.

트리코데르마 비리데 *Trichoderma viride* 진핵생물역(Eukaryota) 진균계(Fungi) 자낭균문(Ascomycota) 구멍공버섯강(Sordariomycetes) 동충하초목(Hypocreales) 동충하초과(Hypocreaceae) 트리코데르마속(*Trichoderma*)의 곰팡이. 흙에 산다. 살진균 작용이 있어 흙이나 씨의 진균 병원체 감염에 따른 병을 억압하기 위하여 쓴다.

트리코데르마속 *Trichoderma* 진핵생물역(Eukaryota) 진균계(Fungi) 자낭균문(Ascomycota) 구멍공버섯강(Sordariomycetes) 동충하초목(Hypocreales) 동충하초과(Hypocreaceae)의 곰팡이 속. 흙, 낙엽, 그루터기, 썩은 나무에 산다. 생태계에서 유기물의 분해에 중요한 역할을 한다. 세균이나 곰팡이에 대한 항생물질을 생산한다. 생장이 빠르고 평탄하게 퍼져서 처음에는 흰색의 솜 모양이었다가 분생홀씨의 형성에 따라 짙은 초록으로 되고 덩어리진다. 기준 종은 트리코데르마 비리데(*T. viride*)이다.

트리코데르마 하르지아눔 *Trichoderma hazianum* 진핵생물역(Eukaryota) 진균계(Fungi) 자낭균문(Ascomycota) 구멍공버섯강(Sordariomycetes) 동충하초목(Hypocreales) 동충하초과(Hypocreaceae) 트리코데르마속(*Trichoderma*)의 곰팡이. 흙, 낙엽, 그루터기, 썩은 나무에 난다. 생태계에서는 유기물의 분해에 중요한 역할을 한다. 살진균제로 쓴다. 버섯재배에서 감염하여 손실을 일으킨다.

트리코스포론과 Trichosporonaceae 진핵생물역(Eukaryota) 진균계(Fungi) 담자균문(Basidiomycota) 흰목이강(Tremellomycetes) 트리코스포론목(Trichosporonales)의 과.

트리코스포론목 Trichosporonales 진핵생물역(Eukaryota) 진균계(Fungi) 담자균문(Basidiomycota) 흰목이강(Tremellomycetes)의 목.

트리코스포론속 *Trichosporon* 진핵생물역(Eukaryota) 진균계(Fungi) 담자균문(Basidiomycota) 흰목이강(Tremellomycetes) 트리코스포론목(Trichosporonales) 트리코스포론과(Trichosporonaceae)의 효모 속. 흙에 살며 사람과 동물의 피부에서도 발견된다. 사람 머리털에 자라면 흰 털결절진균증(piedra)을 일으키며 면역력이 떨어진 사람에게 기회 병원체로 트리스포론증(trisporonosis)를 일으킨다. 사람의 턱수염에서 처음 분리되었다.

트리코스포론 아사히이 *Trichosporon asahii* 진핵생물역(Eukaryota) 진균계(Fungi) 담자균문(Basidiomycota) 흰목이강(Tremellomycetes) 트리코스포론목(Trichosporonales) 트리코스포론과(Trichosporonaceae)의 효모. 트리코스포론증(trichosporonosis)이나 과민성 폐렴의 원인 효모이다. 때로는 치즈 오염원으로 발견된다.

트리코코마과 Trichocomaceae 진핵생물역(Eukarya) 진균계(Fungi) 자낭균문(Ascomycota) 분가지버섯강(Euroriomycetes) 분가지버섯목(Eurotiales)의 과.

트리코테슘 로세움 *Trichothecium roseum* 진핵생물역(Eukaryota) 진균계(Fungi) 자낭균문(Ascomycota) 구멍공버섯강(Sordariomycetes) 동충하초목(Hypocreales) 트리코테슘속(*Trichothecium*)의 곰팡이. 처음에는 흰색이다가 옅은 분홍빛으로 변하는 납작한 알갱이 콜로니가 특징이다. 나무, 종이, 과일(사과, 배 따위), 남새(오이 따위)에 자라 분홍빛 열매썩음병(pink mold rot)을 일으킨다.

트리코테슘속 *Trichothecium* 진핵생물역(Eukaryota) 진균계(Fungi) 자낭균문(Ascomycota) 구멍공버섯강(Sordariomycetes) 동충하초목(Hypocreales)의 곰팡이 속. 분류학에서 그 위치가 정확하지 않은 곰팡이 속이다. 가늘고 길며 사이막이 있는 분생홀씨자루 끝에 두 개의 세포로 된 호분홀씨(aleurospore)가 독특한 방법으로 연결된 짧은 사슬 모양이 특징이다. 기준 종은 트리코테슘 로세움(*Trichothecium roseum*)이 다.

트리플 설탕 철 우무배지 triple sugar iron agar 티에스아이(TSI) 우무배지.

트립토스 아황산염 고리세린 우무배지 tryptose-sulfite-cycloserine agar 티에스시(TSC) 우무배지.

트립톤 콩 액체배지 tryptone soy broth 트립틱 콩 액체배지.

트립티케이스 콩 액체배지 Trypticase soy broth 트립틱 콩 액체배지.

트립티케이스 펩톤 포도당 효모추출물 액체배지 trypticase peptone glucose yeast extract broth 티피지와이(TPGY) 액체배지.

트립틱 콩 액체배지 tryptic soy broth 세균의 일반 배양에 쓰는 액체배지. 트립틱 콩 우무배지의 성분에 포도당을 첨가한 배지이다. 영양소와 바이타민이 풍부하여 육수보다 세균의 생장이 좋다. 이 배지는 포도당이 들어있어 혈액 우무배지의 기초배지로는 쓸 수 없다.

트립틱 콩 우무배지 tryptic soy agar 세균의 일반 배양에 널리 쓰는 비 선택 우무배지. 카세인의 소화효소인 트립신 또는 판크레아틴으로 가수분해한 펩톤, 콩을 소화효소인 파파인(papain)으로 분해한 펩톤과 0.5 퍼센트의 염화소듐이 들어있다.

티디티 TDT thermal death time(가열치사시간)의 약자.

티라민 tyramine 타이로신으로부터 생기는 아민. 식품에서는 발효 또는 부패 때 타이로신의 카복실기 떼기 반응으로 생성된다. 숙성 치즈, 훈제 고기, 염지 고기, 초콜릿, 포도주와 발효식품에 들어있다. 식물에서는 겨우살이에서 발견된다. 오염된 식품을 먹으면 혈압이 올라가고 편두통이 생긴다.

티람 thiram 가장 단순한 이황화 싸이우람(thiuram disulfide). 씨와 작물의 곰팡이병을 막기 위하여 잎에 뿌리는 살진균제이다. 주로 사과와 포도밭에 쓴다.

티몰 thymol 시멘(*p*-cymene)의 모노 터펜 페놀 유도체. 타임 방향유에 들어있으며 산화 방지 활성과 살진균제로 쓴다.

티보바이러스 tibovirus 진드기를 매개체로 하여 옮기는 바이러스를 이르는 비공식 용어. 진드기 매개 바이러스(*tick-borne virus*)라는 뜻이다.

티시비에스 우무배지 TCBS agar 싸이오황산염 구연산 쓸개즙산염 설탕 우무배지.

티시-에스엠 우무배지 TC-SM agar 텔루라이트 세피심 소비톨 맥콘키 우무배지.

티아이 플라스미드 Ti plasmid 쌍떡잎식물의 밑둥혹을 만드는 밑둥혹 세균(*Agrobacterium tumefaciens*)에 들어있는 플라스미드. 티아이(Ti)는 종양 유발인자(tumor-inducing)의 약자이다. 식물에 세균이 감염되면 티아이 플라스미드로 전달된 티-디엔에이(transferred-DNA)는 식물로 이동하여 염색체와 재조합한다. 티아이 플라스미드는 유전자변형 식물을 만들 때 쓰는 중요한 벡터의 하나이다.

티에스시 우무배지 TSC agar 클로스트리듐 퍼프린젠스(*Clostridium perfringens*)의 선택배지.

티에스아이 우무배지 TSI agar 포도당, 젖당과 설탕의 발효, 포도당으로부터 가스생성과 황화수소생성을 동시에 확인할 수 있는 창자 세균 감별배지. 배지에는 포도당 0.1퍼센트와 젖당과 설탕 1퍼센트가 들어있으며 그 밖에 싸이오황산나트륨, 황산철(II)암모늄과 피에이치 지시약인 페놀레드(phenol red)가 들어있다.

티엘라비옵시스 바시콜라 *Thielaviopsis basicola* 진핵생물역(Eukaryota) 진균계(Fungi) 자낭균문(Ascomycota) 구멍공버섯강(Sordariomycetes) 작은아스쿠스목(Microascales) 세라토시스티스과(Ceratocystidaceae) 티엘라비옵시스속(*Thielaviopsis*)의 곰팡이. 식물 병원체로 당근, 토마토, 상추 따위의 뿌리가 썩게 되는 검은뿌리썩음병(black root rot disease)을 일으킨다.

티엘라비옵시스속 *Thielaviopsis* 진핵생물역(Eukaryota) 진균계(Fungi) 자낭균문(Ascomycota) 구멍공버섯강(Sordariomycetes) 작은아스쿠스목(Microascales) 세라토시스티스과(Ceratocystidaceae)의 곰팡이 속. 과일과 남새의 변질을 일으킨다.

티엘라비옵시스 파라독사 *Thielaviopsis paradoxa* '세라토시스티스 파라독사'(*Ceratocystis paradoxa*)의 옛 이름.

티오에스-엠유피 배지 TOS-MPU medium 갈락토올리고당-무피론신 배지.

티지시 배지 TGC medium 싸이오글리콜산염 배지.

티 짝수 파지 T-even phage 대장균 바이러스 티 투(T2), 티 포(T4), 티 식스(T6)를 통틀어 이르는 말.

티투 독소 T2 toxin 푸사륨 트리신큠(*Fusarium tricinctum*), 푸사륨 스포로트리키오데스(*F. sporotrichiodes*) 따위가 생산하는 트리코테센.

티투 파지 T2 phage 대장균 파지 티 투.

티티시 시험 TTC test 트라이페닐테트라졸륨클로라이드(triphenyltetrazolium chloride)의 환원성으로 대사 활성이 있는 조직과 대사 활성이 없는 조직과의 구분에 쓰는 시험. 티티시는 주로 세포호흡 실험에 쓰는 산화 환원 지시약으로 조직의 여러 수소떼기효소의 활성으로 환원되면 흰색에서 붉은색의 트라이페닐포마잔(1,3,5-triphenylformazan)이 된다. 반대로 조직이 괴사하여 효소기 불활성화 또는 분해된 경우는 티티시는 색이 변하지 않는다. 볏과나 콩과 씨의 발아력 검사, 요로 세균감염의 신속 진단 방법으로도 쓴다.

티티 액체배지 TT broth 테트라싸이오산염 액체배지

티포 파지 T4 phage 대장균 바이러스 티 포(*Escherichia virus T4*).

티피지와이 액체배지 TPGY broth 다양한 무산소 세균 배양에 쓰는 액체배지.

티홀수 파지 T-odd phage 외가닥 디엔에이 구조를 갖는 바이러스 구조. 대장균 바이러스 티 원(T1), 티 스리(T3), 티 파이브(T5)와 티 세븐(T7)을 통틀어 이른다.

틸레티아과 Tilletiaceae 진핵생물역(Eukaryota) 진균계

(Fungi) 담자균문(Basidiomycota) 엑소담자균강(Exobasidiomycetes) 틸레티아목(Tilletiales)의 유일한 과.

틸레티아목 Tilletiales 진핵생물역(Eukaryota) 진균계(Fungi) 담자균문(Basidiomycota) 엑소담자균강(Exobasidiomycetes)의 목.

틸로신 tylosin 스트렙토미세스 프라디아에(*Streptomyces fradiae*)의 대사산물로 생산되는 마크롤라이드 항생물질. 그람양성 세균에 대하여 넓은 활성을 보인다. 주로 동물의 세균 감염치료에 쓴다. 소의 호흡기 감염, 자궁근육염, 급성 유방염, 양과 염소의 유방염, 돼지의 폐렴, 단독 따위의 치료에 쓴다.

틸미코신 tilmicosin 동물 약으로 쓰는 마크롤라이드 항생물질. 소의 호흡기병, 양의 동물 토착병 따위의 치료에 쓴다.

ㅍ

파네로채타과 Phanerochaetaceae 진핵생물역(Eukaryota) 진균계(Fungi) 담자균문(Basidiomycota) 주름버섯강(Agaricomycetes) 구멍장이버섯목(Polyporales)의 과.

파네로카에테 크리소스포륨 *Phanerochaete chrysosporium* 진핵생물역(Eukaryota) 진균계(Fungi) 담자균문(Basidiomycota) 주름버섯강(Agaricomycetes) 구멍장이버섯목(Polyporales) 파네로채타과(Phanerochaetaceae) 파네로커에테속(*Phanerochaete*)의 곰팡이. 세포 밖으로 효소를 분비하여 리그닌을 분해하여 대사에 이용한다. 셀룰로스는 거의 영향을 받지 않는다. 이를 흰색 썩음병(white rot)이라고 한다.

파라르나바이러스계 Pararnavirae 리보바이러스역(Riboviria)의 바이러스 계.

파라시티콜 parasiticol 아플라톡신 비 스리(B_3).

파라알세균 데니트리피칸스 *Paracoccus denitrificans* 세균역(Bacteria) 슈도모나스문(Pseudomonadota) 알파가변세균강(Alphaproteobacteria) 로도박터목(Rhodobacterales) 로도세균과(Rhodobacteriaceae) 파라알세균속(*Paracoccus*)의 그람음성 산소 또는 무산소 알 세균. 아질산염을 환원한다. 흙에 산다. 메탄올, 메틸아민 따위의 유기 화합물과 수소나 황 따위의 무기 화합물에서 에너지를 얻는다. 식품과 음료의 변질을 일으키며, 먹는 물의 질소 제거에 이용한다.

파라알세균속 *Paracoccus* 세균역(Bacteria) 슈도모나스문(Pseudomonadota) 알파가변세균강(Alphaproteobacteria) 로도박터목(Rhodobacterales) 로도박터과(Rhodobacteraceae)의 그람음성 알 모양 또는 막대 모양 산소 세균 속. 흙과 고기 절임 액에서 발견된다.

파라콕쿠스속 *Paracoccus* 파라알세균속.

파라티푸스 paratyphoid 파라티푸스 세균(*Salmonella paratyphi* A, B 또는 C)에 감염되어 일어나는 전신 감염증 또는 위장염 형태로 나타나는 감염병. 세균은 환자나 보균자의 똥과 오줌으로 오염된 음식이나 물을 먹어 감염된다. 1~3주의 잠복기를 거쳐 설사, 약한 발열, 발진, 두통 따위의 증상이 나타난다. 법정 제2급 감염병이다.

파라티푸스세균 *Salmonella enterica* serovar. Paratyphi, *Salmonella* Paratyphi 세균역(Bacteria) 슈도모나스문(Pseudomonadota) 감마가변세균강(Gammaproteobacteria) 엔테로박터목(Enterobacterales) 창자세균과(Enterobacteriaceae) 그람음성 막대 모양 세균. 법정 제2급 감염병인 파라티푸스를 일으키는 살모넬라세균이다.

파라핀밀봉법 paraffin sealing method 미생물을 비탈 배양 또는 찔러심기 배양한 상태로 장기간 보존하는 방법. 살균한 유동파라핀을 배지 위에 덮어 건조를 방지하고 미생물의 대사 활성을 억제함으로써 계대 배양 하지 않고 보존할 수 있다. 홀씨를 만들지 않는 곰팡이의 장기보존법으로 실용성이 높다.

파르티티바이러스과 Partitiviridae 리보바이러스역(Ribovirioa) 오르토르나바이러스계(Orthornavirae) 피수바이러스문(Pisuviricota) 두플로피바이러스강(Duplopiviricetes) 두르나바이러스목(Durnavirales)의 바이러스 과. 껍질이 없는 두 가닥 아르엔에이바이러스이다. 식물, 진균, 원생동물에 감염한다.

파상열(波狀熱) brucellosis 브루셀라증.

파상풍(破傷風) tetanus 파상풍 세균(*Clostridium tetani*)이 일으키는 급성 법정 제3급 감염병. 동물 똥에 오염된 흙에 있던 홀씨가 상처 부위를 통해 감염된다. 세균이 자라면서 생산하는 신경독소가 신경세포에 작용하여 근육 경련성 마비와 몸이 쑤시고 아픔을 동반한 근육 수축을 일으킨다. 특징적인 증상의 하나는 입이 굳어 열 수 없는 입벌림 장애이다. 잠복기는 2~21일이나 대부분 14일 안에 발병한다.

파상풍 독소(破傷風毒素) tetanus toxin EC 3.4.24.68 파상풍세균(*Clostridium tetani*)의 영양 세포가 생산하는 신경독소. 파상풍을 일으킨다. 생쥐에 대한 독성 실험에서 엘디 50(LD_{50})은 킬로그램당 약 2.5~3 나노그램으로 이는 보툴리눔 독소의 엘디 50(킬로그램당 2나노그램) 다음으로 강력한 독이다.

파상풍 변성독소(破傷風變性毒素) tetanus toxoid 파상풍 백신.

파상풍세균(破傷風細菌) *Clostridium tetani* 세균역(Bacteria) 막대세균문(Bacillota) 클로스트리듐강(Clostridia) 진정세균목(Eubacteriales) 라크노스피라과(Lachnospiraceae) 클로스리듐속(*Clostridium*)의 그람양성 막대 모양 무산소 세균. 홀씨를 만들며 홀씨는 전 세계의 흙과 동물의 창자관에서 발견된다. 운동 신경세포를 방해하는 파상풍세균 신경독소인 텐토자일리신(tentoxilysin, EC 3.4.24.68)을 생산하여 사람에게 법정 제3급 감염병인 파상풍을 일으킨다.

파스퇴렐라 갈리나룸 *Pasteurella gallinarum* 세균역(Bacteria) 슈도모나스문(Pseudomonadota) 감마가변세균강(Gammaproteobacteria) 파스퇴렐라목(Pasteurellales) 파스퇴렐라과(Pasteurellaceae) 파

스퇴렐라속(*Pasteurella*)의 세균. 닭 콜레라의 원인 세균이다.

파스퇴렐라과 Pasteurellaceae 세균역(Bacteria) 슈도모나스문(Pseudomonadota) 감마가변세균강(Gammaproteobacteria) 파스퇴렐라목(Pasteurellales)의 과.

파스퇴렐라목 Pasteurellales 세균역(Bacteria) 슈도모나스문(Pseudomonadota) 감마가변세균강(Gammaproteobacteria)의 목.

파스퇴렐라 물토시다 *Pasteurella multocida* 세균역(Bacteria) 슈도모나스문(Pseudomonadota) 감마가변세균강(Gammaproteobacteria) 파스퇴렐라목(Pasteurellales) 파스퇴렐라과(Pasteurellaceae) 파스퇴렐라속(*Pasteurella*)의 그람음성 둥근 짧은 막대 세균. 조류 콜레라를 비롯한 각종 인수공통감염증을 일으킨다. 사람이 고양이나 개로부터 감염되는 호흡기 감염, 물리거나 긁혀서 생기는 감염증, 패혈증 따위의 다양한 증상을 일으킨다. 페니실린에 예민하다.

파스퇴렐라속 *Pasteurella* 세균역(Bacteria) 슈도모나스문(Pseudomonadota) 감마가변세균강(Gammaproteobacteria) 파스퇴렐라목(Pasteurellales) 파스퇴렐라과(Pasteurellaceae)의 그람음성, 조건 무산소성, 알 모양 또는 막대 모양의 세균 속. 카탈레이스와 산화효소 양성이다. 젖먹이동물과 조류에 토박이 세균으로 존재한다. 이 속의 많은 종은 사람과 동물의 병원체이다.

파스퇴렐라증 pasteurellosis 그람음성 세균인 파스퇴렐라 물토시다(*Pasteurella multocida*)의 감염으로 사람과 동물에 생기는 병. 소, 양, 돼지와 가금류의 출혈성 패혈증과 폐렴을 일으킨다. 사람은 고양이를 통하여 감염된다. 증상은 상처 근처에 피가 흐르며, 붓고, 소포염 따위가 생긴다.

파스퇴렐라 헤몰리티카 *Pasteurella haemolytica* 세균역(Bacteria) 슈도모나스문(Pseudomonadota) 감마가변세균강(Gammaproteobacteria) 파스퇴렐라목(Pasteurellales) 파스퇴렐라과(Pasteurellaceae) 파스퇴렐라속(*Pasteurella*)의 세균. 주로 소와 말에 감염한다.

파스퇴르 살균 pasteurization 포장 또는 포장하지 않은 식품을 열처리하여 병원체를 없애고 효소를 불활성화하여 저장성을 높이는 살균 방법. 피에이치가 4.6 이하인 과일 주스, 맥주 따위의 살균 방법으로 효소 불활성화, 제품을 상하게 하는 효모와 젖산막대세균 파괴를 목적으로 한다. 세균 홀씨는 죽이지 못한다. 피에이치가 4.6 이상인 우유 살균은 병원체와 제품을 상하게 하는 효모와 곰팡이의 파괴를 목적으로 한다. 우유의 경우 연속 흐름 살균에는 72도 15초, 배치 살균에는 63도 30분 처리하며 세균은 콕시엘라 브루네티이(*Coxiella burnetii*)의 5 로그(log_{10}) 감소를 기준으로 한다. 우유의 초고온 파스퇴르살균은 135도에서 1~2초 처리한다.

파스퇴르 효과 Pasteur effect ① 산소가 존재하면 효모의 에탄올 발효가 억제되고 에이티피를 생산하는 산소호흡으로 전환하는 현상. ② 세포에 산소가 존재하면 해당 속도가 감소하고 젖산 축적이 억압받는 현상. 동물 세포와 진균계 미생물에서 일어난다.

파에니막대세균과 Paenibacillaceae 세균역(Bacteria) 막대세균문(Bacillota) 막대세균(Bacilli) 막대세균목(Bacillales)의 과.

파에니막대세균 라르바에 *Paenibacillus larvae* 세균역(Bacteria) 막대세균문(Bacillota) 막대세균강(Bacilli) 막대세균목(Bacillales) 파에니막대세균과(Paenibacillaceae) 파에니막대세균속(*Paenibacillus*)의 그람양성 막대 모양 세균. 전 세계에 분포하며 꿀벌의 미국부저병(American foulbrood)을 일으킨다.

파에니막대세균 마세란스 *Paenibacillus macerans* 세균역(Bacteria) 막대세균문(Bacillota) 막대세균강(Bacilli) 막대세균목(Bacillales) 막대세균과(Bacillaceae) 파에니막대세균속(*Paenibacillus*)의 그람양성 또는 그람음성 막대 모양 절대 무산소 세균. 질소 영양세균으로 질소고정과 발효를 할 수 있다. 흙과 식물에서 발견된다.

파에니막대세균속 *Paenibacillus* 세균역(Bacteria) 막대세균문(Bacillota) 막대세균강(Bacilli) 막대세균목(Bacillales) 파에니막대세균과(Paenibacillaceae)의 질소를 고정하는 그람양성 홀씨 형성 조건 무산소 세균 속. 미생물 억제 화합물과 가수분해효소도 생산한다. 자연계에서는 흙, 물, 식물체, 사료, 곤충 애벌레, 의료 시료 따위에 널리 분포한다. 다당류와 단백질을 분해하는 세포 밖 효소를 생산한다.

파에니막대세균 아밀롤리티쿠스 *Paenibacillus amylolyticus* 세균역(Bacteria) 막대세균문(Bacillota) 막대세균(Bacilli) 막대세균목(Bacillales) 파에니막대세균과(Paenibacillaceae) 파에니막대세균속(*Paenibacillus*)의 조건 무산소 홀씨 형성 세균. 흙에 산다. 산업적으로 널리 이용하는 다당류 가수분해효소와 단백질 가수분해효소와 같은 여러 효소를 생산하는 균종이 많다.

파에니막대세균 폴리믹사 *Paenibacillus polymyxa* 세균역(Bacteria) 막대세균문(Bacillota) 막대세균강(Bacilli) 막대세균목(Bacillales) 파에니막대세균과

(Paenibacillaceae)의 그람양성 세균. 질소고정 능력이 있으며 흙, 식물 조직, 온천, 바다 침전물 따위에서 발견된다. 식물 뿌리에 증식하여 형성된 미생물막(biofilm)은 병원체로부터 식물 보호 효과가 있으므로 농업과 원예에 흙 접종 세균으로 이용한다. 폴리펩타이드계 항생물질 폴리믹신(polymyxin)을 생산한다.

파에니바실루스속 *Paenibacillus* 파에니막대세균속.

파에실로미세스 릴라시누스 *Paecilomyces lilacinus* '프루프레오실륨 릴라시눔'(*Purpureocillium liacinum*)의 옛 이름.

파에실로미세스 바리오티이 *Paecilomyces variotii* 진핵생물역(Eukaryota) 진균계(Fungi) 자낭균문(Ascomycota) 분가지버섯강(Eurotiomycetes) 분가지버섯목(Eurotiales) 열아스쿠스과(Thermoascaceae) 파에실로미세스(*Paecilomyces*)의 곰팡이. 자연계에 널리 분포하며 두엄, 흙, 나무, 실내 공기, 카펫 먼지 따위에서 발견된다. 열 저항성이 있어 열처리한 식품이나 주스의 흔한 오염원이다.

파에실로미세스속 *Paecilomyces* 진핵생물역(Eukaryota) 진균계(Fungi) 자낭균문(Ascomycota) 분가지버섯강(Eurotiomycetes) 분가지버섯목(Eurotiales) 열아스쿠스과(Thermoascaceae)의 곰팡이 속. 흙, 썩는 식물, 곤충, 선충류 따위에서 발견되는 실 모양의 부생 곰팡이이며 사람과 다른 등뼈동물의 감염을 일으킨다. 많은 종이 식물 병원체이다.

파지 phage '세균 파지'의 준말.

파클로뷰트라졸 paclobutrazol 식물 생장 지연제와 싸이아졸 살진균제로 쓰는 헤테로고리 유기 염소 화합물. 지베렐린 합성을 억제하여 생장을 늦추고 개화와 과일 생성을 촉진한다.

파키솔렌속 *Pachysolen* 진핵생물역(Eukaryota) 진균계(Fungi) 자낭균문(Ascomycota) 사카로미세스강(Saccharomycetes) 사카로미세스목(Saccharomycetales) 사카로미세스과(Saccharomycetaceae)의 효모 속. 이 속에는 파키솔렌 타노필루스(*Pachysolen tannophilus*) 한 종만 있다.

파키솔렌 타노필루스 *Pachysolen tannophilus* 진핵생물역(Eukaryota) 진균계(Fungi) 자낭균문(Ascomycota) 사카로미세스강(Saccharomycetes) 사카로미세스목(Saccharomycetales) 사카로미세스과(Saccharomycetaceae)의 효모. 자일로스를 이용하므로 헤미셀룰로스 분해물에서 자일리톨과 에탄올 생산에 쓴다.

파킴산 pachymic acid 복령에서 뽑아낸 스테로이드. 뱀독의 인지방질 가수분해효소 에이투(A_2)를 억제하고 염증과 암 억제 성질이 있다.

파툴린 patulin 아스페르길루스속(*Aspergillus*)과 푸른곰팡이속(*Penicillium*) 곰팡이가 생산하는 독소. 푸른곰팡이 파툴룸(*P. patulum*)에서 처음 분리되었다. 열에 안정한 락톤이다. 흔히 썩어가는 사과에서 발견된다. 곡물, 과일과 남새에서도 발견된다.

파포미세타과 Phaffomycetaceae 진핵생물역(Eukaryota) 진균계(Fungi) 자낭균문(Ascomycota) 사카로미세스강(Saccharomycetes) 사카로미세스목(Saccharomycetales)의 과.

파피아 로도지마 *Phaffia rhodozyma* 진핵생물역(Eukaryota) 진균계(Fungi) 자낭균문(Basidiomycota) 흰목이강(Tremellomycetes) 시스토필로바시듐목(Cystofilobasidiales) 시스토피블로바시듐과(Cyfstofilobasidiaceae) 파피아속(*Phaffia*)의 효모. 아스타잔틴 생산에 쓴다.

파피아속 *Phaffia* 진핵생물역(Eukaryota) 진균계(Fungi) 자낭균문(Basidiomycota) 흰목이강(Tremellomycetes) 시스토필로바시듐목(Cystofilobasidiales) 시프스토필로바시듐과(Cyfstofilobasidiaceae)의 효모속. 효모 세포에 직접 담자기를 만들고 팡이실을 갖지 않는 오렌지~빨강 효모를 포함한다. 새우, 연어, 달걀 따위의 색깔이 좋도록 동물 사료에 첨가하는 아스타잔틴을 생산한다.

판형 열교환기(板形熱交換機) plate heat exchanger 두 유체 사이에 열을 전달하는 얇은 스테인리스강 판을 파도 모양으로 하여 좁은 간격을 두고 여러 장을 겹쳐 조립한 열교환기. 두 액체가 반대 방향으로 흐르는 동안 넓은 금속판을 통한 빠른 열 교환으로 한쪽이 가열되고 다른 한쪽은 냉각되는 구조이다. 열효율이 높고 설치 면적도 작은 장점이 있다. 액체 식품의 살균기 또는 살균 전의 예열과 살균 뒤의 냉각을 위한 열교환기 따위로 널리 쓴다.

판형 증발기(板形蒸發器) plate evaporator 판형 열교환기로 가열한 뒤 감압상태의 증발 관에서 수분을 날려 보내는 장치.

팔련구균(八連球菌) sarcina 여덟알 세균.

팔로리신 phallolysin 알광대버섯에 들어있는 단백질. 독성이 있으며 젖먹이동물의 세포 용해와 용혈 성질이 있다.

팔로이딘 phalloidin 알광대버섯에 들어있는 팔로톡신의 하나. 알라닌-트립토판-류신-알라닌-트레오닌-시스테인-프롤린의 일곱 개 아미노산으로 된 이중 고리 펩타이드로 시스테인-트립토판 다리 결합이 있다. 핏줄에 직접 주사하면 수일 뒤에 죽는다. 이 독소는 간에서 흡수되어 간세포를 파괴한다. 팔로이딘은 에프-액틴(F-actin)과 결합하여 액틴 섬유의 분해를 막아 액틴 중합체를 안정시켜 결과적으로 에프-액틴의 에이티피 가수분해 활성도 막는다.

팔로톡신 phallotoxin 알광대버섯에 들어있는 일곱 개 아미노산으로 된 이중 고리 펩타이드를 통틀어 이르는 말. 팔로이딘, 프로팔로인, 팔로인(phalloin), 팔리신(phallisin), 팔라시딘(phallacidin), 팔라신(pjallacin)과 팔리사신(phallisacin)의 일곱 화합물이 알려져 있다. 간세포에 센 독성이 있으나 창자에서 흡수하지 않으므로 실제 독성은 큰 문제가 되지 않는다.

팡이실 hypha 곰팡이 몸을 이루는 섬세한 실 모양 구조. 여러 개의 세포가 모여 이루어진다. 흰색으로 엽록소가 없으며 종에 따라 일정한 모양으로 가지 나누기하거나, 공기 중으로 뻗은 팡이실의 끝에서 팡이실체를 만든다. 곰팡이, 버섯과 같은 많은 진균과 일부 사상 바퀴살세균(filamentous actinomycetes) 따위가 만들며 영양체를 구성하는 기본 단위로 기능한다.

팡이실융합 hyphal anastomosis 팡이실의 끝과 끝, 끝과 옆 또는 두 옆면에 생긴 작은 돌기 사이에 일어나는 융합. 유성 생식과는 반드시 관계가 없으며 같은 팡이실에서 분기한 팡이실이나 다른 팡이실 사이에서도 볼 수 있다. 이 융합이 빈번하게 일어나면 세포질그물(endoplasmic reticulum)이 생긴다.

팡이실체 mycelium 곰팡이 팡이실의 그물 같은 구조. 가느다란 세포가 길게 연결하고 여러 갈래로 가지를 쳐서 실처럼 엉켜 있고, 버섯에서는 집합하여 자실체를 만든다. 엽록소가 없어 광합성을 하지 못하고 숙주 식물에 붙어서 영양분을 빨아들인다.

팥장 patjang 팥과 밀가루로 만든 메주로 담근 장.

패혈증(敗血症) sepsis 미생물 감염에 대한 숙주의 비정상 반응으로 생명을 위협하는 장기 기능 장애. 곪아서 고름이 생긴 상처나 종기 따위에서 병원 세균이나 독소가 핏줄로 들어가 돌아다니면서 온몸에 세균이 감염되어 모든 장기의 기능이 떨어진다.

패혈증비브리오세균 *Vibrio vulnificus* 세균역(Bacteria) 슈도모나스문(Pseudomonadota) 감마가변세균강(Gammaproteobacteria) 비브리오목(Vibrionales) 비브리오과(Vibrionaceae) 비브리오속(*Vibrio*)의 그람 음성 막대 모양 세균. 병원성 비브리오의 하나로 바닷물이나 어패류에서 분리된다. 감염경로는 어패류의 날것 또는 가열이 불충분한 것을 먹은 경구감염과 해수욕이나 해양 생물과의 접촉으로 상처를 통한 감염이 있다. 경구감염의 경우 오염 식품을 먹은 뒤 48시간 이내에 발열, 구토, 하지 통증, 피부색이 붉게 변한 괴사반의 증세가 나타나며 법정 제3급 감염병인 비브리오 패혈증에 이르게 된다.

팬데믹 pandemic 감염병이 세계적으로 대유행하는 상태. 세계보건기구(WHO)의 전염병 경보단계에서 최고 위험 등급에 해당한다.

팽나무버섯 enoki, *Flammulina velutipes* 진핵생물역(Eukaryota) 진균계(Fungi) 담자균문(Basidiomycota) 주름버섯강(Agaricomycetes) 주름버섯목(Agaricales) 뽕나무버섯과(Physalarcriaceae) 팽나무버섯속(*Flammulina*)의 먹는 버섯. 갓은 지름 2~8센티미터로 편평하며 누런 갈색으로 벨벳과 같은 작은 털이 있다. 늦가을부터 초봄에 팽나무, 버드나무, 감나무, 무화과나무, 너도밤나무 따위의 죽은 줄기나 그루터기에서 모여 난다. 말뚝이나 톱밥을 이용하여 인공 재배한다. 재배종은 흰색으로 콩나물 모양이다. 전 세계의 온대에서 아한대에 분포한다.

팽나무버섯속 *Flammulina* 진핵생물역(Eukaryota) 진균계(Fungi) 담자균문(Basidiomycota) 주름버섯강(Agaricomycetes) 주름버섯목(Agaricales) 뽕나무버섯과(Physalarcriaceae)의 속.

팽이버섯 enoki 팽나무버섯.

팽창제(膨脹劑) leavening agent ① 제빵 과정에서 서로 반응하여 가스를 생산하는 물질. 베이킹파우더 따위이다. ② 발효하는 동안 생물 활성으로 가스를 생산하는 물질. 효모를 이른다.

퍼셀라란 furcellaran 대니시 우무.

퍼플 브로스 베이스 purple broth base 미생물의 탄수화물의 발효성을 확인할 때 쓰는 기초 액체배지.

페녹시메틸페니실린 phenoxymethylpenicillin 페니실린 브이.

페놀계 소독제 phenolic disinfectant 미생물의 효소계통을 불활성화하여 죽이는 진한 페놀 용액. 현재는 독성문제로 쓰지 않는다.

페니실륨속 *Penicillium* 푸른곰팡이속.

페니실리옵시스속 *Penicilliopsis* 감씨버섯속.

페니실린 penicillin 푸른곰팡이 크리소게눔(*Penicillium chrysogenum*)과 푸른곰팡이 루벤스(*P. rubens*)가 생산하는 베타-락탐 항생물질을 통틀어 이르는 말. 베타-락탐 핵에 싸이아졸리딘(thiazolidine) 고리가 결합한 구조를 가진 베타-락탐 항생물질이다. 세균 세포벽을 이루는 펩티도글리칸 사이의 교차결합을 억제하여 세포벽 합성을 막는다. 가장 널리 쓰는 것은 자연 항생 물질인 페니실린 지(G)와 반 합성 항생물질인 페니실린 브이(V)이다. 반 합성 페니실린으로 포도알 세균과 사슬알 세균 감염치료에 널리 쓰는 것은 클로삭실린(cloxacillin), 옥사실린(oxacillib) 따위가 있다. 작용 범위가 넓은 것으로는 암피실린(ampicillin)과 아목시실린(amoxicillin)dl 있다. 일부 사람은 페니실린알레르기를 일으키며 페니실린 저항 세균도 알려져 있다.

페니실린 가수분해효소 penicillinase 베타-락탐 가수분해효소.

페니실린 결합 단백질 penicillin-binding protein 세균 세포벽의 펩티도글리칸합성에 관여하는 효소 단백질. 많은 세균의 정상 성분의 하나이다. 베타-락탐 항생 물질인 페니실린과 결합 친화도가 있어 페니실린을 투여하면 펩티도글리칸의 합성이 억제된다. 본디는 디디-트랜스펩타이드 가수분해효소(DD-transpeptidase, EC 3.4.16.4)이다.

페니실린 브이 penicikkin V 페니실린의 하나. 사슬알 세균 인두염, 가운데귀염, 연조직염(cellulitis) 따위의 세균 감염병 치료에 쓴다.

페니실린 알레르기 penicillin allergy 페니실린 제제에서 페니실린 중합물, 고분자 불순물, 페니실린 그 자체, 또는 그 대사물과 몸의 고분자 물질과의 결합물 따위를 알레르기항원으로 하는 면역계통의 비정상 반응. 두드러기, 발진, 가려움 따위가 일어나며 심하면 아나필락시스가 일어날 수 있다.

페니실린 지 penicillin G 페니실린의 하나. 폐렴, 수막염, 임질, 매독, 파상풍, 디프테리아 따위에 쓴다.

페니실산 penicillic acid 아스페르길루스 플라부스(*Aspergillus flavus*)와 푸른곰팡이 로퀘포르티(*Penicillium roqueforti*)가 생산하는 곰팡이독소. 낮은 온도에 저장한 수분 함량이 높은 옥수수에서 발견된다.

페디오신 pediocin 페디오알세균속(*Pediococcus*) 종이 생산하는 박테리오신. 그람양성 세균에 작용한다. 페디오신 에이-원은 아미노산 44개와 두 개의 이황화 결합으로 된 박테리오신으로 식품 보존료의 하나이다.

페디오알세균 담노수스 *Pediococcus damnosus* 세균역(Bacteria 막대세균문(Bacillota) 막대세균강(Bacilli) 젖산막대세균목(Lactobacillales) 젖산막대세균과(Lactobacillaceae) 페디오알세균속(*Pediococcus*)의 그람양성 둥근 모양 조건 무산소 젖산 세균. 포도주나 맥주에 자라 글루칸을 과다 생산하여 점성를 높여 품질을 떨어뜨린다.

페디오알세균 세레비시아에 *Pediococcus cerevisiae* 페디오알세균 담노수스(*Pediococcus damnosus*), 페디오알세균 아시디락티시(*P. acidilactici*)와 페디오알세균 펜토사세우스(*P. pentosaceus*)로 재분류되었다.

페디오알세균속 *Pediococcus* 세균역(Bacteria 막대세균문(Bacillota) 막대세균강(Bacilli) 젖산막대세균목(Lactobacillales) 젖산막대세균과(Lactobacillaceae)의 그람양성 조건 무산소 쌍 또는 네알 젖산 세균속. 비병원성 부패 세균으로 썩은 과일즙 따위에서 발견되며 호모젖산발효를 한다. 페디오알세균 담노수스(*P. damnosus*)는 일반적으로 맥주와 포도주의 오염원으로 알려져 있으나 벨기에의 람빅(Lambic)과 독일의 밸리너 바이세(Berliner Weisse) 맥주에서는 바람직하다. 일부 종에는 다이아세틸을 생성하여 맥주나 화이트 포도주에 버터 향을 부여하는 것도 있다. 페디오알세균속 종은 사워크라우트 발효, 사일리지의 스타터, 프로바이오틱으로 쓰며 치즈나 요구르트 제조에서도 유익한 미생물로 이용한다.

페디오알세균 아시디락티시 *Pediococcus acidilactici* 세균역(Bacteria 막대세균문(Bacillota) 막대세균강(Bacilli) 젖산막대세균목(Lactobacillales) 젖산막대세균과(Lactobacillaceae) 페디오알세균속(*Pediococcus*)의 그람양성 조건 무산소 알 세균. 호모발효 젖산 세균으로 발효 남새, 발효 우유와 고기에서 발견된다. 김치에서도 볼 수 있다. 또 태국의 룩팡(luckpang), 인도네시아의 라기(ragi)를 포함하여 동남아시아로부터 네팔에 이르는 지역에서 고유 술이나 발효식품 제조에 쓰는 스타터에 널리 분포한다. 넓은 범위의 피에이치, 온도, 삼투압에서도 생장할 수 있다. 식품 가공에서 원료로 쓸 수 있다.

페디오알세균 파르불루스 *Pediococcus parvulus* 세균역(Bacteria 막대세균문(Bacillota) 막대세균강(Bacilli) 젖산막대세균목(Lactobacillales) 젖산막대세균과(Lactobacillaceae) 페디오알세균속(*Pediococcus*)의 세균. 식품 가공에서 원료로 쓸 수 있다.

페디오알세균 펜토사세우스 *Pediococcus pentosaceus* 세균역(Bacteria 막대세균문(Bacillota) 막대세균강(Bacilli) 젖산막대세균목(Lactobacillales) 젖산막대세균과(Lactobacillaceae) 페디오알세균속(*Pediococcus*)의 그람양성 무산소 알 젖산 세균. 식물 물질, 숙성 치즈, 가공 고기 따위에서 발견된다. 김치에서 분리한 젖산 세균의 하나이다. 식품 가공에서 원료로 쓸 수 있다.

페디오알세균 할로필루스 *Pediococcus halophilus* 세균역(Bacteria 막대세균문(Bacillota) 막대세균강(Bacilli) 젖산막대세균목(Lactobacillales) 젖산막대세균과(Lactobacillaceae) 페디오알세균속(*Pediococcus*)

의 세균. 멸치젓이나 된장에서 발효작용을 한다. 식품 가공에서 원료로 쓸 수 있다.

페디오콕쿠스속 *Pediococcus* 페디오알세균속.

페로노스포라과 Peronosporaceae 진핵생물역(Eukaryota) 유색조식물계(Chromista) 난균문(Oomycota) 난균강(Oomycetes) 페로노스포라목(Peronosporales)의 물곰팡이 과.

페로노스포라목 Peronospolales 진핵생물역(Eukaryota) 유색조식물계(Chromista) 난균문(Oomycota) 난균강(Oomycetes)의 목.

페스트세균 *Yersinia pestis* 세균역(Bacteria) 슈도모나스문(Pseudomonadota) 감마가변세균강(Gammaproteobacteria) 엔테로박터목(Enterobacterales) 창자세균과(Enterobacteriaceae) 예르시니아속(*Yersinia*)의 그람음성 둥근 짧은 막대 조건 무산소 세균. 페스트세균은 쥐의 기생체인 쥐벼룩의 기생체로 사람에게 법정 1급 감염병인 페스트를 일으킨다.

페트로프-하우세르 계수판 Petroff-Hausser counting chamber 배양 액체 속의 세균 수를 직접 셀 수 있는 눈금판. 깊이 0.02밀리미터에 한 눈금이 0.05밀리미터인 바둑판 모양의 눈금을 새긴 판이다. 판에 시료 액을 떨어뜨리고 덮개유리로 씌운 뒤 일정한 구획 안에 있는 세균 수를 세어서 전체 세균 수를 얻는다.

페트리 접시 Petri dish 뚜껑이 있고 깊이가 얕은 투명한 접시. 주로 세균이나 진균의 생장 배지를 담는 데 쓴다. 미생물의 평판배양에 가장 널리 쓰는 용기이다. 지름은 3~20센티미터로 다양하며 지름에 대한 높이 비는 1:1에서 1:4이다. 유리로 된 페트리접시는 살균하여 반복 사용이 가능하다. 미리 살균한 일회용 플라스틱 접시도 널리 쓴다.

페트리 접시 배양 Petri dish culture 페트리접시 안에서 미생물을 키움.

페트리필름 Petrifilm 건조한 필름 상태로 만든 배지. 필름 윗부분을 들어 올려 필름 아래쪽 위에 시료 액을 접종하고 윗부분으로 덮어서 시료 액을 고르게 펴고 배양한다. 조작이 간편하고 보존하기 좋은 배지이며 일반 생균 수, 대장균군, 대장균, 누런 포도알 세균, 곰팡이와 효모 따위의 추정에 쓰는 여러 제품이 있다.

페플로바이러스문 Peploviricota 두플로드나바이러스역(Duplodnaviria) 흥공바이러스계(Heunggongvirae)의 바이러스 문.

펙토세균과 Pectobacteriaceae 세균역(Bacteria) 슈도모나스문(Pseudomonadota) 감마가변세균강(Gammaproteobacteria) 엔테로박터목(Enterobacterales)의 세균 과.

펙토세균속 *Pectobacterium* 세균역(Bacteria) 슈도모나스문(Pseudomonadota) 감마가변세균강(Gammaproteobacteria) 엔테로박터목(Enterobacterales) 펙토세균과(Pectobacteriaceae)의 속. 대부분 식물 병원체이다.

펙토세균 카로토보룸 *Pectobacterium carotovorum* 세균역(Bacteria) 슈도모나스문(Pseudomonadota) 감마가변세균강(Gammaproteobacteria) 엔테로박터목(Enterobacterales) 펙토세균과(Pectobacteriaceae) 펙토세균속(*Pectobacterium*)의 그람음성 막대 모양 조건 무산소 세균. 식물 병원체로 펙틴 가수분해 효소를 생성하고 양파, 배추, 무, 감자, 당근, 토마토 따위의 많은 식물의 저장조직을 분해하여 세균 무름병을 일으킨다.

펙티나투스 세레비시이필루스 *Pectinatus cerevisiiphilus* 세균역(Bacteria) 막대세균문(Bacillota) 네가티비알세균강(Negativicutes) 셀레노모나스목(Selenomonadales) 베일로넬라과(Veillonellaceae) 펙티나투스속(*Pectinatus*)의 그람음성 막대 모양 무산소 세균. 맥주의 변질을 일으킨다.

펙티나투스속 *Pectinatus* 세균역(Bacteria) 막대세균문(Bacillota) 네가티비알세균강(Negativicutes) 셀레노모나스목(Selenomonadales) 베일로넬라과(Veillonellaceae)의 그람음성 막대 모양 절대 무산소 세균 속.

펙티나투스 프리신겐시스 *Pectinatus frisingensis* 세균역(Bacteria) 막대세균문(Bacillota) 네가티비알세균강(Negativicutes) 셀레노모나스목(Selenomonadales) 베일로넬라과(Veillonellaceae) 펙티나투스속(*Pectinatus*)의 그람음성 막대 모양 무산소 세균. 상한 맥주에서 분리되었다.

펜탄올 pentanol 탄소수 다섯 개인 곧은 사슬 포화 알코올. 아밀알코올이라고 한다.

펨바 우무배지 PEMBA agar, polymixin pyruvate egg yolk mannitol bromocresol blue agar 막대세균 세레우스(*Bacillus cereus*)를 선택적으로 배양할 때 쓰는 고체배지.

펩타이드 항생물질 peptide antibiotic 비 단백질 폴리펩타이드 사슬을 가지고 있는 항생물질. 세균 감염과 눈 감염치료에 쓴다. 악티노마이신, 콜리스틴, 폴리믹신 비(B) 따위이다.

펩토알세균과 Peptococcaceae 세균역(Bacteria) 슈도모나스문(Pseudomonadota) 클로스트리듐강(Clostridia) 클로스트리듐목(Clostridiales)의 그람양성 절대 무산소 알 세균 과. 아래에는 펩토알세균속(*Peptocucus*), 펩토사슬알세균속(*Peptostreptococcus*), 루

미노알세균속(*Ruminococcus*), 여덟알세균속(*Sarcina*) 따위가 있다.

펩톤 peptone 단백질을 펩신으로 부분 가수분해하여 얻는 물에 녹는 폴리펩타이드와 올리고펩타이드의 혼합물. 세균배양에서 아미노산의 공급원으로 쓴다. 콩을 사용한 펩톤은 다른 펩톤과는 달리 탄수화물, 바이타민, 무기질이 풍부한 것이 특징이며 총 질소함량이 낮다.

펩톤 수 pepton water 펩톤 10그램과 염화소듐 5그램을 증류수 1리터에 녹이고 피에이치를 7.2로 조절한 물.

펩톤 수 완충용액 buffered peptone water 펩톤 10그램, 염화소듐 5그램, 인산이소듐 3.5그램과 인산일포타슘 1.5그램을 증류수 1리터에 녹이고 피에이치를 7.2로 조절한 용액.

펩티도글리칸 peptidoglycan 세균의 세포벽을 구성하는 당과 아미노산의 중합체. 엔-아세틸글루코사민(*N*-acetylglucosamim)과 엔-아세틸무람산(*N*-acetylmuramic acid)이 번갈아 베타-1,4 글리코사이드 결합한 곧은 당 사슬에 많은 짧은 펩타이드(4~5개 아미노산 잔기)가 엔-아세틸무람산에 다리 결합한 화합물로 그물망 모양의 구조이다. 펩티도글리칸층의 두께는 그람양성 세균이 그람 음성 세균보다 두껍다. 펩티도글리칸은 그람양성 세균의 경우 세균 벽 건조 무게의 40~90퍼센트를 차지하나, 그람음성 세균은 약 10퍼센트에 지나지 않는다. 그람음성 세균인 대장균의 경우 펩티도글리칸을 이루는 아미노산은 엘-알라니, 디-글루탐산, 다이아미노피멜산(diaminopimelic acid)과 디-알라닌이고, 그람양성 세균인 누런 포도알 세균은 엘-알라닌, 디-글루탐산, 엘-라이신, 디-알라닌 그리고 이들 네 아미노산 펩타이드 사이의 내부 다리로 5-글리신이 결합하고 있다.

펴바르기 평판법 spread plate method 평판 우무배지 겉면에 균체 시료 액 일정량(0.05~0.1밀리리터)을 얇게 펴서 바르고 배양하여 콜로니를 형성시키는 평판 배양법의 하나. 미생물의 순수분리나 생균 수 측정 따위에 쓴다. 미리 만들어 굳힌 배지를 써서 배지 위에 형성된 콜로니 형태를 잘 관찰할 수 있는 이점이 있으나 접종하는 시료량이 적어 검출한계가 크지 않은 단점이 있다. 균체 수가 시료 1그램 또는 1밀리리터당 300 이하일 때는 붓기평판법이 유리하다.

편모(鞭毛) flagellum 세포 일부가 분화하여 긴 채찍 모양의 털처럼 된 운동 기관. 일부 세균, 말무리, 진균, 편모충류나 동물의 정자에서 볼 수 있으며, 섬모보다 수가 적고 길이는 길다. 세균 편모는 하나의 단백질 섬유로 되어있으며 세균은 편모 회전 운동으로 움직인다. 편모 항원을 에이치(H)항원이라고 하며 세균을 혈청학적으로 분류할 때 이용한다.

편모 세균(鞭毛細菌) flagellated bacterium 편모가 있는 막대 모양 세균. 한쪽이나 양 끝에 편모 한 개만 있는 세균, 한쪽이나 양 끝에 편모가 다발로 있는 세균, 편모가 세포 겉면을 덮고 있는 세균 따위가 있다.

편모 염색(鞭毛染色) flagella stain 가는 편모를 광학현미경으로 볼 수 있도록 타닌산(tannic acid)으로 굵게 만들어 염색하는 일.

편모충(鞭毛蟲) flagellate 편모를 가지고 생활하는 원생동물. 편모를 이용하여 움직이므로 주로 물과 같은 환경에서 산다. 색소체가 있는 유글레나와 색소체가 없는 볼복스, 야광충 따위이다.

편모충속(鞭毛蟲屬) *Giardia* 진핵생물역(Eukaryota) 메타모노다문(Metamonada) 디플로모나디다목(Diplomonadida) 육편모충과(Hexamitidae)의 편모를 가지는 기생성 무산소 원생동물 속. 강은 정해진 것이 없다. 물, 사람과 다른 동물의 작은창자에서 자라며 편모충증(giardiasis)를 일으킨다.

편모충증(鞭毛蟲症) giardiasis 원생동물의 기생충인 람블편모충(*Gardia lamblia*)의 감염으로 사람과 동물에 생기는 병. 오염된 물과 음식을 먹어 감염되며, 물같은 설사, 심한 복통, 구역질, 위창자가스참을 특징으로 한다.

편모 항원(鞭毛抗原) flagellar antigen 에이치항원.

편성혐기성 세균(偏性嫌氣性細菌) obligate anaerobic bacterium 절대 무산소 세균.

평판 배양(平板培養) plate culture 평판 고체배지에 미생물을 기름. 페트리접시 안의 고체배지(주로 우무배지)에 미생물을 접종하는 방법에 따라 펴바르기 평판법, 붓기 평판법, 긋기 평판법 따위가 있다.

평판 배지(平板培地) agar plate 배양액에 우무를 첨가하여 페트리접시에 평판으로 굳힌 배지.

평판 생균수 측정법(平板生菌數測定法) plate count method 미생물의 생균 수를 평판배양으로 측정하는 방법. 균체 시료 액을 알맞게 묽히고 적당한 평판배양법으로 배양하여 우무배지에 나타난 콜로니 수를 세어서 생균 수를 측정한다.

폐결핵(肺結核) pulmonary tuberculosis 허파에 결핵세균이 침입하여 생기는 감염병. 병이 진행됨에 따라 기침과 가래가 나오며 호흡 곤란이 일어난다. 환자의 기침이나 제치기 따위로 공기 가운데 퍼진 세균이 기관지나 허파꽈리로 들어와 감염된다. 법정 제2급 감염병이다.

폐렴(肺炎) pneumonia 허파의 공기주머니에 생기는 염증. 폐렴 사슬알세균(*Streptococcus pneumoniae*), 바이러스, 진균 따위가 감염되어 일어나며 그 밖에 화학 물질이나 알레르기, 방사선 치료 따위에 따른 폐렴도 일어날 수 있다. 오한, 고열, 가슴쓰림, 기침, 호흡 곤란 따위의 증상을 보인다.

폐렴막대세균 *Klebsiella pneumoniae* 세균역(Bacteria) 슈도모나스문(Pseudomonadota) 감마가변세균강(Gammaproteobacteria) 엔테로박터목(Enterobacterales) 창자세균과(Enterobacteriaceae) 클렙시엘라속(*Klebsiella*)의 그람음성 막대 모양 조건 무산소 세균. 흙, 사람의 입, 피부와 창자에 산다. 주로 당뇨나 알코올 의존 환자의 폐렴을 일으킨다. 사람이 호흡으로 흡입하면 허파에 갇은 피 묻은 젤리 같은 점액을 만든다.

폐렴 미코플라스마 *Mycoplasma pneumoniae* 세균역(Bacteria) 미코플라스마타문(Mycoplasmatota) 몰리쿠테스강(Mollicutes) 미코플라스마목(Mycoplamatales) 미코플라스마과(Mycoplasmataceae) 미코플라스마속(*Mycoplasma*)의 그람양성 세균. 펩티도글리칸 세포벽이 없어 세균 억제제에 대한 저항성이 있다. 사람에게 법정 제4급 감염병인 미코플라스마균 감염증을 일으킨다. 이는 급성 호흡기 감염증으로 발한, 오한, 두통, 인후통, 이통, 근육통 따위가 일어난다.

폐렴 바이러스 pneumonia virus 폐렴을 일으키는 바이러스. 기관지 폐렴의 원인 바이러스로서는 코로나바이러스, 아데노바이러스, 파라인플루엔자바이러스, 리노바이러스, 수두바이러스, 홍역바이러스 따위가 있다. 증상은 기침과 가래이며 폐렴 발생 부위에 따라 가슴 통증, 호흡 곤란, 발열 따위가 일어난다.

폐렴바이러스과 Pneumoviridae 리보바이러스역(Riboviria) 오르토르나바이러스계(Orthornavirae) 네가르나바이러스문(Negarnaviricota) 몬지바이러스강(Monjiviricetes) 모노네가바이러스목(Mononegavirales)의 음성 가닥 아르엔에이바이러스 속. 숙주는 사람, 소와 설치류이다. 주로 호흡기에 감염한다.

폐렴 사슬알 세균 pneumococcus, *Streptococcus pneumoniae* 세균역(Bacteria) 막대세균문(Bacillota) 막대세균강(Bacilli) 젖산막대세균목(Lactobacillales) 사슬알세균과(Streptococcaceae) 사슬알세균속(*Streptococuus*)의 그람양성 쌍알 세균. 건강한 사람의 숨길, 굴(sinus), 코안에 콜로니를 이룬다. 면역력이 떨어진 사람이나 어린아이에게는 병원체로서 주로 호흡에 따른 비말을 통하여 사람과 사람 사이에 감염하여 폐렴과 수막염을 일으킨다. 감염은 주로 겨울과 이른 봄에 전 세계에서 일어난다.

폐렴세균(肺炎細菌) *Streptococcus pneumoniae* 폐렴 사슬알 세균.

폐렴쌍알세균 *Diplococcus pneumoniae* 폐렴 사슬알 세균.

폐렴알세균 pneumococcus 폐렴 사슬알 세균.

폐쇄자낭과(閉鎖子囊果) cleistothecium 일부 자낭균류에서 특징적으로 나타나는 닫힌 자실체(자낭과). 이 안에서 홀씨가 만들어지고 벽이 무너지면서 홀씨를 내보낸다.

폐수 무산소 소화(廢水無酸素消化) anaerobic digestion of waste water 폐수나 오니를 무산소 미생물을 이용하여 분해함. 대표적인 것은 메테인 발효이다.

포게스-프로스카우어 액체배지 Voges-Proskauer broth 포게스-프로스카우어 시험에 쓰는 액체배지.

포게스-프로스카우어 시험 Voges-Proskauer test 세균 액체배양에서 아세토인을 확인하는 시험. 임빅(IMVIC) 시험의 하나이다. 세균을 접종한 포게스-프로스카우어 액체배지에 알파-나프톨과 수산화포타슘을 넣으면 아세토인은 산화되어 다이아세탈이 되고 펩톤의 구아니딘기와 반응하여 붉은색을 띤다. 누런 갈색을 띠면 음성이다.

포낭(包囊) cyst 일부 미생물이 건조한 상태에서 만드는 보호 껍질로 둘러싸인 휴면 세포.

포도당 액체배지(葡萄糖液體培地) dextrose broth 트립토스(tryptose), 포도당, 고기 추출물을 첨가한 배지. 광범위한 미생물의 배양에 쓰며 영양 요구가 복잡하거나 손상된 미생물의 분리와 생장에도 쓴다. 이것의 우무배지(dextrose agar)는 피 우무배지의 기초배지로 이용한다.

포도당인산염 배지(葡萄糖燐酸鹽培地) glucose phosphate broth 메틸레드 포게스 프로스커우어 배지.

포도당효과(葡萄糖效果) glucose effect '분해대사물질 억제'의 잘못.

포도버섯과 Strophariaceae 진핵생물역(Eukaryota) 진균계(Fungi) 담자균문(Basidiomycota) 주름버섯강(Agaricomycetes) 주름버섯목(Agaricales)의 과.

포도상구균(葡萄狀球菌) staphylococcus 포도알세균.

포도상구균속(葡萄狀球菌屬) *Staphylococcus* 포도알세균속.

포도알세균 staphylococcus 포도알세균속(*Staphylococuus*)의 세균. 공 모양의 세포가 불규칙하게 모여서 포도송이처럼 된 세균이다.

포도알세균과 Staphylococcaceae 세균역(Bacteria) 막대세균문(Bacillota) 막대세균강(Bacilli) 막대세균목

(Bacillales)의 과.

포도알세균 배지110번 Staphylococcus medium No. 110 누런 포도알 세균의 선택, 분리와 감별에 쓰는 배지. 젤라틴 액화성, 만니톨 발효성, 색소생성과 식염 내성의 성상으로 누런 포도알 세균을 감별할 수 있다. 누런 포도알 세균은 오렌지색 또는 레몬색의 콜로니를 형성한다. 이 배지에서는 흔히 막대세균속(*Bacillus*), 마이크로알세균속(*Micrococcus*), 창자염 비브리오 세균(*Vibrio parahaemolyticus*) 따위도 잘 자라므로 누런 포도알 세균이 의심스러운 콜로니는 순수분리하여 응고효소 시험(coagulase test)을 할 필요가 있다.

포도알세균 비툴리누스 *Staphylococcus vitulinus* 세균역(Bacteria) 막대세균문(Bacillota) 막대세균강(Bacilli) 막대세균목(Bacillales) 포도알세균과(Staphylococcaceae) 포도알세균속(*Staphylococcus*)의 그람양성 포도알 모양 세균. 소고기, 닭고기, 양고기와 그 밖의 육류에서 분리되었고 말이나 고래를 포함한 여러 동물에서도 발견된다. 식품 가공에서 발효 육류 제조에만 쓸 수 있다.

포도알세균속 *Staphylococcus* 세균역(Bacteria) 막대세균문(Bacillota) 막대세균강(Bacilli) 막대세균목(Bacillales) 포도알세균과(Staphylococcaceae)의 그람양성 포도알 모양 조건 무산소 세균 속. 사람의 피부, 소화관, 코, 목, 질 따위에서 분리되는 정상 세균이며 흙에서도 발견된다. 병원에서 주로 감염되며 많은 균종은 항생물질에 저항성이 있다. 내염성으로 6.5퍼센트 소금 용액에서도 발견된다. 누런 포도알 세균, 표피 포도알 세균, 부생 포도알 세균(*S. saprophyticus*)은 병원성이 있다. 누런 포도알 세균은 이 속의 기준 종으로 화농성 질환의 병원체이며 독소형 음식매개병의 원인 세균이다.

포도알세균 음식매개병 staphylococcal foodborne illness 그람양성 세균인 누런 포도알 세균(*Staphylococcus aureus*)이 생성하는 창자 독소에 오염된 음식을 먹어 일어나는 급성 중독. 음식을 먹은 뒤 1~10시간 이내에 구토, 욕지기, 설가, 경련 따위의 증상이 나타난다. 음식을 60도 이상 또는 4도 이하로 유지하여 세균 증식을 억제하는 것이 중요하다.

포도알세균 자일로수스 *Staphylococcus xylosus* 세균역(Bacteria) 막대세균문(Bacillota) 막대세균강(Bacilli) 막대세균목(Bacillales) 포도알세균과(Staphylococcaceae) 포도알세균속(*Staphylococcus*)의 그람양성 세균. 사람이나 동물의 피부에 산다. 살라미 발효에 쓴다. 식품 가공에서 발효 육류와 치즈 제조에만 쓸 수 있다.

포도알세균 카르노수스 *Staphylococcus carnosus* 세균역(Bacteria) 막대세균문(Bacillota) 막대세균강(Bacilli) 막대세균목(Bacillales) 포도알세균과(Staphylococcaceae) 포도알세균속(*Staphylococcus*)의 그람양성 알 세균. 단독 또는 쌍알로 존재한다. 건조 소시지에서 처음 발견되었다. 식품 가공에서 발효 육류 제조에만 쓸 수 있다.

포도알세균 크로모게네스 *Staphylococcus chromogenes* 세균역(Bacteria) 막대세균문(Bacillota) 막대세균강(Bacilli) 막대세균목(Bacillales) 포도알세균과(Staphylococcaceae) 포도알세균속(*Staphylococcus*)의 그람양성 포도송이 모양 세균. 소의 유방염과 관련이 있다.

포도알세균 폐렴 staphylococcal pneumoniae 누런 포도알 세균(*Staphylococcus aureus*)이 일으키는 폐렴.

포도주(葡萄酒) wine 포도즙을 포도주효모로 알코올 발효하여 얻는 술. 포도 원료를 으깨거나 포도즙(must)에 아황산과 효모를 넣고 발효한 뒤 걸러서 나무통, 탱크 또는 병에 담아 숙성한다. 효모는 배양한 사카로미세스 세레비지아에(*Saccharomyces cerevisiae*) 또는 포도 껍질에 있는 자연 효모를 쓴다. 색깔에 따라 적포도주, 백포도주, 로제 따위가 있다. 당도에 따라서는 드라이와인(dry wine)과 스위트 와인(sweet wine)이 있고 거품이 이는 샴페인, 알코올 강화 포도주(셰리, 포트, 마데이라) 따위도 있으며 포도의 당 성분이 농축된 포도로 만든 귀부와인과 아이스와인(ice wine)도 있다. 포도주는 숙성에서 젖산 세균이 말산으로부터 젖산과 이산화탄소로 만드는 말산 젖산 발효가 일어나 신맛이 줄고 향미가 원숙해진다. 포도가 아닌 과일즙이나 주스로 만든 것은 '과일주(fruit wine)'라고 한다. 와인(wine)이라는 용어는 쌀을 당화 하여 발효한 쌀 술(rice wine), 팜즙을 발효한 팜술(palm wine) 따위에도 쓴다.

포도주 박(葡萄酒粕) wine pomace 포도주를 분리하고 남은 물질. 껍질과 씨를 포함한다.

포도주 식초(葡萄酒食醋) wine vinegar 적포도주, 백포도주 또는 셰리를 아세트산 발효하여 얻는 식초.

포도주 앙금 lees 발효가 끝난 포도주를 큰 용기에 저장하는 동안 밑에 가라앉아 생긴 앙금. 남아 있는 효모 따위의 물에 녹지 않는 물질, 주석산 결정물 따위이다. 대부분의 상업용 주석산은 이 침전물에서 얻는다.

포도주제조(葡萄酒製造) winemaking 포도즙을 알코올 발효하여 포도주를 만듦. 기본 과정은 포도 으깨기,

포도즙의 알코올발효와 숙성이다. 발포 포도주는 이차발효를 거쳐 만든다.

포도주 제조장(葡萄酒製造場) winery 포도주를 생산하는 상업 공장.

포도주 증류액(葡萄酒蒸溜液) wine distillate 포도주를 증류하여 만든 중간 산물. 또는 최종 증류주.

포도주 창고(葡萄酒倉庫) wine cellar 포도주를 병 또는 통에 담아 저장하는 공간. 온도(7~18도), 습도, 빛 따위를 조절하여 포도주 변질을 최소화한다. 때로는 온도 변화를 최소화하기 위하여 지하에 만들기도 한다.

포도주 포도(葡萄酒葡萄) winemaking grape 포도주 제조에 주로 쓰는 포도 재배종. 유럽 종 포도(*Vitis vinifera*)와 미국 종 포도(*V. labrusca*, *V. rotundifolia*) 따위가 있다.

포도주학(葡萄酒學) enology 포도주 생산과 관리에 대하여 과학적으로 연구하는 학문.

포도주 효모(葡萄酒酵母) wine yeast 포도즙을 발효하여 포도주를 만드는 데 쓰는 효모. 낮은 온도와 피에이치에서의 생장과 발효성, 아황산에 대한 내성이 있어야 하며 포도주에 좋은 향미를 주는 특성이 있어야 한다. 주로 사카로미세스속의 효모(*Saccharomyces cerevisiae*)를 쓴다.

포도즙 grape juice 포도에서 짜낸 즙. 음료로 먹거나 발효하여 포도주를 얻는다.

포도 증류주(葡萄蒸溜酒) grape spirits 포도를 발효하여 증류한 술. 브랜디 따위이다.

포도 찌꺼기 grape marc 포도주 제조에서의 부산물. 포도즙을 발효한 뒤에 압착 하여 즙을 분리하고 남은 껍질, 씨 따위의 잔류물을 포함한다.

포르피리듐강 Porphyridiophyceae 진핵생물역(Eukaryota) 홍조식물문(Rhodophyta)의 강.

포르피리듐과 Porphyridiaceae 진핵생물역(Eukaryota) 홍조식물문(Rhodophyta) 포르피리듐강(Porphyridiophyceae) 포르피리듐목(Porphyridiales)의 과.

포르피리듐목 Porphyridiales 진핵생물역(Eukaryota) 홍조식물문(Rhodophyta) 포르피리듐강(Porphyridiophyceae)의 목.

포르피리듐속 *Porphyridium* 진핵생물역(Eukaryota) 홍조식물문(Rhodophyta) 포르피리듐강(Porphyridiophyceae) 포르피리듐목(Porphyridiales) 포르피리듐과(Porphyridiaceae)의 붉은말 속.

포르피리듐 크루엔툼 *Porphyridium cruentum* 진핵생물역(Eukaryota) 홍조식물문(Rhodophyta) 포르피리듐강(Porphyridiophyceae) 포르피리듐목(Porphyridiales) 포르피리듐과(Porphyridiaceae) 포르피리듐속(*Porphyridium*)의 붉은말. 지방산, 지방질, 세포벽 다당류, 색소 따위의 자원 가능성이 있다.

포린 porin 그람음성 세균과 일부 그람양성 세균의 바깥막, 미토콘드리아의 바깥막과 엽록체 바깥막에 있는 막 관통 단백질. 막에 큰 구멍을 형성하여 작은 분자가 막을 관통하여 퍼질 수 있게 한다.

포마 바타타 *Phoma batata* 진핵생물역(Eukaryota) 진균계(Fungi) 자낭균문(Ascomycota) 입술버섯강(Dothideomycetes) 플레오스포라목(Pleosporales) 디디멜라과(Didymellaceae) 포마속(*Phoma*)의 곰팡이. 고구마의 마른썩음병(dry rot)을 일으킨다.

포마 베타 *Phoma beta* 진핵생물역(Eukaryota) 진균계(Fungi) 자낭균문(Ascomycota) 입술버섯강(Dothideomycetes) 플레오스포라목(Pleosporales) 디디멜라과(Didymellaceae) 포마속(*Phoma*)의 곰팡이. 사탕무의 심부병(heart rot)과 마름병(blight)을 일으킨다.

포마 소르그히나 *Phoma sorghina* 진핵생물역(Eukaryota) 진균계(Fungi) 자낭균문(Ascomycota) 입술버섯강(Dothideomycetes) 플레오스포라목(Pleosporales) 디디멜라과(Didymellaceae) 포마속(*Phoma*)의 곰팡이. 과일(멜론, 파파야, 바나나 따위), 남새, 치즈와 곡류(수수, 보리, 옥수수와 쌀)의 변질을 일으킨다.

포마속 *Phoma* 진핵생물역(Eukaryota) 진균계(Fungi) 자낭균문(Ascomycota) 입술버섯강(Dothideomycetes) 플레오스포라목(Pleosporales) 디디멜라과(Didymellaceae)의 곰팡이 속. 흙에 살며 홀씨는 단세포이고 많은 종은 식물 병원체이다.

포마 헤르바룸 *Phoma herbarum* 진핵생물역(Eukaryota) 진균계(Fungi) 자낭균문(Ascomycota) 입술버섯강(Dothideomycetes) 플레오스포라목(Pleosporales) 디디멜라과(Didymellaceae) 포마속(*Phoma*)의 곰팡이. 흙, 물과 식품에서 분리된다. 여러 식물의 병원체이며 부생 곰팡이이다.

포스트바이오틱 postbiotic 프리바이오틱과 프로바이오틱을 소화하고 남은 물질. 건강에 좋은 포스트바이오틱은 바이타민 비(B)와 케이(K), 해로운 세균의 생장을 늦추는 미생물 억제 펩타이드, 세균에 영양 공급원이 되는 짧은 사슬 지방산 따위가 있다.

포스포마이신 fosfomycin 방광 감염치료에 쓰는 화학 합성 항생물질. 세균 세포벽의 펩티도글리칸합성을 억제한다. 그람음성 세균과 그람양성 세균에 작용한다.

포충균강(浦蟲菌綱) Zoopagomycetes 진핵생물역(Eukaryota) 진균계(Fungi) 포충균문(Zoopagomycota)의 한 진균 강. 흙에 사는 아메바, 선충류 따위에 붙어 그 안이나 겉면에 살면서 기생한다.

포충균과(浦蟲菌綱) Zoopagaceae 진핵생물역(Eukaryota) 진균계(Fungi) 포충균강(Zoopagomycetes) 포충균목(Zoopagales)의 진균 과.

포충균목(浦蟲菌目) Zoopagales 진핵생물역(Eukaryota) 진균계(Fungi) 포충균강(Zoopagomycetes)의 진균 목.

포충균아문(浦蟲菌亞門) Zoopagomycotina 진핵생물역(Eukaryota) 진균계(Fungi) 포충균문(Zoopagomycota)의 진균 아문.

포카에이콜라 플레베이우스 *Phocaeicola plebeius* 세균역(Bacteria) 박테로이데스문(Bacteroidota) 박테로이데스목(Bacteroidales) 박테로이데스과(Bacteroidaceae) 포카에이콜라속(*Phocaeicola*)의 세균. 붉은말 세포벽 성분인 포피란(porphyran)을 분해하는 베타-포피란 가수분해효소(β-porphyranase, EC 3.2.1.178)를 생성한다. 김을 먹는 일본인의 창자에서 발견되었다.

포터 porter 높은 온도에서 말려 부분적으로 탄화하거나 갈색으로 볶은 엿기름으로 만든 짙은 갈색의 쓴 맥주.

포토박테륨속 *Photobacterium* 광세균속.

포트 port 단맛이 강한 짙은 붉은색의 알코올 강화 포도주. 포르투갈의 도우로(Douro) 계곡 상류의 포도주용 포도를 발효한 디저트용 포도주이다. 발효 중에 당도가 10퍼센트가 되었을 때 술덧에 증류주를 첨가하여 알코올도수를 18퍼센트로 조정하고 3년 동안 저장, 숙성한다.

포트 와인 port wine 포트.

포피란 porphyran 김속(*Porphyra*)의 물에 녹는 곧은 사슬 구조의 다당류. 1,3-베타-디-갈락토피라노스-(1,4)-알파-엘-갈락토피라노스-6-황산염이다.

폭스바이러스 poxvirus 마마바이러스.

폭스바이러스과 Poxviridae 마마바이러스과.

폭케스바이러스강 Pokkesviricetes 바리드나바이러스역(Varidnaviria) 밤포르드바이러스계(Bamfordvirae) 누클레오시토바이러스문(Nucleocytoviricota)의 강.

폭풍 발효(暴風醱酵) stormy fermentation 클로스트리듐 퍼프린젠스(*Clostridium perfringence*)가 리트머스 우유를 응고하고 가스를 생성하면서 혼탁하게 되는 일. 젖당 발효로 산과 가스(이산화탄소와 수소)가 생성되는 데 산으로 단백질이 응고되고 이 응고물을 가스가 시험관 위로 밀어 올려 모양이 난리 난 듯한 현상이다. 배지의 산은 리트머스를 파랑에서 빨강으로 변하게 한다.

폴리믹신 polymyxin 파에니믹대세균 폴리믹사(*Paenibacillus polymyxa*) 따위의 그람양성 세균이 생산하는 항생 물질. 폴리믹신 비(B)와 콜리스틴은 그람음성 세균 감염치료에 쓴다. 세균 세포막을 파괴한다.

폴리스시탈룸 푸스툴란스 *Polyscytalum pustulans* 진핵생물역(Eukaryota) 진균계(Fungi) 자낭균문(Ascomycota) 자낭균강(Ascomycetes)의 곰팡이. 목과 과는 정해진 것이 없다. 감자 병원균이다.

폴리오 polio '급성 회백수염'의 옛 이름.

폴리오바이러스 poliovirus 피코르나바이러스과(Picornaviridae) 창자바이러스속(*Enterovirus*)의 바이러스. 사람에게 급성 회백수염을 일으킨다. 어린이가 이 바이러스에 감염되면 소아마비에 걸린다.

폴리케타이드 polyketide 메틸렌 탄소로 분리된 많은 카보닐과 알코올을 가진 구가 다양한 자연물을 통틀어 이르는 말. 케톤과 메틸렌기(-CO-CH_2-)가 교대로 축합한 구조이다. 세균, 진균과 식물에서 이차 대사산물로 생산한다. 작은 카복실산과 말론산에 폴리케타이드 합성 효소 복합체가 작용하여 축합반응으로 합성된다. 많은 폴리케타이드는 항생물질(에리트로마이신 따위), 암 억제제와 면역 억압제 따위의 생물 활성이 있다. 아스페르길루스속(*Aspergillus*)이 생산하는 아플라톡신도 폴리케타이드에 속한다.

폴리클론 항체 polyclonal antibody 다른 비(B) 세포에서 분비한 항체 혼합물. 특정한 하나의 항원에 반응하는 면역글로불린 분자의 집합이다.

폴리펩타이드 항생물질 polypeptide antibiotic 비 단백질 폴리펩타이드 사슬을 가지고 있는 화학적으로 다양한 종류의 항생물질을 이르는 말. 세균 감염과 눈 감염에 쓰며 세균 생장을 막거나 세균을 죽인다. 막대세균 리케미포르미스(*Bacillus lichemiformis*)가 생산하는 고리 펩타이드 혼합물인 바시트라신(bacitracin), 파에니막대세균속(*Paenibacillus*) 세균에서 얻으며 다제 내성 그람음성 감염에 대한 마지막 수단으로 쓰는 콜리스틴(colistin), 파에니막대세균 폴리믹사(*P. polymyxa*)에서 얻으며 요로감염과 수막염에 쓰는 폴리믹신 비(polymyxin B) 따위가 있다. 바시트라신은 그람양성 세균의 세포벽과 펩티도글리칸합성을 억제하며 콜리스틴과 폴리믹신 비는 양이온을 띠며 음 이온성의 밖 세포막에 결합하여 세균 독성을 중화하여 세균을 죽음에 이르게 한다.

폼베 pombe ① 아프리카에서 기장 엿기름으로 만드는 알코올음료. ② 분열 효모. 분열 효모(*Schizosa-*

ccharomyces pombe)는 폼베에서 분리된 알코올발효 효모이다.

폼베 맥주 pombe beer 폼베.

표고 shiitake, *Lentinula edodes* 진핵생물역(Eukaryota) 진균계(Fungi) 담자균문(Basidiomycota) 주름버섯강(Agaricomycetes) 주름버섯목(Agaricales) 솔밭버섯과(Omphalotaceae) 표고속(*Lentinula*)의 먹는 버섯. 갓은 지름 4~10센티미터로 편평하나 가운데가 언덕처럼 올라오고 연한 갈색이다. 어떤 것은 가운데가 들어가거나 심하게 갈라져서 거북 등처럼 된다. 봄에서 가을에 걸쳐 넓은잎나무의 죽은 참나무, 밤나무, 떡갈나무, 떨갈나무, 오리나무, 박달나무, 느티나무의 줄기, 가지, 그루터기에 홀로 또는 모여 난다. 나무 부후 곰팡이이다. 대부분 참나무에 씨균을 접종하여 인공 재배한다. 한국, 중국, 일본, 동남아시아, 뉴질랜드 등지에 분포한다.

표고속 *Lentinula* 진핵생물역(Eukaryota) 진균계(Fungi) 담자균문(Basidiomycota) 주름버섯강(Agaricomycetes) 주름버섯목(Agaricales) 솔밭버섯과(Omphalotaceae)의 속.

표준 에프값 F_0 가열온도 121도이고 제트 값 10도에서 미생물을 죽이는 데 필요한 시간(분).

표준 우무배지 standard methods agar, plate count agar 물이나 식품의 총 세균수 또는 생장 세균수를 측정할 때 쓰는 비 선택 우무배지. 조성은 카세인 펩톤, 효모 추출물, 포도당과 우무이다. 카세인은 세균 생장을 돕는 질소, 탄소와 아미노산 공급원이며 효모 추출물은 바이타민 특히 비(B) 그룹의 공급원이고 포도당은 발효성 당이다. 세균수는 시료 1그램당 또는 1밀리리터당 콜로니 형성단위로 나타낸다.

표준 평판 균수(標準平板菌數) standard plate count, SPC 평판 생균 수 측정법으로 표준 우무배지를 사용하고 산소 조건에서 30도에서 72시간 배양하여 측정한 생균 수. 생균 수는 산소 세균과 조건 무산소 미생물 그리고 그 밖의 미생물의 추정값이다. 시료 1그램 또는 1밀리리터당 콜로니 형성 단위로 나타낸다.

표피 브레비세균 *Brevibacerium epidermidis* 세균역(Bacteria) 비퀴살세균문(Actinomycetota) 바퀴살세균강(Actinomycetia) 작은알세균목(Micrococcales) 브레비세균과(Brevibacteriaceae) 브레비세균속(*Brevibacerium*)의 그람양성 막대 모양 산소 세균. 사람 피부에 산다.

표피 포도알세균 *Staphylococcus epidermidis* 세균역(Bacteria) 막대세균문(Bacillota) 막대세균강(Bacilli) 막대세균목(Bacillales) 포도알세균과(Staphylococcaceae) 포도알세균속(*Staphylococcus*)의 그람양성 조건 무산소 세균. 사람이나 동물의 피부에 자라는 정상 세균이다.

푸르푸리젖산막대세균 로시아에 *Furfurilactobacillus rossiae* 세균역(Bacteria 막대세균문(Bacillota) 막대세균강(Bacilli) 젖산막대세균목(Lactobacillales) 젖산막대세균과(Lactobacillaceae) 푸르푸리젖산막대세균속(*Furfurilactobacillus*)의 세균. 식품 가공에서 빵 반죽 제조에만 쓸 수 있다.

푸르푸리젖산막대세균속 *Furfurilactobacillus* 세균역(Bacteria) 막대세균문(Bacillota) 막대세균강(Bacilli) 젖산막대세균목(Lactobacillales) 젖산막대세균과(Lactobacillaceae)의 젖산 세균 속. 속명의 푸르푸리(furfuri-)는 곡물의 껍질(bran)을 뜻하는 라틴어 'furfur'에서 유래되었으며, 발효 곡물에서 발견되었기 때문에 곡물 껍질에 있는 젖산막대세균(*Lactobacillus* from bran)이라는 뜻이다.

푸르프레오실륨 리아시눔 *Purpureocillium liacinum* 진핵생물역(Eukaryota) 진균계(Fungi) 자낭 균문(Ascomycota) 구멍공버섯강(Sordariomycetes) 동충하초목(Hypoceales) 오피오코르디셉스과(Ophiocordycipitaceae) 프루푸레오실륨속(*Purpureocillium*)의 실 모양 기생성 곰팡이. 흙, 숲, 목초지, 사막 하수 찌꺼기, 곤충 따위에서 발견된다. 식물 기생 선충류 구제에 쓴다.

푸른곰팡이 그리세오풀붐 *Penicillium griseofulvum* 진핵생물역(Eukaryota) 진균계(Fungi) 자낭균문(Ascomycota) 분가지버섯강(Eurotiomycetes) 분가지버섯목(Eurotiales) 아스페르길루스과(Aspergillaceae) 푸른곰팡이속(*Penicilium*)의 곰팡이. 견과류나 곡물에서 발견된다. 파툴린(patulin), 페니풀빈에이(penifulvin A), 시클로피아존산(cyclopiazonic acid), 로케포틴 시(roquefortine C), 시킴산(shikimic acid), 그리세오풀빈(griseofulvin), 6-메틸살리실산(6-methylsalicylic acid) 따위를 생산한다.

푸른곰팡이 글라우쿰 *Penicillium glaucum* 진핵생물역(Eukaryota) 진균계(Fungi) 자낭균문(Ascomycota) 분가지버섯강(Eurotiomycetes) 분가지버섯목(Eurotiales) 아스페르길루스과(Aspergillaceae) 푸른곰팡이속(*Penicilium*)의 곰팡이. 일부 블루치즈와 고르곤졸라 제조에 이용한다.

푸른곰팡이 날기오벤스 *Penicillium nalgiovense* 진핵생물역(Eukaryota) 진균계(Fungi) 자낭균문(Ascomycota) 분가지버섯강(Eurotiomycetes) 분가지버섯목(Eurotiales) 아스페르길루스과(Aspergillaceae) 푸

른곰팡이속(*Penicilium*)의 곰팡이. 지방질과 단백질 분해력이 높은 곰팡이로서 치즈에서 처음 분리되었다. 다이클롤로다이어포틴(dichlorodiaportin), 다이아포티놀(diaportinol)과 다이아포틴산(diaportinic acid)을 생산하며, 발효 살라미와 햄의 숙성에 쓴다. 식품 가공에서 발효 육류와 치즈 제조에만 쓸 수 있다.

푸른곰팡이 노타툼 *Penicillium notatum* '푸른곰팡이 크리소게눔'(*Penicillium chrysogenum*)의 옛 이름.

푸른곰팡이 데쿰벤스 *Penicillium decumbens* 진핵생물역(Eukaryota) 진균계(Fungi) 자낭균문(Ascomycota) 분가지버섯강(Eurotiomycetes) 분가지버섯목(Eurotiales) 아스페르길루스과(Aspergillaceae) 푸른곰팡이속(*Penicilium*)의 곰팡이. 열대와 아열대 지역의 흙에서 흔히 발견되며, 시클로펜테논(cyclopentenone)을 생산한다.

푸른곰팡이 디스콜로르 *Penicillium discolor* 진핵생물역(Eukaryota) 진균계(Fungi) 자낭균문(Ascomycota) 분가지버섯강(Eurotiomycetes) 분가지버섯목(Eurotiales) 아스페르길루스과(Aspergillaceae) 푸른곰팡이속(*Penicilium*)의 곰팡이. 견과류, 남새와 치즈에서 발견되며, 채토글로보신(chaetoglobosins), 팔리탄틴(palitantin), 시클로페닌(cyclopenin), 시클로페놀(cyclopenol), 시클로펩틴(cyclopeptin), 데하이드로시클로펩틴dehydrocyclopeptin), 비리디카틴(viridicatin)과 비리디카톨(viridicatol)을 생산한다.

푸른곰팡이 로케포르티 *Penicillium roqueforti* 진핵생물역(Eukaryota) 진균계(Fungi) 자낭균문(Ascomycota) 분가지버섯강(Eurotiomycetes) 분가지버섯목(Eurotiales) 아스페르길루스과(Aspergillaceae) 푸른곰팡이속(*Penicilium*)의 곰팡이. 자연계에 널리 사는 부생 곰팡이이다. 다당류, 단백질 가수분해효소 따위의 효소를 생산한다. 로케포르, 스틸톤즈, 대니쉬 블루치즈, 고르곤졸라와 그 밖의 블루치즈 생산에 쓴다. 식품 가공에서 치즈 제조에만 쓸 수 있다.

푸른곰팡이 루브룸 *Penicillium rubrum* 진핵생물역(Eukaryota) 진균계(Fungi) 자낭균문(Ascomycota) 분가지버섯강(Eurotiomycetes) 분가지버섯목(Eurotiales) 아스페르길루스과(Aspergillaceae) 푸른곰팡이속(*Penicilium*)의 곰팡이. 옥수수나 콩에서 발견되며, 고지산, 미토루브린(mitorubrin), 미토루브리놀(mitorubrinol), 루브라톡신 에이와 비(rubratoxin A, B) 따위를 생산한다.

푸른곰팡이 물티콜로르 *Penicillium multicolor* 진핵생물역(Eukaryota) 진균계(Fungi) 자낭균문(Ascomycota) 분가지버섯강(Eurotiomycetes) 분가지버섯목(Eurotiales) 아스페르길루스과(Aspergillaceae) 푸른곰팡이속(*Penicilium*)의 곰팡이. 알파-엘-푸코사이드 가수분해효소(α-L-fucosidase, EC 3.2.1.51), 스클레로티오린(sclerotiorin), 8-*O*-메틸스클레오티오리나민(8-*O*-Methylsclerotiorinamine), 물티콜로스산(multicolosic acid)과 아이소크로모필론(isochromophilone)을 생산한다. 식품 가공에서 치즈 제조에만 쓸 수 있다.

푸른곰팡이 베르루코숨 *Penicillium verrucosum* 진핵생물역(Eukaryota) 진균계(Fungi) 자낭균문(Ascomycota) 분가지버섯강(Eurotiomycetes) 분가지버섯목(Eurotiales) 아스페르길루스과(Aspergillaceae) 푸른곰팡이속(*Penicilium*)의 곰팡이. 온대와 추운 지역에서 발견된다. 곡류와 곡물을 주로 하는 사료에서 발견된다. 곡물을 부패시키고 곰팡이독소를 생산할 수 있다.

푸른곰팡이병 blue mold 푸른곰팡이 엑스판숨(*Penicillium expansum*) 곰팡이가 일으키는 사과 병. 주로 저장 때 발생하여 옅은 갈색 반점이 생기고 점차 흰 팡이실이 생긴다. 오래되면 병터에 분생 홀씨가 형성되어 푸른색으로 되면서 과일 전체가 썩는다. 사과와 그 밖에 배, 딸기, 토마토, 옥수수와 벼에도 감염한다.

푸른곰팡이 비리디카툼 *Penicillium viridicatum* 진핵생물역(Eukaryota) 진균계(Fungi) 자낭균문(Ascomycota) 분가지버섯강(Eurotiomycetes) 분가지버섯목(Eurotiales) 아스페르길루스과(Aspergillaceae) 푸른곰팡이속(*Penicilium*)의 곰팡이. 저온에서 산다. 페니실산과 시트리닌을 생산하며 포도와 멜론을 변질시킨다.

푸른곰팡이속 *Penicillium* 진핵생물역(Eukaryota) 진균계(Fungi) 자낭균문(Ascomycota) 분가지버섯강(Eurotiomycetes) 분가지버섯목(Eurotiales) 아스페르길루스과(Aspergillaceae)의 곰팡이 속. 자연환경, 식품 상함과 식품과 의약품 생산에 중요한 역할을 한다. 일부 종은 페니실린을 생산하고 다른 일부는 치즈 제조, 효소 생산에 쓴다. 많은 종은 독성이 있는 곰팡이독소를 생산한다. 푸른색을 띠며 오래된 빵, 과일 따위에 잘 자란다.

푸른곰팡이 스클레로티오룸 *Penicillium sclerotiorum* 진핵생물역(Eukaryota) 진균계(Fungi) 자낭균문(Ascomycota) 분가지버섯강(Eurotiomycetes) 분가지버섯목(Eurotiales) 아스페르길루스과(Aspergillaceae) 푸른곰팡이속(*Penicilium*)의 곰팡이.

푸른곰팡이 시클로퓸 *Penicillium cyclopium* 진핵생물역(Eukaryota) 진균계(Fungi) 자낭균문(Ascomycota) 분가지버섯강(Eurotiomycetes) 분가지버섯목(Eurotiales) 아스페르길루스과(Aspergillaceae) 푸른곰팡이속(*Penicilium*)의 곰팡이. 치즈의 변질을 일으키는 대표 곰팡이다. 그 밖에 고기붙이와 마가린이나 견과류를 변질시킨다.

푸른곰팡이 시트리눔 *Penicillium citrinum* 진핵생물역(Eukaryota) 진균계(Fungi) 자낭균문(Ascomycota) 분가지버섯강(Eurotiomycetes) 분가지버섯목(Eurotiales) 아스페르길루스과(Aspergillaceae) 푸른곰팡이속(*Penicilium*)의 곰팡이. 자연계에 널리 자란다. 곰팡이가 핀 감귤류, 열대 향신료와 곡물에서 발견된다. 탄자와산(tanzawaic acid) 메바스타틴(Mevastatin), 퀴노시트리닌 에이와 비(Quinocitrinine A, Quinocitrinine B), 콩팥 독성 시트리닌을 생산한다.

푸른곰팡이 아다메트지오이데스 *Penicillium adametzioides* 진핵생물역(Eukaryota) 진균계(Fungi) 자낭균문(Ascomycota) 분가지버섯강(Eurotiomycetes) 분가지버섯목(Eurotiales) 아스페르길루스과(Aspergillaceae) 푸른곰팡이속(*Penicilium*)의 무성세대 곰팡이. 한국 청주에서 썩은 포도에서 발견되었다.

푸른곰팡이 아우란티오그리세움 *Penicillium aurantiogriseum* 진핵생물역(Eukaryota) 진균계(Fungi) 자낭균문(Ascomycota) 분가지버섯강(Eurotiomycetes) 분가지버섯목(Eurotiales) 아스페르길루스과(Aspergillaceae) 푸른곰팡이속(*Penicilium*)의 곰팡이. 아스파라거스와 딸기의 병원체이다. 아니세퀴올(anicequol)과 아우란틴(auranthine)을 생산한다.

푸른곰팡이 웨이데르만니이 *Penicillium weidemannii* '푸른곰팡이 로케포르티'(*Penicillium roqueforti*)의 옛 이름.

푸른곰팡이 이스란디쿰 *Penicillium islandicum* 진핵생물역(Eukaryota) 진균계(Fungi) 자낭균문(Ascomycota) 분가지버섯강(Eurotiomycetes) 분가지버섯목(Eurotiales) 아스페르길루스과(Aspergillaceae) 푸른곰팡이속(*Penicilium*)의 무성세대 곰팡이. 루테오스키린(luteoskyrin), 시마톡신(simatoxin), 시클로클로로틴(cyclochlorotine), 루굴로신(rugulosin), 이슬란디톡신(islanditoxin)과 키토산 가수분해효소를 생산한다.

푸른곰팡이 카멤베르티 *Penicillium camemberti* 진핵생물역(Eukaryota) 진균계(Fungi) 자낭균문(Ascomycota) 분가지버섯강(Eurotiomycetes) 분가지버섯목(Eurotiales) 아스페르길루스과(Aspergillaceae) 푸른곰팡이속(*Penicilium*)의 곰팡이. 카망베르, 브리(Brie), 랑그레스(Langres), 쿨롬미에르스(Coulommiers)와 캄보졸라Cambozola) 치즈 생산에 쓴다. 식품 가공에서 치즈 제조에만 쓸 수 있다.

푸른곰팡이 칸디듐 *Penicillium candidium* '푸른곰팡이 카멤베르티'(*Penicillium camemberti*)의 옛 이름.

푸른곰팡이 크루스토숨 *Penicillium crustosum* 진핵생물역(Eukaryota) 진균계(Fungi) 자낭균문(Ascomycota) 분가지버섯강(Eurotiomycetes) 분가지버섯목(Eurotiales) 아스페르길루스과(Aspergillaceae) 푸른곰팡이속(*Penicilium*)의 곰팡이. 단백질 함량이 높은 고기나 치즈 따위를 상하게 한다. 낮은 온도와 수분 활성도에서 살 수 있다. 곰팡이독소 페니트렘 에이(penitrem A)를 생산하며 이 곰팡이가 번식한 음식을 먹으면 신체 떨림 증상이 나타날 수 있다.

푸른곰팡이 크리소게눔 *Penicillium chrysogenum* 진핵생물역(Eukaryota) 진균계(Fungi) 자낭균문(Ascomycota) 분가지버섯강(Eurotiomycetes) 분가지버섯목(Eurotiales) 아스페르길루스과(Aspergillaceae) 푸른곰팡이속(*Penicilium*)의 곰팡이. 페니실린을 포함하는 베타-락탐계 항생물질의 생산 균주이다. 그 밖에 이차 대사산물로 로케포틴 시(roquefortine C), 멜레아그린(meleagrin), 크리소긴(chrysogine), 안드라스타틴 에이(andrastatin A), 펀지스포린(fungisporin)과 피아르 독소(PR-toxin)를 생산한다.

푸른곰팡이 폴로니쿰 *Penicillium polonicum* 진핵생물역(Eukaryota) 진균계(Fungi) 자낭균문(Ascomycota) 분가지버섯강(Eurotiomycetes) 분가지버섯목(Eurotiales) 아스페르길루스과(Aspergillaceae) 푸른곰팡이속(*Penicilium*)의 곰팡이. 곡물류, 땅콩, 양파, 건조육류와 감귤류를 부패시키며, 페니실산(penicillic acid), 베루코시딘(verucosidin), 파툴린, 아니신(anacine) 따위의 이차 대사산물과 글리코펩타이드를 생산한다.

푸른곰팡이 푸니쿨로숨 *Penicillium funiculosum* 진핵생물역(Eukaryota) 진균계(Fungi) 자낭균문(Ascomycota) 분가지버섯강(Eurotiomycetes) 분가지버섯목(Eurotiales) 아스페르길루스과(Aspergillaceae) 푸른곰팡이속(*Penicilium*)의 곰팡이. 파인애플의 병원체이며, 돼지 사료 제조에 쓰는 자일란 가수분해효소(endo-1,4-β-xylanase, EC 3.2.1.8)와 베타-글루칸 가수분해효소를 생산한다.

푸마르산 발효 fumaric acid fermentation 포도당에서 거미줄곰팡이속(*Rhizopus*) 곰팡이가 푸마르산을 생산하는 액침 발효.

푸모니신 fumonisin 푸사륨속(*Fusarium*) 곰팡이가 생산하는 곰팡이독소 그룹. 구조는 스핑고지방질의 전구물질 뼈대인 스핑가닌(sphinganine)과 비슷하다. 푸사륨 베르티실리오이데스(*F. verticillioides*)가 생산하는 푸모니신 비 원(B1), 푸사륨 베르티실리오이데스와 아스페르길루스 니게르(*Aspergillus niger*)가 생산하는 비 투(B2), 비 스리(B3)와 푸사륨 베르티실리오이데스와 푸사륨 프롤리페라툼(*F. proliferatum*)이 생산하는 비 포(B4)가 있다. 푸모니신 비 투는 비 원보다 세포독성이 강하며 스핑고신 엔-아실기 전달효소(sphingosine N-acyltransferase, EC 2.3.1.24)를 억제한다.

푸사레논 엑스 fusarenon X 푸사륨 그라미네아룸(*Fusarium graminearum*)과 푸사륨 트리신크툼(*F. tricinctum*)이 생산하는 트라이코테센.

푸사륨 그라미네아룸 *Fusarium graminearum* 지베렐라 제아에.

푸사륨 니발레 *Fusarium nivale* '모노그라펠라 니발리스 변종 니발리스'(*Monographella nivalis* var. *nivalis*)의 옛 이름.

푸사륨 독소 *Fusarium* toxin 푸사륨속(*Fusarium*) 곰팡이가 생산하는 이차 대사산물 가운데 사람과 동물에 유해 한 생리 활성을 보이는 물질. 트라이코테센, 푸모니신, 제아랄레논(zearalenone) 따위가 있다. 이들 독소는 독성이 강하여 가축에게는 발암성이 있고 사람에게는 식도암과 출산 장애와 관련이 있다. 푸사륨독소를 생산하는 가장 중요한 종은 푸사륨 그라미네아룸(*Fusarium graminearum*)이다.

푸사륨 모닐리포르메 *Fusarium moniliforme* '푸사륨 베르티실리오이데스'(*Fusarium verticillioides*)의 옛 이름.

푸사륨 베네나툼 *Fusarium venenatum* 진핵생물역(Eukaryota) 진균계(Fungi) 자낭균문(Ascomycota) 구멍공버섯강(Sordariomycetes) 동충하초목(Hypocreales) 넥트리아과(Nectriaceae) 푸사륨속(*Fusarium*)의 곰팡이. 단백질 함량이 높아 단세포 단백질 생산에 이용되는 균주이며 상업적 단세포 단백질 제품인 퀀(Quorn)을 생산한다.

푸사륨 베르티실리오이데스 *Fusarium verticillioides* 진핵생물역(Eukaryota) 진균계(Fungi) 자낭균문(Ascomycota) 구멍공버섯강(Sordariomycetes) 동충하초목(Hypocreales) 넥트리아과Nectriaceae) 푸사륨속(*Fusarium*)의 곰팡이. 옥수수를 감염하는 가장 흔한 곰팡이이다. 곡류에 번식하여 곰팡이독소 푸모니신(fumonisin)을 생산한다. 돌연변이 유발물질인 푸사린 시(fusarin C)를 생산한다.

푸사륨속 *Fusarium* 진핵생물역(Eukaryota) 진균계(Fungi) 자낭균문(Ascomycota) 구멍공버섯강(Sordariomycetes) 동충하초목(Hypocreales) 넥트리아과(Nectriaceae)의 실 같은 곰팡이 속. 흙에 사는 부생 곰팡이이다. 일부 종은 식물에 병을 일으키고 저장 과일이나 남새의 변질을 일으킨다. 식품에 푸모니신과 트라이코테센(trichotecene) 독소를 생산하여 이를 먹은 사람과 동물에 병을 일으킬 수 있다. 벼, 보리, 밀, 옥수수, 콩 따위의 병원체이다. 푸사륨 그라미네아룸(*Fusarium graminearum*)은 보리의 붉은곰팡이병(Fusarium head blight)을 일으키며, 다른 종은 바나나의 시듦병을 일으킨다. 푸사륨 베네나툼(*F. venenatum*)은 단세포 단백질 제품인 퀀(Quorn)을 생산한다

푸사륨 솔라니 *Fusarium solani* 진핵생물역(Eukaryota) 진균계(Fungi) 자낭균문(Ascomycota) 구멍공버섯강(Sordariomycetes) 동충하초목(Hypocreales) 넥트리아과(Nectriaceae) 푸사륨속(*Fusarium*)의 곰팡이. 흙에 산다. 감자의 마른 섞음병, 완두의 뿌리썩음병 따위를 일으킨다. 사람에게는 눈의 각막 감염을 일으킨다.

푸사륨 스포로트리키오이데스 *Fusarium sporotrichioides* 진균계(Fungi) 자낭균문(Ascomycota) 구멍공버섯강(Sordariomycetes) 동충하초목(Hypocreales) 넥트리아과(Nectriaceae) 푸사륨속(*Fusarium*)의 곰팡이. 식물 병원체로 밀의 이삭마름병을 일으킨다. 곰팡이독소 트라이코테센(trichothecenes)을 생산한다.

푸사륨 옥시스포룸 *Fusarium oxysporum* 진핵생물역(Eukaryota) 진균계(Fungi) 자낭균문(Ascomycota) 구멍공버섯강(Sordariomycetes) 동충하초목(Hypocreales) 넥트리아과(Nectriaceae) 푸사륨속(*Fusarium*)의 곰팡이. 흙에 사는 부생 곰팡이로 리그닌을 분해한다. 토마토, 바나나, 고구마, 콩과 작물, 박과 작물, 십자화과 작물 따위를 감염하고 양파의 마른썩음병을 일으킨다.

푸사륨중독 fusariotoxicosis 푸사륨속(*Fusarium*) 곰팡이가 생산하는 독소에 오염된 보리류와 그 가공품을 사람이나 가축이 먹어 일어나는 중독 증상.

푸사륨 쿨모룸 *Fusarium culmorum* 진핵생물역(Eukaryota) 진균계(Fungi) 자낭균문(Ascomycota) 구멍공버섯강(Sordariomycetes) 동충하초목(Hypocreales) 넥트리아과(Nectriaceae) 푸사륨속(*Fusarium*)

의 곰팡이. 식물의 병원체로 곡물, 목초와 같은 외떡잎식물이나 쌍떡잎식물의 뿌리썩음병, 이삭마름병, 줄기썩음병 따위를 일으킨다. 해변의 모래에서 자라는 갯그령(dunegrass; *Leymus mollis*)과 공생하여 식물에 소금 내성과 건조 내성을 준다.

푸사륨 트리신툼 *Fusarium tricinctum* 진핵생물역(Eukaryota) 진균계(Fungi) 자낭균문(Ascomycota) 구멍공버섯강(Sordariomycetes) 동충하초목(Hypocreales) 넥트리아과(Nectriaceae) 푸사륨속(*Fusarium*)의 곰팡이. 주로 온대 지역에서 사는 식물 병원체로 전 세계에서 많은 곡물에서 발견된다. 곡류의 붉은곰팡이병(Fusarium head blight)을 일으킨다.

푸사륨 포아에 *Fusarium poae* 진핵생물역(Eukaryota) 진균계(Fungi) 자낭균문(Ascomycota) 구멍공버섯강(Sordariomycetes) 동충하초목(Hypocreales) 넥트리아과(Nectriaceae) 푸사륨속(*Fusarium*)의 곰팡이. 카네이션 눈 썩음병(but rot)을 일으킨다.

푸사륨 프롤리페라툼 *Fusarium proliferatum* 진핵생물역(Eukaryota) 진균계(Fungi) 자낭균문(Ascomycota) 구멍공버섯강(Sordariomycetes) 동충하초목(Hypocreales) 넥트리아과(Nectriaceae) 푸사륨속(*Fusarium*)의 곰팡이. 옥수수나 바나나 같은 작물의 병원체이며 면역력이 떨어진 환자에게 파종 감염(disseminated infection)을 일으킬 수 있다.

푸사린 fusarin 푸사륨속(*Fusarium*) 곰팡이가 생산하는 곰팡이독소를 통틀어 이르는 말. 이 곰팡이는 밀, 보리, 귀리, 호밀, 옥수수 따위에 감염한다. 푸사린 에이(A), 시(C), 디(D) 따위가 있으며 푸사린 시는 돌연변이 유발물질이다.

푸사린 시 fusarin C 푸사륨 푸지쿠로이(*Fusarium fujikuroi*), 푸사륨 스포로트리키오이데스(*F. sporotrichioides*)와 네오넥트리아 콕시네아(*Neonectria coccinea*)가 생산하는 곰팡이독소. 강한 돌연변이 유발물질이다.

푸사프롤리페린 fusaproliferin 푸사륨 푸지쿠로이(*Fusarium fujikuroi*)와 푸사륨 수브글루티난스(*F. subglutinans*)가 생산하는 곰팡이독소.

푸소박테름속 *Fusobacterium* 푸소세균속.

푸소세균강 Fusobacteriia 세균역(Bacteria) 푸소세균문(Fusobacteriota)의 강.

푸소세균과 Fusobacteriaceae 세균역(Bacteria) 푸소세균문(Fusobacteriota) 푸소세균강(Fusobacteriia) 푸소세균목(Fusobacteriales)의 과.

푸소세균목 Fusobacteriales 세균역(Bacteria) 푸소세균문(Fusobacteriota) 푸소세균강(Fusobacteriia)의 목.

푸소세균문 Fusobacteriota 세균역(Bacteria)의 문.

푸소세균속 *Fusobacterium* 세균역(Bacteria) 푸소세균문(Fusobacteriota) 푸소세균강(Fusobacteriia) 푸소세균목(Fusobacteriales) 푸소세균과(Fusobacteriaceae)의 그람음성 절대 무산소 세균 속.

푸시니아강 Pucciniomycetes 진핵생물역(Eukaryota) 진균계(Fungi) 담자균문(Basidiomycota)의 강.

푸시니아과 Pucciniaceae 진핵생물역(Eukaryota) 진균계(Fungi) 담자균문(Basidiomycota) 푸시니아강(Pucciniomycetes) 푸시니아목(Pucciniales)의 곰팡이 과.

푸시니아목 Pucciniales 진핵생물역(Eukaryota) 진균계(Fungi) 담자균문(Basidiomycota) 푸시니아강(Pucciniomycetes)의 곰팡이 목.

푸시니아 트리티시나 *Puccinia triticina* 녹병곰팡이.

풀버섯 straw mushroom, *Volvariella volvacea* 진핵생물역(Eukaryota) 진균계(Fungi) 담자균문(Basidiomycota) 주름버섯강(Agaricomycetes) 주름버섯목(Agaricales) 난버섯과(Pluteaceae) 비단털버섯속(*Volvariella*)의 먹는 버섯. 갓은 지름 5~10센티미터로 편평하며 가운데는 검정이다. 가을에 땅이나 볏짚 덤이 따위에 무리 지어 나며 부생 생활을 한다. 동아시아와 동남아시아에서 재배하며 아시아 음식에 널리 쓴다. 세계에서 세 번째로 많이 소비하는 버섯이다. 한국, 중국, 일본, 동남아시아, 유럽, 북아메리카 등지에 분포한다.

품질악화(品質惡化) deterioration 품질, 기능, 조건 따위가 점차 나빠지는 과정.

풋독소 전구물질 preprotoxin 킬러 효모가 생산하는 폴리펩타이드 독소 단백질의 전구물질.

풋마름병 bacterial wilt 세균성 시듦병.

퓨라졸리돈 furnzolidone 퓨란 고리에 질소기를 가진 항생물질. 모노아민 산화효소의 억제제이기도 하다. 사람과 동물에 쓰며 그람양성과 그람음성 세균과 원생동물에 작용한다. 미국에서는 식용으로 하는 동물에는 사용을 금지하고 있다.

퓨로마이신 puromycin 스트렙토미세스 알보니게르(*Streptomyces alboniger*) 세균이 생산하는 아미노뉴클레오사이드 항생물질. 단백질합성 억제제로 리보솜에서 일어나는 번역을 일찍 끝내도록 한다.

퓨젤알코올 fusel alcohol 퓨젤유.

퓨젤유 fusel oil 알코올 발효 때 에틸알코올과 함께 부산물로 생기는 여러 고급 알코올의 혼합물. 퓨젤(Fusel)은 독일말로 나쁜 술(bad liquor)이라는 뜻이다. 알코올발효액을 증류하여 정제할 때 끓는점이 높아 증류 끝부분에 농축되고 기름기의 점조도를 갖는다. 에탄올보다 독성이 강하며 술을 마신 뒤 두통이나 현기증을 일으키는 원인 물질이다. 퓨젤유의 주성분은 2-메틸-1-뷰탄올(, active amyl alcohol), 아이소아밀알코올, 아이소뷰틸 알코올, 1-프로판올 따위이고 그 밖에 아이소프로판올, 1-뷰탄올, 1-펜탄올, 1-헥산올 따위가 있다.

프라이머 primer 디엔에이합성에 필요한 아르엔에이 또는 디엔에이의 짧은 가닥. 디엔에이 분자는 프라이머의 3 '-수산기 끝과 새로 연결하는 데옥시뉴클레오타이드 5 '-인산기 사이에 인산 다이에스터결합을 형성하고 5 '→ 3 '의 방향으로 늘어난다. 중합 효소 연쇄 반응(PCR)에서 이용하는 프라이머는 화학 합성된 짧은 외가닥 디엔에이 조각이다.

프라이온 prion 단백질성 감염 알갱이. 단백질(protein)에서 *pr*을, 감염(infection)에서 *i*를, 알갱이를 뜻하는 접미사 *–on*을 붙여 만든 말이다. 광우병, 크로이츠펠트-야콥병(법정 제3급 감염병) 따위를 일으킨다.

프랑스법 French process 올레안법.

프레보텔라속 *Prevotella* 세균역(Bacteria) 박테로이데스문(Bacteroidota) 박테로이데스강(Bacteroidia) 박테로이데스목(Bacteroidales) 프레보텔라과(Prevotellaceae)의 그람음성 막대 모양 절대 무산소 세균 속. 입, 질, 창자에서 분리된다.

프레스톤 액체배지 Preston broth 내열성 캄필로박터종의 선택 분리에 쓰는 액체배지.

프레스톤 우무배지 Preston agar 내열성 캄필로박터종의 선택 분리에 쓰는 고체배지.

프레스톤 캄필로박터 강화 액체배지 Preston *Campylobacter* enrichment broth 캄필로박터속(*Campylobacter*) 세균의 선택 강화 배지. 영양 배지에 말 용혈액(hemolysate), 발육보충제로 피루브산소듐, 아황산수소소듐, 황산철과 선택제로 폴리믹신비(polymyxin B), 라이팜피신(rifampicin), 트라이메토프림(trimethoprim)과 사이클로헥시미드(cycloheximide)를 첨가한다.

프레이져 리스테리아 배지 Fraser Listeria broth 프레이져 액체배지.

프레이져 액체배지 Fraser broth 리스테리아 모노시토게네스(*Listeria monocytogenes*)와 리스테리아속(*Listeria*) 세균의 이차 강화를 위한 선택배지. 에스쿨린(aesculin)과 구연산삼암모늄(triammonium citrate)이 들어있으므로 리스테리아속 세균 가운데 에스쿨린의 분해능이 있는 세균이 자라면 흑갈색으로 변한다.

프레플라스미바이러스계 Preplasmiviricota 바리드나바이러스역(Varidnaviria)의 계.

프로바이러스 provirus 숙주 세포 디엔에이에 들어가 있는 바이러스 유전체. 세균의 경우에는 이를 프로파지라고 한다.

프로바이오틱 probiotic ① 적당량을 먹으면 숙주 건강에 도움을 주는 살아 있는 미생물. 창자 미생물무리를 개선 또는 회복시키는 것으로 알려져 있다. 프로바이오틱으로 가장 널리 쓰는 것은 젖산 세균과 비피두스 세균이다. 프로바이오틱은 활성 미생물을 배양한 발효식품의 일부 또는 영양 보충제로 이용한다. ② 프로바이오틱 물질. 또는 제제. 젖산 세균을 포함한 식품으로는 김치, 사워크라우트, 피클 남새, 우유 발효식(케피르, 버터밀크 따위) 따위이다.

프로비덴시아속 *Providencia* 세균역(Bacteria) 슈도모나스문(Pseudomonadota) 감마가변세균강(Gammaproteobacteria) 엔테로박터목(Enterobacterales) 모르가넬라과(Morganellaceae)의 그람음성 막대 모양 조건 무산소 세균 속.

프로비덴시아 알칼리파시엔스 *Providencia alcalifaciens* 세균역(Bacteria) 슈도모나스문(Pseudomonadota) 감마가변세균강(Gammaproteobacteria) 엔테로박터목(Enterobacterales) 모르가넬라과(Morganellaceae) 프로비덴시아속(*Providencia*)의 그람음성 막대 모양 조건 무산소 세균. 흙, 물, 하수 따위에서 발견되며 닭, 개, 암소 따위에서 분리되었다. 사람과 개에 설사병을 일으킨다.

프로사이미돈 procymidone 진균의 중성지방 생합성을 억제하는 침투성 살진균제. 고추, 딸기, 박, 과일남새류, 복숭아, 부추, 수박, 양파, 잎줄기 남새, 오이, 토마토, 포도, 피망에 쓴다.

프로아마눌린 proamanullin 아마톡신의 하나. 고리 펩타이드로 전령아르엔에이 합성에 필요한 아르엔에이 중합효소 II의 억제제이다. 먹으면 전령아르엔에이 합성이 멈추며 간세포 용해가 일어난다.

프로타미노박터 루브럼 *Protaminobacter rubrum* 세균역(Bacteria) 슈도모나스문(Pseudomonadota) 감마가변세균강(Gammaproteobacteria) 프로타미노박터속(*Protaminobacter*)의 세균. 목과 과는 없다. 아이소말툴로스 합성효소(isomaltulose synthase, EC 5.4.99.11)를 생산하여 설탕에서 아이소말툴로스를 생산한다. 식품 가공에서 팔라티노스(아이소말툴로스) 제조에만 쓸 수 있다.

프로타미노박터속 *Protaminobacter* 세균역(Bacteria) 슈도모나스문(Pseudomonadota) 감마가변세균강

(Gammaproteobacteria)의 세균. 속, 목과 과는 없다.

프로테오박테리아문 Proteobacteria 가변세균문.

프로테우스 불가리스 *Proteus vulgaris* 세균역(Bacteria) 슈도모나스문(Pseudomonadota) 감마가변세균강(Gammaproteobacteria) 엔테로박터목(Enterobacterales) 창자세균과(Enterobacteriaceae)의 그람음성 막대 모양 세균. 흙, 물, 똥에서 발견되며 사람과 동물의 창자관에 사는 세균이다. 사람에게 기회 병원체로 상처 감염, 요로감염 따위를 일으킨다.

프로테우스속 *Proteus* 세균역(Bacteria) 슈도모나스문(Pseudomonadota) 감마가변세균강(Gammaproteobacteria) 엔테로박터목(Enterobacterales) 창자세균과(Enterobacteriaceae)의 그람음성 막대 모양 조건 무산소 세균 속. 흙, 물, 우유 제품, 조개, 신선한 남새와 사람과 동물의 창자관에 산다. 기회감염 세균이며 단백질 분해 활성이 강한 균주가 많고 요소 분해 능력도 있다. 프로테우스 불가리스(*P. vulgaris*)와 프로테우스 인테르메듐(*P. intermedium*)은 달걀, 코티지치즈, 고기, 조개 따위를 변질시킨다. 기준 종은 프로테우스 불가리스(*Proteus vulgaris*)이다.

프로테우스 인테르메듐 *Proteus intermedium* 세균역(Bacteria) 슈도모나스문(Pseudomonadota) 감마가변세균강(Gammaproteobacteria) 엔테로박터목(Enterobacterales) 창자세균과(Enterobacteriaceae) 프로테우스속(*Proteus*)의 세균. 달걀, 코티지치즈, 고기, 조개 따위를 변질시킨다.

프로토미세스과 Protomycetaceae 진핵생물역(Eukaryota) 진균계(Fungi) 자낭균문(Ascomycota) 타프리나강(Taphrinomycetes) 타프리나목(Taphrinales)의 과.

프로파지 prophage 세균 염색체에 들어가 있는 세균 파지 디엔에이.

프로파지 유도 prophage induction 세균의 디엔에이가 자외선이나 항생물질 따위로 손상을 입거나 파지 억압자(repressor)가 파괴 또는 불활성화할 때 프로파지가 세균 염색체에서 떨어져 나오는 현상. 유도 뒤 파지는 용균 사이클(lytic cycle)을 갖는다.

프로피오니박테리룸과 Propionibacteriaceae 프로피온산세균과.

프로피오니박테리룸속 *Propionibacterium* 프로피온산세균속.

프로피오니신 propionicin 프로피온산세균속(*Propionibacterium*) 세균이 합성하는 박테리오신.

프로피온산발효 propionic acid fermentation 프로피오니세균속, 클로스트리듐 프로피오니쿰 따위의 세균이 포도당 또는 젖산 따위의 기질을 발효하여 프로피온산, 아세트산과 이산화탄소를 생성하는 발효.

프로피온산 세균 propionic acid bacterium 포도당 또는 젖산발효의 최종 산물로 프로피온산을 생산하는 세균. 주로 프로피온산세균속 세균이다.

프로피온산세균과 Propionibacteriaceae 세균역(Bacteria) 바퀴살세균문(Actinomycetota) 바퀴살세균강(Actinomycetia) 프로피온산세균목(Propionibacteriales)의 과.

프로피온산세균목 Propionibacteriales 세균역(Bacteria) 바퀴살세균문(Actinomycetota) 바퀴살세균강(Actinomycetia)의 목.

프로피온산세균 셰르마니이 *Propionibacterium shermanii* 프로피온산세균 프레우덴레이키이(*Propionibacterium freudenreichii*)의 옛 이름.

프로피온산세균속 *Propionibacterium* 세균역(Bacteria) 바퀴살세균문(Actinomycetota) 바퀴살세균강(Actinomycetia) 프로피온산세균목(Propionibacteriales) 프로피온산세균과(Propionibacteriaceae)의 그람양성 막대 모양 무산소 세균 속. 흙, 우유, 우유 제품과 사람과 동물의 창자에서 발견된다. 포도당 또는 젖산을 발효하여 프로피온산, 아세트산, 이산화탄소를 생성한다. 치즈나 우유 제품에서 주로 볼 수 있으며 피부의 땀샘, 피지샘과 그 밖의 부분에서 산다. 되새김동물에서는 질산염을 독성이 없는 질소화합물로 환원한다. 바이타민 비 트웰브(B_{12})와 프로피온산 생산에 쓰며 그 밖에 프로바이오틱과 치즈 산업에서 쓴다.

프로피온산세균 아시디프로피오니시 *Propionibacterium acidipropionici* 세균역(Bacteria) 바퀴살세균문(Actinomycetota) 바퀴살세균강(Actinomycetia) 프로피온산세균목(Propionibacteriales) 프로피온산세균과(Propionibacteriaceae) 프로피온산세균속(*Propionibacterium*)의 세균. 식품 가공에서 우유 가공품 제조에만 쓸 수 있다.

프로피온산세균 토에니이 *Propionibacterium thoenii* 세균역(Bacteria) 바퀴살세균문(Actinomycetota), 바퀴살세균강(Actinomycetia) 프로피온산세균목(Propionibacteriales) 프로피온산세균과(Propionibacteriaceae) 프로피온산세균속(*Propionibacterium*)의 세균. 식품 가공에서 유가공품 제조에 제한적으로 사용할 수 있다.

프로피온산세균 프레우덴레이키이 *Propionibacterium freudenreichii* 세균역(Bacteria) 바퀴살세균문(Actinomycetota) 바퀴살세균강(Actinomycetia) 프

로피온산세균목(Propionibacteriales) 프로피온산세균과(Propionibacteriaceae) 프로피온산세균속(*Propionibacterium*)의 세균. 스위스의 에멘탈 치즈 제조에서 젖산 세균과 함께 증식하여 이들 젖산 세균이 생성한 젖산으로부터 프로피온산과 아세트산을 생성하여 치즈에 향미를 부여하고 동시에 발생한 이산화탄소는 치즈의 눈(eye)을 만든다. 또 바이타민 비$_{12}$(B_{12})를 생산하며, 정장 작용으로 곧창자암 발생률을 낮추는 프로바이오틱으로 알려져 있다. 식품 가공에서 원료로 쓸 수 있다.

프로피온산세균 프레우덴레이키이 아종 셰르마니이 *Propionibacterium freudenreichii* subsp. *shermanii* 프로피온산세균 프레우덴레이키이의 아종. 식품 가공 원료로 쓸 수 있다.

프로피온산오니세균 페테르소니이 *Propionibacterium peterssonii* 세균역(Bacteria) 바퀴살세균문(Actinomycetota) 바퀴살세균강(Actinomycetia) 프로피온산세균목(Propionibacteriales) 프로피온산세균과(Propionibacteriaceae) 프로피온산세균속(*Propionibacterium*)의 세균. 식품 가공에서 원료로 쓸 수 있다.

프룩티젖산막대세균 샌프란시스센시스 *Fructilactobacillus sanfranciscensis* 세균역(Bacteria) 막대세균문(Bacillota) 막대세균강(Bacilli) 젖산막대세균목(Lactobacillales) 젖산막대세균과(Lactobacillaceae) 프룩티젖산막대세균속(*Fructilactobacillus*)의 헤테로젖산 막대 세균. 당을 발효하여 젖산과 아세트산을 생산하며 사워 반죽으로 만든 빵에 특유의 맛을 준다. 샌프란시스코 사워 반죽에서 발견되는 세균이다. 식품 가공에서 빵 반죽 제조에만 쓸 수 있다.

프룩티젖산막대세균속 *Fructilactobacillus* 세균역(Bacteria 막대세균문(Bacillota) 막대세균강(Bacilli) 젖산막대세균목(Lactobacillales) 젖산막대세균과(Lactobacillaceae)의 헤테로젖산 막대 세균의 속. 이 속의 세균은 전자 받개로 과당이 존재할 때 더 잘 자란다.

프리바이오틱 prebiotic 잘록창자에 있는 세균 종의 생장을 촉진 또는 활성을 자극하여 숙주의 건강에 도움을 주는 식품 섬유.

프리바이오틱 식품 prebiotic food 프리바이오틱을 함유한 식품. 마늘, 초록 바나나, 뚱딴지, 귀리, 사과, 콩류, 아스파라거스, 치커리 뿌리, 버섯 따위이다.

프린그스 아세테이터 Frings acetator 식초의 액침배양을 위한 발효조. 속성 발효 식초 제조장치의 하나이다. 발효가 끝난 액(산도 약 11퍼센트)의 반을 식초 스타터로 하여 아세트산 세균의 영양성분을 첨가한 11퍼센트의 알코올용액을 같은 양 채워서 발효하는 방법으로 연속적으로 높은 산도(13~15퍼센트)의 식초가 생산된다.

프린그스 적하식 발효탑 Frings trickling generator 속성 식초 제조에 쓰는 식초 발효기. 주로 대팻밥 따위로 채운 원기둥 모양의 탱크이며 위에서부터 액체가 밑으로 흐르면서 아세트산 세균의 작용으로 식초를 생산하는 발효기이다. 바닥으로부터 공기를 불어 넣어 알코올 산화가 빠르게 일어나도록 한다.

프티코디스쿠스 브레비스 *Ptychodiscus brevis* '카레니아 브레비스'(*Karenia brevis*)의 옛 이름.

플라겔린 flagellin 세균 편모의 필라멘트를 만드는 단백질. 세균 이동성에 중요한 역할을 한다.

플라노알세균과 Planococcaceae '카리오파논과(Caryophanaceae)의 옛 이름.

플라보마이신 flavomycin 밤버마이신.

플라보박테륨과 Flavobacteriaceae 플라보세균과.

플라보박테륨속 *Flavobacterium* 플라보세균속.

플라보세균강 Flavobacteriia 세균역(Bacteria) 박테로이데테스문(Bacteroidota)의 강.

플라보세균과 Flavobacteriaceae 세균역(Bacteria) 박테로이데테스문(Bacteroidota) 플라보세균강(Flavobacteriia) 플라보세균목(Flavobacteriales)의 한 과.

플라보세균 메닝고셉티쿰 *Flavobacterium meningosepticum* 엘리자베트킹기아 메닝고셉티카(*Elizabethkingia meningoseptica*)의 옛 이름.

플라보세균목 Flavobacteriales 세균역(Bacteria) 박테로이데테스문(Bacteroidota) 플라보세균강(Flavobacteriia)의 목.

플라보세균 발루스티눔 *Flavobacterium balustinum* 크리세오세균 발루스티눔(*Chryseobacterium balustinum*)의 옛 이름.

플라보세균 사이크로필룸 *Flavobacterium psychrophilum* 세균역(Bacteria) 박테로이데테스문(Bacteroidota) 플라보세균강(Flavobacteriia) 플라보세균목(Flavobacteriales) 플라보세균과(Flavobacteriaceae) 플라보세균속(*Flavobacterium*)의 그람음성 막대 모양 저온 세균. 생장 최적 온도는 15도 이하이다. 연어나 송어 따위의 민물고기에 찬물 병(cold water disease)을 일으킨다.

플라보세균속 *Flavobacterium* 세균역(Bacteria) 박테로이데테스문(Bacteroidota) 플라보세균강(Flavobacteriia) 플라보세균목(Flavobacteriales) 플라보세균과(Flavobacteriaceae)의 그람음성 막대 모양 산소 세균 속. 흙, 물, 날고기와 우유에서 발견된다. 세포 안에 노란색의 색소를 가지며 콜로니는 노란색~오렌지색을 나타낸다. 기준 종은 플라보세균 아쿠아틸레(*Flavobacterium aquatile*)이다. 주로 저온 세균이며 단백질 분해활성도 강해서 냉장 어패류, 고기붙이와 그 가공식품과 같은 저온 저장식품의 변질을 일으킨다.

플라보세균 아쿠아틸레 *Flavobacterium aquatile* 세균역(Bacteria) 박테로이데테스문(Bacteroidota) 플라보세균강(Flavobacteriia) 플라보세균목(Flavobacteriales) 플라보세균과(Flavobacteriaceae) 플라보세균속(*Flavobacterium*)의 세균. 플라보세균속의 기준 종이다. 카로테노이드가 있어 콜로니는 노란색~오렌지색을 나타낸다. 다양한 환경의 흙이나 민물에서 볼 수 있으며 식품이나 식품 가공공장에서도 분리된다.

플라비바이러스과 Flaviviridae 리보바이러스역(Riboviria) 오르트나바이러스계(Orthornavirae) 키트리노바이러스문(Kitrinoviricota) 플라수바이러스강(Flasuviricetes) 아마릴로바이러스목(Amarillovirales)의 겉껍질이 있는 아르엔에이바이러스. 젖먹이동물과 조류를 감염하여 사람에게는 황열(yellow fever)을 일으키며 이집트숲모기(*Aedes aegypti*)가 전파한다.

플라스모듐과 Plasmodiidae 진핵생물역(Eukaryota) 아피콤플렉사문(Apicomplexa) 아코노이다강(Aconoidasida) 헤모스포로리다목(Haemospororida)의 원생동물 과.

플라스모듐속 *Plasmodium* 진핵생물역(Eukaryota) 아피콤플렉사문(Apicomplexa) 아코노이다강(Aconoidasida) 헤모스포로리다목(Haemospororida) 플라스모듐과(Plasmodiidae)의 절대 기생성 원생동물. 등뼈동물과 곤충을 숙주로 하며 사람에 감염하면 적혈구를 파괴하여 급성 열성 감염병인 말라리아를 일으킨다. 모기를 통해 전파된다.

플라스미드 plasmid 세균, 진균, 조류와 식물의 세포질에 있는, 염색체와는 별개로 독립적으로 복제하는 작은 원형 디엔에이. 유전공학에서 벡터로 널리 쓴다.

플리크 plaque 세포 배양에서 바이러스로 세포 파괴 또는 생장 억제가 일어나는 투명한 지역.

플라크 검사 plaque assay 시료의 감염성 바이러스 농도를 추정하는 시험. 고체배지에 바이러스 시료 액과 묽힌 시료 액을 섞은 묽은 우무배지를 덧씌운 페트리접시 또는 플라스크를 쓰는 단층 플라크 검사(monolayer plaque assay)와 부유 세포 플라크 분석(suspended cell plaque assay)이 있다. 바이러스에 감염된 세포가 죽으면 세포가 없는 투명한 지역(플라크)이 나타난다. 하나의 바이러스는 하나의 플라크를 형성하며 결과는 플라크 형성단위(plaque-forming unit)로 나타낸다.

플라크 형성단위 plaque-forming unit 숙주 세포를 용해하여 단위 부피당 플라크를 형성할 수 있는 바이러스 알갱이 수. 결함이 있는 바이러스 알갱이 또는 목표 세포를 감염하지 못한 바이러스 알갱이는 플라크를 형성하지 않으므로 플라크 형성단위는 바이러스 알갱이의 절대량이 아닌 대략적인 값이다.

플라토 비중 척도 Plato gravity scale 맥주 제조에 쓰는 엿기름 즙에 녹아 있는 고체 농도를 나타내는 척도. 단위는 도플라토(°P)이며 무게 퍼센트로 나타낸다. 10도플라토인 엿기름 즙은 엿기름 즙 100그램당 10그램의 추출물을 함유한다. 1도플라토인 엿기름 즙에서 대략 0.4퍼센트의 알코올(부피 퍼센트)을 얻을 수 있다.

플란타리신 plantaricin 락티플란티막대세균 플란타룸(*Lactiplantibacillus plantarum*)이 생산하는 박테리오신. 아미노산 29개와 32개인 두 펩타이드로 되어있으며 주로 그람양성 세균을 억제한다.

플랫사워부패 flat sour spoilage 무가스 사워 부패.

플레시오모나스속 *Plesiomonas* 세균역(Bacteria) 슈도모나스문(Pseudomonadota) 감마가변세균강(Gammaproteobacteria) 엔테로박터목(Enterobacterales) 창자세균과(Enterobacteriaceae)의 그람음성 막대 모양 조건 무산소 세균 속. 산화효소 양성이며 포도당이나 이노시톨부터 산을 생성하나 가스는 생성하지 않는다. 민물 지역에 항상 존재하며 하천, 호수, 늪과 거기에 사는 어패류에 분포한다. 음식중독 세균으로 주된 증상은 물 같은 설사, 복통, 구역, 구토이다.

플레시오모나스 쉬겔로이데스 *Plesiomonas shigelloides* 세균역(Bacteria) 슈도모나스문(Pseudomonadota) 감마가변세균강(Gammaproteobacteria) 엔테로박터목(Enterobacterales) 창자세균과(Enterobacteriaceae) 플레시오모나스속(*Plesiomonas*) 의 그람음성 막대 모양 세균. 플레시오모나스속의 유일한 종이나. 민물, 민물고기, 소개, 소, 염소, 돼지, 고양이, 개, 사람 따위에서 분리된다. 똥 대장균군의 하나이다.

플레오스포라과 Pleosporaceae 진핵생물역(Eukaryota) 진균계(Fungi) 자낭균문(Ascomycota) 입술버섯강(Dothideomycetes) 플레오스포라목(Pleosporales)의 과.

플레오스포라목 Pleosporales 진핵생물역(Eukaryota)

진균계(Fungi) 자낭균문(Ascomycota) 입술버섯강(Dothideomycetes)의 목.

플렉타신 plectasin 검은잔버섯(*Pseudoplectania nigrella*)이 만드는 진균 디펜신의 하나. 미생물 억제 펩타이드이다. 그람양성 세균인 폐렴 사슬알 세균의 생장을 막는다.

플렉토스페렐라과 Plectosphaerellaceae 진핵생물역(Eukaryota) 진균계(Fungi) 자낭균문(Ascomycota) 구멍공버섯강(Sordariomycetes) 글로메렐라목(Glomerellales)의 과.

플로르 flor 셰리 제조에서 포도주 표면에 생기는 골마지 효모 막. 셰리는 숙성 통 윗 공간이 비어있어서 효모가 산소와 접촉하여 막을 이루며 포도주를 상하게 하는 세균이나 효모의 오염을 막아주고 셰리의 특징적인 견과 향미를 준다.

플루오로퀴놀론 fluoroquinolone 퀴놀론계 항생물질. 4-키놀린과 중심의 두 고리 구조를 공유하는 물질로서 퀴놀린 핵의 탄소-6 위치에 플루오린을 가지고 있다. 그람양성과 그람음성 산소 세균에 유효하며 호흡기와 요로감염 치료에 쓴다. 시프로플록사신(ciprofloxacin) 따위가 있다.

피노 Pinot ① 포도주 품종의 하나. 주된 품종은 검은 포도인 피노 누아르(Pinot Noir)와 흰 포도인 피노 블랑(Pinot Blanc)이다. ② 이들 포도로 만드는 포도주.

피로딕튬속 *Pyrodictium* 고균역(Archaea) 열프로테우스문(Thermoproteota) 열프로테우스강(Thermoprotei) 데술포알고균목(Desulfococcales) 피로딕튬과(Pyrodictiaceae)의 초고온 고균 속. 생장 최적 온도는 80~105도이다. 심해 열수구에서 발견된다.

피로알고균속 *Pyrococcus* 고균역(Archaea) 열알고균강(Thermococci) 열알고균목(Thermococcales) 열알고균과(Thermococcaceae)의 한 속. 그람양성 알 모양 초고온성 절대 무산소 세균이다.

피로알고균 푸리오수스 *Pyrococcus furiosus* 고균역(Archaea), 열알고균강(Thermococci) 열알고균목(Thermococcales) 열알고균과(Thermococcaceae)의 절대 무산소 종속영양 고균. 극한 미생물의 하나이다.

피로콕쿠스속 *Pyrococcus* 피로알고균속.

피론 pyrone 헤테로고리 향미 화합물의 하나. 불포화 육각형 고리에 한 개의 산소 원자와 케톤기를 가지고 있다. 산소 원자 위치에 따라 2-피론과 4-피론의 두 이성질체가 있다. 2-피론은 쿠마린 고리의 일부로 존재하며 4-피렌은 말톨과 고지산에 들어있다.

피루브산염 고체배지 pyruvate-based solid medium 결핵세균의 확인검사에 쓰는 감별 고체배지. 결핵세균의 콜로니는 담황색이다.

피리딘-2,6-다이카복실산 pyridine-2,6-dicarboxylic acid 다이피콜린산.

피마스코목 Pimascovirales 바리드나바이러스역(Varidnaviria) 밤포드바이러스계(Bamfordvirae) 뉴클레오시토바이러스문(Nucleocytoviricota) 메가바이러스강(Megaviricetes)의 목.

피막(皮膜) capsule 일부 세균의 세포벽 밖에 있는 두껍고 조밀한 다당류 층. 세균이 분비한 젤 상태의 점질 물질인 다당류가 세포 표면에 층을 형성한 것이다.

피브로박터속 *Fibrobacter* 세균역(Bacteria) 피브로박터문(Fibrobacterota) 피브로박터과(Fibrobacteraceae)의 그람음성 막대 모양 또는 알 모양 절대 무산소 세균 속. 되새김동물의 혹위에서 발견된다. 식물 셀룰로스를 분해한다.

피브로박터 숙시노게네스 *Fibrobacter succinogenes* 세균역(Bacteria) 피브로박터문(Fibrobacterota) 피브로박터과(Fibrobacteraceae) 피브로박터속(*Fibrobacter*)의 그람음성 막대 모양 절대 무산소 세균. 소의 혹위에 존재하며 셀룰로스 분해를 돕는다.

피소니바이러스강 Pisoniviricetes 리보바이러스역(Riboviria) 오르토르르나바이러스계(Orthornavirae) 피수바이러스문(Pisuviricota)의 강.

피수바이러스문 Pisuviricota 리보바이러스역(Riboviria) 오르토르나바이러스계(Orthornavirae)의 문.

피스코 pisco 무스카트(Muscat) 포도즙을 발효한 뒤 증류한 증류주. 알코올 함량은 35~43퍼센트이다. 페루와 칠레에서 생산한다.

피시아르 PCR polymerase chain reaction(중합효소연쇄반응)의 약자.

피알라이드 phialide 분생 홀씨 줄기의 끝. 정낭이나 중축에 붙는 짧은 병 모양 구조로 여기에서 분생홀씨가 연속으로 생겨 붙는다.

피알라이드 홀씨 phialospore 일부 곰팡이의 피알라이드 끝에 달리는 홀씨.

피알로심플렉스속 *Phialosimplex* 진핵생물역(Eukaryota) 진균계(Fungi) 자낭균문(Ascomycota) 분가지버섯강(Eurotiomycetes) 분가지버섯목(Eurotiales) 트리코코마과(Trichocomaceae)의 속. 기준 종은 피알로심플렉스 카니누스(*Phialosimplex caninus*)이다.

피알로포라 베루코사 *Phialophora verrucosa* 진핵생물역(Eukaryota) 진균계(Fungi) 자낭균문(Ascomycota) 분가지버섯강(Eurotiomycetes) 채토티리아목(Chaetothyriales) 헤르포트리키엘라과(Herpotrichiellaceae) 피알라포라속(*Phialophora*)의 곰팡이. 썩은 목재, 흙 따위에서 발견된다. 병원성이 있으며 색소 모세포 진균증(chromoblastomycosis)을 일으킨다.

피알로포라속 *Phialophora* 진핵생물역(Eukaryota) 진균계(Fungi) 자낭균문(Ascomycota) 분가지버섯강(Eurotiomycetes) 채토티리아목(Chaetothyriales) 헤르포트리키엘라과(Herpotrichiellaceae)의 곰팡이속. 짧은 분생자 자루를 가지며 때로는 피알라이드로 축소되며 분생 홀씨는 단세포이다. 흙, 물, 거름, 목재, 썩는 식물에서 분리된다. 병원성이 있는 것으로 피알로포라 베루코사(*P. verrucosa*)가 있으며 색소 모세포 진균증을 일으킨다.

피에스비 액체배지 PSB broth, peptone sorbitol bile broth 예르시니아 엔테로콜리티카(*Yersinia enterocolitica*)를 위한 강화 배지.

피에이엘시에이엠 우무배지 PALCAM agar, polymyxin acriflavine lithium chloride ceftazidime aesculin mannitol agar 리스테리아속(*Listeria*) 세균의 선택 분리 배지. 우유와 우유 제품 검사에 쓴다. 에스쿨린(aesculin)과 구연산삼암모늄(triammonium citrate)이 포함되어 있으므로 세균 콜로니는 회색~짙은 올리브색을 나타내고 콜로니 주변에는 흑갈색의 할로(halo)가 형성된다.

피엠티 우무배지 PMT agar, polymyxin mannose tellurite agar 콜레라세균(*Vibrio cholerae*) O1형의 엘토르 콜레라세균(El Tor *Vibrio cholera*) 분리에 쓰는 배지. 분리한 세균은 진단용 혈청과 섞었을 때 응집성이 좋다. 마노스를 분해하는 엘 토르 콜레라세균은 노란 콜로니를 형성하고 그 밖의 비브리오속(*Vibrio*) 세균은 대부분 생장이 억제되고 드물게 생장하는 경우 그 콜로니는 작고 푸른색을 띤다.

피오사이아닌 pyocyanin 녹농세균(*Pseudomonas aeruginosa*)이 만드는 독성 화합물의 하나. 이차 대사산물의 하나로 푸른색이고 피에이치 4.9에서 붉게 변한다. 화합물을 산화와 환원 하는 능력이 있으므로 녹농세균과 경쟁하는 미생물을 죽인다. 또한 낭성종양증(cystic fibrosis) 때 감염하여 젖먹이동물의 허파 세포를 죽인다. 피오사이아닌은 피의 피에이치에서 양쪽성 이온으로 세포막을 통과할 수 있다. 피오사이아닌의 산화 환원 상태 순환은 미토콘드리아에서 일어나며 활성산소를 생산한다.

피 우무배지 blood agar 병원성 미생물의 용혈 능력 확인시험에 쓰는 고체배지. 일반 배지에서 배양하기 어려운 인플루엔자 세균(*Haemophilus influenza*), 폐렴사슬알세균(*Streptococcus pneumoniae*), 네이세리아속(*Neisseria*) 종의 배양에도 쓴다. 양, 말, 토끼 따위의 피 가운데 하나를 선택하여 첨가한다. 미국에서는 주로 트립틱 콩 우무배지에 5퍼센트의 양의 피를 섞어 만든다.

피칭 pitching 맥주 제조에서 엿기름 즙에 효모를 접종함.

피코르나바이러스과 Picornaviridae 리보바이러스역(Riboviria) 오르토르나바이러스계(Orthornavirae) 피수바이러스문(Pisuviricota) 피소니바이러스강(Pisoniviricetes) 피코르나바이러스목(Picornavirales)의 과. 겉껍질이 없는 아르엔에이바이러스로 물고기, 젖먹이동물이나 조류 같은 등뼈동물을 감염시키며, 사람에게 감기, 소아마비, 뇌수막염, 간염과 마비 증상을 일으킨다.

피코르나바이러스목 Picornavirales 리보바이러스역(Riboviria) 오르토나바이러스계(Orthornavirae) 피수바이러스문(Pisuviricota) 피소니바이러스강(Pisoniviricetes)의 목.

피코미세스 니텐스 *Phycomyces nitens* 진핵생물역(Eukaryota) 진균계(Fungi) 털곰팡이문(Mucoromycota) 털곰팡이목(Mucorales) 피코미세스과(Phycomycetaceae) 피코미세스속(*Phycomyces*)의 곰팡이. 팡이실은 5~6.3센티미터 높이로 자란다. 큰 무성 홀씨주머니를 만든다.

피코미세스 블라케슬레아누스 *Phycomyces blackesleanus* 진핵생물역(Eukaryota) 진균계(Fungi) 털곰팡이문(Mucoromycota) 털곰팡이목(Mucorales) 피코미세스과(Phycomycetaceae) 피코미세스속(*Phycomyces*)의 실 모양 곰팡이. 빛, 바람, 중력, 화학 물질과 주위 물질 같은 환경조건에 예민하게 반응하며 홀씨주머니홀씨를 만든다. 빛 자극에 반응하는 굴광성(phototropism)이 잘 알려져 있다.

피코미세스속 *Phycomyces* 진핵생물역(Eukaryota) 진균계(Fungi) 털곰팡이문(Mucoromycota) 털곰팡이강(Mucoromycetes) 털곰팡이목(Mucorales) 피코미세스과(Phycomycetaceae)의 곰팡이. 홀씨주머니는 머리카락과 같은 광택이 있는 잿빛 초록으로 나선 모양으로 자라 10~15센티미터 정도 콜로니 위로 뻗으며 빛 자극에 반응하는 굴광성(phototropism)이 강한 것이 특징이다. 홀씨주머니홀씨는 자라는 방향에 고체 물질이 있으면 이를 피하여 계속 자라는 성질이 있다.

피키아과 Pichiaceae 진핵생물역(Eukaryota) 진균계(Fungi) 자낭균문(Ascomycota) 사카로미세스강

(Saccharomycetes) 사카로미세스목(Saccharomycetales)의 과. 아래에 덱케라, 한세눌라, 피키아 따위 속이 있다.

피키아 멤브라네파시엔스 *Pichia membranefaciens* 진핵생물역(Eukaryota) 진균계(Fungi) 자낭균문(Ascomycota) 사카로미세스강(Saccharomycetes) 사카로미세스목(Saccharomycetales) 피키아과(Pichiaceae) 피키아속(*Pichia*)의 효모. 여러 작물과 식물에서 발견되며 이를 상하게 하는 미생물을 죽이는 역할을 한다. 높은 농도의 당을 알코올로 발효할 수 있다. 삼투압 내성이 있어 장유에서 피막 형성, 악취 형성 같은 품질 저하를 일으킨다.

피키아속 *Pichia* 진핵생물역(Eukaryota) 진균계(Fungi) 자낭균문(Ascomycota) 사카로미세스강(Saccharomycetes) 사카로미세스목(Saccharomycetales) 피키아과(Pichiaceae)의 효모 속. 곡류, 밀가루, 포도주, 배설물과 피부 따위에서 발견된다. 영양 세포는 끝이 뾰족한 타원형, 장원형 또는 길게 늘어진 형이다. 흙, 대부분 썩어가는 식물에서 발견되며 이를 먹고 사는 곤충과 공생 관계를 유지한다. 포도주 제조에서 포도주에 결함을 줄 수 있다. 과일, 술도가, 생활 폐수 따위에 널리 분포하는 전형적인 효모이다. 일부 종은 면역력이 떨어진 사람에게 기회 병원체이다.

피키아 아노말라 *Pichia anomala* '위케르하모미세스 아노말루스'(*Wickerhamomyces anomalus*)의 옛 이름.

피키아 자디니이 *Pichia jadinii* 토룰라.

피키아 쿠드리아브제비이 *Pichia kudriavzevii* 진핵생물역(Eukaryota) 진균계(Fungi) 자낭균문(Ascomycota) 사카로미세스강(Saccharomycetes) 사카로미세스목(Saccharomycetales) 피키아과(Pichiaceae) 피키아속(*Pichia*)의 효모. 코코아 콩 발효과정에서 쓴맛을 없애는 데 관여한다. 진균증 치료에 쓰는 플루코나졸(fluconazole)에 저항성이 있다. 병원에서 특히 면역력이 떨어진 환자, 특히 플루코나졸(fluconazole)에 노출된 환자에게 감염되는 병원체이다.

피키아 파리노사 *Pichia farinosa* 진핵생물역(Eukaryota) 진균계(Fungi) 자낭균문(Ascomycota) 사카로미세스강(Saccharomycetes) 사카로미세스목(Saccharomycetales) 피키아과(Pichiaceae) 피키아속(*Pichia*)의 효모. 코코아 발효에 관여한다. 누룩에서도 분리되었다.

피키아 파스토리스 *Pichia pastoris* '코마가타엘라 파피이'(Komagataella phaffii)의 옛 이름.

피키아 페르멘탄스 *Pichia fermentans* 진핵생물역(Eukaryota) 진균계(Fungi) 자낭균문(Ascomycota) 사카로미세스강(Saccharomycetes) 사카로미세스목(Saccharomycetales) 피키아과(Pichiaceae) 피키아속(*Pichia*)의 효모. 코코아 발효에 관여한다.

피토 pito 기장이나 수수를 발효하여 만드는 알코올음료. 가나, 나이지리아 일부 지역, 서아프리카 지역에서 가정집 규모로 생산하는 맥주 비슷한 술이다. 기장이나 수숫가루에 물을 붓고 가라앉은 침전물을 끓이고 다른 용기에 담아 발효가 일어나도록 스물네 시간 둔다. 발효가 끝난 혼합물은 다시 한번 끓이고 눌러 짜서 액체와 고체를 분리한다.

피토프토라속 *Phytophthora* 진핵생물역(Eukaryota) 유색조식물계(Chromista) 난균문(Oomycota) 페로노스포라목(Peronosporales) 페로노스포라과(Peronosporaceae)의 곰팡이 속. 과일과 남새의 병을 일으키는 종이 많다.

피토프토라 시린가에 *Phytophthora syringae* 진핵생물역(Eukaryota) 유색조식물계(Chromista) 난균문(Oomycota) 난균강(Oomycetes) 페로노스포라목(Peronosporales) 페로노스포라과(Peronosporaceae) 피토피토라속(*Phytophthora*)의 곰팡이. 사과와 배의 상처 부위에 감염한다. 춥고 습한 날씨에 잘 자라는 병원체이다.

피토프토라 시트로프토라 *Phytophthora citrophthora* 진핵생물역(Eukaryota) 유색조식물계(Chromista) 난균문(Oomycota) 난균강(Oomycetes) 페로노스포라목(Peronosporales) 페로노스포라과(Peronosporaceae) 피토프토라속(*Phytophthora*)의 곰팡이. 흙에 살며 주로 침수 지역에서 감귤 열매, 어린 가지와 잎에 역병(brown rot)을 일으킨다.

피토프토라 인페스탄스 *Phytophthora infestans* 감자역병곰팡이.

피토프토라 칵토룸 *Phytophthora cactorum* 진핵생물역(Eukaryota) 유색조식물계(Chromista) 난균문(Oomycota) 난균강(Oomycetes) 페로노스포라목(Peronosporales) 페로노스포라과(Peronosporaceae) 피토프토라속(Phytophthora)의 곰팡이. 진달래, 딸기, 배, 사과 따위의 뿌리 썩음병을 일으킨다. 선인장 병원체로 처음 알려졌다.

필라멘트 미생물 filamentous microorganism 세포 분열에 따른 세포 분리가 없이 실 또는 사슬 모양으로 자라는 미생물.

필라멘트 세균 filamentous bacterium 길고 가는 세포 또는 세포 사슬을 이루는 세균. 알파가변세균강, 감마가변세균강, 바퀴살세균문 따위가 있다. 활성슬러지에 벌킹(bulking)을 일으키고 부유물을 발생시켜 고체와 액체의 분리를 어렵게 한다.

필라멘트 진균 filamentous fungus 곰팡이.

필로바시듐과 Filobasidiaceae 진핵생물역(Eukaryota) 진균계(Fungi) 담자균문(Basidiomycota) 흰목이강(Tremellomycetes) 필로바시듐목(Filobasidiales)의 과. 대부분 종은 효모이며 일부는 지의류 따위에 기생한다.

필로바이러스과 Filoviridae 리보바이러스역(Riboviria) 오르토르나바이러스계(Orthornavirae) 네가르나바이러스문(Negarnaviricota) 몬지바이러스강(Monjiviricetes) 모노네가바이러스목(Mononegavirales)의 과.

필린 pilin 세균의 선모를 이루는 섬유상 단백질. 이런 구조는 수컷과 암컷 세균 사이의 유전물질 교환 또는 세포 접합 메커니즘에 이용한다. 주로 그람음성 세균에서 볼 수 있다.

필스너 Pilsner 체코공화국 플젠 지방에서 생산하는 홉 향이 강한 황금색 라거 맥주. 바닥 쪽으로 좁고 발이 달린 긴 맥주잔에 먹는 것이 특징이다.

핑크포도주 pink wine 로제(rose).

ㅎ

하등 진균(下等眞菌) lower fungus 팡이실에 사이막이 없고 주머니홀씨로 생식하는 진균.

하면발효(下面醱酵) bottom fermentation 맥주를 하면발효 효모로 낮은 온도에서 발효할 때 발효가 끝날 무렵에 효모끼리 엉켜서 발효 탱크 밑으로 가라앉는 발효 형태. 실온에서 발효하고 효모가 뜨는 상면발효보다 알코올 함량이 적고 부드러운 향미가 있다.

하면발효 맥주(下面醱酵麥酒) bottom fermented beer 하면발효 효모를 써서 비교적 낮은 온도(6-12도)에서 발효한 뒤 가라앉은 효모를 회수한 뒤에 다시 0~2도에서 30~90일 이차 발효한 맥주. 세계 각국에서 생산되는 맥주는 대부분 이에 속한다. 흔히 '라거'라고도 하며 상면발효 맥주보다 알코올 함량이 낮고 부드럽다. 회수한 효모는 다음 발효 때 쓴다.

하면발효 효모(下面醱酵酵母) bottom-fermenting yeast 맥주 발효가 끝날 무렵에 엉켜서 밑으로 가라앉는 성질을 가진 효모. 하면발효 맥주 제조에 쓰며 기본적으로 사카로미세스 세레비지아에(*Saccharomyces carevisiae*)이다.

하수 세균(下水細菌) sewage bacterium 가정 하수, 산업 폐수, 빗물 따위에 들어있는 세균. 하수에는 창자 세균 이외에 토양세균, 수생 세균, 병원성 세균도 있으므로 환경 위생이나 식품위생에서 주의가 필요하다.

하워드 곰팡이계수법 Howard mold counting 현미경으로 식품 따위에 들어있는 곰팡이의 팡이실 조각 수를 세는 방법의 하나. 하워드 곰팡이 계수용 슬라이드에 시료 액을 넣고 팡이실 수를 센다.

하이그로마이신 비 hygromycin B 스트렙토미세스 히그로스코피쿠스(*Streptomyces hygroscopicus*) 세균이 생산하는 아미노글리코사이드 항생물질. 세균, 진균과 고등 진핵세포의 단백질 합성을 억제한다. 처음에는 돼지와 가금류의 구충제로 개발되었다.

하이덕 용액 Hayduck's solution 효모배양에 쓰는 배지의 하나. 탄소 원으로 설탕, 질소원으로 아스파라진과 그 밖에 인산수소포타슘(K_2HPO_4)과 황산마그네슘($MgSO_4 \cdot 7H_2O$)이 들어있다.

하이볼 highball 위스키에 소다수나 진저에일을 탄 음료. 긴 유리잔에 얼음을 띄어 먹는다.

하테와야 히스톨리티카 *Hathewaya histolytica* 세균역(Bacteria) 막대세균문(Bacillota) 클로스트리듐강(Clostridia) 진정세균목(Eubactriasles) 라크노스피라과(Lachnospiraceae) 하테와야속(*Hathewaya*)의 그람양성, 산소 내성 무산소 세균. 동물의 똥과 흙에서 발견된다. 알파, 베타, 감마, 델타와 입실론 독소를 생산한다. 사람, 기니피그, 쥐, 토끼의 병원체이며 상처에 감염하여 가스괴저(gas gangrene)를 일으킨다.

하트 배지 HAT medium, hypoxanthine-aminopterin-thymidine medium 하이포잔틴, 아미놉테린(aminopterin), 티미딘(thymidine)을 포함하는 세포배양에 쓰는 선택배지. 세포에서 디엔에이합성 재료인 뉴클레오타이드의 신생 경로를 방해하는 아미놉테린이 배지에 있으면 세포는 재생경로를 통하여 뉴클레오타이드를 만들어야 하므로 재생경로에 결손이 있는 세포는 살지 못하고 죽는다. 이 현상을 이용하면 세포 집단에 섞여 있는 정상 세포만을 시험관에 배양하여 선택할 수 있다.

하포슈 happoshu 엿기름 함량이 다른 일본의 맥주 같은 알코올음료. 알코올 함량은 맥주와 비슷하다. 일본에서는 하포슈를 엿기름 함량 67퍼신트 또는 그 이상, 50~67퍼센트, 25~50퍼센트, 25퍼센트 이하의 네 개로 분류하여 주세를 부과한다. 따라서 하포슈는 법에서 정하는 맥주보다 세금이 적어 값이 싼 장점이 있다.

하프니아속 *Hafnia* 세균역(Bacteria) 슈도모나스문(Pseudomonadota) 감마가변세균강(Gammaproteobacteria) 엔테로박터목(Enterobacterales) 하프니아과(Hafniaceae)의 그람음성 막대 모양 조건 무산소 세균 속. 사람과 동물의 창자, 물, 흙 따위에서 발견된다.

하프니아 알베이 *Hafnia alvei* 세균역(Bacteria) 슈도모나스문(Pseudomonadota) 감마가변세균강(Gammaproteobacteria) 창자박터목(Enterobacterales) 하프니아과(Hafniaceae) 하프니아속(*Hafnia*)의 세균. 진공 포장한 냉장고기 제품의 변질을 일으킨다.

하향주(荷香酒) hahyang-ju 물송편을 만들어 담그는 것이 특징인 조선 초기의 술. 연꽃 향기의 술이란 뜻이다.

학명(學名) scientific name 생물 종의 세계 공통 이름. 표기는 세균, 식물, 동물에 대해 각각 다른 국제 명명 규약에 따라 이명법(binomial nomenclature)으로 속명과 종명을 라틴어로 나타낸다. 속명의 첫 자는 대문자로 하고 속명과 종명은 띄어 쓰고 기울기 체로 한다. 이름 다음에는 명명자의 이름 또는 이름과 명명 연도를 표기할 때도 있다. 벼(*Oryza sativa* L.)의 경우 L은 린네우스(Linnnaeus)의 약자이다. 이탈리아 블루벨(*Hyacinthoides italica* (L.)Rothm.)은 린네우스가 처음 *Scilla italica*로 하였으나 그 뒤 Rothmaler가 속명을 *Hyacinthoides*로 옮겼다는 뜻이다. 동물의 경우 속명 종명 다음에 Linnaeus 1758은 린네우스가 처음 이 이름을 붙였고 이에 대한 설명이 처음 발표된 것은 1758년이라는 뜻이다. 대서양 참다랑어의 학명은 *Thunnus thynnus* (Linnaeus 1758)이다. 괄호의 뜻은 린네우스가 처음 발표할 때 속명은 *Scomber*이었으나 지금은 *Thunnus*로 바뀌었다는 뜻이다.

한계기준(限界基準) critical limit 중요관리점에서의 위해요소 관리가 허용범위 이내로 충분히 이루어지고 있는지를 판단할 수 있는 기준이나 기준값.

한세눌라속 *Hansenula* '피키아속'(*Pichia*)의 옛 이름.

한세니아스포라 구일리에르몬디이 *Hanseniaspora guilliermondii* 진핵생물역(Eukaryota) 진균계(Fungi) 자낭균문(Ascomycota) 사카로미세스강(Saccharomycetes) 사카로미세스목(Saccharomycetales) 사카로미코데스과(Saccharomycodaceae) 한세니아스포라속(*Hanseniaspora*)의 효모. 포도주, 포도와 다른 과일주스의 변질을 일으킨다.

한세니아스포라 발비엔시스 *Hanseniaspora valbyensis* 진핵생물역(Eukaryota) 진균계(Fungi) 자낭균문(Ascomycota) 사카로미세스강(Saccharomycetes) 사카로미세스목(Saccharomycetales) 사카로미코데스과(Saccharomycodaceae) 한세니아스포라속(*Hanseniaspora*)의 효모. 한세니아스포라속의 기준 종이다. 포도당만을 발효한다.

한세니아스포라속 *Hanseniaspora* 진핵생물역(Eukaryota) 진균계(Fungi) 자낭균문(Ascomycota) 사카로미세스강(Saccharomycetes) 사카로미세스목(Saccharomycetales) 사카로미코데스과(Saccharomycodaceae)의 효모 속. 무화과, 토마토, 딸기, 감귤류에서 발견된다. 세포는 레몬 모양이며 흔히 과일에 있는 야생 효모는 포도주 발효 초기에 볼 수 있으나 발효 경과에 따라 자연히 도태된다.

한세니아스포라 우바룸 *Hanseniaspora uvarum* 진핵생물역(Eukaryota) 진균계(Fungi) 자낭균문(Ascomycota) 사카로미세스강(Saccharomycetes) 사카로미세스목(Saccharomycetales) 사카로미코데스과(Saccharomycodaceae) 한세니아스포라속(*Hanseniaspora*)의 효모. 포도주, 포도 주스와 다른 과일 주스의 변질을 일으킨다.

한센병 Hansen's disease, leprosy 한센병 세균(*Mycobacterium leprae*)이 일으키는 만성 감염병. 신경, 피부, 눈과 코점막에 감염한다. 주 증상은 감각과 운동 신경 장애와 피부 반점 또는 결절이다. 법정 제2급 감염병이다.

한천(寒天) agar 우무.

한탄 바이러스 *Hantaan orthohantavirus* 리보바이러스역(Riboviria) 오르토나바이러스계(Orthornavirae) 네가르나바이러스문(Negarnaviricota) 엘리오바이러스강(Ellioviricetes) 부니아바이러스목(Bunyavirales) 한탄바이러스과(Hantanviridae) 오르토한타바이러스속(*Orthohantavirus*)의 음성 가닥(negative-sense) 아르엔에이바이러스. 한국 전쟁(1951-1953년) 당시 유엔군과 한국군의 3,000명 이상이 콩팥 기능 상실, 출혈과 쇼크를 일으켰으나 그 원인은 알 수 없어 한국형 출혈열이라고 하기도 하였다. 그 뒤 1976년 이호왕 박사가 세계 최초로 동두천 지역에서 잡은 등줄쥐(*Apodemus agrarius*)의 허파에서 병원체인 바이러스를 발견하고 한탄강의 이름을 따서 한탄 바이러스로 이름을 붙였다. 이와 함께 바이러스 분류에서 과(한탄바이러스과)와 속(오르토한타바이러스속) 이름도 결정되었다.

할로 halo 배지에서 세균이 자라 생성한 효소나 독소 따위가 배지 성분과 반응하여 콜로니 주위에 나타난 혼탁 또는 변색한 고리 모양의 부위. 음식중독 세균에서는 노른자 첨가 배지에서 콜로니 주위에 할로가 생기는 노른자 반응을 볼 수 있다. 클로스트리듐 퍼프린젠스(*Clostridium perfringence*)나 막대세균 세레우스(*Bacillus cereus*)의 할로는 레시틴 가수분해효소 반응으로, 누런 포도알 세균의 할로는 라이페이스 작용으로 생긴다.

할로고균강 Haloarchaea 고균역(Archaea) 메테인생성호염고균계(Euryarchaeota)의 강.

할로고균과 Haloarchaeaceae 고균역(Archaea) 메테인생성호염고균계(Euryarchaeota) 할로고균강(Haloarchaea) 할로고균목(Halobacteriales)의 과.

할로고균목 Halobacteriales 고균역(Archaea) 메테인생성호염고균계(Euryarchaeota) 할로고균강(Haloarchaea)의 목.

할로고균 살리나룸 *Halobacterium salinarum* 고균역(Archaea) 메테인생성호염고균계(Euryarchaeota) 할로고균강(Halobacteria) 할로고균목(Halobacteriales) 할로고균과(Halobacteriaceae) 할로고균속(*Halobacterium*)의 막대 모양 호염성 절대 산소 바다 고균. 소금 함량이 높은 염장 식품에서 발견된다.

할로고균속 *Halobacterium* 고균역(Archaea) 에우리고균계(Euryarchaeota) 할로고균강(Halobacteria) 할로고균목(Halobacteriales) 할로고균과(Halobacteriaceae)의 대양 산소 세균 속. 세포는 막대 또는 알

모양이고 색깔은 빨강 또는 자색이다. 고온인 42도에서 가장 잘 자란다. 염전, 염호, 암염 광산, 절인 물고기 같은 고농도 소금이 포함된 환경에 존재한다. 붉은색의 카로테노이드를 가지고 있어 강한 빛 조건에서도 잘 견딘다. 표준 종은 할로고균 살리나룸(*Halobacterium salinarum*)이다.

할로루브룸과 Halorubraceae 고균역(Archaea) 에우리고균계(Euryarchaeota) 에우리고균문(Euryarchaeota) 할로고균강(Halobacteria) 할로페락스목(Haloferacales)의 과.

할로루브룸속 *Halorubrum* 고균역(Archaea) 에우리고균계Euryarchaeota) 에우리고균문(Euryarchaeota) 할로고균강(Halobacteria) 할로페락스목(Haloferacales) 할로루브룸과(Halorubraceae)의 극호염 고균 속. 이스라엘과 요르단에 걸쳐 있는 소금 호수인 사해 따위의 고농도 염을 가진 물에서 발견된다.

할로모나스과 Halomonadaceae 세균역(Bacteria) 슈도모나스문(Pseudomonadota) 감마가변세균강(Gammaproteobacteria) 대양나선세균목(Oceanospirillales)의 과.

할로모나스 살라리아 *Halomonas salaria* '살리니콜라 살라리우스'(*Salinicola salarius*)의 옛 이름.

할로모나스속 *Halomonas* 세균역(Bacteria) 슈도모나스문(Pseudomonadota) 감마가변세균강(Gammaproteobacteria) 대양나선세균목(Oceanospirillales) 할로모나스과(Halomonadaceae)의 그람음성 호염성 산소 또는 조건 무산소 세균 속. 5~25퍼센트 염화소듐 농도에서 살 수 있다. 바닷물 환경과 고기의 절임에 쓰는 소금물에서 발견된다. 단백질 가수분해 효소, 방향 화합물, 세포 밖 다당류를 생산한다.

할로박테륨속 *Halobacterium* 할로고균속.

할로세균과 Halobacteriaceae 할로고균과.

할로알고균속 *Halococcus* 고균역(Archaea) 에우리고균계(Euryarchaeota) 할로고균강(Halobacteria) 할로고균목(Halobacteriales) 할로고균과(Halobacteriaceae)의 속. 극호염 고균으로 최적 생장에 32퍼센트의 염화소듐을 요구한다.

할로페락스과 Haloferacaceae 고균역(Archaea) 에우리고균계(Euryarchaeota) 할로고균강(Halobacteria) 할로페락스목(Haloferacales)의 고균 과. 극호염 고균이다.

할로페락스목 Haloferacales 고균역(Archaea) 에우리고균계(Euryarchaeota) 할로고균강(Halobacteria)의 고균 목.

할로페락스속 *Haloferax* 고균역(Archaea) 에우리고균계(Euryarchaeota) 할로고균강(Halobacteria) 할로페락스목(Haloferacales) 할로페락스과(Haloferacaceae)의 극호염 고균 속.

합성 배지(合成培地) synthetic medium 화학조성이 분명한 성분만으로 만든 배지. 세균 또는 진균의 물질대사 연구에서는 배지에 들어있는 모든 성분을 화학적으로 알아야 할 필요가 있으며 이런 목적으로 만든 배지이다.

합성 보존료(合成保存料) synthetic preservative 미생물이나 산화 반응에 따른 식품의 변질이나 부패를 막기 위하여 쓰는 식품 첨가물 가운데 화학적으로 합성한 제품. 질산 소듐, 벤조산 소듐, 프로피온산, 뷰틸하이드록시아니솔(BHA), 뷰틸하이드록시톨루엔(BHT) 따위이다.

합주(合酒) hapju 찹쌀로 빚은 막걸리. 여름에 꿀이나 설탕을 타서 먹는다.

항균 단백질(抗菌蛋白質) antimicrobial protein 미생물 억제 단백질.

항독소(抗毒素) antitoxin 독소를 중화하는 능력이 있는 항체. 일부 동물, 식물과 세균독소에 대한 반응으로 생산한다. 포말린으로 독을 없앤 독소로 동물을 면역시키면 혈청에 독소 작용을 중화하는 항체가 생긴다. 디프테리아, 파상풍, 보툴리누스 중독 따위의 혈청요법에 쓴다.

항산성염색(抗酸性染色) acid-fast stain 산 저항 염색.

항생(抗生) antibiosis 한 미생물이 다른 미생물의 생장을 억제하는 작용. 두 미생물을 같은 배지에 기를 때 한 미생물은 다른 미생물에게 해로운 물질을 생산하여 자라지 못하게 하는 미생물 사이의 경쟁 관계를 이른다.

항생물질(抗生物質) antibiotic 다른 미생물을 죽이거나 생장을 억제하는 미생물이 만드는 유기화합물. 화학적으로 합성하기도 한다. 사람이나 동물의 세균이나 진균 감염치료에 쓴다. 그러나 대부분 감기, 기침이나 독감을 일으키는 바이러스에는 효과가 없다. 영국의 세균학자 플레밍(A. Fleming)이 1929년 처음으로 곰팡이에서 페니실린을 발견한 이후 많은 항생물질이 발견되었다. 동물체에 사용하면 동물성 식품에 잔류할 수 있으며 소비자에게 알레르기 반응을 일으킬 수 있다. 항생물질은 크게 다섯 그룹으로 나눌 수 있다. 여러 감염(피부 감염, 호흡기 감염, 요로감염 따위)에 널리 쓰는 페니실린, 폐혈증, 수막염 따위에 쓰는 세팔로스포린, 폐혈증 따위의 아주 심한 병 치료를 위하여 병원에서 쓰는 아미노글리코사이드, 여드름과 피부 감염증인 장미증(rosasae) 치료에 쓰는 테트라사이클린, 허파와 가슴 감염, 페니실린알레르기 대용으로 쓰는 마크롤라이드 따위가 있다.

항생물질 저항(抗生物質抵抗) antibiotic resistance 미생물이 특정한 항생 물질에 영향을 받지 않는 능력.

항생 작용(抗生作用) antibiosis 항생.

항생제(抗生劑) antibiotics 미생물이 생산하는 항생 물질 또는 화학 합성으로 만드는 약제. 다른 미생물을 선택적으로 억제하거나 죽인다.

항아리균강 Chytridiomycetes 진핵생물역(Eukaryota) 진균계(Fungi) 항아리균문(Chytridiomycota)의 강.

항아리균류 chytrids 항아리균문(Chytridiomycota)의 곰팡이를 일상으로 이르는 말.

항아리균목 Chytridiales 진핵생물역(Eukaryota) 진균계(Fungi) 항아리균문(Chytridiomycota) 항이리균강(Chytridiomycetes)의 목.

항아리균문 Chytridiomycota 진핵생물역(Eukaryota) 진균계(Fungi)의 문. 흙이나 민물에 사는 작은 다핵체 부생 또는 기생 곰팡이의 문이다. 유주자를 가지고 있는 구조가 작은 항아리 같아서 부친 이름이다. 키틴 세포벽과 채찍꼴 편모가 있으며 글리코젠을 에너지 저장 화합물로 쓰며 알파-아미노 아디프산 경로를 통하여 라이신을 합성한다. 키틴과 케라틴을 분해한다.

항아리팡이속 *Chytridium* 진핵생물역(Eukaryota) 진균계(Fungi) 항아리균문(Chytridiomycota) 항아리균강(Chytridiomycetes) 항아리균목(Chytridiales) 항아리균과(Chytridiaceae)의 곰팡이 속.

항원성(抗原性) antigenicity 항원이 비-세포(B-cell)나 티-세포(T-cell) 수용체와 결합 또는 작용할 수 있는 능력.

핵(核) nucleus 진핵 세포에서 발견되는 이중 막으로 둘러싸인 세포 소기관. 세포 원형질의 내용물과는 별도로 존재하며 세포의 유전체를 가지고 있다. 세포 생활사에서 유전자발현을 조절하고 디엔에이의 복제를 매개한다. 보통은 한 개의 핵이 있으나 젖먹이 동물의 적혈구에는 핵이 없으며 뼈 파괴 세포는 여러 개의 핵을 가지고 있다.

핵균강(核菌綱) Pyrenomycetes 구멍공버섯강(Sordariomycetes)

핵산 발효(核酸醱酵) nucleic acid fermentation 미생물이 생산하는 효소를 이용하여 퓨린뉴클레오타이드를 생산하는 방법. 대표 제조법으로 효모 균체의 아르엔에이를 푸른곰팡이 시트리눔(*Penicillium citrinum*)이나 스트렙토미세스 아우레우스(*Streptomyces aureus*)가 생성하는 인산다이에스터 가수분해효소(phosphodiesterase)로 가수분해하여 뉴클레오타이드인 이노신산과 구아닐산을 생산하며 조미료로 쓴다.

핵양체(核樣體) nucleoid 원핵세포 안에 유전물질이 들어있는 부분. 이곳에서 디엔에이의 전사와 복제가 일어난다.

핸드포드 변형 배지 modified Handford agar 클로스트리듐 퍼프린젠스(*Clostridium perfringens*)의 균 수 측정에 쓰는 선택 분리 배지. 식품의 경우 산소가 투과되지 않는 파우치에 액체 우무배지와 시료를 넣고 배양하는 무산소 파우치법에 쓴다. 올레안도마이신(oleandomycin), 폴리믹신 비(polymyxin B)와 카나마이신(kanamycin)이 들어있어 다른 세균은 모두 억제된다.

허들 기술 hurdle technology 식품의 안전성이나 품질 확보를 위하여 여러 가지 보존 방법(허들)을 조합한 식품 가공 기술. 미생물의 생육에 영향을 주는 온도, 수분 활성도, 산도, 가스 포장, 고압 가공 따위의 허들을 조합하여 상온에서 저장 효율성을 높이는 방법이다. 온갖 허들을 적용하여도 저장성에 문제가 생기면 고온 살균으로 마무리한다. 허들기술은 최소 가공 기술 개념이다.

헛뿌리 rhizoid 곰팡이에 있는 식물 뿌리와 같은 구조의 기관. 털곰팡이문(Mucoromycota)의 털곰팡이과(Mucoraceae)의 거미줄곰팡이속(*Rhizopus*), 활털곰팡이속(*Absidia*) 따위가 갖는 특징의 하나이다. 이들 곰팡이는 옆으로 뻗은 기는줄기(stolon)가 기질과 닿는 곳에서 뿌리와 같은 형태의 긴 단세포 기관을 형성한다.

헤르비바이러스강 Herviviricetes 두플로드나바이러스역(Duplodnaviria) 흥공바이러스계(Heunggongvirae) 페플로바이러스문(Peploviricota)의 바이러스 강.

헤르페스바이러스 herpesvirus 헤르페스바이러스과(Herpesviridae)의 디엔에이바이러스. 사람, 냉혈 등뼈동물과 민등뼈동물을 감염시킨다. 주로 접촉으로 옮는다. 감염되면 피부에 포진과 홍반이 일어난다. 대표적인 것은 단순 헤르페스(herpes simplex virus) 1형과 2형이며, 두 가지를 합하여 단순 포진 바이러스라고도 한다. 헤르페스 1형은 주로 입 주위에 물집을 만들고, 헤르페스 2형은 주로 성기 주위에 병변을 만든다. 이 바이러스 감염증은 대부분 피부에 물집과 감염을 일으키는데, 주로 입, 코 주위 또는 엉덩이, 성기 부위에 발생한다. 헤르페스 3형은 수두-대상포진 바이러스이다. 한번 감염되면 대부분 평생 감염

상태로 지낸다. 헤르페스바이러스처럼 수두-대상포진 바이러스는 신경에서 비활성 상태로 있다가 후에 사람이 면역력이 떨어지면 활성화되어 대상포진을 일으킨다.

헤르페스바이러스과 Herpesviridae 두플로드나바이러스역(Duplodnaviria) 흥공바이러스계(Heunggongvirae) 페플로바이러스문(Peploviricota) 헤르비바이러스강(Herviviricetes) 헤르페스 바이러스목(Herpesvirales)의 바이러스 과. 겉껍질을 가지는 디엔에이 바이러스로서 잠재 바이러스이다.

헤르페스바이러스목 Herpesvirales 두플로드나바이러스역(Duplodnaviria) 흥공바이러스계(Heunggongvirae) 페플로바이러스문(Peploviricota) 헤르비바이러스강(Herviviricetes)의 바이러스 목.

헤르포트리키엘라과 Herpotrichiellaceae 진핵생물역(Eukaryota) 진균계(Fungi) 자낭균문(Ascomycota) 분가지버섯강(Eurotiomycetes) 채토티리아목(Chaetothyriales)의 과.

헤모스포로리다목 Haemospororida 진핵생물역(Eukaryota) 아피콤플렉사문(Apicomplexa) 아코노이다강(Aconoidasida)의 목.

헤모필루스 인플루엔자 *Haemophilus influenzae* 인플루엔자 세균.

헤테로담자균강 Heterobasidiomycetes 진핵생물역(Eukaryota) 진균계(Fungi) 담자균문(Basidiomycota)의 강. 팡이실에 가로막이 있는 담자균류(basidiomycetes) 곰팡이를 이른다.

헤테로담자기 heterobasidium 네 개의 실로 이루어진 사이막이 있는 담자기.

헤테로발효 heterofermentation 당을 대사하여 주 발효 산물 밖에 다른 물질을 함께 생산하는 발효.

헤테로발효 젖산막대세균 heterofermentative lactobacillus 당을 대사하여 발효 산물로 젖산뿐만 아니라 에탄올, 아세트산, 이산화탄소 따위를 생산하는 젖산 막대 세균. 젖산막대세균 브레비스(*Lactobacillus brevis*), 젖산막대세균 페르멘툼(*L. fermentum*) 따위가 있다.

헤테로발효 젖산세균 heterofermentative lactic acid bacterium 당을 대사하여 발효 산물로 젖산뿐만 아니라 에탄올, 아세트산, 이산화탄소 따위를 생산하는 젖산 세균. 모든 류코노스톡속(*Leuconostoc*)과 일부 젖산막대세균속(*Lactobacillus*)이 이에 속한다.

헤테로젖산 발효 heterolactic acid fermentation 당을 대사하여 발효 산물로 젖산뿐만 아니라 에탄올, 아세트산, 이산화탄소 따위를 생산하는 발효. 케피르, 사우어크라우트 따위의 생산에 쓴다.

헤파드나바이러스과 Hepadnaviridae 리보바이러스역(Riboviria) 파라나바이러스계(Pararnavirae) 아르트베르바이러스문(Artverviricota) 레브트라바이러스강(Revtraviricetes) 블루베르바이러스목(Blubervirales)의 유일한 바이러스 과. 사람, 원숭이, 조류가 숙주이다. 법정 제3급 감염병인 비(B)형 간염을 일으키는 비형 간염바이러스(hepatitis B virus)가 대표적으로 알려져 있다.

헤파토바이러스 에이 *Hepatovirus A* 에이형간염 바이러스.

헬리오세균속 *Heliobacterium* 세균역(Bacteria) 막대세균문(Bacillota) 클로스트리듐강(Clostridia) 진정세균목(Eubacteriales) 헬리오세균과(Heliobacteriaceae)의 세균 속. 특이하게 세균 엽록소 지(g)를 이용해서 광합성을 한다. 그람양성 세균 가운데 유일한 광합성 세균이다.

헬리코박터과 Helicobacteraceae 세균역(Bacteria) 캄필로박터문(Campylobacterota) 캄필로박터강(Campylobacteria) 캄필로박터목(Campylobacterales)의 과.

헬리코박터속 *Helicobacter* 세균역(Bacteria) 캄필로박터문(Campylobacterota) 캄필로박터강(Campylobacteria) 캄필로박터목(Campylobacterales) 헬리코박터과(Helicobacteraceae)의 속.

헬리코박터 필로리 *Helicobacter pylori* 위염세균.

헬민토스포륨속 *Helminthosporium* 진핵생물역(Eukaryota) 진균계(Fungi) 자낭균문(Ascomycota) 입술버섯강(Dothideomycetes) 플레오스포라목(Pleosporales) 마사리나과(Massarinaceae)의 곰팡이 속.

헬민토스포륨 오리자에 *Helminthosporium oryzae* '코클리오볼루스 미야베아누스'(*Cochliobolus miyabeanus*)의 옛 이름.

혈청 포도당 액체배지 serum glucose broth 브루셀라속(*Brucella*) 종의 분리와 배양에 쓰는 선택 액체배지.

혈청 포도당 우무배지 serum glucose agar 브루셀라속(*Brucella*) 종의 분리와 배양에 쓰는 선택 고체배지.

혈청학(血淸學) serology 혈청을 대상으로 연구하는 학문. 주로 혈청에 있는 항체를 확인하는 일이다.

혈청형(血淸型) serotype, serovar 세균이나 바이러스 종 또는 면역세포 사이의 뚜렷한 혈청학적 변이. 이들은 표면 항원에 따라 분류한다. 혈청형 무리는 종 아래에 표시한다.

혈청형구분(血淸型區分) serotyping 겉면의 항원 차이에 기초하여 서로 비슷한 계통의 미생물을 나누는 방법. 미생물을 특정 항원에 반응하는 항체를 작용시킨 뒤 응집 반응으로 판별한다.

혐기 생물(嫌氣生物) anaerobe 무산소생물.

혐기성 배양(嫌氣性培養) anaerobic culture 무산소배양.

혐기성 세균(嫌氣性細菌) anaerobic bacterium 무산소세균.

형광 미생물(螢光微生物) fluorescent microbe 자외선을 비추면 형광이 나타나는 물에 녹는 형광 색소를 생성하는 미생물.

형광 세균(螢光細菌) fluorescent bacterium 자외선을 비추면 형광이 나타나는 물에 녹는 형광 색소를 생성하는 세균. 일반적으로는 슈도모나스 플루오레센스(*Pseudomonas fluorescens*)를 이른다. 이 세균은 피오베르딘(pyoverdine)이라는 황록색의 형광 색소를 생성한다. 이 밖에 형광 색소를 생성하는 세균에는 녹농세균(*Pseudomonas aeruginosa*), 알카리게네스속(*Alcaligenes*), 플라보세균속(*Flavobacterium*), 프로테우스속(*Proteus*), 파라콜로세균속(*Paracolobacterium*) 따위가 알려져 있다.

호건성(好乾性) xerophilic 비교적 건조한 환경을 좋아하는 성질.

호건성 진균(好乾性眞菌) xerophilic fungus 건조한 조건에 내성 있는 진균. 수분 활성도에서 0.85 이하에서도 생존할 수 있다. 아주 건조한 지역에서 발견되며 건조식품, 저장 곡물, 향신료, 견과류와 기름씨 따위를 상하게 한다. 아스페르길루스속(*Aspergillus*), 푸른곰팡이속(*Penicillium*), 지로미세스 비스포로우스(*Xeromyces bisporous*) 따위가 있다.

호기성 배양(好氣性培養) aerobic culture 산소배양.

호기성 생물(好氣性生物) aerobe 산소생물.

호기성 세균(好氣性細菌) aerobic bacterium 산소세균.

호냉 미생물(好冷微生物) psychrophilic microorganism 최저 생장 온도가 영(0)도 또는 그 이하인 미생물. 생장 최적 온도는 15도 또는 그 이하이며 생장 최대온도는 20도로 그 이상 온도에서는 살 수 없다. 바다와 빙하 얼음 환경에서 발견된다.

호당생물(好糖生物) saccharophile 당 함량이 높은 용액에서 자라는 생물, 특히 미생물. 대부분은 효모이다. 삼투압이 큰 조건에서도 생육하며 당, 당 제품, 과일 주스, 당 시럽, 꿀 따위를 상하게 할 수도 있다.

호모담자균강 Homobasidiomycetes '주름버섯강'(Agaricomycetes)의 옛 이름.

호모담자균아강 Homobasidiomycetidae 진균계(Fungi) 담자균문(Basidiomycota) 주름버섯강(Agaricomycetes)의 한 아강.

호모담자기 homobasidium 단실 담자기.

호모발효 homofermentation 당을 대사하여 젖산을 생산하는 과정.

호모발효 젖산막대세균 homofermentative lactobacillus 당을 대사하여 젖산을 생산하는 젖산 막대 세균. 젖산막대세균 플란타룸(*Lactobacillus plantarum*), 젖산막대세균 사케이(*L. sakei*), 젖산막대세균 카세이(*L. casei*), 젖산막대세균 델브루엑키이(*L. delbrueckii*) 따위가 있다.

호모발효 젖산세균 homofermentative lactic acid bacterium 당을 발효하여 젖산을 생산하는 세균. 젖산알세균, 일부 젖산 막대세균, 사슬알세균 따위 속의 일부가 여기에 속한다.

호모접합자 homozygote 특정 유전자 자리에 두 개의 같은 대립유전자를 갖는 생물이나 세포.

호모젖산 발효 homolactic (acid) fermentation 당을 발효하여 젖산을 생산하는 발효 양식. 포도당 한 분자에서 두 분자의 젖산이 생성된다. 많은 세균, 무산소 저급 진핵생물, 산소가 부족할 때 동물의 근육 세포 따위에서 일어난다. 이에 상대되는 것으로 최종 대사 산물로 젖산, 이산화탄소와 에탄올을 생산하는 헤테로젖산 발효가 있다.

호밀 맥각곰팡이 rye ergot fungus 맥각곰팡이.

호밀 엿기름 rye malt 싹을 틔운 호밀. 호밀 위스키를 만드는 데 쓴다.

호밀 위스키 rye whiskey ① 호밀 51퍼센트 이상을 써서 버번과 비슷하게 만드는 미국의 호밀 위스키. ② 캐나다 위스키. 역사적으로 호밀을 많이 써서 생산해 왔으므로 실제로는 호밀을 쓰지 않고도 호밀 위스키라고 하기도 한다. 법적으로 '캐나다 위스키', '캐나다 호밀 위스키' 또는 '호밀 위스키'라고 표시할 수 있다.

호분 홀씨 aleurospore 곰팡이 끝에 형성되는 두꺼운 벽을 가진 홀씨.

호산생물((好酸生物) acidophile 피에이치 5.0 이하인 산성 조건에서 잘 자라는 생물. 고균역(Archaea), 세균역(Bacteria)과 진핵생물역(Eukarya)에서 볼 수 있다. 고균역으로는 황을 환원하는 초고열 고균인 열프로테우스강(Thermoprotei) 술포로부스목(Sulfolobales), 세포벽이 없는 고균인 테르모플라스마목(Thermoplasmatales) 따위가 있다. 세균역으로는 산성세균강(Acidobacteria), 에탄올을 산화하여 아세트산을 생성하는 아세토박터 아세티(*Acetobacter aceti*), 과일주스의 오염을 일으키는 알리시클로막대세균속(*Alicyclobacillus*) 따위가 있다. 진핵생물역에는 털곰팡이문의 털곰팡이 라세모수스(*Mucor racemosus*) 따위가 있다.

호산 세균(好酸細菌) acidophilic bacterium 피에이치 5.0 이하인 높은 산성 조건에서 잘 사는 세균.

호삼투 미생물(好滲透微生物) osmophilic microorganism 고삼투압과 낮은 수분 활성도 환경에서 잘 사는 미생물. 가장 흔한 미생물은 효모이다.

호삼투 세균(好滲透細菌) osmophilic bacterium 고삼투압과 낮은 수분 활성도 환경에 잘 사는 세균.

호삼투 진균(好滲透眞菌) osmophilic fungus 고삼투압과 낮은 수분 활성도 환경에 잘 사는 진균.

호삼투 효모(好滲透酵母) osmophilic yeast 고삼투압과 낮은 수분 활성도 환경에서 잘 사는 효모. 과일 주스, 농축 과일 주스, 액체 당, 꿀 따위를 상하게 하는 미생물로 중요하다. 생장에 필요한 최소 수분 활성도는 지고사카로미세스 룩시이(*Zygosaccharomyces rouxii*) 0.62, 사카로미세스 바일리이(*Saccharomyces bailii*) 0.80, 데바리오미세스속(*Debaryomyces*) 0.83, 왈라미아 세비(*Wallemia sebi*) 0.87, 효모(*Saccharomyces cerevisiae*) 0.90이다.

호습성 진균(好濕性眞菌) hydrophilic fungus 수분 활성도가 0.90 이상에서 잘 사는 진균. 털곰팡이속(*Mucor*), 거미줄곰팡이속(*Rhizopus*), 스타키보트리스속(*Stachybotrys*), 트리코데르마속(*Trichoderma*), 베르티실륨속(*Verticillium*), 보트리티스속(*Botrytis*) 따위의 곰팡이이다.

호알칼리 세균 alkalophilic bacterium 알칼리 환경에서 잘 사는 세균. 주로 막대세균속 세균으로 생육 최적 피에이치는 8~11이다. 피에이치 7 이하에서는 생육하지 않거나 서서히 자란다. 알칼리성 호수 따위의 알칼리 환경에서뿐만 아니라 일반 흙에서도 발견된다. 이들 세균이 생산하는 내열성 세포 밖 효소(주로 단백질 가수분해효소와 지방질 가수분해효소)는 가정용 세제에 쓴다.

호압 세균(好壓細菌) baroduric bacterium 높은 압력에서 가장 잘 사는 세균. 주로 심해 환경에서 발견된다. 그람음성 감마가변세균강의 할로모나스 살라리아(*Halomonas salaria*)는 생장에 102메가파스칼의 압력이 필요하다. 많은 내압 세균은 디엔에이 수선 메커니즘이 없으므로 자외선에 매우 예민하다.

호열생물(好熱生物) thermophile 비교적 높은 온도(41~122도)에서 잘 살 수 있는 생물, 대부분은 고균이며 일부 세균과 진균이 있다. 온천, 심해 열수구, 썩고 있는 식물 물질, 두엄 따위에서 발견된다. 생장 최적 온도에 따라 단순 호열생물(50-64도), 절대 호열생물(65~79도)과 초호열생물(80도 이상)로 나눈다. 많은 초고열 고균은 생장에 황을 요구한다. 일부는 황을 전자 받개로 하는 무산소 고균이며 일부는 황을 황산으로 산화하여 에너지원으로 쓰는 무기영양 고균이다. 세균으로는 게오바실루스 스테아로열필루스(*Geobacillus stearothermophilus*)가 있으며 이에서 얻는 효소(*Bst* 중합 효소)는 중합효소연쇄반응(PCR)이나 고리매개 등온 증폭법에 쓴다. 호열 진균은 50~60도에서 살 수 있으며 대부분은 자낭균문(Ascomycota) 소르다리아목(Sordariales)에 속한다.

호염 미생물(好鹽微生物) halophilic microorganism 소금 농도 0.2몰(약 1.2퍼센트) 이상에서 잘 자라는 미생물.

호염생물(好鹽生物) halophile 생장에 전해질(보통 소금)을 요구하는 생물, 특히 식물과 미생물. 전해질 농도가 낮으면 생장이 느리거나 멈춘다.

호염 세균(好鹽細菌) halophilic bacterium 소금 농도 0.2몰(약 1.2퍼센트) 이상에서 잘 자라는 세균. 최적 소금 농도에 따라 저도(0.2~0.5몰), 중도(0.5~2.5몰), 고도(2.5몰 이상) 호염 세균으로 나눈다. 저도 호염 세균은 주로 해양 세균이고 중도 호염 세균은 작은알세균속, 막대세균속, 비브리오속 따위의 세균 일부가 포함된다. 고도 호염 세균은 고균역의 할로세균속(*Halobacterium*)이 있다.

호염 진균(好鹽眞菌) halophilic fungus 소금 농도 0.2몰(약 1.2퍼센트) 이상에서 잘 자라는 진균.

혹위 미생물 rumen microorganism 소, 양과 같은 되새김동물의 첫째 위 속에 사는 미생물. 세균, 원생동물, 진균, 고균과 바이러스이다. 그 가운데 세균과 원생동물은 전체 미생물 질량의 40~60퍼센트를 차지한다. 원생동물은 다른 미생물의 식세포작용(phagocytosis)을 통하여 영양소를 흡수하며 사료의 탄수화물(주로 녹말과 당)과 단백질을 소화한다. 진균은 섬유가 적은 사료 먹이에는 존재하지 않으나 리그닌, 헤미셀룰로스, 또는 셀룰로스를 분해한다. 고균은 독립영양 메테인생성 세균으로 무산소호흡으로 메테인을 생산한다. 세균, 원생동물과 진균이 생산하는 수소는 이산화탄소를 메테인으로 환원하는 데 쓰인다.

혹위 미생물무리 rumen flora 소, 양과 같은 되새김동물의 첫째 위 속에 사는 미생물무리.

혹위 세균 rumen bacterium 소, 양과 같은 되새김동물의 첫째 위 속에 사는 세균. 가장 풍부한 세균은 프레보텔라속(*Prevotella*), 뷰티리비브리오속(*Butyrivibrio*)과 루미노알세균속(*Runminococcus*)이다.

혼성주(混成酒) compounded alcoholic drink ① 발효주나 증류주에 여러 성분을 섞어서 만든 술. 식물의 꽃, 잎, 뿌리, 과일, 과일 껍질, 당, 색소 따위를 섞는다. ② 두 가지 이상의 술을 섞어 만든 술.

혼합 배양(混合培養) mixed culture 두 종 이상의 미생물을 동시에 함께 기르는 일.

혼합산 발효(混合酸醱酵) mixed acid fermentation 대장균, 프로테우스속(*Proteus*), 살모넬라속(*Salmonella*), 이질세균속(*Shigella*) 따위의 창자 세균에서 볼 수 있는 발효의 하나. 세균이 포도당을 발효하여 생성된 피루브산이 동시에 여러 경로로 대사되면서 젖산, 아세트산, 석신산, 폼산과 에틸알코올이 생산된다.

홀씨 spore ① 새로운 개체가 될 수 있는 작은 단세포 생식 단위. 말무리, 진균과 원생동물이 생산한다. 스스로 발아하여 새로운 개체가 된다. ② 식물에서, 감수분열로 생기는 반수체 세포인 유성홀씨.

홀씨생성 sporulation ① 홀씨가 만들어지는 과정. ② 홀씨를 내보냄. ③ 세균에서, 디엔에이가 분리하여 세포의 한 부분이 되고 홀씨 겉껍질에 둘러싸여 내생홀씨가 형성되는 일.

홀씨생성 효모 sporogenous yeast 자낭 홀씨를 생성하는 효모

홀씨 생식 sporogony ① 홀씨 형성. ② 원생동물의 접합 홀씨에서 홀씨소체(sporoxoite) 또는 홀씨가 형성됨.

홀씨 세포 spore cell 홀씨.

홀씨주머니 sporangium 안에 홀씨를 생산하는 주머니 같은 구조. 일부 하등균류(lower fungi)에서 운동성 또는 비운동성 홀씨를 형성하는 기관이다. 분절 홀씨주머니(merosporangium), 작은홀씨주머니(sporangiolum), 운동홀씨주머니(zoosporangium) 따위가 있다. 많은 진균(털곰팡이속, 거미줄곰팡이속, 활털곰팡이속 따위)은 중심부에 축주(columella)를 가진다.

홀씨주머니자루 sporangiophore 홀씨주머니가 달리는 자루와 같은 구조.

홀씨주머니홀씨 sporangiospore 홀씨주머니 속에 형성된 홀씨. 접합균류의 털곰팡이속(*Mucor*), 거미줄곰팡이속(*Rhizopus*)에서 발견되며, 조균강(Phycomycetes)의 불완전 세대에서도 볼 수 있다.

홀씨 형성 sporulation 홀씨가 만들어지는 과정,

홉 hop 장미목(Rosales) 삼과(Cannabaceae)의 여러해살이 덩굴풀(*Humulus lupulus*)의 꽃. 열매는 솔방울 비슷하며 여러 종류의 정유와 수지가 들어있는 작은 샘이 있다. 후물론과 루풀론 따위의 알파산(α-acid)과 베타산(β-acid)으로 맥주에 쓴맛, 향미와 함께 안정제로 작용한다.

홉 대용물 hop substitute 맥주에 향미와 쓴맛을 주기 위하여 홉 대신에 쓰는 물질. 쓴 콜라(*Garcinia kola*) 씨, 쓴 잎(*Vernonia amygdalina*) 추출물 따위가 있다.

홉 순 hop shoot 홉의 순. 남새로 먹으며 이를 위하여 재배하기도 한다.

홉 정유 hop essential oil 홉의 구과(cone) 또는 홉 전체를 수증기 증류하여 얻는 정유. 홉을 초임계 이산화탄소로 추출한 액에서 얻기도 한다. 주성분은 쓴맛이 있는 산(후물론과 루풀론)과 테르펜 탄화수소인 미르센(myrcene)과 휴물렌(humulene)이다. 맥주 제조에서 홉 향미를 주는 데 쓴다.

홉 첨가 hopping 향미와 쓴맛을 주기 위하여 엿기름즙에 홉을 넣는 일. 홉 향미를 더하기 위하여 발효가 끝난 맥주에 넣기도 한다.

홉 추출물 hop extract 홉의 활성 성분(알파산, 베타산, 수지, 정유)을 뽑아낸 것. 맥주 제조에 쓴다.

홉 펠릿 hop pellet 홉을 잘게 잘라 펠릿으로 만든 것. 맥주 제조에 쓴다.

홍국곰팡이속 *Monascus* 모나스쿠스속.

홍국미(紅麴米) red koji rice 앙칵.

홍역바이러스속 *Morbillivirus* 리보바이러스역(Riboviria) 오르토르나바이러스계(Orthornavirae) 네가르나바이러스문(Negarnaviricota) 몬지바이러스강(Monjiviricetes) 모노네가바이러스목(Mononegavirales) 파라믹소바이러스과(Paramyxoviridae)의 겉껍질이 있는 바이러스. 사람, 개, 고양이, 소, 바다사자 따위가 숙주이다. 사람이 이 바이러스에 감염되면 법정 제2급 감염병인 홍역에 걸린다.

홍조식물문(紅藻植物門) Rhodophyta 진핵생물역(Eukaryota)의 문.

홍주(紅酒) anchiew 찐 찰 현미에 붉은 효모 쌀을 넣어 빚은 술. 대만 술로 알코올 농도 20퍼센트 정도인 혼성주이다. 일 년 이상 저장한 것을 노홍주라 하여 귀하게 여긴다.

홍주(紅酒) hongju 쌀, 보리로 빚어 소줏고리에서 내린 술에 시초 뿌리를 통과시켜서 새빨간 빛과 독특한 향기를 낸 술. 알코올 함량은 40퍼센트가 넘는다. 전라남도 무형문화재 제26호인 진도의 전통 명주이다.

화농 사슬알 세균 *Streptococcus pyogenes* 세균역(Bacteria 막대세균문(Bacillota) 막대세균강(Bacilli) 젖산막대세균목(Lactobacillales) 사슬알세균과(Streptococcaceae) 사슬알세균속(*Streptococcus*)의 그람 양성, 산소 내성 세균. 세포 밖에 살며 둥근 세포가

사슬처럼 이어진 모양이다. 주로 목구멍, 생식기 점막, 곧창자와 피부에 존재한다. 세균의 전파 경로는 보균자의 호흡기에서 나온 미세물방울의 흡입 또는 피부 접촉이며 빈도는 낮으나 음식을 통해 전파되기도 한다. 감염은 목구멍 또는 피부에서 시작하며 가장 특징적인 신호는 딸기 같은 발진이며 인두염, 부분적인 피부 감염증인 고름딱지증(imoetigo)을 일으킨다. 일부 종은 세균 독소를 생산하며 이 종이 목에 감염되면 법정 2급 감염병인 성홍열을 일으킨다. 다른 독소 생산 종은 사슬알세균 독소 쇼크 증후군(toxic shock syndrome)을 일으킬 수 있다.

화락 세균(火落細菌) hiochi bacterium 히오치세균.

화상병(火傷病) fire blight 세균역(Bacteria) 가변세균문(Proteobacteria) 감마가변세균강(Gammaproteobacteria) 엔테로박터목(Enterobacterales) 창자세균과(Enterobacteriaceae) 에르위니아속(*Erwinia*)의 그람 음성 짧은 막대 모양의 조건 무산소 세균인 에르위니아 아밀로보라(*Erwinia amylovora*)가 일으키는 식물 전염병. 주로 사과와 배에 감염하며 그 밖에 장미과 식물에도 감염한다. 꽃, 열매, 싹, 가지에 감염하며 꽃은 검게 변하고 위축되어 불꽃에 탄 것과 같이 되어 마침내 말라 죽는다. 피해 부위에 세균 점액이 대량으로 흘러나오고 이것이 병세가 퍼지는 전염 원이 된다.

화학무기영양생물(化學無機營養生物) chemolithotroph 무기화학 물질을 산화하여 에너지를 생산하는 생물.

화학 물질 음식매개병(化學物質飮食媒介病) chemical foodborne illness 자연독소 또는 화학 물질로 오염된 버섯, 독성 식물 또는 바다 동물을 먹어 일어나는 음식중독. 아세틸콜린, 알칼로이드, 히스타민, 황, 페놀, 세로토닌, 글리코사이드 따위이다. 독버섯, 중금속, 농약 따위로 일어나는 중독이다.

화학 살균제(化學殺菌劑) chemical sterilant 미생물을 죽이는 데 쓰는 화학 물질. 액체 형태로는 과산화수소, 하이포염소산소듐, 글루타르알데하이드, 과산화아세트산 따위가 있고, 가스 형태로는 오존, 폼알데하이드, 산화에틸렌, 이산화질소 따위가 있다.

화학요법(化學療法) chemotherapy 암과 같이 빠르게 자라는 병원체를 죽이기 위한 약 처리.

확인 배지(確認培地) confirmatory medium 확인할 미생물의 생육에 꼭 필요한 기질 성분과 지시약이 들어 있는 우무배지. 특정 미생물의 생육으로 나타나는 여러 반응으로 특정 성상(생화학적 성상, 운동성, 효소 활성 따위)을 확인하는 데 쓴다.

환원효소 시험(還元酵素試驗) reductase test 원유와 파스퇴르살균 우유의 세균 수 검사 방법. 시료에 메틸렌블루를 첨가하면 세균이 우유 속의 산소를 소비함에 따라 물감의 푸른색이 환원되어 없어지게 된다. 탈색 시간이 짧을수록 미생물 기준으로 우유 품질은 나쁜 것으로 판단한다.

활성 산소(活性酸素) reactive oxygen species, ROS 최소한 한 개의 산소 원자와 한 개 또는 그 이상의 홀전자(unpaired electron)를 가진 분자. 초과산화음이온 라디칼, 하이드록실 라디칼, 하이드로퍼옥실 라디칼, 일중항 산소, 자유 질소 라디칼 따위이다. 세포의 미토콘드리아에서 산화 대사로 생성되는 부산물이며 세포 생존과 죽음, 분화, 세포 신호, 염증 관련 인자의 생산 따위의 역할을 한다. 그러나 활성산소 수준이 너무 높으면 세포의 항상성, 구조와 기능에 해를 주며 산화 스트레스를 일으킨다.

활성 슬러지 activated sludge 하수나 폐수처리 때 포기탱크(aeration tank)에서 생기는 세균과 원생동물로 이루어진 침전물. 보통 갈색을 띤다. 산소 세균과 원생동물은 물속의 유기 물질이나 무기 물질을 섭취하여 자라면서 결과로 물을 깨끗이 하는 역할을 한다.

활주 세균(滑走細菌) gliding bacterium 미끄럼 세균.

활털곰팡이 글라우카 *Absidia glauca* 진핵생물역(Eukaryota) 진균계(Fungi) 접합균문(Zygomycota) 접합균강(Zygomycetes) 털곰팡이목(Mucorales) 쿠닝하멜라과(Cunninghamellaceae) 활털곰팡이속(*Absidia*)의 곰팡이. 전 세계에 분포하며 키토산 생산에 쓴다.

활털곰팡이속 *Absidia* 진핵생물역(Eukaryota) 진균계(Fungi) 접합균문(Zygomycota) 접합균강(Zygomycetes) 털곰팡이목(Mucorales) 쿠닝하멜라과(Cunninghamellaceae)의 곰팡이 속. 썩는 식물질, 곡식, 흙 또는 가축의 똥, 고기 따위에서 분리되며 동물과 식물의 기생 생물 또는 병원체이다. 알파 갈락토사이드 가수분해효소 따위의 효소 생산에도 쓴다. 거미줄곰팡이속(*Rhizopus*)과 그 형태가 비슷하고 기는줄기와 헛뿌리가 있으며 홀씨주머니 자루가 헛뿌리와 헛뿌리 사이의 기는줄기 중간에 형성되는 점이 다르다. 홀씨주머니와 홀씨주머니 자루 경계에 있는 깔때기 모양의 지낭(apophysis)이 특징적이다. 홀씨주머니는 거미줄곰팡이속 보다 작고 서양배 모양이다. 녹말 당화력이 강하다.

활털곰팡이 아트로스포라 *Absidia atrospora* 진핵생물역(Eukaryota) 진균계(Fungi) 접합균문(Zygomycota) 접합균강(Zygomycetes) 털곰팡이목(Mucorales) 쿠닝하멜라과(Cunninghamellaceae) 활털곰팡이속(*Absidia*)의 곰팡이. 퇴비 같은 썩는 식

물에서 발견된다. 키토산 생산에 쓴다.

활털곰팡이 코림비페라 *Absidia corymbifera* 진핵생물역(Eukaryota) 진균계(Fungi) 접합균문(Zygomycota) 접합균강(Zygomycetes) 털곰팡이목(Mucorales) 쿠닝하멜라과(Cunninghamellaceae) 활털곰팡이속(*Absidia*)의 곰팡이. 한국의 누룩이나 중국 누룩에서 분리된다. 곰팡이독소는 생성하지 않는다.

활털곰팡이 코에룰레아 *Absidia coerulea* 진핵생물역(Eukaryota) 진균계(Fungi) 털곰팡이문(Mucoromycota) 털곰팡이목(Mucorales) 쿠닝하멜라과(Cunninghamellaceae) 활털곰팡이속(*Absidia*)의 곰팡이. 키토산 생산에 쓴다.

황국(黃麴) yellow koji 누런 고지.

황국균(黃麴菌) *Aspergillus oryzae* 누런 고지곰팡이.

황금무당버섯 gilded brittlegill, *Russula aurea* 진핵생물역(Eukaryota) 진균계(Fungi) 담자균문(Basidiomycota) 주름버섯강(Agaricomycetes) 무당버섯목(Russulales) 무당버섯과(Russulaceae) 무당버섯속(*Russula*)의 먹는 버섯. 갓은 지름 4~9센티미터로 편평하며 등적색이다. 여름과 초가을에 너도밤나무, 오크, 개암나무 따위의 갈잎나무 숲 아래에서 난다. 유럽에 분포한다.

황금뿔나팔버섯 *Craterellus aureus* 진핵생물역(Eukaryota) 진균계(Fungi) 담자균문(Basidiomycota) 주름버섯강(Agaricomycetes) 꾀꼬리버섯목(Cantharellales) 꾀꼬리버섯과(Cantharellaceae) 뿔나팔버섯속(*Craterellus*)의 먹는 버섯. 갓은 지름 1~3센티미터로 얇은 깔때기 모양이며 오렌지색이다. 가을에 소나무 숲 땅에 모여 난다. 한국, 중국, 일본에 분포한다.

황변미(黃變米) yellow rice 푸른곰팡이 이스란디쿰(*Penicillium islandicum*), 푸른곰팡이 시트레오니그룸(*P. citreonigrum*) 또는 푸른곰팡이 시트리눔(*P. citrinum*)이 자라 누렇게 된 쌀. 모두 곰팡이독소를 생성한다.

황변미 독소(黃變米毒素) yellow rice toxin 쌀에 기생하여 쌀을 누렇게 만드는 푸른곰팡이속 곰팡이가 생산하는 독소. 푸른곰팡이 이스란디쿰(*Penicillium islandicum*)은 세포 독소인 루테오스키린(leteoskyrin)과 간 손상을 일으키며 발암 성질이 있는 고리클로로틴(cyclochlorotine)을, 푸른곰팡이 시트레오니그룸(*P. citreonigrum*)은 간과 콩팥 손상을 주는 시트레오비리딘(citreoviridin)을 그리고 푸른곰팡이 시트리눔(*P. citrinum*)은 간, 콩팥과 세0포 손상을 일으키는 시트리닌(citrinin)을 생산한다.

황산염환원 미생물(黃酸鹽還元微生物) sulfate reducing microorganism 황산염을 최종 전자 받개로 하여 황화수소로 환원하여 호흡하는 미생물. 황산염 환원 세균과 황산염 환원 고균으로 구성된 그룹이다.

황산화 세균(黃酸化細菌) sulfur oxidizing bacterium 무기 황 화합물과 원소 황을 산화하여 황산화물을 생성하는 세균. 화학 무기영양 세균인 싸이오막대세균 싸이오옥시안스(*Thiobacillus thiooxidans*)는 싸이오황산염(thiosulfate)과 설파이드(sulfide)를 에너지원으로 하여 황산을 생산한다. 이런 산화 황세균은 살파이드 또는 원소 황을 황산염으로 산화하여 에너지를 얻는다.

황색포도알구균 *Staphylococcus aureus* 누런 포도알세균.

황세균(黃細菌) sulfur bacterium 무기 황 화합물과 원소 황을 대사할 수 있는 세균. 황을 산화 또는 환원하여 에너지를 얻는다.

황세균목(黃細菌目) Thiobacteriales 이전에 황세균과 광합성 세균을 포함하던 목. 지금은 베기아토아목(Beggiatoales)과 슈도모나스목(Pseudomonadales)으로 개편되었다.

황열(黃熱) yellow fever 모기가 옮기는 아르보 바이러스(arbovirus)가 일으키는 출혈열. 아프리카와 남아메리카 지역에서 유행하는 병이다. 이 병에 걸린 환자 일부는 황달로 피부가 누렇게 변하는 증상이 나타나므로 황열이라고 한다. 법정 제3급 감염병이다.

황주(黃酒) huang chiew 쌀, 기장, 흑미, 옥수수, 밀 따위를 찌고 중국 누룩으로 당화, 발효한 술. 누룩은 밀이나 보릿가루를 물로 반죽하여 다져서 뭉친 것에 주로 거미줄곰팡이속(*Rhizopus*) 곰팡이를 번식시켜 만든다. 알코올 함량은 8~20퍼센트이다. 중국 절강성 소흥부(浙江省 紹興府)를 원산지로 하는 사오싱주가 대표적인 황주이다.

황지방질(黃脂肪質) sulfolipid 분자에 황을 가진 기능기가 있는 지방질. 광합성 식물, 말무리, 남세균, 자주황세균에서 발견되며 틸라코이드 막에 있는 설포퀴노보스(sulfoquinovose, 포도당의 설폰산 유도체)와 나이아실글리세롤로 이루어진 설포퀴노보실 다이아실글리세롤(sulfoquinovosyl diacylglycerol), 황산염기를 가진 당지방질인 설파타이드(sulfitide) 따위가 있다.

황 함유 아미노산 sulfur-containing amino acid 분자에 황을 가진 아미노산. 메싸이오닌, 시스테인, 호모시스테인, 타우린 따위이다. 메싸이오닌과 시스테인은 단백질의 구성성분이며 식물에서는 황 동화의 최종 산물이다. 이들 아미노산은 식물 전체 황의 90퍼센트를 차지하며 99퍼센트 이상이 단백질에 존재한다.

황화물 인돌 운동성 배지 sulfide indole mobility medium 황화수소 생성, 인돌 생성과 운동성을 동시에 확인할 수 있는 반유동 찔러심기 배지. 창자세균 감별용 배지이다. 황화수소 생성 양성 세균은 배지의 고층 부위가 검게 되며 인돌 생성 양성 세균은 인돌 시약(파라-다이메틸아미노벤즈알데하이드, 무수에탄올, 염산)을 배지 위에 떨어트리면 시약이 붉은색으로 변하나 음성 세균은 변하지 않는다. 운동성 양성 세균은 배지 전체가 혼탁해지고 음성 세균은 세균을 심은 부위에서만 생장을 볼 수 있다.

황 환원 세균(黃還元細菌) sulfur reducing bacterium 원소 황을 황화수소로 환원하는 세균. 이들 세균은 무산소 상태에서 무기 황화합물을 전자 받개로 하여 호흡, 에너지 보존과 생장 활동을 한다. 프로테우스속, 캄필로박터속, 슈도모나스속, 살모넬라속 따위의 세균과 메테인 생성 세균을 제외한 고균은 황을 환원할 수 있다.

회전환(回轉環) rolling circle 고리 모양 디엔에이의 복제 양식. 시작점에서 한 가닥만이 복제되고 새로 합성한 가닥은 다른 어버이가닥을 대체한다. 파지 따위에서 볼 수 있다.

획선 평판법(劃線平板法) streak plate method 긋기평판법.

효모(酵母) yeast 진균계(Fungi)의 단세포 진핵생물을 일상으로 이르는 말. 대부분은 유사 분열에 따른 무성생식의 하나인 출아로 번식하나 일부는 감수분열을 통한 유성생식을 하는 것도 있다. 단세포로 생장하는 점이 팡이실로 자라는 곰팡이와 다른 점이다. 효모라는 말은 분류체계의 용어가 아니다. 흔히 효모는 사카로미세스 세레비지아에(*Saccharomyces cerevisiae*)와 같은 뜻으로 쓰나 실제로 효모는 분류에서 두 개의 독립된 문인 자낭균문(Ascomycota)과 담자균문(Basidomycota)에 속한다. "참 효모" 또는 출아 효모는 자낭균문 사카로미세스아문(Saccharomycotina) 사카로미세스목(Saccharomycetales)으로 분류한다. 효모는 화학 유기 영양생물(chemoorganotroph)로서 유기화합물을 산화하여 에너지원으로 이용한다. 탄소는 주로 포도당, 과당 따위의 육탄당과 설탕, 엿당 따위의 이당류에서 얻는다. 일부 종은 리보스, 알코올과 유기산을 대사할 수 있다. 효모 종은 세포호흡에 산소가 필요한 절대 산소생물이거나 조건 무산소 생물이므로 절대 무산소 조건에서는 자라지 못한다. 효모는 중성 또는 약간 산성 조건에서 가장 잘 자라며 생장 최적 온도는 효모마다 다르다. 효모배양에 주로 쓰는 배지는 감자 포도당 우무배지 또는 감자 포도당 액체배지, 효모 펩톤 포도당 우무배지 따위가 있다. 효모 종의 하나인 사카로미세스 세레비지아에는 발효 과정에서 당을 이산화탄소와 알코올로 전환한다. 이 반응은 제빵과 맥주와 포도주 발효에 오랫동안 쓰여 왔다. 효모는 미생물 연료 세포를 이용한 전기 생산 그리고 생물 에탄올 생산에 이용하고 있다.

효모 가루 yeast powder 말려서 가루로 만든 효모. 제빵이나 피자 제조에 쓴다.

효모 녹말 포도당 배지(酵母綠末葡萄糖培地) yeast starch glucose medium 알리시클로막대세균속(*Alicycloba- cillus*) 세균의 강화 배지. 효모 추출물, 가용성녹말(soluble starch), 포도당을 첨가한 배지로 피에이치는 3.7이다. 과일즙의 알리시클로막대세균속 세균의 생균 수 측정에 쓴다.

효모 단백질(酵母蛋白質) yeast protein 효모 균체에서 얻는 단백질.

효모 발효(酵母醱酵) yeast fermentation 효모가 당을 에탄올과 이산화탄소로 바꾸는 일. 제빵, 술 제조 따위에 이용한다.

효모 발효 음료(酵母醱酵飮料) yeast fermented beverage ① 알코올음료. 맥주, 포도주, 증류주, 사이다, 크바스 따위이다. ② 비알코올음료. 곰부차, 케피르, 진저비어 따위이다. ③ 우유 가공품 또는 식물성 원료를 효모로 발효하여 만든 음료.

효모 배양(酵母培養) yeast culture 효모를 인공 환경에서 기름.

효모 엿기름 배지 yeast malt medium 효모, 곰팡이와 내산성 세균의 분리와 배양에 쓰는 배지. 효모 추출물과 펩톤을 첨가한 엿기름 추출물 배지이다. 살균한 뒤 세균의 증식을 억제하기 위해서 산(젖산, 염산 따위)으로 배지의 피에이치를 3.0~4.0으로 낮추어 접종, 배양한다. 또 선택제로 보존료인 프로피온산소듐이나 다이페닐(diphenyl)을 첨가한다.

효모 엿기름 액체배지 yeast malt broth 곰팡이나 효모를 선택적으로 배양하는데 쓰는 액체배지.

효소 기질 배지(酵素基質培地) enzyme substrate medium 특정 효소를 생산하는 미생물의 감별을 위하여 배지에 발색 기질이나 형광 기질을 섞은 배지. 예로서, 대부분의 대장균은 베타-글루쿠론산 가수분해효소를 가지고 있으므로 대장균의 검출에는 이 효소의 기질을 쓴다.

효소 번호(酵素番號) enzyme number, EC number 국제 생화학 연합 명명위원회가 정한 효소 분류표에 따라 각 효소에 붙이는 번호. 4가지 숫자로 되어있으며, 첫 번째 숫자는 효소가 속하는 그룹, 두 번째와 세 번째 숫자는 효소 분류의 서브 그룹, 네 번째는 그 서브 그룹 안에서의 일련번호를 뜻한다. 예를 들면 알코올 수소 떼기 효소 EC 1.1.1.1은 EC 1은 산화-환원 효소, EC 1.1은 알코올을 알데하이드로 산화하는 효소, 마지막 1은 이 효소의 고유 번호이다.

후막홀씨 chlamydospore 곰팡이 팡이실 끝부분 또는 중간 세포에 저장 물질이 쌓여 커지고 세포벽이 이중으로 된 무성 홀씨. 발육환경의 변화에 대응하기 위하여 만드는 홀씨이다. 팡이실체 보다 열이나 건조 조건에 저항성이 있는 세포로 발아에 적합한 조건이 될 때까지 휴면한다.

후미콜라 라누기노사 *Humicola lanuginosa* '열미세스 라누기노사'(*Thermomyces lanuginosa*)의 옛 이름.

후미콜라 루테아 *Humicola lutea* 진핵생물역(Eukaryota) 진균계(Fungi) 자낭균문(Ascomycota) 구멍공버섯강(Sordariomycetes) 구멍공버섯목(Sordariales) 채토뮴과(Chaetomiaceae) 후미콜라속(*Humicola*)의 진균. 산성 단백질 가수분해효소를 얻는다.

후미콜라속 *Humicola* 진핵생물역(Eukaryota) 진균계(Fungi) 자낭균문(Ascomycota) 구멍공버섯강(Sordariomycetes) 구멍공버섯목(Sordariales) 채토뮴과(Chaetomiaceae)의 곰팡이 속. 전 세계에 분포한다.

후미콜라 인솔렌스 *Humicola insolens* 진핵생물역(Eukaryota) 진균계(Fungi) 자낭균문(Ascomycota) 구멍공버섯강(Sordariomycetes) 구멍공버섯목(Sordariales) 채토뮴과(Chaetomiaceae) 후미콜라속(*Humicola*)의 곰팡이. 셀룰로스 가수분해효소를 얻는다.

후벽균문(厚壁菌門) Firmicutes 막대세균문(Bacillota).

후천 면역결핍 증후군(後天免疫缺乏症候群) acquired immune deficiency syndrome 인간 면역 체계에 감염하는 레트로바이러스인 인간면역결핍바이러스(human immunodeficiency virus, HIV)에 감염되어 인체 면역력이 떨어지는 감염병. 백신이나 치료방법이 없으며 환자는 일생 바이러스와 함께 정상 생활이 가능하다. 주된 전파 경로는 오염된 주사기 사용, 성접촉, 수혈, 임신 때 어미에서 아이에게 직접 감염 따위이다. 침, 눈물, 땀 따위는 바이러스를 옮기지 않는다. 병원에서 전파 경로는 인간면역결핍바이러스에 오염된 피 또는 일부 체액에 노출되는 경우이다. 법정 제3급 감염병이다.

훈트 액체배지 Hunt broth 캄필로박터 증균 액체배지.

휴-레이프손 시험 Hugh and Leifson's test 산화발효 포도당 시험.

흑국균(黑麴菌) black koji mold 검은 고지 곰팡이.

흑맥주(黑麥酒) dark beer 빛깔이 짙은 갈색 맥주. 엿기름을 높은 온도(120도 정도)에서 볶아 빛깔이 짙은 엿기름으로 만든다. 대표적인 것으로는 상면발효 맥주인 스타우트(stout)와 포터(porter), 하면발효 맥주인 슈바르츠비어(Schwarzbier) 따위가 있다.

흑반병(黑斑病) black spot disease ① 장미의 곰팡이병. 진핵생물역(Eukaryota) 진균계(Fungi) 자낭균문(Ascomycota) 두건버섯강(Leotiomycetes) 살갗버섯목(Helotiales) 드레파노페지자과(Prepanopezizaceae)의 디플로카르폰 로사에(*Diplocarpon rosae*)의 감염으로 일어난다. 잎 아래쪽에 검은점이 나타나며 커지면 잎은 누런색으로 변하며 떨어진다. 병은 줄기까지 번지게 되고 결국 모든 잎은 떨어지게 된다. ② 일부 포도품종에서 나타나는 생리 장애. 포타슘 결핍 증상으로 포도잎은 엽록소를 잃어 점차 검게 된다. 이 병에 걸린 포도는 당도가 낮아진다.

흑색썩음균핵병 white rot 진핵생물역(Eukaryota) 진균계(Fungi) 자낭균문(Ascomycota) 자낭균강(Ascomycetes) 살갗버섯목(Helotiales) 균핵균과(Sclerotiniaceae)의 흙 곰팡이인 스클레로튬 세피보룸(*Sclerotuium cepivorum*)이 양파, 마늘, 리크 따위에 일으키는 병. 지상부는 누렇게 되며 병원체는 뿌리를 썩게 하며 나중에는 알뿌리에 침입하여 알뿌리 밑부분에 자라 나중에는 둥글고 검은 휴면 구조(sclerotia)를 만든다.

흑색진균과(黑色眞菌科) Dematiaceae 진핵생물역(Eukaryota) 진균계(Fungi) 자낭균문(Ascomycota) 두건버섯강(Leotiomycetes) 살갗버섯목(Helotiales)의 곰팡이 과. 대부분 식물 병원체이며 일부는 부생곰팡이이다. 자실체는 작고 컵 또는 혓바닥 모양 구조로 멜라닌을 생산하여 갈색 또는 검은빛을 띤다. 온대와 열대 지역에 분포하며 썩는 식물 물질, 흙에서 발견된다.

흙 미생물 soil microorganism 흙 속에서 사는 미생물. 세균, 고균, 진균, 바이러스, 원생동물, 남세균, 바퀴살세균류(actinomycetes), 선충류(nematodes) 따위로서 흙의 유기물 분해나 물질대사에 중요한 역할을 하고 있다. 홀씨 형성 세균이나 곰팡이도 존재한다.

흙 세균 soil bacterium 흙에 사는 세균. 흙에 가장 풍부한 미생물로 그 수는 1그램당 십억에 이른다. 유기물 분해, 유기물의 질산이온을 질소로 환원하는 작용 따위에 관여한다. 공기 질소를 고정하는 아조토박터속(*Azotobacter*), 콩과 식물의 뿌리혹에 살면서 질소를 고정하는 브라디리조븀속(*Bradyrhizobium*) 따위가 있다.

흥공바이러스계 Heunggongvirae 두플로드나바이러스역(Duplodnaviria)의 바이러스 계.

희석 소주(稀釋燒酒) sprit-diluted soju 주정, 곡물 주정 또는 이 둘을 섞은 것을 물로 묽힌 술. 또는 이를 나무통에 넣어 저장한 술. 알코올 함량은 25퍼센트 미만이다.

흰가룻병 powdery mildew 진핵생물역(Eukaryota) 진균계(Fungi) 자낭균문(Ascomycota) 두건버섯강(Leotiomycetes) 에리시페목(Erysiphales) 에리시페과(Erysiphaceae)의 여러 속 곰팡이가 일으키는 식물 병. 감염된 식물 잎과 줄기는 흰 가루 같은 점이 나타난다. 이 팡이실 층은 빠르게 퍼져나가 잎 전체를 덮는다. 이 병을 일으키는 속으로는 에리시페속(*Erysiphe*), 포도스파에라속(*Podosphaera*), 작은스파에라속(*Microsphaera*), 스파에로테카속(*Sphaerotheca*), 필락크 티니아속(*Phillactinia*), 운씨눌라속(*Uncinula*) 따위가 있다.

흰 고지 곰팡이 white koji mold, *Aspergillus kawachii* 진핵생물역(Eukarya) 진균계(Fungi) 자낭균문(Ascomycota) 눈꽃동충하초강(Eurotiomycetes) 눈꽃동충하초목(Eurotiales) 트리코코마과(Trichocomaceae) 아스페르길루스속(*Aspergillus*)의 곰팡이. 검은 고지 곰팡이(*A. luchuensis*)에서 분리한 자연 변이주로 분생홀씨가 색이 없고 콜로니는 흰색~황토색이다. 키우기 쉽고 효소는 당화력이 좋아 일본 소주 생산에 쓴다. 한국에서도 막걸리나 소주 발효에 쓴다.

흰 곰팡이병 white mold 진핵생물역(Eukarya) 진균계(Fungi) 자낭균문(Ascomycota) 두건버섯강(Leotiomycetes) 살갗버섯목(Helotiales) 균핵균과(Sclerotiniaceae)의 균핵병곰팡이(*Sclerotinia sclerotiorum*)가 일으키는 식물 병. 이 곰팡이는 곰팡이의 휴면기인 검은 균핵(sclerotium)과 식물에 흰 팡이실체를 형성한다.

흰구름송편버섯 hairy bracket, *Trametes hirsuta* 진핵생물역(Eukaryota) 진균계(Fungi) 담자균문(Basidiomycota) 주름버섯강(Agaricomycetes) 주름버섯강(Agaricomycetes) 구멍장이버섯목(Polyporales) 구멍장이버섯과(Polyporaceae) 송편버섯속(*Trametes*)의 버섯. 갓은 지름 2~7센티미터로 반원 모양이며 잿빛 흰색이다. 일 년 내내 갈잎나무 특히 너도밤나무 숲 죽은 나무에 무리 지어 나는 한해살이 버섯이다. 나무의 흰색 부후 곰팡이이다. 전 세계에 분포한다.

흰구름젖버섯 *Lactarius hygrophoroides* 진핵생물역(Eukaryota) 진균계(Fungi) 담자균문(Basidiomycota) 주름버섯강(Agaricomycetes) 무당버섯목(Russulales) 무당버섯과(Russulaceae) 젖버섯속(*Lactarius*)의 먹는 버섯. 갓은 지름 3~10센티미터로 깔때기 모양이며 누런색이다. 겉면에는 세로줄의 주름진 무늬가 있다. 여름과 가을에 걸쳐 넓은잎나무와 바늘잎나무 숲의 땅에 모여 난다. 한국, 일본, 중국, 극동, 시베리아, 유럽, 북아메리카 등지에 분포한다.

흰꽃동충하초강 Eurotiomycetes 진핵생물역(Eukaryota) 진균계(Fungi) 자낭균문(Ascomycota)의 강.

흰누룩 white nuruk 밀가루와 찹쌀가루를 섞어서 만든 누룩. 축축하게 버무려 단단히 디딘 뒤에 닥나무 잎에 싸서 바람받이에 걸어 약 50일간 둔다.

흰맥주 white beer 밀을 많이 써서 만드는 독일의 흰맥주(Weizenbier)와 벨기에의 흰맥주(witbier)를 이르는 말.

흰목이 white jelly mushroom, *Tremella fuciformis* 진핵생물역(Eukaryota) 진균계(Fungi) 담자균문(Basidiomycota) 흰목이강(Tremellomycetes) 흰목이목(Tremellaleales) 흰목이과(Tremellaceae) 흰목이속(*Tremella*)의 먹는 버섯. 갓은 지름 6~12센티미터로 반투명한 젤리 같으며 닭 볏 모양 또는 구불구불한 꽃잎 모양이며 흰색이다. 여름부터 가을에 걸쳐서 넓은잎나무의 죽은 가지에 난다. 젤리 버섯의 하나이며 부후 곰팡이이다. 중국이나 베트남에서 많이 먹으며 인공 재배한다. 한국, 중국, 일본, 대만, 열대지방에 분포한다.

흰목이강 Tremellomycetes 진핵생물역(Eukaryota) 진균계(Fungi) 담자균문(Basidiomycota)의 곰팡이 강.

흰목이과 Tremellaceae 진핵생물역(Eukaryota) 진균계(Fungi) 담자균문(Basidiomycota) 흰목이강(Tremellomycetes) 흰목이목(Tremellaleales)의 과.

흰목이목 Tremellales 진핵생물역(Eukaryota) 진균계(Fungi) 담자균문(Basidiomycota) 흰목이강(Tremellomycetes)의 목. 아래에는 흰목이과가 있다.

흰목이속 *Tremella* 진핵생물역(Eukaryota) 진균계(Fungi) 담자균문(Basidiomycota) 흰목이강(Tremellomycetes) 흰목이목(Tremellaleales) 흰목이과(Tremellaceae)의 속. 먹는 것으로는 흰목이 따위가 있다.

흰무늬병 white rot 산 나무 또는 죽은 나무에 흰색썩음곰팡이(*Ceriporia lacerata*)가 자라 리그닌과 셀룰로스를 분해하여 나무를 희게 하는 병. 이에 따라 나무는 연하고 스펀지 같은 텍스처를 보인다.

흰비늘버섯 *Pholiota lenta* 진핵생물역(Eukaryota) 진균

계(Fungi) 담자균문(Basidiomycota) 주름버섯강(Agaricomycetes) 주름버섯목(Agaricales) 독청버섯과(Strophariaceae) 비늘버섯속(*Pholiota*)의 먹는 버섯. 갓은 지름 3~8센티미터로 편평하며 황톳빛 흰색이고 가운데는 잿빛 갈색이다. 가을에 나무숲 땅 또는 썩는 나무에 모여 난다. 한국, 일본, 북반구 온대 등지에 분포한다.

흰빛썩음병 white rot 진핵생물역(Eukaryota) 진균계(Fungi) 자낭균문(Ascomycota) 구멍공버섯강(Sordariomycetes) 디아포르타목(Diaporthales) 멜란코니다과(Melanconidaceae) 코니엘라속(*Coniella*)의 코니엘라 디플로디엘라(*C. diplodiella*)가 일으키는 포도 병. 어린싹과 열매에 흰색 또는 잿빛 갈색을 띤 점을 생성한다.

흰빛 잎마름병 bacterial leaf blight 논벼 흰잎마름병.

흰색 부후 곰팡이 white rot fungus 나무질 세포벽을 이루는 셀룰로스, 헤미셀룰로스와 리그닌을 분해하여 나무질 부분을 흰색으로 만드는 곰팡이. 리그닌을 분해하는 세포 밖 산화효소를 만들므로 셀룰로스나 헤미셀룰로스보다 리그닌 분해에 더 효율적이다. 말굽버섯, 표고버섯, 팽이버섯, 잎새버섯, 느타리 따위가 있다.

흰 송로버섯 white truffle, *Tuber magnatum* 진핵생물역(Eukaryota) 진균계(Fungi) 자낭균문(Ascomycota) 주발버섯아문(Pezizomycotina) 주발버섯강(Pezizomycetes) 주발버섯목(Pezizales) 덩이버섯과(Tuberaceae) 송로속(*Tuber*)의 먹는 버섯. 갓은 지름 12센티미터로 무게 500그램에 이르기도 하며 매끄럽고 겉은 누런색이나 황토색, 안쪽은 잿빛을 띤 누런색이다. 이탈리아의 북부 피에몬테(Piedmont) 지역에서 난다. 수확 철은 가을로 오크, 개암나무, 너도밤나무 따위에 공생한다. 훈련된 개나 돼지의 냄새감각을 이용하여 땅속 30센티미터까지 묻혀있는 덩이뿌리를 찾아낸다. 검정 송로버섯과는 달리 흰 송로버섯은 익히지 않고 얇게 저며 음식에 얹어 먹는다.

흰주름버섯 horse mushroom, *Agaricus arvensis* 진핵생물역(Eukaryota) 진균계(Fungi) 담자균문(Basidiomycota) 주름버섯강(Agaricomycetes) 주름버섯목(Agaricales) 주름버섯과(Agaricaceae) 주름버섯속(*Agaricus*)의 먹는 버섯. 갓은 지름 8-20센티미터로 편평하며 연한 누런 흰색이다. 여름에서 가을 사이에 숲속, 대나무밭 따위의 흙에서 홀로 또는 모여 난다. 한국, 중국, 일본, 러시아의 극동, 유럽, 북아메리카, 아프리카, 호주 등지에 분포한다.

히스타민 음식중독 histamine food poisoning 스콤브로이드 음식중독.

히오치 hiochi 알코올 농도 15퍼센트 이상인 일본 술에 젖산막대세균속(*Lactobacillus*) 세균이 자라 술이 뿌옇게 흐려지고 산과 특이한 내가 발생하여 술을 먹을 수 없게 만드는 현상.

히오치 세균 hiochi bacterium 일본 술의 변질을 일으키는 젖산막대세균 속의 젖산 세균. 오염된 술은 혼탁해지고 산 생성과 특이한 내가 발생하여 품질이 떨어진다. 메발론산(mevalonic acid)을 요구하는 진성 히오치 세균에는 호모발효 젖산 세균인 젖산막대세균 호모히오치(*Lactobacillus homohiochi*), 헤테로발효 젖산 세균인 젖산막대세균 푸룩티보란스(*L. fructivorans*)가 있다. 메발로산을 요구하지 않는 히오치 젖산 세균에는 호모발효 젖산 세균인 젖산막대세균 카세이(*L. casei*), 헤테로발효 젖산 세균인 젖산막대세균 힐가르디이(*L. hilgardii*)가 있다. 생장 최적 알코올 농도는 6퍼센트 정도이며 25퍼센트 정도에서도 자란다. 50~60도의 가열살균으로 히오치세균에 따른 품질변화를 방지할 수 있다.

히오치 젖산세균 hiochi lactobacterium 히오치세균.

히포마이크로븀목 Hyphomicrobiales 세균역(Bacteria) 슈도모나스문(Pseudomonadota) 알파가변세균강(Alphaproteobacteria)의 목. 그람음성 세균으로 질소를 고정하는 니트로박터과(Nitrobacteraceae), 히포마이크로븀과(Hyphomicrobiaceae), 필로세균과(Phyllobacterialceae)와 뿌리혹세균과(Rhizobium) 그리고 메탄올 또는 메테인을 에너지와 탄소 원으로 하는 메테인 영양세균(methanotroph) 따위가 있다.

히포크레아목 Hypocreales 동충하초목.

히포크레아속 *Hypocrea* 동충하초속.

히포피키아 부르토니아 *Hyphopichia burtonii* 진핵생물역(Eukaryota) 진균계(Fungi) 자낭균문(Ascomycota) 사카로미세스강(Saccharomycetes) 사카로미세스목(Saccharomycetales) 히포피키아속(*Hyphopichia*)의 효모. 과는 정해진 것이 없다. 동남아시아의 발효 쌀과자인 타파이(tapai) 발효에 관여하는 효모이다.

A

B

C

D

E

F

G

H

I

J

K

L

M

N

O

P

Q

R

S

T

W

X

Y

Z

Number and α-, β-.

저자약력

김성곤
- 서울대학교 학사, 석사
- 미국 하와이대학교 석사
- 미국 노스다코타 주립대학교 박사
- 한국식품과학회 회장
- 단국대학교 명예교수(현재)

경규항
- 동국대학교 학사
- 미국 미시간 주립대학교 박사
- 세종대학교 교수
- 한국식품과학회 회장
- 세종대학교 명예교수(현재)

최상윤
- 고려대학교 학사
- 과학원 석사
- 미국 캘리포니아 주립대학교 박사
- 고려대학교 대학원 식품공학과 교수
- 고려대학교 명예교수(현재)

백현동
- 연세대학교 학사, 석사
- 미국 아이오와 주립대학교 석사, 박사
- 건국대학교 교수(현재)
- 한국식품과학회 영문지 편집위원장(현재)
- 푸드테크 산업발전협의회 민간위원장(현재)

식품미생물학 용어사전

인　쇄　2024년 8월 27일
발　행　2024년 9월　3일

지 은 이　김성곤, 경규항, 최상윤, 백현동
펴 낸 곳　한림원출판사
펴 낸 이　조민재
주　　소　서울시 중구 퇴계로 51길 20 1202호 (오장동, 넥서스타워)
전　　화　02-2273-4201
홈페이지　http://www.hanrimwon.com

ISBN　978-89-93512-04-5 (93570)　**정 가** 20,000원